# 조경수 병해충 도감

개정판

# 조경수 병해충 도감

초판 1쇄 발행 2009년 6월 15일
초판 12쇄 발행 2024년 2월 20일
개정판 1쇄 발행 2025년 10월 30일
개정판 2쇄 발행 2026년 2월 27일

지은이 나용준·우건석·이경준

펴낸곳 서울대학교출판문화원
주소 08826 서울 관악구 관악로 1
도서주문 02-889-4424, 02-880-7995
홈페이지 www.snupress.com
페이스북 @snupress1947
인스타그램 @snupress
이메일 snubook@snu.ac.kr
출판등록 제15-3호

ISBN 978-89-521-3970-2 93520

개정판

# 조경수 병해충 도감

나용준·우건석·이경준

## DISEASES, INSECT PESTS, AND ABIOTIC DISORDERS OF LANDSCAPE TREES IN KOREA (Revised Edition)

Y. J. LA, K. S. WOO, and K. J. LEE

서울대학교출판문화원

# 머리말

우리는 도시 생활권에 쾌적한 환경을 만들고 삶의 질을 높이기 위해 녹지공간을 조성한다. 도로변, 정원, 공원, 주거 및 산업 시설 주변에 나무를 심고 숲을 가꾸어 풍치와 경관을 증진하는 조경(造景, landscape architecture)이 복지사업으로 인식되면서 정부와 국민 사이에서 환영을 받고 있다. 자연의 상징으로 불리는 나무와 숲은 삭막한 도시 환경 속에서 그늘을 만들어 휴식처를 제공하며, 오염된 공기를 정화하고, 우리의 심신을 안정시키고, 정서를 함양하기 때문이다.

최근 경제 발전으로 도시가 확장되면서 조경 계획, 설계 및 시공 사업도 규모가 커지고 있다. 이에 맞추어 조경수를 과학적으로 관리하고 지속적으로 건강하게 가꾸는 조경수관리(造景樹管理, arboriculture) 기술이 더욱 필요하게 되었다. 조경수관리 기술은 수목에 대한 생물학적 지식, 전문적인 교육, 오랜 훈련과 현장 경험을 통해 습득하게 된다. 이에 정부에서는 산림 보호에 관한 법률을 개정하여 새로운 수목진료제도를 도입하였으며, 국가 자격을 가진 나무의사와 수목치료기술자를 양성하고 있다.

수목의 건강을 위협하는 요인은 병원체(病原體, pathogen)에 의해 발생하는 전염성병(傳染性病, infectious diseases), 부적합한 토양 혹은 기상 조건과 인위적 요인에 의해서 발생하는 비전염성병(非傳染性病, non-infectious diseases), 그리고 해충(害蟲, insect pests)의 세 분야로 크게 나눌 수 있다. 이 책은 위의 분야를 세 명의 전문가가 나누어 집필한 도감이다. 이 도감은 2009년 출간된 『조경수 병해충 도감』(서울대학교출판문화원)의 개정판이며, 나무병원 종사자들, 나무의사와 수목치료기술자 국가 자격을 취득하려는 수험생들, 그리고 전국의 조경수 관리자들에게 유익한 길잡이가 될 것으로 믿는다.

국내에서 지금까지 수목의 병과 해충을 다룬 도감이 다수 출간되었으나, 정부의 연구기관에서 발행한 비매품인 경우가 많아 독자가 제한되었다. 이 도감의 저자들은 1999년 서울대학교 수목병원(현 식물병원, Plant Clinic)을 창설한 농생대 교수들로서 현재는 명예교수이다. 오랜 기간 전국을 대상으로 한 채집, 현장 진단과 자문 경험(구 문화재청 포함)을 바탕으로 2009년 『조경수 병해충 도감』을 서울대학교출판문화원에서 처음 발행했고, 같은 해 대한민국 학술원에 의해 우수학술도서로 선정되었다. 이후 12쇄를 거듭해 스테디셀러로 독자들의 사랑을 받아왔으며, 미국 의회도서관(Library of Congress)에도 소장되어 있다. 초판을 발행한 지 15년이 경과하여 새롭게 발생하는 병해충에 대한 정보를 보완하기 위해 이번에 개정판을 발행하게 되었다.

제1장은 146종류의 전염성 병, 제2장은 135종류의 해충, 그리고 제3장은 75종류의 비전염성병(생리적 피해)을 다루고 있으며, 생활권 주변에서 흔하게 발견되는 병해충을 우선적으로 선별하여 소개

하였다. 2장과 3장에 수록된 일부 사진은 외국의 도서에 수록된 것으로서 원저자 혹은 출판사의 허락을 받았으며, 그 출처를 명기하였다.

제2장의 해충 사진을 전재할 수 있도록 허락하여 준 일본 株式會社 學習硏究社, 미국 Princeton 대학교와 Cornell 대학교, 진딧물의 사진을 제공하고 서술을 도와주신 서울대학교 농생대 이승환 교수님, 병해충의 채집을 도와주고 일부 사진을 제공해주신 경기도 산림환경연구소의 권영대 박사님, 권건형 박사님, 잎말이나방의 사진을 제공해주신 박규택 강원대학교 명예교수님, 혹응애의 성충 그림을 제공해주신 농림축산 검역본부의 이종호 박사님, 앞털뭉뚝나무좀의 사진을 제공하신 산림곤충다양성연구소 박상욱 박사님께 감사드린다. 또한 개정판의 해충 사진 선정과 원고 정리에 도움을 주신 경기도 산림환경연구소 정윤미 연구원에게 감사의 마음을 전한다.

제3장의 일부 비전염성병 사진을 제공해주신 국내 나무병원 강전유 원장님, 이승제 원장님, 이상길 원장님, 미국 Cornell 대학교의 Wayne A. Sinclair 명예교수님, California 대학교에도 감사의 뜻을 표한다. 이 책의 출판을 승인하고, 원고를 정성껏 교정해주신 서울대학교출판문화원 관계자 여러분들에게도 깊은 감사의 뜻을 표한다.

2025년 9월
저자 일동

## 차례



## 제1장 전염성병(傳染性病) … 나용준

### I. 침엽수의 병



### II. 활엽수의 병

## 제2장 해충(害蟲) … 우건석

### I. 식엽성 해충



### II. 흡즙성 해충

## III. 천공성 해충

## IV. 벌레혹 형성 해충



## V. 종실·구과 해충



# 제3장 비전염성병(非傳染性病) … 이경준

## I. 수목의 피해 요인과 병의 진단법

## II. 기상적 요인에 의한 병



## III. 토양적 요인에 의한 병



## IV. 생물적 요인에 의한 병

## V. 인위적 요인에 의한 병



## VI. 기타 비정상적인 현상



## VII. 병으로 오인되는 정상 상태

제1장

# 전염성병

傳染性病

나용준

Yong-Joon LA

1장
전염성병

# Ⅰ. 침엽수의 병

잣나무 물집녹병

# 1 풍겐스가문비나무 그을음잎떨림병
## Rhizosphaera needle cast of Colorado blue spruce

풍겐스가문비나무 그을음잎떨림병(Rhizosphaera needle cast of Colorado blue spruce)은 잎이 갈색으로 변하고 심한 낙엽을 일으켜 나무의 관상적 가치를 떨어뜨리고 수세를 크게 약화시키는 병으로, 특히 통풍과 채광이 잘되지 않는 그늘진 장소에 심은 나무에서 심하게 발생한다. 또한, 가뭄, 배수 불량, 심식, 뿌리의 기계적 손상 등으로 수세가 약해졌을 때도 자주 발생한다.

### 병징과 표징

봄에 돋아난 새잎은 봄부터 여름까지 푸른색을 유지하지만, 전년도에 자란 묵은 잎(1년생 잎)은 자갈색~적갈색으로 변색되며, 기공조선(氣孔條線)을 따라 작은 까만 알갱이들(분생포자각)이 줄지어 나타난다. 이 분생포자각은 맨눈이나 5배율 정도의 확대경으로도 쉽게 관찰할 수 있어 이 병을 진단하는 데 중요한 단서가 된다. 변색된 잎은 늦여름~가을에 대부분 낙엽이 지며, 병은 보통 나무 아래 가지의 안쪽에서 시작되어 위쪽 가지로 점차 확산된다. 가을에는 아래 가지에 병든 낙엽이 수북이 쌓이고, 잎이 모두 떨어진 가지는 앙상한 모습을 띤다. 병이 3~4년 연속해서 발생하면 많은 가지가 말라 죽고, 심하면 나무 전체가 말라 죽는다.

### 병원균

*Rhizosphaera kalkhoffii*

곰팡이의 일종으로 불완전균류에 속하며, 분생포자를 형성한다.

### 병환(病環)

병원균은 나무에 달린 병든 잎과 지상의 병든 낙엽에서 겨울을 나며, 이듬해 봄~여름에 비가 내릴 때, 분생포자각에서 스며 나온 분생포자가 빗물과 바람에 의해 전파된다. 분생포자는 주로 새잎을 감염하며, 수세가 약할 경우에는 묵은 잎도 감염한다. 감염된 잎에서는 약 12~14개월 후 병징이 나타나고, 분생포자각이 형성되어 병원균의 생활환이 이어진다.

### 방제

- 적절한 비배관리를 통해 수세를 강화하고, 특히 통풍과 채광이 잘되도록 관리한다.
- 나무 밑에 바크칩 등으로 멀칭을 하여 토양의 과다한 건조를 방지하고 잡초 발생을 억제한다.
- 병든 가지는 발견 즉시 제거해서 병의 확산을 방지한다.
- 늦가을에는 병든 낙엽을 모아 태우거나 땅에 묻는다.
- 병이 자주 발생하는 곳에서는 새잎이 절반 정도 자랐을 때부터 티오파네이트메틸, 만코제브 등을 2~3주 간격으로 2~3회 살포한다.

**A** 풍겐스가문비나무 그을음잎떨림병의 병징
**B** 감염된 묵은 잎(갈변)과 건강한 새잎(푸른색)
**C** 윗가지에서 떨어진 병든 잎이 밑가지 위에 수북이 쌓인 모습
**D** 밑가지의 잎이 모두 떨어져 말라 죽은 가지
**E** 갈변한 잎의 기공조선을 따라 나타난 까만 분생포자각
**F** 분생포자각의 확대 사진
**G** 병원균의 분생포자

A
B
C
D
E
F
G
0.5 mm
0.2 mm
5 µm

# 2 메타세쿼이아 잎마름병

Pestalotiopsis needle blight of dawn redwood

메타세쿼이아 잎마름병(Pestalotiopsis needle blight of dawn redwood)은 메타세쿼이아의 묘목과 성목 모두에서 흔히 발생하는 병으로, 가뭄, 과도한 강우로 인한 뿌리 썩음, 태풍 피해, 이식 등으로 인해 나무가 쇠약해졌을 때 잘 발생한다. 성목보다 묘목에서 피해가 더 크게 나타난다.

## 병징과 표징

7월 초순부터 발생하며, 잎끝에서부터 갈색으로 변색되기 시작해 점차 회갈색으로 진행된다. 병반은 흔히 잎몸의 절반 이상을 차지하기도 하며, 병반과 건전부와의 경계는 뚜렷하다. 이 경계 부분에는 암자갈색의 선이 나타나며, 병반 위에는 가운데가 갈라진 듯한 방추형의 미소한 검은 분생포자층이 점점이 나타난다. 비가 와서 다습하면 이들 분생포자층에서 검은 삼각뿔 또는 실오라기 모양의 분생포자덩이가 솟아 나온다. 병든 잎은 쉽게 떨어지며, 그 결과 병든 나무는 가지만 앙상하게 남는 경우가 많다.

## 병원균

*Pestalosphaeria gubae* (=*Pestalotiopsis neglecta*)

곰팡이의 일종으로 자낭균류에 속하며, 분생포자를 형성한다.

## 병환(病環)

병원균은 병든 낙엽과 가지에 남아 있는 병든 잎에서 월동하며, 이듬해 봄에 분생포자를 형성하여 1차 전염원이 된다. 분생포자는 빗물과 바람에 의해 분산되어 새잎을 감염하고, 병반 위에 분생포자층을 형성한다. 다습하거나 비가 오면 분생포자층에서 검은색 분생포자덩이가 솟아 나오며, 빗물에 쉽게 녹아 퍼진다. 분생포자는 날아 흩어지는 빗방울에 섞여 또는 바람에 실려 주변의 나무로 전파되어 2차 감염을 이어가며, 병을 확산시킨다.

## 방제

- 통풍이 잘되지 않는 다습한 환경에서 잘 발생하므로, 적절한 가지치기를 통해 통풍이 잘되게 하고, 배수 관리를 잘하는 등 환경 개선에 힘쓴다.
- 이 병은 수세가 약할 때 잘 발생하므로, 평소에 비배관리를 잘해서 나무를 건강하게 유지하는 것이 중요하다.
- 이 병이 자주 발생하는 묘포에서는 정기적으로 클로로탈로닐 수화제, 티오파네이트메틸 수화제, 만코제브 수화제 등을 살포하고, 또 묘목이 웃자라지 않도록 관리한다.
- 묘포에서는 태풍 등의 강풍이 지난 뒤에는 예방 목적으로 위의 약제를 1~2회 살포한다.

**A, B** 메타세쿼이아 잎마름병의 병징
**C** 병든 잎의 갈색 병반 부위에 나타난 까만 분생포자층(원내)
**D** 잎의 갈변 부위에 형성된 다수의 까만 점 모양의 분생포자층
**E** 잎의 엽소 피해. 갈변 부위에 아무것도 보이지 않는다(원내)
**F** 잎의 건조 피해(잎마름병과 달리 갈변 부위에 아무것도 나타나지 않는다)
**G** 갈변 고사한 잎에 나타난 다수의 까만 분생포자덩이
**H** 잎의 병환부에 나타난 까만 실오라기 모양의 분생포자덩이
**I** 병원균의 분생포자

A
B
C
D
E
F
G
2 mm
H
1 mm
I
10 µm

# 3 리기다소나무 송진가지마름병
Pine pitch canker

리기다소나무 송진가지마름병(푸사리움가지마름병, 송진궤양병, Pine pitch canker)은 1970년대부터 미국 동남부 지역에서 리기다소나무를 비롯한 여러 종류의 소나무에 큰 피해를 주고 있는 중요한 병이다. 우리나라에서는 1996년에 인천의 리기다소나무 식재지에서 처음으로 발견된 이후 제주도를 포함한 전국에 확산되어 큰 피해를 주고 있다. 묘목과 성목에 모두 발생하며, 많은 가지가 감염되면 나무가 말라 죽고, 구과에 발생하면 종자가 결실되지 않는다. 이 병은 리기테다소나무, 테다소나무, 구주적송, 방크스소나무, 버지니아소나무, 해송 등에도 발생한다.

## 병징과 표징

주로 당년생~1년생 가지에 발생하며 감염된 가지의 잎은 갈색으로 변하면서 말라 죽고 병든 가지에서는 다량의 송진이 흘러나온다. 말라 죽은 잎은 오랫동안 떨어지지 않고 가지에 붙은 채로 겨울을 나는 경우가 많다. 병에 걸린 1~2년생 가지의 엽흔에는 6~8월에 지름 1~2mm 되는 엷은 분홍색의 분생포자좌(分生胞子座)가 나타난다. 이 분생포자좌는 송진 가지마름병을 진단하는 데 매우 중요한 표징이 된다. 병든 가지의 병환부에서 송진이 많이 흘러나오는 것도 이 병의 특징인데, 심하면 줄기 아래쪽의 나무껍질과 솔잎이 흘러내린 송진으로 뒤덮이기도 한다.

## 병원균

*Gibberella circinata* [=(무성세대) *Fusarium circinatum*]

곰팡이의 일종으로 자낭균류에 속하며, 분생포자를 형성한다.

## 병환(病環)

병원균은 주로 병든 가지의 엽흔(葉痕)에 분생포자좌를 만들어 겨울을 나고, 이듬해 봄부터 늦여름까지 분생포자좌에 있는 분생포자가 바람, 곤충, 빗물 등에 의해 어린 가지로 전파되어 가지의 상처를 통해 침입해 병을 일으킨다.

## 방제

- 병든 가지는 잘라내 태우거나 땅에 묻는다.
- 3월 하순~4월 초순과 9~10월에 테부코나졸 유탁제 원액을 흉고직경 10cm당 5mℓ를 수간주사한다.
- 봄에 새순이 나올 때부터 초가을에 걸쳐 테부코나졸 유탁제를 3~4회 살포한다.
- 병원균은 소나무좀, 소나무바구미, 나방류와 같은 해충이 가해할 때 생긴 상처를 통해 침입하기 쉬우므로 살충제를 자주 뿌려 가해충을 방제한다.
- 가뭄과 그 밖의 원인으로 수세가 약해졌을 때 잘 발생하므로, 수목영양제의 수간주입 등 적절한 비배관리를 통해 수세를 증진시킨다.

**A, B** 가지마름병에 걸린 리기다소나무
**C, D** 가지마름병의 병징
**E, F** 가지마름병에 걸린 리기다소나무의 줄기에 흘러내린 송진
**G** 병든 1년생 가지의 엽흔에 형성된 병원균의 분홍색 분생포자좌(화살표)
**H** 엽흔에 형성된 분생포자좌
**I** 병원균의 분생포자

A
B
C
D
E
F
G
H
0.5 mm
I
10 μm

# 4 소나무류 가지끝마름병

## Diplodia tip blight of pines

소나무류 가지끝마름병(순마름병, Diplodia tip blight of pines)은 세계 각지에 널리 발생하는 소나무류의 중요한 병이다. 우리나라에서도 근래에 소나무, 해송, 잣나무, 스트로브잣나무, 백송, 리기다소나무 등에서 피해가 증가하고 있으며, 산림보다는 주로 골프장, 공원, 정원 등 조경지에서 많이 발생한다. 이 병은 가뭄, 토양 답압, 햇빛 부족 등으로 인해 수세가 약해진 나무에서 흔히 발생한다.

### 병징과 표징

봄에 자라 나오는 새순과 어린 침엽이 회갈색으로 변하면서 급격히 말라 죽으며, 늦게 감염된 다 자란 침엽은 누렇게 시들면서 밑으로 처진다. 병징은 보통 새순과 당년생 잎(햇잎)에만 나타나며 묵은 잎은 병에 걸리지 않는다. 말라 죽은 새순과 어린 가지에서는 송진이 흘러나와 잎과 뒤엉키며, 송진이 굳으면 가지는 쉽게 부러진다. 초여름부터 초가을에 걸쳐 회갈색으로 말라 죽은 잎집(葉鞘) 밑에 표피를 찢고 까만 점 같은 알갱이들이 나타나는데, 이것은 병원균의 분생포자각으로서 디플로디아 가지끝마름병을 진단하는 데 중요한 단서가 된다. 감염된 솔방울의 실편 위에도 수많은 분생포자각이 나타난다.

### 병원균

*Sphaeropsis sapinea* (=*Diplodia pinea*)

곰팡이의 일종으로 자낭균류에 속하며, 자낭포자와 분생포자를 형성한다.

### 병환(病環)

병원균은 병든 잎, 어린 가지, 솔방울 등에서 분생포자각의 형태로 겨울을 나고, 봄에 분생포자각 안에 들어 있는 분생포자가 날아 흩어지는 빗물 또는 바람에 의해 전파되어 새순, 어린잎, 어린 솔방울을 감염한다. 특히, 감염된 솔방울은 매년 다량의 분생포자를 방출하기 때문에 병원균의 전파에 매우 중요한 역할을 한다. 이 병은 봄에 비가 많이 오고 기온이 높을 때, 그리고 수년간 심한 가뭄이 들거나 토양의 양분 결핍 등으로 나무의 생육 상태가 나쁠 때 크게 발생한다.

### 방제

- 봄철 새잎이 나올 때부터 베노밀 수화제, 티오파네이트메틸 수화제, 테부코나졸 수화제 등을 2주 간격으로 2~3회 살포한다.
- 가을과 봄철에 비료를 주거나 수목영양제를 수간주사하여 수세를 증진시킨다.
- 죽은 가지는 가을에 잘라내어 태우거나 땅에 묻어 월동 전염원을 제거한다.
- 어린 조림지에서는 풀베기와 수관 하부의 가지치기를 통해 통풍이 잘되도록 관리한다.

**A** 가지끝마름병에 걸린 스트로브잣나무
**B** 스트로브잣나무에 나타난 병징
**C** 잎에 나타난 병징[병든 잎의 기부가 담갈색으로 바래면서 밑으로 처진다(리기다소나무)]
**D** 새순에 나타난 증상[새잎이 자라지 못하고 잎의 기부가 담갈색으로 변한다(스트로브잣나무)]
**E** 자라지 못하고 볏짚 색으로 변한 새순의 새잎(소나무)
**F** 감염된 새순의 끝이 말라 죽은 모습(소나무)
**G** 백송의 솔방울 실편에 나타난 까만 분생포자각 집단(화살표)
**H** 잎집 밑의 잎 기부에 나타난 까만 분생포자각들(화살표)
**I** 말라 죽은 새순에 나타난 까만 분생포자각들(화살표, 소나무)
**J** 병원균의 분생포자

A
B
C
D
E
F
G
H
2 mm
I
2 mm
J
20 μm

# 5 소나무류 갈색무늬잎마름병
Brown spot needle blight of pines

소나무류 갈색무늬잎마름병(褐斑病, Brown spot needle blight of pines)은 소나무류에 심한 낙엽을 일으켜 나무의 생장에 적지 않은 피해를 주는 중요한 병이다. 오래전부터 미국에서 구주적송을 비롯한 여러 종류의 소나무에 널리 발생하여 문제가 되고 있다. 우리나라에서는 주로 해송의 묘목과 어린나무에 발생해서 심한 낙엽을 일으키고, 묘목을 고사시키기도 한다. 이 병은 해송의 분재에서도 종종 발생해서 심한 낙엽을 일으켜 관상 가치를 완전히 상실케 한다.

## 병징과 표징

봄~여름에 감염된 당년생 잎(햇잎)에는 가을부터 황색~회녹색의 작은 반점이 생기고 차츰 커져서 폭 2~3mm 정도 되는 적갈색 띠 모양의 병반이 된다. 보통 잎 하나에 여러 개의 병반이 생기며, 이들 병반이 커지고 서로 합쳐지면서 잎은 갈색으로 변한다. 가을에는 병반의 표피 밑에 미소한 까만 균체(미성숙 분생포자층)가 생기고, 이듬해 봄에 성숙해서 병반의 표피를 찢고 위로 나온다. 한편, 지난해에 감염된 1년생 잎은 봄부터 갈색~적갈색으로 변하며, 병반 위에는 성숙한 까만 분생포자층이 다수 나타나고, 병반 둘레에 송진이 흘러나와 굳어 있을 때도 있다. 병든 잎은 적갈색으로 변해 심하게 낙엽이 진다.

## 병원균

*Lecanosticta acicola* (=*Scirrhia acicola*)

곰팡이의 일종으로 자낭균류에 속하며, 분생포자와 자낭포자를 형성한다.

## 병환(病環)

6~7월, 병든 1년생 잎이 비를 맞아 젖으면 병반 부위에 형성된 분생포자층에서 점질상(粘質狀)의 회백색 분생포자덩이가 스며 나오며, 분생포자덩이에 있는 수많은 분생포자는 튀어 흩어지는 빗방울에 섞여 분산되어 새잎(햇잎)을 감염한다. 병원균은 감염된 잎 조직 내에서 월동하고 이듬해 봄에 분생포자를 형성하여 병환을 이어간다.

## 방제

- 병든 낙엽은 늦가을에 모아서 태우거나 땅에 묻어 전염원을 제거한다.
- 다습한 환경에서 잘 발생하므로 배수와 통풍이 잘되도록 관리한다.
- 4월경, 새잎이 반쯤 자랐을 때부터 3~4주 간격으로 클로로탈로닐 수화제, 테부코나졸 액상수화제, 만코제브 수화제, 보르도액 등의 살균제를 3~4회 살포한다.
- 3월에 테부코나졸 유탁제를 수간주사한다.

**A** 갈색무늬잎마름병에 걸린 해송(2006. 9. 19, 나주)
**B** 갈색무늬잎마름병에 걸린 해송 분재
**C** 갈색무늬잎마름병의 병징(해송)
**D** 해송 잎에 형성된 황갈색 띠 모양의 병반
**E** 해송 잎에 나타난 초기 병징
**F** 해송 잎에 나타난 후기 병징
**G** 병반 부위에서 흘러나온 송진이 굳어 있는 모습
**H** 갈변한 잎에 형성된 까만 분생포자층(원내)
**I** 병든 잎의 표피를 찢고 위로 나온 분생포자층
**J** 병원균의 분생포자

A
B
C
D
E
F
G
H
I
2 mm
J
20 μm

# 6 소나무류 그을음잎마름병
Rhizosphaera needle blight of pines

소나무류 그을음잎마름병(媒葉枯病, Rhizosphaera needle blight of pines)은 세계적으로 소나무류에 널리 발생하는 병으로, 우리나라에서는 소나무, 해송, 잣나무, 스트로브잣나무, 리기다소나무 등의 묘목과 성목에 모두 발생한다. 이 병은 특히 대기 중의 아황산가스 농도가 높을 때 잘 발생하기 때문에 대기오염의 지표병(指標病)으로 잘 알려져 있다.

## 병징과 표징

6월 초순부터 새잎에 발생한다. 처음에는 침엽의 끝부분부터 적갈색으로 변하기 시작해서 점차 잎 길이의 절반 이상까지 확대되며 변색부와 건전 녹색부와의 경계가 또렷하다. 7월 초순쯤이면 적갈색 병환부 표면에 흑갈색의 작은 알갱이들이 기공조선을 따라서 줄지어 나타난다. 이 알갱이들은 병원균의 분생포자각으로서 10배율 정도의 핸드렌즈(루페)로도 잘 보인다. 적갈색 병반이 차츰 담갈색으로 바래면서 잎은 고사하지만 낙엽 지지 않고 월동하여 이듬해의 전염원이 된다. 지난해에 감염된 1년생 묵은 잎은 가을에 대부분 떨어진다. 이 병은 대기오염, 가뭄, 배수 및 통기 불량 등의 원인으로 수세가 약해졌을 때 잘 발생한다. 특히, 봄철 소나무의 생장이 시작되기 전후에 토양이 너무 건조하거나 과습해서 뿌리가 장해를 받았을 때 심하게 발생한다.

## 병원균

*Rhizosphaera kalkhoffii*

곰팡이의 일종으로 불완전균류에 속하며, 분생포자각 내에 무색, 단세포, 타원형의 분생포자를 형성한다.

## 병환(病環)

병원균은 병든 잎과 병든 낙엽에서 분생포자각의 형태로 겨울을 나고, 봄~여름 비가 올 때 분생포자각에서 스며 나온 분생포자가 날아 흩어지는 빗물과 바람에 의해 전파되어 새잎을 감염한다.

## 방제

- 봄철에 묘포의 토양이 너무 건조하거나 과습하지 않도록 관배수 관리를 잘한다.
- 묘포에서는 밀식을 피하고 잡초를 제거해서 통풍이 잘되도록 한다.
- 조경수의 경우 과밀한 가지를 솎아 내고, 새로 나무를 심을 때도 나무와 나무 사이에 충분한 거리를 두어 통풍이 잘되도록 한다.
- 적절한 비배관리와 환경 개선을 통해 발병 유인을 제거하고 수세를 증진시킨다.
- 봄철, 햇잎이 반쯤 자랐을 때 클로로탈로닐 수화제, 만코제브 수화제, 보르도액 등을 2주 간격으로 2회, 그리고 다 자랐을 때 다시 2회 정도 살포한다.

A 그을음잎마름병에 걸린 소나무
B, C 그을음잎마름병의 병징
D 잎끝에서부터 말라 죽은 병든 잎
E 까만 분생포자각이 기공조선을 따라 줄지어 나타난 병든 잎
F 전형적인 병반(건전부와 병반부의 경계가 또렷하다)
G 병반부의 확대[까만 분생포자각들이 보인다(원내)]
H 병든 잎의 기공조선을 따라 나타난 까만 분생포자각들
I 병원균의 분생포자

A
B
C
D
E
1 mm
F
G
0.5 mm
H
1 mm
I
5 µm

# 7 소나무류 리지나 뿌리썩음병

Rhizina root rot of pine

소나무류 리지나 뿌리썩음병(Rhizina root rot of pine)은 세계의 온대~아한대 지역에 널리 분포하며, 소나무류를 비롯해 낙엽송, 전나무, 분비나무, 가문비나무, 삼나무 등 다양한 침엽수에 큰 피해를 주는 토양전염성병이다. 우리나라에서는 주로 동해안과 서해안의 해송림과, 산불 피해 지역의 소나무 숲에서 자주 발생한다.

## 병징과 표징

처음에는 뿌리목 주변의 잔뿌리가 흑갈색으로 변해 썩기 시작하며, 점차 굵은 뿌리로 확산되어 나중에는 뿌리 전체가 갈색으로 변한다. 감염된 뿌리 표면은 회백색~담황색 균사로 덮이며, 껍질을 벗기면 굵은 실 모양의 균사다발이 나타난다. 감염목에는 비정상적으로 많은 솔방울이 달리고, 줄기 아랫부분에서 송진이 많이 흘러나오며, 잎은 황갈색~적갈색으로 변해 결국 말라 죽는다. 6~10월에 감염목의 뿌리목과 그 주변의 지표면에는 해파리 모양의 적갈색~암갈색 자실체(파상땅해파리버섯)가 무리 지어 발생한다.

## 병원균

*Rhizina undulata* (파상땅해파리버섯)

곰팡이의 일종으로 자낭균류에 속하며, 자낭포자를 형성한다. 자실체는 구겨진 구리 쟁반을 엎어 놓은 모양으로, 대가 없고, 진한 밤색이며, 지름 3~10cm, 두께 약 3mm로 지면에 밀착해 자란다. 자실체의 아래쪽에는 감염된 뿌리와 연결된 실 모양의 균사다발이 많이 붙어 있어, 자실체를 캐내면 해파리처럼 보인다.

## 병환(病環)

파상땅해파리버섯의 자실층에서 바람에 날려 흩어진 자낭포자는 해송림의 모래땅이나 소나무 숲의 부식층에 잠재해 있다가, 모닥불이나 산불 등으로 지온이 35~45°C로 상승하면, 휴면이 타파되어 발아하고, 균사를 형성한다. 균사는 토양 내에 넓게 퍼지면서 주변의 소나무와 해송의 뿌리를 침해하여 뿌리를 말라 죽인다. 병원균의 균사가 퍼진 구역 내의 소나무와 해송은 대부분 자실체가 발생한 해에 말라 죽지만, 일부는 이듬해에 말라 죽기도 한다. 6~10월에 감염목의 뿌리목과 그 주변에는 병원균의 자실체가 다수 발생하며, 다시 병환이 반복된다.

## 방제

- 이 병은 모닥불을 피웠거나 산불이 난 자리에서 많이 발생하므로, 바닷가의 해송림이나 소나무 숲에서는 모닥불, 취사, 쓰레기 소각 등 불을 사용하는 행위를 금지해야 한다.
- 산불이 난 지역에는 활엽수를 우선 식재하고, 침엽수는 산불 발생 후 최소 2년 이상 지난 뒤에 심는다.
- 조림지 정리작업(지존작업)이나 모두베기 후에는 제거물을 현장에서 태우지 않도록 한다.
- 피해목을 벌채 제거한 자리에는 베노밀 수화제를 $1m^2$당 2ℓ 정도 살포한다.

**A** 해송림에 집단으로 발생한 소나무류 리지나 뿌리썩음병(2006. 9, 충남 태안)
**B** 리지나뿌리썩음병으로 고사한 해송
**C** 고사한 해송 뿌리목에 생긴 파상땅해파리버섯(사진: 산림신문)
**D** 병원균인 파상땅해파리버섯(사진: Leoni)

A

B

C

D

# 8 소나무류 셉토리아 잎마름병
Septoria needle blight of pine

소나무류 셉토리아 잎마름병(葉枯病, Septoria needle blight of pine)은 해발고도가 높은 지대에서 주로 발생하는 병으로, 우리나라에서는 2014년 7월, 강원도 정선의 하이원리조트에 식재된 소나무 가운데 심한 낙엽 증상을 보이는 여러 그루에서 처음으로 관찰되었다. 셉토리아 잎마름병은 일본의 동북 지방과 북해도의 해발고도가 높은 지대에 자라는 스트로브잣나무 조림목과 누운잣나무(*Pinus pumila*)의 중요한 병으로 알려져 있고, 중국에서는 내몽고 지역의 몽고소나무(樟子松, *Pinus sylvestris* var. *mongolica*)에 피해가 큰 것으로 알려져 있다. 우리나라에서는 강원도 정선 이북의 고산 지대에 자라는 소나무와 누운잣나무에 주로 분포하고 있을 가능성이 높다.

## 병징과 표징

5월 하순~6월에 1년생 묵은 잎이 적갈색~회갈색으로 변하며 마른다. 병든 잎에는 얼마 안 있어 흑갈색~흑색의 미세한 융기물(분생포자각)이 다수 나타난다. 비가 오고 습하면 이들 분생포자각에서 유백색의 분생포자덩이가 분출된다. 분생포자각이 많이 형성된 잎은 심하게 낙엽 진다.

## 병원균

*Septoria pini-pumilae*

곰팡이의 일종으로 불완전균류에 속하며, 분생포자를 형성한다.

## 병환(病環)

병원균은 감염된 잎 조직 내에서 월동하고, 이듬해 봄~여름에 병든 잎에 다수의 분생포자각을 형성한다. 비가 오고 다습하면 이들 분생포자각에서 유백색의 분생포자덩이가 분출되며, 포자덩이에 있는 분생포자는 비가 올 때, 날아 흩어지는 빗물에 의해 전파되어 햇잎을 감염한다. 감염된 잎에는 이듬해 봄~여름에 분생포자각이 나타난다.

## 방제

- 병든 가지는 일찍 제거해서 태우거나 땅에 묻어 전염원을 차단한다.
- 피해가 자주 발생하는 곳에서는 5월 하순부터 클로로탈로닐 액상수화제, 티오파네이트메틸 수화제 등을 2주 간격으로 2~3회 살포한다.

**A** 셉토리아 잎마름병의 병징(2014. 7, 정선 하이원 리조트)
**B** 1년생 묵은 잎에 나타난 병징(당년에 감염된 새잎에는 이듬해에 병징이 나타난다)
**C** 1년생 잎에 나타난 초기 병징
**D** 후기 병징(미소한 흑색~흑갈색 분생포자각들이 나타난 1년생 병든 잎)
**E** 분생포자각에서 분출한 유백색 분생포자덩이
**F** 병든 잎에 형성된 분생포자각 집단
**G** 분생포자각에서 분출한 황백색 분생포자덩이
**H** 병원균의 분생포자

A
B
C
D
E
0.5 mm
F
0.5 mm
G
0.2 mm
H
20 µm

# 9 소나무류 스클레로데리스 가지마름병

Scleroderris canker of pines

소나무류 스클레로데리스 가지마름병(枝枯病, Scleroderris canker of pines)은 우리나라에서는 2007년 봄, 경기도와 강원도 지역의 잣나무 조림지에서 처음으로 발생이 확인된 병으로, 당시 약 6만여 그루의 나무를 제거하는 피해가 발생했다. 이후 소나무, 스트로브잣나무, 구상나무에서도 발생이 확인되었다. 이 병은 미국과 캐나다 동북부, 유럽 전역, 일본 북해도 등지에서 소나무속 식물을 비롯해 가문비나무류와 전나무류 등 다양한 침엽수종에 심각한 피해를 일으키는 중요한 병이다.

## 병징과 표징

이 병은 3월 중하순부터 주로 아래 가지의 잎에서 시작해 점차 나무 전체로 퍼진다. 감염된 잎은 처음에는 아랫부분이 주황색으로 변하고, 이후 잎 전체가 갈색으로 변해 아래로 처지며 떨어진다. 갈색으로 변한 잎은 가볍게 건드려도 쉽게 떨어진다. 가지의 눈(芽)이 감염되면 새순이 자라지 못하고 가지가 말라 죽는다. 감염된 나무는 대개 2~3년 내에 말라 죽는다. 병든 가지의 엽흔에는 반구형(半球形)의 검은 분생포자각이 생기며, 가지 표면에도 표피를 찢고 분생포자각이 하나씩 또는 여러 개가 무리를 이루어 나타난다. 분생포자각이 나타난 가지에는 이듬해 검은 컵 모양의 자낭반이 형성된다.

## 병원균

*Gremmeniella abietina* (=*Scleroderris lagerbergii*, 무성세대: *Brunchorstia pinea*)

곰팡이의 일종으로 자낭균류에 속하며, 분생포자와 자낭포자를 형성한다.

## 병환(病環)

병원균은 감염된 가지에 분생포자각과 자낭반을 형성한다. 봄~여름, 비가 올 때 분생포자각에서 스며 나온 분생포자는 빗물에 의해 분산되어 햇잎을 감염하고, 이듬해 봄에 가지에 분생포자각을 형성한다. 한편 자낭반에서 방출된 자낭포자는 바람에 의해 전반되어 햇잎을 감염하며, 이듬해 봄 가지에 분생포자각을 형성한다.

## 방제

- 병에 걸려 말라 죽은 나무는 발견 즉시 제거하여 소각한다.
- 발병이 우려되는 묘포에서는 3월 하순부터 클로로탈로닐 액상수화제를 2주 간격으로 3~4회 살포하여 예방한다.
- 병이 발생한 지역에서 감염된 나무나 묘목이 외부로 반출되지 않도록 한다.

A 스클레로데리스 가지마름병으로 많은 잣나무가 고사한 모습
B 스클레로데리스 가지마름병의 병징(잎의 기부가 적갈색으로 변해 심하게 낙엽 진다)
C 스클레로데리스 가지마름병에 걸려 윗가지의 잎이 다 떨어진 잣나무
D 스클레로데리스 가지마름병에 걸린 잣나무
E 병들어 고사한 가지에 형성된 병원균의 자낭반
F 병든 가지의 엽흔에 형성된 분생포자각(화살표)
G 엽흔의 분생포자각에서 스며 나온 유백색 분생포자덩이(화살표)
H 비를 맞아 부풀어 오른 자낭반
I 병원균의 분생포자

A
B
C
D
E
1 mm
F
G
H
2 mm
I
30 μm

# 10 소나무류 잎녹병

## Pine needle rust

소나무류 잎녹병(葉銹病, Pine needle rust)은 우리나라에서 소나무, 해송, 잣나무, 스트로브잣나무 등에 발생하는데, 주로 조림지의 어린 잣나무에 피해가 크다. 심하게 발생하면 나무의 생장이 위축되고, 묘목과 어린나무는 말라 죽는다.

### 병징과 표징

4~5월경 잣나무와 소나무잎에 얇은 호막(護膜)으로 둘러싸인 짧은 원통형~장방형의 노란색~주황색 녹포자기(銹胞子器)가 나란히 줄지어 나타난다. 감염된 잎은 처음에는 황갈색을 띠지만 녹포자기가 터져 포자가 다 비산하고 나면 잎은 생기를 잃고 회백색으로 변해 말라서 떨어진다.

### 병원균

*Coleosporium* spp.

곰팡이의 일종으로 담자균류에 속한다. 소나무류에 잎녹병을 일으키는 병원균으로는 *Coleosporium* 속에 속하는 약 20종이 알려져 있다. 이들 중에서 주로 우리나라와 중국, 일본 등 아시아에 널리 분포하며 큰 피해를 주는 종류는 *Coleosporium phellodendri* 와 *C. asterum*이다. 이들 잎녹병균은 대부분 이종기생성(異種寄生性)으로 중간기주와 기주교대를 하면서 생활을 이어간다. *C. phellodendri*는 황벽나무, *C. asterum*은 참취, 쑥부쟁이 등 국화과 식물과 기주교대를 하며 소나무잎에 녹병정자와 녹포자를, 그리고 중간기주의 잎에 여름포자, 겨울포자, 담자포자를 형성한다.

### 병환(病環)

4~5월경 잣나무와 소나무 잎에 형성된 녹포자가 바람에 날려 중간기주의 잎에 옮겨가 감염하면 6~7월쯤 잎 뒷면에 황백색의 여름포자덩이가 형성되고, 여름포자는 8월 말까지 바람에 의해 전파되어 중간기주에서 중간기주로의 전염을 반복한다. 9월에 접어들면 여름포자덩이는 사라지고 적갈색을 띤 겨울포자덩이가 나타난다. 겨울포자는 곧 발아하여 옅은 황색의 담자포자를 형성하며, 담자포자는 소나무나 잣나무 잎으로 날려가 잎을 침입하여 균사 상태로 겨울을 나고 봄에 녹포자기를 만든다.

### 방제

- 잎녹병 발생지 주변의 중간기주 식물들을 제거한다.
- 묘포에서는 병원균이 중간기주에서 소나무류에 전염하는 9~10월에 트리아디메폰 수화제, 만코제브 수화제 등을 2주 간격으로 2~3회 살포한다.

A 소나무류 잎녹병의 병징(소나무)
B 잣나무에 발생한 잎녹병
C 소나무 묘목에 발생한 잎녹병
D 소나무 잎에 나란히 줄지어 형성된 주황색 녹포자기
E 녹포자기의 호막이 터지고 녹포자덩이가 노출된 모습
F 병원균의 녹포자(주사전자현미경 사진)
G 병원균의 녹포자

A
B
C
D
E
2 mm
F
10.0 kV WD 14.7 mm Std.-PC HighVac. x2,500 10 μm
18 Dec. 2024
10μm
G
30 μm

# 11 소나무류 잎떨림병

## Pine needle cast

소나무류 잎떨림병(葉振病, Pine needle cast)은 전 세계의 소나무류에 널리 발생하는 중요한 병으로서, 우리나라에서는 소나무, 반송, 해송, 잣나무 등의 묘목과 성목에 모두 발생하며 피해도 크다. 조림지의 어린나무에도 심하게 발생한다.

### 병징과 표징

4월 하순쯤부터 묵은 잎이 적갈색으로 변하면서 떨어지기 시작해서 5월 하순까지 계속된다. 이 시기에 병든 나무를 조금만 건드려도 잎이 우수수 떨어진다. 병세가 심하면, 나무 전체가 누렇게 되면서 푸른 잎을 거의 볼 수 없을 정도로 묵은 잎이 다 떨어지고, 새순만 남는다. 병든 낙엽에는 5~6월경 크기 약 0.5mm 정도 되는 진회색 타원형의 약간 불거져 나온 균체(精子器)가 나타나고, 이어 6월 중순~7월 하순에는 크기 약 1~2mm 되는 타원형의 검은 쌀알(흑미) 모양의 균체(자낭반)가 나타난다. 햇잎에는 11월쯤부터 담갈색의 병반들이 나타나며, 이듬해 4~5월쯤 잎이 적갈색으로 변하면서 떨어지기 시작한다.

### 병원균

*Lophodermium seditiosum*, *Lophodermium* spp.

곰팡이의 일종으로 자낭균류에 속한다. 소나무류의 잎떨림병균으로 보고된 *Lophodermium* 속 균은 오래전부터 잘 알려진 *Lophodermium pinastri*를 비롯해 20여 종에 달하는데, 최근의 연구에 따르면 이들의 대부분은 병원성이 매우 약하거나 또는 죽은 잎에 서식하는 부생균이고, *Lophodermium seditiosum*만이 유일하게 소나무류의 당년생 잎을 감염해서 병을 일으킬 수 있는 병원성이 강한 잎떨림병균이라는 설이 유력하다.

### 병환(病環)

병든 낙엽 또는 가지에 붙어 있는 병든 잎에 형성된 자낭반은 7~9월에 성숙해서, 비가 올 때 실 모양의 가느다란 자낭포자를 방출한다. 자낭포자는 날아 흩어지는 빗물에 의해, 또는 비가 온 뒤 바람에 날려 햇잎에 전파된다. 햇잎에 침입한 병원균은 잎 조직 내에서 균사 형태로 겨울을 나며, 감염된 잎은 이듬해 5월경 적갈색으로 변해 심하게 낙엽이 진다. 6~7월에 병든 낙엽에 자낭반이 형성되면서 병환이 반복된다.

### 방제

- 묘포와 반송 식재지에서는 7~9월에 아족시스트로빈, 클로로탈로닐, 만코제브, 트리아디메폰 등을 2주 간격으로 3~4회 살포한다.
- 묘포의 비배관리를 잘하고, 장마 전에 병든 낙엽을 모아 태우거나 땅에 묻는다.
- 잎떨림병은 나무가 쇠약할 때 잘 발생하므로 조림지에서는 평소에 비료 주기, 밑풀베기, 가지치기 등에 힘써 나무를 튼튼하게 키우도록 한다.

A 잎떨림병으로 새순만 남고, 많은 잎이 떨어진 소나무
B 잎떨림병에 걸린 반송
C 잎떨림병에 걸린 소나무 묘목
D 잎에 나타난 잎떨림병의 초기 병징
E 잎에 나타난 잎떨림병의 후기 병징
F 병든 잎에 형성된 자낭반과 횡선
G 성숙한 자낭반
H 병든 잎에 형성된 여러 개의 자낭반(화살표)
I 병원균의 자낭과 자낭 내의 실 모양 자낭포자

A
B
C
D
5 mm
E
10 mm
F
2 mm
G
1 mm
H
I
50 µm

# 12 소나무류 재선충병

Pine wilt

소나무류 재선충병(材線虫病, Pine wilt)은 선충류인 소나무재선충에 의해 발생하는 치명적인 수목병으로, 1988년에 일본에서 국내로 유입되어 부산 금정산 일대의 소나무와 해송 숲에서 처음 발생했다. 이후 전국의 소나무, 해송, 잣나무에 급속히 확산되어 우리나라 임업사상 유례없는 막대한 피해를 초래하고 있다.

## 병징과 표징

감염된 나무는 보통 8~9월부터 고사하기 시작한다. 처음에는 잎의 밑부분부터 적갈색으로 변하면서 시들고, 우산살 모양으로 아래로 처진다. 이후 전체 잎이 적갈색으로 변하면서 급격히 고사한다. 감염목은 대부분 감염된 해에 죽으며, 이듬해 봄까지 거의 모두 말라 죽는다. 고사목의 굵은 가지나 줄기에서는 솔수염하늘소(탈출공 지름 약 8mm) 또는 북방수염하늘소(탈출공 지름 약 5mm)의 탈출공이 관찰된다. 병든 나무는 줄기나 가지에 상처를 내도 송진이 흐르지 않는다.

## 병원체

*Bursaphelenchus xylophilus* (소나무재선충, Pine wood nematode)

동물계의 선충문에 속하는 실 모양의 식물기생성 선충으로, 성충의 크기는 길이 0.7~0.8mm, 폭 약 22μm으로 매우 작고 가늘다.

## 병환(病環)

소나무재선충은 두 종류의 매개충에 의해 전파된다. 그 하나는 솔수염하늘소로, 남부 지방에 주로 분포하며, 소나무와 해송에 재선충을 전파한다. 다른 하나는 북방수염하늘소로, 중북부 지방에 분포하며, 주로 잣나무에 재선충을 전파한다. 암컷 매개충은 7~8월에 감염 고사목의 줄기나 가지 수피에 산란하며, 부화한 유충은 목질부로 침투해 월동 후, 이듬해 5~6월에 번데기가 된다. 성충 우화 직후 고사목 내의 재선충이 하늘소의 기문(氣門)을 통해 몸 안으로 침입한다. 몸속에 많은 재선충을 지닌 성충은 5~7월경 인근의 건강한 나무로 날아가 새순이나 1년생 가지의 수피를 갉아 먹는다(후식). 이때 몸속에 있는 재선충이 밖으로 나와 후식할 때 생긴 수피의 상처 부위를 통해 나무 내부로 침입한다. 재선충은 목질부 내에서 빠르게 증식하면서 수분과 양분의 이동을 차단해 나무를 고사시킨다.

## 방제

- 병든 나무는 발견되는데로 즉시 벌채해서 메탐소듐 액제 등으로 훈증 소독하거나, 소각 또는 파쇄하여 목질부 내의 솔수염하늘소와 북방수염하늘소 유충을 살멸한다.
- 조경용 소나무, 해송, 잣나무에는 2~4월에 아바멕틴 유제, 에마멕틴벤조에이트 유제 등을 수간주사하여 매개충을 사전에 방제한다.
- 산림청의 '소나무재선충병 방제 지침'을 따른다.

A 재선충병에 걸린 소나무
B 초기 병징(잎의 기부가 갈변하면서 우산살 모양으로 처진다)
C 초기 병징(잎의 기부부터 갈변해서 잎 전체가 갈변한다)
D 소나무와 곰솔에 재선충을 매개하는 솔수염하늘소
E 잣나무에 재선충을 매개하는 북방수염하늘소
F 소나무재선충
G 소나무재선충 수컷의 꼬리 부분

A
B
C
D
♂
E
♀
F
♂
♀
200 μm
G
20 μm
♂
교접자

# 13 소나무류 페스탈로티아 잎마름병

## Pestalotiopsis leaf blight of pines

소나무류 페스탈로티아 잎마름병(葉枯病, Pestalotiopsis leaf blight of pines)은 소나무, 반송, 해송, 리기다소나무의 어린나무와 묘목에 주로 발생하는 병으로, 최근 들어 발생이 증가하고 있다. 이 병은 통풍이 잘되지 않거나 습한 환경에서 잘 발생하며, 특히 잦은 강우와 배수 불량으로 인한 뿌리 썩음, 태풍 피해, 이식 장해 등으로 수세가 약해진 나무에서 잘 발생한다.

### 병징과 표징

장마철 이후부터 발생하기 시작하며, 특히 여름철에 비가 자주 내릴 때 잘 발생한다. 처음에는 잎의 끝부분부터 퇴색해서 마르며, 곧이어 잎 전체가 회갈색~회백색으로 변한다. 파종묘에서는 묘목의 줄기 선단부가 침해되기도 한다. 회갈색~회백색으로 바랜 잎 부위에는 약간 볼록하게 돋아 오르고, 가운데가 갈라진 듯한 흑색의 미소한 분생포자층이 다수 나타난다. 비가 와서 다습하면 이들 분생포자층에서 삼각뿔 또는 덩굴손 모양의 까만 분생포자덩이가 솟아 나온다.

### 병원균

*Pestalotiopsis* spp.

곰팡이의 일종으로 자낭균류에 속하며, 분생포자를 형성한다.

### 병환(病環)

병반 위에 형성된 분생포자덩이는 비가 오면 빗물에 쉽게 녹아 퍼지며, 분생포자는 날아 흩어지는 빗물에 섞여 또는 바람에 실려 주변의 나무로 전파된다. 병원균은 강풍, 곤충 등으로 인해 잎에 생긴 상처를 통해 침입하여 병을 일으킨다. 병원균의 월동 방법을 비롯한 자세한 발생 상태는 밝혀지지 않았다.

### 방제

- 묘포에서는 밀식을 피하고, 통풍, 채광, 배수가 잘되도록 환경 관리에 힘쓴다.
- 이 병은 나무가 쇠약해졌을 때 잘 발생하므로, 적절한 관수와 배수, 그리고 비배관리로 건강한 수세를 유지하는 것이 중요하다.
- 병든 가지는 발견 즉시 제거해서 땅에 묻거나 태워 병원균의 분산을 방지한다.
- 묘포에서는 발병 초기에 클로로탈로닐, 만코제브, 동수화제 등을 2주 간격으로 2~3회 살포하여 병의 확산을 방지한다.

**A** 페스탈로티아 잎마름병에 걸린 소나무
**B, C** 잎에 나타난 병징
**D** 회갈색으로 바랜 잎에 형성된 까만 분생포자덩이(원내)
**E** 병든 잎에 형성된 다수의 분생포자덩이
**F** 분생포자층에서 솟아나온 까만 삼각뿔 모양의 분생포자덩이
**G** 분생포자층에서 솟아나온 까만 덩굴손 모양의 분생포자덩이
**H** 병원균의 분생포자

A
B
C
D
E
F
2 mm
G
1 mm
H
20 μm

# 14 소나무류 피목가지마름병
Cenangium twig blight of pines

소나무류 피목가지마름병(皮目枝枯病, Cenangium twig blight of pines)은 소나무, 해송, 잣나무 등 소나무류에 흔히 발생하는 병으로, 이상건조, 충해, 영양불량, 뿌리장해(障害), 풍해, 밀식 등으로 나무가 쇠약해졌을 때 잘 발생한다. 어린나무는 줄기가 침해되어 나무 전체가 고사하는 경우도 있다.

## 병징과 표징

4~5월경, 수관 선단부의 가지가 말라 죽으면서, 피목과 수피의 갈라진 틈에서 쭈그러진 컵 모양의 암갈색 균체(자낭반)들이 한 곳에 한 개 혹은 수 개씩 나타난다. 이들 자낭반은 지름 0.5~2cm 정도 되는 2~3년생 가지에 많이 나타나며, 자낭반이 형성된 가지의 잎은 수분을 잃고 누렇게 바래다가 5~6월에는 적갈색이 되어 말라 죽는다. 말라 죽은 잎은 곧 떨어지지 않고 한동안 그대로 달려 있지만, 여름이 가기 전에 대부분 떨어진다. 가지와 어린줄기에 나타난 자낭반은 비를 맞으면 부풀어서 지름 2~3mm가 되는 암황색의 접시 모양으로 펴지며, 건조하면 다시 오그라든다.

## 병원균

*Cenangium ferruginosum*

곰팡이의 일종으로 자낭균류에 속하며, 자낭포자를 형성한다.

## 병환(病環)

병든 가지에 형성된 자낭반은 7~8월, 비가 올 때 자낭포자를 방출하며, 이들 자낭포자는 바람에 의해 전파되어 주로 당년생~1년생 가지의 피목과 상처를 통해 침입한 후, 균사의 형태로 겨울을 나고 이듬해 봄에 자낭반을 형성한다. 많은 경우 내생균(endophyte)으로 수피 내에 잠복해 있다가 수세가 약해지면 수피를 찢고 자실체(자낭반)를 형성한다.

## 방제

- 병든 가지는 장마가 시작되기 전에 잘라서 태우거나 땅에 묻어 전염원을 제거한다.
- 이 병이 발생했다는 것은 나무가 쇠약하다는 신호이므로, 적절한 시비와 특히 여름철 건조기에 충분한 물주기를 통해 수세 회복에 힘쓴다. 또한 평소에 비배관리를 잘해서 나무가 쇠약해지지 않도록 예방하는 것이 중요하다.
- 이 병은 보통 수년에 한 번씩 발생하는데, 만일 같은 장소에서 매년 발생할 때는 식재지의 환경조건이 나무의 생육에 맞지 않는다는 증거이므로 식재지의 환경을 개선하도록 한다.

**A, B** 소나무 피목가지마름병의 병징
**C** 피목가지마름병으로 적갈색이 되어 말라 죽은 잎
**D** 병든 가지의 피목 위에 형성된 자낭반
**E** 병든 가지의 갈라진 수피 틈에 나타난 성숙 자낭반
**F** 비를 맞아 암황색의 접시 모양으로 부푼 자낭반
**G** 말라 오그라든 성숙 자낭반
**H** 쭈그러진 컵 모양의 성숙 자낭반
**I** 자낭과 자낭포자
**J** 8개의 자낭포자가 들어 있는 자낭

A
B
C
5 mm
D
3 mm
E
2 mm
F
5 mm
G
H
30 µm
I
자낭포자
자낭
30 µm
J

# 15 소나무류 혹병

Pine-oak gall rust

소나무류 혹병(Pine-oak gall rust)은 소나무와 해송의 줄기나 가지에 크고 작은 혹을 형성하는 병으로, 주로 소나무 또는 해송과 참나무류가 함께 자라는 혼효림(混淆林)에서 발생한다. 혹이 생긴 부위는 강풍이나 폭설에 의해 부러지기 쉬우며, 혹이 생긴 나무는 조경수나 목재로서 쓸모가 없게 된다. 이 병은 수령에 관계없이 수십 년 된 큰 나무는 물론, 2~3년생의 묘목에서도 발생한다.

## 병징과 표징

줄기나 가지에 작은 혹이 생기며, 해마다 커져 지름이 20~30cm에 이르기도 한다. 하나의 줄기나 가지에 여러 개의 혹이 생기는 경우도 많다. 12월~이듬해 2월, 혹의 수피 표면에는 물방울 모양의 주황색 녹병정자덩이가 스며 나오고, 4~5월에는 노란 가루 모양의 녹포자가 분출된다. 한편 중간기주인 참나무류의 잎 뒷면에는 5~7월에 노란 가루 모양의 여름포자더미가, 8~9월에는 2~3mm 되는 흑갈색 털 모양의 겨울포자더미가 나타난다.

## 병원균

*Cronartium orientale*

곰팡이의 일종으로 담자균류에 속하며, 중간기주와 기주교대를 하는 이종기생성 녹병균이다. 소나무류에서는 혹 부위에 녹병정자와 녹포자를, 그리고 참나무류의 잎에는 여름포자와 겨울포자를 형성한다. 중간기주로는 졸참나무를 비롯해, 신갈나무, 상수리나무, 떡갈나무, 가시나무, 물참나무, 굴참나무 등 참나무류와 그 밖에 밤나무, 구실잣밤나무 등이 알려져 있다.

## 병환(病環)

병원균은 혹 조직 내에서 균사의 형태로 월동하고, 4~5월에 혹 표면에 다량의 녹포자를 분출한다. 녹포자는 바람에 의해 전파되어 참나무류의 새잎을 감염해서 잎 뒷면에 여름포자를 만들며, 여름포자는 여름 동안 참나무류에 전염을 반복한다. 가을에는 여름포자가 사라지고, 그 자리에 겨울포자가 형성된다. 겨울포자는 곧 발아해서 담자포자를 만들며, 담자포자는 바람에 의해 소나무류에 전파되어 당년생 침엽을 감염한다. 병원균은 침엽 내에서 자라면서 점차 가지와 줄기로 확산하며, 감염 6개월쯤 후에는 가지가 부풀어 오르면서 혹이 생기기 시작한다. 혹은 점차 커지며, 어느 정도 자라면 매년 봄 녹포자를 분출해서 중간기주로 옮겨가 병환을 반복한다.

## 방제

- 소나무류 묘포 주변의 중간기주와 혹병에 걸린 소나무를 제거하고, 9~10월에 트리아디메폰 수화제를 2주 간격으로 2~3회 살포한다.
- 혹이 줄기에 생긴 나무는 제거하고, 가지에만 생겼을 때는 가지를 제거해 태우거나 땅에 묻는다.

**A** 혹병에 걸린 소나무
**B** 주황색 녹포자덩이로 뒤덮인 혹
**C, E** 혹 표면에 스며 나온 주황색 녹병정자덩이(화살표)
**D** 어린 가지에 생긴 작은 혹들
**F** 중간기주인 졸참나무 잎 뒷면에 형성된 털 모양의 겨울포자덩이
**G** 겨울포자덩이의 확대 사진
**H** 병원균의 녹병정자
**I** 병원균의 녹포자
**J** 녹포자의 주사전자현미경 사진

A
B
C
D
E
F
G
H
5 µm
I
20 µm
J
5μm

16

# 스트로브잣나무 잎떨림병

Needle cast of eastern white pine

스트로브잣나무 잎떨림병(葉振病, Needle cast of eastern white pine)은 봄철에 심한 조기낙엽을 일으키는 병으로, 심하게 발병하면 묘목은 대부분 말라 죽으며, 성목은 성장이 위축되고 쇠약해진다.

## 병징과 표징

8~9월에 걸쳐 잎에 담황색~담갈색의 작은 반점들이 점점이 나타나는데, 병징은 더 이상 진전되지 않고 그 상태로 겨울을 난다. 병든 잎은 이듬해 5월 중순쯤부터 점점 누렇게 되면서 조금씩 떨어지기 시작하다가 5월 하순~6월 초순에는 급격히 잎 전체가 황갈색이 되면서 심하게 낙엽 진다. 이 무렵 강한 비가 한차례 내리면 병든 잎은 일제히 떨어지고, 가지에는 어린 새잎만 앙상하게 남는다. 7~8월경, 병든 낙엽 위에는 길이 0.5~1mm 정도 되는 약간 볼록하게 돋아 오르고 그 한가운데가 약간 길게 갈라진 타원형의 새까만 균체(자낭반)와 미세한 까만 점들(정자기)이 나타나며, 또 이들 균체를 사이에 두고 가느다란 까만 횡선(橫線)이 나타나는 경우가 많다.

## 병원균

*Lophodermium seditiosum*, *Lophodermium* spp.
곰팡이의 일종으로 자낭균류에 속하며, 자낭포자를 형성한다.

## 병환(病環)

병든 낙엽 위에 형성된 성숙한 자낭반은 7~9월, 비가 올 때 자낭포자를 방출하며, 자낭포자는 바람에 의해 햇잎에 옮겨가 감염을 일으킨다. 병원균은 감염된 잎 조직 내에서 균사의 형태로 겨울을 나고, 이듬해 6~7월에 자낭반을 형성한다.

## 방제

- 5월 하순~6월 초순에 병든 잎이 모두 떨어지고 나면, 떨어진 잎을 모아서 태우거나 땅에 묻어 전염원을 제거한다.
- 이 병은 수세가 떨어졌을 때 잘 발생하므로 유기질 비료를 주는 등 평소에 비배관리를 잘해서 수세를 증진시킨다.
- 배수가 불량한 곳, 저지대 등에서 잘 발생하므로 배수가 잘되도록 관리한다.
- 7~9월에 만코제브 수화제, 클로로탈로닐 액상수화제, 동수화제 등을 2주 간격으로 3~4회 살포한다.

A 잎떨림병에 걸린 스트로브잣나무
B 잎떨림병으로 묵은 잎들이 거의 다 떨어진 모습
C 잎떨림병에 걸려 황갈색으로 변한 낙엽 직전의 1년생 잎
D 감염된 잎에 나타난 초기 병징
E 감염된 잎에 나타난 후기 병징
F 병든 낙엽 위에 형성된 흑미 모양의 까만 자낭반
G 자낭반

A
B
C
D
E
1 mm
F
1 mm
G
0.5 mm

# 17 잣나무 물집녹병(털녹병)

Blister rust of Korean pine

잣나무 물집녹병(發疹銹病, Blister rust of Korean pine)은 1970년대 초반부터 1980년대 중반까지 전국의 잣나무 조림지에서 크게 발생하여 문제가 된 병이다. 잣나무 물집녹병은 오랫동안 '잣나무 털녹병'이라는 잘못된 이름으로 불려 왔다. 이는 병원균의 중간기주인 까치밥나무류에 발생하는 '까치밥나무류 털녹병(일본어: 毛銹病)'을 잣나무의 병명으로 잘못 옮긴 데서 비롯된 것이다. 이 병의 영어 명칭은 'blister rust', 일본어 명칭은 '發疹銹病(발진수병)'이며, 이를 직역한 '물집녹병'이 올바른 명칭이다.

## 병징과 표징

4월 하순~5월 중순경, 줄기나 가지에 담황색의 녹포자가 가득 찬 물집 모양의 녹포자기가 다수 나타난다. 감염 부위는 부풀고 갈라 터지며, 결국에는 나무가 말라 죽는다. 한편, 중간기주인 송이풀의 잎 뒷면에는 6월 하순~8월 초순에 노란 가루 형태의 여름포자더미가 다수 형성되며, 8월 중하순에는 길이 2mm가량의 담갈색 털 모양의 겨울포자더미가 무리 지어 나타난다.

## 병원균

*Cronartium ribicola*

곰팡이의 일종으로 담자균류에 속한다. 병원균은 잣나무와 중간기주인 송이풀(*Pedicularis resupinata*) 사이를 오가며 생활하는 이종기생성(異種寄生性) 녹병균으로, 잣나무에서 녹병정자와 녹포자세대를, 그리고 송이풀에서 여름포자와 겨울포자세대를 지낸다.

## 병환(病環)

5월 중하순쯤, 잣나무의 줄기와 가지에 생긴 녹포자기가 터지면서 녹포자가 바람에 날려 중간기주인 송이풀에 전파된다. 6월 하순쯤 송이풀의 잎 뒷면에는 여름포자더미가 형성되며, 여름포자는 8월 초순까지 송이풀에 전염을 이어간다. 8월 중하순에는 여름포자더미가 사라지고, 그 자리에 겨울포자더미가 형성된다. 겨울포자는 곧 발아해서 담자포자를 형성하며, 담자포자는 바람에 날려 잣나무로 옮겨가 잎의 기공을 통해 침입한다. 감염 후 2~4년간의 잠복기가 지나면, 8~9월경에 줄기나 가지의 수피 표면에 물방울 모양의 담황색 녹병정자덩이가 형성되고, 이듬해 4~5월경에는 같은 부위에 물집 모양의 녹포자기가 형성되어 병환이 반복된다.

## 방제

- 녹포자기가 가지에만 발생했을 때는 가지만을 제거하고, 줄기에 나타났을 때는 나무 전체를 제거해서 태우거나 땅에 묻는다.
- 잣나무 임지 내 및 주변의 송이풀을 지속적으로 제거한다. 송이풀은 다년생 숙근초로, 뿌리까지 죽이는 제초제(예: 근사미)를 사용해 완전히 제거하지 않으면 다음 해 봄에 다시 자란다.

**A** 물집녹병으로 고사한 잣나무
**B, C** 줄기가 담황색 물집 모양의 녹포자기로 뒤덮인 병징
**D** 줄기에 형성된 녹병정자덩이(화살표)
**E** 중간기주인 송이풀
**F** 송이풀 잎 뒷면에 나타난 여름포자더미
**G** 송이풀 잎 뒷면에 나타난 겨울포자더미
**H** 꽃이 핀 송이풀
**I** 병원균의 여름포자(주사전자현미경 사진)
**J** 병원균의 녹포자(주사전자현미경 사진)

A
B
C
D
E
F
G
H
I
5 μm
J
5 μm

# 18 은행나무 그을음얼룩병

Sooty blotch of ginkgo

은행나무 그을음얼룩병(煤斑病, Sooty blotch of ginkgo)은 은행나무에 흔히 발생하는 병으로, 큰 나무보다는 묘목, 어린나무, 맹아지 등에 주로 많이 발생하며, 특히 묘목에 피해가 크다. 그을음덩이가 쌓인 것 같은 지저분한 모습의 대형 병반과 조기낙엽으로 인해 나무의 미관이 크게 훼손되고 수세도 약해진다.

## 병징과 표징

장마철 이후부터 발생한다. 처음에는 잎의 가장자리부터 잎의 기부를 향해 부채꼴~쐐기 모양의 갈색 병반이 형성되며, 병반의 주변부는 황록색을 띤다. 병반은 점차 확대되면서 잎 면의 절반 이상을 차지하기도 하며, 이웃한 병반이 서로 융합하여 잎 면의 대부분을 차지할 정도로 크게 확대되는 경우도 많다. 병반의 앞뒤 양면에는 흑갈색의 그을음덩이 같은 균체(자좌, 분생포자경, 분생포자의 집합)가 나타나며, 심하게 병든 잎은 누렇게 변해 일찍 떨어진다.

## 병원균

*Gonatobotryum apiculatum*

곰팡이의 일종으로 불완전균류에 속하며, 분생포자를 형성한다.

## 병환(病環)

병원균은 병든 낙엽에서 자좌(子座)의 형태로 겨울을 나며, 자좌에 형성된 분생포자는 흩날리는 빗물에 의해 전파되어 감염을 일으킨다.

## 방제

- 늦가을~이른 봄에 병든 낙엽을 모아서 태우거나 땅에 묻어 월동 전염원을 제거한다.
- 피해가 자주 발생하는 곳에는 장마가 끝나면서부터 티오파네이트메틸 수화제, 만코제브 수화제 등을 2주 간격으로 2~3회 살포한다.

A 그을음얼룩병에 걸린 은행나무
B 은행나무 그을음얼룩병의 병징
C 그을음덩이 같은 병원균의 균체(자좌)로 뒤덮인 병반의 앞면
D 병반의 뒷면에 형성된 그을음덩이 같은 까만 균체들
E 병반 위에 형성된 병원균의 자좌 집단
F 병원균의 분생포자

A
B
C
D
E
1 mm
F
10 μm

# 19 은행나무 잎마름병
## Leaf blight of ginkgo

은행나무 잎마름병(葉枯病, Leaf blight of ginkgo)은 여름철에 고온 건조한 날씨가 장기간 지속되거나 태풍이 지나간 뒤에 흔히 발생하는 병으로, 주로 어린나무와 묘목에 피해를 주며, 성목에는 거의 발생하지 않는다.

### 병징과 표징

여름부터 가을에 발생한다. 처음에는 잎 가장자리에 갈색의 불규칙한 고사 부위가 나타나며, 이후 부채꼴 모양으로 잎 안쪽으로 확대된다. 병반의 가장자리는 황록색으로 퇴색하며, 병반은 점차 회갈색으로 변한다. 병반의 앞뒤 양면에는 약간 볼록하고 가운데가 갈라진 미소한 흑색점(분생포자층)이 다수 형성된다. 비가 오거나 다습하면, 이들 분생포자층에서 삼각뿔 또는 실오라기 모양의 검은 분생포자덩이가 솟아 나온다. 병든 잎은 쉽게 떨어지지 않고 오랫동안 나무에 붙어 있어 전체적으로 나무가 지저분한 모습을 보인다.

### 병원균

*Pestalotiopsis* spp.

곰팡이의 일종으로 자낭균류에 속하며, 분생포자와 자낭포자를 형성한다.

### 병환(病環)

자세한 병환은 밝혀져 있지 않으나, 병든 낙엽에서 월동한 병원균이 이듬해 봄에 분생포자를 형성하여 1차 전염원이 될 것으로 추측된다. 병원균은 병반의 표피 아래에 분생포자층을 형성하고, 다습하거나 비가 오면 분생포자덩이를 분출한다. 분생포자덩이는 빗물에 잘 풀리며, 분생포자는 빗물, 바람, 곤충 등에 의해 주변으로 분산되어 주로 강풍이나 해충의 식해 등으로 잎에 생긴 상처 부위를 통해 침입해 병을 일으킨다.

### 방제

- 늦가을에 병든 낙엽을 모아서 태우거나 땅에 묻어 월동 전염원을 차단한다.
- 묘포에서는 6~9월에 만코제브, 클로로탈로닐, 티오파네이트메틸 등을 한 달에 1~2회 살포하여 병의 확산을 방지한다.
- 태풍이 지나간 뒤에는 예방 목적으로 위의 약제를 2~3회 살포한다.
- 묘포에서는 밀식을 피하고, 과습하지 않도록 배수 관리를 잘한다.
- 수세가 약한 나무에 많이 발생하므로, 적절한 비배관리를 통해 수세를 증진시킨다.

**A** 은행나무 잎마름병의 병징
**B** 병반의 분생포자층에서 솟아 나온 검은 실오라기 모양의 분생포자덩이
**C** 잎에 형성된 병반
**D** 병반 위에 형성된 미소한 검은 분생포자층
**E** 병반 위에 형성된 다수의 분생포자층
**F** 병원균의 분생포자

A
B
C
0.5 mm
D
E
F
20 µm

# 20 구상나무 그을음잎마름병
Rhizosphaera needle blight of Korean fir

구상나무 그을음잎마름병(Rhizosphaera needle blight of Korean fir)은 구상나무에 흔히 발생하는 병으로, 가뭄 등으로 인해 수세가 약해졌을 때 잘 발생하며, 심한 낙엽 피해를 일으킨다.

## 병징과 표징

봄~초여름에 가지 끝에 있는 새잎이 처음에는 녹황색으로 변하고 차츰 갈색~적갈색으로 변색한다. 병든 잎의 뒷면에는 기공조선을 따라 미소한 흑갈색 알갱이 형태의 분생포자각이 다수 형성된다. 이들 분생포자각은 10배율 정도의 루페로 관찰이 가능하며, 그을음잎마름병을 진단하는 데 중요한 지표가 된다. 병은 보통 나무의 아래 가지에서 시작되어 점차 위 가지로 확산된다. 감염된 당년생 잎은 가을에 떨어지지 않고 월동하며, 이듬해의 전염원이 된다. 반면, 전년도에 감염된 1년생 잎은 늦여름~가을에 대부분 떨어진다.

## 병원균

*Rhizosphaera* spp.

곰팡이의 일종으로 불완전균류에 속하며, 분생포자를 형성한다.

## 병환(病環)

병원균은 병든 잎과 낙엽에서 분생포자각의 형태로 겨울을 나고, 이듬해 봄~초가을 비가 올 때 분생포자각에서 분출한 분생포자가 날아 흩어지는 빗물과 바람에 의해 분산되어 새잎을 감염한다. 감염된 잎의 뒷면에는 여름~가을에 많은 흑갈색 분생포자각이 형성되고, 잎은 갈색으로 변색되지만 대부분 떨어지지 않고 월동하여 이듬해의 전염원이 된다.

## 방제

이 병은 방제하기가 쉽지 않지만, 적절한 관리로 피해를 줄일 수 있다.

- 조경 목적으로 정원이나 공원 등에 심은 나무는 가뭄 때 물을 충분히 주고 바크칩(수피 조각) 등으로 멀칭을 하여 여름철 지온의 상승을 완화한다.
- 매년 병이 발생하는 나무는 예방 목적으로 봄철 새잎이 피어날 때부터 클로로탈로닐 수화제, 동수화제, 만코제브 수화제 등을 2~3주 간격으로 2~3회 뿌린다.
- 병원균은 잎이 젖어 있을 때 침입하므로 되도록 엽면 관수를 피하고 토양 관수를 한다.
- 묘포에서는 통풍이 잘되도록 밀식을 피한다.
- 임지에서는 병든 나무와 병든 가지를 제거해서 병의 확산을 막는다.

A 구상나무 그을음 잎마름병의 병징
B, C 병든 잎의 뒷면에 기공조선을 따라 나타난 분생포자각
D 분생포자각
E 병원균의 분생포자
F 병원균의 분생포자(위상차현미경 사진)

A
B
1 mm
C
D
0.3 mm
E
10 μm
F
10 μm

# 21 구상나무 스클레로데리스 가지마름병

Scleroderris canker of Korean fir

구상나무 스클레로데리스 가지마름병(枝枯病, Scleroderris canker of Korean fir)은 눈이 많이 쌓이는 고산 한랭지의 구상나무 임지에 널리 발생하는 병으로, 겨울 동안 눈 속에 묻히는 어린나무에 많이 발생한다. 주로 한라산과 지리산의 구상나무 자생지에 발행한다.

## 병징과 표징

겨울 동안 눈 밑에 묻혀 있던 지난해에 감염된 가지(1년생 가지)가 눈 밖으로 나올 때, 가지에 있는 녹색 잎이 무더기로 떨어진다. 잎이 다 떨어진 가지는 눈(芽)이 트지 않고 말라 죽는다. 6~7월에는 말라 죽은 가지(1년생 가지)의 수피와 엽흔에 작은 반구형의 흑갈색 균체(분생포자각)가 다수 나타나고, 전년도에 말라 죽은 2년생 가지에는 쟁반~컵 모양의 흑갈색 자낭반이 드물게 나타난다. 비가 와서 다습하면 분생포자각에서 유백색 분생포자덩이가 스며 나오고, 자낭반은 자낭포자를 방출한다.

## 병원균

*Gremmeniella abietina* [=(무성세대) *Brunchorstia pinea*]

곰팡이의 일종으로 자낭균류에 속하며, 자낭포자와 분생포자를 형성한다. 이 병원균에는 다양한 계통(strain)이 있는 것으로 알려져 있는데, 우리나라의 구상나무에 발생하는 병원균의 계통은 아직 밝혀지지 않았다.

## 병환(病環)

1년생 말라 죽은 가지에 형성된 분생포자와 2년생 말라 죽은 가지에 형성된 자낭포자는 6~7월에 비가 올 때 날아 흩어지는 빗물과 바람에 의해 분산되어 새순을 감염한다. 병원균의 균사는 겨울 동안 눈 속에 묻힌 감염된 새순의 조직 내에서 자라면서 이듬해 6~7월에 분생포자각을 형성하여 병환을 이어간다.

## 방제

- 병든 가지와 심하게 병든 나무는 포자가 비산하는 6월 이전에 제거해서 병의 확산을 막는다.
- 묘포에서는 5월 하순~7월에 클로로탈로닐 수화제를 2주 간격으로 2~3회 살포한다.

**A** 스클레로데리스 가지마름병으로 말라 죽은 구상나무
**B** 스클레로데리스 가지마름병으로 잎이 다 떨어진 가지
**C** 감염된 1년생 가지에 나타난 다수의 까만 분생포자각들
**D** 감염된 1년생 가지의 엽흔에 나타난 분생포자각
**E** 분생포자각에서 분출한 유백색 분생포자덩이
**F** 각벽이 갈라 터진 분생포자각 내의 유백색 분생포자덩이
**G** 여러 개의 분생포자각이 나타난 1년생 가지의 엽흔
**H** 병원균의 분생포자

A
B
1 mm
C
D
0.5 mm
E
0.2 mm
F
0.5 mm
G
20 μm
H

# 22 구상나무 잎녹병

## Leaf rust of Korean fir

구상나무 잎녹병(Leaf rust of Korean fir)은 한라산과 지리산의 구상나무 숲에서 종종 관찰되는 병으로 조기낙엽을 일으키며, 주로 어린나무에 많이 발생한다.

### 병징과 표징

처음에는 새잎에 노란색의 작은 병반이 나타나고, 그 위에 황갈색의 미소한 점(병원균의 녹병정자기)들이 나타난다. 이어서 녹병정자기 병반의 뒷면에 하얀 막으로 둘러싸인 반구형의 물집 같은 백색~담황색의 녹포자기가 형성되며, 나중에 녹포자기의 호막(護膜)이 터지면서 백색~담황색 녹포자가 분출한다. 녹포자가 모두 비산하고 나면 병든 잎은 곧 떨어진다. 병이 크게 발생하면 다량의 녹포자가 가지에 달라붙어 마치 재를 뿌린 것처럼 보인다.

### 병원균

*Milesina* spp., *Uredinopsis* spp., *Pucciniastrum* spp., *Melampsora* spp. 등

곰팡이의 일종으로 담자균류에 속하며, 녹병정자, 녹포자, 여름포자, 겨울포자, 담자포자를 형성한다. 구상나무를 비롯한 전나무류에는 많은 종류의 잎녹병균이 발생하는 것으로 알려져 있고, 이들은 모두 이종기생성 녹병균으로, 중간기주와 기주교대를 한다. 잎녹병균의 종류에 따라 각각 고유의 중간기주가 있으며, *Milesina*속균과 *Uredinopsis*속균의 경우, 고사리류가 중간기주로 알려져 있다. 이들 잎녹병균은 전나무류의 잎에 녹병정자와 녹포자를 형성하고, 중간기주에 여름포자, 겨울포자, 담자포자를 형성한다.

### 병환(病環)

*Milesina*속균의 경우, 중간기주인 고사리류의 잎에서 월동한 겨울포자는 봄에 발아해서 담자포자를 형성하며, 담자포자는 바람에 의해 전파되어 구상나무 잎을 감염하여 녹병정자기와 녹포자기를 형성한다. 녹포자기가 터지면서 비산한 녹포자는 고사리류의 잎을 감염하여 여름포자와 겨울포자를 형성한다.

### 방제

- 잎녹병이 심하게 발생한 나무는 녹포자가 비산하기 전에 제거해서 태우거나 땅속에 묻어 병의 확산을 차단한다.
- 감염목 주변의 중간기주를 제거한다.

**A** 구상나무 잎 뒷면에 형성된 녹포자기(녹포자가 모두 비산하고 녹포자기의 호막만 남아 있다)
**B** 잎 뒷면에 형성된 녹포자기
**C** 잎 뒷면의 녹포자기(위는 포자 비산 전, 아래는 포자 비산 후의 모습)
**D** 중간기주인 고사리(관중) 잎에 형성된 여름포자더미
**E** 구상나무 잎녹병균의 여름포자
**F** 여름포자의 주사전자현미경 사진(포자의 표면이 밋밋하다)
**G** 병원균의 녹포자
**H** 녹포자의 주사전자현미경 사진

A
B
C
D
0.5 mm
E
30 µm
F
5µm
G
10 µm
H
5µm

# 23 전나무 그을음잎떨림병

Rhizosphaera needle cast of needle fir

전나무 그을음잎떨림병(Rhizosphaera needle cast of needle fir)은 세계적으로 전나무류에 널리 발생하는 병으로, 잎의 갈변과 심한 조기낙엽을 일으켜 나무의 미관이 크게 훼손되고, 수세도 상당히 약화된다. 이 병은 가뭄 등으로 인해 수세가 떨어진 나무에서 잘 발생한다.

## 병징과 표징

병징은 지난해에 감염된 1~2년생 묵은 잎에 먼저 나타난다. 4~5월쯤, 먼저 잎의 끝부분부터 담갈색~갈색으로 변하기 시작해서 잎 길이의 절반 이상까지 확대되며, 변색부와 건전 녹색부와의 경계는 또렷하다. 잎 뒷면의 변색부에는 작고 까만 알갱이 같은 분생포자각이 기공열(氣孔列)을 따라 줄지어 나타나며, 10배율 정도의 확대경으로도 잘 보인다. 비가 와서 다습하면, 이들 분생포자각에서 하얀 분생포자덩이가 스며 나온다. 갈변된 1~2년생 묵은 잎은 5월 중순쯤부터 시작해서 늦여름까지 수시로 낙엽하며, 특히 장마철에 많이 낙엽 진다. 병은 아래 가지의 잎에 먼저 발생해서 위 가지의 잎으로 퍼져나간다. 한편, 봄~여름에 감염된 새잎과 1년생 잎에는 당년에 눈에 띄는 증상이 나타나지 않으며, 이듬해 봄에 잎이 갈변하면서 분생포자각이 나타나야 비로소 감염된 것을 알 수 있다.

## 병원균

*Rhizosphaera kalkhoffii*, *Rhizosphaera* spp.

곰팡이의 일종으로 불완전균류에 속하며 분생포자를 형성한다.

## 병환(病環)

병원균은 당년에 감염된 잎과 병든 낙엽에서 겨울을 나고, 이듬해 봄~여름에 잎 뒷면에 분생포자각을 형성한다. 비가 와서 다습하면 분생포자각에서 분생포자를 방출하며, 분생포자는 날아 흩어지는 빗물에 의해 전파되어 같은 나무와 이웃 나무의 새잎과 1년생 잎을 감염한다. 감염된 잎에는 이듬해 봄~초여름에 분생포자각이 형성되고 병환이 이어진다.

## 방제

- 늦가을~이른 봄에 병든 낙엽을 모아서 태우거나 땅속에 묻어 월동 전염원을 제거한다.
- 피해가 자주 발생하는 곳에서는 새잎이 필 때부터 티오파네이트메틸 수화제, 클로로탈로닐 수화제, 만코제브 수화제 등을 2주 간격으로 2~3회 뿌린다.
- 묘포에서는 밀식을 피하고, 통풍이 잘되도록 관리한다.
- 가뭄 때는 물을 충분히 준다.
- 적절한 비배관리를 통해 수세를 증진시킨다.

A 전나무 그을음잎떨림병의 병징(2018. 5. 오산 물향기수목원)
B 검은색 분생포자각으로 뒤덮인 병든 전나무 잎 뒷면
C 잎 뒷면에 형성된 분생포자각
D 병원균의 분생포자

A
B
C
0.3 mm
D
5 μm

# 24 주목 잎마름병

Phyllosticta needle blight of yew

주목 잎마름병(Phyllosticta needle blight of yew)은 흔히 발생하는 병은 아니지만, 일단 발생하면 심한 조기낙엽을 일으켜 나무를 볼품없게 만들고, 수년간 반복해서 발병하면 나무는 쇠약해져 말라 죽는다. 겨울철 건조, 가뭄, 토양 과습, 괴밀한 가지로 인한 통풍 불량 등으로 수세가 약해진 나무에 잘 발생한다.

## 병징과 표징

5월경부터 묵은 잎(1년생 잎)이 황록색으로 변하기 시작해서 점차 갈색~적갈색으로 변한다. 적갈색으로 변한 잎의 앞면에는 아주 작은 반구형의 까만 돌기가 점점이 나타나는데, 이것은 병원균의 분생포자각으로서 그 안에는 많은 분생포자가 들어 있다. 비가 와서 다습하면 분생포자각에서 유백색의 분생포자덩이가 밀려 올라온다. 적갈색으로 변한 잎은 곧 떨어지며, 장마철에 대부분 떨어진다.

## 병원균

*Phyllosticta thujae* (=*P. concentrica*)

곰팡이의 일종으로 불완전균류에 속하며, 분생포자를 형성한다.

## 병환(病環)

병원균은 병든 잎과 병든 낙엽에서 겨울을 나고 이듬해 봄~초여름에 분생포자를 형성하며, 분생포자는 날아 흩어지는 빗물에 의해 전파되어 새잎을 감염한다.

## 방제

- 늦가을~늦겨울에 병든 낙엽을 모아서 태우거나 땅에 묻어 월동 전염원을 제거한다.
- 피해가 자주 발생하는 곳에서는 새잎이 필 때부터 티오파네이트메틸 수화제, 클로로탈로닐 수화제, 만코지 수화제 등을 2주 간격으로 2~3회 뿌린다.
- 묘포에서는 밀식을 피하고 통풍이 잘되도록 관리한다.
- 적절한 비배관리로 수세를 증진시킨다.

A 잎마름병에 걸린 주목(2015. 5. 18, 속초)
B 주목잎마름병의 병징(갈변 고사한 잎이 심하게 낙엽 진 모습)
C 갈변 고사한 잎에 형성된 검은색 분생포자각
D 분생포자각에서 분출한 유백색 분생포자덩이
E 병원균의 분생포자
F 분생포자의 위상차현미경 사진(포자의 부속사가 명확하게 보인다)

A
B
2 mm
C
1 mm
D
20 μm
E
20 μm
F

# 25 서양측백나무 잎마름병

Phyllosticta needle blight of American arbovitae

서양측백나무 잎마름병(Phyllosticta needle blight of American arbovitae)은 서양측백나무에서 자주 관찰되는 병으로, 많은 잎이 마치 엽소(볕데임) 피해를 받은 것처럼 적갈색으로 변하고 바싹 말라서 너덜너덜해져 나무의 미관이 크게 훼손되고 수세도 약해진다. 수년간 반복해서 발생하면 나무는 쇠약해져 말라 죽는다. 이 병은 겨울철 건조, 가뭄, 과다한 전정 등으로 수세가 약해진 나무에 잘 발생한다.

## 병징과 표징

처음에는 잎 끝부분이 황록색으로 변하고 차츰 갈색으로 확대되며 나중에는 잎 전체가 적갈색으로 변해 마치 엽소 피해를 받은 것처럼 보인다. 적갈색 비늘잎 위에는 아주 작은 까만 점들이 다수 나타나는데, 이것은 병원균의 분생포자각으로서 그 안에는 많은 분생포자가 들어 있다. 비가 와서 다습한 환경이 되면 분생포자각에서 유백색의 분생포자덩이가 밀려 올라온다. 병든 잎은 바싹 마르고 잘 부서지며, 너덜너덜해져 밑으로 처진다.

## 병원균

*Phyllosticta thujae* (=*Phyllosticta concentrica*)

곰팡이의 일종으로 불완전균류에 속하며, 분생포자를 형성한다.

## 병환(病環)

병원균은 병든 잎과 병든 낙엽에서 겨울을 나고, 이듬해 봄~초여름에 분생포자를 형성한다. 같은 시기에 비가 오면 분생포자는 흩어지는 빗물에 의해 전파되어 새잎을 감염한다.

## 방제

- 늦가을~늦겨울에 병든 낙엽을 모아서 태우거나 땅에 묻어 월동 전염원을 제거한다.
- 피해가 자주 발생하는 곳에서는 새잎이 필 때부터 티오파네이트메틸, 클로로탈로닐, 만코제브 등을 2주 간격으로 2~3회 살포한다.
- 가뭄이 지속될 때는 물을 충분히 주고, 비배관리를 잘하여 수세를 강화한다.

A-C 서양측백나무 잎마름병의 병징
D 초기 병징(잎끝에서부터 말라 죽는다)
E 위부터 초기, 중기, 후기 병징
F 갈변한 비늘잎 위에 형성된 까만 분생포자각
G 분생포자각에서 분출한 유백색 분생포자덩이
H 병원균의 분생포자

A
B
C
D
E
1 mm
F
0.1 mm
G
H
10 μm

# 26 측백나무 검은돌기잎마름병
Chloroscypha needle blight of oriental arbovitae

측백나무 검은돌기잎마름병(黑粒葉枯病, Chloroscypha needle blight of oriental arbovitae)은 주로 울타리용으로 또는 정원수로 심은 측백나무에 흔히 발생하는 병으로, 심한 낙엽과 가지마름을 일으켜 나무의 성장과 미관을 저해한다. 여름철에 고온과 가뭄이 오래 지속되어 나무가 쇠약해졌거나 너무 밀식되어 수관 하부에 통풍과 채광이 불량할 때 잘 발생한다.

## 병징과 표징

5~7월에 걸쳐 먼저 밑가지의 안쪽에 있는 잎과 녹지(綠枝)가 적갈색으로 변하면서 말라 죽으며, 점점 바깥쪽과 위쪽으로 진전된다. 8월부터 병든 잎이 심하게 떨어지면서 수관 하부는 엉성한 모습을 드러낸다. 말라 죽은 가지의 침엽접합부에는 홈을 따라 지름 0.5~1mm 되는 까만 팽이 모양의 작은 돌기(자낭반)가 띄엄띄엄 또는 무리를 지어 나타난다. 비가 와서 다습하면 이들 자낭반은 부풀어 오르며 지름 1~2mm 되는 회흑색의 접시 모양이 된다. 잎이 많이 떨어진 가지는 쉽게 부러진다.

## 병원균

*Chloroscypha chamaecyparidis*

곰팡이의 일종으로 자낭균류에 속한다. 병원균은 측백나무 외에 황금측백나무, 편백, 화백 등도 침해한다.

## 병환(病環)

병든 잎에 형성된 자낭반은 비가 올 때 자낭포자를 방출하며, 자낭포자는 바람에 의해 전파된다. 병원균의 생활사와 잠복기 등에 대해서는 자세히 알려져 있지 않다.

## 방제

- 밀식을 피하고, 잎이 지나치게 무성할 때는 가지를 적절히 솎아내어 통풍과 채광이 잘되도록 한다.
- 병든 가지와 잎은 일찍 제거해서 땅에 묻거나 태운다.
- 여름철의 고온과 가뭄으로 나무가 쇠약해지지 않도록 적절한 관수와 비배관리를 통해 수세를 증진시킨다.

A 검은돌기잎마름병에 걸린 황금측백나무
B, C 적갈색으로 말라 죽은 잎
D 적갈색으로 말라 죽은 가지 안쪽의 잎
E 말라 죽은 잎에 나타난 2개의 까만 자낭반
F 잎 끝부분에 나타난 자낭반
G 병원균의 자낭과 자낭 내에 들어 있는 8개의 자낭포자

A
B
C
D
E
0.5 mm
F
0.5 mm
G
30 µm

# 27 향나무류 녹병
Juniper rust

향나무류 녹병(銹病, Juniper rust)은 이른 봄, 여러 종류의 향나무에 흔히 발생하는 병으로, 특히 4월에 비가 자주 내릴 때 많이 발생한다. 향나무나 가이즈까향나무에서는 병든 잎이 변색되거나 마르는 정도로 피해가 심하지 않지만, 눈향나무의 경우 심하면 굵은 가지가 말라 죽기도 한다. 향나무 녹병균은 배나무, 사과나무, 모과나무, 명자나무를 포함한 많은 장미과 식물과 기주교대를 하면서 이들 나무에 붉은별무늬병을 일으켜 큰 피해를 주는 것으로 잘 알려져 있다.

## 병징과 표징

2~3월경, 잎과 어린 가지에 길이 2~3mm 되는 삼각뿔 모양의 암갈색 겨울포자더미가 한두 개씩, 또는 집단으로 무리 지어 나타난다. 4월에 비가 자주 내리면 이들 겨울포자더미는 크게 부풀어서 주황색의 한천 또는 젤리 형태로 변하며, 비가 그친 후에는 다시 바싹 말라 오그라든다.

## 병원균

*Gymnosporangium asiaticum*, *G. yamadae* 등.
병원균으로는 *Gymnosporangium*속에 속하는 여러 종류가 알려져 있으며, 모두 곰팡이의 일종으로 담자균류에 속한다. 이들은 모두 이종기생성 녹병균으로, 장미과 식물을 중간기주로 삼아 기주를 번갈아 감염하며 생활환을 이어간다. 우리나라에 가장 널리 분포하고 있는 향나무 녹병균은 *G. asiaticum*과 *G. yamadae*로, 전자는 배나무, 모과나무, 명자나무 등과, 그리고 후자는 사과나무, 아그배나무 등과 기주교대를 한다.

## 병환(病環)

향나무 잎에 형성된 겨울포자더미에 있는 겨울포자는 4월 초순~중순 비가 올 때 발아하여 담자포자를 만든다. 담자포자는 빗물과 바람에 의해 중간기주인 배나무, 모과나무, 사과나무, 명자나무 등에 옮겨가 잎, 잎자루, 열매 등을 감염하여 녹병정자와 녹포자를 만든다. 녹포자는 6~7월에 바람에 날려 다시 향나무로 옮겨와 햇잎을 감염하여 약 7~8개월간 잠복해 있다가 이듬해 2~3월에 겨울포자더미를 형성하여 병환을 이어간다.

## 방제

- 3~4월에 트리아디메폰 수화제를 비롯한 적용 약제를 10~15일 간격으로 2~3회 나무 전체에 골고루 뿌린다.
- 배나무, 사과나무 등의 과수원 주변에는 되도록 향나무를 심지 않도록 한다.
- 향나무 녹병균의 중간기주인 배나무, 사과나무, 모과나무 등에는 향나무에서 담자포자가 날아오는 4월 중순부터 트리아디메폰 수화제 등 적용 약제를 2주 간격으로 3~4회 뿌린다.
- 겨울포자더미가 발생한 병환부는 제거해서 태우거나 땅에 묻는다.

A-C 가이즈까향나무 잎에 형성된 병원균의 겨울포자더미
D 비늘잎에 형성된 겨울포자더미의 확대 사진(가이즈까향나무)
E 비를 맞아 한천 모양으로 부풀어오른 겨울포자더미
F 병원균의 겨울포자(*G. asiaticum*)
G 겨울포자의 발아(*G. asiaticum*)
H 병원균의 담자포자(*G. asiaticum*)
I 담자포자의 발아(*G. asiaticum*)

A
B
3 mm
C
D
E
F
50 μm
겨울포자
담자포자
담자기
G
30 μm
H
10 μm
I
20 μm

28

# 향나무류 눈마름병

Bud blight of Chinese juniper

향나무류 눈마름병(芽枯病, Bud blight of Chinese juniper)은 4~5월에 비가 많이 오거나 또는 초여름의 이른 장마가 오래 이어질 때 많이 발생해서 심한 피해를 주며, 나무의 미관을 크게 해친다. 2~3년생의 묘목과 큰 나무에 모두 발생하며, 관리 불량, 이식 등으로 수세가 약해졌을 때 잘 발생한다.

## 병징과 표징

봄부터 초여름에 걸쳐 새 눈이 침해받는다. 처음에는 침엽이 진한 갈색으로 변하며, 나중에는 회갈색~회백색이 되면서 말라 죽는다. 말라 죽은 침엽 또는 눈의 축(軸) 위에는 까만 점 같은 미소한 알갱이들(분생포자각)이 다수 나타난다. 비가 와서 날씨가 다습하면 이들 분생포자각에서 덩굴손 모양의 유백색 끈적덩이(분생포자덩이)가 밀려 올라온다. 피해는 7~8월에 가장 심하게 나타나며, 대부분의 새잎이 회갈색이 되어 심하게 떨어진다.

## 병원균

*Macrophoma juniperina*

곰팡이의 일종으로 불완전균류에 속한다.

## 병환(病環)

병원균은 병든 잎에서 분생포자각 또는 균사의 형태로 겨울을 나고, 봄에 새 눈이 자라날 때쯤 분생포자각에서 분출한 분생포자가 튀어 흩어지는 빗물에 의해 또는 작은 곤충류의 몸에 묻어서 새 눈에 전파된다.

## 방제

- 수세가 약할 때 잘 발생하므로 평소에 비배관리를 잘해서 수세를 튼튼히 유지하도록 한다.
- 병에 걸린 가지와 순은 발견되는 대로 일찍 제거해서 태우거나 땅에 묻는다.
- 묘포에서는 밀식을 피하고 통풍이 잘되도록 관리한다.
- 5월 초순부터 만코제브 수화제, 옥시동수화제 등을 7~10일 간격으로 2~3회 정도 나무 전체에 약액이 골고루 묻도록 충분히 뿌린다.

**A, B** 눈마름병에 걸린 향나무
**C** 눈마름병으로 말라 죽은 잎
**D, E** 말라 죽은 새순의 잎 뒷면에 나타난 까만 분생포자각들
**F** 병든 침엽의 뒷면에 나타난 까만 분생포자각들
**G** 분생포자각에서 밀려 올라온 유백색 분생포자덩이
**H** 병원균의 분생포자

A
B
C
D
E
1 mm
F
0.3 mm
G
10 μm
H

## 29 향나무류 페스탈로티아 잎마름병
Pestalotiopsis leaf blight of junipers

향나무류 페스탈로티아 잎마름병(Pestalotiopsis leaf blight of junipers)은 가이즈까향나무와 옥향(둥근 향나무) 등의 묘목이나 어린나무에 흔히 발생하는 병으로, 특히 강풍이 지난 뒤 자주 발생해 피해를 준다.

### 병징과 표징
보통 여름 장마가 끝난 이후부터 발생하며, 주로 묘목과 어린나무의 잎과 가는 가지에 발생한다. 병에 걸린 잎은 처음에는 갈색~적갈색을 띠다가 점차 회갈색으로 변하며, 말라서 쉽게 부스러진다. 말라 죽은 잎과 가지에는 작고 약간 돌출된 검은 점들(분생포자층)이 드문드문 나타나며, 비가 오거나 다습하면 이들 분생포자층에서 검은색 삼각뿔~실오라기 모양의 분생포자덩이가 솟아오른다.

### 병원균
*Pestalotiopsis* spp.
곰팡이의 일종으로 자낭균류에 속하며, 분생포자를 형성한다.

### 병환(病環)
이 병원균은 병원성이 강하지 않아 식물체에 상처가 없을 때는 잘 침해하지 못하며, 강풍이 불 때나 묘목을 수송하는 과정에서 잎이나 작은 가지에 생긴 미세한 상처를 통해 침입하여 병을 일으킨다. 병원균은 병든 잎에서 분생포자층이나 균사의 형태로 월동하고, 이듬해 봄 비가 올 때 분생포자가 빗물에 의해 흩어지거나 곤충의 몸에 붙어 주변의 나무로 전파된다.

### 방제
- 향나무류 페스탈로티아 잎마름병은 가뭄, 장마에 의한 침수, 이식 장해, 강풍 피해 등으로 수세가 약해졌을 때 잘 발생하므로, 평소 물 관리와 비배관리를 잘해서 건강한 수세를 유지하는 것이 중요하다.
- 태풍이나 강풍이 지난 후에는 병의 예방을 위해 클로로탈로닐 수화제, 티오파네이트메틸 수화제, 만코제브 수화제, 동수화제 등을 1~2회 살포한다.
- 병든 잎과 가지는 발견되는 대로 제거해서 태우거나 땅에 묻어 전염원을 차단한다.

**A** 향나무류 페스탈로티아 잎마름병의 병징
**B, C** 회갈색으로 변해 말라 죽은 비늘잎에 형성된 검은 실오라기 모양의 분생포자덩이(원내)
**D** 말라 죽은 비늘잎에 형성된 분생포자덩이
**E** 병원균의 분생포자

A
B
C
D
1 mm
E
20 μm

# 30 히말라야시다 그을음잎마름병

Rhizosphaera needle blight of Himalayan cedar

히말라야시다(개잎갈나무) 그을음잎마름병(煤葉枯病, Rhizosphaera needle blight of Himalayan cedar)은 가로수나 공원수로 심은 히말라야시다에 흔히 발생하는 병으로 성목과 묘목에 모두 발생하며 특히 묘포에서 피해가 크다. 이 병은 토양의 과습, 가뭄, 심식, 복토, 뿌리의 기계적 상해 등으로 인해 수세가 약해진 나무에 잘 발생한다.

## 병징과 표징

6월 초순경부터 주로 당년생 새잎에 발생한다. 처음에는 수관 하부부터 시작하여, 잎끝이 황갈색~적갈색으로 변하며, 점차 잎 길이의 절반 이상까지 확산되고, 수관 상부로 진행된다. 잎의 변색된 부분과 녹색 부분은 뚜렷하게 구분된다. 변색 부위는 점차 회갈색이 되며, 기공조선을 따라 다수의 아주 작은 까만 알갱이들(분생포자각)이 줄지어 나타난다. 이들 분생포자각은 맨눈이나 5배율 정도의 확대경으로도 잘 보이며, 그 안에는 분생포자가 가득 차 있다. 병든 잎은 여름~가을에 낙엽 진다.

## 병원균

*Rhizosphaera kalkhoffii*

곰팡이의 일종으로 불완전균류에 속하며, 분생포자를 형성한다. 이 병원균은 소나무와 해송에 발생하는 그을음잎마름병균과 동일한 종이다.

## 병환(病環)

병원균은 나무에 달린 병든 잎이나 병든 낙엽에서 겨울을 나고, 이듬해 봄~여름, 비가 올 때 분생포자각에서 스며 나온 분생포자가 날아 흩어지는 빗방울이나 바람에 의해 전파되어 새잎을 감염한다.

## 방제

- 이 병은 여러 가지 불리한 환경 요인으로 인해 수세가 떨어졌을 때 잘 발생하므로 적절한 환경 개선과 비배관리를 통해 수세를 증진시키는 것이 중요하다.
- 병원균은 잎이 빗물에 오래 젖어 있을 때 기공을 통해 침입하므로, 잎이 오래 젖어 있지 않도록 과밀한 가지는 솎아내어 통풍과 채광이 잘되도록 한다.
- 늦가을에 병든 낙엽을 모아서 태우거나 땅에 묻어 월동 전염원을 제거한다.
- 나무 밑에 바크칩 등을 깔아 토양의 건조를 방지하고, 잡초 발생을 억제한다.
- 병이 매년 반복적으로 발생하는 경우, 봄에 새잎이 반쯤 자랐을 때부터 티오파네이트메틸 수화제, 만코제브 수화제, 동수화제 등을 2주 간격으로 2~3회 살포한다.

**A** 히말라야시다 그을음잎마름병의 병징(2012. 7. 24, 경산)
**B, D** 그을음잎마름병에 걸린 잎(잎끝에서부터 갈변한다)
**C, E** 갈변한 잎의 기공조선을 따라 나타난 까만 점 알갱이 모양의 분생포자각들
**F** 병원균의 분생포자
**G** 분생포자의 위상차현미경 사진(포자의 형태와 내용물이 선명하게 보인다)

A
B
C
2 mm
D
E
0.5 mm
F
5 μm
G
5 μm

1장

전염성병

# II. 활엽수의 병

칠엽수 얼룩무늬병

# 1 가시나무류 자줏빛곰팡이병

## Powdery mildew of oak

가시나무류 자줏빛곰팡이병(紫黴病, 흰가루병, Powdery mildew of oak)은 제주도를 비롯한 남부지방의 종가시나무, 붉가시나무, 가시나무, 참가시나무 등의 상록 참나무속 식물에 흔히 발생하는 병으로, 나무에 큰 피해를 주지는 않지만 심하게 발생하면 잎이 지저분한 모습을 띠므로 나무의 외관이 손상된다. 이 병은 잎에 자갈색~흑갈색 병반을 만들지만, 병원균은 흰가루병균과에 속하기 때문에 '뒷면 흰가루병'이라고 부르기도 한다.

### 병징과 표징

초여름부터 발생하며, 처음에는 잎 뒷면에 회백색 가루 모양의 균총(菌叢)들이 듬성듬성 나타난다. 균총은 점차 갈색으로 변해 두꺼워지며, 가을에 접어들면 자갈색~흑갈색의 우단(비로드) 같은 모습을 띤다. 심할 때는 잎 뒷면 전체가 우단 모양의 진한 자갈색 균총으로 뒤덮이며, 병반부의 앞면은 황록색을 띤다. 가을 늦게 균총 위에 또는 균총에 파묻혀 암갈색의 미소한 알갱이들(자낭구)이 다수 나타난다. 병든 잎은 일찍 떨어지지 않고 건전한 잎과 함께 오랫동안 나무에 달려 있는다. 밀식되었거나, 잎과 가지가 지나치게 무성해서 햇빛이 잘 들지 않고 통풍이 불량한 환경에서 잘 발생한다.

### 병원균

*Cystotheca wrightii*

곰팡이의 일종으로 자낭균류에 속하며, 자낭포자와 분생포자를 형성한다. 자낭구 내에 한 개의 자낭을 형성하며, 자낭에는 8개의 자낭포자가 들어 있다.

### 병환(病環)

병원균의 생활사는 자세히 알려져 있지 않으나, 다른 흰가루병균과 마찬가지로 병든 낙엽의 균총 내에서 자낭구의 형태로 겨울을 나고, 봄에 자낭포자가 1차 전염원이 되어 병을 일으키고 그 이후에는 분생포자를 형성하여 2차 전염을 반복하는 것으로 생각된다.

### 방제

- 밀식을 피하고, 지나치게 무성한 가지들은 솎아내어 채광과 통풍이 잘되도록 관리한다.
- 이 병이 자주 발생하는 곳에서는 월동 자낭포자에 의한 1차 전염이 일어나는 5~6월부터 시작해서 7월까지 베노밀 수화제, 샤프롤 유제, 리프졸 수화제, 기타 흰가루병 약제를 한 달에 1~2회 뿌리고, 휴면기에는 석회유황합제를 1~2회 뿌린다.

**A** 가시나무류 자줏빛곰팡이병의 병징
**B, C** 잎 앞면에 나타난 병징
**D** 잎 뒷면에 나타난 병징
**E, F** 병반 뒷면의 균총 내에 형성된 자낭구와 모상세포(毛狀細胞)
**G** 모상세포
**H** 병원균의 분생포자
**I** 한 개의 자낭이 들어 있는 자낭구
**J** 병원균의 자낭(자낭 안에 자낭포자가 보인다)
**K** 병원균의 자낭포자

A
B
C
D
E
200 μm
F
50 μm
G
50 μm
H
10 μm
I
50 μm
J
30 μm
K
20 μm

## 2 개나리 균핵가지마름병
### Twig blight of Korean forsythia

개나리 균핵가지마름병(枝枯菌核病, Twig blight of Korean forsythia)은 개나리의 개화기에 비가 자주 오고 서늘한 날씨가 이어질 때 많이 발생하는 병으로, 꽃잎, 잎, 새순이 모두 병들어 말라 죽기 때문에 나무의 미관이 크게 훼손되고, 수세도 약해진다.

### 병징과 표징

꽃이 피면서부터 꽃잎, 잎, 새순이 모두 갈색~흑갈색으로 변해 말라 죽으며, 심하면 2~3년생 가지도 말라 죽는다. 심하게 발병한 나무는 꽃잎과 잎이 다 떨어져 가지는 앙상한 모습이 된다. 병든 잎과 새순의 표면 곳곳에 하얀 균사와 균사덩이가 발생하며, 균사덩이는 나중에 2~5mm 정도 되는 까만 쥐똥같이 생긴 균핵을 형성해서 땅에 떨어진다.

### 병원균

*Sclerotinia sclerotiorum*

곰팡이의 일종으로 자낭균류에 속하며, 자낭포자와 균핵을 형성한다.

### 병환(病環)

병든 잎과 새순에서 땅에 떨어진 균핵은 땅 위에서 겨울을 나고, 이듬해 봄 개나리꽃이 필 무렵, 균핵 위에 버섯~깔때기 모양의 담갈색 자낭반을 형성하여 자낭포자를 방출한다. 자낭포자는 바람에 의해 전파되어 맨 먼저 꽃잎을 감염하며 꽃잎은 누렇게 말라 죽는다. 병든 꽃잎은 이웃해 있는 개나리의 젖은 잎이나 새순에 달라붙어 균사에 의한 접촉 감염을 일으켜 병을 확산시킨다. 이 병은 개화기에 건조하고 평년보다 기온이 높은 날씨가 이어지면 거의 발생하지 않는다.

### 방제

- 병든 가지를 제거하여 태우거나 땅에 묻는다.
- 과밀한 가지는 솎아내서 통풍이 잘되게 한다.

A 균핵가지마름병에 걸린 개나리
B 잎에 나타난 초기 병징(잎끝에서부터 까맣게 말라 죽는다)
C 균핵가지마름병으로 누렇게 말라 죽은 꽃잎
D 흑갈색으로 변해 말라 죽은 새잎
E 흑갈색으로 변해 말라 죽은 새순
F 병원균의 균핵

A
B
C
D
E
F
3 mm

# 3 개암나무 녹병
Hazelnut rust

개암나무 녹병(銹病, Hazelnut rust)은 일본, 중국, 미국, 유럽 등지의 개암나무 재배지에 널리 발생하는 중요한 병으로, 우리나라에서는 주로 도입종 개암나무에 많이 발생한다.

## 병징과 표징

여름철, 잎의 뒷면에 황색~주황색의 미소한 가루덩이(여름포자더미)가 다수 나타나면서 마치 노란 가루를 뿌려놓은 것처럼 보인다. 심할 때는 잎 뒷면의 대부분이 노란 가루덩이로 뒤덮이면서 잎이 누렇게 변한다. 가을이 되면 황색~주황색 여름포자더미의 둘레에 약간 돋아 오른 황갈색의 아주 작은 점들(겨울포자더미)이 나타나면서 이 부분의 잎 조직은 갈색으로 변한다. 심하게 병든 잎은 건전한 잎보다 일찍 떨어진다.

## 병원균

*Pucciniastrum coryli*

곰팡이의 일종으로 담자균류에 속한다. 병원균은 중간기주와 기주교대를 하는 이종기생성 녹병균으로, 일본에서는 중간기주로 일본전나무를 비롯한 몇 가지 전나무속 식물들이 밝혀져 있으나 우리나라에서는 중간기주가 밝혀지지 않았다.

## 병환(病環)

병원균은 병든 낙엽에서 겨울포자더미의 형태로 겨울을 나며, 봄에 겨울포자더미에 있는 겨울포자가 발아하여 담자포자를 형성한다. 이들 담자포자는 바람에 의해 전나무류에 전파되어 잎을 감염해서 녹병정자기와 녹포자더미를 만든다. 초여름, 전나무에서 비산한 녹포자는 개암나무의 새잎을 감염해서 여름포자를 만들며, 이후에는 여름포자가 개암나무 잎에 감염을 반복하면서 전염을 확산시킨다. 가을에 접어들면 여름포자 둘레에 겨울포자더미가 형성되어 겨울을 난다. 한편 개암나무 주변에 중간기주가 없는데도 개암나무 녹병이 발생하는 경우가 있는데, 이것은 개암나무의 낙엽 또는 가지에서 월동한 여름포자가 1차 전염원이 되어 일어나는 것으로 짐작된다.

## 방제

- 병든 낙엽은 늦가을에 그러모아 태우거나 땅에 묻어 월동 전염원을 제거한다.
- 초여름부터 트리아디메폰 수화제, 테부코나졸 수화제 등을 2주 간격으로 2~3회 살포한다.

A 개암나무 녹병의 병징
B 잎 뒷면에 나타난 병징
C 잎 뒷면에 형성된 여름포자더미
D 병원균의 여름포자
E 여름포자의 주사전자현미경 사진

A
B
C
0.3 mm
D
20 μm
E
5μm

# 4 개암나무 탄저병

## Hazelnut anthracnose

개암나무 탄저병(炭疽病, Hazelnut anthracnose)은 개암나무 재배지에서 문제가 되는 중요한 병으로 우리나라를 비롯한 아시아, 유럽, 북아메리카 지역에 널리 분포한다. 이 병은 봄철에 기온이 낮고 비가 잦으면 많이 발생한다.

### 병징과 표징

6월 초순부터 잎과 열매에 발생한다. 처음에는 잎에 옅은 갈색의 작은 점무늬가 나타나며, 잎 가장자리를 끼고 점차 확대되면서 부채꼴 모양의 회갈색 병반으로 진전된다. 또 병반들이 서로 합쳐져서 모양이 일정하지 않은 커다란 회갈색 병반을 만들기도 한다. 회갈색 병반의 앞뒤 양면에는 아주 작은 까만 점들(분생포자층)이 다수 나타난다. 분생포자층은 각피(角皮) 밑에 형성되는데 성숙하면 각피가 갈라 터지면서 포자층이 노출된다. 병반 부위는 잘 부스러지며, 심하게 병든 잎은 늦여름부터 낙엽한다. 열매와 총포(總苞)에도 불규칙한 모양의 회갈색 병반들이 나타나며, 병반이 확대되면 열매는 말라 죽는다.

### 병원균

*Monostichella coryli*

곰팡이의 일종으로 자낭균류에 속하며, 분생포자를 형성한다. 분생포자층은 접시 모양으로 지름 35~115μm, 분생포자는 무색, 단세포, 긴 타원형으로 크기는 7.5~14×3.5~7.5μm이다.

### 병환(病環)

병원균은 나무에 달려 있는 병든 잎, 겨울눈, 병든 낙엽 등에서 분생포자층의 형태로 겨울을 나고, 봄에 분생포자가 빗물과 바람에 의해 전파되어 1차 감염을 일으킨다.

### 방제

- 재배지에서는 병든 낙엽을 모아서 태우거나 땅에 묻어 월동 전염원을 제거한다.
- 발병 초기부터 베노밀 수화제, 만코제브 수화제, 기타 적용 살균제를 2주 간격으로 2~3회 살포하여 초기 발병을 방지한다.
- 가을에 잎이 다 떨어지고 나면 베노밀 수화제, 만코제브 수화제 등을 살포하여 겨울눈에서 월동하는 병원균을 제거한다.

A, B 개암나무 탄저병의 병징
C 잎에 나타난 병반
D 감염된 열매
E 잎의 병반 위에 형성된 검은 분생포자층
F 감염된 잎의 앞면(왼쪽)과 뒷면(오른쪽)
G 병원균의 분생포자

A
B
C
D
E
F
G

# 5 겨우살이

Korean mistletoe

겨우살이(Korean mistletoe)는 다른 나무의 줄기나 가지에 기생하여 수분과 양분을 흡수하면서 살아가는 반기생성(半寄生性) 상록 활엽 관목이다. 참나무류, 팽나무, 물오리나무 등 다양한 활엽수에 기생하지만, 특히 참나무류에서 많이 관찰되며 피해도 크다.

## 병징과 표징

겨우살이는 주로 큰 나무의 윗가지에 기생하는데, 멀리서 보면 마치 나뭇가지에 크고 작은 새 둥지가 달린 것처럼 보인다. 상록 기생 관목인 겨우살이는 기주식물의 잎이 모두 떨어져 맨 가지가 드러나는 겨울철에 특히 눈에 잘 띈다. 겨우살이의 착생 부위는 방추형으로 부풀며, 그 위쪽 가지는 점차 위축되어 결국 말라 죽는다. 겨우살이가 많이 발생한 나무는 점점 쇠약해지며, 심하면 말라 죽는다.

## 병원체

*Viscum album* var. *coloratum* (겨우살이)

겨우살이과의 겨우살이속에 속하는 기생성 종자식물로, 꽃은 암수딴그루이다. 비록 다른 식물에 기생하여 자라지만, 잘 발달한 녹색 잎이 광합성을 통해 자신이 필요로 하는 에너지의 상당 부분을 스스로 만들기 때문에 정확히는 반기생성 상록 활엽 관목이다. 우리나라에는 겨우살이를 비롯해 붉은겨우살이, 꼬리겨우살이, 참나무겨우살이, 동백나무겨우살이 등 5종의 겨우살이류가 자생한다.

## 병환(病環)

겨우살이의 열매는 새들이 즐겨 먹는데, 끈적끈적한 물질로 둘러싸여 있는 씨는 소화되지 않고 그대로 배설되어 쉽게 마른 가지에 달라붙는다. 또한 끈끈한 열매는 새의 부리나 발에 묻어 멀리까지 퍼지며, 윗가지에 기생한 겨우살이의 씨가 아래로 떨어져 아래 가지에 붙기도 한다. 봄에는 어린 가지에 붙은 씨가 발아해서 자라 나온 유근이 수피를 뚫고 들어가 형성층과 피층부에 1차 기생근(흡기, haustorium)을 형성한다. 1차 기생근은 수평 방향으로 자라면서 목부 조직으로 방사형의 2차 기생근(흡지, sinker)을 뻗어 기주로부터 수분과 무기양분을 흡수한다. 가지에 붙은 씨가 발아하여 열매를 맺기까지는 수년이 걸린다.

## 방제

- 겨우살이가 발생한 가지는 제거해 종자에 의한 전염을 방지한다. 가지를 자를 때는 착생 부위에서 아래쪽으로 최소 30cm 이상 떨어진 지점을 절단하고, 절단면에는 락발삼이나 티오파네이트메틸 도포제 등의 상처도포제를 발라 목재부후균의 침입을 방지한다.
- 겨우살이로 인해 말라 죽은 가지는 강풍에 부러질 위험이 있으므로 미리 제거한다.
- 겨우살이가 많이 발생한 나무는 제거해서 종자의 확산을 방지한다.

**A, C** 참나무에 기생한 겨우살이
**B** 산돌배나무에 기생한 겨우살이
**D** 겨우살이가 착생한 나뭇가지의 횡단면 모식도(F. D. Heald)
**E** 참나무겨우살이
**F, G** 비쭈기나무에 기생한 동백나무겨우살이(화살표)

A
B
C
겨우살이의 줄기
1차 기생근(흡기)
기주식물의 수피
2차 기생근(sinker)
D
E
F
G

# 6 고욤나무 모무늬낙엽병
## Angular leaf spot of date plum

고욤나무 모무늬낙엽병(角斑落葉病, Angular leaf spot of date plum)은 고욤나무와 감나무에서 흔히 볼 수 있는 병으로, 주로 가뭄, 유기질 비료 부족 등으로 수세가 약해졌을 때 많이 발생한다. 심하게 병든 잎은 일찍 떨어지며 매년 발생하게 되면 나무가 쇠약해진다.

### 병징과 표징

7월 중순쯤부터 잎에 발생한다. 처음에는 잎의 앞면에 담갈색~암갈색의 부정형(不定形) 반점이 나타나며, 점차 확대되면서 잎맥에 둘러 막힌, 3~7mm 크기의 적갈색~암갈색 다각형 병반이 된다. 병반의 가장자리에는 까만 선이 생겨 건전 부위와 또렷한 경계를 이룬다. 병반의 뒷면은 회갈색을 띠며, 병반의 모양은 앞면보다 뒷면이 더 선명하다. 잎 한 개에 보통 10~20개의 병반이 나타나지만 100개 이상 나타날 때도 있다. 병반이 많이 나타날 때는 서로 이어져서 커다란 부정형 병반이 된다. 병반의 앞면에는 암녹색~검은색 보풀처럼 보이는 분생포자덩이가 다수 나타난다.

### 병원균

*Pseudocercospora kaki*

곰팡이의 일종으로 자낭균류에 속하며, 분생포자를 형성한다.

### 병환(病環)

병원균은 병든 낙엽의 병반에서 자좌(子座)의 형태로 월동하며, 이듬해 봄에 병반 위에 형성된 분생포자가 바람과 빗물에 의해 전파되어 1차 감염을 일으킨다. 1차 감염으로 생긴 병반의 앞면에는 많은 분생포자가 형성되며, 이들 분생포자에 의한 반복 전염이 가을까지 이어진다.

### 방제

- 병든 낙엽은 늦가을에 모아서 태우거나 땅에 묻어 월동 전염원을 제거한다.
- 수세가 약할 때 잘 발생하므로, 토양관리, 비료 주기 등 재배 관리를 잘해서 수세를 증진시킨다.
- 6~7월에 티오파네이트메틸 수화제, 만코제브 수화제, 보르도액, 유기동수화제 등을 10일 간격으로 2~3회 살포한다.

A 고욤나무 모무늬낙엽병의 병징(잎 앞면)
B 잎 앞면에 형성된 모무늬 병반
C 고욤나무 모무늬낙엽병의 병징(잎 뒷면)
D 잎 뒷면에 형성된 모무늬 병반
E 병반의 앞면에 밀생한 분생포자덩이
F 병원균의 분생포자

A
B
C
D
E
0.3 mm
F
20 μm

# 7 굴거리나무 뒷면그을음병

Sooty leaf spot of sloumi

굴거리나무 뒷면그을음병(Sooty leaf spot of sloumi)은 굴거리나무에 흔히 발생하는 병으로, 하나의 잎에 100개가 넘는 많은 병반이 나타나고, 특히 잎 뒷면의 먼지가 쌓인 듯한 병반으로 인해 나무의 미관이 심하게 훼손되지만 나무의 생장에는 큰 피해를 주지 않는다.

## 병징과 표징

잎에 발생한다. 처음에는 새잎의 표면에 크기 2~3mm 되는 황록색~황색의 원형~부정형 병반이 다수 나타나며, 나중에 진한 갈색으로 변한다. 잎 하나에 100개가 넘는 많은 병반이 나타나기도 하며, 병반이 서로 융합해서 큰 병반이 되기도 한다. 병반의 뒷면에는 적갈색~흑갈색의 보풀이 인 듯한 균체(분생포자경다발과 분생포자)가 나타나며, 지저분한 모습을 띤다. 병든 잎은 차츰 누렇게 변해 일찍 떨어진다. 병든 잎은 대부분 가을에 떨어지지만, 일부의 병든 잎은 그대로 나무에 달린 채로 겨울을 나고 이듬해 봄의 전염원이 된다.

## 병원균

*Trochophora fasciculata* (=*T. simplex*)

곰팡이의 일종으로 불완전균류에 속하며, 분생포자를 형성한다.

## 병환(病環)

병원균은 나무에 달린 병든 잎에서 겨울을 나고, 이듬해 봄에 분생포자가 빗물과 바람에 의해 전파되어 새잎을 감염한다.

## 방제

- 병든 낙엽은 모아서 태우거나 땅에 묻는다.
- 매년 심하게 발생하는 곳에서는 발병 초기부터 클로로탈로닐 수화제, 티오파네이트메틸 수화제, 만코제브 수화제 등을 2주 간격으로 2~3회 뿌린다.

A 굴거리나무 뒷면그을음병의 병징
B 잎 뒷면의 병징
C 병반의 뒷면에 형성된 병원균의 균체
D 병원균의 분생포자
E 분생포자의 위상차현미경 사진(2중 격벽이 또렷하게 보인다)
F 분생포자의 주사전자현미경 사진

A
B
2 mm
C
20 μm
D
10 μm
E
2μm
F

# 8 꽃복숭아나무 잎오갈병

## Leaf curl of flowering peach

꽃복숭아나무 잎오갈병(縮葉病, Leaf curl of flowering peach)은 아파트 단지나 공원 등지에 정원수로 흔히 심는 꽃복숭아나무와, 과수원의 복숭아나무에 자주 발생하는 병으로 특히 이른 봄 잎이 돋아나는 시기에 날씨가 서늘하고 비가 자주 내릴 경우 많이 발생한다. 병에 걸린 잎은 6월경이면 모두 말라비틀어져 떨어지며, 이로 인해 나무의 미관이 크게 훼손되고 수세도 약해진다.

### 병징과 표징

이 병은 주로 잎에 발생하나 때로 새순, 어린 가지, 꽃, 어린 열매에도 발생한다. 처음에는 막 피어나는 어린잎에 연붉은색을 띤, 마치 불에 데어서 부풀어 오른 물집 같은 병반이 나타난다. 잎이 자라면서 병반도 커지며 잎의 절반 이상을 차지하는 경우도 흔하다. 부풀어 오른 병반부의 조직은 건전부보다 훨씬 두꺼워지며, 주름살이 잡히고 병든 잎은 전체 또는 부분적으로 오그라든다. 커다랗게 부풀어 오른 병 무늬는 언뜻 보면 마치 숯불에 찰떡을 구울 때 떡 껍질이 부풀어 오른 모습과 비슷하다. 어린 새 가지는 황색으로 변하고 병든 부분은 부풀고 생장이 억제되며, 흔히 수지를 분비하고 결국은 말라 죽는다. 병환부의 표면은 흰 가루(자낭과 분생포자)로 뒤덮이고, 병든 잎은 점차 갈색으로 변해 일찍 떨어진다.

### 병원균

*Taphrina deformans*

곰팡이의 일종으로 자낭균류에 속하며, 자낭포자와 분생포자를 형성한다.

### 병환(病環)

병원균의 분생포자는 겨울눈이나 어린 가지의 표면에 붙어서 월동하고, 이듬해 봄 빗물에 의해 전파되어 새로 돋아난 어린잎을 감염해서 다량의 자낭을 형성한다. 이들 자낭에서 방출된 자낭포자는 바람에 의해 잎, 가지, 새로 형성된 눈 등에 전파되는데, 감염은 하지 않고 대신 발아해서 많은 분생포자(출아형 분생포자, bud conidia)를 형성한다. 이들 분생포자도 2차 감염을 일으키지 않고, 겨울눈과 수피의 갈라진 틈에서 여름과 겨울을 나고 이듬해의 1차 전염원이 된다. 따라서 봄철 짧은 기간 동안, 월동 분생포자에 의한 1차 전염만 일어난다. 분생포자는 수피의 갈라진 틈에서 수년간 생존이 가능하다.

### 방제

- 늦가을~겨울에 클로로탈로닐 수화제를 2주 간격으로 1~2회 살포하여 월동 전염원을 제거한다.
- 이른 봄, 눈이 트기 전에 클로로탈로닐 수화제를 10일 간격으로 1~2회 살포한다.

A 잎오갈병에 걸린 꽃복숭아나무
B, C 꽃복숭아나무 잎오갈병의 병징
D 흰가루(자낭과 분생포자)로 뒤덮인 병환부의 표면
E 병원균의 자낭과 자낭포자

A
B
C
D
E
10 μm

# 9 꽃사과나무 갈색무늬병

Leaf blotch of flowering crabapple

꽃사과나무 갈색무늬병(褐斑病, Leaf blotch of flowering crabapple)은 꽃사과나무에 심한 조기낙엽을 유발하여 큰 피해를 주는 주요 병의 하나로 일반 사과나무에도 큰 피해를 입히는 것으로 잘 알려져 있다.

## 병징과 표징

주로 잎에 발생하지만 때로는 열매에도 발생한다. 6월 중순쯤부터 잎의 표면에 지름 2~5mm 크기의 황갈색 둥근 병반들이 나타나며, 병반이 많을 때에는 여러 개가 융합해서 부정형의 커다란 병반을 만들기도 한다. 기온이 높고 건조할 때는 지름 약 1mm 정도의 자갈색 원형 반점들이 생기기도 한다. 병반의 앞면에는 부스럼 딱지처럼 보이는 작은 흑갈색의 분생포자층이 다수 형성되며, 비가 와서 다습하면 이들 분생포자층에서 유백색의 포자덩이가 솟아 나온다. 병이 진전되면 병반 주변만 녹색으로 남아 있고, 나머지 부분은 마치 단풍이 든 은행잎처럼 노랗게 변한다. 노란색을 띠기 시작한 잎은 약간만 건드려도 쉽게 떨어지며, 8~9월에 심하게 낙엽이 진다.

## 병원균

*Diplocarpon coronariae* [=(무성세대) *Marssonina coronaria*]

곰팡이의 일종으로 자낭균류에 속하며, 자낭포자와 분생포자를 형성한다.

## 병환(病環)

병원균은 병든 낙엽에서 균사 상태로 겨울을 나고, 이듬해 봄에 자낭반을 형성하여 자낭포자를 방출한다. 자낭포자는 바람에 의해 새잎에 전파되어 1차 감염을 일으키고, 병반 위에 다수의 분생포자층을 형성한다. 비가 와서 다습하면 이들 분생포자층에서 포자덩이가 솟아오르며, 포자덩이에 있는 분생포자는 비가 올 때, 튀어 흩어지는 빗방울에 섞여 주변으로 분산되어 2차 감염을 일으킨다. 이후 가을까지 분생포자에 의한 2차 전염이 계속되면서 병이 크게 확산된다.

## 방제

- 수세가 약해졌을 때 발생하기 쉬우므로, 적절한 비배관리로 수세를 튼튼히 유지한다.
- 늦가을~늦겨울에 병든 낙엽을 모아 태우거나 땅에 묻어 병원균의 월동을 차단한다.
- 만코제브 수화제, 티오파네이트메틸 수화제 등 꽃사과나무 갈색무늬병에 효과적인 약제를 6월 초부터 10~15일 간격으로 2~3회 살포한다.

A 꽃사과나무 갈색무늬병의 병징
B 감염된 잎에 형성된 대형 병반
C 감염된 잎에 나타난 소형 병반
D 병반 위에 형성된 까만 분생포자층
E 분생포자층에서 솟아 나온 유백색 분생포자덩이
F 병원균의 분생포자

A
B
C
D
0.5 mm
E
0.3 mm
F
10 μm

## 10 느릅나무 검은무늬병
Black spot of elm

느릅나무 검은무늬병(黑斑病, Black spot of elm)은 일명 느릅나무 탄저병(elm anthracnose)이라고도 하며, 느릅나무를 비롯해 참느릅나무, 비술나무 등 느릅나무속 식물의 잎에 가장 널리 발생하는 병이다. 검은무늬병은 성목의 생장에는 이렇다 할 피해를 주지 않지만, 이른 봄부터 가을의 낙엽기까지 발병이 계속되면서 잎에 커다란 검은 병반들을 형성하기 때문에 잎이 지저분한 모습을 띠며 나무의 미관이 손상된다. 묘목에는 심한 낙엽과 가지마름을 일으켜 상당한 피해를 준다.

### 병징과 표징
봄에 새잎이 나오면서부터 잎 표면에 담황록색~담갈색의 작은 반점들이 무리 지어 나타나며, 곧이어 이들 반점의 중앙부에는 약간 돋아 오르고 광택이 나는 까만 딱지 같은 작은 점들(분생포자층의 각피)이 불규칙한 모양으로 다수 형성된다. 소형 반점들이 한곳에 밀생하면 모여서 지름 0.5~2cm 되는 한 개의 커다란 집합병반(集合病斑)을 만들며, 보통 잎 한 개에 1~3개의 집합병반을 형성한다. 둥근 집합병반 위에는 까만 분생포자층들이 무리를 지어 둥근 고리 모양을 이루기도 한다. 비가 와서 다습하면 분생포자층이 갈라 터지면서 흰색~담황색의 끈적덩이(분생포자덩이)가 밀려 올라온다. 가을에 접어들면 병반 표면에 짧은 뿔 모양의 까만 돌기들(자낭각의 목 윗부분)이 다수 나타나면서 병반 위에는 분생포자층과 자낭각이 혼재한다. 병든 잎은 8월경부터 일찍 떨어진다.

### 병원균
*Hypospilina oharana* [=(무성세대) *Asteroma oharanum*]
곰팡이의 일종으로 자낭균류에 속하며, 자낭포자와 분생포자를 형성한다.

### 병환(病環)
병원균은 병든 낙엽과 겨울눈(冬芽)에서 자낭각의 형태로 겨울을 나고 봄에 자낭포자를 방출한다. 자낭포자는 새로 나온 잎을 침해해서 분생포자층을 형성하며 분생포자층에 있는 분생포자는 빗물에 의해 전파되어 2차 전염을 반복한다.

### 방제
- 늦가을에 병든 낙엽을 모아서 태우거나 땅에 묻어 전염원을 제거한다.
- 매년 반복적으로 발생하는 곳에서는 봄에 잎이 피기 시작할 때부터 베노밀 수화제, 티오파네이트메틸 수화제, 만코제브 수화제 등을 2주 간격으로 2~3회 살포한다.
- 묘포에서는 밀식을 피하고 통풍이 잘되도록 관리한다.

A 느릅나무 검은무늬병
B, C 잎 앞면에 나타난 병반
D 분생포자층과 자낭각이 혼재하는 병반
E 병원균의 자낭
F 자낭과 자낭포자
G 병원균의 자낭포자

A
B
C
5 mm
D
20 μm
E
20 μm
F
5 μm
G

# 11 느티나무 갈색무늬병
Brown leaf spot of zelkova

느티나무 갈색무늬병(褐斑病, Brown leaf spot of zelkova)은 느티나무에 흔히 발생하는 병으로, 큰 나무에 발생했을 때는 수세에 별다른 영향을 주지 않으나, 지저분한 모습의 병든 잎이 떨어지지 않고 오랫동안 그대로 달려 있어 나무의 미관이 상당히 손상된다. 묘목에 발생했을 때는 조기낙엽을 초래하여 묘목의 생장이 크게 위축된다.

## 병징과 표징

초여름부터 지면 가까이에 있는 아래 잎부터 발생하기 시작해서 점차 위쪽으로 퍼져나간다. 처음에는 잎에 미소한 황색 반점들이 나타나며, 얼마 안 있어 2~3mm 크기의 부정형 갈색 병반이 된다. 병세가 진전되면서 인접해 있는 병반들이 융합해서 부정형의 대형 병반이 되기도 한다. 병반의 둘레는 퇴색해서 황록색을 띠며, 병반의 뒷면은 옅은 갈색을 띤다. 나중에 병반의 앞면에는 암녹색의 보풀처럼 보이는 분생포자덩이가 밀생한다. 심하게 병든 잎은 회갈색으로 변해 안쪽으로 말리며 일찍 떨어진다.

## 병원균

*Pseudocercospora zelkowae* (=*Cercospora zelkowae*)

곰팡이의 일종으로 자낭균류에 속하며, 분생포자를 형성한다.

## 병환(病環)

병원균은 병든 낙엽에서 월동하며, 이듬해 봄에 병반에서 분생포자가 형성되어 새로 피어난 어린잎에 옮겨가 1차 감염을 일으킨다. 1차 감염으로 생긴 병반 위에 형성된 분생포자는 2차 전염원이 되어 가을까지 전염을 반복하면서 병을 확산시킨다.

## 방제

- 늦가을에 병든 낙엽을 모아서 태우거나 땅에 묻어 월동 전염원을 제거한다.
- 묘포에서는 봄에 새잎이 피기 시작할 때부터 티오파네이트메틸 수화제, 클로로탈로닐 수화제, 만코제브 수화제 등을 2주 간격으로 1~2회 살포한다.

A 느티나무 갈색무늬병의 병징
B, C 잎 앞면에 나타난 병반들
D 병반 앞면에 형성된 분생포자덩이(화살표)
E 병원균의 분생포자

A
B
C
D
0.2 mm
E
30 µm

# 12 느티나무 흰별무늬병
## Septoria leaf spot of zelkova

느티나무 흰별무늬병(白星病, Septoria leaf spot of zelkova)은 주로 묘목과 어린나무에 발생해서 나무의 생장과 미관을 저해한다. 큰 나무에서는 지면에 가까운 아래 잎과 맹아지의 잎에 잘 발생하는데 피해는 비교적 경미하다. 나무가 커지면서 지하고(枝下高)가 높아지면 거의 발생하지 않는다. 장마 끝 무렵부터 발병하기 시작해서 여름~초가을에 병세가 심해진다.

### 병징과 표징

6월경부터 잎에 짙은 갈색의 미세한 반점들이 점점이 나타난다. 이들 반점은 점차 확대되면서 잎맥과 경계를 이룬 크기 3~5mm 정도 되는 흑갈색의 불규칙한 다각형 병반이 되며, 나중에 병반의 중앙부는 회백색이 된다. 병반의 앞뒤 양면, 주로 뒷면에는 미소한 흑갈색의 점들(분생포자각)이 드문드문 나타나며, 잎이 비에 젖으면 이들 분생포자각에서 덩굴손 모양의 유백색 끈적덩이(분생포자덩이)가 밀려 올라온다. 병반은 보통 아래 잎부터 나타나기 시작해서 점차 위 잎으로 퍼져나간다. 병반은 대부분 고립해서 생기나 때로는 몇 개의 병반이 서로 붙어서 커다랗게 되기도 한다. 병든 잎이 일찍 떨어지지 않고 가을까지 붙어 있는다.

### 병원균

*Sphaerulina abeliceae* [=(무성세대) *Septoria abeliceae*]

곰팡이의 일종으로 자낭균류에 속하며, 자낭포자와 분생포자를 형성한다.

### 병환(病環)

병원균은 병든 낙엽의 병반에서 성숙한 분생포자각의 형태로 겨울을 나고 이듬해 봄에 분생포자각에서 분출한 포자덩이에 있는 분생포자가 날아 흩어지는 빗방울에 섞여 전파되어 새잎을 감염한다.

### 방제

- 늦가을~이른 봄에, 병든 낙엽을 모아서 태우거나 땅에 묻어 월동 전염원을 제거한다.
- 매년 심하게 발병하는 묘포나, 나무에는 잎이 피기 시작할 때부터 만코제브 수화제, 티오파네이트메틸 수화제, 클로로탈로닐 수화제, 동수화제 등을 2주 간격으로 2~3회 살포한다.

**A, C** 느티나무 흰별무늬병의 병징
**B, D** 잎 앞면에 나타난 병징
**E** 잎 앞면의 병반
**F** 병반의 분생포자각에서 밀려 올라온 유백색 분생포자덩이
**G** 분생포자덩이의 확대 모습
**H** 병원균의 분생포자

A
B
C
D
E
F
0.5 mm
G
0.1 mm
H
20 μm

# 13 능소화 점무늬병

Leaf spot of trumpet creeper

능소화 점무늬병(褐斑病, Leaf spot of trumpet creeper)은 능소화에 흔히 발생하는 병으로, 심한 조기 낙엽을 일으켜 나무의 미관을 훼손하고 수세도 약화시킨다. 이 병이 한번 발생한 장소에서는 해마다 반복적으로 발생하여 피해가 누적된다.

## 병징과 표징

7월 초순부터 발생한다. 처음에는 잎에 윤곽이 뚜렷하지 않은 지름 3~5mm 정도 되는 회갈색~갈색의 원형~부정형 병반이 점점이 나타나며, 나중에 진한 갈색 띠로 둘러싸인 회백색 병반이 된다. 성숙한 병반의 앞면에는 검은 솜털 모양의 분생포자덩이가 다수 나타나며, 병반의 주변은 차츰 황록색~황갈색으로 변한다. 병든 잎은 조금만 건드려도 잘 떨어지며, 심하면 9월 중에 잎 대부분이 떨어지고 가지만 앙상하게 남는다.

## 병원균

*Pseudocercospora pallida*

곰팡이의 일종으로 자낭균류에 속하며, 분생포자를 형성한다.

## 병환(病環)

병원균은 병든 낙엽의 병반에서 자좌의 형태로 겨울을 나고 이듬해 봄에 분생포자를 형성하여 1차 전염원이 된다. 분생포자는 바람에 의해 전파되어 새잎을 감염하며, 이후에는 새 병반에 형성된 분생포자에 의한 반복 감염이 이어진다.

## 방제

- 늦가을~이른 봄에, 병든 낙엽을 모아서 태우거나 땅에 묻어 월동 전염원을 제거한다.
- 매년 피해가 심하게 발생하는 곳에서는 6월 하순부터 티오파네이트메틸 수화제, 만코제브 수화제 등을 2주 간격으로 2~3회 뿌린다.

**A, B** 능소화 점무늬병의 병징
**C** 잎 앞면의 병징
**D** 잎 뒷면의 병징
**E** 병반 앞면에 형성된 다수의 검은색 자좌
**F** 암회색의 분생포자덩이가 밀생한 검은색 자좌
**G** 병원균의 분생포자
**H** 분생포자의 위상차현미경 사진(포자의 격벽이 명확하게 보인다)

A
B
C
D
0.5 mm
E
0.2 mm
F
20 µm
G
20 µm
H

# 14 다정큼나무 점무늬병

## Entomosporium leaf spot of Yeddo-hawthorn

다정큼나무 점무늬병(斑點病, Entomosporium leaf spot of Yeddo-hawthorn)은 주로 제주도와 남부지방에 자라는 다정큼나무에 연중 흔히 발생하는 병으로, 잎에 많은 병반을 형성하여 조기낙엽을 일으키며, 나무의 관상 가치를 떨어뜨리고 수세를 약화시킨다. 병세가 심하면, 어린 묘목은 말라 죽기도 한다.

### 병징과 표징

이른 봄부터 새잎과 어린 녹지에 발생한다. 처음에는 잎 표면에 옅은 자홍색의 작은 반점들이 다수 나타나며, 나중에 흑자색의 띠로 둘러싸인 지름 2~5mm 크기의 회갈색 둥근 병반이 된다. 병반의 뒷면은 옅은 자주색을 띠며, 흑자색의 띠로 둘러싸인다. 병반의 앞면 중앙에는 미세한 회흑색~흑갈색의 약간 볼록한 분생포자층이 형성되며, 다습하면 이곳에서 하얀 끈적덩이(분생포자덩이)가 스며 나온다. 병반이 많아지면 서로 융합되어 부정형 병반을 형성하고, 병든 잎은 붉게 변해 심하게 낙엽 진다. 어린 녹지에는 방추형 병반이 형성된다. 봄부터 가을까지 지속적으로 발병하기 때문에 병이 심한 나무는 건강한 녹엽이 거의 없고 결국 고사하기도 한다.

### 병원균

*Entomosporium mespili* [=(유성세대) *Diplocarpon mespili*]

곰팡이의 일종으로 자낭균류에 속하며 분생포자를 형성한다. 포자의 모양이 곤충을 닮은 것이 특징이며, 병원균의 속명 *Entomosporium*은 '곤충(entomo-) 모양의 포자(sporium)'를 의미한다. 이 병원균은 다정큼나무 외에도 홍가시나무, 비파나무, 서양산사나무, 채진목 등 여러 장미과 식물을 침해하며, 이들이 서로 병의 전염원이 되어 병을 확산시킨다.

### 병환(病環)

병원균은 병든 낙엽과 가지에 붙어 있는 병든 잎에서 월동하며, 이듬해 봄, 병반 부위에 다량의 분생포자를 형성한다. 분생포자는 주로 날아 흩어지는 빗방울에 섞여서 전파되지만, 때로는 곤충의 몸에 묻어 새잎에 전파되기도 한다. 분생포자는 봄부터 가을까지 전염을 반복한다.

### 방제

- 겨울이 다 가기 전에 병든 잎을 제거해서 병든 낙엽과 함께 태우거나 땅에 묻어 월동 전염원을 차단한다.
- 병이 매년 발생하는 곳에는, 봄에 새잎이 돋기 시작할 때부터 9월까지 티오파네이트메틸 수화제, 클로로탈로닐 액상수화제, 트리포린 분산성액제, 트리아디메폰 수화제, 만코제브 수화제 등을 한 달에 1~2회 살포한다.
- 나무를 밀식하지 않도록 하고, 통풍이 잘되도록 관리하여 병 발생을 줄인다.

**A** 점무늬병에 걸린 다정큼나무
**B, D** 병든 잎의 앞면
**C, E** 병든 잎의 뒷면
**F** 병반의 앞면에 형성된 여러 개의 볼록한 분생포자층
**G** 분생포자층에서 스며 나온 하얀 분생포자덩이
**H** 병원균의 분생포자
**I** 분생포자의 위상차현미경 사진

A
B
C
D
E
F
1 mm
G
0.5 mm
H
20 µm
I
20 µm

# 15 단풍나무류 작은타르점무늬병

Small tar spot of maple

단풍나무류 작은타르점무늬병(小黑紋病, Small tar spot of maple)은 주로 산에 자생하는 단풍나무류에 발생하는 병으로, 세계 각지에 널리 분포한다. 타르점무늬병균은 아황산가스에 민감해서, 아황산가스의 농도가 높은 도시나 공장지대에서는 거의 발생하지 않는다. 이 병은 나무의 생장에는 별 영향이 없으나, 잎 표면에 타르를 떨어뜨린 것 같은 새까만 병반들이 지저분하게 나타나므로 나무의 미관을 저해한다. 캐나다처럼 단풍나무가 많고, 도시의 아황산가스 농도가 낮은 지역에서는 도심의 공원수, 정원수, 가로수 등에도 많이 발생하며, 중요한 미관 저해 병으로 다루고 있다.

## 병징과 표징

8월경부터 발생한다. 처음에는 녹색의 잎 표면에 담녹색~담황색의 반점들이 생기며, 이어서 그 중심부에 지름 1~2mm 되는 다소 윤기가 나는 새까만 딱지 같은 반점들(자좌)이 수 개부터 10여 개씩 무리를 지어 나타난다. 이들 새까만 반점들은 마치 잎 표면에 타르를 점점이 떨어뜨린 것처럼 보이기 때문에 타르점무늬병이란 병명이 붙었다. 병든 잎이 일찍 떨어지지 않고 가을 낙엽기까지 붙어 있어 눈에 잘 띈다. 이듬해 5월경, 월동한 병든 낙엽 위의 자좌가 성숙하면 자좌의 까만 각피(殼皮)가 갈라 터지면서 회백색 자실층(子實層)이 노출된다.

## 병원균

*Rhytisma punctatum*

곰팡이의 일종으로 자낭균류에 속하며, 자낭포자를 형성한다.

## 병환(病環)

병원균은 병든 낙엽이나 나무에 남아 있는 병든 잎에서 자좌의 형태로 겨울을 난다. 5~6월경, 자좌 내에 형성되는 자낭포자가 성숙하면 자좌의 까만 각피가 갈라 터지면서 백색~회백색의 자실층이 노출된다. 자낭포자는 바람에 의해 전파되어 새로 피어난 잎을 감염한다.

## 방제

- 정원수나 공원수에 발생했을 경우, 가을~이른 봄에, 병든 낙엽을 모아 태우거나 땅에 묻어 월동 전염원을 제거한다.
- 해마다 심하게 발생하는 나무에는 6월부터 테부코나졸 수화제, 만코제브 수화제, 동수화제 등을 2주 간격으로 2회 정도 살포한다.

A 단풍나무류 작은타르점무늬병(2006. 9. 30, 관악산)
B 잎의 앞면에 나타난 병징
C 감염된 잎의 뒷면
D 잎 앞면에 형성된 까만 딱지 같은 자좌
E 성숙한 자좌가 갈라 터지면서 노출된 자실층
F 곤봉 모양의 병원균 자낭
G 병원균의 자낭포자

A
B
C
D
2 mm
E
1 mm
F
20 µm
G
10 µm

# 16 담쟁이덩굴 둥근무늬병
## Phyllosticta leaf spot of Boston ivy

담쟁이덩굴 둥근무늬병(褐色圓斑病, Phyllosticta leaf spot of Boston ivy)은 벽돌이나 석조 건물, 돌담 등에 자라는 담쟁이덩굴에 흔히 발생하는 병이다. 가볍게 발생했을 때는 눈에 잘 띄지 않지만, 심하게 발생하면 잎의 병반 부위가 찢어지고 쉽게 부서져 잎이 너덜너덜해지며, 이로 인해 나무의 미관이 크게 손상된다.

### 병징과 표징

5월 중하순쯤, 새로 자라나는 잎에 작은 갈색 반점이 나타나며, 차츰 확대되어 지름 5mm 정도 되는 둥근 갈색 병반이 된다. 병반이 많이 나타나면 서로 합쳐져서 부정형의 커다란 병반을 만든다. 나중에 병반의 중심부는 담갈색을, 주변부는 갈색을 띠며 건전부와는 뚜렷한 경계를 이룬다. 6월 하순쯤 병반의 앞면에는 아주 작은 까만 점들이 다수 나타나는데, 이것은 병원균의 자실체인 분생포자각으로서 그 안에는 많은 분생포자가 들어 있다. 비가 와서 다습하면 이들 분생포자각에서 유백색의 분생포자덩이가 솟아 나온다. 잎이 어릴 때 감염되면, 잎이 자라면서 병반 주위에 주름이 생겨 마침내 잎이 찢어진다. 병든 잎이 일찍 떨어지지 않고 오랫동안 남아 있어 여름 이후에 피해가 돋보인다.

### 병원균

*Guignardia bidwellii* var. *parthenocissi* [=(무성세대) *Phyllosticta ampelicida*]

곰팡이의 일종으로 자낭균류에 속하며, 분생포자를 형성한다.

### 병환(病環)

병원균은 병든 낙엽과 줄기에 달려 있는 병든 잎에서 분생포자각의 형태로 겨울을 나고, 이듬해 봄에 분생포자를 형성하여 1차 전염원이 된다. 분생포자는 날아 흩어지는 빗방울에 실려 전파되어 새로 자라나는 잎을 감염해서 병반 위에 분생포자각을 형성한다. 이후에는 분생포자에 의한 2차 전염이 가을까지 이어진다.

### 방제

- 늦가을에 줄기에 남아 있는 병든 잎을 제거해서 병든 낙엽과 함께 태우거나 땅에 묻는다. 이 병은 한번 발생한 곳에서는 매년 되풀이해서 발생하므로 월동 전염원을 제거하는 것이 중요하다.
- 매년 심하게 발생하는 곳에서는 동수화제, 티오파네이트메틸 수화제, 베노밀 수화제 등을 5월 중순부터 2주 간격으로 2~3회 살포한다.
- 적절한 비배관리로 수세를 증진시킨다.

**A** 담쟁이덩굴 둥근무늬병
**B, C** 담쟁이덩굴 둥근무늬병의 병징(잎 앞면)
**D** 담쟁이덩굴 둥근무늬병의 병징(잎 뒷면)
**E** 병반의 앞면에 동그랗게 나타난 까만 점 모양의 분생포자각
**F** 분생포자각에서 분출한 유백색 분생포자덩이
**G** 병원균의 분생포자

A
B
C
D
E
2 mm
F
0.2 mm
G
5 μm

# 17 담쟁이덩굴 잎녹병

## Leaf rust of Boston ivy

담쟁이덩굴 잎녹병(Leaf rust of Boston ivy)은 세계 각지에 널리 발생하는 병으로, 이 병에 걸리면 잎이 누렇게 마르고 심한 조기낙엽을 일으켜 담쟁이덩굴의 아름다운 경관이 크게 훼손된다. 이 병은 최근에 우리나라에서 잎이 다섯 장인 미국담쟁이덩굴(Virginia creeper)에도 널리 발생하는 것으로 밝혀졌다.

### 병징과 표징

초여름, 잎의 앞면에 황백색의 작은 반점들이 나타나고, 잎 뒷면에는 노란색~주황색 가루 모양의 여름포자더미가 나타난다. 여름포자더미는 처음에는 여기저기 흩어져 나타나다가 차츰 잎 전체로 퍼지며, 나중에 잎 뒷면 전체를 뒤덮기도 한다. 늦여름~초가을에 여름포자더미 주변의 표피 밑에 갈색~암갈색 딱지 모양의 겨울포자더미가 나타나며, 낙엽 직전의 잎은 뒷면 전체가 겨울포자더미로 뒤덮이기도 한다. 병든 잎은 노랗게 변해 떨어진다.

### 병원균

*Neophysopella vitis* (=*Phakopsora vitis*)

곰팡이의 일종으로 담자균류에 속하며 담쟁이덩굴에 여름포자와 겨울포자를 형성한다. 이 병원균은 이종기생성(異種寄生性) 녹병균으로 중간기주인 나도밤나무 잎에 녹병정자기와 녹포자기를 형성한다.

### 병환(病環)

담쟁이덩굴의 병든 낙엽에서 월동한 겨울포자는 늦은 봄에 발아해서 담자포자를 형성하며, 담자포자는 중간기주인 나도밤나무의 잎에 전염하여 녹병정자기와 녹포자기를 만든다. 나도밤나무에 형성된 녹포자는 다시 담쟁이덩굴에 전염하여 잎 뒷면에 여름포자더미를 만든다. 이후 여름포자는 빗물과 바람에 의해 전파되어 2차 감염을 반복하다가 늦가을에 겨울포자더미를 형성하여 월동한다. 또한, 이 병원균은 늦여름에 자라 나온 순에서 균사의 형태로 월동하고 봄에 이 순에 형성된 여름포자가 전염원이 되어 1차 감염을 일으키기도 한다.

### 방제

- 늦가을~이른 봄에 병든 낙엽을 모아서 태우거나 땅에 묻어 월동 전염원을 제거한다.
- 담쟁이덩굴 주변의 나도밤나무를 제거한다.
- 발병 초기에 테부코나졸 액상수화제, 트리아디메폰 수화제 등을 2주 간격으로 2~3회 살포하여 병의 확산을 막는다.

**A** 잎녹병에 걸린 잎의 앞면
**B** 잎녹병에 걸린 잎의 뒷면
**C** 잎 뒷면에 나타난 주황색~황갈색 여름포자더미
**D** 잎의 표피를 찢고 나타난 여름포자더미(다수의 노란 여름포자가 보인다)
**E** 병원균의 여름포자
**F** 여름포자의 주사전자현미경 사진(포자 표면에 가시 모양의 돌기가 다수 나 있다)

A
B
0.5 mm
C
0.1 mm
D
20 µm
E
2㎛
SED 10.0 kV WD 13.4 mm Low-PC HighVac. x5,500 2 µm
Nov. 20 2023
F

# 18 대나무류 붉은떡병

## Reddish bamboo-apple

대나무류 붉은떡병(赤団子病, Reddish bamboo-apple)은 왕대, 분죽, 해장죽, 조릿대, 이대, 섬조릿대 등 다양한 대나무에서 흔히 발생하는 병으로, 햇빛이 잘 들지 않고 밀식된 대나무밭에서 특히 잘 발생한다. 어린 가지 끝에 주황색의 혹처럼 자라는 대형 자실체는 외관상 보기 좋지 않지만, 나무의 생장에는 큰 영향을 미치지 않는다. 병원균의 자실체는 중국에서 한약재로도 쓰인다.

### 병징과 표징

5월 초순부터 발생하며, 초기에는 1년생 가지의 끝부분에 있는 잎집(엽초)이 부풀며 갈라지고, 그 안에 회백색의 작은 연골질(軟骨質) 덩어리가 나타난다. 이 덩어리는 점차 비대해져 길이 5~10cm, 지름 2~3cm에 이르는 불규칙한 모양의 주황색 혹(子座)으로 자란다. 혹은 자라면서 회백색에서 적회색, 마지막엔 주황색~적갈색으로 변한다. 혹의 내부는 회백색 섬유질, 외부는 연한 붉은색 육질로 되어 있다. 혹의 표면에는 젤라틴 같은 적갈색 덩어리가 생기며, 이는 자실체(자좌)에서 분출된 분생포자와 자낭포자가 쌓여서 형성된 것이다. 이 포자 덩어리는 젖으면 끈적이고, 마르면 단단해진다. 혹 위쪽의 잎은 점차 누렇게 변해 말라 죽는다.

### 병원균

*Shiraia bambusicola*

곰팡이의 일종으로 자낭균류에 속하며, 자낭포자와 분생포자를 형성한다. 자낭포자와 분생포자는 모두 장타원형~방추형의 다세포 구조로, 형태와 크기가 유사하며, 포자 내에는 돌담 모양으로 가로세로로 여러 개의 격벽이 나 있다.

### 병환(病環)

병원균은 감염된 잎집에서 겨울을 나며, 이듬해 봄부터 여름에 걸쳐 주황색 혹 모양의 대형 자실체(자좌)를 형성한다. 자좌 내부에는 먼저 분생포자각이 형성되고, 이후 위자낭각이 형성된다. 비가 와서 습도가 높아지면 다수의 분생포자각에서 실 모양 또는 덩굴손 모양의 주황색 분생포자덩이가 다량으로 분출되어 자좌 표면에 쌓인다. 자좌 표면의 위자낭각에서 방출된 자낭포자는 바람에 의해, 그리고 분생포자는 주로 날아 흩어지는 빗방울에 섞여 주변의 다른 대나무에 전파되어 새로 자라 나온 당년생 잎집을 감염한다. 병원균은 감염된 당년생 잎집에서는 자좌를 형성하지 않고, 잎집 조직 내에서 겨울을 난 후, 이듬해 봄~여름에 자좌를 형성하여 생활환을 이어간다. 분생포자나 자낭포자에 의한 2차 전염은 일어나지 않는다.

### 방제

- 이 병은 통풍과 채광이 불량한 대나무밭에서 잘 발생하므로, 적절한 솎아베기를 통해 통풍과 일조(日照)가 잘되도록 관리한다.
- 작은 가지에 생긴 혹덩어리는 발견되는 대로 잘라 태우거나 땅에 묻어 전염원을 차단한다.

A-C 대나무류 붉은떡병의 병징
D 병원균의 분생포자
E 대나무 붉은떡병균의 포자덩이

A
B
C
50 μm
D
E

# 19 대나무류 줄기녹병

Culm rust of bamboo

대나무류 줄기녹병(Culm rust of bamboo)은 왕대, 해장죽, 이대, 조릿대 등 다양한 대나무류에 발생하는 병으로, 감염된 대나무는 보통 2~3년 내에 말라 죽으며, 종종 집단으로 발생해 큰 피해를 초래한다.

## 병징과 표징

늦가을에 줄기 아랫부분의 외피가 갈라지면서 그 틈 사이로 옅은 주황색의 겨울포자더미가 드러난다. 겨울포자더미는 점점 두둑하게 돋아올라 두꺼운 덩어리를 형성하며 줄기 표면을 덮는다. 이듬해 봄, 비를 맞으면 겨울포자더미는 부풀고 묵처럼 흐물흐물해지며 줄기에서 차츰 탈락하고, 그 자리에 부드러운 우단 모양의 황갈색의 여름포자더미가 새로 형성된다. 여름포자더미와 겨울포자더미가 줄기를 완전히 둘러싸게 되면, 그 줄기는 결국 말라 죽는다.

## 병원균

*Stereostratum corticioides* (=*Puccinia corticioides*) 곰팡이의 일종으로 담자균류에 속하며, 대나무 줄기에 여름포자와 겨울포자를 형성한다. 기존에는 이 병원균의 생활환 중 여름포자세대와 겨울포자세대만이 알려져 있었으나, 2022년에 일본 규수 지역에서 옻나무과 식물인 *Choerospondias axillaris*(Nepal hog plum, 국내 비자생종)에서 녹병정자세대와 녹포자세대가 발견되면서, 이 병원균의 이종기생성이 확인되었다. 이에 따라, 대나무 주변에 중간기주가 존재하는 지역에서는 병원균이 중간기주와 대나무를 번갈아 가며 생활환을 이어갈 가능성이 있다. 반면, 중간기주가 없는 지역에서는 여름포자에 의한 반복 감염으로 생활환을 이어가는 것으로 알려져 있다. 우리나라의 경우, 감염된 대나무에서 여름포자와 겨울포자가 모두 관찰되므로 중간기주가 존재할 가능성이 높지만, 아직 확인되지는 않았다. 앞으로 국내에 자생하는 옻나무과 식물을 중심으로 중간기주에 대한 조사가 필요할 것으로 보인다.

## 병환(病環)

이 병의 병환은 아직 명확히 밝혀지지 않았지만, 현재까지 알려진 바는 다음과 같다. 줄기의 병환부에서 월동한 겨울포자더미는 이듬해 봄비가 올 때 모두 떨어져나가며, 그 자리에 주황색~황갈색의 여름포자더미가 형성된다. 여름포자는 바람이나 날아 흩어지는 빗물에 의해 인접한 대나무 줄기에 전파되어 감염을 일으키며, 가을이 되면 다시 겨울포자더미가 형성되어 겨울을 난다.

## 방제

- 병세가 심한 대나무는 일찍 잘라 태우거나 땅에 묻어 전염원을 제거한다.
- 발병 초기의 대나무는 일찍 잘라서 줄기를 이용한다.
- 통풍이 불량한 대나무 숲에서 잘 발생하므로, 적절한 간벌을 통해 통풍을 개선한다.

**A, B** 이대에 발생한 줄기녹병(줄기를 뒤덮은 겨울포자더미)
**C** 황갈색 여름포자더미로 뒤덮인 줄기
**D** 병원균의 여름포자
**E** 여름포자의 주사전자현미경 사진(돌기 난 포자 표면)
**F** 병원균의 겨울포자
**G** 겨울포자의 주사전자현미경 사진

A
B
C
D
20 µm
E
5µm
F
30 µm
G
5µm

# 20 대추나무 빗자루병
## Jujube witches' broom

대추나무 빗자루병(天狗巢病, Jujube witches' broom)은 전국 각지의 주요 대추 산지를 황폐시킨 치명적인 병으로, 빗자루병에 걸리면 열매가 열리지 않고 수년 내에 나무가 말라 죽는다.

### 병징과 표징

처음에는 가지의 맨 끝부분에 작은 잎과 가느다란 가지들이 촘촘히 나타난다. 이러한 증상은 2년 이내에 나무 전체로 퍼지면서 나무 곳곳에 연약한 잔가지가 많이 발생하고, 여기에 담녹색의 작은 잎이 밀생하여 마치 싸리 빗자루나 커다란 새 둥지 같은 모습을 띤다. 병든 가지에서는 열매가 열리지 않으며, 병세가 진전되면 나무 전체가 누렇게 되면서 수년간 병이 지속되다가 결국엔 말라 죽는다.

### 병원체

Candidatus *Phytoplasma ziziphi*

파이토플라스마(Phytoplasma)의 일종으로 Elm yellows group에 속한다. 파이토플라스마는 몰리쿠테스(Mollicutes)강에 속하는 세균의 일종으로, 다른 세균과 달리 세포벽이 없고, 감염 식물의 체관부에만 존재하는 지름 1μm 미만의 다형성 병원체로, 현재까지 인공 배양이 되지 않고 있다.

### 병환(病環)

대추나무 빗자루병은 두 가지 방법으로 전염된다. 그 하나는 매개충인 모무늬매미충(*Hishimonus sellatus*)에 의한 것으로, 병든 나뭇잎에서 즙액을 빨아 먹은 매개충이 건전한 나무에 날아가 병원체를 옮기게 된다. 빗자루병이 이웃 나무로 자꾸 퍼지는 것은 주로 매개충에 의해서이다. 다른 하나는 병에 걸린 나무의 접수나 분주묘(分株苗)와 같은 영양번식체를 통해서 전염되는 경우이다. 대추나무 빗자루병은 이른바 전신성병(全身性病)으로서 병원체가 뿌리 끝에서부터 가지 끝까지 나무 전체의 사부조직(篩部組織) 내에 가득 차 있으므로, 병에 걸려 있거나 잠복 감염되어 있는 나무에서 채취한 접수(接穗)를 사용하거나 분근(分根)을 하게 되면, 병원체는 이들 영양체를 통해 수직전염(垂直傳染)을 하게 된다. 종자나 토양, 즙액 접촉 등을 통해서는 전염되지 않는다.

### 방제

- 빗자루병 파이토플라스마에 잠복 감염되지 않은 무병 묘목을 심는다.
- 매개충의 발생 시기(6~9월)에 2주 간격으로 적용 살충제를 살포하여 매개충을 방제한다.
- 병세가 아주 심한 나무는 일찍 제거하고, 병세가 경미하거나 아주 심하지 않은 나무는 옥시테트라사이클린 수화제를 사용설명서에 따라 4월 초순과 9월 하순(대추 수확 직후)에 각각 1회 수간주입한다. 이후에는 2~3년에 한 번씩 가을에 수간주입을 한다.

A 빗자루병에 걸린 대추나무
B 잎의 소엽화 증상
C 꽃의 엽화(葉化) 증상
D 대추나무 빗자루병 치료를 위한 약액의 수간주입 모식도
E 대추나무 빗자루병의 매개충인 모무늬매미충
F 빗자루병에 걸린 대추나무 체관 내의 파이토플라스마 입자

A
B
C
약액통
약액
호스
유량조절기
주입관
© Y. J. La
D
E
1.0 mm
F

# 21 대추나무 잎녹병
## Leaf rust of jujube

대추나무 잎녹병(葉銹病, Leaf rust of jujube)은 때때로 큰 피해를 일으키는 중요한 병으로, 심하게 발생할 경우, 대부분의 잎이 대추가 익기 전에 일찍 떨어진다. 그 결과 열매가 작아지고, 당도도 낮아지며, 피해가 극심한 경우에는 열매가 익기도 전에 모두 낙과되어 수확을 전혀 하지 못할 수도 있다. 특히 7~8월에 강우량이 많을 경우 병 발생이 급격히 증가한다.

### 병징과 표징

주로 잎에 발생하지만, 심하면 잎자루에도 발생한다. 6월 하순~7월 초순경, 잎 뒷면에 담녹색의 작은 반점들이 점점이 생기며, 곧이어 반점 위에 물집 모양의 작은 황갈색 돌기(여름포자더미)가 형성된다. 여름포자더미가 많이 밀집해 있는 부위의 조직은 점차 갈색으로 변한다. 여름포자더미는 초기에는 부풀어 오른 표피 밑에 묻혀 있다가 나중에 표피를 찢고 황갈색의 여름포자를 방출한다. 가을이 되면, 여름포자더미가 있던 자리의 바로 뒷면(잎의 앞면)에 거칠거칠한 부스럼 딱지처럼 생긴 다소 융기된 흑갈색 병반(겨울포자더미)이 형성된다. 여름포자더미가 많이 생긴 잎은 담황색으로 변해 대부분 일찍 떨어지며, 늦가을에는 떨어진 잎의 앞면에 겨울포자더미가 나타난다.

### 병원균

*Phakopsora ziziphi-vulgaris*

곰팡이의 일종으로 담자균류에 속하며, 여름포자와 겨울포자를 형성한다.

### 병환(病環)

병원균은 병든 낙엽에서 겨울포자더미의 형태로 겨울을 나고, 봄에 겨울포자더미에서 겨울포자가 발아하여 담자포자를 형성한다. 그러나 이 담자포자가 어떤 중간기주를 거쳐 대추나무를 감염하는지, 즉 기주교대를 하는지, 또는 중간기주 없이 병든 잎에서 월동한 여름포자에 의해 직접 1차 감염이 이루어지는지에 대해서는 아직 밝혀지지 않았다. 현재 국내에서는 대추나무 잎에서 여름포자와 겨울포자가 형성된다는 사실만 확인되었을 뿐, 병원균의 이종기생성 여부를 포함한 정확한 생활환에 대한 정보는 부족한 실정이다. 대추나무 잎녹병의 효과적인 방제를 위해서는 병원균의 생활환을 명확히 규명하는 연구가 필요하다.

### 방제

- 대추나무 잎녹병이 한 번 발생한 지역에서는 매년 재발할 가능성이 높으므로, 늦가을에 병든 낙엽은 모아서 태우거나 땅에 묻어 월동 전염원을 차단한다.
- 나무 사이 간격을 넓게 유지하고, 통풍과 채광이 잘되도록 관리한다.
- 발병 초기부터 아족시스트로빈 디페노코나졸, 테부코나졸 등을 10일 간격으로 3~4회 살포한다.

**A, C** 대추나무 잎녹병의 병징(잎 뒷면)
**B, D** 대추나무 잎녹병의 병징(잎 앞면)
**E** 잎 뒷면에 형성된 여름포자더미
**F** 병원균의 여름포자
**G** 병원균의 여름포자(주사전자현미경 사진)

A
B
C
D
E
1 mm
F
30 μm
G
2μm

# 22 동백나무 갈색잎마름병

## Pestalotiopsis leaf blight of camellia

동백나무 갈색잎마름병(Pestalotiopsis leaf blight of camellia)은 동백나무와 애기동백나무에 흔히 발생하는 병으로, 특히 바람이 많이 부는 섬 지역이나 해안가에서 자주 관찰된다. 병에 걸린 잎은 병반 부위가 쉽게 부서져 잎의 형태가 심하게 손상되며, 전체적인 나무의 외관도 크게 훼손된다. 주로 강풍으로 인해 잎에 상처가 생기거나, 고온다습한 환경에서 잘 발생한다.

### 병징과 표징

잎과 어린 열매에 발생한다. 잎의 경우, 병반은 주로 잎끝이나 가장자리 또는 해충 피해로 생긴 상처 부위에서 시작된다. 병반은 모양과 크기가 일정하지 않고 불규칙하며, 심한 경우 잎의 3분의 1 이상을 차지하기도 한다. 초기 병반은 암갈색을 띠며, 점차 회갈색~회백색으로 변한다. 병반의 가장자리는 진한 자갈색(紫褐色) 띠로 둘러싸여 있어 건전부와의 경계가 뚜렷하다. 병반 표면에는 약간 융기된 작은 흑색 점(분생포자층)이 다수 형성되며, 비가 오거나 다습하면 여기에서 검은 삼각뿔 또는 실오라기 모양의 분생포자덩이가 솟아오른다. 시간이 지나면 병반 부위가 부스러져 마치 벌레가 갉아 먹은 것처럼 보이며, 잎에서 탈락한다. 어린 열매에는 다갈색의 작은 병반이 생기며, 점차 확대되어 열매 전체로 퍼진다. 감염된 열매는 다소 무르고, 표면은 상어 껍질처럼 까칠까칠해진다. 병반 표면에는 잎에서와 같은 흑색 분생포자층이 다수 형성되며, 다습하면 여기에서 까만 실오라기 모양의 분생포자덩이가 솟아오른다.

### 병원균

*Pestalotiopsis guepinii*

곰팡이의 일종으로 자낭균류에 속하며, 분생포자를 형성한다.

### 병환(病環)

병원균은 병든 잎과 열매에서 분생포자 또는 균사의 형태로 월동하고 이듬해 봄, 분생포자가 잎과 열매의 상처 부위나 약해진 조직을 통해 침입하여 1차 감염을 일으킨다. 병반의 표피 밑에는 많은 분생포자층이 형성되며, 비가 오거나 다습하면 여기에서 까만 분생포자덩이가 솟아오른다. 분생포자덩이는 빗물에 쉽게 녹으며, 분생포자는 날아 흩어지는 빗방울에 섞여 또는 곤충의 몸에 붙어 주변의 나무로 전파되어 2차 감염을 일으킨다.

### 방제

- 병든 잎과 열매는 일찍 제거하여 태우거나 땅에 묻어 전염원을 차단한다.
- 강풍, 동해, 가뭄, 엽소 등으로 인한 상처 발생을 줄이도록 재배관리에 유의하며, 특히 해충 방제에 힘쓴다.
- 6월부터 클로로탈로닐 수화제, 만코제브 수화제, 티오파네이트메틸 수화제 등을 2주 간격으로 3~4회 살포하고, 특히 강풍 후에는 반드시 약제를 살포하여 병 발생을 예방한다.

A 동백나무 갈색잎마름병의 병징
B 병반으로 가장자리가 부스러진 잎
C, D 병반 위에 형성된 다수의 분생포자층(작은 흑색 점)
E 포자층에서 솟아오른 검은 실오라기 모양의 분생포자덩이
F 병원균의 분생포자

A
B
C
D
1 mm
E
F
20 μm

# 23 동백나무 탄저병
## Camellia anthracnose

동백나무 탄저병(炭疽病, Camellia anthracnose)은 동백나무와 애기동백나무에서 흔히 발생하는 병으로, 봄~여름철에 비가 자주 내리고 습한 환경이 지속될 때 주로 발생한다. 특히 나무가 밀식되어 통풍이 불량하거나 일조량이 부족한 경우, 또는 다른 원인으로 나무가 쇠약했을 때 잘 발생한다. 병세가 심하면 많은 잎과 어린순이 말라 죽어 수세가 약해지고, 나무의 관상 가치도 크게 떨어진다.

### 병징과 표징

잎, 열매, 어린순에 발생한다. 병은 보통 잎 가장자리에서 시작되어 지름 10~20mm의 원형~타원형 병반으로 확대된다. 병반은 처음에는 갈색~적갈색을 띠며, 점차 회색으로 변하고 병반 부위가 마르면서 잎이 뒤틀린다. 병반의 가장자리는 짙은 갈색 띠로 둘러싸여 건전부와 뚜렷한 경계를 이루며, 병반 주변은 넓게 회갈색으로 퇴색한다. 열매에는 진한 자갈색~흑갈색의 병반이 생기며, 병반이 확대되면 열매의 성장이 멈추고 종자가 제대로 여물지 않아 쭉정이가 된다. 어린순에는 흑갈색의 병반이 나타나며, 병반 위쪽의 조직은 시들어 말라 죽는다. 이들 병든 부위의 성숙한 병반 표면에는 미소한 검은 알갱이 모양의 분생포자층이 다수 형성되며, 다습하면 이들 분생포자층에서 옅은 분홍색 삼각뿔 모양의 끈적덩이(분생포자덩이)가 솟아난다. 또한 병반의 표피 아래에는 둥글고 검은 자낭각이 형성되며, 표피를 벗기면 잘 보인다. 병든 잎은 쉽게 떨어지지 않고 오랫동안 나무에 붙어 있다가, 겨울이 지난 후에 떨어진다.

### 병원균

*Colletotrichum camelliae* [=(유성세대) *Glomerella cingulata*]
곰팡이의 일종으로 자낭균류에 속하며, 자낭포자와 분생포자를 형성한다.

### 병환(病環)

병원균은 병든 잎에 형성된 자낭각과 분생포자층의 형태로 겨울을 나며, 이듬해 봄 자낭각 내의 자낭포자는 공중에 방출되어 바람에 의해 전파되고, 분생포자는 날아 흩어지는 빗물이나 관수할 때 흩어지는 물방울에 의해, 또는 곤충의 몸에 묻어 주변의 새잎에 전파된다.

### 방제

- 나무에 남아 있는 병든 잎, 열매, 어린 가지 등은 일찍 제거해서 병든 낙엽, 병든 낙과와 함께 태우거나 땅에 묻어 월동 전염원을 차단한다.
- 나무 사이 간격을 넓혀 통풍과 볕들임이 잘되도록 관리한다.
- 6~9월에 만코제브 수화제, 베노밀 수화제, 티오파네이트메틸 수화제, 동수화제 등을 월 1~2회 살포한다.
- 묘포에서는 잎에 상처가 나지 않도록 관리하고, 해충 방제에 힘쓴다.

A 동백나무 탄저병의 병징
B, C 잎 앞면에 형성된 병반
D 병반 위 까만 점 모양의 분생포자층과 포자덩이(화살표)
E 병원균의 분생포자

A
B
C
D
E

# 24 동백나무 흰말병

## Algal leaf spot of camellia

동백나무 흰말병(白藻病, Algal leaf spot of camellia)은 주로 제주도와 남부 해안 지역에 자라는 동백나무에 흔히 발생하는 병으로, 식물 병원체 중에서는 희귀한 종류인 말무리(藻類)에 의해 일어나는 대표적인 식물병으로 더 잘 알려져 있다. 이 병은 나무의 생장에 큰 피해를 주지는 않지만, 병든 잎이 떨어지지 않고 오랫동안 가지에 그대로 남아 있어 나무의 미관을 해친다.

### 병징과 표징

5~6월경부터 주로 잎의 앞면에 발생한다. 처음에는 잎 앞면에 회백색의 미소한 병반이 나타나는데, 점차 방사상으로 확산되어 지름 6~10mm 정도의 약간 융기된 둥근 담녹색 병반(集落)이 된다. 잎 앞면에 형성된 병반은 처음에는 담녹색을 띠다가 나중에 성숙하면 회갈색이 되며, 잎 뒷면에 형성된 병반은 적갈색을 띤다. 병반은 잎의 표층부에만 형성되므로 뒷면에서는 병반의 흔적이 잘 보이지 않는다. 잎 표면에 나타난 병반은 병원 말무리(病原藻類)의 단일집락(單一集落)으로서, 큰 잎의 경우, 잎 한 장에 50개 이상의 집락이 형성되기도 한다. 이 병은 주로 아래 가지의 잎에 많이 발생하며, 가지와 잎이 지나치게 무성해 통풍과 채광이 부족한 그늘지고 습한 환경에서 잘 발생한다.

### 병원체

*Cephaleuros virescens*

식물 기생성 녹조류의 일종으로, 유주포자를 형성한다. *C. virescens*는 열대 및 아열대 지역에서 차나무, 커피나무, 망고, 아보카도 등 다양한 상록활엽수에 흰말병을 일으켜, 상당한 피해를 주는 것으로 알려져 있다. 국내에서는 동백나무 외에도 애기동백나무, 사철나무, 후박나무, 태산목, 구실잣밤나무, 가시나무, 붉가시나무, 사스레피나무 등의 상록활엽수에 흔히 발생한다.

### 병환(病環)

병원 말무리는 잎의 병반에서 집락 형태로 월동하며, 봄부터 가을에 걸쳐 주로 비가 올 때, 병반 위에 형성된 유주포자가 빗물 또는 바람에 의해 전파되어 잎을 감염한다. 병원체는 병든 잎과 병든 낙엽에서도 포자를 형성하여 전염을 반복한다.

### 방제

- 나무를 너무 밀식하지 말고, 가지가 지나치게 무성한 경우 적절히 솎아내어 채광과 통풍이 잘되도록 관리한다.
- 수세가 약할 때 잘 발생하므로 비배관리를 잘해서 나무를 건강하게 유지하고, 특히 배수가 잘되도록 유의한다.
- 병이 많이 발생하지 않았을 때는 병든 잎을 제거해서 병든 낙엽과 함께 땅에 묻거나 태운다.
- 병이 심하게 발생했을 때는 보르도액을 2주 간격으로 2~3회 살포한다.

A 동백나무 흰말병의 병징
B 잎 앞면에 나타난 병반
C, D 잎 뒷면에 나타난 병반
E 병원 말무리의 집락
F 집락 위에 형성된 유주포자낭

A
B
C
D
5 mm
E
0.5 mm
F

# 25 두릅나무 녹병
Rust of angelica tree

두릅나무 녹병(銹病, Rust of angelica tree)은 주로 산간지대에서 재배하거나 산야에 자생하는 두릅나무에 흔히 발생하는 병으로, 평지에서는 드물게 발생한다. 특히 봄철에 비가 잦으면 많이 발생한다.

## 병징과 표징

5월 중순경부터 잎, 새순, 어린줄기 등에 발생한다. 잎에서는 처음에 병반 부위가 비대해지고 형태가 변형되며, 잎 앞면에는 갈색의 미소한 점들(精子器)이 나타난다. 잎 뒷면은 얇은 보호막으로 둘러싸인 황갈색 가루덩이(녹포자덩이)로 뒤덮인다. 이 보호막은 곧 터지며, 황갈색의 녹포자덩이가 드러난다. 새순과 어린줄기는 비대해지고 비틀리면서 기형이 되며, 역시 황갈색의 녹포자덩이로 뒤덮인다.

## 병원균

*Nyssopsora cedrelae*

곰팡이의 일종으로 담자균류에 속한다. 이종기생성 녹병균으로, 최근에 중간기주로 밝혀진 참죽나무와 기주교대를 한다. 이 병원균은 두릅나무에 녹병정자와 녹포자를 형성하고, 참죽나무에 여름포자와 겨울포자를 형성한다. 한편, 일본에서는 두릅나무 녹병균으로 *Puccinia caricis-araliae*가 알려져 있으며, 중간기주로는 사초속 식물인 *Carex stenostachys* var. *cuneata*가 보고되어 있다. 우리나라에서 발생하는 두릅나무 녹병균이 사초속 식물에 기생하는지는 아직 밝혀지지 않았다.

## 병환(病環)

두릅나무 녹병균은 중간기주인 참죽나무의 병든 낙엽에서 겨울포자 형태로 겨울을 나며, 봄에 발아해서 담자포자를 형성한다. 담자포자는 바람을 타고 두릅나무에 전파되어 새잎을 감염해서 녹병정자기와 녹포자기를 형성한다. 감염된 두릅나무에는 녹포자가 형성되지만, 이 녹포자는 같은 두릅나무 사이에 반복 전염을 일으키지 않는다. 대신, 녹포자는 바람에 의해 중간기주인 참죽나무에 전파되어 새잎을 감염하고, 다시 여름포자와 겨울포자를 형성하여 병원균의 생활환을 이어간다.

## 방제

- 참죽나무 주변에는 두릅나무 묘포를 조성하지 않는다.
- 두릅나무 녹병 발생지 주변의 중간기주를 제거한다.
- 발병 초기에 병든 부위를 제거해 땅에 묻어 녹포자가 중간기주로 전파되는 것을 차단한다.

A-C 두릅나무 녹병의 다양한 병징
D 병원균의 녹포자
E 녹포자의 주사전자현미경 사진

A
B
C
20 µm
D
E
2μm

# 26 두릅나무 더뎅이병

Scab of angelica tree

두릅나무 더뎅이병(瘡痂病, Scab of angelica tree)은 두릅나무 재배에서 문제가 되는 중요한 병으로, 주로 장마철 전후, 특히 태풍과 강한 비바람이 지나간 후에 많이 발생하여 때때로 큰 피해를 준다.

## 병징과 표징

봄철 새잎이 활짝 필 때부터 잎과 잎자루, 새로 자라나는 연한 어린 가지 등에 발생한다. 처음에는 잎과 어린 가지에 지름 2mm가량 되는 거의 둥근 모양의 갈색 반점들이 다수 생기는데, 잎에서는 병반들이 주로 잎맥을 따라 연달아 나타나서 거의 잎맥 전체를 뒤덮는다. 어린 가지에서도 병반들이 확대되면서 서로 융합하여 부정형의 커다란 병반이 된다. 이들 병반은 나중에 코르크화하여 담갈색~회갈색의 부스럼딱지 같은 더뎅이 증상을 띤다. 잎과 가지의 생장기에 발병하기 때문에 어린 가지나 잎자루는 뒤틀리거나 구부러지며, 잎은 심하게 오그라들면서 기형이 된다. 병세가 심하면 나무 전체가 위축되고 생육이 크게 나빠진다.

## 병원균

*Elsinoë araliae* [=(무성세대) *Sphaceloma araliae*]

곰팡이의 일종으로 자낭균류에 속하며, 분생포자와 자낭포자를 형성한다.

## 병환(病環)

병원균은 잎, 가지, 줄기 등의 병반에서 균사의 형태로 겨울을 나고, 봄철 잎이 필 때쯤 분생포자를 만들어, 비가 올 때 날아 흩어지는 빗물에 의해 전파되어 감염을 일으킨다.

## 방제

- 병든 잎과 가지는 발병 초기에 제거한다.
- 늦가을에 병든 가지를 제거해 병든 낙엽과 함께 태우거나 땅에 묻는다.
- 여름철에 재배지가 과습하지 않도록 배수, 통풍, 채광 등에 유의하고 밀식을 피한다.
- 질소질 비료를 많이 주면 오히려 발병을 조장하므로 3요소를 균형 있게 시비하도록 한다.
- 현재 두릅나무 더뎅이병에 대해 고시된 약제는 없으나, 발병 초기에 티오파네이트메틸 수화제 1,500배액, 베노밀 수화제 2,000배액, 프로피 수화제 1,000배액을 2~3회 뿌리면 효과가 있다는 연구 보고가 있다.

A, C 두릅나무 더뎅이병의 병징(잎 앞면)
B, D 두릅나무 더뎅이병의 병징(잎 뒷면)
E 더뎅이병에 걸린 어린 가지
F 어린 녹지에 형성된 병반
G 병원균의 분생포자

A
B
C
D
E
F
G
5 μm

# 27 두릅나무 뒷면모무늬병
## Angular leaf spot of angelica tree

두릅나무 뒷면모무늬병(角斑病, Angular leaf spot of angelica tree)은 두릅나무의 묘목과 어린나무에 흔히 발생하는 병으로, 조기낙엽을 일으켜 수세를 약화시키며, 이듬해 두릅 생산에 피해를 준다. 성목에서는 드물게 발생한다.

### 병징과 표징

잎 뒷면에, 잎맥에 둘러 막힌 회갈색~암회색의 뚜렷한 모무늬 병반이 나타난다. 병반의 앞면은 처음에는 퇴록증상(退綠症狀)을 띠며, 나중에 황갈색~암갈색이 된다. 잎 뒷면의 암회색 모무늬 병반은 병원균의 분생포자경과 분생포자가 밀생해서 형성된 것으로, 우단(비로드, 벨벳)처럼 고운 느낌을 준다. 잎에 많은 병반이 나타나면 서로 융합해서 나중에 잎마름 증상을 보이며, 병반 주변부터 누렇게 되어 일찍 낙엽이 진다.

### 병원균

*Pseudocercospora araliae*

곰팡이의 일종으로 자낭균류에 속하며, 분생포자를 형성한다.

### 병환(病環)

병원균은 병든 낙엽에서 겨울을 나고, 이듬해 봄에 분생포자를 형성하여 1차 전염원이 된다. 분생포자는 바람과 날아 흩어지는 빗물에 의해 전파되어 잎을 감염하고 분생포자를 형성한다. 이후에는 초가을까지 분생포자에 의한 2차 감염이 이어지면서 병이 확산된다.

### 방제

- 묘포에서는 6~8월에 적용약제를 살포한다.
- 상습 발생지에서는 늦가을에 병든 낙엽을 모아서 태우거나 땅에 묻어 월동 전염원을 차단한다.

**A** 두릅나무 뒷면모무늬병의 병징(잎 앞면)
**B** 잎 뒷면의 병징
**C** 잎 뒷면에 형성된 암갈색~암회색 모무늬 병반
**D** 잎 앞면의 병반은 퇴록증상을 띤다.
**E** 모무늬 병반의 확대(벨벳 같은 부드러운 느낌을 준다)
**F** 병원균의 분생포자

A
B
C
D
E
0.5 mm
F
20 µm

# 28 등나무 혹병

## Bacterial gall of wisteria

등나무 혹병(Bacterial gall of wisteria)은 오래된 등나무에서 흔히 볼 수 있는 병으로, 줄기와 가지에 생긴 크고 작은 많은 혹들로 인해 나무의 미관이 크게 훼손될 뿐만 아니라, 수세도 크게 쇠퇴한다.

### 병징과 표징

장마가 끝날 무렵부터 줄기와 가지에 황록색의 콩알만 한 작은 혹이 생긴다. 혹은 매년 커지면서 나중에 담갈색~갈색의 주먹만 한 혹이 된다. 오래된 혹은 딱딱해지고, 균열이 생겨 표면이 거칠어지며, 표면의 일부가 벗겨져 떨어져 나가기도 한다. 오래된 혹에는 해충의 침입공이 많이 보이며, 이들 혹에서 무려 48종의 곤충이 발견되었다는 보고가 있다. 피해가 심한 경우, 나무 전체가 크고 작은 혹으로 뒤덮이며, 가지가 말라 죽고 줄기 내부가 썩기도 한다.

### 병원체

*Pantoea agglomerans* pv. *millettiae* (=*Erwinia herbicola* pv. *millettiae*)

세균의 일종으로, 그람 음성균이다.

### 병환(病環)

병원세균의 전염 경로는 자세히 밝혀져 있지 않으나, 혹 내부에 많은 종류의 곤충이 서식하는 것으로 미루어, 각종 곤충류에 의해 병원세균이 줄기, 가지, 뿌리 등에 생긴 상처 부위로 전파되어 감염이 일어나는 것으로 추정하고 있다.

### 방제

- 혹이 발생한 가지는 발생 초기에 잘라 태운다.
- 혹이 많지 않을 때는, 혹을 도려내고 그 자리에 락발삼, 지오판도포제 등의 상처도포제를 바른다.

**A, B** 등나무 줄기와 가지에 발생한 혹
**C** 발생 초기의 어린 혹
**D, E** 어린 가지에 자라고 있는 당년생 어린 혹
**F** 묵은 혹의 앞면
**G** 오래된 혹(잘 탈락하고 잘 부스러진다)
**H** 묵은 혹 내부에 서식하고 있는 바구미의 일종

A
B
C
D
E
F
G
H
2 mm

# 29 때죽나무 녹병

Rust of snowbell tree

때죽나무 녹병(Rust of snowbell tree)은 때죽나무에 흔히 발생하는 병으로, 잎의 황화와 조기낙엽을 일으켜, 나무의 생장을 저해하고 관상 가치를 크게 떨어뜨린다. 병이 심하게 발생하면 나무 전체의 잎이 노랗게 변해 멀리서도 쉽게 식별할 수 있다.

## 병징과 표징

초여름부터 잎 표면에 윤곽이 뚜렷하지 않은 작은 황색 반점이 다수 나타나며, 그 뒷면에는 표피를 찢고 노란 가루 모양의 균체(병원균의 여름포자더미)가 다수 나타난다. 가을철에는 잎 표면에 갈색~암갈색의 작은 반점들이 나타나고, 잎 뒷면의 표피 밑에 황갈색~적갈색의 작은 겨울포자더미가 형성된다. 병든 잎은 점점 누렇게 되어 일찍 떨어진다.

## 병원균

*Pucciniastrum styracinum*

곰팡이의 일종으로 담자균류에 속하며, 때죽나무에 여름포자와 겨울포자를 형성한다. 일본과 타이완에서 이 병원균의 중간기주로 수종의 전나무류가 보고되어 있는데, 우리나라에 분포하는 전나무류에 이 병원균이 기생하고 있는지는 밝혀지지 않았다.

## 병환(病環)

병원균은 병든 낙엽의 표피 밑에서 미성숙 여름포자더미의 형태로 겨울을 나고, 이듬해 봄에 성숙한 포자더미에서 여름포자가 바람과 날아 흩어지는 빗물에 의해 전파되어 1차 전염을 일으킨다. 이후에는 가을까지 여름포자에 의한 반복 전염이 이어진다.

## 방제

- 늦가을에 병든 낙엽을 모아 태우거나 땅에 묻어 월동 전염원을 제거한다.
- 상습 발병지에서는 발병 초기부터 테부코나졸 수화제, 트리아디메폰 수화제, 만코제브 등을 2주 간격으로 2~3회 살포한다.

**A, B** 때죽나무 녹병의 병징(잎 뒷면)
**C, D** 잎 뒷면에 나타난 때죽나무 녹병균의 여름포자더미
**E** 때죽나무 녹병균의 여름포자
**F** 여름포자의 확대 사진(포자 표면에 가시 모양의 돌기가 많이 나 있다)

A
B
C
2 mm
D
2 mm
E
20 μm
F
10 μm

# 30 명자나무 붉은별무늬병
Rust of flowering quince

명자나무 붉은별무늬병(赤星病, Rust of flowering quince)은 5~6월에 명자나무에서 흔히 볼 수 있는 병으로, 잎의 뒷면에 털 같은 것이 지저분하게 잔뜩 돋아나고, 심하면 많은 잎이 일찍 떨어져 나무의 미관을 크게 해친다.

## 병징과 표징

5월 초중순에 새로 피어난 잎의 앞면에 지름 2~5mm 되는 선명한 주황색의 원형 병반들이 나타난다. 병반 위에는 아주 작은 흑갈색 점들(녹병정자기)이 다수 형성되며, 여기에서 점질물(녹병정자)이 스며 나온다. 5월 중순부터 6월 하순에 걸쳐 녹병정자기 병반의 뒷면에 길이 5mm 정도 되는 담갈색~회갈색의 털 같은 돌기들(녹포자기)이 다발을 이루어 나타난다. 이들 녹포자기가 성숙해서 터지면 그 안에 형성된 옅은 주황색의 녹포자가 흩어진다. 한 잎에 많은 병반이 생기면 잎은 오그라들면서 일찍 떨어진다. 병세가 심하면 6~7월에 대부분의 잎이 떨어진다.

## 병원균

*Gymnosporangium asiaticum*

곰팡이의 일종으로 담자균류에 속한다. 이 병원균은 명자나무와 중간기주인 향나무류 사이를 오가며 생활환을 이어가는 이종기생성(異種寄生性) 녹병균으로, 향나무류에는 녹병을 일으킨다. 명자나무에 녹병정자와 녹포자를, 그리고 향나무에 겨울포자와 담자포자를 형성하며, 여름포자세대는 없다.

## 병환(病環)

5~6월에 명자나무 잎에 형성된 녹포자는 바람에 날려 향나무에 옮겨와 햇잎을 감염하며, 7~8개월의 잠복기를 거쳐 이듬해 2~3월에 침엽의 기부에 적갈색의 작은 돌기(겨울포자더미)를 형성한다. 4월 초중순 무렵 비가 올 때, 이들 겨울포자더미는 주황색의 한천 모양으로 부풀어 오르며, 그 안에 있는 겨울포자는 발아해서 담자포자를 만든다. 담자포자는 흩날리는 빗물에 의해 명자나무에 전파되어 잎과 열매를 감염해서 녹병정자기와 녹포자기를 형성한다.

## 방제

- 명자나무 주변에는 중간기주인 향나무류를 심지 않도록 한다.
- 4~5월에 트리아디메폰 수화제, 테부코나졸 액상수화제 등 배나무 붉은별무늬병 약제를 10~15일 간격으로 3~4회 살포한다.
- 명자나무 주변에 있는 향나무에도 같은 약제를 4월 초순부터 10일 간격으로 2~3회 살포한다.

A 명자나무 붉은별무늬병의 병징
B 잎 뒷면에 형성된 털 모양의 녹포자기
C 병반 앞면에 형성된 까만 점 모양의 녹병정자기
D 잎 뒷면에 형성된 녹포자기
E 병원균의 녹포자
F 녹포자(주사전자현미경 사진)

A
B
C
2 mm
D
E
20 μm
F
5μm
10.0 kV WD 13.0 mm Low-PC HighVac. x5,000 5 μm
Aug. 19 2022 YJLa

# 31 모과나무 붉은별무늬병

Chinese quince rust

모과나무 붉은별무늬병(赤星病, Chinese quince rust)은 봄~초여름에 흔히 발생하는 병으로, 잎의 뒷면과 열매에 회갈색 털 모양의 돌기가 무리 지어 생기고, 심한 조기낙엽을 일으켜 나무의 외관과 생장을 크게 저해한다.

## 병징과 표징

5월 초중순, 새잎의 앞면에 지름 2~5mm 되는 선명한 주황색의 둥근 병반들이 나타난다. 병반 위에는 미소한 흑갈색 점들(녹병정자기)이 다수 형성되며, 여기에서 투명한 점질물(녹병정자)이 스며 나온다. 5월 말~6월 중순에는 녹병정자기 병반의 뒷면에 길이 4~5mm 되는 회갈색 털 모양의 녹포자기가 다발 지어 나타난다. 이들 녹포자기가 성숙해서 터지면, 옅은 주황색 가루 모양의 녹포자가 흘러나온다. 잎자루와 열매에도 비슷한 병징이 나타나며, 병든 잎은 일찍 떨어진다.

## 병원균

*Gymnosporangium asiaticum*

곰팡이의 일종으로 담자균류에 속한다. 중간기주인 향나무류와 기주교대를 하는 이종기생성(異種寄生性) 녹병균으로, 향나무류에는 녹병을 일으킨다. 4~7월까지는 모과나무에 기생하여 녹병정자와 녹포자를, 7월 이후에는 향나무에 기생하여 겨울포자와 담자포자를 형성한다. 이 병원균은 여름포자를 형성하지 않는다.

## 병환(病環)

모과나무의 잎 뒷면에 형성된 녹포자기 안에는 많은 녹포자가 들어 있는데, 이들 녹포자는 모과나무를 감염할 수 없고, 향나무에만 기생한다. 녹포자는 6~7월에 바람에 의해 향나무에 전파되어 햇잎을 감염하며, 6개월 이상의 잠복기를 거쳐 이듬해 3~4월경 침엽의 기부에 흑갈색, 삼각뿔~쐐기 모양의 겨울포자더미를 형성한다. 겨울포자더미는 4월 초순~하순경, 비가 올 때, 주황색의 한천 모양으로 부풀어 오르며, 그 안에 있는 겨울포자는 발아해서 담자포자를 만든다. 담자포자는 흩날리는 빗방울에 실려 모과나무에 전파되어 잎과 열매를 감염해서 녹병정자기와 녹포자기를 형성한다.

## 방제

- 모과나무 가까이에는 되도록 향나무를 심지 않도록 한다.
- 4월 초중순에 겨울포자더미가 붙어 있는 향나무의 잎과 잔가지들을 잘라서 태우거나 땅에 묻는다.
- 모과나무에는 4월 중순부터 트리아디메폰 수화제, 테부코나졸 수화제 등을 2주 간격으로 3~4회 살포하고, 향나무에도 4월 초순부터 같은 약제를 2주 간격으로 2~3회 살포한다.

A 모과나무 붉은별무늬병의 병징
B 병반의 앞면에 형성된 녹병정자기(까만 점들)
C 잎 뒷면의 녹포자기
D 열매에 형성된 녹포자기
E 병원균의 녹병정자
F 병원균의 녹포자
G 병원균의 녹포자(주사전자현미경 사진)

A
2 mm
B
2 mm
C
D
5 µm
E
20 µm
F
5um
G

# 32 모과나무 점무늬병
## Leaf spot of Chinese quince

모과나무 점무늬병(斑點病, Leaf spot of Chinese quince)은 붉은무늬병과 함께 모과나무에 흔히 발생하는 병으로, 심한 조기낙엽을 유발하여 나무의 미관을 해치고 수세를 약화시킨다. 붉은별무늬병이 주로 6월경에 심한 낙엽을 일으키는 데 반해, 점무늬병은 8~9월에 심한 낙엽을 유발하는 것이 특징이다.

### 병징과 표징

7~9월 초순에 걸쳐 발생한다. 처음에는 잎에 잎맥에 둘러 막힌 2~5mm 되는 갈색~적갈색의 다각형 병반이 다수 나타난다. 8월 이후에는 병세가 진전되면서 이웃해 있는 병반들이 융합하고 확대되어 건전부와 경계가 뚜렷한 5~10mm 크기 되는 부정형 모무늬 병반이 된다. 병든 잎은 차츰 황색~갈색으로 변해 조금만 건드려도 잘 떨어지며, 8월 중순부터 낙엽 지기 시작해서 심하면 9월 초순에 잎 대부분이 떨어진다. 갈색 병반의 앞면에는 하얀 솜털 같은 분생포자덩이가 가득히 나타나는데, 휴대용 확대경이나 맨눈으로도 잘 보인다. 모과나무 잎에는 붉은별무늬병과 점무늬병의 병반이 혼재하는 경우가 많은데, 이들 병반은 크기와 색깔이 비슷해서 언뜻 양자를 구분하기가 쉽지 않다. 붉은별무늬병의 경우, 대개 병반이 둥글고, 병반의 가장자리가 황색을 띠며, 무엇보다도 병반의 뒷면 중앙 부위에 흑갈색의 녹포자기 흔적이 뚜렷이 보인다. 이에 반해, 점무늬병은 병반이 다각형이고, 병반의 가장자리가 황색을 띠지 않으며, 병반의 뒷면에 아무런 흔적이 없고, 병반의 앞면에 흰 솜털 같은 것이 많이 돋아나 있어서 병 무늬를 자세히 관찰하면 양자를 어렵지 않게 구분할 수 있다.

### 병원균

*Pseudocercosporella chaenomelis* (=*Cercosporella chaenomelis*)

곰팡이의 일종으로 자낭균류에 속한다.

### 병환(病環)

병원균은 병든 낙엽에서 위자낭각(僞子囊殼)의 형태로 겨울을 나고, 봄철~여름철에 자낭포자를 형성하며, 자낭포자는 바람에 의해 새로 피어난 잎에 전파되어 1차 감염을 일으킨다. 이후에는 병반 위에 형성된 분생포자에 의한 2차 감염이 이어진다.

### 방제

- 늦가을~이른 봄에 병든 낙엽을 모아 태우거나 땅에 묻어 월동 전염원을 제거한다.
- 7월 초순~9월 초순에 10~15일 간격으로 티오파네이트메틸 수화제를 2~3회 살포한다.

A 모과나무 점무늬병의 병징
B, D 잎 앞면의 모무늬 병반
C 잎 뒷면의 모무늬 병반
E 모무늬 병반 위에 가득 나타난 하얀 분생포자덩이
F 병반 앞면에 형성된 하얀 분생포자덩이
G 하얀 솜털 모양의 분생포자덩이
H 분생포자
I 분생포자의 위상차현미경 사진(포자의 격벽이 또렷하게 보인다)

A
B
C
D
E
F
1 mm
G
0.2 mm
H
10 µm
I
10 µm

# 33 모란 흰가루병
## Powdery mildew of tree peony

모란 흰가루병(白粉病, Powdery mildew of tree peony)은 흔히 발생하는 병은 아니지만, 여느 흰가루병과 마찬가지로 병든 나무는 지저분한 모습을 띠며, 나무의 관상 가치를 크게 떨어뜨린다. 모란 흰가루병과 작약 흰가루병은 모두 같은 종의 병원균에 의해 발생하는데, 작약의 경우, 흰가루병에 걸리지 않는 개체를 찾아보기 어려울 정도로 널리 발생하고, 병 증상도 모란보다 훨씬 더 심하다.

### 병징과 표징

6월경부터 발생한다. 처음에는 잎의 앞뒤 양면에 흰 가루를 얇게 뿌려놓은 듯한 모습의 작은 원형~부정형의 균총(균사, 분생포자경, 분생포자의 집합체)이 점점이 나타나며, 차츰 확대되면서 잎과 줄기 전체로 퍼진다. 늦여름~초가을에 균총 위에는 작은 까만 알갱이 같은 자낭구가 다수 형성된다.

### 병원균

*Erysiphe paeoniae*

곰팡이의 일종으로 자낭균류에 속하며, 자낭포자와 분생포자를 형성한다.

### 병환(病環)

병원균은 병든 낙엽과 줄기에서 자낭구의 형태로 겨울을 나고, 이듬해 봄 모란의 잎이 필 무렵, 자낭구에서 방출된 자낭포자가 바람에 의해 새잎에 전파되어 1차 감염을 일으킨다. 감염된 잎의 균총에는 다량의 분생포자가 형성되며, 이들 분생포자는 바람에 의해 전파되어 초가을까지 2차 감염을 반복하면서 병을 확산시킨다. 초가을에는 균총 위에 자낭구를 형성하여 월동한다.

### 방제

- 늦가을~이른 봄에 병든 잎을 모아 태우거나 땅에 묻어 전염원을 제거한다.
- 병든 줄기는 잘라서 태우거나 땅속에 묻는다.
- 흰가루병이 한 번 발생한 나무는 매년 발생하므로, 새잎이 피어날 때부터 흰가루병 약제를 2주 간격으로 2~3회 살포하여 병을 예방한다.

A 흰 균총으로 두껍게 뒤덮인 모란 잎
B 모란 흰가루병의 초기 병징(잎 표면에 흰 균총이 얇게 퍼진다)
C 잎줄기에 발생한 병반
D 잎줄기의 균총 위에 나타난 까만 자낭구 집단
E 자낭구
F 자낭구와 부속사
G 병원균의 분생포자

A
B
C
D
5 mm
E
0.2 mm
F
G
30 μm

# 34 물푸레나무 흰가루병
## Powdery mildew of ash tree

물푸레나무 흰가루병(白粉病, Powdery mildew of ash tree)은 주로 묘목과 어린나무에 많이 발생하는데, 특히 묘목에 피해가 크다. 이 병은 통풍이 불량한 밀식된 곳, 그리고 그늘지고 습한 곳에서 잘 발생한다.

### 병징과 표징

늦여름부터 가을에 걸쳐 잎의 앞면 또는 앞뒤 양면에 하얀 가루를 얇게 뿌려놓은 듯한 균총(병원균의 분생포자, 분생포자경, 균사의 집합체)이 점점이 나타나거나 또는 잎 전체를 뒤덮는다. 가을이 깊어지면서 균총은 회백색이 되며, 균총 위에는 흑갈색의 미소한 알갱이(자낭구)들이 다수 나타난다. 심하게 병든 잎은 말라 죽는다.

### 병원균

*Phyllactinia japonica*, *Erysiphe fraxinicola*, *Erysiphe salmonii*

모두 곰팡이의 일종으로 자낭균류에 속하며 자낭포자와 분생포자를 형성한다. 흰가루병균은 외부기생균으로서 기주식물의 표피세포 내에 흡기(吸器)를 만들어 양분을 섭취하면서 식물체의 표면에서 생활한다. 또한 흰가루병균은 절대기생균(絶對寄生菌)으로서 인공 배지에서 배양이 되지 않으며, 살아 있는 식물에서만 자란다.

### 병환(病環)

병원균은 병든 낙엽 위에서 자낭구의 형태로 겨울을 나고, 봄에 자낭구 내의 자낭포자가 빗물, 바람, 곤충 등에 의해 전파되어 1차 감염을 일으켜 잎에 분생포자를 형성한다. 이후에는 분생포자에 의해 가을까지 2차 감염이 반복되면서 병이 확산된다.

### 방제

- 늦가을~이른 봄에 병든 낙엽을 모아 태우거나 땅에 묻어 월동 전염원을 제거한다.
- 흰가루병이 한 번 발생한 묘포에서는 재발할 가능성이 높으므로, 8월 초순부터 베노밀 수화제, 티오파네이트메틸 수화제, 트리아디메폰 수화제 등 흰가루병 약제를 2주 간격으로 2~3회 살포한다.
- 묘포에서는 밀식을 피하고 통풍, 채광, 배수가 잘되도록 관리한다.

A 흰가루병에 걸린 물푸레나무 묘목
B 흰가루병의 병징(잎 앞면, 하얀 균총으로 뒤덮여 있다)
C 균총 위에 형성된 자낭구
D 병원균의 자낭구
E 병원균의 분생포자

A
B
C
0.3 mm
D
50 μm
E
20 μm

# 35 박태기나무 모무늬병
## Angular leaf spot of Chinese redbud

박태기나무 모무늬병(角斑病, Angular leaf spot of Chinese redbud)은 박태기나무에서 흔히 볼 수 있는 병으로, 심하게 발생하면 잎이 변색하면서 일찍 떨어져 나무의 미관이 크게 손상된다.

### 병징과 표징

6월쯤부터 아래 잎에 발생하기 시작해서 점차 위 잎으로 퍼진다. 처음에는 잎 표면에 잎맥으로 둘러 막힌 지름 2~3mm 되는 갈색~암갈색의 작은 모무늬 병반들이 다수 나타난다. 이들 병반은 점차 확대되고 융합해서 크기 5~10mm 되는 부정형의 대형 병반이 되기도 한다. 잎 한 개에 100개가 넘는 병반을 형성하는 경우도 흔하다. 병반의 앞면은 흑갈색 그을음 덩이 같은 분생포자 덩이로 뒤덮이고, 병반의 뒷면은 뚜렷한 회갈색~암회색을 띤다. 많은 병반이 나타난 잎은 가장자리가 말리고 점차 황색~갈색으로 변해 일찍 떨어진다. 꼬투리에도 병반이 나타난다.

### 병원균

*Pseudocercospora cercidis-chinensis* (=*Pseudocercospora chionea*)

곰팡이의 일종으로 자낭균류에 속하며, 분생포자를 형성한다.

### 병환(病環)

병원균은 병든 낙엽의 병반에서 자좌(子座)의 형태로 겨울을 나고 봄에 분생포자를 형성하여 1차 전염원이 된다. 분생포자는 날아 흩어지는 빗물에 의해 새잎에 전파되어 감염을 일으킨다.

### 방제

- 늦가을~이른 봄에 병든 낙엽을 모아서 땅에 묻거나 태워서 월동 전염원을 제거한다.
- 매년 심하게 발병해서 예방이 필요할 때는 5월 중순부터 베노밀 수화제, 티오파네이트메틸 수화제 등을 2주 간격으로 2~3회 살포한다.

A 박태기나무 모무늬병
B 잎 앞면에 나타난 병징
C 잎 뒷면에 나타난 병징
D 잎 앞면의 모무늬 병반
E 꼬투리에 나타난 병반
F, G 병반 표면을 뒤덮은 흑갈색 솜털 모양의 분생포자좌
H 병원균의 분생포자

A
B
C
D
E
F
1 mm
G
0.2 mm
H
20 μm

# 36 밤나무 거짓탄저병

## Gnomonia leaf spot of chestnut

밤나무 거짓탄저병(Gnomonia leaf spot of chestnut)은 늦여름부터 늦가을에 흔히 발생하는 병으로, 병든 잎이 쉽게 떨어지지 않고 자연낙엽기까지 나무에 오래 붙어 있어, 수관이 지저분한 모습을 보이기는 하지만, 나무의 생장에는 이렇다 할 피해를 주지 않는다. 동양 계통의 밤나무는 비교적 피해가 적지만, 미국 및 유럽 계통의 밤나무는 이 병에 매우 감수성으로, 잎이 말리고 심한 조기낙엽을 일으켜 상당한 피해를 주는 것으로 알려져 있다.

### 병징과 표징

묘목과 성목에 모두 발생한다. 8월경부터 잎에 윤곽이 뚜렷하지 않은 황록색~황갈색의 둥근 병반이 나타나며, 나중에 중심부는 갈색으로 변하고 주변은 황색 띠로 둘러싸인다. 가을 늦게 병반의 뒷면에는 진한 갈색~흑색의 작은 점들(분생포자층)이 밀생하며, 비가 와서 다습하면 분생포자층에서 하얀 끈적덩이(분생포자덩이)가 솟아 나온다.

### 병원균

*Gnomonia setacea* [=(무성세대) *Discogloeum* sp.]

곰팡이의 일종으로 자낭균류에 속하며, 자낭포자와 분생포자를 형성한다. 병원균은 밤나무속 식물 외에 상수리나무, 졸참나무, 굴참나무 등 참나무속 식물에도 기생하며, 유럽과 미국에 널리 분포한다.

### 병환(病環)

병원균은 겨울을 난 병든 낙엽 내에 봄 늦게 자낭각을 형성하며, 자낭각은 7~8월에 성숙한다. 비가 온 뒤 자낭각에서 방출된 자낭포자는 바람에 의해 밤나무 잎에 전파되어 감염을 일으킨다.

### 방제

- 병든 낙엽은 늦가을에 모아서 태우거나 땅에 묻어 월동 전염원을 제거한다.
- 비배관리를 잘해서 수세를 증진시킨다.
- 밀식을 피하고 통풍이 잘되도록 관리한다.
- 묘포에서는 발병 초기에 티오파네이트메틸 수화제, 클로로탈로닐 수화제, 만코제브 수화제 등을 뿌린다.

**A** 밤나무 거짓탄저병의 병징
**B, C** 잎 앞면에 나타난 초기의 병반
**D** 잎 앞면에 나타난 후기의 병반
**E** 병반 위에 형성된 까만 점 모양의 분생포자층
**F** 분생포자층에서 솟아 나온 유백색 분생포자덩이
**G** 병원균의 분생포자

A
B
C
D
E
1 mm
F
0.1 mm
G
10 µm

# 37 밤나무 줄기마름병

Chestnut blight

밤나무 줄기마름병(胴枯病, Chestnut blight)은 잣나무류 물집녹병, 느릅나무 마름병과 함께 세계 3대 수목병으로 꼽히는 매우 치명적인 병으로, 1904년부터 1944년까지 약 40년 동안 미국 전역에서 약 35억 그루의 밤나무를 고사시킨 괴멸적인 피해를 초래한 바 있다. 우리나라의 밤나무는 이 병에 저항성이어서 그동안 큰 피해는 없었으나, 최근 들어 발병 사례가 증가하고 있어 주의가 필요하다.

## 병징과 표징

처음에는 줄기나 가지의 수피가 적갈색으로 변하고 약간 함몰된다. 병반에 주황색~적갈색의 미소한 돌기(분생포자각자좌)가 다수 형성되고, 다습하면 이들 돌기에서 덩굴손 모양의 주황색 분생포자덩이가 분출한다. 병든 부위가 줄기나 가지를 한 바퀴 둘러싸면, 그 위쪽은 말라 죽으며, 뿌리 부근에서 맹아가 다수 발생한다. 병이 심해지면 여름철에 어린 가지와 잎이 시들고 아래로 처지는 증상이 나타난다. 시간이 지나면 병든 부위의 수피가 갈라지고, 수피를 벗기면 목질부에 부채 모양의 두꺼운 황백색 균사층이 드러난다.

## 병원균

*Cryphonectria parasitica* (=*Endothia parasitica*)

곰팡이의 일종으로 자낭균류에 속하며, 자낭포자와 분생포자를 형성한다.

## 병환(病環)

감염된 줄기나 가지에는 연중내내 수많은 분생포자각과 자낭각이 혼재하며, 다습하면 분생포자각에서 다량의 분생포자가 덩어리 형태로 분출된다. 분생포자는 주로 빗물에 의해 전파되며, 곤충이나 새의 몸에 묻어 멀리 전파되기도 한다. 자낭포자는 비가 온 뒤 자낭각에서 방출되어 바람에 의해 전파된다. 분생포자와 자낭포자는 봄~가을에 줄기나 가지의 상처를 통해 침입해 병을 일으킨다.

## 방제

- 병원균은 상처를 통해 침입하므로, 가지치기 등 작업 시 상처 발생을 최소화하고, 상처가 생겼을 경우 락발삼이나 티오파네이트메틸 도포제 등 상처도포제를 바른다.
- 발병 초기에 예리한 칼로 병든 부위를 도려내고, 노출된 목질부를 70% 에탄올로 소독한 후 상처도포제를 바른다.
- 지면에서 약 1m 높이까지 석회유나 백색 수성 페인트를 발라 동해나 피소(햇볕 데임)로 인한 줄기 손상을 방지한다.
- 병원균은 말라 죽은 가지나 줄기에서 수년간 생존하므로, 감염된 나무나 가지는 일찍 제거하여 태우거나 땅에 묻는다.
- 줄기에 상처를 내는 천공성 해충을 방제한다.

A 밤나무 줄기마름병의 전형적인 초기 병징(적갈색 수피)
B 줄기마름병에 감염된 밤나무 줄기의 수피가 갈라진 모습
C 병반 부위에 나타난 다수의 주황색 분생포자덩이
D 분생포자각에서 솟아 나온 주황색 분생포자덩이
E 덩굴손 모양의 분생포자덩이
F 병원균의 자낭과 자낭포자
G 병원균의 분생포자

# 38 배롱나무 흰가루병

Powdery mildew of crape myrtle

배롱나무 흰가루병(白粉病, Powdery mildew of crape myrtle)은 7~9월의 개화기에는 발병하지 않은 그루를 찾아보기 어려울 정도로 흔히 발생하는 병으로, 특히 묘목과 어린나무에 심하게 발생한다. 한번 발생하면 매년 재발하는 경향이 있으며, 반복적으로 심하게 발생할 경우 나무의 생장이 위축되고 수관이 빈약해져 나무의 미관을 크게 해친다.

## 병징과 표징

5월 중하순, 새잎과 새순에 발생하기 시작해, 여름~가을에 꽃봉오리와 열매로 확산된다. 초기에는 잎 표면에 하얀 밀가루를 뿌려놓은 듯한 백색~회백색의 크고 작은 반점이 드문드문 나타난다. 이들 반점이 점점 커지면서 잎 전체가 흰가루(분생포자경과 분생포자)로 뒤덮이면, 잎은 위로 말리고 뒤틀리며, 모양이 일그러진다. 꽃봉오리가 흰 가루로 덮이면 꽃이 제대로 피지 않고 떨어지며, 개화된 꽃의 꽃받침에 발생하면 꽃이 일찍 시든다. 8월 하순에 접어들면 병반의 회백색 균총 위에 흑갈색의 미소한 알갱이들(자낭구)이 다수 나타난다. 이 병은 그늘지고 습한 곳, 특히 밀식을 해서 통풍이 잘되지 않는 곳에서 많이 발생한다.

## 병원균

*Erysiphe australiana*

곰팡이의 일종으로 자낭균류에 속하며, 자낭포자와 분생포자를 형성한다. 절대기생균으로 인공 배양이 되지 않는다.

## 병환(病環)

병원균은 병든 낙엽에서 자낭구의 형태로 겨울을 나며, 이듬해 봄에 자낭구 내에 있는 자낭포자를 방출한다. 자낭포자는 바람에 날려 새잎에 전파되어 1차 감염을 일으키고, 병반 위에 분생포자를 형성한다. 이후에는 분생포자에 의한 2차 전염이 가을까지 이어지며, 늦여름~초가을에는 병반의 균총 위에 자낭구를 형성하여 월동한다.

## 방제

- 한번 발생한 곳에서는 거의 매년 재발하므로, 늦가을부터 이른 봄 사이에 병든 가지와 꽃망울을 제거하여 병든 낙엽과 함께 태우거나 땅에 묻어 월동 전염원을 제거하는 것이 중요하다.
- 발병 초기부터 트리아디메폰 수화제, 티오파네이트메틸 수화제 등을 월 2회 정도 살포한다. 특히 5~6월의 발병 초기에 집중적으로 살포하는 것이 효과적이다.
- 햇빛이 잘 들고 통풍이 잘되는 장소에 식재하고, 묘포에서는 밀식되지 않도록 관리한다.
- 줄기 밑동에서 자라나는 맹아지는 흰가루병에 아주 잘 걸리며, 병을 널리 확산시킬 수 있으므로 모두 일찍 제거한다.

**A, B** 배롱나무 흰가루병의 병징
**C** 흰가루병에 걸린 잎의 균총 위에 나타난 자낭구 집단(까만 점들)
**D** 균총 위에 형성된 자낭구
**E** 자낭구와 부속사
**F** 자낭구와 자낭
**G** 자낭 내의 자낭포자
**H** 병원균의 분생포자
**I** 병원균의 자낭포자

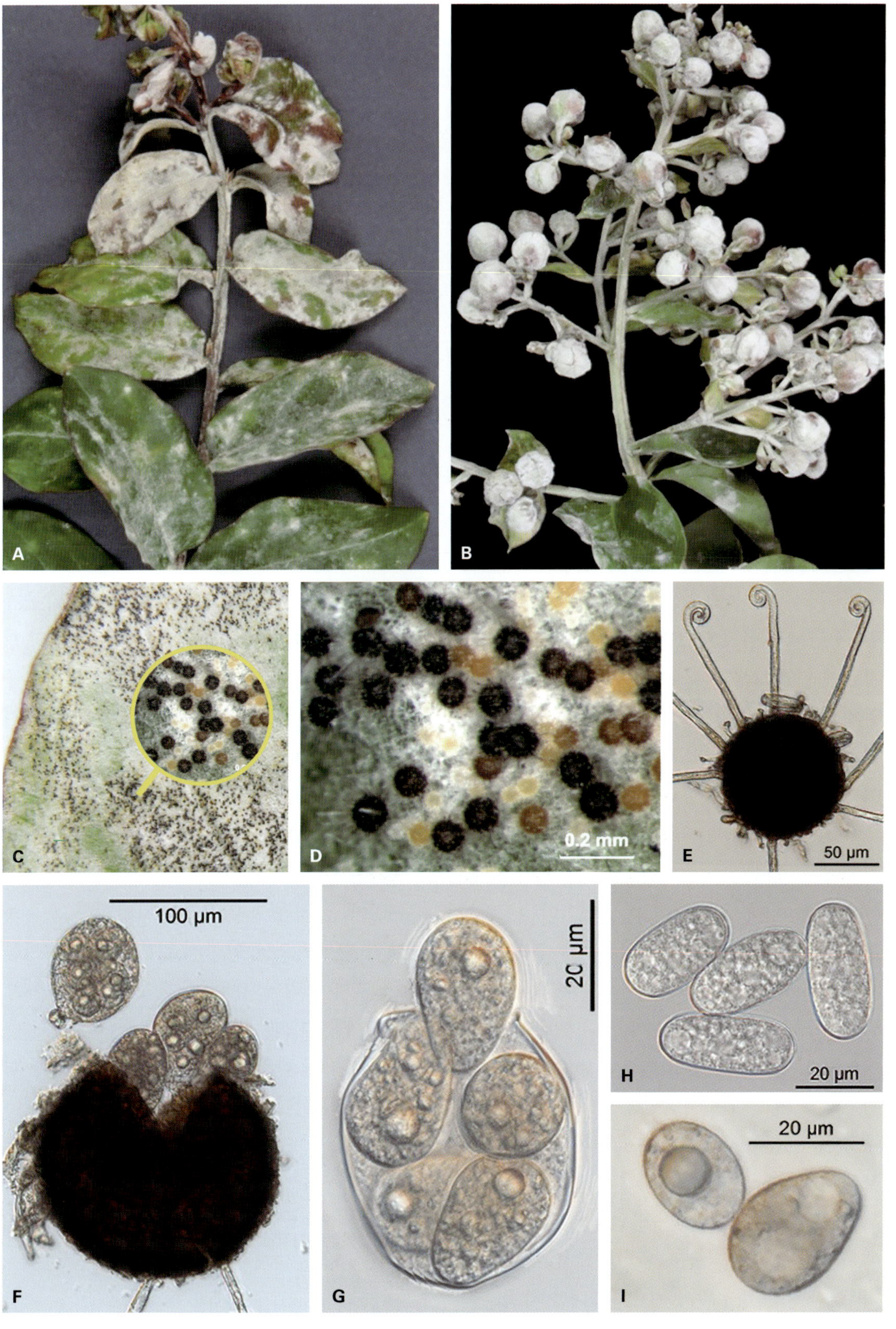
A
B
C
D
0.2 mm
E
50 μm
F
100 μm
G
20 μm
H
20 μm
I
20 μm

# 39 버드나무류 잎녹병
Leaf rust of willows

버드나무류 잎녹병(葉銹病, Leaf rust of willows)은 다양한 종류의 버드나무에 흔히 발생하는 병으로, 나무 생장에 큰 피해를 주지는 않지만, 감염된 잎이 누렇게 변해 일찍 떨어져 버드나무의 경관적 가치를 크게 훼손한다.

## 병징과 표징

5월 하순경부터 잎 앞면에 1~2mm 크기의 작은 황색 반점들이 생기며, 그 뒷면에는 주황색 가루덩이 모양의 여름포자더미가 나타난다. 여름포자더미가 잎 뒷면을 가득 덮으면, 마치 노란 가루를 뿌려놓은 듯한 모습이 된다. 초가을이 되면, 주황색 여름포자더미는 점차 사라지고, 그 자리에 암적갈색의 다소 두툼한 부스럼딱지 모양의 겨울포자더미가 나타난다. 병든 잎은 일찍 떨어지며, 심한 경우 초가을에 대부분의 잎이 떨어지고 가지 끝에 몇 잎만 남기도 한다.

## 병원균

*Melampsora* spp., *Caeoma* sp.

모두 곰팡이의 일종으로 담자균류에 속한다. 한국에서는 *Melampsora caprearum*, *M. epitea*, *M. humilis*, *M. yezoensis* 등 4종이 기록되어 있다. 이들은 모두 이종기생성 녹병균으로, 중간기주와 기주교대를 하며 생활환을 이어간다. 중간기주로 잎갈나무속 식물(*Larix* spp.)과 현호색속 식물(*Corydalis* spp.)이 있으며, 아직 중간기주가 밝혀지지 않은 종들도 있다. 병원균은 버드나무류에서 여름포자와 겨울포자세대를 지내고, 중간기주에서는 녹병정자와 녹포자세대를 지낸다.

## 병환(病環)

버드나무류의 병든 낙엽에서 월동한 겨울포자는 이듬해 봄에 발아하여 담자포자를 형성하며, 담자포자는 바람에 의해 중간기주에 전파되어 새잎을 감염해 녹병정자와 녹포자를 형성한다. 5월경, 녹포자는 바람에 의해 다시 버드나무류에 옮겨와 잎을 감염해 여름포자를 형성한다. 여름포자는 비바람에 의해 분산되어 여름동안 버드나무류에 전염을 반복하면서 병을 확산시킨다. 가을이 되면 여름포자더미는 사라지고, 그 자리에 겨울포자더미가 형성되어 겨울을 난다. 한편 중간기주가 없는 지역에서도 버드나무류에 잎녹병이 발생하는데, 이것은 버드나무의 겨울눈이나 어린 가지에서 월동한 여름포자가 중간기주를 거치지 않고 직접 버드나무류에 옮겨가 감염하기 때문이다.

## 방제

- 늦가을~늦겨울에 병든 낙엽을 모아서 태우거나 땅에 묻어 월동 전염원을 차단한다.
- 매년 반복적으로 심하게 발병하는 곳에서는 6~9월에 트리아디메폰 수화제 또는 만코제브 수화제를 월 2회 정도 살포한다.
- 중간기주인 낙엽송 주변에는 버드나무를 심지 않도록 한다.

A 버드나무류 잎녹병의 병징
B 잎줄기에 형성된 주황색 여름포자더미
C 잎의 앞 뒷면에 나타난 병반
D 병원균의 여름포자더미
E 병원균의 여름포자
F 여름포자의 주사전자현미경 사진

A
B
C
D
0.5 mm
E
20 μm
F
2μm
10.0 kV WD 14.7 mm Std.-PC HighVac. x5,500 2 μm
25 Nov. 2024

# 40 버즘나무류 갈색점무늬병

## Leaf spot of sycamore

버즘나무류 갈색점무늬병(褐點病, Leaf spot of sycamore)은 버즘나무에 흔히 발생하는 병으로, 성목과 묘목에 모두 발생한다. 성목의 경우, 잎에 많은 병반이 나타나 나무의 미관을 크게 해치지만, 생장에는 이렇다 할 피해를 주지 않는다. 묘포에서는 심한 피해를 입는 경우가 많다.

### 병징과 표징

6월경부터 낙엽기까지 묘목과 성목의 잎에 발생하는데, 때로는 성목의 맹아지에도 발생하며, 여름철 장마 후에 급격히 만연한다. 처음에는 잎에 지름 1~3mm 되는 작은 갈색 반점들이 다수 나타나며, 병반의 둘레는 담황색을 띤다. 병반이 확대되면서 수 개의 병반이 융합하여 10~20mm 크기 되는 갈색~회갈색의 부정형 병반이 되기도 한다. 대개 9월 중순까지는 병반의 뒷면에 회녹색~암녹색의 그을음덩이 같은 균체(cercostigmina형 분생포자덩이)가 다수 나타나다가, 이후 낙엽기까지는 주로 까만 포자덩이(stigmina형 분생포자덩이)가 다수 나타난다. 병든 잎은 가장자리가 말리면서 잘 떨어진다. 심하게 병든 묘목은 마름증상을 띠며, 생육이 극히 나빠진다.

### 병원균

*Pseudocercospora pseudostigmina-platani* [=(유성세대) *Mycosphaerella stigmina-platani*]

곰팡이의 일종으로 자낭균류에 속한다. 이 병원균의 분생포자는 변이가 매우 크며, 병반 위에 무색~담갈색의 약간 굽은 긴 곤봉 모양의 cercostigmina형 분생포자와, 갈색의 누에번데기 모양의 stigmina형 분생포자를 형성한다. 9월 중순까지는 병반 위에 주로 cercostigmina형 분생포자가 나타나고, 극히 소수의 stigmina형 분생포자가 관찰된다. 그러나 가을이 깊어지면서 stigmina형 분생포자의 비율이 점점 커지고, 11월 중순이 되면 주로 stigmina형 분생포자만 관찰되고 cercostigmina형 분생포자는 찾아보기 어렵다. 이처럼 병반 위에는 봄부터 늦가을까지 계절에 따라 전형적인 cercostigmina형 포자와 stigmina형 포자 사이에 여러 단계의 중간형 포자가 관찰된다.

### 병환(病環)

봄의 1차 전염은 병든 월동낙엽에 형성되는 자낭포자와 병든 낙엽에 형성된 채로 월동하는 stigmina형 분생포자의 양자에 의해 일어난다. 2차 전염은 새잎에 형성된 cercostigmina형 분생포자에 의해 가을까지 반복해서 일어난다.

### 방제

- 병든 낙엽은 늦가을에 모아서 태우거나 땅에 묻어 월동 전염원을 제거한다.
- 묘포에서는 연작을 피하고, 밀식하지 않도록 관리한다.
- 묘포에서는 6~9월에 보르도액, 동수화제, 만코제브 수화제 등을 한 달에 1~2회 살포한다.

A 버즘나무류 갈색점무늬병
B 잎 앞면의 병징
C 잎 뒷면의 병징
D 병반의 뒷면에 나타난 까만 분생포자덩이
E cercostigmina형 분생포자(c)와 stigmina형 분생포자(s)
F stigmina형 분생포자

A
B
C
D
0.2 mm
E
S
C
20 µm
F
10 µm

# 41 버즘나무류 탄저병

Sycamore anthracnose

버즘나무류 탄저병(炭疽病, Sycamore anthracnose)은 버즘나무류의 가장 중요한 병으로, 북아메리카와 유럽에서 큰 피해를 주는 것으로 잘 알려져 있다. 최근에는 우리나라에서도 피해가 점차 증가하고 있다. 이 병은 이른 봄에 비가 자주 내려 저온 다습한 날씨가 이어지면 심하게 발생한다.

## 병징과 표징

봄에 갓 돋아난 새순과 어린잎이 갑자기 하나씩 또는 무더기로 누렇게 시들며, 마치 늦서리를 맞은 듯한 모습을 띤다. 다 자란 잎에서는 봄부터 초여름에 주로 주맥과 측맥을 따라 조직이 괴사하며 번개 모양의 크고 작은 갈색 괴사 병반이 형성된다. 병반의 뒷면에는 주맥과 측맥을 따라 흑갈색의 작은 점(분생포자층)이 다수 형성되며, 비가 오고 다습하면 이들 분생포자층에서 유백색 뿔 모양의 분생포자덩이가 솟아난다. 어린 가지에는 껍질이 거칠게 허물어져 터지는 궤양 증상이 나타난다. 병든 잎은 일찍 떨어지며, 심하면 늦봄에 나무 전체의 잎이 거의 모두 떨어지고 초여름부터 새잎이 다시 돋아난다.

## 병원균

*Apiognomonia veneta* [= (무성세대) *Discula platani*]

곰팡이의 일종으로 자낭균류에 속하며, 분생포자와 자낭포자를 형성한다.

## 병환(病環)

병원균은 감염된 겨울눈과 병든 가지의 궤양 부위에서 균사와 분생포자층의 형태로, 그리고 병든 낙엽에서는 자낭각의 형태로 월동한다. 이른 봄, 병든 가지와 겨울눈에 형성된 분생포자, 그리고 병든 낙엽의 자낭각에 형성된 자낭포자가 바람과 빗물에 의해 새순과 어린잎으로 전파되어 1차 감염을 일으킨다. 1차 감염으로 잎 뒷면에 형성된 분생포자는 다 자란 잎으로 전파되어 2차 감염을 일으키며 병이 확산된다. 이 병은 전형적인 저온다습성 수목병(cool-wet weather tree disease)으로 이른 봄 새잎이 돋아 나는 시기에 기온이 16℃ 이상 지속되면 거의 발생하지 않는다.

## 방제

- 늦가을~늦겨울에 병든 낙엽을 모아 태우거나 땅에 묻어 월동 전염원을 제거한다.
- 병에 걸려 죽은 가지는 가을에 모두 잘라내어 태우거나 땅에 묻는다.
- 봄에 새순이 나올 때부터 클로로탈로닐 수화제, 만코제브 수화제 등을 2주 간격으로 3회 정도 살포한다.
- 가을 또는 봄에 비료를 충분히 주거나, 수목영양제를 수간주입하여 수세를 증진시킨다.

**A** 탄저병으로 심하게 낙엽이 진 버즘나무
**B** 버즘나무 탄저병의 병징
**C** 어린 가지에 나타난 궤양 증상
**D** 잎맥을 따라 형성된 초기 병반
**E** 잎맥을 따라 확대된 후기 병반
**F** 탄저병으로 말라 죽은 새순과 어린잎
**G** 병반 부위의 잎맥 위에 형성된 분생포자층에서 솟아 나온 유백색 분생포자덩이(화살표)
**H** 병원균의 분생포자

A
B
C
D
E
F
G
H
10 μm

# 42 버즘나무류 흰가루병

## Powdery mildew of sycamore

버즘나무류 흰가루병(Powdery mildew of sycamore)은 가로수와 공원수로 많이 심는 버즘나무의 경관을 훼손하는 일종의 '경관 훼손 나무병(Aesthetic tree disease)'으로서, 전 세계에 널리 분포한다. 특히 유럽과 북아메리카에서 매년 크게 발생하여 문제가 되는 중요한 병이다. 우리나라에서는 2012년에 대구에서 처음으로 발견되었는데, 현재는 전국으로 확산되었고, 피해가 증가하고 있다. 버즘나무와 양버즘나무에 모두 발생한다.

### 병징과 표징

봄철, 새순과 새잎에 흰 가루를 뿌려놓은 듯한 작은 부정형 병반(균총)이 점점이 나타나면서 점차 잎 전체로 확대된다. 새순과 어린 새잎에 가장 심하게 발생하며, 심하게 병든 잎은 말라서 안쪽으로 말리거나 뒤틀리며 일찍 떨어진다. 늦여름~초가을에는 균총 위에 까만 점 같은 작은 자낭구가 다수 나타난다. 이 병은 습하고 그늘진 곳에 자라는 나무에 잘 발생한다.

### 병원균

*Erysiphe platani*

곰팡이의 일종으로 자낭균류에 속하며, 자낭포자와 분생포자를 형성한다.

### 병환(病環)

병원균은 병든 낙엽과 어린 가지에서 자낭구의 형태로 겨울을 나며, 이듬해 봄 버즘나무의 새잎이 필 무렵, 자낭구가 붕괴하면서 자낭포자를 방출한다. 자낭포자는 바람에 의해 새순과 새잎에 전파되어 1차 감염을 일으킨다. 감염된 잎의 균총(병반)에는 다량의 분생포자가 형성되며, 이들 분생포자는 바람에 의해 전파되어, 초가을까지 2차 감염을 반복하면서 병을 확산시킨다. 초가을에는 균총 위에 자낭구를 형성하여 월동한다.

### 방제

- 늦가을~늦겨울에 병든 낙엽을 모아서 태우거나 땅에 묻어 월동 전염원을 차단한다.
- 자낭구가 붙어 있는 병든 어린 가지들은 잘라서 태우거나 땅에 묻는다.
- 매년 피해가 심하게 발생하는 곳에서는 새잎이 피어날 때부터 흰가루병 약제를 2주 간격으로 2~3회 살포하여 병을 예방한다.

A 버즘나무 흰가루병의 병징(잎에 흰 가루를 뿌린 듯한 모습)
B 잎에 형성된 하얀 균총과 균총 위에 형성된 까만 자낭구(원내)
C 균총 위에 형성된 자낭구
D 자낭구와 부속사
E 덩굴손 모양의 부속사
F 병원균의 자낭(안에 자낭포자가 보인다)
G 병원균의 자낭포자
H 병원균의 분생포자

A
B
C
0.2 mm
D
100 µm
E
F
50 µm
G
10 µm
H
20 µm

# 43 벚나무류 갈색무늬구멍병
Brown shot hole disease of flowering cherry

벚나무류 갈색무늬구멍병(穿孔褐斑病, Brown shot hole disease of flowering cherry)은 벚나무류에 흔히 발생하는 병으로, 잎에 마치 펀치로 뚫어놓은 것 같은 많은 구멍이 생기는 것이 특징이다. 많은 구멍이 난 잎은 일찍 떨어져, 나무의 미관이 훼손되고 생육도 나빠진다.

## 병징과 표징

5~6월경부터 발생하기 시작해서 장마철 이후에 병세가 급격히 심해진다. 병은 나무의 아래 잎부터 발생하기 시작해서 점차 위 잎으로 퍼진다. 처음에는 잎에 자갈색의 작은 점무늬가 생기고 차츰 커지면서 지름 1~5mm 정도 되는 갈색의 둥근 병반이 된다. 병반은 더 이상 커지지 않으며, 나중에 건전부와의 경계에 이층(離層)이 생겨 병반이 탈락하고 작은 둥근 구멍이 남는다. 때로는 2~3개의 병반이 융합해서 부정형의 구멍이 나기도 한다. 병반의 앞뒤 양면에는 회녹색~암녹색 보풀 모양의 분생포자덩이가 형성되며, 병든 잎은 차츰 누렇게 되면서 일찍 떨어진다. 이 병은 봄철에 비가 많이 내릴 때, 그리고 나무가 쇠약했을 때 잘 발생한다.

## 병원균

*Pseudocercospora circumscissa* [=(유성세대) *Pruniphilomyces circumscissus*]

곰팡이의 일종으로 자낭균류에 속하며, 분생포자와 자낭포자를 형성한다.

## 병환(病環)

병원균은 병든 낙엽에서 자낭각의 형태로 월동하고, 이듬해 봄에 자낭각에서 방출된 자낭포자가 바람에 의해 잎에 전파되어 1차 감염을 일으킨다. 이후에는 1차 감염으로 생긴 병반 위에 형성된 분생포자에 의해 2차 전염이 이어진다.

## 방제

- 늦가을~이른 봄에 병든 낙엽을 모아서 태우거나 땅에 묻어 월동 전염원을 제거한다.
- 꽃이 지고 나서부터 만코제브 수화제, 티오파네이트메틸 수화제, 베노밀 수화제 등을 2주 간격으로 2~3회 살포한다.
- 나무가 쇠약해지지 않도록 비배관리를 잘 한다.

**A** 벚나무 갈색무늬구멍병
**B** 갈색무늬구멍병으로 구멍이 많이 생긴 잎
**C** 갈색무늬구멍병에 걸린 잎에 나타난 초기 병징(왼쪽), 후기 병징(가운데 및 오른쪽)
**D** 갈색무늬구멍병의 병징
**E, F** 병반 위에 형성된 회녹색~암녹색 분생포자덩이
**G** 병원균의 분생포자

A
B
C
D
E
0.2 mm
F
0.5 mm
G
20 μm

# 44 벚나무류 균핵병

Brown rot of flowering cherry

벚나무류 균핵병(幼果菌核病, Brown rot of flowering cherry)은 이른 봄에 비가 잦을 때 잘 발생하는 병으로, 많은 새순이 말라 죽어 나무의 미관이 크게 훼손되고 수세가 약해진다.

## 병징과 표징

이른 봄, 잎이 피는 시기에 발생한다. 새잎, 잎자루, 새순이 마치 된서리를 맞은 것처럼 물러지고, 갈색으로 변해 말라 죽으면서 밑으로 처진다. 말라 죽은 잎 뒷면의 주맥과 측맥, 잎자루, 어린 가지의 표면에는 연분홍색의 가루덩이(분생포자덩이)가 나타난다. 어린 열매와 열매 자루의 표면도 연분홍색의 가루덩이로 뒤덮이며, 열매 자루는 갈색으로 변해 가늘어진다. 어린 열매는 말라 쭈그러들어 흑갈색~흑색의 미라가 되었다가 얼마 안 되어 균핵이 되어 땅에 떨어진다. 병세가 진전되면 어린 가지의 선단부가 말라 죽고, 말라 죽은 잎은 대부분 7월 이전에 떨어진다.

## 병원균

*Monilinia kusanoi* (=*Sclerotinia kusanoi*)

곰팡이의 일종으로 자낭균류에 속하며, 자낭포자와 분생포자를 형성한다.

## 병환(病環)

병원균은 땅 위에서 균핵 상태로 겨울을 나고 3~4월에 균핵 위에 찻잔 모양의 미소한 자낭반을 형성해서 자낭포자를 방출한다. 자낭포자는 바람에 의해 꽃의 암술머리에 전파되어 1차 감염을 일으킨다. 이후에는 열매 자루나 어린 열매의 표면에 형성된 분생포자에 의한 2차 감염이 6월 말~7월 초순까지 이어진다.

## 방제

- 3월 초순~4월 중순에 베노밀 수화제를 2주 간격으로 3~4회 살포한다.
- 병든 열매를 제거해서 땅에 묻는다.

A 벚나무 균핵병
B-D 벚나무 균핵병의 병징
E 균핵병으로 말라 죽은 어린 열매
F 병원균의 분생포자

A
B
C
D
E
10 µm
F

# 45 벚나무류 빗자루병

Witches' broom of flowering cherry

벚나무 빗자루병(天狗巢病, Witches' broom of flowering cherry)은 벚나무의 가장 중요한 병으로, 제주도를 포함한 전국 각지에서 발생하며, 피해가 크다. 일본에서는 이 병으로 전국의 많은 벚나무 명소가 황폐된 바 있으며, 녹화수목의 가장 중요한 병으로 꼽히고 있다. 이 병은 여러 종류의 벚나무에 발생하는데 특히 왕벚나무에 피해가 크다. 어린나무와 큰 나무에 모두 발생한다.

## 병징과 표징

가지의 일부가 부풀어 오르고, 이곳에서 잔가지가 불규칙하게 무더기로 자라 나와 마치 싸리빗자루나 커다란 까치둥지 모양을 띤다. 병이 발생한 첫해에는 잔가지가 많지 않기 때문에 눈에 잘 띄지 않지만 1~2년이 지나면 잔가지가 크게 불어나서 뚜렷한 빗자루 모양을 이룬다. 건전한 가지에서 꽃이 필 때, 병든 가지에서는 꽃이 피지 않고 작은 잎들만 빽빽하게 자라 나온다. 병든 가지에서는 매년 잎만 피다가 보통 4~5년이 지나면 가지 전체가 말라 죽는다. 4월 하순~5월 중순 사이에 빗자루 모양의 가지에 붙어 있는 잎의 뒷면은 회백색의 가루[나출자낭(裸出子囊), naked asci]로 뒤덮이고, 가장자리가 흑갈색으로 변하면서 말라 죽는다. 빗자루 모양의 병둥지(病巢)는 해마다 커지고 그 수도 늘어나서 나무는 쇠약해지고 결국 말라 죽는다.

## 병원균

*Taphrina wiesneri*

곰팡이의 일종으로 자낭균류에 속하며, 자낭포자와 출아포자(出芽胞子=분생포자)를 형성한다. 자낭포자는 자낭 내에서 반복적으로 출아(出芽)하기 때문에 자낭 내는 출아포자로 가득 찬다.

## 병환(病環)

병원균의 균사는 감염된 가지와 눈의 조직 내에서 월동하고, 포자는 가지와 눈의 표면에 붙어서 월동하는 것으로 알려져 있으나, 보다 자세한 전염 경로는 밝혀져 있지 않다.

## 방제

- 큰 나무에 발병한 경우에는 겨울부터 이른 봄 사이에 빗자루 모양의 병둥지를 잘라내어 태우고, 절단면에는 락발삼, 티오파네이트메틸 도포제 등을 발라서 줄기마름병균이나 재질썩음병균 등의 침입을 방지한다.
- 어린나무에 발생한 경우에는 병든 가지를 잘라내고, 절단면에 위와 동일한 상처도포제를 바른다.

**A** 빗자루병에 걸린 벚나무
**B, D** 벚나무 빗자루병의 병징
**C** 빗자루병으로 말라 죽은 병둥지
**E** 빗자루병에 걸린 어린잎의 뒷면
**F** 병원균의 자낭과 자낭 내의 자낭포자와 출아포자

A
B
C
D
E
20 μm
F

# 46 벚나무류 혹병

## Bacterial gall of flowering cherry

벚나무류 혹병(Bacterial gall of flowering cherry)은 주로 산벚나무에서 자주 관찰되는 병으로, 나뭇가지에 크고 작은 많은 혹이 생기고 가지가 말라 죽기 때문에 나무의 미관이 크게 훼손되고 수세도 약해진다.

### 병징과 표징

처음에는 어린 가지에 담갈색의 콩알만 한 돌기가 생기며 매년 커지면서 암갈색의 커다란 구형~방추형의 혹이 된다. 어린 혹에서는 진(수지)이 스며 나오는데, 건조했을 때는 눈에 잘 띄지 않지만, 비가 온 후에는 잘 보인다. 가지 하나에 크고 작은 여러 개의 혹이 형성되며, 피해가 심한 나무는 가지에 혹이 다닥다닥 붙은 것처럼 보인다. 혹으로부터 앞쪽의 가지는 말라 죽으며 많은 혹이 생긴 가지는 강풍에 의해 잘 부러진다.

### 병원체

*Pseudomonas syringae* pv. *cerasicola*
세균의 일종으로 그람 음성균이다.

### 병환(病環)

빗방울에 섞여서 비산한 병원세균이 가지에 생긴 상처나 엽흔(잎자국)을 통해 침입해서 감염이 일어나는 것으로 추정되지만, 자세한 발생 생태는 밝혀져 있지 않다.

### 방제

- 혹이 생긴 가지는 일찍 잘라서 태우거나 땅에 묻고, 가지의 절단면에는 락발삼, 지오판도포제 등의 상처도포제를 발라 부후균의 침입을 방지한다.

**A** 많은 혹이 발생한 가지(여름)
**B** 많은 혹이 발생한 가지(겨울)
**C** 가지에 발생한 혹(혹의 한쪽이 크게 벌어져 있다)
**D** 가지에 발생한 묵은 혹
**E** 어린 가지에 발생한 어린 혹

A
B
C
D
E

# 47 벚나무류 황갈색시루뻔버섯병
Inonotus wood decay

벚나무류 황갈색시루뻔버섯병(Inonotus wood decay)을 일으키는 황갈색시루뻔버섯은 벚나무와 매화나무의 성목과 노목에 가장 흔히 발생하는 재질부후병균(材質腐朽病菌)으로, 주로 장미과 수목에 많이 발생한다. 감염된 나무는 줄기와 가지의 심재부와 변재부가 모두 썩어 강풍이나 폭설로 굵은 가지가 쉽게 부러지고 나무가 쓰러지기도 한다.

## 병징과 표징

여름철에 줄기와 가지에 황갈색시루뻔버섯(자실체)이 지붕의 기와처럼 층층이 겹쳐 무리를 이루어 발생한다. 성숙한 자실체는 다량의 담갈색 담자포자를 방출하여 주변을 덮고, 자실체의 갓 윗면에도 포자가 가득 쌓인다. 감염 초기에는 외관상 아무런 증상이 없으며, 수년간 줄기의 내부 부후가 진행된 후에야 잎이 황록색으로 변하고 작아지며, 쉽게 낙엽이 지는 등의 증상이 나타난다. 이 때문에 대부분의 경우, 자실체가 외부에 나타난 이후에야 비로소 감염 여부를 정확히 알 수 있다. 황갈색시루뻔버섯은 고온성 버섯으로 여름에 주로 발생하며, 늦가을이 되면 성장을 멈추고 말라 죽는다. 자실체가 많이 발생한 나무는 목질부가 심하게 썩고 쇠약해져 결국 말라 죽는다.

## 병원균

*Inonotus mikadoi* (황갈색시루뻔버섯)

곰팡이의 일종으로 담자균류에 속하며, 담자포자를 형성한다. 병원균은 심재부후를 일으키는 1년생 백색부후균으로, 여름부터 가을까지 성장한 후에는 성장을 멈추고 말라서 썩는다.

## 병환(病環)

자실층에서 방출된 담자포자는 바람에 의해 전파되어 줄기와 가지의 상처 부위를 통해 침입하며, 먼저 심재부를 썩게 하고, 이어서 변재부를 부패시킨다. 줄기 내부의 부후가 상당히 진행되면 외부에 자실체가 형성되고 담자포자를 방출하여 전염을 이어간다. 감염 후 자실체가 형성되기까지 걸리는 기간은 기주의 건강 상태와 환경 조건에 따라 다르며, 보통 수년 이상 소요된다.

## 방제

- 황갈색시루뻔버섯병은 일단 발생하면 방제가 어렵기 때문에 예방이 중요하다. 줄기나 가지에 상처가 생기지 않도록 주의하며, 상처가 생겼을 경우 락발삼, 지오판도포제 등의 상처 치료제를 바른다.
- 가지치기를 할 때는 가지 절단면에 반드시 상처 치료제를 발라 병원균의 침입을 차단한다.
- 자실체가 가지에만 발생한 경우에는 즉시 가지를 잘라서 태우거나 땅속 깊이 묻는다.
- 줄기에 자실체가 집단으로 많이 발생한 나무는 조기에 제거하여 도복(倒伏)으로 인한 인명과 재산 피해를 방지한다.

A 벚나무 줄기에 발생한 황갈색시루뻔버섯
B 다량의 담자포자가 쌓여 있는 자실체 갓의 윗면(화살표)
C 자실체 뒷면의 관공층
D 자실체 갓의 앞면
E 자실체 갓의 뒷면
F 황갈색시루뻔버섯의 담자포자
G 담자포자의 주사전자현미경 사진

A
B
C
2 mm
D
E
F
5 µm
G
1µm
15.0 kV WD 13.3 mm Low-PC HighVac. x10,000 1 µm

# 48 병아리꽃나무 둥근무늬병
Septoria leaf spot of jetbead

병아리꽃나무 둥근무늬병(圓斑病, Septoria leaf spot of jetbead)은 늦여름부터 가을에 병아리꽃나무에 흔히 발생하는 병으로, 잎에 많은 병반을 형성해서 잎의 황화(黃化)와 조기낙엽을 초래하여 나무의 미관을 해친다. 한번 발생한 장소에서는 해마다 반복적으로 발생하여 피해가 누적된다.

## 병징과 표징

8월 초순부터 발생한다. 처음에는 잎에 노란색의 작은 원형 반점들이 다수 나타나는데, 차츰 확대되면서 지름 2~5mm 정도 되는 회황색~회갈색의 크기가 고르지 않은 원형 병반이 된다. 병반의 가장자리는 다갈색을 띠며, 주변은 노랗게 변한다. 성숙한 병반의 앞뒤 양면에는 흑갈색의 미소한 점 알갱이들(분생포자각)이 다수 형성되는데, 주로 앞면에 더 많이 나타난다. 비가 와서 다습하면 이들 점 알갱이에서 회백색의 점액(분생포자덩이)이 스며 나온다. 잎 한 개에 많은 병반이 나타나고, 또 병든 잎은 대부분 노랗게 변하기 때문에 병든 나무는 멀리서도 쉽게 알아볼 수 있다. 병든 잎은 8월 하순부터 점차 낙엽 지기 시작하며, 피해가 심할 경우, 가지 끝에 몇 개의 잎만 남고 모두 떨어진다.

## 병원균

*Septoria rhodotypi*

곰팡이의 일종으로 불완전균류에 속하며, 분생포자를 형성한다.

## 병환(病環)

병원균은 병든 낙엽에서 분생포자각의 형태로 겨울을 나고, 봄에 분생포자각 내의 성숙한 분생포자가 1차 전염원이 된다. 비가 오거나 다습할 때 분생포자각에서 스며 나온 분생포자는 날아 흩어지는 빗물에 의해 주변에 전파된다.

## 방제

- 늦가을~늦겨울에 병든 낙엽을 모아서 태우거나 땅에 묻어 월동 전염원을 제거한다.
- 해마다 발병하는 곳에서는 병의 예방을 위해 5~7월에 베노밀 수화제를 한 달에 1~2회 살포한다.

A 병아리꽃나무 둥근무늬병의 병징
B 잎 앞면에 형성된 병반
C 병반의 앞면에 형성된 다수의 분생포자각(검은 점)
D 분생포자각
E 분생포자각에서 밀려 올라온 분생포자덩이
F 병원균의 분생포자

A
B
C
1 mm
D
0.2 mm
E
0.1 mm
F
10 μm

# 49 붉나무 녹병
Sumac rust

붉나무 녹병(Sumac rust)는 붉나무에서 자주 관찰되는 병으로, 임지와 공원, 수목원 등지에 심은 나무에서 모두 발생한다. 병든 잎이 나무의 미관을 저해하지만, 나무의 생장에는 이렇다 할 피해를 주지 않는다.

## 병징과 표징

여름부터 발생한다. 처음에는 잎의 앞뒤 양면에 주황색 가루덩이 모양의 여름포자더미가 점점이 나타난다. 초가을에 접어들면 여름포자더미는 차츰 사라지고, 그 주변에 흑갈색~흑색 가루덩이 모양의 겨울포자더미가 나타난다. 심하게 병든 잎은 누렇게 되어 일찍 떨어진다.

## 병원균

*Pileolaria klugkistiana*

곰팡이의 일종으로 담자균류에 속한다. 병원균은 동종기생성(同種寄生性) 녹병균으로서 중간기주가 없으며, 붉나무에 녹병정자, 녹포자형 여름포자, 겨울포자, 담자포자를 형성하여 생활환을 완성한다.

## 병환

병원균은 병든 낙엽에서 겨울포자의 형태로 겨울을 나고, 이듬해 봄, 겨울포자가 발아해서 생긴 담자포자가 새잎을 감염한다. 감염된 잎에는 초여름에 주황색 여름포자더미가 형성되며, 여름포자더미에 있는 여름포자는 바람에 의해 전파되어 초가을까지 감염을 반복하면서 병을 확산시킨다. 초가을에 접어들면 여름포자더미는 차츰 사라지고, 그 주변에 흑갈색 겨울포자더미가 나타난다.

## 방제

- 늦가을~이른 봄에 병든 낙엽을 모아서 태우거나 땅에 묻어 월동 전염원을 제거한다.
- 묘목과 어린나무에는 발병 초기부터 트리아디메폰 수화제, 테부코나졸 액상수화제 등을 2주 간격으로 2~3회 살포한다.

A 붉나무 녹병의 병징
B 잎 앞면의 병징
C 잎 뒷면의 병징
D 잎 뒷면의 겨울포자더미
E 흑갈색 겨울포자가 쌓여 있는 겨울포자더미
F 붉나무 녹병균의 여름포자
G 붉나무 녹병균의 겨울포자

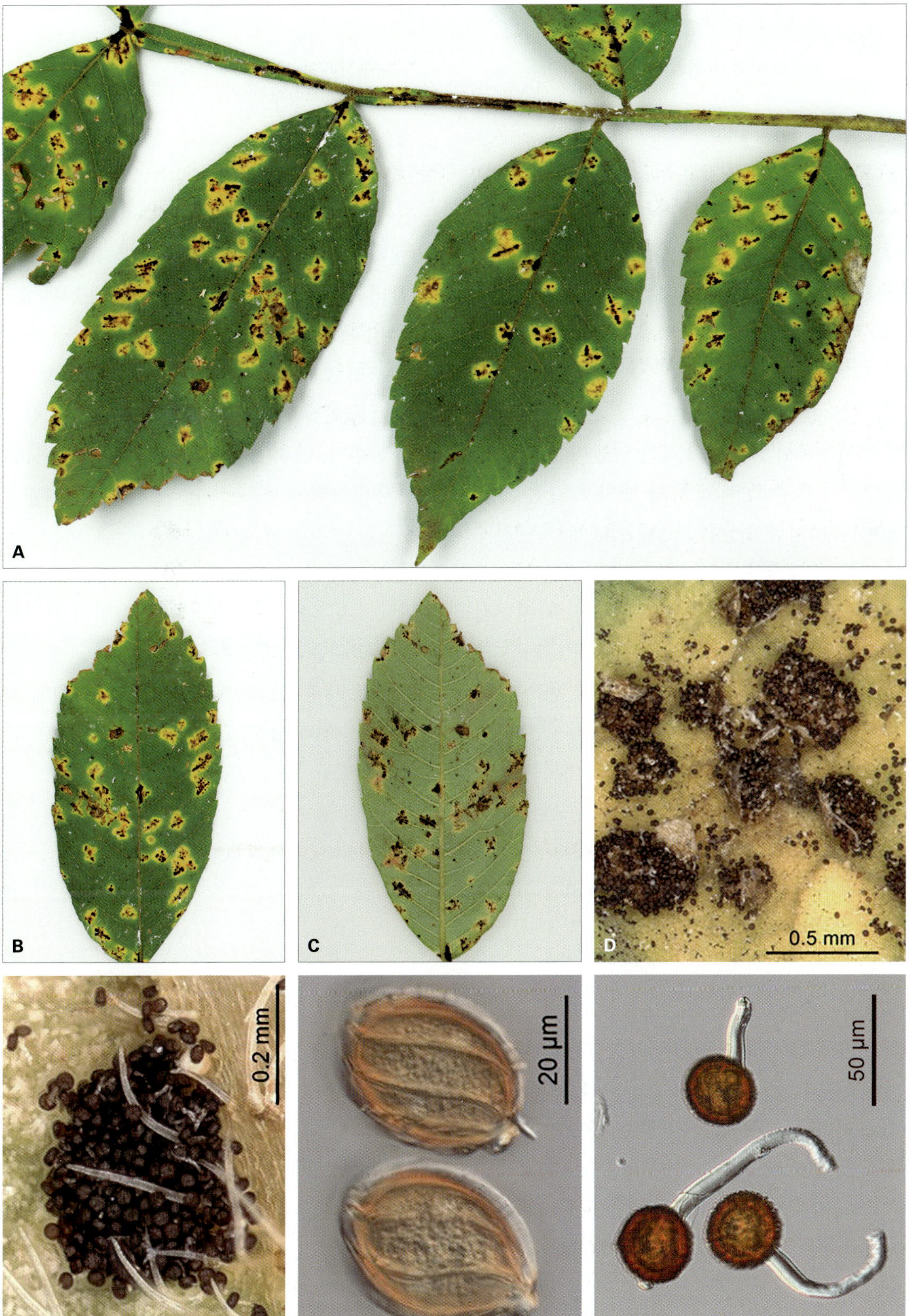
A
B
C
D
0.5 mm
E
0.2 mm
F
20 μm
G
50 μm

# 50 붉나무 빗자루병

Sumac witches' broom

붉나무 빗자루병(天狗巢病, Sumac witches' broom)은 전국의 임야에 널리 발생하는 붉나무의 중요한 병으로, 병에 걸린 나무는 생장이 정지되고 나무 전체가 말라 죽는다.

## 병징과 표징

6월부터 병징이 나타난다. 발병 초기에는 가지의 끝부분에서 담황색의 작은 잎들이 밀생한 잔가지들이 촘촘히 뻗어 나와 빗자루 같은 모습을 띤다. 이러한 증상은 2~3년 이내에 나무 전체로 퍼지며, 가지마다 무더기로 자라 나온 잎으로 뒤덮이고 나무 전체가 더부룩한 모습을 띠면서 누렇게 된다. 병에 걸린 나무의 화기(花器)는 정상적으로 발달하지 못하고 녹색으로 변하며 기형이 된다. 빗자루 병징이 나타난 가지는 대개 1~2년 이내에 말라 죽으며, 큰 나무에서는 병세가 수년간 지속되다가 결국에는 나무 전체가 말라 죽는다. 병에 걸린 나무의 뿌리에서도 지상부에서처럼 담황색의 작은 잎과 잔가지들이 밀생하여, 빗자루 증상을 띤다.

## 병원체

Candidatus *Phytoplasma asteris*

파이토플라스마(Phytoplasma)는 몰리쿠테스(Mollicutes)강에 속하는 세균의 일종으로, 일반 세균과 달리 세포벽이 없고, 감염 식물의 체관부에만 존재하는 지름 1μm 미만의 다형성(多形性) 병원체로서 아직 인공배양에 성공하지 못하고 있다.

## 병환(病環)

병원체는 모무늬매미충(*Hishimonus sellatus*)에 의해 매개전반(媒介傳搬) 되는데, 모무늬매미충은 잘 알려진 대추나무 빗자루병의 매개충이기도 하다. 병원(病原) 파이토플라스마는 병에 걸린 나무의 뿌리 조직 내(체관부)에서 겨울을 나고, 봄에 수액을 따라 나무 전체로 퍼지면서 다시 병징을 유발한다. 종자 또는 토양에 의한 전염은 일어나지 않는다.

## 방제

- 병에 걸린 나무는 발견되는 대로 일찍 제거해서 전염원을 없애도록 한다.
- 발병 초기에 옥시테트라사이클린 1,000배 희석액(1,000ppm)을 흉고직경 10cm당 1ℓ씩 수간주사한다.

**A** 붉나무 빗자루병
**B** 붉나무 빗자루병의 병징(잔가지와 왜소한 잎이 밀생해 있다)
**C** 빗자루병에 걸려 꽃이 피지 않고 잎으로 변한 화기(花器)
**D** 매개충인 모무늬매미충

A
B
C
D
2 mm

# 51 사철나무 갈색무늬병

Brown leaf spot of evergreen spindle tree

사철나무 갈색무늬병(褐斑病, Brown leaf spot of evergreen spindle tree)은 사철나무에 흔히 발생하는 병으로, 비가 많이 와서 습하거나 너무 밀식되어 통풍이 불량한 환경에서 잘 발생한다. 병든 잎은 황갈색으로 변해 일찍 떨어져 나무의 미관과 생장이 저해된다.

## 병징과 표징

7월경부터 잎의 앞면에 지름 2~3mm 정도 되는 황갈색의 작은 원형 병반이 나타나며, 점차 커지면서 지름 10~20mm 되는 둥근 대형 병반이 된다. 병반의 중앙부는 회갈색~회백색을 띠고 가장자리는 갈색의 띠로 둘러싸이며 약간 돋아 오른다. 병반의 앞뒤 양면에는 미소한 까만 점들(분생포자좌)이 나타나는데, 주로 앞면에 많이 나타난다. 병든 잎은 황색~황갈색으로 변하면서 가을까지 대부분 떨어지지만, 일부는 가지에 달린 채로 겨울을 난다.

## 병원균

*Pseudocercospora destructiva* (=*Cercospora destructiva*)

곰팡이의 일종으로 자낭균류에 속하며, 분생포자를 형성한다.

## 병환(病環)

병원균은 가지에 달려 있는 병든 잎과 병든 낙엽에서 분생포자좌의 형태로 겨울을 나고, 봄에 분생포자를 형성한다. 분생포자는 비가 올 때 날아 흩어지는 빗물에 의해 새잎에 전파되어 1차 감염을 일으킨다. 이후에는 다량으로 형성된 분생포자에 의한 2차 감염이 가을까지 반복되면서 병이 확산된다.

## 방제

- 늦가을~겨울에 가지에 남아 있는 병든 잎을 제거해서 병든 낙엽과 함께 태우거나 땅에 묻는다.
- 봄철 새잎이 돋아날 때부터 만코제브 수화제, 티오파네이트메틸 수화제, 베노밀 수화제 등을 2주 간격으로 2~3회 살포한다.

A 갈색무늬병에 걸린 사철나무
B 병징(잎 앞면)
C 병징(잎 뒷면)
D 병반 위에 형성된 분생포자좌(까만 점들)
E 병원균의 분생포자

A
B
C
D
E
20 μm

# 52 사철나무 탄저병

Anthracnose of evergreen spindle tree

사철나무 탄저병(炭疽病, Anthracnose of evergreen spindle tree)은 채광과 통풍이 불량하거나 밀식된 곳에서 잘 발생하는 병으로, 잎에 지저분한 병반이 다수 나타나 나무의 미관을 해친다.

## 병징과 표징

초여름~가을에 걸쳐, 주로 아래 잎부터 발생하기 시작해서 점차 위로 확산한다. 처음에는 잎의 앞면에 황색~담갈색의 작은 반점들이 나타나며, 점차 커지면서 5~10mm 크기의 부정형 병반이 된다. 병반의 내부는 처음에 담황색을 띠다가 나중에 회백색이 되며, 병반의 가장자리는 갈색의 띠로 둘러싸여 건전부와 또렷한 경계를 이룬다. 병이 진전됨에 따라 인접한 병반이 합쳐져 부정형 병반이 되기도 한다. 오래된 병반의 앞면에는 미소한 흑갈색 점(분생포자층)이 다수 나타나는데, 비가 와서 다습하면 이들 분생포자층에서 주황색 끈적덩이(분생포자덩이)가 밀려 올라온다. 심하게 병든 잎은 잘 떨어진다.

## 병원균

*Colletotrichum gloeosporioides* sensu stricto

곰팡이의 일종으로 불완전균류에 속하며, 분생포자를 형성한다.

## 병환(病環)

병원균은 병든 낙엽이나 나무에 남아 있는 병든 잎에서 겨울을 나고 봄에 분생포자를 형성하며, 이들 분생포자는 비가 올 때 날아 흩어지는 빗물에 섞여 새로 돋아난 잎에 전파된다.

## 방제

- 늦가을에 병든 낙엽을 모아서 태우거나 땅에 묻는다.
- 발병 초기부터 만코제브 수화제, 티오파네이트메틸 수화제, 동수화제 등을 2주 간격으로 2~3회 살포한다.
- 밀식을 피하고, 채광과 통풍이 잘되도록 관리한다.

A, B 사철나무 탄저병의 병징
C 탄저병에 걸린 잎의 앞면
D 탄저병에 걸린 잎의 뒷면
E 병반 위 분생포자층에서 분출한 주황색 분생포자덩이
F 병원균의 분생포자

A
B
C
D
E
F
10 μm

## 53 사철나무 페스탈로티아 잎마름병

### Pestalotiopsis leaf blight of evergreen spindle tree

사철나무 페스탈로티아 잎마름병(Pestalotiopsis leaf blight of evergreen spindle tree)은 주로 바람이 많이 부는 섬 지역이나 해안가에 자라는 사철나무에 흔히 발생하는 병이다. 잎에 형성되는 지저분하고 큰 병반으로 인해 나무의 외관이 크게 손상된다. 이 병은 강풍과 강우를 동반할 때 많이 발생한다.

#### 병징과 표징

보통 6월 하순경부터 발생한다. 처음에는 잎 가장자리에 반원형의 윤곽이 뚜렷한 갈색 병반이 생기며, 점차 확대되어 부정형의 병반이 된다. 병반은 대부분 잎 가장자리에서 시작되지만, 일부는 잎의 중앙에서도 발생한다. 시간이 지나면 병반은 퇴색되어 회백색으로 변하며, 병반 위에는 미세하고 약간 돌출된 흑색 점들(분생포자층)이 동심원 모양으로 무리 지어 나타난다. 다습하면 이들 분생포자층에서 삼각뿔 또는 덩굴손 모양의 흑색 점액질 분생포자덩이가 솟아오른다.

#### 병원균

*Pestalosphaeria gubae* (=*Pestalotiopsis neglecta*)

곰팡이의 일종으로 자낭균류에 속하며, 자낭포자와 분생포자를 형성한다.

#### 병환(病環)

병원균은 병든 잎에서 분생포자층 또는 균사 형태로 겨울을 나고, 이듬해 봄에 분생포자를 형성한다. 분생포자는 주로 강풍이나 해충 등에 의해 생긴 잎의 상처 부위를 통해 침입해서 1차 감염을 일으킨다. 1차 감염으로 생긴 병반의 표피 아래에는 다수의 분생포자층이 형성되며, 비가 와서 다습하면 이들 분생포자층에서 분생포자덩이가 솟아 나온다. 분생포자덩이에 있는 분생포자는 날아 흩어지는 빗방울에 섞여 인근의 다른 나무로 전파되어 2차 감염을 일으켜 병을 확산시킨다.

#### 방제

- 병에 걸린 잎은 늦가을에 제거하여 병든 낙엽과 함께 태우거나 땅에 묻어 월동 전염원을 차단한다.
- 잎을 가해하는 해충에 의해 생긴 상처에서 발병하는 경우가 많으므로, 해충 방제에 힘쓴다.
- 과습하고 통풍이 잘되지 않는 그늘진 환경에서 잘 발생하므로, 배수, 통풍, 채광이 잘되도록 주변 환경을 개선한다.
- 병이 자주 발생하는 지역에서는 6월 초순부터 클로로탈로닐 수화제, 만코제브 수화제, 티오파네이트메틸 수화제 등을 2주 간격으로 3~4회 살포하고, 특히 강풍 후에는 반드시 약제를 살포하여 병의 확산을 예방하는 것이 중요하다.

A-C 사철나무 페스탈로티아 잎마름병의 병징
D 병반의 분생포자층에서 솟아난 6개의 분생포자덩이
E 무수한 분생포자가 층으로 쌓여 있는 분생포자층(주사전자현미경 사진)
F 병원균의 분생포자
G 분생포자의 위상차현미경 사진(부속사가 또렷하게 보인다)

A
B
C
D
0.5 mm
E
50μm
SEI 15.0 kV WD 13.5 mm Std.-PC HighVac. x300 50 μm
Nov. 11 2024
F
30 μm
G
30 μm

# 54 사철나무 흰가루병
## Powdery mildew of evergreen spindle tree

사철나무 흰가루병(白粉病, Powdery mildew of evergreen spindle tree)은 햇빛이 부족하고 통풍이 잘되지 않는 환경에서 자라는 나무에 흔히 발생한다. 심하게 발생하면 나무의 생장이 위축되고 나무의 미관을 크게 해친다. 병이 한번 발생한 장소에서는 매년 반복적으로 재발하는 경향이 있다.

### 병징과 표징
보통 5월쯤부터 새로 나온 잎의 앞뒤 양면에 흰 가루처럼 보이는 둥근 병반(균총)이 점점이 나타난다. 병반은 점차 확대되어 서로 융합하며, 어린잎과 새순을 덮는다. 이로 인해 나무는 전체적으로 흰 가루를 뿌린 듯한 모습을 띤다. 심하게 감염된 새순과 어린잎은 점차 엷은 황색으로 변하며, 뒤틀리거나 오그라든다. 이러한 병징은 봄부터 가을까지 지속적으로 관찰된다.

### 병원균
*Erysiphe euonymicola* (=*Oidium euonymi-japonici*)
곰팡이의 일종으로 자낭균류에 속한다. 우리나라에서는 이 병원균의 자낭세대가 발견되지 않았으며, 분생포자세대만 알려져 있다.

### 병환(病環)
병원균은 감염된 잎에서 포자가 없는 막상균총(膜狀菌叢)의 형태로 겨울을 나고, 이듬해 봄에 분생포자를 형성하여 1차 전염원이 된다. 분생포자는 바람에 의해 전파되어 새잎을 감염하여 분생포자를 형성한다. 이후에는 분생포자에 의한 2차 감염이 가을까지 이어진다. 한여름에는 고온으로 인해 분생포자의 활동이 일시적으로 중단되지만, 가을이 되면 다시 감염이 활발해진다.

### 방제
- 사철나무의 휴면기(12~2월)에는 석회황합제를 살포한다.
- 생육기에는 발병 초기부터 트리아디메폰 수화제, 베노밀 수화제, 그 밖의 흰가루병 방제용 약제를 2주 간격으로 2~3회 살포한다.

A, B 사철나무 흰가루병의 전형적인 병징
C 새순에 나타난 병징
D 잎 앞면에 나타난 병반(균총)
E 병원균의 분생포자
F 분생포자의 주사전자현미경 사진

A
B
C
D
E
20 μm
F
5μm
SED 10.0 kV WD 13.5 mm Std.-PC HighVac. x3,500
5 μm

# 55 수국 윤문병

## Hydrangea leaf spot

수국 윤문병(輪紋病, Hydrangea leaf spot)은 수국에 흔히 발생하는 병으로, 장마 후의 배수와 통풍이 불량한 환경에서 자주 발생하여 나무의 외관을 해친다.

### 병징과 표징

주로 장마철 이후에 발생하기 시작한다. 처음에는 잎에 자홍색의 작고 둥근 병반들이 나타나며, 점차 확대되면서 보통 지름 0.5~2cm, 때로는 2~3cm 되는 둥글거나 부정형의 커다란 갈색 병반이 된다. 병반의 내부는 회갈색의 동심윤문(同心輪紋)을 띠고, 병반 주위에는 자홍색의 둥근 테두리가 있는 경우가 많다. 병반은 잘 갈라져 터지며, 커다란 병반이 나타나면 잎몸이 비틀어지기도 한다. 병반 앞면의 회갈색 부위에는 미소한 흑갈색의 점 알갱이들이 드문드문 나타나는데, 이들은 병원균의 분생포자각으로서 그 안에는 수많은 분생포자가 들어 있다. 나중에 병반 주위는 흑갈색이 된다.

### 병원균

*Phoma exigua*

곰팡이의 일종으로 불완전균류에 속하며, 분생포자를 형성한다. 병원균은 다범성으로 다양한 초본식물과 목본식물에 기생하며, 이 기주식물들이 전염원이 되어 병을 확산시킬 수 있다.

### 병환(病環)

병원균은 병든 낙엽에서 분생포자각 또는 균사의 형태로 겨울을 나고, 봄에 분생포자가 빗물과 바람에 의해 전파되어 1차 감염을 일으킨다.

### 방제

- 병든 낙엽은 늦가을에 모아서 태우거나 땅에 묻어 월동 전염원을 제거한다.
- 과밀한 가지들은 적절히 솎아내어 통풍이 잘 되도록 한다.
- 이 병원균은 초본식물과 목본식물에 걸쳐 많은 기주식물을 가지고 있어 수국 주변의 잡초들을 제거하는 것이 중요하다.
- 장마가 끝나면 만코제브 수화제, 티오파네이트메틸 수화제, 베노밀 수화제 등을 2주 간격으로 2~3회 살포한다.

**A, C** 수국 윤문병의 병징
**B** 윤문병에 걸린 잎의 앞면
**D** 윤문병에 걸린 잎의 뒷면
**E** 병반 위에 형성된 분생포자각(검은 점)
**F** 병원균의 분생포자

A
B
C
D
50 μm
E
5 μm
F

# 56 수수꽃다리 점무늬병
## Septoria leaf spot of lilac

수수꽃다리(라일락) 점무늬병(Septoria leaf spot of lilac)은 세계 각지에 널리 발생하는 병으로 여름철에 긴 장마와 높은 기온이 이어질 때 심하게 발생해서 큰 피해를 준다. 병세가 심하면 여름철에 잎이 모두 갈변해서 심하게 떨어져 나무의 미관이 크게 훼손되고 수세도 약해진다.

### 병징

6월 초순부터 밑가지의 잎을 시작으로 위로 올라가면서 잎의 앞면에 담갈색의 작은 점무늬 병반들이 여기저기 흩어져 나타난다. 이들 병반은 차츰 커지면서 갈색으로 변하며, 병반이 많을 때는 여러 개가 서로 붙어서 대형 괴저 병반이 된다. 병반의 뒷면에는 까만 점 모양의 분생포자각이 다수 나타나며, 비를 맞거나 다습하면 이들 분생포자각에서 하얀 분생포자덩이가 뿜어져 나와 포자가 주변에 흩어지면서 마치 하얀 서리로 덮여 있는 듯한 모습을 띤다. 갈색 병반이 잎의 절반 이상을 차지할 정도로 커지면 잎은 말라 비틀어져 일찍 떨어진다. 병세가 심하면 여름이 다 가기 전에 대부분의 잎이 지고 가지만 앙상하게 남는다.

### 병원균

*Septoria syringae*

곰팡이의 일종으로 불완전균류에 속하며 분생포자를 형성한다. 분생포자는 양쪽 끝이 뭉툭한 원통형으로 무색, 1격벽이고, 크기는 14~18×2~3μm이다.

### 병환(病環)

병원균은 병든 낙엽과 가을에 낙엽 지지 않고 남아 있는 병든 잎에서 분생포자각의 형태로 겨울을 나며, 이듬해 늦은 봄에 이들 분생포자각에서 다량의 분생포자를 방출한다. 분생포자는 날아 흩어지는 빗물에 의해 잎에 전파되어 1차 감염을 일으킨다. 이후에는 분생포자에 의한 반복 전염이 늦여름까지 이어진다.

### 방제

- 늦가을~이른 봄에 병든 낙엽을 모아서 태우거나 땅에 묻어 전염원을 제거한다.
- 잎이 지나치게 무성할 경우, 가지를 적절히 솎아내어 채광과 통풍이 잘되도록 한다.
- 이 병은 수세가 약한 나무에 잘 발생하므로 적절한 비배관리를 통해 수세를 증진시킨다.
- 발병 초기에 만코제브 수화제, 클로로탈로닐 수화제 등을 2주 간격으로 2~3회 살포하여 병의 확산을 방지한다.

**A** 수수꽃다리 점무늬병의 병징
**B** 잎 앞면에 나타난 병징
**C** 잎 뒷면에 나타난 병징
**D** 잎 뒷면의 병반들이 분생포자각에서 뿜어 나온 분생포자들로 뒤덮여 흰색을 띤 모습
**E** 분생포자로 하얗게 뒤덮인 병반의 확대
**F, G** 병반 뒷면의 분생포자각에서 분출한 다수의 유백색 분생포자덩이
**H** 분생포자덩이의 확대
**I** 병원균의 분생포자

A
B
C
D
E
F
1 mm
G
0.5 mm
H
0.3 mm
I
10 μm

# 57 수수꽃다리 흰가루병

## Powdery mildew of lilac

수수꽃다리(라일락) 흰가루병(白粉病, Powdery mildew of lilac)은 늦은 봄부터 초가을에 걸쳐 흔히 발생하는 병으로, 밀식되었거나 습하고 그늘진 곳에서 잘 발생한다. 잎에 희끗희끗한 가루처럼 보이는 병반이 다수 형성되어 관상 가치를 크게 떨어뜨리지만, 나무의 생장에는 큰 피해를 주지 않는다.

### 병징과 표징

잎과 잎자루에 발생하며, 아래 잎부터 시작해 점차 위 잎으로 확산된다. 처음에는 잎 앞면에 흰색의 엷은 가루덩이들이 점점이 나타나는데, 이는 흰가루병균의 균총(菌叢)으로, 분생포자, 분생포자경 및 균사로 구성되어 있다. 균총은 점차 넓게 퍼지며, 늦여름~초가을에는 잎 전체가 흰 먼지로 뒤덮인 듯한 모습을 보인다. 심하면 잎이 뒤틀리고 시들어 말라 죽기도 한다. 가을이 되면 이들 균총 위에 흑갈색~흑색의 미소한 자낭구들이 다수 나타난다.

### 병원균

*Erysiphe syringae-japonicae* (=*Microsphaera syringae-japonicae*)

곰팡이의 일종으로 자낭균류에 속하며, 분생포자와 자낭포자를 형성한다. 병원균은 외부기생균으로 기주의 표피세포 내에 흡기(吸器)를 형성하고 잎 표면에서 생장한다. 자낭구 안에는 달걀 모양의 자낭이 4~8개 들어 있고, 한 개의 자낭에는 6~8개의 자낭포자가 들어 있다.

### 병환(病環)

병원균은 병든 낙엽의 균총에서 자낭구의 형태로 겨울을 나고, 이듬해 봄에 자낭 내의 자낭포자를 공기 중으로 방출한다. 방출된 자낭포자는 바람에 의해 새잎에 전파되어 1차 감염을 일으켜 분생포자를 형성한다. 이후 분생포자에 의한 2차 감염이 가을까지 이어지면서 병이 확산된다.

### 방제

- 늦가을에 병든 낙엽을 모아서 태우거나 땅에 묻어 월동 전염원을 제거한다.
- 그늘지고 습한 환경에서 잘 발생하므로, 통풍, 채광, 배수가 잘되도록 관리한다.
- 식재 간격을 적절히 유지하고, 과밀한 잔가지는 정기적으로 솎아낸다.
- 발병 초기부터 트리아디메폰 수화제, 티오파네이트메틸 수화제, 베노밀 수화제, 클로로탈로닐 수화제, 그 밖의 흰가루병 약제를 2주 간격으로 2~3회 살포한다.

**A** 수수꽃다리 흰가루병의 병징
**B** 병든 잎의 흰 균총 위에 형성된 흑갈색 자낭구
**C** 자낭구와 부속사
**D** 자낭구에서 방출된 자낭(자낭 내에 자낭포자가 보인다)
**E** 병원균의 분생포자
**F** 분생포자의 주사전자현미경 사진

A
B
0.2 mm
C
100 μm
D
20 μm
E
20 μm
F
5μm

# 58 식나무 탄저병

## Anthracnose of spotted laurel

식나무 탄저병(炭疽病, Anthracnose of spotted laurel)은 정원, 아파트 단지, 공원 등지에 심은 식나무에 자주 발생하는 병으로, 여름철 고온 건조한 날씨가 지속되거나 태풍이 지나간 후에 특히 잘 발생한다. 심하게 발병할 경우, 나무 전체가 마치 불에 그을린 듯한 모습이 되며, 잎이 모두 말라 죽어 관상 가치를 완전히 상실하고, 수세도 크게 약화된다.

### 병징과 표징

6~7월부터 햇잎에 발생하며 주로 잎의 가장자리부터 암갈색~흑색의 부정형 병반이 생기기 시작해 점차 커지면서 대형 병반으로 진전된다. 이로 인해 잎의 일부 또는 전체가 불에 그을린 듯한 모습으로 변하며, 심한 경우에는 잎 전체가 흑갈색으로 변해 서서히 낙엽이 진다. 병든 잎의 병반 위에는 회갈색~흑색의 약간 융기된 미소한 알갱이들(분생포자층)이 다수 형성되며, 비가 오거나 다습하면 이들 분생포자층에서 황적색의 끈적덩이(분생포자덩이)가 스며 나온다. 이 병은 밀식, 통풍 불량, 햇빛 부족 등 환경조건이 좋지 않은 곳에서 잘 발생한다.

### 병원균

*Colletotrichum gloeosporioides* [=(유성세대) *Glomerella cingulata*]

곰팡이의 일종으로 자낭균류에 속하며, 분생포자와 자낭포자를 형성한다. 이 병원균은 기주범위가 매우 넓어, 사과, 배, 복숭아, 포도, 아까시나무, 밤나무, 호두나무, 감나무, 포플러, 동백나무, 고추 등 다양한 목본 및 초본 식물에 탄저병을 일으킨다. 따라서 이러한 식물들에 발생한 탄저병의 포자가 식나무에 전염될 수 있다.

### 병환(病環)

병원균은 병든 잎에서 분생포자층의 형태로 겨울을 나며, 이듬해 봄 비가 올 때 분생포자층에서 스며 나온 분생포자가 날아 흩어지는 빗물에 의해 전파되어 새잎을 감염한다.

### 방제

- 늦가을에 나무에 달린 병든 잎을 모두 제거해 태우거나 땅에 묻어 월동 전염원을 차단한다.
- 매년 반복적으로 발생하는 곳에서는 6~7월에 베노밀 수화제, 만코제브 수화제, 기타 적용 살균제를 2주 간격으로 2~3회 살포한다.
- 통풍과 채광이 잘되도록 식재 환경을 개선한다.

**A** 탄저병에 극심하게 감염된 식나무
**B, C** 식나무 탄저병의 병징
**D** 병반 위에 형성된 분생포자층(검은 점들)
**E, F** 분생포자층에서 분출된 연한 주황색의 분생포자덩이
**G** 병원균의 분생포자

A
B
C
1 mm
D
0.3 mm
E
0.1 mm
F
10 µm
G

# 59 아까시나무 흰가루병

Powdery mildew of black locust

아까시나무 흰가루병(Powdery mildew of black locust)은 아까시나무에 흔히 발생하는 병으로, 햇빛이 부족하고 통풍이 잘되지 않는 환경에서 자라는 어린나무와 묘목에 주로 발생한다. 봄철, 새잎이 돋기 시작하는 시기부터 가을까지 잎 표면이 흰 가루로 덮이며, 심하게 발생하면 나무의 미관이 저해되고 생장도 위축된다. 큰 나무에서는 주로 밑가지에 발생하는데, 피해는 크지 않다.

## 병징과 표징

봄철, 새잎이 나오기 시작할 때부터 가을까지 발생한다. 처음에는 잎의 앞면과 뒷면 모두에 흰 가루를 뿌려놓은 듯한 얇은 균총(병원균의 분생포자, 분생포자경, 균사의 집단)이 나타나며, 병이 진전되면 잎이 말리고 오그라든다. 가을이 되면 균총 위에 흑갈색의 미소한 둥근 알갱이들(자낭구)이 다수 형성된다.

## 병원균

*Erysiphe robiniae*

곰팡이의 일종으로 자낭균류에 속하며, 자낭포자와 분생포자를 형성한다.

## 병환(病環)

병원균은 병든 낙엽에서 자낭구의 형태로 월동하며, 이듬해 봄에 자낭구에서 방출된 자낭포자가 1차 전염원이 된다. 자낭포자는 바람에 의해 전파되어 새로 돋아난 잎과 새순을 감염해서 분생포자를 형성한다. 이후에는 감염된 잎과 새순에 형성된 분생포자에 의한 2차 전염(반복 전염)이 가을까지 이어진다.

## 방제

- 햇빛이 잘 들지 않고 통풍이 불량한 장소에는 묘목을 심지 않도록 한다.
- 묘포는 햇빛이 잘 들고 통풍이 잘되도록 관리한다.
- 묘포에서는 발병 초기에 흰가루병 방제용 약제를 2주 간격으로 2~3회 살포한다.

A, B 아까시나무 흰가루병의 병징
C 균총 위에 형성된 자낭구
D 자낭구에서 방출된 자낭과 자낭 내의 자낭포자
E 자낭구와 부속사
F 병원균의 분생포자
G 분생포자의 주사전자현미경 사진

A
B
C
0.3 mm
D
20 µm
E
100 µm
F
20 µm
G
5µm

# 60 오동나무 빗자루병
## Paulownia witches' broom

오동나무 빗자루병(天狗巢病, Paulownia witches' broom)은 오동나무 재배에서 가장 문제가 되는 중요한 병이다. 우리나라에서는 1970~1980년대에 오동나무 조림이 활발히 이루어졌으나, 빗자루병이 크게 확산되면서 대부분의 조림지가 거의 전멸하다시피 하였다. 이 병은 일본, 중국, 타이완 등지에서도 심각한 피해를 일으키고 있으며, 아시아 전역에서 오동나무 재배에 큰 위협이 되고 있다.

### 병징과 표징

6월경부터 병징이 나타나기 시작한다. 초기에는 나무의 가지 끝부분에서부터 연약한 잔가지들이 밀집하여 자라며, 여기에 엷은 녹색의 아주 작은 잎들이 빽빽하게 돋아나 마치 싸리 빗자루나 큰 새 둥지처럼 보인다. 병이 진행되면 가지뿐만 아니라 줄기에서도 잔가지가 촘촘히 자라 빗자루 모양을 형성한다. 병징이 나타난 가지는 보통 1~2년 내에 말라 죽으며, 큰 나무의 경우 병세가 수년간 지속되다가 결국 고사한다.

### 병원체

Candidatus *Phytoplasma asteris*

파이토플라스마(Phytoplasma)의 일종으로 Aster yellows group에 속한다. 파이토플라스마는 몰리쿠테스강(Mollicutes)에 속하는 세균의 일종으로, 다른 세균과 달리 세포벽이 없고, 감염 식물의 체관부에만 존재하는 지름 1μm 미만의 다형성 병원체로 아직 인공 배양에 성공하지 못하고 있다.

### 병환(病環)

우리나라에서는 담배장님노린재(*Nesidiocoris tenuis*), 썩덩나무노린재(*Halyomorpha halys*), 오동나무애매미충(*Empoasca* sp.) 등 3종의 흡즙성 곤충이 병원 파이토플라스마를 매개하는 것으로 밝혀져 있다. 이 병은 전신감염병으로, 병에 걸린 나무의 분근(分根)을 통해서도 쉽게 전염되는데, 종자나 토양 전염은 일어나지 않는다. 병원 파이토플라스마는 병든 나무의 뿌리 내 체관부에서 월동하고, 이듬해 봄 수액을 따라 나무 전체로 퍼지면서 병징을 다시 유발한다.

### 방제

- 분근묘는 파이토플라스마에 잠복 감염되어 있을 가능성이 있으므로 사용을 피하고, 실생묘를 이용한다.
- 발병 초기에는 옥시테트라사이클린의 1,000배 희석액을 흉고직경 10cm당 1ℓ씩 수간주입한다.
- 병 증세가 심한 나무는 일찍 제거해서 전염원을 차단한다.
- 매개충 발생 시기에 맞춰 살충제를 살포하여 매개충을 방제한다.
- 가능하면 단지 조림을 피하고, 단목 재배를 시행한다.

**A** 오동나무 빗자루병의 병징
**B** 매개충인 담배장님노린재
**C** 매개충인 오동나무애매미충
**D** 빗자루병으로 말라 죽은 가지
**E** 매개충인 썩덩나무노린재
**F** 빗자루병에 걸린 오동나무의 액아에서 자라 나온 2차지와 3차지
**G** 오동나무 빗자루병의 병지(病枝) 형성 모식도(Y. Tokushige를 개변)

A
B
2 mm
C
D
E
3.0 mm
F
G
남배상님 노린재
第2次枝
第3次枝
第1次枝
第1次枝
건전한 나무
병든 나무

# 61 으름덩굴 더뎅이병
Akebia scab

으름덩굴 더뎅이병(瘡痂病, Akebia scab)은 한약재로 재배하는 으름덩굴에 흔히 발생하는 병으로, 잎, 줄기, 열매에 모두 피해를 준다. 주로 봄철에 비가 잦을 때, 또는 안개가 많은 지대에서 잘 발생한다.

## 병징과 표징

처음에는 잎의 앞뒤 양면에 지름 0.2~2mm 되는 원형~타원형의 작은 병반들이 나타난다. 병반이 많아지면 인접한 병반들이 서로 융합해서 부정형의 큰 병반으로 확대된다. 병반은 처음에는 갈색이며, 이후 회백색 또는 담황색~회황색으로 변한다. 병반의 가장자리는 자갈색 또는 흑갈색을 띠며, 표면은 밋밋하다. 병반이 오래되면 중심부에 구멍이 생기기도 하며, 병반이 많이 나타난 잎은 잘 떨어진다. 줄기에는 길이 3~5mm 정도 되고, 중심부가 약간 오목한 타원형 병반을 형성한다. 열매에는 지름 2~3mm 되는 암갈색 병반이 다수 나타나며, 병반들이 서로 엉겨 붙어 크고 작은 딱지 모양을 띤다. 병은 장마철에 심하게 발생하며, 8월의 고온 건조한 시기에는 일시적으로 멈춘다. 이후 9월경 기온이 내려가고 비가 자주 내리면 다시 활발히 발생한다.

## 병원균

*Sphaceloma akebiae*

곰팡이의 일종으로 불완전균류에 속한다.

## 병환(病環)

병원균은 가지와 줄기의 병반 조직 내에서 겨울을 나고, 봄에 비가 올 때 분생포자를 형성하여 1차 전염원이 된다. 분생포자는 주로 빗물에 의해 새잎에 전파되어 감염을 일으키며, 가을까지 분생포자에 의한 감염이 이어진다.

## 방제

- 늦가을~겨울에 병든 가지를 제거해서 태우거나 땅에 묻어 월동 전염원을 제거한다.
- 발병 초기부터 티오파네이트메틸 수화제, 베노밀 수화제 등을 2주 간격으로 2~3회 살포한다.
- 재배지는 햇빛이 잘 들고 과습하지 않도록 관리한다.

A 으름덩굴 더뎅이병의 병징
B 잎에 나타난 병반
C 더뎅이병에 걸린 잎의 앞면(왼쪽과 가운데)과 뒷면(오른쪽)
D, E 열매에 나타난 병징

A
B
C
D
E

# 62 음나무 갈색무늬병

Brown leaf spot of castor aralia

음나무 갈색무늬병(褐斑病, Brown leaf spot of castor aralia)은 음나무 재배지와 자생지에서 모두 흔히 발생하는 병으로, 잎에 대형 병반을 형성하고 조기낙엽을 일으킨다. 특히 어린나무와 묘목에서 피해가 크며, 비가 많이 오는 해에 심하게 발생한다.

## 병징과 표징

6월 하순경부터 아래쪽 잎에 발생하기 시작한다. 처음에는 잎에 옅은 녹색의 둥근 테로 둘러싸인 지름 1mm 정도 되는 갈색 반점들이 나타난다. 이들 반점은 점차 커지면서 담갈색~암갈색의 윤문상(輪紋狀) 원형 병반이 된다. 9월경에는 병반의 지름이 10mm 정도에 이르고, 10월에는 더욱 커져서 지름 20mm 정도가 되는 것도 있다. 또 인접한 병반들이 서로 합쳐져 부정형의 큰 병반이 되기도 한다. 9월에 접어들면 병반의 앞뒤 양면에 미세한 암갈색 점들(정자기)이 다수 나타난다. 병든 잎은 9월 초순부터 낙엽 지기 시작해서 10월 하순에는 잎 대부분이 떨어진다. 병이 한번 발생한 장소에서는 해마다 반복적으로 재발하는 경우가 많다.

## 병원균

*Mycosphaerella acanthopanacis* (=*Phyllosticta acanthopanacis*)

곰팡이의 일종으로 자낭균류에 속한다.

## 병환(病環)

병원균은 병든 낙엽의 병반에서 정자기(精子器)의 형태로 겨울을 난다. 4월 하순쯤, 병반 위의 정자기는 사라지고 5월 초순부터 성숙한 자낭각이 나타난다. 자낭각 내의 자낭포자는 바람에 의해 잎에 전파되어 감염을 일으킨다. 가을에는 병반 위에 정자기를 형성한다.

## 방제

- 늦가을에 병든 낙엽을 모아서 태우거나 땅에 묻어 월동 전염원을 제거한다.
- 병이 매년 심하게 발생하는 묘포나 재배지에서는 돌려짓기한다. 묘포와 재배지에는 밀식하지 말고, 통풍과 채광이 잘되도록 관리한다.
- 병 발생 초기에 등록된 살균제를 살포한다.

A 음나무 갈색무늬병
B, D 음나무 갈색무늬병의 병징
C 병반 위에 형성된 병원균의 정자기(암갈색 점들)
E 병원균의 정자

A
B
C
D
E

# 63 이나무 녹병
Idesia rust

이나무 녹병(Idesia rust)은 우리나라의 남부 지방에서 정원수와 공원수로 심는 이나무에 흔히 발생하는 병으로, 잎의 황화와 조기낙엽을 일으켜 나무의 미관을 훼손한다.

## 병징

처음에는 잎의 앞면에 황백색~황녹색의 작은 모자이크형 반점이 생기며, 뒷면에는 주황색 가루덩이 모양의 여름포자더미가 흩어져 나거나 모여 난다. 병반은 점차 커지고 서로 합쳐져 커다란 부정형 병반이 되며, 병반 부위는 나중에 갈색으로 변해 쉽게 찢어진다. 가을에는 여름포자더미 주변에 암갈색 각피(殼皮) 형태의 겨울포자더미가 형성된다.

## 병원균

*Melampsora idesiae*

곰팡이의 일종으로 담자균류에 속하며, 이나무에 여름포자와 겨울포자를 형성한다. 오랫동안 병원균의 중간기주가 밝혀지지 않았으나, 2019년에 일본에서 자주괴불주머니(*Corydalis incisa*)가 중간기주임이 밝혀졌다. 자주괴불주머니는 갯괴불주머니속(*Corydalis*)에 속하는 월년초로, 우리나라 남부 및 제주도의 산과 들에 널리 자생하고 있어 국내에서도 중간기주 역할을 할 가능성이 크다.

## 병환(病環)

우리나라에서는 이나무 녹병균의 생활환에 대한 구체적인 연구는 아직 없지만, 일본에서 밝혀진 이나무 녹병균의 생활환과 비슷할 것으로 추정된다. 이에 따르면, 이나무 녹병균은 이나무의 병든 낙엽에서 겨울포자 형태로 월동하고, 이듬해 봄, 겨울포자가 발아해서 담자포자를 형성한다. 담자포자는 중간기주인 자주괴불주머니를 감염해서 녹병정자와 녹포자를 형성하며, 녹포자는 이나무 잎을 감염해서 여름포자와 겨울포자를 형성한다. 여름~가을에는 여름포자가 바람과 빗물에 의해 전파되어 감염을 반복한다. 한편, 남쪽 지방에서는 병원균이 이 나무의 어린 가지에서 균사 형태로 월동하고 이듬해 봄 새잎에 여름포자를 형성하거나, 또는 병든 낙엽에서 여름포자의 형태로 월동할 가능성도 있지만 확인된 것은 아니다.

## 방제

- 늦가을에 병든 잎을 제거해서 병든 낙엽과 함께 태우거나 땅에 묻어 월동 전염원을 제거한다.
- 이나무 주변의 자주괴불주머니(중간기주)를 제거한다.
- 상습 발병지에서는 발병 초기부터 테부코나졸 수화제, 트리아디메폰 수화제, 티오파네이트메틸 수화제, 만코제브 수화제 등을 2주 간격으로 2~3회 살포한다.

A 이나무 녹병의 병징(2017. 9. 28, 광양)
B 잎 앞면의 병징
C 잎 앞면의 모자이크형 퇴록 반점
D 잎 뒷면에 형성된 주황색 여름포자더미
E 여름포자더미의 확대 사진
F 병원균의 여름포자
G 여름포자의 위상차현미경 사진

A
B
C
D
3 mm
E
0.2 mm
F
10 μm
G
10 μm

# 64 이팝나무 녹병

## Fringe tree rust

이팝나무 녹병(Fringe tree rust)은 최근에 이팝나무 녹병균의 중간기주로 밝혀진 왕대가 많이 자라는 우리나라 남부지방에서 피해가 심하며, 매년 피해가 늘고 있다. 병에 걸린 잎은 누렇게 변해 마르고 뒤틀리면서 일찍 떨어지며, 병세가 심하면 여름이 다 가기 전에 잎이 모두 떨어지고 가지만 앙상하게 남기 때문에 나무의 경관이 크게 훼손된다.

### 병징과 표징

5월쯤부터 잎과 어린 녹지에 발생한다. 처음에는 잎의 앞면과 잎자루, 녹지에 노란색의 작은 병반들이 점점이 나타나고, 병반의 가운데에는 흑갈색의 작은 점들(녹병정자기)이 무리를 지어 나타난다. 잎 뒷면에는 연노란색, 둥근 통 모양의 균체(녹포자기)가 무리 지어 나타나며, 잎자루와 녹지에도 방추형~타원형 병반 위에 녹포자기가 무리 지어 나타난다. 많은 병반이 나타난 잎은 차츰 누렇게 말라 뒤틀리면서 일찍 떨어진다.

### 병원균

*Puccinia* sp.

곰팡이의 한 종류로 담자균에 속한다. 이 병원균은 중간기주인 왕대와 기주교대를 하며 생활환을 이어가는 이종기생성 녹병균으로, 이팝나무 잎에 녹병정자기와 녹포자기를 형성하고, 왕대 잎에 여름포자와 겨울포자를 형성한다.

### 병환(病環)

병원균은 중간기주인 대나무류 식물의 잎에서 겨울포자의 형태로 겨울을 나고, 봄에 발아해서 담자포자를 만든다. 담자포자는 바람과 날아 흩어지는 빗물에 의해 이팝나무에 전파되어 잎을 감염해서 잎 앞면에 녹병정자기를 만들고, 그 뒷면에 녹포자기를 만든다. 녹포자기 내의 녹포자는 곧 대나무류 식물로 전파되어 잎 뒷면에 여름포자를 만들며, 여름포자는 여름 동안 대나무에 전염을 거듭하면서 병을 확산시킨다. 늦여름~초가을에 여름포자는 소실되고, 대신 겨울포자를 만들어 겨울을 난다.

### 방제

- 새순이 나온 직후부터 테부코나졸 미탁제, 아족시스트로빈 수화제, 디페노코나졸 수화제 등을 10일 간격으로 2~3회 살포한다.
- 이팝나무와 대나무류 식물을 서로 가까이에 심지 않도록 해서, 전염의 고리(기주교대)를 차단한다.

A 이팝나무 녹병의 병징
B 이팝나무 녹지(綠枝)에 나타난 병징(다수의 노란색 녹포자기가 나 있다)
C 이팝나무 잎 앞면에 형성된 병반
D 잎 뒷면의 잎맥 부위에 녹포자기들이 형성되어 뒤틀어진 잎
E 잎 앞면의 병반 위에 형성된 녹병정자기(까만 점은 수정이 된 녹병정자기, 갈색 점은 수정이 안 된 녹병정자기)
F 병원균의 녹병정자
G 잎 뒷면에 형성된 원통형 녹포자기
H 녹포자기와 그 주변에 흩어져 있는 녹포자
I 병원균의 녹포자(주사전자현미경 사진)

A
5 mm
B
C
D
1 mm
E
F
5 μm
1 mm
G
0.5 mm
H
5μm
I

# 65 이팝나무 점무늬병
## Leaf spot of Chinese fringe tree

이팝나무 점무늬병(斑點病, Leaf spot of Chinese fringe tree)은 이팝나무에 흔히 발생하는 병으로, 잎에 크고 작은 병반이 다수 형성되어 나무의 미관을 크게 해친다. 병세가 심하면 조기낙엽을 일으켜 수세를 약화시킨다. 특히 초여름~한여름에 고온 다습한 환경이 지속되면 많이 발생한다.

### 병징과 표징

초여름부터 발생한다. 초기에는 잎의 앞뒤 양면에 작은 부정형의 담갈색~갈색 병반이 점점이 나타난다. 병반들은 나중에 회갈색으로 변하고 서로 합쳐져서 커다란 부정형 병반으로 확대되며, 종종 잎의 절반 이상을 차지하기도 한다. 병반의 앞뒤 양면, 주로 앞면에 암녹색의 보풀처럼 보이는 분생포자덩이가 다수 형성된다. 병이 심해지면 잎이 마르면서 일찍 떨어진다.

### 병원균

*Pseudocercospora chionanthi-retusi*

곰팡이의 일종으로 자낭균류에 속하며, 분생포자를 형성한다.

### 병환(病環)

병원균은 병든 낙엽의 병반에서 겨울을 나고, 이듬해 봄에 분생포자를 형성하여 1차 전염원이 된다. 분생포자는 날아 흩어지는 빗방울과 바람에 의해 새잎에 전파되어 감염을 일으킨다.

### 방제

- 늦가을~이른 봄에, 병든 낙엽을 모아서 태우거나 땅에 묻어 월동 전염원을 제거한다.
- 매년 반복적으로 피해가 발생하는 곳에서는 발병 초기부터 클로로탈로닐 수화제, 티오파네이트메틸 수화제, 만코제브 수화제 등을 2주 간격으로 2~3회 살포하여 예방한다.

**A** 이팝나무 점무늬병의 병징
**B** 잎에 나타난 초기 병징
**C** 병반 위에 형성된 분생포자덩이
**D** 분생포자덩이의 주사전자현미경 사진
**E** 병원균의 분생포자

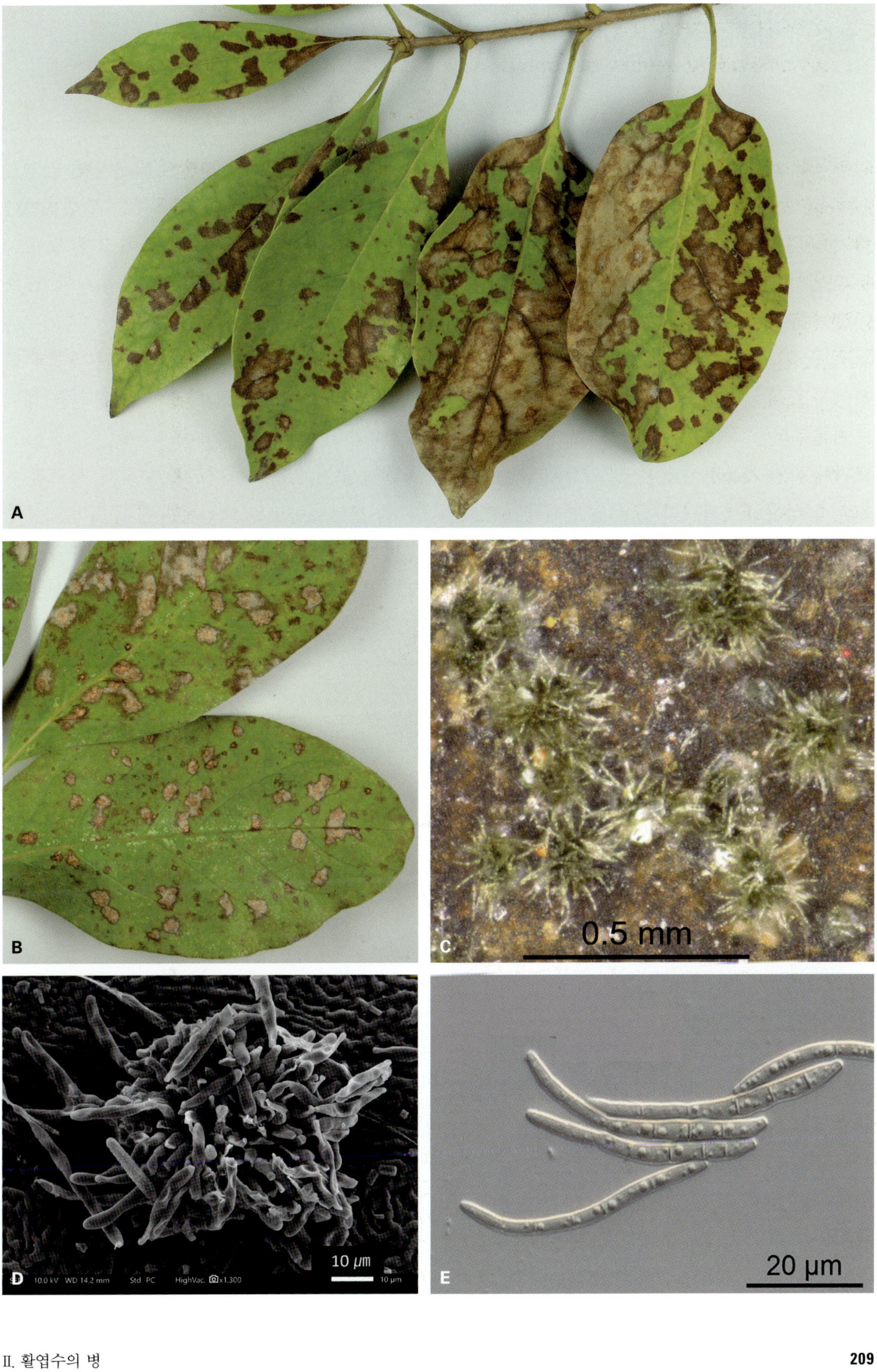
A
B
C
0.5 mm
D
10 μm
10.0 kV WD 14.2 mm Std. PC HighVac. x1,300 10 μm
E
20 μm

# 66 인동덩굴 흰가루병

Powdery mildew of honey suckle

인동덩굴 흰가루병(白粉病, Powdery mildew of honey suckle)은 초여름부터 늦가을까지 인동덩굴에 흔히 발생하는 병으로, 잎과 줄기가 마치 흰 가루로 뒤덮인 것처럼 지저분한 모습을 띠어 나무의 미관이 크게 손상된다.

## 병징과 표징

초여름부터 늦가을까지 발생한다. 처음에는 잎 표면에 하얀 가루덩이 같은 크고 작은 병반들(균총)이 듬성듬성 나타난다. 균총은 병원균의 포자, 분생포자경 및 균사의 집합체로 이 중에서 조금만 건드려도 잘 떨어지고, 바람에 잘 날리며, 옷과 손에 잘 묻는 흰 가루 같은 것은 분생포자이다. 이들 균총은 점점 커지거나 융합해서 잎 전면에 퍼지며, 나중에는 잎이 온통 흰 가루로 덮인 것처럼 보인다. 가을이 되면, 균총 위에 다수의 아주 작은 흑갈색 알갱이들(자낭구)이 무리 지어 나타난다. 이들 자낭구는 처음에는 노란색~담갈색이지만, 성숙하면 흑갈색이 된다.

## 병원균

*Erysiphe lonicerae* var. *lonicerae* (=*Microsphaera lonicerae* var. *lonicerae*)

곰팡이의 일종으로 자낭균류에 속하며, 자낭포자와 분생포자를 형성한다. 자낭구 표면에는 덩굴손 무늬의 부속사가 여러 개 붙어 있다.

## 병환(病環)

병원균은 주로 덩굴에 붙어 있는 병든 잎에서 겨울을 나고, 봄에 자낭포자를 방출한다. 자낭포자는 바람에 의해 전파되어 새로 나온 잎을 감염해서 분생포자를 형성한다. 이후에는 분생포자에 의한 반복 전염이 늦가을까지 이어진다.

## 방제

- 병든 잎은 늦가을에 제거해서 병든 낙엽과 함께 태우거나 땅에 묻어 월동 전염원을 제거한다.
- 발병 초기에 트리아디메폰 수화제, 사프롤 유제, 클로로탈로닐 액상수화제 등의 흰가루병 약제를 2주 간격으로 2~3회 살포한다.
- 밀식을 피하고, 통풍이 잘되도록 관리한다.

A 인동덩굴 흰가루병
B 흰가루병에 걸린 잎의 앞면
C 흰 균총으로 뒤덮인 잎
D 흰 균총 위에 형성된 병원균의 자낭구
E 병원균의 자낭구
F 자낭구에서 방출된 자낭

A
B
C
D
0.3 mm
E
100 µm
F
50 µm

# 67 자작나무 갈색무늬병

Septoria leaf spot of birch

자작나무 갈색무늬병(褐斑病, Septoria leaf spot of birch)은 자작나무의 묘목과 어린나무에 흔히 발생하는 병으로, 주로 당년생 파종묘에서 피해가 심하며, 나무가 자라면서 피해는 경미해진다. 당년생 묘목의 경우, 병이 발생하면 8월쯤에 잎이 거의 다 떨어져 묘목의 생장이 크게 위축된다.

## 병징과 표징

6월 초순에 아래 잎부터 발병하기 시작해서 점차 위쪽으로 퍼져나간다. 처음에는 잎에 갈색~자갈색의 미소한 반점들이 다수 나타나며, 이들은 점차 커지면서 3~5mm 크기의 다각형~부정형 병반이 된다. 병반이 많을 때는 인접한 병반들이 서로 합쳐져 큰 병반이 되며, 병반의 뒷면에는 검은색의 미세한 알갱이들(분생포자각)이 점점이 나타난다. 나중에 병반의 중앙부는 회갈색으로 변해 탈락하여 작은 구멍이 나기도 한다. 병든 잎은 말라서 아래 잎부터 떨어지기 시작하며, 당년생 파종묘는 8월 말쯤이면 잎이 거의 다 떨어져 막대기 같은 앙상한 모습을 띤다.

## 병원균

*Septoria betulae*

곰팡이의 일종으로 불완전균류에 속하며, 분생포자를 형성한다.

## 병환(病環)

병원균은 병든 낙엽에서 월동하고 이듬해 봄에 분생포자를 형성하며, 분생포자는 빗물과 바람에 의해 새잎에 전파되어 1차 감염을 일으킨다. 한편, 이 병원균은 종자에 부착해서 전염하는 경우가 많으므로, 오염된 종자가 중요한 1차 전염원이 되기도 한다.

## 방제

- 묘목의 연작을 피한다.
- 병든 낙엽은 가을에 모아서 태우거나 땅에 묻어 월동 전염원을 제거한다.
- 병원균이 종자에 부착해 있는 경우가 많으므로, 베노밀 수화제, 티오파네이트메틸 수화제, 기타 종자소독제로 종자소독을 해서 파종하도록 한다.
- 묘포에서는 이른 봄 새잎이 필 때부터 클로로탈로닐 수화제, 만코제브 수화제, 티오파네이트메틸 수화제 등을 2주 간격으로 4~5회 살포한다.
- 묘목이 밀식되면 병이 많이 발생하므로, 파종상에서는 묘목을 적절히 솎아내어 통풍이 잘 되도록 한다.

A 자작나무 갈색무늬병
B 자작나무 갈색무늬병의 병징
C 잎의 앞면(왼쪽)과 뒷면의 병반
D 병반의 뒷면에 형성된 병원균의 분생포자각(까만 점들)
E 분생포자각에서 밀려 올라온 분생포자덩이
F 병원균의 분생포자

A
B
C
D
E
F

# 68 자작나무 큰갈색무늬병

## Large brown spot of birch

자작나무 큰갈색무늬병(大形褐斑病, Large brown spot of birch)은 주로 어린나무에 흔히 발생하는 병으로, 특이한 대형 병반으로 인해 나무의 미관이 훼손되고 잎이 일찍 진다.

### 병징과 표징

초여름부터 잎 앞면에 갈색의 작은 점무늬가 나타나며, 점차 커지면서 나중에 지름 2~3cm 되는 회갈색의 커다란 둥근 병반이 된다. 초가을에 접어들면 병반에 겹둥근무늬(輪紋)가 선명하게 나타나고, 병반의 가장자리는 암갈색을 띠면서 건전부와 뚜렷한 경계를 이룬다. 보통 잎 하나에 2~3개의 커다란 병반을 형성하는데 때로는 2개 이상의 병반이 융합해서 모양이 일정하지 않은 대형 병반을 만들기도 한다. 병반이 잎의 태반을 차지하게 되면 잎은 누렇게 말라 비틀려 일찍 떨어진다.

### 병원균

*Calycellina leucella* (=*Helotium leucellum*)

곰팡이의 일종으로 자낭균에 속하며 자낭포자와 분생포자를 형성한다.

### 병환(病環)

병원균은 병든 낙엽의 병반에서 겨울을 나고, 이듬해 5월경 병반의 앞뒤 양면에 지름 1~2mm 정도 되는 쟁반 모양의 회백색~담갈색 자낭반(子囊盤)을 형성한다. 자낭반에서 방출된 자낭포자는 바람에 의해 새잎에 전파되어 감염을 일으킨다. 감염된 잎에는 대형 병반만 형성되고 포자는 형성되지 않기 때문에 2차 감염은 일어나지 않는다. 7월쯤에는 자낭포자의 방출이 끝나므로 그 이후에는 발병하지 않는다.

### 방제

- 가을에 병든 낙엽을 모아서 태우거나 땅에 묻어 월동 전염원을 제거한다. 병이 매년 발생하는 곳에서는 이러한 월동 전염원 제거 작업을 2~3년간 계속한다.
- 밀식을 피하고 통풍과 볕들임이 잘되도록 관리한다.
- 과습한 환경을 피하고 배수관리를 잘한다.
- 적절한 비배관리로 수세를 증진시킨다.

**A** 자작나무 잎의 대형 병반(2002. 8. 29, 오산 물향기수목원)
**B, C** 잎에 형성된 대형 병반
**D** 병반이 융합해서 잎의 태반을 차지한 모습
**E** 월동한 병든 낙엽의 병반 위에 형성된 자낭반(화살표)

A
B
C
D
E

69

# 장미 검은무늬병

Black spot of rose

장미 검은무늬병(黑斑病, 黑星病, Black spot of rose)은 장미가 자라는 곳이면 어디서나 발생하는 가장 흔하고 중요한 병으로, 흰가루병과 함께 장미의 대표적인 병으로 꼽힌다. 병든 잎은 살짝만 건드려도 쉽게 떨어지는 것이 특징이다. 생육기간 동안 잎이 심하게 떨어져 나무의 외관이 크게 손상되고 수세가 약해져 겨울철에 동해를 입기 쉽다. 특히 봄철에 비가 잦은 해에 심하게 발생한다.

## 병징과 표징

5월부터 주로 잎, 잎자루, 어린 녹지에 발생하며, 때로는 꽃망울과 꽃받침에도 발생한다. 처음에는 잎에 흑갈색의 작은 반점이 생기며, 차츰 커져 지름 5~8mm, 심할 경우 15mm에 이르는 둥근 병반으로 발전한다. 여러 병반이 서로 합쳐져 불규칙한 모양을 이루며, 병반 주변은 황색으로 변색된다. 병반 표면에는 약간 융기된 부스럼딱지 모양의 흑갈색 분생포자층(=분생포자반)이 다수 형성되며, 다습하면 이들 분생포자층에서 흰색의 분생포자덩이가 솟아 나온다. 병든 잎은 전체적으로 황색으로 변하고 쉽게 떨어지며, 심할 경우 8월 말 이전에 대부분의 잎이 떨어져 가지만 앙상하게 남는다. 병반이 가지를 완전히 둘러싸면 그 위쪽 부분은 말라 죽는다. 병이 심한 나무에서는 개화량이 줄고 꽃도 작아진다.

## 병원균

*Diplocarpon rosae* [=(무성세대) *Marssonina rosae*]

곰팡이의 일종으로 자낭균류에 속하며, 자낭포자와 분생포자를 형성한다.

## 병환(病環)

병원균은 주로 병든 낙엽에서 분생포자층의 형태로 겨울을 나며, 이듬해 봄 분생포자가 새로 나온 잎을 감염해서 병반을 형성하고, 그 위에 다수의 분생포자층을 형성한다. 다습하면 이들 분생포자층에서 다량의 분생포자가 스며 나오며, 빗물이나 곤충에 의해 전파된다. 이후 분생포자에 의한 반복 전염이 가을까지 이어지면서 병이 확산된다.

## 방제

- 병 발생 초기부터 아족시스트로빈 수화제, 베노밀 수화제, 만코제브 수화제, 클로로탈로닐 수화제 등을 10~14일 간격으로 2~3회 살포한다. 특히 비가 온 후에는 24시간 이내에 다시 살포해야 효과적이다.
- 병든 가지와 병든 낙엽은 수시로 제거하여 태우거나 땅에 묻어 2차 감염을 막는다.
- 가능한 경우 검은무늬병에 강한 품종을 선택해 식재한다.
- 밀식을 피하고, 식재 간격을 넓혀 통풍이 잘되도록 관리한다.
- 질소질 비료를 줄이고, 인산과 칼리질 비료를 늘려 식물의 저항력을 높인다.

A 검은무늬병에 걸린 장미
B 병으로 인해 잎이 대부분 떨어지고 가지만 남은 모습
C 잎 앞면의 병반
D 병반의 표면에 형성된 흑갈색 분생포자층(화살표)
E 분생포자층에서 스며 나온 분생포자덩이
F 병원균의 분생포자

A
B
C
D
0.5 mm
E
0.2 mm
F
20 µm

# 70 장미 흰가루병
Powdery mildew of rose

장미 흰가루병(白粉病, Powdery mildew of rose)은 검은무늬병과 함께 장미의 2대 병해로 불린다. 병에 걸린 나무는 관상 가치가 크게 훼손될 뿐 아니라 생장도 위축된다. 이 병은 일조가 부족한 장소에서 잘 발생하며, 한번 발생한 나무에서는 거의 매년 발생해서 수세를 약화시킨다. 장미의 품종 간에 흰가루병에 대한 저항성에 큰 차이가 있다.

## 병징과 표징

6월경부터 발생하며, 새잎, 잎자루, 꽃망울, 꽃자루, 햇가지의 표면에 마치 흰 가루를 뿌려놓은 듯한 모습을 띤다. 흰 가루처럼 보이는 것은 병원균의 분생포자, 분생포자경 및 균사의 집단으로, 조금만 건드려도 흰 가루가 흩날린다. 병에 걸린 잎은 모양이 비틀리면서 시들지만, 잘 떨어지지는 않는다. 햇가지가 감염되면 꽃망울이 잘 달리지 않고, 달렸다 해도 정상적인 꽃이 피지 않는다. 6월 하순~7월 하순까지 가장 많이 발생하고, 8월의 고온기에 약간 주춤했다가 9월경에 다시 발병하기 시작해서 늦가을까지 이어진다. 가을에 날씨가 서늘해지면 주로 줄기의 흰색 병반 위에 흑갈색의 미소한 알갱이들(자낭구)이 나타난다.

## 병원균

*Podosphaera pannosa* (=*Sphaerotheca pannosa*)

곰팡이의 일종으로 자낭균류에 속하며, 분생포자와 자낭포자를 형성한다.

## 병환(病環)

병원균은 가을에 줄기의 병반 위에 자낭구를 형성하여 월동하기도 하지만, 주로 눈(芽)에서 균사의 상태로 겨울을 나고 봄에 기온이 올라갈 때 분생포자를 형성하며, 분생포자는 바람에 의해 전파되어 새 눈과 새잎을 침해하면서 계속 병을 퍼뜨린다. 자낭구로 월동한 경우에는, 봄에 자낭구에서 방출된 자낭포자도 1차 전염원 역할을 한다.

## 방제

- 장미의 품종 간에 발병 정도에 큰 차이가 있으므로 저항성 품종을 재배한다.
- 밀식을 피하고 통풍이 잘되도록 한다.
- 질소질 비료의 과용을 피하고, 인산 및 칼리질 비료를 충분히 주도록 한다.
- 병든 가지는 늦가을에 제거하여 태우거나 땅에 묻어 월동 전염원을 제거한다.
- 발병 초기에 아족시스트로빈 액상수화제, 티오파네이트메틸 수화제, 클로로탈로닐 입상수화제, 트리아디메폰 수화제, 훼나리 유제 및 그 밖의 장미 흰가루병 약제를 일주일 간격으로 3~4회 살포한다.

A 흰가루병에 걸린 장미
B 장미 흰가루병의 병징(잎 앞면이 흰 가루로 덮여 있다)
C 잎 앞면에 나타난 하얀 균총
D 꽃받침에 나타난 하얀 균총
E 병원균의 분생포자
F 분생포자의 주사전자현미경 사진

A
B
C
D
E
20 μm
F
5μm

# 71 쥐똥나무 녹병
Privet rust

쥐똥나무 녹병(Privet rust)은 산과 들, 골짜기에 나는 쥐똥나무에서 흔히 볼 수 있는 병인데, 도심의 정원, 공원, 아파트 단지 등에 생울타리용으로 심은 쥐똥나무에서는 보기 힘들다. 그 이유는 최근에 발견된 쥐똥나무 녹병균의 중간기주인 대새풀(화본과의 다년초)이 주로 숲이나 들에서 자라고, 도심의 쥐똥나무 생울타리 주변에는 자라지 않기 때문이다.

## 병징과 표징

늦은 봄부터 잎에 약간 부풀어 오른 황백색의 둥근 병반이 나타난다. 병반의 앞면에는 까만 점들(녹병정자기)이 다수 나타나며, 10배율의 확대경으로도 잘 보인다. 병반의 뒷면에는 컵 모양의 주황색 녹포자 더미가 무리 지어 나타난다.

## 병원균

*Puccinia klugkistiana* (=*Aecidium klugkistianum*)
곰팡이의 일종으로 담자균류에 속하며, 중간기주인 대새풀(*Cleistogenes hackelii*)과 기주교대를 하는 이종기생성(異種寄生性) 녹병균이다. 쥐똥나무에 녹병정자와 녹포자를 형성하고, 대새풀에 여름포자, 겨울포자, 담자포자를 형성하는 장세대종(長世代種) 녹병균이다.

## 병환(病環)

병원균은 대새풀에서 겨울포자의 형태로 겨울을 나고, 이듬해 봄에 발아하여 담자포자를 형성한다. 이들 담자포자는 날아 흩어지는 빗물이나 바람에 의해 주변의 쥐똥나무에 전파되어 잎을 감염하고 녹병정자와 녹포자를 형성한다. 한편, 녹포자는 바람에 의해 전파되어 주변의 대새풀을 감염해서 먼저 여름포자를 형성하고 이어서 겨울포자를 형성한다. 가을에 접어들면 여름포자는 차츰 사라지고, 겨울포자로 월동하여 이듬해의 1차 전염원이 된다.

## 방제

- 피해가 심한 곳에서는 쥐똥나무 주변의 대새풀을 제거해 병환의 고리를 차단한다.

**A** 쥐똥나무 녹병의 병징(잎 앞면)
**B** 잎 뒷면의 병징
**C** 병반 뒷면에 형성된 녹포자기
**D** 녹포자기의 확대 사진
**E** 병원균의 녹포자
**F** 녹포자의 주사전자현미경 사진

A
B
C
1 mm
D
0.3 mm
E
20 μm
F
5μm
15.0 kV WD 14.7 mm Std.-PC HighVac. x4,000 5 μm
27 Dec. 2024

# 72 쥐똥나무 둥근무늬병

Leaf spot of privet

쥐똥나무 둥근무늬병(斑紋病, Leaf spot of privet)은 쥐똥나무에 흔히 발생하는 병으로, 묘목, 정원수, 산울타리 등에 모두 발생하며 때때로 심한 피해를 가져온다. 묘목의 경우, 병든 잎이 일찍 탈락하므로 상품 가치가 떨어지고, 정원수와 산울타리는 병든 잎과 심한 낙엽으로 인해 미관이 크게 손상된다.

## 병징과 표징

6월경부터 잎에 지름 1~3mm 되는 둥근 모양의 담갈색~갈색 병반이 나타난다. 잎 하나에 한 개~여러 개의 병반이 생기며, 병반 가장자리의 자갈색 테두리가 건전부와 또렷한 경계를 이룬다. 병반의 뒷면에는 연한 주홍색~옅은 올리브색의 솜털 같은 균체(분생포자좌)가 다수 나타난다. 병든 잎은 나무에 오래 붙어 있지 않고 잘 떨어지며, 심하면 8월 중에 대부분의 아래 잎이 떨어진다. 산울타리에서는 병이 아래 잎부터 발생하기 시작해서 점차 위 잎으로 퍼져 나간다.

## 병원균

*Pseudocercospora ligustri* (=*Cercospora ligustri*)

곰팡이의 일종으로 자낭균류에 속하며 분생포자를 형성한다.

## 병환(病環)

병원균은 나무에 달린 병든 잎에서 겨울을 나고, 봄에 병반 위에 형성된 분생포자가 1차 전염원이 되어 병을 확산시킨다.

## 방제

- 늦가을에 병든 낙엽을 모아서 태우거나 땅에 묻어 월동 전염원을 제거한다.
- 이른 봄, 나무에 남아 있는 병든 잎을 털어서 태우거나 땅에 묻는다.
- 5월 초순부터 만코제브 수화제, 베노밀 수화제, 티오파네이트메틸 수화제 등을 2주 간격으로 2~3회 살포한다.

**A** 둥근무늬병에 걸린 쥐똥나무
**B** 잎에 나타난 병징
**C** 병에 걸린 잎의 앞면
**D** 병반의 뒷면에 나타난 분생포자좌
**E** 병원균의 분생포자

A
B
C
D
1 mm
E
20 μm

# 73 쥐똥나무 빗자루병

## Witches' broom of privet

쥐똥나무 빗자루병(天狗巢病, Witches' broom of privet)은 쥐똥나무 생울타리에서 가끔 눈에 띄는 병으로, 북쪽보다 남쪽 지방에서 발생이 더 잦다.

### 병징과 표징

쥐똥나무 빗자루병은 이른바 전신감염병으로서 나무 전체에 걸쳐 병징이 나타나는 것이 특징이다. 감염된 나무에서는 6월경부터 가지 끝부분에서 담녹색의 아주 작은 잎들이 촘촘하게 붙은 가느다란 가지들이 무더기로 뻗어 나온다. 이러한 증상은 점차 나무 전체로 퍼지며, 마침내 나무 전체가 싸리 빗자루처럼 더부룩한 모습을 띠게 된다. 병에 걸린 나무는 대개 2~3년 내에 말라 죽는다.

### 병원체

Candidatus *Phytoplasma ziziphi*

파이토플라스마(phytoplasma)의 일종으로, 쥐똥나무 빗자루병과 대추나무 빗자루병은 모두 같은 종의 병원체와 매개충에 의해 발생, 전반(傳搬)된다. 파이토플라스마는 몰리쿠테스(Mollicutes)강에 속하는 세균의 일종으로, 일반 세균과 달리 세포벽이 없고, 감염 식물의 체관부에만 존재하는 지름 1μm 미만의 다형성 병원체로, 현재까지 인공 배양이 되지 않고 있다.

### 병환(病環)

쥐똥나무 빗자루병의 병원체는 모무늬매미충(*Hishimonus sellatus*)이라는 매개충에 의해 전반되며, 병든 잎에서 즙액을 빨아 먹은 모무늬매미충이 건전한 나무에 날아가 잎에서 즙액을 빨아 먹을 때 병원체를 옮긴다. 병원 파이토플라스마는 병에 걸린 나무의 뿌리조직 내(체관부)에서 겨울을 나고, 봄에 수액을 따라 나무 전체로 퍼지면서 다시 병징을 유발한다. 종자나 토양에 의한 전염은 일어나지 않는다.

### 방제

- 생울타리에 있는 병든 나무는 전염원이 되지 않도록 발견 즉시 제거하고 그 자리에 건전한 나무를 심는다.
- 병이 매년 발생하는 곳에선 6월 중순~8월 하순에 살충제를 2주 간격으로 뿌려서 매개충을 방제한다.

**A** 쥐똥나무 울타리에 발생한 쥐똥나무 빗자루병
**B, C** 쥐똥나무 빗자루병의 병징
**D** 빗자루병에 걸린 쥐똥나무 가지에 나타난 증상(왼쪽)과 건전한 가지의 잎
**E** 쥐똥나무 빗자루병의 매개충인 모무늬매미충
**F** 체관 내의 파이토플라스마(전자현미경 사진)

A
B
C
D
1.0 mm
E
F

# 74 참나무류 둥근별무늬병

## Macrophoma leaf spot of oak

참나무류 둥근별무늬병(円星病, Macrophoma leaf spot of oak)은 신갈나무, 졸참나무를 포함한 대부분의 참나무류에 흔히 발생하는 병으로, 산지와 도시에서 모두 발생한다. 공원수에 많은 병반이 나타나면 나무의 미관이 다소 훼손되지만, 나무의 생장에는 별 영향이 없다.

### 병징과 표징

6월쯤부터 잎에, 가운데는 회갈색이고 가장자리가 적갈색 띠로 둘러싸인 지름 2~6mm 되는 둥근 병반이 점점이 나타나며, 병반과 건전부와의 경계는 또렷하다. 잎에 많은 병반이 생기거나, 여러 개의 병반이 융합하면 잎이 뒤틀린다. 7월쯤부터는 병반의 앞면에 미소한 검은 점들(분생포자각)이 다수 나타나고, 다습하면 이들 분생포자각에서 유백색의 실오라기 같은 분생포자 덩이가 분출한다.

### 병원균

*Macrophoma quercicola*
곰팡이의 일종으로 불완전균류에 속하며, 분생포자를 형성한다.

### 병환(病環)

병원균은 병든 낙엽에서 겨울을 나고, 이듬해 봄 분생포자를 형성하며, 분생포자는 튀어 흩어지는 빗물에 의해 전파되어 새잎을 감염한다. 이후에는 새잎에 형성된 분생포자에 의한 반복 감염이 이어진다.

### 방제

- 늦가을~이른 봄에 병든 낙엽을 모아서 태우거나 땅에 묻어 월동 전염원을 제거한다.

A 참나무류 둥근별무늬병의 병징(졸참나무)
B 참나무류 둥근별무늬병의 병징(졸참나무)
C 병반의 앞면에 나타난 검은 점 모양의 분생포자각들
D 병반의 갈라진 표피 밑에 형성된 검은색 분생포자각 집단
E 분생포자각에서 분출한 유백색 분생포자덩이들
F 병원균의 분생포자

A
B
C
2 mm
D
0.3 mm
E
0.5 mm
F
20 μm

# 75 참나무류 렘보시아 그을음병

Black mildew disease of oak

참나무류 렘보시아 그을음병(Black mildew disease of oak, 검은곰팡이병)은 루브라참나무, 대왕참나무, 갈참나무, 신갈나무 등을 포함한 여러 종류의 참나무에 흔히 발생하는 병으로, 주로 그늘지고 통풍이 잘 안 되는 곳에 자라는 나무에서 흔히 관찰된다. 잎이 흑갈색의 그을음덩이 같은 병반들로 뒤덮이기 때문에 나무는 지저분한 모습을 띠며, 미관이 크게 훼손된다.

## 병징과 표징

주로 지면에 가까운 아래 잎에 많이 발생하며, 초여름부터 발생하기 시작해서 9월에 병세가 심해진다. 처음에는 잎 앞면에 갈색의 미소한 반점들이 점점이 나타나는데 차츰 커지면서 지름 1~4mm 되는 작은 그을음덩이 같은 흑갈색 병반이 된다. 보통 잎 하나에 수십 개가 넘는 많은 병반이 형성되며, 심하면 잎 표면이 모두 그을음 병반들로 빽빽하게 덮이지만, 잎은 일찍 떨어지지 않는다. 늦여름~초가을에 걸쳐 그을음 병반의 중앙부에는 타원형, 방패형, T, Y, H자형 등 여러 가지 모양의 약간 돋아 오른 까만 균체들[자낭자좌(thyriothecia)]이 다수 나타난다.

## 병원균

*Lembosia quercicola*

곰팡이의 일종으로 자낭균류에 속한다. 그을음병균 중에는 식물에 직접 기생하지 않고 잎 표면에 달라붙은 진딧물, 깍지벌레, 가루이 등과 같은 흡즙성 곤충의 분비물이나 배설물에 부생적(腐生的)으로 번식하여 그을음병을 일으키는 부생성 그을음병균에 속하는 종류가 많다. 그러나 *Lembosia*속 균은 이러한 곤충의 분비물이나 배설물과 관계없이 직접 표피세포에서 양분을 섭취하며 잎 표면에 번식하는 기생성 그을음병균에 속한다.

## 병환(病環)

병원균은 병든 낙엽 또는 나무에 달려 있는 병든 잎에서 자낭자좌의 형태로 겨울을 나고, 봄에 성숙한 자낭포자가 바람에 의해 전파되어 새잎을 감염하며, 가을에 자낭자좌를 형성한다.

## 방제

- 늦가을~늦겨울에 병든 낙엽을 모아서 태우거나 땅에 묻어 월동 전염원을 제거한다.
- 묘포에서는 밀식을 피하고 통풍이 잘되도록 관리한다.

A 참나무류 렘보시아 그을음병(대왕참나무)
B 참나무류 렘보시아 그을음병의 병징(루브라참나무)
C 잎 앞면의 병징(루브라참나무)
D 잎 뒷면의 병징(루브라참나무)
E 다수의 자낭자좌가 형성된 병반의 앞면(갈참나무)
F 병반 위에 형성된 여러 모양의 자낭자좌(갈참나무)
G Y자형 자낭자좌(갈참나무)
H 자낭자좌(갈참나무)

A
B
C
D
E
F
0.5 mm
G
0.2 mm
H
100 µm

# 76 참나무류 시듦병
Raffaelea wilt of oak

참나무류 시듦병(Raffaelea wilt of oak)은 2004년 신갈나무에서 처음 발견된 이후, 전국적으로 수많은 신갈나무를 고사시킨 주요 산림 병해이다. 주로 신갈나무에 발생하지만, 드물게 떡갈나무, 졸참나무, 갈참나무, 상수리나무, 굴참나무, 서어나무 등에도 발생한다.

## 병징과 표징

감염된 나무는 7~9월에 수관 전체의 잎이 급격히 시들고 적갈색으로 변해 말라 죽는다. 고사목에는 겨울철에도 잎이 떨어지지 않고 그대로 달려 있다. 고사목의 줄기와 굵은 가지에는 지름 약 1mm 되는 매개충의 침입공이 많이 나 있고, 뿌리목 주위에는 침입공에서 배출된 프래스(frass, 나뭇가루와 벌레 배설물의 혼합물)가 다량 쌓여 있다. 침입공은 주로 수간 하부에서 지상 2m 이내에 집중되어 있으나, 더 높은 부위에서도 발견된다. 고사목을 횡단해 보면, 매개충의 갱도가 형성된 변재부가 갈색~흑갈색으로 변색되어 있다.

## 병원균

*Raffaelea quercus-mongolicae*
곰팡이의 일종으로 자낭균류에 속하며, 분생포자를 형성한다.

## 병환(病環)

참나무류 시듦병균은 곰팡이를 먹이로 삼는 양균성(養菌性) 나무좀류(ambrosia beetle)인 광릉긴나무좀(*Platypus koryoensis*)에 의해 전반된다. 암컷 성충은 앞가슴등판에 있는 균낭(菌囊, mycangia)에 병원균과 공생균을 저장한 채 나무에 침입해, 갱도의 벽면에 이들 균을 전파한다. 병원균이 갱도에서 주변의 변재로 퍼지면, 변재부는 흑갈색으로 변색되고 도관이 막혀 수분 상승이 차단되어 나무는 급속히 시들어 말라 죽는다. 병원균의 전파 과정은 다음과 같다. 5~6월에 고사목에서 탈출한 광릉긴나무좀의 암컷은 먼저 탈출한 수컷이 미리 만들어놓은 갱도에 들어가 산란하면서 병원균을 전파한다. 부화한 유충은 갱도 벽에 증식한 병원균을 먹고 자라며, 병원균은 변재부로 확산된다. 이듬해 5~6월, 성충이 된 암컷은 균낭에 병원균을 지닌 채 고사목에서 탈출하여 다른 나무에 병원균을 전파한다.

## 방제

- 피해 임지에서는 11월~이듬해 4월에 고사목을 벌채한 후 훈증 처리를 한다.
- 매개충의 우화기(5~10월)에는 수간에 끈끈이롤트랩을 설치하여 매개충의 침입을 방지하고, 우화 최성기(6월 초중순)에는 수간에 적용 살충제를 살포한다.
- 이외에도 산림청에서 제시한 참나무 시듦병 방제 지침을 따른다.

A, B 참나무류 시듦병으로 말라 죽은 신갈나무
C 광릉긴나무좀의 침입공에서 배출된 배출물(frass)이 쌓여 있는 모습
D 고사목 수간의 횡단면(변재부가 암갈색으로 변색되어 있다)
E 광릉긴나무좀의 갱도 벽면에 번식한 병원균
F 광릉긴나무좀의 성충
G 광릉긴나무좀 성충의 암컷 앞가슴등판에 있는 균낭(화살표)
H 균낭의 확대 모습
I 병원균의 배양 균총
J 병원균의 분생포자

A
B
C
D
E
F
1 mm
♂
♀
G
0.5 mm
♀
H
0.2 mm
I
J
5 μm

# 77 참나무류 튜바키아 점무늬병

## Tubakia leaf spot of oak

참나무류 튜바키아 점무늬병(斑點病, Tubakia leaf spot of oak)은 세계 각지의 다양한 참나무속 수목에 널리 분포하는 병으로, 큰 나무와 묘목에 모두 발생한다. 우리나라에서는 상수리나무, 신갈나무, 졸참나무, 갈참나무 등에서 발생하는 것으로 알려져 있다. 병든 잎의 지저분한 모습이 나무의 미관을 해치고, 심하면 병든 잎이 일찍 떨어지는 피해가 발생한다. 여러 해 계속해서 발생하면 수세도 약해진다.

### 병징과 표징

7월 중순쯤부터 잎에 담갈색~갈색의 크고 작은 원형~부정형 병반이 나타난다. 병반의 앞면에는 검은색의 딱지 같은 미소한 분생포자과(分生胞子果, conidioma)가 다수 나타나며, 이들 분생포자과는 바늘 같은 것으로 살짝 건드려도 쉽게 떨어진다. 이 방패 모양의 분생포자과는 5배율 정도의 확대경으로도 잘 보이며, 튜바키아 점무늬병을 진단하는 데 중요한 단서가 된다. 잎에 많은 병반이 생기면 병반들이 합쳐져서 부정형의 대형 괴저병반으로 진행되며, 잎은 마름 증상을 띠고 누렇게 되어 일찍 떨어진다. 병징은 늦여름~초가을에 가장 심하게 나타난다.

### 병원균

*Tubakia* spp.

곰팡이의 일종으로 자낭균류에 속하며, 분생포자와 소형 분생포자를 형성한다. 참나무류에 발생하는 *Tubakia*속 균은 세계적으로 13종이 알려져 있고, 계속 신종이 보고되고 있다(Braun 등, 2018). 우리나라에서는 *Tubakia dryina*, *T. seoraksanensis*, *T. koreana*, *T. byongjinii* 등이 참나무류에 발생하는 것으로 알려져 있다.

### 병환(病環)

병원균은 병든 낙엽, 가지에 달린 병든 잎, 감염된 어린 가지 등에서 분생포자과의 형태로 겨울을 나고, 이듬해 봄에 분생포자과에서 방출된 분생포자가 흩날리는 빗물과 바람에 의해 전파되어 새잎을 감염한다. 감염된 잎에서는 7~8월에 병징이 나타나기 시작하며, 가을이 되면 병반 위에 다수의 분생포자과를 형성하여 겨울을 난다. 이 병은 월동한 분생포자가 빗물에 의해 전파되는 봄철에 비가 많이 오면 널리 발생한다.

### 방제

- 늦가을~이른 봄에, 병든 낙엽을 모아서 태우거나 땅에 묻어 월동 전염원을 줄인다.
- 병든 낙엽을 모아서 완숙퇴비로 만들어 활용한다.
- 적절한 물 주기와 비배관리로 건강한 수세를 유지한다.
- 묘포에서는 과습하지 않도록 밀식을 피하고, 과밀한 가지는 솎아서 채광과 통풍이 잘되도록 관리한다.

A 참나무류 튜바키아 점무늬병의 병징(상수리나무)
B 잎에 나타난 병징(신갈나무)
C 병반 위에 형성된 다수의 검은색 분생포자과
D 방패 모양의 분생포자과와 여기에서 방출된 많은 분생포자
E 병원균의 분생포자

A
B
C
0.5 mm
D
50 μm
E
10 μm

# 78 참싸리나무 겹둥근무늬병

## Zonate leaf spot of bush clover

참싸리나무 겹둥근무늬병(環紋葉枯病, Zonate leaf spot of bush clover)은 여름철에 서늘한 날씨와 긴 장마가 지속되는 해에 많이 발생해서 조기낙엽을 일으키는 병으로, 주로 묘목과 어린나무에서 피해가 크다.

### 병징과 표징

6월 하순쯤부터 잎에 지름 2~3mm 되는 갈색의 둥그스름한 병반이 수 개씩 나타나며, 비가 와서 습한 날씨가 이어지면 병반은 빠르게 확대되어 갈색의 커다란 겹둥근무늬 병반이 된다. 또 이들 병반이 합쳐져 잎 표면의 절반 이상을 차지하는 경우도 흔하다. 병반의 앞면에는 하얀 서릿발 같은 결정체의 얇은 막이 나타난다. 병반은 점차 담갈색으로 변하며, 병반 뒷면의 주맥 주변에는 담황색의 작은 벌레알처럼 보이는 번식체(propagule, 특수한 형태의 대형 분생포자)가 곧추서 있는 상태로 다수 나타난다. 이들 번식체는 루페로 쉽게 관찰할 수 있으며, 이 병을 진단하는 데 유용한 표징이다. 이들 번식체는 살짝만 건드려도 쉽게 떨어진다. 오래된 병반은 잘 부서지며, 커다란 병반이 형성된 잎은 일찍 떨어진다. 병든 낙엽의 병반 위에는 지름 1~3mm 크기의 까만 균핵이 다수 형성된다.

### 병원균

*Grovesinia pyramidalis* [=(무성세대) *Cristulariella moricola*]

곰팡이의 일종으로 자낭균류에 속하며, 자낭포자와 번식체를 형성한다.

### 병환(病環)

병원균은 병든 낙엽에서 균핵의 형태로 겨울을 나고, 봄~초여름에 균핵에 형성된 자낭반에서 자낭포자가 비산하여 새잎에 1차 감염을 일으킨다. 이후에는 새잎의 병반 위에 형성된 번식체가 2차 전염원이 되어 가을까지 전염을 반복한다. 이 병원균은 다범성(多犯性)으로 참싸리나무 외에도 팽나무, 단풍나무, 배롱나무 등을 포함해 전 세계적으로 100여 종의 식물을 침해하며, 이들은 서로 전염원이 되어 병의 발생과 확산을 조장한다.

### 방제

- 늦가을~이른 봄에, 병든 낙엽을 모아서 태우거나 땅에 묻어 월동 전염원을 제거한다.
- 묘포에서는 주변의 잡초들이 전염원이 되는 경우가 많으므로, 묘포 주변의 잡초를 제거하는 등 묘포의 위생 관리에 힘쓴다.
- 이 병은 다습한 환경에서 잘 발생하므로 묘포에서는 밀식을 피하고 배수, 채광, 통풍이 잘 되도록 관리한다.
- 6~9월에 베노밀 수화제, 동수화제, 티오파네이트메틸 수화제 등을 한 달에 1~2회 살포한다.

A 참싸리나무 겹둥근무늬병
B 잎 앞면에 나타난 겹둥근무늬 병반
C 겹둥근무늬 병반의 확대 사진
D 병반의 앞면에 형성된 서릿발 모양의 얇은 막
E 병반의 뒷면에 형성된 병원균의 번식체
F 번식체의 주사전자현미경 사진

A
B
1 mm
C
0.5 mm
D
0.3 mm
E
100μm
F
15.0 kV WD 14.0 mm Std.-PC HighVac. x200
100 μm

# 79 참죽나무 녹병

## Cedrela rust

참죽나무 녹병(銹病, Rust of Chinese toon)은 참죽나무의 성목과 묘목 모두에 흔히 발생하는 병으로, 특히 묘포에서 피해가 심각하여 묘목 재배에 실패하는 원인이 되기도 한다.

### 병징과 표징

봄철, 새로 돋아난 잎의 뒷면, 잎자루, 녹지(綠枝) 등에 주황색 가루덩이(여름포자더미)가 점점이 나타난다. 여름포자더미는 그 수가 점점 늘어나 잎 뒷면의 대부분을 덮게 되며, 심할 경우 잎 앞면에도 퍼진다. 8월 중순경부터는 주황색 여름포자더미 사이에 흑갈색의 가루덩이들(겨울포자더미)이 조금씩 나타나기 시작한다. 가을이 되면 여름포자더미는 점차 사라지고, 대신 흑갈색의 겨울포자더미가 무더기로 생겨 잎 뒷면을 덮는다. 겨울포자더미가 다량으로 형성된 잎과 어린 가지는 뒤틀리거나 오그라들어 기형이 되며, 결국 말라 일찍 떨어진다.

### 병원균

*Nyssopsora cedrelae*

곰팡이의 일종으로 담자균류에 속한다. 이종기생성 녹병균으로 최근에 중간기주로 두릅나무가 확인되었다. 참죽나무에서는 여름포자와 겨울포자를 형성하고, 두릅나무에서는 녹병정자와 녹포자를 형성하며 기주를 교대한다.

### 병환(病環)

병원균은 병든 낙엽에서 겨울포자의 형태로 겨울을 나며, 이듬해 봄에 발아하여 담자포자를 형성한다. 담자포자는 바람에 의해 두릅나무에 전파되어 새잎을 감염해서 녹병정자기와 녹포자기를 형성한다. 녹포자기에 생성된 녹포자는 바람에 의해 참죽나무에 전파되어 새잎을 감염해서 여름포자더미를 형성한다. 여름포자는 가을까지 전염을 반복하면서 병을 확산시키며, 늦가을에는 겨울포자더미가 형성되어 월동에 들어간다.

### 방제

- 늦가을부터 늦겨울 사이에 병든 낙엽을 모아 태우거나 땅에 묻어 월동 전염원을 제거한다.
- 봄철, 새잎이 돋아날 시기부터 테부코나졸 수화제, 트리아디메폰 수화제 등을 2주 간격으로 2~3회 살포한다.
- 두릅나무 식재지 가까이에 참죽나무 묘포를 조성하지 않는다.
- 두릅나무 부근에는 참죽나무를 심지 않는다.
- 녹병이 매년 심하게 발생하는 묘포에서는 다른 수종으로 돌려짓기를 실시한다.

A 참죽나무 녹병의 잎 앞면 병징(2003. 8. 3, 수원)
B 참죽나무 녹병의 잎 뒷면 병징
C 잎의 앞면(위)과 뒷면에 형성된 여름포자더미
D 잎 뒷면에 형성된 주황색 여름포자더미
E 병원균의 여름포자
F 여름포자의 주사전자현미경 사진
G 병원균의 겨울포자

A
B
C
D
E
10 μm
F
2μm
G
30 μm

# 80 철쭉류 갈색무늬병
## Septoria leaf spot of rhododendron

철쭉류 갈색무늬병(褐斑病, Septoria leaf spot of rhododendron)은 여러 종류의 철쭉과 진달래에 흔히 발생하는 병으로, 잎에 많은 병반이 생기면서 심하게 낙엽되어 나무가 쇠약해지고 외관이 손상된다. 한번 발생한 장소에서는 거의 매년 반복적으로 발생하므로 해를 거듭하면서 피해도 늘어난다.

### 병징과 표징

6월쯤부터 햇잎(당년생 잎)의 앞면에 잎맥으로 또렷하게 둘러싸인 3~5mm 크기의 갈색~암갈색 모무늬 병반이 다수 나타나며, 때로 병반들이 서로 융합해서 부정형의 병반이 되기도 한다. 나중에 병반 위에는 암갈색의 미소한 점들(분생포자각)이 다수 나타나며, 비가 와서 다습하면 이들 분생포자각에서 유백색의 끈적덩이(분생포자덩이)가 솟아 나온다. 일찍 병든 잎은 늦가을부터 점차 떨어지기 시작하며, 전년도에 감염되어 월동한 묵은 잎(1년생 잎)은 5~6월에 일제히 낙엽이 진다.

### 병원균

*Sphaerulina azaleae* (=*Septoria azaleae*)

곰팡이의 일종으로 자낭균류에 속하며, 분생포자를 형성한다.

### 병환(病環)

병원균은 주로 나무에 달린 병든 잎에서 분생포자각의 형태로 겨울을 나고, 봄에 분생포자를 형성하여 1차 전염을 개시한다. 1차 감염으로 형성된 병반의 분생포자각에서는 여름철 비가 올 때 다량의 분생포자가 끈적덩이의 형태로 분출하며, 분생포자는 튀어 흩어지는 빗물에 의해 주변의 나무로 전파되어 병을 확산시킨다.

### 방제

- 5~9월에 만코제브 수화제, 클로로탈로닐 수화제, 티오파네이트메틸 수화제 등을 한 달에 2회 정도 살포한다.
- 늦가을~이른 봄에 병든 낙엽을 모아서 태우거나 땅에 묻어 월동 전염원을 제거한다.

A, C 철쭉류 갈색무늬병의 병징
B 모무늬 병반이 나타난 잎의 앞면
D 잎맥으로 또렷하게 둘러 막힌 모무늬 병반이 나타난 잎 뒷면
E 잎 뒷면 모무늬 병반에 형성된 다수의 분생포자각(까만 점)
F 분생포자각에서 분출한 유백색 분생포자덩이
G 병원균의 분생포자

A
B
C
D
E
1 mm
F
G
10 μm

# 81 철쭉류 떡병

Rhododendron leaf gall

철쭉류 떡병(餠病, Rhododendron leaf gall)은 봄철에 철쭉에서 흔히 발생하는 병으로, 병든 잎이 마치 불에 구워 부풀어 오른 찰떡 모습을 닮았다고 해서 '떡병'이라는 이름이 붙여졌다. 이 병은 나무 자체의 건강에 피해를 주기보다는 주로 외관을 훼손하는 것이 특징으로, 미관훼손형 식물병(aesthetic plant disease)의 일종으로 분류할 수 있다.

## 병징과 표징

5월 초순부터 어린잎, 새순, 꽃망울의 일부 또는 전체가 두껍게 부풀어 오르면서 부드러운 다육질의 혹을 만드는데, 그 모양은 불규칙하며 일정하지 않다. 혹은 처음에는 담녹색 또는 엷은 복숭앗빛을 띠는데, 얼마 안 있어 흰 가루(담자포자 및 분생포자)로 뒤덮인다. 포자가 다 날아가면 혹은 점차 흑갈색으로 변해 부패하거나 미라처럼 굳어진다. 이 병은 4~5월에 비가 많이 왔을 때, 햇빛이 부족하고 통풍이 잘 안 되는 곳에서 잘 발생한다. 봄에 가물거나 또는 햇빛이 잘 드는 곳에서는 거의 발생하지 않는다. 가을에 비가 많이 오면 9~10월 겨울눈에 발생할 때도 있다.

## 병원균

*Exobasidium japonicum*, *E. cylindrosporum*, *E. sakishimaense*

곰팡이의 일종으로 담자균류에 속하며, 담자포자와 분생포자를 형성한다.

## 병환(病環)

5~6월경에 혹 표면의 자실층에 담자포자와 혼생(混生)하는 분생포자가 바람이나 튀어 흩어지는 빗물에 의해 주변의 나무로 전파되어 어린잎, 잎눈, 꽃눈을 감염한다. 병원균은 주로 눈비늘(芽鱗)의 조직 내에서 균사의 형태로 여름과 겨울을 나고 봄에 혹을 형성한다.

## 방제

- 혹 표면에 흰 가루가 나타나기 전에 일찍 혹을 제거해서 땅에 묻는다.
- 떡병이 자주 발생하는 곳에서는 잎눈이 트기 직전부터 트리아디메폰 수화제, 만코제브 수화제 등을 10일 간격으로 3~4회 살포한다.
- 과습한 환경이 되지 않도록 배수 관리를 잘한다.
- 과밀한 가지들은 솎아내서 통풍과 채광이 잘 되도록 하고, 나무를 밀식하지 않도록 한다.

A 떡병에 걸린 철쭉
B, C 다양한 떡병 증상
D 병원균의 담자포자(노란색 화살표)와 분생포자(흰색 화살표)
E 병원균의 분생포자

A
B
C
D
10 μm
E
5 μm

# 82 철쭉류 민떡병

## Exobasidium leaf spot of rhododendron

철쭉류 민떡병(平餠病, Exobasidium leaf spot of rhododendron)은 봄에 비가 많이 오고 햇빛이 부족한 환경에서 흔히 발생하는 병으로, 나무의 생장에 큰 피해를 주지는 않지만, 심하게 발생하면 나무의 미관이 손상된다. 이 병은 떡병균의 일종에 의해 발생하지만, 일반적인 떡병처럼 병환부가 부풀어 오르지 않고, 평평한 형태를 띠기 때문에 민떡병이라는 이름이 붙여졌다.

### 병징과 표징

5월 상순~6월 상순에 주로 아래 잎에 많이 발생한다. 처음에는 새로 피어난 어린잎의 앞면에 지름 3~10mm 되는 황록색~황백색의 둥근 병반이 나타나는데 건전부와의 경계는 또렷하지 않고 희미한 모습을 띤다. 한편, 병반의 뒷면은 흰 가루를 얇게 뿌려놓은 것처럼 보이며 건전부와의 경계가 또렷하다. 잎 하나에 보통 두서너 개의 병반이 생기며, 또 여러 개의 병반이 붙어서 부정형 병반이 되기도 한다. 병반 부위는 부풀어 오르지 않고 밋밋하며, 잎의 두께도 병반부와 건전부 사이에 차이가 없다. 초기의 황록색~황백색 병반은 점차 갈색으로 변하며 잎은 말라 죽는다.

### 병원균

*Exobasidium yoshinagai*, *E. kawanense*, *E. butleri* 등.

모두 곰팡이의 일종으로 담자균류에 속한다.

### 병환(病環)

병원균은 병반 뒷면의 자실층에 담자포자와 분생포자를 형성한다. 이들 담자포자와 분생포자는 바람이나 빗물에 의해 전파되어 겨울눈에서 여름과 겨울을 나고 봄에 병을 일으키는 것으로 짐작되지만, 포자의 침입에서부터 이듬해 봄의 발병에 이르기까지의 자세한 생활환은 정확히 밝혀지지 않았다.

### 방제

- 병의 발생 초기, 즉 병반의 뒷면이 흰 가루로 덮이기 전에 병든 잎을 제거해서 땅에 묻거나 태운다.
- 발병 직전부터 발병 말기에 걸쳐 동수화제를 10일 간격으로 3~4회 살포한다.
- 매년 심하게 발생하는 묘포에서는 돌려짓기 한다.
- 밀식하지 말고, 통풍과 채광이 잘되도록 관리한다.

A 철쭉류 민떡병
B, C 민떡병에 걸린 잎의 앞면
D 민떡병에 걸린 잎의 뒷면
E 잎 뒷면에 형성된 병반
F 병반의 뒷면
G 병원균의 담자포자(화살표)

A
B
C
D
E
5 mm
F
10 μm
G

# 83 철쭉류 잎녹병

## Leaf rust of rhododendron

철쭉류 잎녹병(葉銹病, Leaf rust of rhododendron)은 국내에서 진달래, 털진달래, 산철쭉 등 자생종과 여러 재배종 철쭉에 발생하며, 특히 재배종에 널리 발생하여 피해가 크다. 병든 잎은 주황색 포자 덩이로 덮이고, 누렇게 변해 일찍 떨어져 나무의 미관이 훼손되고 심하면 수세도 약해진다.

### 병징

4월 중하순경, 겨울을 지낸 묵은 잎 뒷면에 주황색 가루처럼 보이는 여름포자더미가 점점이 또는 무리 지어 나타난다. 6월 초순부터는 새로 자란 잎의 뒷면에도 여름포자더미가 형성되기 시작하여 가을까지 이어진다. 포자가 다량으로 형성된 잎은 말라비틀어지며 일찍 떨어진다.

### 병원균

*Caeoma* sp.

곰팡이의 일종으로 담자균류에 속한다. 세계적으로 철쭉류에는 다양한 이종기생성 및 동종기생성 녹병균이 기생하는 것으로 알려져 있다. 우리나라의 재배종 철쭉류에 널리 발생하는 녹병균은 여름포자만을 형성하고 겨울포자를 형성하지 않으며, 중간기주 없이 철쭉류에만 기생하는 동종기생성 녹병균이다. 우리나라에 발생하는 철쭉류의 녹병과 관련해서, Hiratsuka 박사는 1939년 7월에 함경도에서 채집한 진달래와 산진달래의 녹병균을 *Chrysomyxa rhododendri*로 동정하여 보고한 바 있다. *C. rhododendri*는 이종기생성 녹병균으로, 주로 북유럽의 고산 지대에 분포하며, 독일가문비를 포함한 가문비나무속 수종을 중간기주로 삼는다. 당시 채집 지역이 가문비나무속 수목이 자생하는 지역이므로 중간기주가 존재했을 가능성은 있으나 확증되지는 않았다.

### 병환(病環)

병원균은 늦가을에 감염된 채로 남아 있는 잎에서 균사 형태로 월동한다. 이듬해 4월 중하순경, 월동한 잎 뒷면에 다량의 여름포자가 형성되며, 여름포자는 바람에 의해 새잎으로 전파되어 1차 감염을 일으킨다. 이후 새잎에 형성된 여름포자가 초가을까지 전염을 반복하면서 병이 확산된다. 시설 재배에서는 연중 여름포자에 의한 감염이 가능하다.

### 방제

- 매년 잎녹병이 심하게 발생하는 지역에서는, 이른 봄 새잎이 피기 시작할 때부터 트리아디메폰 수화제, 테부코나졸 수화제 등을 2주 간격으로 2~3회 살포한다.
- 시설 재배지에서는 발병 초기부터 동일한 약제를 10일~2주 간격으로 2~3회 살포한다.
- 늦가을에는 병든 낙엽을 모아서 태우거나 땅에 묻어 병원균의 월동을 차단한다.

A 철쭉 잎녹병의 병징
B 잎 뒷면에 나타난 병징
C 잎의 앞면(왼쪽)과 뒷면에 나타난 병징
D 잎 뒷면에 형성된 여름포자더미
E 월동한 잎 뒷면에 나타난 여름포자더미(1차 전염원)
F 여름포자더미의 확대
G 병원균의 여름포자
H 병원균의 여름포자(주사전자현미경 사진)

A
B
C
D
E
F
1 mm
G
10 μm
H
5μm

## 84 철쭉류 점무늬병

### Phyllosticta leaf spot of rhododendron

철쭉류 점무늬병(斑點病, Phyllosticta leaf spot of rhododendron)은 재배종 철쭉류에 흔히 발생하는 병으로, 봄부터 가을에 걸쳐 잎에 특징적인 자줏빛 병반이 많이 형성되어 나무의 관상 가치를 떨어뜨린다.

### 병징과 표징

봄에 새로 피어난 잎의 앞면에 적갈색의 작은 점무늬가 점점이 나타나며, 차츰 커지면서 지름 5mm 정도 되는 원형 병반으로 진전된다. 병반의 가운데는 회갈색을 띠고, 가장자리는 자줏빛~적갈색 띠로 둘러싸이며, 건전부와의 경계가 뚜렷하다. 병반의 뒷면은 앞면보다 옅은 자줏빛을 띤다. 성숙한 병반 위에는 흑갈색의 미소한 돌기(분생포자각)가 다수 형성되며, 다습하면 이들 분생포자각에서 유백색의 분생포자덩이가 분출한다. 병든 잎은 일찍 떨어지지 않고 대부분 나무에 달린 채로 월동하고 이듬해 봄에 일제히 떨어진다.

### 병원균

*Phyllosticta cunninghamiae*, *Phyllosticta* spp.
곰팡이의 일종으로, 불완전균류에 속하며, 분생포자를 형성한다.

### 병환(病環)

병원균은 나무에 달린 병든 잎의 병반에서 분생포자각의 형태로 겨울을 나고, 봄에 분생포자를 형성한다. 분생포자는 바람에 의해 새로 피어난 잎에 전파되어 1차 감염을 일으키고 분생포자를 형성한다. 이후에는 가을까지 새잎에 형성된 분생포자에 의한 2차 전염이 반복된다.

### 방제

- 늦가을~늦겨울에 병든 낙엽을 모아서 태우거나 땅에 묻어 월동 전염원을 제거한다.
- 평소에 비배관리를 잘해서 건강한 수세를 유지하도록 한다.

A 철쭉 점무늬병의 병징
B 잎 앞면의 병징
C 잎 뒷면의 병징
D 병반 위에 형성된 까만 분생포자각들
E 분생포자각에서 분출한 분생포자덩이

A
B
C
0.5 mm
D
0.5 mm
E

# 85 철쭉류 페스탈로티아 잎마름병

## Pestalotiopsis leaf blight of rhododendron

철쭉류 페스탈로티아 잎마름병(葉枯病, Pestalotiopsis leaf blight of rhododendron)은 철쭉을 비롯해, 진달래, 산철쭉, 참꽃나무 등 자생종과 외래 도입종을 포함한 다양한 철쭉류에 흔히 발생하는 병이다. 잎에 병반이 생긴 부위가 쉽게 부스러져 떨어져 나가므로 나무의 외관이 심하게 훼손되며, 특히 묘목이나 어린나무의 경우 상품 가치가 크게 떨어진다. 주로 강풍이나 충해 등으로 인해 잎에 상처가 생겼을 때 감염되기 쉬우며, 여름철 고온다습한 환경에서 잘 발생한다.

### 병징과 표징

처음에는 잎에 갈색의 작은 점무늬가 나타나며, 점차 확대되면서, 윤곽이 뚜렷한 부정형의 커다란 갈색 병반이 된다. 병반 위에는 까만 점(분생포자층)이 동심원상으로 나타나며, 비가 와서 다습하면 이들 분생포자층에서 까만 실오라기 같은 분생포자덩이가 밀려 올라온다. 커다란 병반이 나타난 잎은 마르고 뒤틀리며, 오래된 병반은 갈색으로 변해 잘 부스러지고 구멍이 난다.

### 병원균

*Pestalotiopsis rhododendri*, *Pestalotiopsis* spp.
곰팡이의 일종으로 자낭균류에 속하며, 분생포자를 형성한다.

### 병환(病環)

병원균은 병든 잎과 병든 낙엽에서 겨울을 나고, 이듬해 봄에 분생포자를 형성하여 1차 전염원이 되며, 튀어 흩어지는 빗물에 의해 전파되어 새잎을 감염한다. 1차 전염으로 형성된 병반의 분생포자층에서는 비가 올 때 다량의 분생포자가 덩이를 이루어 스며 나오며, 이들 분생포자에 의한 2차 감염이 가을까지 이어진다.

### 방제

- 늦가을~이른 봄에 병든 낙엽을 모아서 태우거나 땅에 묻어 월동 전염원을 제거한다.
- 피해가 자주 발생하는 곳에서는 장마철 직전, 장마 직후, 강풍이나 태풍 직후에 티오파네이트메틸 수화제, 만코제브 수화제, 베노밀 수화제 등을 2주 간격으로 2~3회 살포한다.

**A, B** 철쭉류 잎마름병의 병징
**C** 까만 분생포자층이 동심원상으로 나타난 병반의 앞면
**D** 분생포자층에서 밀려 올라온 까만 실오라기 모양의 분생포자덩이
**E** 병원균의 분생포자
**F** 분생포자의 위상차현미경 사진(포자의 부속사가 보인다)

A
B
C
D
1 mm
E
F
20 μm

# 86 말채나무 점무늬병

## Septoria leaf spot of Walter's dogwood

말채나무 점무늬병(斑點病, Septoria leaf spot of Walter's dogwood)은 늦여름부터 초가을에 걸쳐 발생하는 병으로, 나무의 생장에 별다른 피해를 주지는 않으나 잎에 많은 병반이 나타나기 때문에 나무의 미관이 현저히 저해된다. 일종의 미관저해병이라고 할 수 있다.

### 병징과 표징

병반은 7월부터 조금씩 나타나기 시작하지만 대개 8월 하순~9월 중순에 부쩍 심하게 나타난다. 처음에는 지름 4~6mm 되는 크기가 균일하고, 잎맥에 둘러 막힌 자주고동색(黑紫褐色)의 모난 병반들이 다수 나타난다. 나중에 병반이 성숙하면서 병반의 중앙부는 회갈색~회색으로 변하고 가장자리는 그대로 자주고동색을 유지한다. 병반의 뒷면에는 미소한 암갈색 점들(분생포자각)이 점점이 나타나며, 비가 와서 날씨가 습하면 이들 분생포자각에서 뿔 모양의 담황색 끈적덩이(분생포자덩이)가 밀려 올라온다. 병반은 아래 잎부터 나타나기 시작해서 차츰 위 잎으로 퍼진다. 잎에 많은 병반이 나타나지만, 잎이 일찍 떨어지거나 말라 죽는 경우는 드물다.

### 병원균

*Sphaerulina cornicola* (=*Septoria cornicola*)

곰팡이의 일종으로 자낭균류에 속하며 분생포자를 형성한다.

### 병환(病環)

병원균은 병든 낙엽과 나무에 달린 병든 잎에서 겨울을 나고, 이듬해 봄, 이들 병든 잎에 형성된 분생포자가 빗물과 바람에 의해 새잎에 전파되어 1차 감염을 일으킨다.

### 방제

- 늦가을~이른 봄에, 병든 낙엽을 모아서 태우거나 땅속에 묻어 월동 전염원을 제거한다.
- 죽은 가지들은 제거해서 잎 주변에 공기 순환이 잘되도록 한다.
- 비배관리를 잘해서 수세를 증진시킨다.
- 매년 심하게 발병하는 곳에서는 7월 초순부터 테부코나졸 수화제, 티오파네이트메틸 수화제, 클로로탈로닐 수화제, 만코제브 수화제 등을 2주 간격으로 3~4회 살포한다.

**A** 말채나무 점무늬병의 병징
**B** 잎 앞면에 나타난 병징
**C** 잎 뒷면에 나타난 병징
**D** 병반 위에 형성된 까만 점 모양의 분생포자각
**E** 분생포자각
**F** 분생포자각에서 밀려 올라온 분생포자덩이
**G** 병원균의 분생포자
**H** 분생포자의 위상차현미경 사진

A
B
C
D
1 mm
E
0.1 mm
F
0.1 mm
G
10 μm
H
10 μm

# 87 산딸나무 갈색무늬병

Leaf spot of Kousa dogwood

산딸나무 갈색무늬병(Leaf spot of Kousa dogwood)은 여름철 강수량이 많은 해에 자주 발생하는 병으로, 나무의 생장에는 큰 영향을 미치지 않지만 잎에 생긴 다수의 갈색 병반들로 인해 나무의 외관이 크게 손상된다. 한번 발병한 나무에서는 해마다 재발하는 경향이 있어, 피해가 누적되면 수세도 약해진다.

## 병징과 표징

7월경 잎에 크기 5mm 정도 되는 암갈색의 부정원형~부정다각형 병반이 다수 나타나며, 병반이 서로 융합하여 큰 병반이 되기도 한다. 병반의 앞면에는 암녹색의 보푸라기 같은 분생포자덩이가 다수 나타난다. 심하게 병든 잎은 일찍 떨어지며, 여러 해 계속해서 발병하면 나무가 쇠약해진다.

## 병원균

*Pseudocercospora cornicola* (=*Cercospora cornicola*)

곰팡이의 일종으로 자낭균류에 속하며 분생포자를 형성한다.

## 병환(病環)

병원균은 병든 낙엽과 가지에 달린 병든 잎의 병반에서 자좌의 형태로 겨울을 나고, 이듬해 봄 자좌에 분생포자를 형성하여 1차 전염원이 된다. 분생포자는 날아 흩어지는 빗물이나 바람에 의해 새잎에 전파되어 1차 감염을 일으킨다. 이후 감염된 새잎에 형성된 분생포자가 2차 전염원이 되어 감염을 이어가며 병을 확산시킨다.

## 방제

- 늦가을~늦겨울에 가지에 남은 병든 잎을 털어내어 병든 낙엽과 함께 태우거나 땅에 묻어 월동 전염원을 제거한다.
- 매년 병이 반복적으로 발생하는 곳에서는 6월 초부터 클로로탈로닐 수화제, 티오파네이트메틸 수화제, 만코제브 수화제, 동수화제 등을 2주 간격으로 2~3회 살포한다.
- 어린나무에는 엽면관수를 피하고, 토양관수를 하여 잎에 물이 오래 머무르지 않도록 한다.
- 통풍이 잘되도록 과밀한 가지는 솎아준다.
- 적절한 비배관리로 수세를 강화하여 병에 대한 저항력을 높인다.

A 산딸나무 갈색무늬병의 병징
B, C 잎에 나타난 병징
D 병반 위에 형성된 분생포자덩이
E 병원균의 분생포자

A
B
C
D
0.1 mm
E
20 µm

# 88 산수유(나무) 갈색무늬병

## Cercospora leaf spot of Asiatic dogwood

산수유 갈색무늬병(斑點病, Cercospora leaf spot of Asiatic dogwood)은 여름철에 비가 많이 내린 해에 흔히 발생하는 병으로, 잎에 많은 병반이 나타나 나무의 미관을 해치지만, 나무의 생장에 큰 피해를 주지는 않는다. 이 병은 산수유를 비롯한 여러 종류의 층층나무속 식물에 발생해서 서로 전염원이 된다.

### 병징과 표징

7월쯤부터 잎에 잎맥으로 둘러 막힌, 크기 5~10mm 정도 되는 갈색의 모무늬병반이 다수 나타나며, 병반의 뒷면은 옅은 갈색을 띤다. 병반은 오래되면 암갈색이 되며, 표면에는 회녹색~암회녹색의 보푸라기 같은 분생포자덩이(분생포자좌)가 다수 나타난다. 병반이 많을 때는 서로 융합하여 잎마름을 일으키며, 심하게 병든 잎은 일찍 떨어진다. 여러 해 계속해서 발생하면 나무가 쇠약해진다.

### 병원균

*Pseudocercospora cornicola* (=*Cercospora cornicola*)

곰팡이의 일종으로 자낭균류에 속하며 분생포자를 형성한다.

### 병환(病環)

병원균은 병든 낙엽이나 가지에 남아 있는 병든 잎에서 자좌의 형태로 겨울을 나고 봄에 분생포자를 형성하여 1차 전염원이 된다. 분생포자는 날아 흩어지는 빗물에 의해 새잎에 전파되어 1차 감염을 일으키고 병반 위에 분생포자를 형성한다. 이후에는 분생포자에 의한 2차 전염이 가을까지 이어지면서 병이 확산된다.

### 방제

- 나무에 남아 있는 병든 잎은 늦가을에 제거해서 병든 낙엽과 함께 태우거나 땅에 묻어 월동 전염원을 제거한다.
- 해마다 심하게 발생하는 곳에서는 발생 초기부터 클로로탈로닐 수화제, 티오파네이트메틸 수화제, 만코제브 수화제, 동수화제 등을 2주 간격으로 3~4회 살포한다.

A 산수유나무 갈색무늬병의 병징
B 잎에 나타난 병징[잎의 앞면(왼쪽)과 뒷면]
C 병반의 표면에 형성된 병원균의 자좌(미소한 흑갈색 점들)
D 병반 표면의 자좌에 형성된 보푸라기 같은 분생포자덩이
E 병원균의 분생포자

A
B
C
1 mm
D
0.2 mm
E
20 μm

# 89 산수유(나무) 두창병

## Spot anthracnose of Asiatic dogwood

산수유나무 두창병(痘瘡病, Spot anthracnose of Asiatic dogwood)은 봄철에 비가 잦고 낮은 기온이 이어질 때 많이 발생하는 병으로, 특히 묘목에 피해가 심하며 생장을 크게 저해한다. 성목의 경우는 나무의 미관이 상당히 손상되지만 수세가 크게 영향을 받지는 않는다. 두창병은 산수유나무 외에 층층나무, 말채나무, 산딸나무 등 다른 층층나무속 수목에도 널리 발생한다.

### 병징과 표징

이른 봄부터 새로 돋아난 잎에 지름 1~2mm 되는 적갈색의 원형 병반들이 다수 나타난다. 병반의 중앙부는 차츰 하얗게 변하고 잘 부스러져 구멍이 난다. 병반이 많을 때는 여러 개가 융합해서 일그러진 커다란 병반이 되기도 한다. 잎의 엽맥, 특히 주맥이 침해되면 잎은 심하게 오그라들거나 비틀리면서 기형이 된다. 잎자루와 어린 녹지(綠枝)에도 원형~타원형의 적갈색 병반들이 나타나며, 나중에 부풀어서 부스럼딱지처럼 우툴두툴하게 된다. 비가 와서 다습하면 녹지와 어린 가지의 병반 위에 하얀 끈적덩이(분생포자덩이)가 스며 나온다. 피해는 봄철 잎이 피는 시기에 가장 두드러지게 나타나며, 여름철에는 병이 더 이상 진전하지 않고 일단 멈추었다가 가을이 되면 다시 햇가지에 발생한다.

### 병원균

*Elsinoë corni*

곰팡이의 일종으로 자낭균류에 속하며 자낭포자와 분생포자를 형성한다.

### 병환(病環)

병원균은 병든 가지와 겨울눈, 그리고 나무에 남아 있는 병든 잎과 열매 등에서 겨울을 나고, 이른 봄에 분생포자를 형성하여 전염을 개시한다. 분생포자는 흩날리는 빗물에 의해 새잎에 전파되어 감염을 일으킨다.

### 방제

- 병든 가지와 병든 잎은 늦가을에 제거해서 땅에 묻거나 태워서 월동 전염원을 제거한다.
- 두창병 피해가 자주 발생하는 곳에서는 예방 목적으로 클로로탈로닐 수화제, 만코제브 수화제, 티오파네이트메틸 수화제, 베노밀 수화제 등의 살균제를 눈이 막 트기 시작할 때부터 2주 간격으로 2~3회, 장마가 끝나고 한 번, 그리고 늦여름 겨울눈이 모두 형성되고 난 뒤에 한 번 살포한다.

A 산수유나무 두창병의 병징
B 병든 잎의 앞면
C 병든 잎의 뒷면
D 녹지에 형성된 병반
E 녹지의 병반 표피 밑에 형성된 분생포자덩이
F 병원균의 분생포자

A
B
C
D
2 mm
E
1 mm
F
10 µm

# 90 층층나무 두창병

## Spot anthracnose of giant dogwood

층층나무 두창병(痘瘡病, Spot anthracnose of giant dogwood)은 이른 봄 새잎이 돋아날 때 자주 발생하는 병으로, 봄철에 비가 자주 오고, 낮은 기온이 이어질 때 많이 발생한다. 잎과 꽃잎에 많은 병반이 나타나면서 잎과 꽃이 심하게 일그러져 나무의 미관이 크게 훼손된다. 두창병은 산수유나무, 말채나무, 산딸나무 등 다른 층층나무속 수목에도 널리 발생한다.

### 병징과 표징

봄철, 새로 돋아난 잎에 지름 1~2mm 되는 자주색~적갈색의 둥근 병반이 다수 나타난다. 병반의 중앙부는 차츰 하얗게 변해 잘 부서지고 구멍이 난다. 어린잎의 주맥(主脈)이 침해되면 잎이 오그라들거나 비틀리면서 기형이 된다. 잎자루와 어린 녹지(綠枝)에도 원형~타원형의 자주색 병반들이 나타나며, 나중에 부풀어서 부스럼딱지처럼 우툴두툴하게 된다. 비가 와서 다습하면 녹지와 어린 가지의 병반 위에 하얀 끈적덩이(분생포자덩이)가 스며 나온다. 피해는 봄철 잎이 돋아나는 시기에 가장 두드러지게 나타나며, 여름철에는 병이 더 이상 진전하지 않고 일단 멈추었다가 가을이 되면 햇가지에 다시 발생한다.

### 병원균

*Elsinoë corni*

곰팡이의 일종으로 자낭균류에 속하며, 자낭포자와 분생포자를 형성한다.

### 병환(病環)

병원균은 병든 가지와 겨울눈, 그리고 나무에 남아 있는 병든 잎과 열매 등에서 겨울을 나고, 이듬해 이른 봄에 분생포자를 형성하여 1차 전염원이 된다. 분생포자는 흩날리는 빗물에 의해 전파되어 새잎과 꽃잎, 녹지 등을 감염한다.

### 방제

- 병든 가지와 병든 잎은 가을에 제거해서 태우거나 땅에 묻어 월동 전염원을 차단한다.
- 묘포와 매년 피해가 심한 곳에서는 예방 목적으로 클로로탈로닐 수화제, 만코제브 수화제, 티오파네이트메틸 수화제 등을 눈이 트기 시작할 때부터 2주 간격으로 2~3회 살포하고, 필요하면 장마 후에 한 번, 그리고 늦여름 겨울눈이 모두 형성되고 난 후에 한 번 더 뿌린다.

A 층층나무 두창병의 병징(새로 피어난 잎들이 많은 병반으로 인해 심하게 일그러져 있다)
B 초기 병징(잎 앞면에 적갈색 작은 반점이 다수 나타나 있다)
C 후기 병징(병반이 융합하고 병반 가운데가 구멍이 나 있다)
D 녹지의 병반 위에 형성된 분생포자덩이(화살표)
E 녹지의 병반 위에 스며 나온 분생포자덩이
F 병원균의 분생포자

A
B
C
0.5 mm
D
0.5 mm
E
5 μm
F

# 91 층층나무 주황색 끈적덩이

Orange slime flux

층층나무 주황색 끈적덩이(Orange slime flux)는 이른 봄, 수액의 흐름이 활발한 시기에 자주 관찰되는 현상으로, 나무의 외관을 해치긴 하지만 생장에는 큰 영향을 미치지 않는다. 이 같은 주황색 끈적덩이는 층층나무뿐 아니라 고로쇠나무, 물박달나무 등 다양한 수종에서도 관찰된다.

## 병징과 표징

이른 봄, 수액 유동이 활발할 때, 부러진 가지나 손상된 수피 부위로 흘러나온 수액에 주황색을 띠는 곰팡이가 번식하면, 도토리묵처럼 탱글탱글하고 미끄럽고 끈적한 주황색 끈적덩이가 형성된다. 이 끈적덩이는 가지나 줄기 표면에 길게 늘어 붙으며 시각적으로는 불쾌할 수 있으나, 나무에 직접적인 해를 주지는 않는다. 일반적으로 세균성 점질물(Bacterial slime flux)은 고약한 냄새를 동반하지만, 주황색 진균성 점질물은 냄새가 거의 나지 않는다.

## 원인 곰팡이

*Fusicolla merismoides* (=*Fusarium merismoides*)

자낭균류에 속하는 곰팡이로 분생포자를 형성한다. 원인 곰팡이는 감자한천배지(PDA)에서 빠르게 자라며, 다량의 분생포자를 형성한다. 이 곰팡이의 배양균총은 나무에서 관찰되는 주황색 끈적덩이와 동일한 색깔을 띤다.

## 방제

- 생긴 지 얼마 안 된 끈적덩이나 이미 말라붙은 끈적덩이 모두, 비가 많이 올 때 쉽게 씻겨 내려가므로 별도의 방제는 필요하지 않다.
- 강풍, 폭설 등으로 부러진 가지는 상처가 빠르게 아물도록 올바르게 제거한 후, 절단면에 락발삼, 지오판도포제 등 검증된 상처도포제를 발라 수액 유출을 방지한다.
- 줄기에 생긴 크고 작은 기계적 상처나 잘못된 가지치기로 생긴 손상 부위도 올바로 다듬고 상처도포제를 발라 빨리 잘 아물도록 한다.
- 겨울철 동해로 인한 수피의 균열, 하늘소 등 천공성 해충의 침입공, 딱따구리 등 새무리가 나무껍질을 부리로 쪼아서 생긴 상처 등에서도 이른 봄 수액이 흐르며 곰팡이가 번식할 수 있으므로 이러한 부위도 잘 다듬고 상처도포제를 발라 빨리 아물도록 한다.
- 나무에 인위적으로 상처를 내지 않도록 주의하며, 가지나 줄기에 상처가 발생했을 경우에는 '올바른 나무 상처 치료 방법'에 따라 치료해서 상처가 빨리 아물도록 한다.

**A** 층층나무 줄기에 길게 형성된 주황색 점질물(2020. 4. 22, 인천 연희공원)
**B, C** 층층나무 줄기에 두껍게 형성된 주황색 끈적덩이
**D** 새들이 낸 구멍에서 흘러나온 수액에 생긴 주황색 점질물
**E** 감자한천배지에 배양한 주황색 끈적덩이균의 균총
**F** 주황색 끈적덩이균의 분생포자

A
B
C
D
E
F
20 μm

# 92 칠엽수류 얼룩무늬병
## Leaf blotch of horse chestnut

칠엽수류 얼룩무늬병(汚斑病, Leaf blotch of horse chestnut)은 최근 가로수, 공원수, 정원수 등으로 많이 식재되고 있는 가시칠엽수(마로니에)와 일본칠엽수에 심한 피해를 주는 중요한 병으로, 전 세계적으로 널리 발생한다. 병든 잎은 마치 뜨거운 여름 햇볕에 타 그을린 것처럼 얼룩지고 지저분한 모습을 띠며, 이로 인해 나무의 미관이 크게 손상될 뿐 아니라 생장도 저해된다. 이 병은 특히 묘목과 어린나무에 심한 조기낙엽을 초래하여 나무의 건강과 생장에 큰 피해를 준다.

### 병징과 표징

처음에는 어린잎에 작고 희미한 점무늬들이 나타나며 점차 갈색~적갈색으로 변한다. 이들 점무늬는 점점 커지면서 모양과 크기가 일정하지 않은 적갈색 얼룩무늬를 형성하며, 병반의 가장자리는 노란색을 띤다. 성숙한 병반 위에는 까만 점들이 다수 나타나는데, 이것은 병원균의 분생포자각으로서 그 안에는 수많은 분생포자가 들어 있다. 병반들이 융합해서 잎면의 반 이상을 차지하면 잎은 심한 엽소(별데임) 피해를 입은 것처럼 바짝 말라비틀어지면서 일찍 떨어진다. 초가을에 접어들면 병반의 양면에 분생포자각과 비슷하게 생긴 미성숙한 위자낭각들이 나타난다.

### 병원균

*Guignardia aesculi* [=(무성세대) *Leptodothiorella aesculicola* 및 *Phyllosticta sphaeropsoidea*]
곰팡이의 일종으로 자낭균류에 속하며, 자낭포자와 2종의 분생포자를 형성한다.

### 병환(病環)

병원균은 병든 낙엽의 조직 내에서 미성숙한 위자낭각의 상태로 겨울을 나며 봄에 자낭포자가 성숙한다. 봄비를 맞으면 위자낭각에서 방출된 자낭포자가 빗물과 바람에 의해 어린잎에 전파되어 1차 감염을 일으킨다. 1차 감염으로 생긴 병반 위에는 다수의 분생포자각들이 나타나며, 분생포자각 내의 분생포자는 주로 빗물에 의해 이웃 나무로 전파되어 여름 동안 2차 감염을 반복하면서 병을 확산시킨다. 이 병은 봄과 여름철에 비가 많이 온 해에 심하게 발생한다.

### 방제

- 늦가을~늦겨울에, 병든 낙엽을 모아서 태우거나 땅에 묻어 월동 전염원을 제거한다.
- 수년간 계속해서 발병한 나무는 비배관리를 잘해서 수세를 증진시킨다.
- 묘포에서는 만코제브 수화제, 클로로탈로닐 수화제 등을 봄에 새잎이 나면서부터 7~10일 간격으로 3~4회 살포한다.
- 잎이 빗물에 장시간 젖어 있으면 병원균의 침입을 조장하므로 잎의 빗물이 빨리 마르도록 묘포에서는 밀식을 피하고 통풍에 유의한다.

**A** 칠엽수 얼룩무늬병
**B, C** 잎에 나타난 병징
**D** 병반과 분생포자각(원내)
**E** 병반 뒷면에 형성된 까만 점 모양의 분생포자각
**F** 분생포자각에서 밀려 올라온 유백색 분생포자덩이
**G** 병원균의 분생포자(*Phyllosticta*형)
**H** 병원균의 분생포자(*Leptodothiorella*형)
**I** 병원균의 자낭 내에 들어 있는 8개의 자낭포자
**J** 자낭포자

A
B
C
D
E
1 mm
F
0.1 mm
G
20 μm
H
5 μm
I
20 μm
J
10 μm

# 93 카나리야자나무 깜부기병

## False smut of Canary Island date palm

카나리야자나무 깜부기병(黑壺病, False smut of Canary Island date palm)은 제주도에서 정원수와 가로수로 많이 심고 있는 카나리야자나무에서 흔히 발생하는 병으로, 그늘지거나 통풍이 불량한 환경에서 잘 발생한다. 병에 걸린 잎은 생기를 잃고 일찍 노화되어 지저분하고 너덜너덜한 모습을 띠기 때문에 나무의 미관이 크게 손상된다. 이 병은 여러 종류의 야자류 식물에 발생하는데, 특히 카나리야자나무에 피해가 크며, 세계적으로 열대, 아열대 지역에 널리 분포한다.

### 병징과 표징

잎의 앞뒤 양면에 높이 0.2~0.3mm, 지름 0.4~0.7mm 정도 되는 까만 돌기(포자더미)가 다수 나타난다. 이들 돌기는 맨눈으로는 잘 보이지 않지만, 손끝으로 잎의 양면을 가볍게 훑어보면 까칠까칠한 돌기들이 다수 돋아나 있는 것을 느낄 수 있다. 이 돌기들을 확대경으로 보면 광택 있는 까만색의 두꺼운 벽(피층)으로 된 굴뚝 또는 분화구 모양을 하고 있는데, 그 안에는 옅은 노란색의 가루(담자포자)와 가는 실 모양의 균사다발이 가득 차 있다. 병은 어린잎보다 2~3년 된 묵은 잎에서 더 많이 발생하며, 심하게 병든 잎은 회녹색이 되어 생기를 잃고 아래로 늘어지면서 말라 죽는다. 병든 잎은 심한 경우 건전한 잎보다 수명이 2~3년 단축된다.

### 병원균

*Graphiola phoenicis*

곰팡이의 일종으로 담자균류에 속하며, 깜부기포자와 담자포자를 형성한다.

### 병환(病環)

분화구 모양의 포자더미에 형성된 담자포자는 성숙하자마자 분열해서 2차 담자포자를 만드는데, 이들 2차 담자포자가 바람과 빗물에 의해 잎에 전파되어 감염을 일으킨다.

### 방제

- 그늘지거나 습한 환경에서 잘 발생하므로, 이웃 나무의 그늘에 가리지 않도록 하고 통풍이 잘되도록 관리한다.
- 새잎이 자라 나올 때부터 티오파네이트메틸 수화제 또는 프로피코나졸 유제 등의 살균제를 3~4주 간격으로 2~3회 살포한다.

A 카나리야자나무 깜부기병
B 깜부기병으로 잎의 선단부가 말라 죽은 모습
C 병든 잎에 형성된 다수의 황색 돌기(병원균의 포자더미)
D 병든 잎 표면에 형성된 포자더미
E 포자더미에 형성된 균사다발
F, G 두꺼운 까만 피층 안에 쌓여 있는 병원균의 포자더미
H 병원균의 담자포자
I 담자포자의 주사전자현미경 사진

A
B
C
D
E
1 mm
F
0.5 mm
G
1.0 mm
5 μm
H
I
1μm

# 94 팽나무 겹둥근무늬병
## Zonate leaf spot of hackberry

팽나무 겹둥근무늬병(環紋葉枯病, Zonate leaf spot of hackberry)은 여름철 기온이 낮고 긴 장마가 이어질 때 흔히 발생해서 심한 조기낙엽을 일으키는 병으로, 특히 묘목과 어린나무에서 피해가 크다.

### 병징과 표징

6월 하순부터 잎에 지름 2~3mm 되는 회갈색 둥근 반점이 나타난다. 비가 와서 습한 날씨가 이어지면, 반점은 빠르게 확대되어 여러 겹의 선명한 둥근 띠를 가진 지름 10~20mm의 회갈색 병반으로 발전한다. 하나의 잎에 여러 개의 병반이 생기며, 이들 병반이 서로 합쳐져 부정형의 대형 병반을 형성하기도 한다. 병반의 뒷면에는 담황색의 작은 벌레알처럼 보이는 번식체(propagule, 특이한 형태의 대형 분생포자)가 곧추서 있는 형태로 다수 나타난다. 이들 번식체는 루페로 쉽게 관찰할 수 있으며, 이 병을 진단하는 데 유용한 표징이다. 이들 번식체는 살짝만 건드려도 쉽게 떨어진다. 대형 병반이 생긴 잎은 양쪽 가장자리가 위로 말리며 일찍 떨어진다. 병든 낙엽의 병반 위에는 지름 1~3mm 되는 까맣고 단단한 균핵이 다수 형성된다.

### 병원균

*Grovesinia pyramidalis* [=(무성세대) *Cristulariella moricola*]

곰팡이의 일종으로 자낭균류에 속하며, 균핵, 자낭포자, 포자체를 형성한다.

### 병환(病環)

병원균은 병든 낙엽에서 균핵의 형태로 겨울을 나고, 봄~초여름에 균핵에 형성된 자낭반에서 자낭포자가 비산하여 새잎에 1차 감염을 일으킨다. 이후에는 새잎의 병반 위에 형성된 번식체가 2차 전염원이 되어 가을까지 전염을 이어간다. 이 병원균은 다범성(多犯性)으로 단풍나무, 배롱나무 등을 비롯한 많은 종류의 식물을 침해하며, 이들은 서로 전염원이 되어 병의 발생과 확산을 조장한다.

### 방제

- 늦가을~늦겨울에, 병든 낙엽을 모아서 태우거나 땅에 묻어 월동 전염원을 제거한다.
- 묘포에서는 주변의 잡초들이 전염원이 되는 경우가 많으므로, 묘포 주변의 잡초를 제거하는 등 묘포의 위생 관리에 힘쓴다.
- 다습한 환경에서 잘 발생하므로 배수에 유의하고, 밑가지를 솎아내 채광과 통풍이 잘되도록 관리한다.
- 6~9월에 베노밀 수화제, 동수화제, 티오파네이트메틸 수화제 등을 한 달에 1~2회 살포한다.

A 팽나무 겹둥근무늬병의 병징
B 잎에 나타난 크고 작은 겹둥근무늬 병반들
C 겹둥근무늬가 뚜렷한 병반
D 병반 뒷면에 나타난 병원균의 번식체
E 번식체의 주사전자현미경 사진

A
B
C
100 µm
D
50µm
E
10.0 kV WD 14.4 mm Std.-PC HighVac. x300
15 Jan. 2025 YJLa
50 µm

# 95 포플러류 겹둥근무늬병

Phyllosticta leaf spot of poplars

포플러류 겹둥근무늬병(輪斑病, Phyllosticta leaf spot of poplars)은 다양한 종류의 포플러류에 널리 발생하는 병으로, 주로 묘목과 어린나무에 피해를 주며, 성목에는 크게 발생하지 않는다.

## 병징과 표징

7월 하순부터 발생한다. 처음에는 잎의 앞면에 갈색의 작은 점무늬가 나타나는데, 점차 확대되면서 5~20mm 크기 되는 암갈색의 부정형 겹둥근무늬 병반이 된다. 이웃한 병반들이 융합해서 부정형의 커다란 병반을 만들기도 한다. 병반은 오래되면 중앙부가 흑회색이 되며, 그 위에는 미소한 암갈색의 점들(분생포자각)이 드문드문 나타난다. 오래된 병반의 중앙부는 잘 부서져서 구멍이 난다. 병반의 뒷면은 갈색으로 변하고 겹둥근무늬는 명료하지 않다. 병든 잎은 일찍 떨어지지 않고 나무에 오래 달려 있는다.

## 병원균

*Phyllosticta populorum*

곰팡이의 일종으로 불완전균류에 속하며, 분생포자를 형성한다.

## 병환(病環)

병원균은 병든 낙엽에서 겨울을 나고 봄에 분생포자각 내의 분생포자가 1차 전염원이 되어 병을 일으킨다. 분생포자는 무색, 단세포로 타원형~짧은 원통형이다.

## 방제

- 늦가을~이른 봄에, 병든 낙엽을 모아서 태우거나 땅에 묻어 월동 전염원을 제거한다.
- 묘목에는 7월 하순부터 동수화제, 보르도액, 만코제브 수화제 등을 2주 간격으로 2~3회 뿌린다.

A 포플러류 겹둥근무늬병
B 겹둥근무늬병에 걸린 잎의 앞면
C 겹둥근무늬병에 걸린 잎의 뒷면
D, E 잎 앞면에 형성된 겹둥근무늬 병반
F 병반 위에 형성된 까만 점 모양의 분생포자각
G 병원균의 분생포자

A
B
C
D
E
F
1 mm
G
15 μm

# 96 포플러류 모자이크병
## Poplar mosaic

포플러류 모자이크병(Poplar mosaic)은 포플러의 생장에 상당한 피해를 주는 중요한 병으로, 품종에 따라 건전목에 비해 40~50%의 재적 감소를 초래하기도 한다. 이 병은 다양한 종류의 포플러류에 발생하지만, 특히 이태리포플러에서 많이 발생하는 경향이 있다.

### 병징과 표징

늦은 봄부터 새잎에 황백색 퇴록반점(退綠斑點)이 다수 나타나며 점차 모자이크 증상으로 진전된다. 포플러의 품종에 따라서는 모자이크 증상과 함께 잎맥이 붉게 변하거나 잎맥에 괴저반점이 나타나기도 한다. 병징이 진전되면서 잎자루와 주맥에 괴사반점이 생기면 잎은 뒤틀리면서 모양이 일그러지며 일찍 떨어진다. 병징이 심한 잎은 조직이 굳어져서 손으로 쥐게 되면 잘 부서지기도 한다. 잎의 모자이크 증상은 기온이 높은 여름철에는 일시적으로 소실되었다가 초가을부터 다시 나타난다.

### 병원체

*Poplar mosaic carlavirus* (PopMV)

*Carlavirus*속에 속하는 길이 약 675nm, 폭 13 nm 되는 실 모양의 외가닥 RNA 바이러스이다.

### 병환(病環)

포플러 모자이크 바이러스는 주로 감염된 어미나무에서 채취한 꺾꽂이모를 통해 전염되며, 종자전염은 하지 않는다. 자연 상태에서 매개충이나 그 밖의 다른 방법에 의해서도 전염되는지는 알려져 있지 않다. 즙액접종으로 지표식물인 *Nicotiana megalosiphon*(야생 담배의 일종)과 동부콩에 국부 병반을 형성한다.

### 방제

- 꺾꽂이모를 통해 전염되므로 바이러스에 감염되어 있지 않은 어미나무에서 꺾꽂이모를 채취한다.
- 어미나무의 바이러스 감염 여부는 시판되고 있는 ELISA(효소결합항체법) 진단 꾸러미(kit)로 신속, 정확하게 검사할 수 있다.
- 채수포에 바이러스 감염주가 없도록 관리를 철저히 한다.
- 접목, 꺾꽂이 등에 사용하는 칼은 제3인산소다 10% 용액에 자주 소독한다.
- 바이러스 감염목은 발견 즉시 제거한다.

**A-D** 포플러 모자이크병의 다양한 병징
**E** 포플러 모자이크 바이러스 입자(출처: T. M. Berg)

A
B
C
D
E

# 97 포플러류 잎녹병
Poplar leaf rust

포플러류 잎녹병(葉銹病, Poplar leaf rust)은 여름~가을에 다양한 종류의 포플러류에 흔히 발생하는 병으로, 병든 잎은 건전한 잎보다 보통 1개월 이상 일찍 낙엽 지기 때문에 나무의 생장이 크게 저해된다.

## 병징과 표징

초여름부터 잎의 뒷면에 옅은 주황색의 미세한 가루덩이(여름포자더미)가 나타나기 시작해서 심하면 잎의 뒷면 전체가 여름포자더미로 뒤덮이고, 잎의 앞면에는 옅은 노란색의 작은 반점들이 나타난다. 초가을에 접어들면 주황색 여름포자더미는 차츰 사라지고, 그 자리에 진한 갈색의 딱딱한 빵 껍질 같은 겨울포자더미가 무더기로 나타난다. 병든 잎은 건전한 잎보다 평균 한 달 이상 일찍 떨어진다. 중간기주인 낙엽송의 잎에는 5월 초순~하순에 노란색의 녹포자더미가 생긴다.

## 병원균

*Melampsora larici-populina*

곰팡이의 일종으로 담자균류에 속한다. 이종기생성(異種寄生性) 녹병균으로 포플러와 중간기주인 낙엽송 사이를 오가며 생활환을 이어간다. 포플러류에 여름포자, 겨울포자, 담자포자를, 낙엽송에 녹병정자와 녹포자를 형성한다.

## 병환(病環)

포플러 잎녹병균은 병든 낙엽에서 겨울포자더미의 형태로 겨울을 나고, 이듬해 4~5월에 겨울포자더미에 있는 겨울포자가 발아하여 담자포자를 형성한다. 담자포자는 바람에 의해 낙엽송에 전파되어 잎을 감염하고 잎 뒷면에 지름 1~2mm 되는 주황색의 녹포자더미를 형성한다. 초여름에 접어들면 낙엽송 잎에 형성된 녹포자가 포플러 잎에 날아와 1차 감염을 일으키고, 잎 뒷면에 주황색의 여름포자더미를 형성한다. 여름포자는 여름 동안 포플러에 전염을 반복하면서 피해를 확산시킨다. 가을이 되면 여름포자더미는 점차 사라지고, 그 자리에 진한 갈색의 겨울포자더미를 형성하여 겨울을 난다. 남쪽 지방에서는 여름포자 상태로 월동하여 중간기주를 거치지 않고 직접 포플러를 감염하기도 한다.

## 방제

- 늦가을~늦겨울에 병든 낙엽을 모아서 태우거나 땅에 묻어 월동 전염원을 제거한다.
- 잎녹병에 저항성인 포플러 계통(이탈리아 포플러 1호, 2호)을 심는다.
- 묘포에서는 6월 초순부터 테부코나졸 액상수화제, 트리아디메폰 수화제, 베노밀 수화제, 만코제브 수화제 등을 2주 간격으로 2~3회 살포한다.
- 낙엽송 임지 부근에는 되도록 포플러를 심지 않도록 한다.

A 포플러 잎녹병
B 잎녹병에 걸린 포플러 잎의 뒷면
C 중간기주인 낙엽송 잎 뒷면에 형성된 녹포자더미(화살표)
D, E 포플러 잎 뒷면에 형성된 여름포자더미
F 여름포자더미에 흩어져 있는 여름포자
G 병원균의 여름포자
H 여름포자의 주사전자현미경 사진

A
B
C
D
2 mm
E
1 mm
F
0.1 mm
G
20 μm
H
5μm

# 98 포플러류 잎마름병
## Poplar leaf blight

포플러류 잎마름병(葉枯病, Poplar leaf blight)은 주로 도입종 포플러에 많이 발생하는 병으로, 묘목과 어린나무에 피해가 크다.

### 병징과 표징

6월 초순쯤부터 병징이 나타난다. 처음에는 어린잎에 갈색의 작은 점무늬가 생기는데, 빠르게 확대되면서 갈색 또는 담갈색의 뚜렷한 겹둥근무늬 모양의 커다란 병반으로 진전되며, 잎의 태반을 차지하는 경우도 흔하다. 날씨가 습하면 겹둥근무늬를 따라 하얀 가루(분생포자층)가 나타난다. 병반은 대개 잎 가장자리나 사시나무잎벌레와 같은 식엽성 해충이 갉아 먹은 자리로부터 시작해서 확대되는 경우가 많다. 병든 잎은 일찍 떨어지며, 때로는 잎뿐만 아니라 어린 가지까지 침해되어 가지마름 증상이 나타나기도 한다.

### 병원균

*Septotinia populiperda* [=(무성세대) *Septotis populiperda*]

곰팡이의 일종으로 자낭균류에 속하며, 자낭포자와 분생포자를 형성한다.

### 병환(病環)

병원균은 병든 낙엽에서 균핵의 형태로 겨울을 나고, 봄에 균핵에서 자라 나온 자낭반 내의 자낭포자가 바람에 의해 어린잎에 전파되어 감염을 일으킨다.

### 방제

- 늦가을~늦겨울에 병든 낙엽을 모아서 태우거나 땅에 묻어 월동 전염원을 제거한다.
- 봄에 잎이 피면서부터 만코제브 수화제를 2주 간격으로 3~4회 살포한다.
- 여름철에는 병의 발생 유인(誘因)이 되는 해충을 구제한다.
- 매년 병이 심하게 발생하는 지역에서는 저항성 계통의 포플러를 심는다.

**A** 포플러류 잎마름병
**B-D** 잎 표면에 나타난 다양한 크기의 윤문상 병반
**E** 잎 뒷면에 나타난 겹둥근무늬 증상과 하얀 분생포자층
**F** 병반의 뒷면에 형성된 하얀 가루 같은 분생포자층
**G** 병원균의 분생포자

A
B
C
D
E
F
G
20 µm

# 99 포플러류 점무늬잎떨림병

Marssonina leaf blight of poplar

포플러류 점무늬잎떨림병(落葉病, Marssonina leaf blight of poplar)은 여름에 심한 조기낙엽을 일으켜 나무의 생장에 상당한 피해를 주는 포플러류의 중요한 병으로, 세계적으로 널리 발생한다. 포플러의 품종 간에 이 병에 대한 감수성에 큰 차이가 있으며, 은백양과 사시나무 계통은 저항성이고, 이태리포플러 계통은 감수성이다.

## 병징과 표징

장마철부터 잎, 잎자루, 녹지에 지름 0.5~1mm 정도 되는 갈색~흑갈색 반점이 다수 나타나며, 많은 반점이 서로 엉겨 붙는 경우가 많다. 반점의 중앙에는 까만점(분생포자층)이 형성되며, 비가 와서 다습하면 이들 분생포자층에서 흰 끈적덩이(분생포자덩이)가 밀려 올라온다. 병은 아래쪽 잎에서부터 발생하기 시작해서 점차 위쪽으로 퍼진다. 병에 걸린 잎은 노랗게 되면서 8월 초순부터 심하게 낙엽 지며, 8월 하순~9월 초순에는 잎 대부분이 떨어지고 가지 끝에 있는 새잎만 남는다. 수년간 계속해서 심하게 발생하면 나무가 만성적으로 쇠약해지면서 내한성(耐寒性)이 떨어져 겨울에 가지들이 잘 말라 죽으며, 다른 병에 대한 저항성도 크게 떨어진다.

## 병원균

*Drepanopeziza brunnea* [=(무성세대) *Marssonina brunnea*]

곰팡이의 일종으로 자낭균류에 속하며, 자낭포자와 분생포자를 형성한다.

## 병환(病環)

병원균은 어린 가지와 병든 낙엽에서 자좌의 형태로 겨울을 나고 봄에 분생포자를 형성한다. 분생포자는 빗물에 의해 전파되어 1차 감염을 일으키며, 가을까지 분생포자에 의한 반복 전염이 이어진다. 이 병은 종자에 의해서도 전염된다.

## 방제

- 저항성 품종을 심는다.
- 늦가을~이른 봄에 병든 낙엽을 모아서 태우거나 땅에 묻어 월동 전염원을 제거한다.
- 매년 발생하는 곳에서는 5월부터 베노밀 수화제, 티오파네이트메틸 수화제, 클로로탈로닐 수화제, 만코제브 수화제, 동수화제 등을 2주 간격으로 3~4회 살포한다.
- 종자를 파종할 경우, 종자 소독제로 소독한다.

A 포플러류 점무늬잎떨림병
B, C 잎에 나타난 점무늬 증상
D 잎 뒷면에 나타난 점무늬 병반
E 병반의 포자층에서 밀려 올라온 분생포자덩이(화살표)
F 병원균의 분생포자

A
B
C
D
E
F
10 µm

# 100 호랑가시나무 타르점무늬병
Tar spot of horned holly

호랑가시나무 타르점무늬병(Tar spot of horned holly)은 호랑가시나무에 흔히 발생하는 병으로, 마치 타마구(콜타르, coal-tar)가 묻은 것 같은 지저분한 모습의 잎이 1년 이상 나무에 달려 있기 때문에 나무의 외관이 크게 훼손된다. 전형적인 미관 훼손 나무병이라고 할 수 있다.

## 병징

5월경부터 새잎에 발생한다. 처음에는 잎의 앞면에 황록색~노란색의 작은 점무늬가 다수 나타난다. 이들 반점은 나중에 주황색 테두리로 둘러싸인 지름 2mm 정도 되는, 광택 있는 까만 원반 모양의 병반이 되며, 마치 타마구가 묻은 것처럼 보인다. 이듬해 봄, 월동한 병든 잎(1년생 잎)의 병반 뒷면에는 균열이 생기고 노란색 자실층이 노출된다. 1년생 병든 잎의 오래된 병반 부위는 잘 탈락하며 구멍이 난다. 월동한 1년생 병든 잎은 가을에 대부분 떨어진다. 당년에 감염된 잎은 가을에 떨어지지 않고 월동하여 이듬해의 전염원이 된다.

## 병원균

*Rhytisma ilicis-latifoliae*

곰팡이의 일종으로 자낭균류에 속하며 자낭포자를 형성한다. 호랑가시나무가 속해 있는 감탕나무속 식물(*Ilex* spp.)에는 세계적으로 7종의 *Rhytisma*속 균이 발생하는 것으로 알려져 있다.

## 병환(病環)

병원균은 병든 잎과 병든 낙엽의 병반(자좌)에서 월동하고, 이듬해 봄 자낭반에서 자낭포자를 방출한다. 자낭포자는 바람에 의해 전파되어 새잎을 감염하고, 여름 이후에 까만 자좌(병반)를 형성한다. 병든 잎은 나무에 달린 채로 월동하여 1차 전염원이 된다.

## 방제

- 병든 낙엽을 모아서 태우거나 땅에 묻어 전염원을 줄인다.
- 통풍과 채광이 잘되도록 과밀한 가지를 솎아낸다.
- 병이 매년 발생하는 나무에는 새잎이 피기 시작할 때부터 테부코나졸, 만코제브, 동수화제 등을 2주 간격으로 2~3회 살포한다.

A 호랑가시나무 타르점무늬병의 병징(2011. 5. 3, 광주광역시)
B 잎 앞면에 나타난 병징
C 잎 뒷면에 나타난 병징
D 잎 앞면의 병반(자좌)
E 잎 뒷면의 병반(자좌)
F 병원균의 자낭
G 자낭의 위상차현미경 사진
H 병원균의 자낭포자

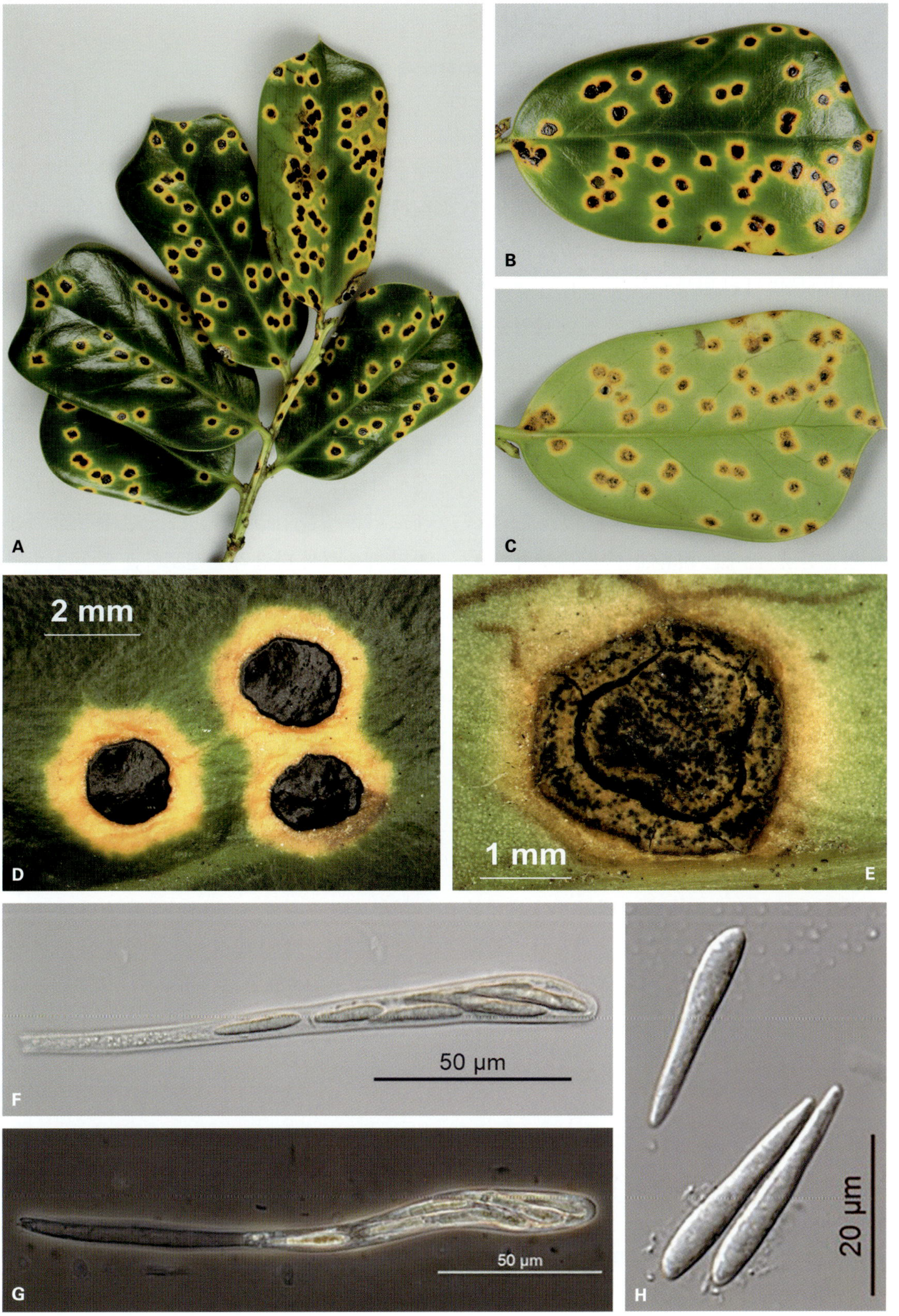
A
B
C
D
2 mm
E
1 mm
F
50 μm
G
50 μm
H
20 μm

# 101 홍가시나무 점무늬병

## Entomosporium leaf spot of Japanese photinia

홍가시나무 점무늬병(斑點病, Entomosporium leaf spot of Japanese photinia)은 제주도를 비롯한 남부 지방에서 정원수나 생울타리용으로 많이 심는 홍가시나무에 널리 발생하는 병이다. 이 병은 나무의 생육 기간 동안 지속적으로 심한 낙엽을 유발하여 수세를 약화시키고, 나무의 관상 가치를 크게 훼손한다.

### 병징과 표징

4월 하순부터 햇잎의 앞뒤 양면과 잎자루, 녹지에 발생한다. 잎에는 처음에 짙고도 산뜻한 붉은색의 작은 점들이 다수 나타나며, 나중에 지름 2~4mm 되는 회색~회갈색의 둥근 병반이 된다. 병반의 가장자리는 선명한 홍자색을 띤다. 잎에 병반이 많이 나타나면 병반들이 합쳐져 부정형 병반을 형성한다. 잎자루와 녹지에는 암갈색~흑색의 약간 오목한 방추형의 병반이 나타난다. 병반의 가운데에는 광택이 나는 까만 딱지 같은 균체들(분생포자층)이 형성된다. 잎이 빗물에 젖으면 분생포자층이 갈라 터지면서 흰색의 끈적덩이(분생포자덩이)가 밀려 올라온다. 5월쯤에는 겨울을 난 병든 묵은 잎들이 모두 한꺼번에 떨어지며, 새로 자라나는 잎들도 계속 발병하면서 일찍 떨어진다.

### 병원균

*Entomosporium mespili* [=(유성세대) *Diplocarpon mespili*]

곰팡이의 일종으로 불완전균류에 속하며, 분생포자를 형성한다. 병원균은 홍가시나무 외에 다정큼나무, 채진목, 비파나무, 서양 산사나무 등 여러 장미과 식물을 침해한다. 분생포자는 벌레 모양의 매우 특이한 형태를 하고 있다.

### 병환(病環)

병원균은 나무에 달린 병든 잎과 가지, 그리고 병든 낙엽에서 겨울을 나고 봄에 병반 위에 많은 분생포자를 새로 만들어 1차 전염원이 된다. 분생포자는 날아 흩어지는 빗물에 의해 전파되어 새로 나온 잎을 감염한다. 병원균은 봄부터 가을까지 계속해서 다량의 분생포자를 형성하여 전염을 반복한다.

### 방제

- 늦가을~늦겨울에, 병든 잎과 가지를 제거해서 병든 낙엽과 함께 태우거나 땅에 묻어 월동 전염원을 차단한다.
- 매년 반복적으로 심하게 발생하는 곳에서는 4~9월에 클로로탈로닐 액상수화제, 티오파네이트메틸 수화제, 트리아디메폰 수화제, 트리포린 분산성액제, 만코제브 수화제 등을 한 달에 1~2회 살포한다.
- 밀식을 피하고, 통풍이 잘되도록 관리한다.

A 홍가시나무 점무늬병
B 잎 앞면에 나타난 병징
C 잎 뒷면에 나타난 병징
D, E 잎 앞면의 병반 위에 형성된 분생포자층
F 분생포자층에서 밀려 올라온 유백색 분생포자덩이
G 병원균의 분생포자
H 분생포자의 위상차현미경 사진

A
B
C
1 mm
D
0.5 mm
E
0.1 mm
F
20 μm
G
20 μm
H

# 102 황벽나무 잎녹병

Leaf rust of Amur cork tree

황벽나무 잎녹병(葉銹病, Leaf rust of Amur cork tree)은 황벽나무 재배에서 문제가 되는 중요한 병으로, 특히 묘목과 어린나무에서 피해가 크다. 황벽나무 잎녹병균은 중간기주인 소나무에도 잎녹병을 일으켜 상당한 피해를 준다. 이 병은 한국, 일본, 그리고 중국과 러시아의 동북부 지역에만 분포하는 동북아시아 특산종으로 알려져 있다.

## 병징과 표징

6월 하순~7월 중순에 잎 뒷면의 표피를 찢고, 크기 1mm 내외 되는 옅은 주황색의 작은 가루덩이(여름포자더미)가 다수 나타나며, 잎 앞면은 퇴색해서 황록색을 띤다. 8월 하순~9월 중순에 여름포자더미는 차츰 사라지고 그 자리에 약간 부어오른 듯한, 적황색의 젤리 같은 겨울포자더미가 다수 나타난다. 9월 중순까지는 여름포자더미와 겨울포자더미가 함께 섞여 있을 때가 많지만, 10월에 접어들면 여름포자더미는 대부분 사라지고 겨울포자더미만 남는다. 병든 잎은 건전한 잎보다 한 달가량 일찍 떨어진다.

## 병원균

*Coleosporium phellodendri*

곰팡이의 일종으로 담자균류에 속한다. 황벽나무와 소나무 사이를 오가며 생활하는 이종기생성 녹병균으로, 황벽나무에는 여름포자, 겨울포자, 담자포자를, 그리고 소나무에는 녹병정자와 녹포자를 형성한다.

## 병환(病環)

4월쯤 소나무 잎에 형성된 녹포자는 바람에 날려 황벽나무에 옮겨가 잎을 감염해서 6~7월에 여름포자를 형성하며, 여름포자는 여름 동안 황벽나무에서 황벽나무로 전염을 반복한다. 9~10월에 접어들면 여름포자는 사라지고 겨울포자가 나타나며, 겨울포자는 곧 발아해서 담자포자를 형성한다. 담자포자는 바람에 의해 소나무에 전파되어 잎을 감염해서 균사의 상태로 겨울을 나고, 이듬해 4월경 녹병정자와 녹포자를 형성한다. 병원균은 황벽나무 잎에서 여름포자의 형태로 월동할 때도 있다.

## 방제

- 주변에 소나무가 있는 곳에서는 황벽나무의 재배를 피한다.
- 늦가을~늦겨울에, 병든 낙엽을 모아서 태우거나 땅에 묻어 월동 전염원을 제거한다.
- 병의 예방을 위해 5~6월에 트리아디메폰 수화제, 테부코나졸 수화제, 만코제브 수화제 등의 살균제를 2주 간격으로 3~4회 살포한다.
- 발병했을 때는 9~10월에 만코제브 수화제, 트리아디메폰 수화제, 테부코나졸 수화제 등을 2주 간격으로 2~3회 뿌려 병원균이 황벽나무에서 소나무로 전염되는 것을 방지한다.

A 황벽나무 잎녹병의 병징(잎 뒷면)
B 잎 앞면의 병징
C 잎 뒷면의 병징
D 병원균의 여름포자더미
E 병원균의 여름포자
F 여름포자의 전자현미경 사진

A
B
C
D
E
10 µm
F
2µm

# 103 회양목 볼루텔라 마름병
## Volutella blight of boxwood

회양목 볼루텔라 마름병(Volutella blight of boxwood)은 여름철의 가뭄과 동계건조 등으로 인해 수세가 약해졌을 때 흔히 발생하는 병으로, 감염된 나무는 가지와 잎이 무더기로 말라 죽고, 심하면 나무 전체가 말라 죽기 때문에 나무의 경관적, 경제적 가치를 완전히 상실한다.

### 병징과 표징

병징은 이른 봄 새잎이 피기 전에 묵은 잎에 나타난다. 처음에는 잎이 녹황색을 띠며, 차츰 적갈색으로 변하고 나중에는 담황색이 되어 말라 죽는다. 말라 죽은 잎은 떨어지지 않고 가지에 달려 있다가 나중에 차츰 떨어진다. 가지에는 갈색~흑갈색의 약간 함몰된 궤양 증상이 나타난다. 비가 오거나 다습하면 잎 뒷면과 가지에 연한 분홍색의 분생포자좌가 나타나며, 휴대용 확대경이나 맨눈으로도 잘 보인다. 분홍색 분생포자좌는 볼루텔라 마름병의 표징으로서 이 병을 진단하는 데 중요한 단서가 된다.

### 병원균

*Pseudonectria buxi* [=(무성세대) *Volutella buxi*]
곰팡이의 일종으로 자낭균류에 속하며, 자낭포자와 분생포자를 형성한다.

### 병환(病環)

병원균은 지난해에 감염된 묵은 가지와 잎에서 겨울을 나고, 봄에 비가 오거나 다습할 때, 이들 가지와 잎에 분홍색 분생포자좌를 형성하여 1차 전염원이 된다. 분생포자좌에 있는 분생포자는 튀어 흩어지는 빗물에 의해 전파되어 새잎을 감염해서 분생포자를 형성한다. 이후에는 분생포자에 의한 2차 감염이 늦여름까지 이어진다.

### 방제

- 이 병은 감염된 묘목을 통해 전파되므로 무병 묘목을 심는다.
- 병든 가지는 일찍 제거해서 병든 낙엽과 함께 태우거나 땅에 묻는다.
- 통풍과 투광이 잘되도록 밀식을 피하고, 적절한 비배관리를 통해 건강한 수세를 유지한다.
- 동해를 입지 않도록 관리한다.
- 나무에 기계적 상처를 내지 않도록 주의하고, 병든 나무에 사용했던 전정가위, 트리머 등 작업 도구는 70% 에탄올로 소독한다
- 병의 예방 목적으로 이른 봄 새잎이 피어나기 전에 클로로탈로닐 수화제, 만코제브 수화제, 기타 적용약제를 7~10일 간격으로 2~3회 살포한다.
- 이 병원균의 포자는 물에 의해 분산되고, 또 잎이 장시간 젖어 있을 때 잘 침입하므로 수관 관수를 피하고 토양 관수를 한다.

A 볼루텔라 마름병에 걸린 회양목
B 볼루텔라 마름병의 병징(잎이 볏짚 색으로 바래고, 말라 비틀려서 처진다)
C 잎 뒷면에 형성된 분홍색 분생포자좌
D 가지에 형성된 분홍색 분생포자덩이
E 가지에 형성된 분홍색 분생포자좌(3개)의 확대 모습
F 여러 개의 강모가 있는 분생포자좌(주사전자현미경 사진)
G 병원균의 분생포자

A
B
0.5 mm
C
1 mm
D
0.1 mm
E
20μm
SED 10.0 kV WD 13.3 mm Std.-PC HighVac. x800
20 μm
F
5 μm
G

# 104 회양목 잎마름병

## Macrophoma leaf spot of boxwood

회양목 잎마름병(葉枯病, Macrophoma leaf spot of boxwood)은 회양목 식재지에서 흔히 발생하는 병으로, 가뭄, 동계건조 등 환경적인 스트레스로 인해 수세가 약해졌을 때 잘 발생한다. 이식 후에 또는 긴 가뭄이 지속될 때 관수를 충분히 하지 않는 등 비배관리가 부실한 식재지에서 무더기로 발생해서 집단 고사하는 경우가 많다.

### 병징과 표징

잎에 흑갈색의 작고 둥근 점무늬가 나타나면서, 잎과 어린 가지가 점차 누렇게 되어 말라 죽는다. 누렇게 된 잎의 앞뒤 양면과 4각형의 작은 가지 표면에는 까만 점 같은 알갱이들(분생포자각)이 다수 나타난다. 비가 오거나 나무에 물을 주어 다습한 환경이 되면 이들 까만 분생포자각에서 유백색의 분생포자덩이가 분출한다. 병든 잎은 조금만 건드려도 잘 떨어지며, 병이 진전되면 나무 전체가 회갈색으로 변해 잎이 모두 떨어지고 마른 가지만 앙상하게 남는다. 병세가 심하면 나무가 통째로 말라 죽는다.

### 병원균

*Dothiorella candollei* [=(무성세대) *Macrophoma candollei*]

곰팡이의 일종으로 자낭균류에 속하며, 자낭포자와 분생포자를 형성한다. 분생포자는 무색, 단세포, 장타원형~원통형으로 곧거나 약간 굽고, 크기는 19~35×8~11μm이다.

### 병환(病環)

병원균은 병든 낙엽과 병든 가지에서 분생포자각 또는 균사의 형태로 겨울을 나고, 봄에 비가 올 때 분생포자각에서 분출한 분생포자가 튀어 흩어지는 빗물에 의해 주변의 나무로 전파되어 감염을 일으킨다.

### 방제

- 잎마름병에 감염되지 않은 건전한 묘목을 심는다.
- 병든 가지는 초기에 제거해서 태우거나 땅에 묻는다.
- 죽은 나무는 모두 제거하고 보식한다. 고사목을 제거하고 나면 땅에 떨어진 잎과 가지들을 모두 깨끗이 제거하고 주변의 건강한 나무에도 살균제를 한차례 살포해서 재감염을 방지한다.
- 잎마름병은 수세가 약해졌을 때 잘 발생하므로 식재 후와 가물 때 충분히 관수를 하고, 적절한 시비(施肥)와 과밀한 가지를 솎아내는 등 비배관리에 유의한다.
- 병의 예방을 위해 4월부터 보르도 혼합액, 프로피네브 입상수화제, 만코제브 입상수화제 등의 살균제를 2주 간격으로 2~3회 살포한다.

**A** 잎마름병으로 집단 고사한 회양목
**B** 잎마름병으로 집단 고사한 회양목을 제거한 모습
**C** 잎마름병에 걸린 회양목의 잎 뒷면에 형성된 까만 분생포자각(화살표)
**D** 잎 뒷면의 분생포자각
**E** 가지에 형성된 분생포자각(화살표)
**F** 가지의 분생포자각에서 분출한 유백색 분생포자덩이(화살표)
**G** 잎 뒷면의 분생포자각에서 분출한 유백색 분생포자덩이
**H** 병원균의 분생포자

A
B
3 mm
C
D
2 mm
E
F
0.5 mm
G
20 μm
H

# 105 회화나무 녹병

## Gall rust of Japanese pagoda tree

회화나무 녹병(銹病, Gall rust of Japanese pagoda tree)은 회화나무에 흔히 발생하는 병으로, 가지와 줄기에 방추형의 혹을 형성하기 때문에 '혹병'이라고도 불린다. 많은 혹이 생긴 나무는 생육이 저하되고 기형이 되며, 혹이 생긴 부위가 썩으면서 강풍이나 폭설에 의해 가지나 줄기가 쉽게 부러지기도 한다.

### 병징과 표징

7월 초순부터 잎 뒷면에 황갈색 가루 모양의 여름포자더미가 나타나며, 8월 중순부터는 여름포자더미 사이에 흑갈색의 겨울포자더미가 함께 형성된다. 가을이 되면 여름포자더미는 사라지고 겨울포자더미만 남는다. 여름포자더미나 겨울포자더미가 많이 형성된 잎은 살짝 건드려도 쉽게 떨어진다. 가지와 줄기에는 방추형의 혹이 생기며, 가을에는 혹의 갈라진 수피 아래에 흑갈색의 겨울포자더미가 무더기로 형성된다. 혹은 매년 비대해지며, 수피 아래에 대량의 겨울포자를 생성한다. 묘목에서는 병든 잎이 일찍 낙엽되어 생육이 위축된다.

### 병원균

*Uromyces truncicola*

곰팡이의 일종으로 담자균류에 속한다. 병원균은 동종기생성 녹병균으로 중간기주가 없으며, 회화나무에 녹병정자, 여름포자, 겨울포자, 담자포자를 모두 형성한다.

### 병환(病環)

병원균은 병든 낙엽이나, 가지와 줄기의 혹에서 겨울포자의 형태로 월동하고, 이듬해 봄에 발아해서 담자포자를 형성한다. 담자포자는 새잎과 어린 녹지를 감염해서 녹병정자와 여름포자를 형성하며, 여름포자는 빗물과 바람에 의해 전파되어 초가을까지 잎과 어린 가지에 감염을 이어간다. 가을이 되면 여름포자 대신 겨울포자가 형성되어 월동한다.

### 방제

- 혹이 생긴 가지는 일찍 잘라내어 태우거나 땅에 묻는다.
- 혹이 있는 묘목이나 나무는 심지 않도록 주의한다.
- 묘목에는 새잎이 나기 시작할 때부터 9월 말까지 트리아디메폰 수화제, 테부코나졸 수화제, 만코제브 수화제 등을 월 1~2회 살포한다.
- 혹이 생긴 나무에는 새잎이 나올 때쯤부터 테부코나졸 유탁제를 혹 부위에 2주 간격으로 2~3회 살포하여 포자의 비산을 방지하고 혹의 성장을 억제한다.

**A** 회화나무 녹병의 병징(줄기와 가지에 많은 혹이 보인다)
**B** 줄기 밑동에 생긴 커다란 혹
**C** 가지에 생긴 혹의 틈새에 쌓여 있는 겨울포자더미(화살표)
**D** 어린 녹지에 형성된 녹병정자기(갈색의 작은 점들)
**E** 잎 뒷면에 형성된 여름포자더미
**F** 잎 뒷면에 형성된 겨울포자더미
**G** 잎 앞면의 병반 위에 형성된 녹병정자기(갈색의 작은 점들)
**H** 잎 뒷면의 표피를 찢고 나타난 여름포자더미
**I** 잎 뒷면에 형성된 겨울포자더미
**J** 병원균의 녹병정자
**K** 병원균의 여름포자(주사전자현미경 사진)
**L** 병원균의 겨울포자(주사전자현미경 사진)

A
B
15/05/2012
C
D
3 mm
E
F
G
1 mm
H
0.1 mm
I
0.1 mm
J
5 μm
K
5μm
L
10μm

# 106 후박나무 녹병

## Rust of Thunberg's bay-tree

후박나무 녹병(銹病, Rust of Thunberg's bay-tree)은 제주도를 비롯한 우리나라 남부 지방에서 흔히 발생하는 병으로, 묘목과 어린나무에 피해가 크다.

### 병징과 표징

6월경부터 잎, 잎자루, 어린 녹지에 발생한다. 잎 표면에는 크기 5mm정도 되는 황록색~황갈색의 모양이 일정하지 않은 둥그스름한 병반들이 다수 나타나며, 때로 지름 10mm가 넘는 커다란 병반들이 나타나기도 한다. 잎 뒷면과 녹지의 병반 부위는 약간 부풀어 오르며, 형태적으로 녹포자더미와 유사한 짧은 원통형의 주황색 가루덩이(겨울포자더미)로 뒤덮인다. 병환부는 나중에 적갈색~흑갈색으로 변하면서 말라 죽는다. 심하게 발병하면 잎과 어린 가지가 뒤틀리고, 잎이 일찍 떨어져 묘목과 어린나무는 생장이 크게 위축되고 수형이 나빠진다.

### 병원균

*Monosporodium machili*

곰팡이의 일종으로 담자균류에 속한다. 기주교대를 하지 않는 동종기생성 녹병균으로 후박나무에 녹병정자와 겨울포자를 형성한다.

### 병환(病環)

바람에 의해 후박나무 잎에 전파된 겨울포자는 발아해서 담자포자를 형성하지 않고 대신 외생담자기를 형성하며, 여기에서 직접 발아관 모양의 균사가 자라 나와 잎을 침해하여 잎 앞면에 녹병정자기를 만들고, 잎 뒷면에 겨울포자더미를 만든다. 병환부에 형성된 겨울포자는 후박나무에서 후박나무로 전염을 반복하면서 생활환을 이어간다.

### 방제

- 병이 심하게 발생한 묘목은 뽑아서 태우고, 미약하게 발생했을 때는 테부코나졸 수화제를 2주 간격으로 2~3회 살포한다.
- 어린나무와 성목의 경우는 병에 걸린 잎과 가지만을 잘라서 태우거나 땅에 묻는다.
- 매년 심하게 발생하는 곳에서는 새잎이 돋아날 때부터 테부코나졸 수화제, 트리아디메폰 수화제, 리프졸 수화제 등을 2주 간격으로 2~3회 살포한다.

**A, B** 후박나무 녹병의 병징(잎의 앞면)
**C** 병반의 뒷면에 형성된 겨울포자더미
**D** 겨울포자더미의 확대 모습
**E** 병원균의 겨울포자
**F** 겨울포자의 주사전자현미경 사진

A
B
C
D
0.5 mm
E
20 μm
F
10kV X2,700 5μm 0000 20 51 SEI

# 107 후박나무 흰말병

Algal leaf spot of Thunberg's bay-tree

후박나무 흰말병(白藻病, Algal leaf spot of Thunberg's bay-tree)은 제주도를 비롯한 남해안 지역의 후박나무에서 흔히 볼 수 있는 병으로, 햇빛이 잘 들지 않고 통풍이 잘 안 되는 음습한 환경에서 많이 발생한다. 이 병은 나무의 생장에 큰 피해를 주지는 않지만, 병 무늬가 많이 나타난 잎은 지저분한 모습을 띠며 나무의 외관을 해친다.

## 병징과 표징

5~6월부터 잎의 앞뒤 양면에 발생하는데, 주로 앞면에 많이 발생한다. 처음에는 잎 표면에 회백색~회녹색의 작은 점무늬(말무리의 엽상체)가 나타나며, 점차 방사상으로 확대되면서 지름 6~10mm 되는 약간 돋아 오르고 표면이 우단 같은 회녹색의 둥근 병반이 된다. 이들 원반 모양의 병반은 병을 일으키는 말무리의 단일집락(單一集落, colony)으로서 확대경으로 보면 마치 그물이 치밀하게 얽혀 있는 것 같은 구조를 하고 있으며 미로처럼 보인다. 집락의 중앙부는 여러 겹의 세포층으로, 가장자리는 한 겹의 세포층으로 되어 있다. 잎 앞면에 나타난 병반은 처음에는 회백색~회녹색을 띠다가 나중에 성숙하면 회갈색이 되며, 잎 뒷면에 형성된 병반은 담갈색을 띤다. 병든 잎은 일찍 떨어지지 않고 오랫동안 가지에 달린다.

## 병원체

*Cephaleuros virescens*

식물병원체로서는 희귀한 종류인 기생성 말무리(藻類)의 일종이다.

## 병환(病環)

병원(病原) 말무리는 잎의 병반에서 집락 형태로 겨울을 나고, 봄~여름에 비가 올 때 집락 위에 형성된 유주포자가 빗물 또는 바람에 의해 전파되어 병을 확산시킨다.

## 방제

- 이 병은 나무에 햇빛이 잘 들지 않을 때 많이 발생하므로 지나치게 무성한 가지들은 솎아내어 채광과 통풍이 잘되도록 관리한다.
- 수세가 약할 때 잘 발생하므로 비배관리를 잘해서 수세를 증진시키고, 특히 배수가 잘되도록 관리한다.
- 늦가을에 병든 낙엽을 모아서 태우거나 땅에 묻는다.
- 병이 심하게 발생했을 때는 보르도액, 쿠퍼수화제 등을 2주 간격으로 2~3회 살포하여 병의 확산을 방지한다.

A 후박나무 흰말병의 병징
B 흰말병에 걸린 후박나무 잎의 앞면
C 흰말병의 후기 병징(잎의 앞면)
D 유주포자낭으로 뒤덮인 병원(病原) 말무리의 집락(集落)
E 잎 앞면에 나타난 말무리의 집락

A
B
C
D
3 mm
E
2 mm

1장

전염성병

# III. 침엽수·활엽수의 공통병

아까시흰구멍버섯

# 1 견피병
## White stem blight

견피병(絹皮病, White stem blight)은 난대림의 그늘지고 습한 곳에 자라는 상록활엽수에 주로 발생하는 병인데, 때로는 상록침엽수와 낙엽활엽수에도 발생한다. 우리나라에서는 2022년에 제주도 서귀포시의 '치유의 숲'에서 자라는 동백나무, 조록나무, 서어나무에서 견피병이 처음으로 관찰되었다. 견피병균은 다양한 수종을 침해하는 다범성 병원균으로, 일본에서는 잣밤나무류를 포함한 40여 종의 나무에 견피병이 발생하는 것으로 알려져 있다. 감염된 나무는 전체가 흰 균사층으로 뒤덮이며, 목질부가 썩어 수년 내에 큰 나무도 모두 고사한다.

### 병징과 표징

견피병에 걸리면 가지와 줄기의 수피 표면에 다소 윤기가 나는 은백색의 균사층이 넓게 퍼지면서 마치 흰 페인트를 칠한 것 같은 모습을 띤다. 균사층으로 뒤덮인 가지는 목질부가 썩고 연약해서 아래로 잘 늘어져 서로 엉겨 붙는다. 말라 죽은 가지의 흰 균사층 위에는 드물게 연노란색 둥근 접시 모양의 미소한 병원균의 자실체가 나타난다. 흰 균사층이 나무 둘레를 폭넓게 한 바퀴 에워싸면 줄기의 지름이 30cm가 넘는 큰 나무도 대개 3~4년 안에 말라 죽으며 강풍에 의해 쉽게 부러진다.

### 병원균

*Cylindrobasidium argenteum*

곰팡이의 일종으로 담자균류에 속하며 담자포자를 형성한다.

### 병환(病環)

견피병은 주로 병든 가지의 흰 균사층이 건전한 나무의 가지나 줄기와 접촉했을 때 접촉 부위에서 균사에 의해 전염된다. 감염을 일으킨 균사는 서서히 가지와 줄기의 수피 표면에 퍼져나가며 큰 나무도 3~4년 만에 나무 전체가 흰 균사층으로 뒤덮인다. 가지와 줄기의 수피 표면에 흰 균사층이 크게 퍼진 나무는 목질부의 백색부후가 일어나 강풍 등에 의해 쉽게 부러지며, 부러진 가지는 바람 등에 의해 흩어져 주변의 나무에 병을 전파한다. 또한 견피병으로 말라 죽은 가느다란 가지들은 가볍고 표면이 부드러워 직박구리 같은 작은 새들이 둥지를 짓는 재료로 잘 이용하며, 새들이 물고 온 병든 가지에 의해 병이 전파되기도 한다.

### 방제

- 병에 걸린 가지는 일찍 제거하여 태우거나 땅속 깊이 묻어 병의 확산을 차단한다.
- 숲속의 고사목은 방치하지 말고 일찍 제거해서 숲 밖으로 내다 태우거나 땅에 묻는다.

**A, B** 견피병에 걸린 동백나무(두꺼운 흰 균사층으로 뒤덮인 줄기가 마치 흰 페인트를 칠한 듯한 모습)(2022. 6. 8, 서귀포)
**C** 견피병으로 말라 죽은 잔가지들
**D** 견피병으로 말라 죽은 잔가지와 잎
**E, F** 견피병으로 말라 죽은 잔가지들이 엉겨 붙은 모습
**G** 말라 죽은 가지의 균사층 위에 나타난 병원균의 담황색 둥근 접시 모양 자실체

A
B
C
D
E
F
G
2 mm

# 2 구름버섯병

## Trametes wood decay

구름버섯병(Trametes wood decay)을 일으키는 구름버섯(雲芝, Turkey tail fungus)은 말라 죽었거나 쇠약해진 나무의 가지, 줄기, 그루터기 등에서 가장 흔히 관찰되는 재질썩음병균(材質腐朽病菌)이다. 이 균은 주로 활엽수에 발생하지만, 드물게 삼나무와 같은 침엽수에도 발생한다. 구름버섯병균은 주로 노령목이나 쇠약목의 가지나 줄기의 상처를 통해 침입해 목질부를 썩게 하여 피해를 주지만, 동시에 죽은 나무를 분해하여 자연으로 환원시키는 유익한 역할도 한다. 구름버섯은 목재 부후력이 강하여, 우리나라와 일본을 포함한 여러 나라에서 목재 내후성 시험의 표준균주로 지정되어 있다.

### 병징과 표징

줄기와 가지에 발생한다. 구름버섯병균에 감염된 나무는 변재부와 심재부가 모두 썩으며, 썩은 부위는 푸석푸석해져 마르면 잘 부서지며, 부후가 진행된 말기에는 갯솜(海綿)과 같은 모습을 띤다. 재질 부후가 상당히 진행된 가지나 줄기에서는 봄부터 가을에 걸쳐 다수의 구름버섯이 지붕의 기왓장처럼 층층이 겹쳐 무리를 이루어 나타난다.

### 병원균

*Trametes versicolor* (=*Coriolus versicolor*)

구멍장이버섯과에 속하는 담자균류의 일종으로, 담자포자를 형성한다. 구름버섯은 1년생 백색부후균으로, 줄기와 가지에 심재부후를 일으킨다. 구름버섯(자실체)은 봄부터 가을까지 성장한 후 생장을 멈추지만, 자실체가 수년간 그대로 남아 있기 때문에 다년생 버섯으로 오해하기 쉽다.

### 병환(病環)

여름부터 가을에 자실체의 관공(管孔)에서 방출된 담자포자는 바람에 의해 전파되어 가지의 절단 부위나 뿌리 부분의 상처 등을 통해 침입하여 재질썩음병을 일으킨다.

### 방제

- 가지를 자른 후에는 절단 부위에 락발삼이나 티오파네이트메틸 도포제 같은 상처도포제를 발라 구름버섯병균의 침입을 방지한다.
- 구름버섯에 의한 재질썩음병을 예방하기 위해서는 줄기나 가지에 상처가 나지 않도록 하는 것이 중요하며, 상처가 발생했을 경우, 상처도포제를 바른다.
- 말라 죽은 가지는 발견되는 대로 제거하고, 절단 부위에는 상처도포제를 바른다.
- 줄기 밑동에 구름버섯이 많이 자라고 있으면, 나무 밑동이 상당히 썩었다는 증거이므로 조기에 제거하여 도복으로 인한 2차 피해를 방지한다.

**A** 수수꽃다리(라일락) 줄기에 발생한 구름버섯
**B, C** 구름버섯의 갓 표면
**D** 구름버섯의 갓 뒷면
**E** 자실층 관공의 공구(孔口)
**F** 자실체의 종단면(단면의 아래쪽에 관공이 한 줄로 나 있다)
**G** 관공의 크기
**H** 구름버섯의 포자문
**I** 구름버섯의 담자포자

A
B
C
0 1 2 4 5 6 7
D
E
1 mm
F
1 mm
G
0.28 mm
0.2 mm
H
6 7 8
I
5 μm

# 3 그을음병

Sooty molds

그을음병(煤病, Sooty molds)은 깍지벌레나 진딧물이 많이 발생했던 나무에서 흔히 볼 수 있는 병으로, 수종을 가리지 않고 많은 종류의 활엽수와 침엽수, 그리고 묘목과 큰 나무에 모두 발생한다. 잎과 가지가 시커먼 그을음으로 뒤덮인 나무는 관상 가치를 상실하고, 심하면 수세도 나빠진다.

## 병징과 표징

보통 7월경부터 잎이나 가지의 표면이 검게 변하면서, 마치 시커먼 그을음을 발라놓은 것처럼 보인다. 그을음 증상은 잎에 점점이 나타나기도 하지만 대개는 잎 전체가 그을음덩이 같은 검은 피막으로 덮이는 경우가 많다. 검은 피막은 그을음병균의 균사와 포자로 구성되어 있는데, 손으로 문지르면 쉽게 떨어져나간다. 그을음병은 주로 깍지벌레나 진딧물 같은 흡즙성 곤충이 많이 발생했던 나무에서 흔히 볼 수 있는데, 이것은 그을음병균의 대다수가 이들 흡즙성 곤충의 분비물(甘露, honey dew)에서 번식하기 때문이다. 잎의 표면을 뒤덮은 그을음덩이는 햇빛을 차단하여 광합성을 저해하며 나무는 쇠약해진다. 그을음병은 통풍이 잘되지 않고, 햇빛이 부족한 습한 환경에서 잘 발생한다.

## 병원균

부생성 그을음병균: *Capnodium* spp., *Hypocapnodium* spp., *Limacinia* spp. 등

기생성 그을음병균: *Asterina* spp., *Meliola* spp., *Lembosia* spp. 등

## 병환(病環)

대부분의 그을음병균은 식물체에서 직접 양분을 섭취하지 않고, 진딧물, 깍지벌레, 가루이, 나무이 등 흡즙성 곤충이 분비하는 감로를 기질(基質)로 하여 번식하는 부생성 외부착생균(腐生性外部着生菌)이다. 그러나 그을음병균 중에는 이들 흡즙성 곤충의 분비물에 의존해서 번식하지 않고, 흡기(吸器)를 형성하여 식물체에서 직접 양분을 섭취하며 기생생활을 하는 종도 있다. 그을음병균의 포자는 바람에 날려 전파되거나, 진딧물, 깍지벌레 등의 분비물에 모여드는 개미, 파리, 벌 등의 몸에 묻어 다른 식물로 전파된다. 병원균은 병반 부위에서 균사 또는 자낭각의 상태로 겨울을 나고 이듬해의 전염원이 된다.

## 방제

- 살충제를 살포하거나 수간주사하여 깍지벌레, 진딧물, 가루이 등을 방제한다.
- 흡즙성 곤충이 보이지 않는데도 그을음병이 발생한 경우, 만코제브 수화제나 티오파네이트메틸 수화제 등의 살균제를 살포한다.
- 통풍과 채광이 잘되도록 식재 환경을 개선한다.
- 화분에 심은 식물에서 발생했을 경우, 미지근한 비눗물이나 중성세제로 잎의 그을음과 해충을 씻어낸다.

A 대나무 그을음병
B 느티나무 그을음병
C 배롱나무 그을음병
D 소나무 그을음병
E 사철나무 그을음병
F 철쭉 그을음병

# 4 뿌리혹병(근두암종병)

## Crown gall

식물에 뿌리혹병(根頭癌腫病, Crown gall)을 일으키는 병원균(세균)은 기주 범위가 매우 넓은 식물 병원균으로서 다양한 종류의 목본식물과 초본 식물의 뿌리를 침해하여 크고 작은 혹을 만든다. 수목 중에서는 밤나무를 비롯하여 포플러, 버즘나무, 자작나무, 호두나무, 벚나무, 장미 등에 흔히 발생한다. 뿌리혹병은 식물에 혹을 만들기 때문에 '식물암'이라고도 불리며, 전 세계적으로 가장 많이 연구된 식물병 중 하나이다. 우리나라에서는 1970년대 초반에 밤나무 유대접목묘에서 대규모로 발생해 큰 문제가 된 바 있다.

### 병징과 표징

뿌리혹병은 주로 뿌리목 부위에 혹을 만드는 것이 특징인데, 때로는 지상부의 줄기와 가지에도 혹을 형성한다. 접목묘에서는 주로 접목 부위에 혹을 형성하는 경우가 많다. 발병 초기의 혹은 우윳빛을 띠고 스펀지처럼 부드럽고 탄력성이 있으나, 점차 커지면서 단단하고 거칠거칠한 암갈색의 혹으로 발달한다. 혹의 크기는 콩알만 한 것에서부터 지름이 30cm가 넘는 것까지 다양하다. 어린나무에 큰 혹이 생기면 생장이 위축되고, 가뭄이나 동해를 받기 쉬우며, 혹이 생긴 묘목은 대개 말라 죽는다.

### 병원체

*Agrobacterium tumefaciens*

세균의 일종으로 그람 음성균이다. 병원세균은 식물에 암을 유발하는 유전인자를 지니고 있는데, 이것이 정상세포 내로 들어가 형질 전환을 일으켜 암세포를 만들며, 이들 암세포가 증식해서 혹이 만들어진다.

### 병환(病環)

병원세균은 주로 어린 혹 조직이나 토양 중에 남아 있는 혹의 잔재 등에서 월동하며, 땅속에서도 수년간 생존할 수 있다. 병원세균은 주로 나무의 상처 부위를 통해 침입하며, 지하부의 접목 부위, 뿌리의 절단면, 꺾꽂이모의 하단부 등은 병원세균의 주요 침입 부위가 된다.

### 방제

- 묘목 검사를 해서 무병 묘목만을 심는다.
- 묘포에 발생했을 때는 캐내어 소각하고, 그 자리는 소독하거나 객토한다.
- 한번 발병한 묘포에서는 육묘하지 않도록 한다.
- 발병이 심한 묘포에서는 토양 소독을 하거나, 비기주식물인 화본과 식물과 3년 이상 윤작을 한다.
- 토양 검사를 해서 뿌리혹병균에 오염되지 않은 무병 토양에서 육묘한다.
- 묘목의 뿌리를 농용항생제 용액에 침지처리한 후 심는다.
- 접목칼 등의 작업 도구는 수시로 소독한다.

A 버즘나무 뿌리목 부위에 발생한 혹
B 밤나무 묘목 뿌리에 발생한 혹
C 장미 줄기에 발생한 혹
D 장미 줄기에 발생한 혹을 도려내고 상처도포제(락발삼)를 바른 모습
E 밤나무 유대접목묘에 발생한 뿌리혹
F 병원세균을 접종한 제라늄(뿌리혹병균의 지표식물)에 발생한 혹

A
B
C
D
E
F

# 5 아까시흰구멍버섯병
## Perenniporia wood decay

아까시흰구멍버섯병(Perenniporia wood decay)을 일으키는 아까시흰구멍버섯은 잔나비불로초와 함께 조경수에 가장 흔히 발생하는 대표적인 재질부후균이다. 병원성이 매우 강해 이 버섯이 발생한 나무는 줄기 밑동이 내부에서부터 썩어 들어가며, 결국 말라 죽는다. 주로 활엽수에 발생하지만, 드물게 전나무와 같은 침엽수에도 발생한다. 활엽수 중에서는 특히 아까시나무, 느티나무, 벚나무, 회화나무, 튤립나무 등에 잘 발생한다. 감염된 나무는 밑동이 약해져 강풍이나 폭설 등에 의해 쉽게 쓰러질 수 있어 시설물과 인명 피해의 위험이 크다.

### 병징과 표징

아까시흰구멍버섯균에 감염된 나무는 먼저 뿌리와 줄기 밑동의 심재가 먼저 썩기 시작하고, 점차 변재까지 부후가 확산된다. 썩은 부위는 초기에는 담황색을 띠다가 점차 흰색으로 변하며, 건조하면 푸석푸석하고 잘 부서진다. 감염목은 부후가 진행되면 잎이 작아지고 황록색으로 변해 일찍 낙엽 지고, 점차 쇠약해져 결국 말라 죽는다. 병원균의 자실체인 아까시흰구멍버섯은 초여름부터 가을까지 줄기 밑동에 무리 지어 발생하며, 가을에는 흑갈색으로 변해 썩는다. 감염된 나무에서는 매년 반복적으로 자실체가 발생한다.

### 병원균

*Perenniporia fraxinea* (= *Vanderbylia fraxinea*), (아까시흰구멍버섯, Giant ash bracket)

구멍장이버섯과에 속하는 담자균류의 일종으로 담자포자를 형성한다. 자실체는 일년생 백색부후균으로 줄기 밑동에 심재부후를 일으킨다. 자실체는 발생 초기에는 담황색의 반구형~말굽형이며, 점차 자라면서 넓고 평평한 반원형이 되고, 보통 여러 개의 자실체가 층을 이루어 발생한다.

### 병환(病環)

아까시흰구멍버섯은 봄~여름에 자실체의 갓 뒷면에 있는 자실층에서 다량의 담자포자를 방출한다. 담자포자는 바람에 의해 분산되어, 줄기 밑동, 뿌리목, 뿌리 등에 생긴 상처 부위를 통해 침입해서 줄기 밑동과 뿌리를 썩게 한다.

### 방제

- 줄기 밑동과 뿌리에 상처가 생기지 않도록 주의하고, 상처가 났을 경우, 즉시 락발삼, 티오파네이트메틸 도포제 등을 바른다.
- 줄기 밑동에 아까시흰구멍버섯이 많이 나 있으면, 이미 나무 밑동이 많이 썩었다는 증거이므로, 나무를 일찍 제거해서 도복으로 인한 인명과 재산 피해를 방지하도록 한다.
- 특히 심식과 복토는 발병을 촉진하므로 유의한다.

A 아까시나무 밑동에 발생한 아까시흰구멍버섯
B 회화나무 줄기 밑동에 발생한 아까시흰구멍버섯
C 회화나무 줄기 밑동에 발생한 어린 아까시흰구멍버섯(유균)
D 자실체의 갓 표면
E 자실체의 갓 뒷면
F 자실층의 관공(管孔)
G 아까시흰구멍버섯의 담자포자

A
B
C
D
E
F
1 mm
G
5 μm

# 6 아밀라리아 뿌리썩음병

Armillaria root rot

아밀라리아 뿌리썩음병(뽕나무버섯병, Armillaria root rot)이란 아밀라리아(*Armillaria*)속에 속하는 몇몇 종에 의해 발생하는 수목의 뿌리썩음병을 통칭하는 병명이다. 이 병은 침엽수와 활엽수를 포함한 다양한 수종에 심각한 피해를 주는 대표적인 산림병 중 하나로, 전 세계적으로 수백 종의 목본식물뿐 아니라 딸기, 감자 등 다양한 초본식물에도 발생한다. 국내에서는 소나무, 벚나무 등 주요 조경수에 피해가 크며, 최근에는 잣나무 조림지에서도 조개뽕나무버섯에 의한 피해가 늘고 있다.

## 병징과 표징

병원균은 주로 뿌리와 줄기 밑동을 침해하며, 감염된 나무는 잎 전체가 누렇게 변해 말라 죽는다. 감염해서 고사하기까지 걸리는 기간은 수종과 수세에 따라 수개월에서 수년까지 다양하다. 감염된 나무의 줄기 밑동의 수피를 벗기면 목질부 표면에 하얀 부채 모양의 부채꼴균사층(扇狀菌絲層, mycelial fan)이 나타나며, 특유의 버섯 냄새가 난다. 균사층 위나 병든 뿌리 표면에는 가느다란 흑갈색 철사 모양의 뿌리꼴균사다발(根狀菌絲束, rhizomorph)이 얽혀 있거나, 자라고 있는 것이 관찰된다. 가을철에는 감염된 부위에서 병원균의 자실체(버섯)가 다발 형태로 발생한다.

## 병원균

*Armillaria* spp. (뽕나무버섯류)

담자균문의 주름버섯목에 속하며, 담자포자를 형성한다. *Armillaria*속 균류는 1년생 자실체를 형성하는 백색부후균으로, 뿌리와 줄기 밑동의 심재부후를 일으킨다. 전 세계적으로 약 30여 종의 *Armillaria*속 균이 알려져 있으며, 국내에서는 6종이 보고되었는데 이 중 병원성이 강한 주요 종은 뽕나무버섯(*A. mellea*), 조개뽕나무버섯(*A. solidipes*), 뽕나무버섯부치(*A. tabescens*)이다.

## 병환(病環)

병원균은 병든 나무의 뿌리에서 균사나 뿌리꼴균사다발 형태로 월동하며, 이들이 인접한 나무의 뿌리에 접촉하면서 감염을 일으키거나, 감염이 확산된다. 아밀라리아균은 죽은 뿌리에서도 수년간 생존할 수 있어, 일단 병이 발생한 곳에서는 병이 장기간 지속적으로 발생할 수 있다.

## 방제

- 병든 나무는 조기에 제거하고, 그루터기와 뿌리까지 완전히 캐낸 후 소각한다. 감염목을 제거한 자리는 토양소독제로 소독한 후 다시 식재할 수 있다.
- 과습하거나 극도로 건조한 토양에서 잘 발생하므로, 토양 수분 관리에 유의한다.
- 나무가 쇠약하거나 뿌리에 상처가 있으면 쉽게 감염되므로, 평소 수세를 강화하고, 식재나 이식 시 뿌리에 상처가 나지 않도록 주의한다.

A 아밀라리아 뿌리썩음병으로 고사한 잣나무
B 잣나무 밑동의 목질부에 형성된 하얀 균사층
C 균사층 위에 형성된 철사 모양의 뿌리꼴균사다발(소나무)
D 잣나무 줄기 밑동의 목질부에 형성된 부채꼴균사층
E 벚나무 뿌리에 발생한 뽕나무버섯부치
F 뿌리목에 발생한 뽕나무버섯부치
G 뽕나무버섯의 포자문
H 뽕나무버섯의 담자포자

A
B
C
D
E
F
G
H
5 μm

# 7 잔나비불로초병
## Ganoderma wood decay

잔나비불로초병(Ganoderma wood decay)은 아까시흰구멍버섯병과 함께 느티나무, 벚나무 등 다양한 조경수목에 발생하는 대표적인 재질부후병(材質腐朽病)이다. 병원균인 잔나비불로초(버섯)는 주로 활엽수에 발생하지만 드물게 침엽수에서도 관찰되며, 줄기에 심재부후를 일으킨다. 감염된 나무는 줄기 내부가 위아래로 썩어 공동화(空洞化)되며, 강풍에 의해 부러지기 쉽다.

### 병징과 표징

잔나비불로초병에 감염된 나무는 줄기의 심재가 먼저 썩기 시작하고 이어서 변재가 썩으며, 썩은 부위는 백색~담황색을 띤다. 감염 초기에는 외관상 특별한 증상이 나타나지 않으나, 부후가 어느 정도 진행되면 수세가 약해지고, 잎의 색깔이 둔탁해지며, 잎이 적게 달리고 크기도 작아지는 등의 증상이 나타난다. 줄기 내부의 부후가 심해지면 초여름~가을에 줄기 표면에 자실체가 형성된다. 자실체는 해마다 자라며 줄기는 공동화한다. 이 병에 감염되어도 자실체가 생기기 전에는 외관상 감염 여부나 줄기 내부의 부후 상태를 확인하기 어려운 경우가 많다.

### 병원균

*Ganoderma applanatum* (잔나비불로초, artist's conk)

곰팡이의 일종으로 담자균류에 속하며, 대형 자실체와 담자포자를 형성한다. 자실체는 다년생, 백색부후균으로 줄기의 심재부와 변재부에 백색부후를 일으킨다.

### 병환(病環)

자실체는 초여름~가을에 자실층에서 다량의 담자포자를 방출한다. 담자포자는 주로 바람에 의해 전파되지만, 자실체 주변에 모여든 곤충의 몸에 묻어 전파되기도 하며, 주로 줄기나 뿌리목의 상처 부위를 통해 침입하여 감염을 일으킨다. 감염 후 자실체가 형성되기까지는, 수종, 수령, 수세, 환경조건 등에 따라 다르지만, 보통 수년 이상 걸린다.

### 방제

- 수피에 깊은 상처가 생기지 않도록 주의하고, 상처가 생긴 경우에는 상처 부위에 락발삼이나, 지오판도포제 등의 상처도포제를 바른다.
- 강풍이나 폭설 등으로 부러진 가지는 일찍 제거하고, 절단면에 상처도포제를 바른다.
- 가지치기할 때 생긴 큰 상구(傷口)에는 반드시 상처도포제를 바른다.
- 자실체가 발생한 가지는 일찍 제거해서 태우거나 땅에 묻는다.
- 줄기 밑동에 대형 자실체가 발생한 나무는 강풍에 쓰러질 위험이 높으므로 미리 제거하여 인명과 재산 피해를 방지한다.

A 잔나비불로초병으로 말라 죽은 개오동나무를 베고 남은 그루터기에 자라고 있는 대형 잔나비불로초
B 벚나무에 발생한 잔나비불로초의 앞면
C 잔나비불로초의 뒷면
D 잔나비불로초 자실체의 종단면(3층으로 된 관공층은 자실체가 3년생임을 가리킨다)
E 자실층의 관공
F 잔나비불로초의 갓 뒷면(자실층)을 캔버스로 삼아 그린 그림
G 잔나비불로초의 담자포자

A
B
C
D
E
1 mm
F
G
10 μm

# 8 치마버섯병

## Schizophyllum wood decay

치마버섯병(Schizophyllum wood decay)을 일으키는 치마버섯(split gill mushroom)은 쇠약한 나무의 줄기나 가지, 고사목, 벌채목 등에 흔히 발생하는 소형의 재질부후균(材質腐朽菌)이다. 단풍나무, 벚나무 등을 포함한 많은 종류의 활엽수에 주로 발생하지만, 드물게 침엽수에도 발생하며, 흰색 썩음(白色腐朽)을 일으킨다. 외상과 뿌리 장해 등으로 쇠약해진 나무는 치마버섯균의 침해로 나무가 더욱 쇠약해지면서 말라 죽는다.

### 병징과 표징

봄부터 가을에 걸쳐 쇠약한 나무의 줄기나 가지, 줄기의 상처 부위, 굵은 가지의 절단면, 그루터기 등에 부채 모양의 작은 회백색 버섯(자실체)이 층층으로 무리를 지어 발생한다. 치마버섯의 침해를 받은 나무의 줄기나 가지는 목질부가 갈색으로 변하면서 썩으며 마침내 말라 죽는다.

### 병원균

*Schizophyllum commune* (치마버섯)

곰팡이의 일종으로 담자균류에 속하며 담자포자를 형성한다. 자실체의 갓은 지름 1~3cm, 모양은 부채형~원형이며, 대는 없고 갓의 일부가 기물(基物)에 붙어 있다. 갓의 표면은 백색~회갈색으로 약간 보라색을 띠며, 부드러운 잔털로 덮여 있다. 갓의 가장자리는 발가락 모양으로 갈라져서 안쪽으로 굽어 있다. 자실체는 단단하고 질기며, 건조하면 오그라들고 물에 젖으면 다시 원래의 모양으로 된다. 갓의 뒷면에는 두 줄로 갈라진 회색~옅은 자갈색의 주름살이 갓의 기부로부터 방사상으로 뻗어나 있다. 담자포자는 다소 굽어 있는 원통형~소시지형으로 무색 단세포이며, 크기는 5~7×2~2.5μm이다.

### 병환(病環)

치마버섯은 상처기생균(傷處寄生菌)으로 담자포자가 가지의 절단면, 줄기나 가지의 상처 부위 등을 통해 침입해서 재질썩음병을 일으킨다.

### 방제

- 가지를 자르고 나면 절단면에 락발삼, 티오파네이트메틸 도포제 등의 상처도포제를 발라서 치마버섯병균의 침입을 방지한다.
- 치마버섯에 의한 재질썩음병을 예방하기 위해서는 평소 줄기나 가지에 상처가 나지 않도록 관리하는 것이 중요하며, 상처가 생겼을 때는 즉시 락발삼, 티오파네이트메틸 도포제 등의 상처도포제를 바른다.
- 말라 죽은 가지는 발견 즉시 제거하고 절단면에는 락발삼, 티오파네이트메틸 도포제 등의 상처도포제를 바른다.

A 피해목의 줄기에 발생한 치마버섯(수종 미상)
B 단풍나무 줄기에 발생한 치마버섯
C 치마버섯의 뒷면
D 발가락 모양으로 갈라진 치마버섯의 갓 앞면
E 치마버섯의 포자문
F 치마버섯의 담자포자

A
B
C
D
E
F
5 μm

# 9 회색고약병
## Gray felt disease

회색고약병(灰色膏藥病, Gray felt disease)은 느티나무, 벚나무, 주목 등 다양한 활엽수와 침엽수에 발생하는 병으로, 주로 그늘지고 통풍이 나쁜 환경에서 잘 발생한다. 줄기와 가지에 마치 회색 고약을 덕지덕지 붙여놓은 듯한 회색 병반이 생겨 나무의 미관을 해치며, 심할 경우 수세가 약화되고 묘목은 말라 죽기도 한다.

### 병징과 표징

가지와 줄기의 수피 표면에 두께 1mm 정도의 부드러운 우단(비로드, 벨벳) 모양의 회백색~회갈색 균사층이 다수 형성되어, 마치 고약을 붙여놓은 듯한 모습을 띤다. 균사층은 초기에는 원형~타원형이지만, 자라면서 부정형이 되며, 큰 것은 길이가 10cm를 넘기도 한다. 균사층의 중심부는 두껍고, 가장자리는 얇으며, 6~7월경에는 균사층의 가장자리에 담자포자가 형성되어 회백색을 띤다. 초기의 균사층은 평평하고 부드럽지만, 시간이 지나면서 갈라지고 여려져서 쉽게 탈락한다. 균사층이 많이 발생한 나무는 점차 쇠약해지며, 균사층이 가지를 한 바퀴 둘러싸면 그 가지는 말라 죽는다. 회색고약병균은 수피에 기생하는 뽕나무깍지벌레의 분비물에 의존해서 번식하며, 균사층을 들춰보면 대부분의 경우 깍지벌레의 잔해가 관찰된다.

### 병원균

*Septobasidium bogoriense*

곰팡이의 일종으로 담자균류에 속하며, 담자포자를 형성한다.

### 병환(病環)

회색고약병균은 뽕나무깍지벌레와 공생하며, 처음에는 깍지벌레의 분비물에서 양분을 섭취하여 번식하지만, 균사가 깍지벌레 주변에서 자라면서 수피로부터도 직접 양분을 섭취한다. 반면, 깍지벌레는 두꺼운 균사층 아래에서 외부 포식자로부터 보호를 받는다. 균사층의 상층부에 형성된 담자포자는 깍지벌레와 바람에 의해 전파되어 새로 고약병을 일으킨다. 회색고약병균은 기주 범위가 넓어, 병에 걸린 다양한 나무들이 서로에게 전염원이 되어 병을 확산시킨다.

### 방제

- 회색고약병 예방의 핵심은 깍지벌레류 방제다. 유충 발생기나 겨울철에 적용 살충제를 살포하여 깍지벌레의 밀도를 낮춘다.
- 고약병이 발생한 가는 가지는 잘라서 태우거나 땅에 묻는다. 굵은 가지나 줄기에 발생한 경우에는 양면 스펀지 수세미, 굵은 솔, 칫솔 등을 이용해 수피를 손상하지 않도록 조심스럽게 균사층을 제거한 후, 락발삼, 티오파네이트메틸 도포제 등의 상처도포제를 발라 2차 병원균의 침입을 예방한다.
- 과밀한 가지는 솎아내어 햇빛이 잘 들고 통풍이 원활하게끔 한다.

A 회색고약병이 심하게 발생한 느티나무
B 벚나무 줄기를 덮은 회색고약병균의 균사층
C 느티나무 가지에 형성된 회색고약병균의 균사층
D 벚나무 줄기에 형성된 둥근 균사층
E 벚나무 가지에 나타난 균사층
F 회색고약병균의 균사층으로 뒤덮인 주목 묘목
G 균사층 아래에 있는 뽕나무깍지벌레 성충
H 회색고약병균의 담자포자

A
B
C
D
E
F
G
H
10 μm

**제2장**

# 해충

## 害蟲

우건석
Kun-Suk WOO

2장
해충

# I. 식엽성 해충

매미나방 유충

# 1 개나리잎벌

*Apareophora forsythiae* Sato
Forsythia sawfly

개나리잎벌(Forsythia sawfly)은 한국, 일본에 분포하며 기주로는 개나리, 산개나리가 있다.

## 피해

애벌레가 잎을 집단적으로 먹는다. 발생 밀도가 높을 때는 연한 새잎은 물론 잎 전체를 갉아 먹어 개나리의 줄기만 남는다. 도시의 공원 조성 지역, 도로변에 개나리의 식재 면적이 늘면서 피해가 많아지는 경향을 보이고 있다. 피해가 심하여 잎이 없는 나무가 되면 경관을 해치게 된다.

## 형태

암컷 성충은 수컷보다 배 부분이 더 황색을 띤다. 다 자란 애벌레는 검은색이고 몸 표면에는 황갈색 짧은 털이 드물게 나 있다. 애벌레는 다 자라면 크기가 약 17mm쯤 된다. 자라는 동안 애벌레들은 흰색의 가루로 덮인 것같이 보인다.

## 생태

1년에 1회 발생한다. 성충은 4월 상순~하순경에 출현하여 다 자라기 전의 개나리 잎 조직 속에 1~2줄로 알을 낳는다. 성충의 수명은 약 일주일 정도이다. 애벌레는 군집생활을 하여 피해받은 가지의 잎을 전부 먹는 경우가 많다. 애벌레의 가해 기간은 약 1개월이다. 다 자란 애벌레는 줄기를 타고 지면으로 이동하며 땅속 1cm 깊이에 흙집을 만들어 그 속에서 애벌레 상태로 겨울을 난다.

## 방제

이른 봄 피해가 시작될 때 살충제를 살포하거나 가해하는 애벌레는 포충망을 이용하여 포살하는 것이 좋다. (부분적으로 발생한 경우) 나무를 흔들면 애벌레는 떨어지므로 포살한다. 성충이 많이 나타나는 10월경에 페니트로치온유제(50%) 2,000배액을 수관부에 한 번 뿌려주고, 유충을 구제하려면 4월 하순경에 클로르푸루아주론유제(5%) 2,000배액을 수관부에 한 번 뿌려준다.

A 피해받은 개나리
B 애벌레가 가해한 잎
C 성충의 생김새
D 다 자란 애벌레와 피해 잎
E 집단 가해하는 애벌레
F 잎에 산란한 알집
G 2령기 애벌레
H 3령기 애벌레

## 2 극동등에잎벌

*Arge similis* (Vollenhoven)
Azalea argid sawfly

극동등에잎벌(Azalea argid sawfly)은 한국, 일본, 타이완, 중국 등지에 분포하며 기주로는 영산홍, 장미, 진달래가 있다.

### 피해

애벌레들이 무리 지어 5~9월에 걸쳐 새순과 잎을 폭식한다. 때로는 단단한 엽맥은 남겨두고 잎을 모두 먹어 격심한 피해가 나타난다. 애벌레는 자라면서 군서 생활에서 벗어나 분산하게 되나 먹는 양이 급격하게 증가하므로 피해가 많아진다. 심할 때는 새로 생긴 가지의 껍질도 먹는다.

### 형태

성충의 크기는 9~10mm 내외이다. 몸 전체가 검은 남색이고 광택도 있다. 반투명한 날개는 어두운 갈색이다. 더듬이는 검은색으로 제3마디는 끝부분에 가까울수록 팽대해지고 그 아래에 세로로 뻗은 융기선이 하나 있다. 더듬이 사이에는 뚜렷한 Y자 모양이 있다. 애벌레의 머리는 연한 검은색이며, 몸 색깔은 흰색을 띠지만 자랄수록 연노랑으로 변한다. 몸에 검은색의 작은 반점이 많다. 다 자란 애벌레는 크기가 25mm쯤 되고, 번데기는 7mm이고 노란색을 띤다.

### 생태

1년에 3회 발생한다. 토양 속의 흙집 안에서 전용 상태(유충태)로 겨울을 보내고 이듬해 봄에 번데기가 된다. 제1회 성충은 4월 하순~5월에 발생하며 그 이후에는 세대를 지내면서 7월 상중순에 2화기, 8월 하순~9월 상순경 3화기 성충이 각각 발생한다. 암컷 성충이 톱니형 산란관을 잎 가장자리에 삽입하고 잎 조직 속에 한 개씩 알을 낳는다. 암컷 한 마리는 30~40개의 알을 낳는다. 산란 부위는 팽대해지고 갈색으로 변한다. 알기간은 10일 내외이며 부화한 애벌레는 단단한 잎보다는 연한 잎을 좋아한다. 약 30일의 애벌레기간이 지나면 토양 속으로 들어가 엉성하게 만들어진 갈색의 흙집에서 번데기가 된다. 암수 따로 있으나 암컷이 단위생식을 통해 번식한다. 대도시 공원의 식물에서 발생이 빈번하다.

### 방제

무리 지어 발생한 애벌레는 살충제를 사용하여 방제한다. 특히 애벌레는 약제에 대해서 저항성이 약한 경향이 있으므로 효과가 높다. 발생 시기를 예찰하여 초기 방제를 시행하는 것이 효과적이다.

A 애벌레가 장미의 잎을 먹은 흔적
B 진달래 나무순에 숨은 성충
C 잎에 앉아 있는 성충
D 진달래 잎을 갉아 먹는 애벌레
E 진달래 꽃봉오리에 앉아 있는 성충
F 산란을 준비하는 성충
G 다 자란 애벌레의 형태
H 진달래나무 잎 뒷면에 낳은 알
I 곰팡이균에 기생당한 유충
J 잎을 가해하는 유충

(사진: G, H, Gakken)

A
B
C
D
E
F
G
H
I
J

# 3 장미등에잎벌

*Arge pagana pagana* (Panzer)
Rose argid sawfly

장미등에잎벌(Rose argid sawfly)은 한국, 일본, 중국, 몽골, 유럽 등지에 분포하며 기주로는 장미, 찔레나무, 해당화가 있다.

## 피해

5월경 기주식물의 잎을 애벌레들이 모여 살면서 가해한다. 잎 가장자리부터 먹기 시작하고, 잎은 주맥만 남게 된다. 애벌레가 처음에는 가위로 오려낸 듯 둥근 모양으로 먹는 습성이 있다. 잎을 다 먹고 나면 나무의 성장이 나빠진다.

## 형태

성충은 머리와 가슴은 검은색을 띠고 배는 노란색이다. 몸길이가 8mm 정도이며 날개 길이는 보통이다. 애벌레의 몸통에는 녹황색 바탕에 검은 점무늬가 흩어져 있다. 배는 노란 갈색을 띤다. 몸길이는 20mm 안팎이고 다 자란 애벌레는 머리가 검은 갈색이다.

## 생태

1년에 3회 발생하나 추운 지역에서는 2회만 발생한다. 다 자란 애벌레 형태로 토양 속에서 겨울을 보낸다. 1세대 성충이 5월에 우화하며 가을에도 나타난다. 암컷 성충이 어린나무 가지의 조직 안에 약 30~40개의 알을 낳는데 산란 부위의 식물조직은 까맣게 색이 변한다. 애벌레기간은 약 한 달이고 2세대 성충이 6월 중순~하순경에 나타난다. 11월에도 애벌레를 볼 수 있다. 이 해충은 산록 지대에 발생하는 경향이 높다. 평지에 자주 발생하는 종 *Arge nigrinodosa*가 일본에 분포하며 형태, 특성이 비슷하다.

## 방제

봄에 새잎이 자랄 때 잎벌 애벌레가 피해를 주는 것을 발견하면 잡아 죽인다. 그러나 발생 범위가 넓으면 약제를 살포한다. 애벌레의 부화가 시작될 때에 페니트로치온유제(50%), 클로르푸루아주론유제(5%) 또는 트랄로메트린유제(1.3%) 2,000배액을 한 번 뿌려준다. 한편 잠자리, 무당벌레, 거미 등 포식성 천적과 좀벌, 맵시벌, 기생파리 등 기생성 천적이 있으므로 보호한다.

A 피해입은 덩굴장미
B 장미등에잎벌의 성충
C 가지에 앉아 있는 성충의 모습
D 새 가지에 알을 낳고 있는 암컷 성충
E 가지에 산란된 알 덩어리
F 장미 잎을 먹고 있는 애벌레
G 잎을 먹는 어린 애벌레
H 줄기에 산란한 알집

(사진: B, F, Maryland Univ.)

A
B
C
D
E
F
G
H

# 4 좀검정잎벌

*Macrophya timida* Smith

좀검정잎벌은 한국, 일본 등지에 분포하고 개나리, 광나무, 쥐똥나무 등에 가해한다.

## 피해

5월경 쥐똥나무의 잎을 가해한다. 주로 잎 뒤에서 가장자리부터 갉아 먹는다. 돌발성 해충으로 취급한다. 발생 밀도가 높으면 잎 전체를 먹게 된다. 이때 나무의 성장이 나빠져 수세는 약화되지만 나무가 죽는 경우는 없다.

## 형태

애벌레의 길이는 약 22mm고, 몸 전체는 회녹색으로 보이는 두터운 밀랍성 물질로 덮여 있다. 눈은 검고 머리는 황갈색이다. 성충은 검은색이며 몸 크기는 9~13mm 정도이다.

## 생태

1년에 1회 발생하며 토양 속에서 흙으로 고치를 만들고 전용기인 다 자란 애벌레 상태로 겨울을 난다. 이 애벌레는 3월 상순~중순에 번데기로 탈바꿈하고 4월 중순이나 하순이면 새로 태어난 성충이 잎 조직 안에 알을 낳는다. 알기간은 약 10일이다. 애벌레는 5월 상순부터 나타나서 잎을 갉아 먹고 늦게는 7월 중순까지 잎을 가해한다. 대개는 6월 말경부터 애벌레가 땅속으로 이동하고 뿌리 근처에 흙으로 방을 만들어 여름을 보낸 뒤 겨울나기 준비를 한다. 번데기기간은 약 30일이다. 암컷 한 마리가 평균 43개의 알을 낳는데, 산란을 끝내면 바로 죽는다. 암컷은 수명이 14~20일쯤 된다.

## 방제

애벌레는 집단으로 잎을 먹기 때문에 발생이 적을 때는 애벌레를 털어 잡거나, 알을 제거하는 것이 좋다. 부화한 애벌레는 6~9차례 탈피하여 7~10령충이 되며, 4령기 이후에는 몸 크기가 아주 다르다. 애벌레는 나무 위에서 60~80일 동안 먹이를 먹고 자란다. 발생 초기인 5월 상순경에 페니트로치온유제(50%), 클로르푸루아주론유제(5%) 2,000배액을 한 번 뿌려준다. 풀잠자리, 무당벌레, 거미, 좀벌, 맵시벌, 기생파리 등의 천적 보호가 중요하다.

A 애벌레가 개나리 잎을 먹은 모양
B 집단적으로 애벌레가 피해를 남긴 흔적
C 유령기의 애벌레가 잎을 먹고 있는 모습
D 개나리 잎을 먹고 있는 애벌레
E 흰 가루로 덮인 애벌레의 등면
F 몸 표면의 흰 가루가 없어진 애벌레의 등면

A
B
C
D
E
F

# 5 느티나무벼룩바구미

*Rhynchaenus sanguinipes* Roelofs
Zelkova weevil

느티나무벼룩바구미(Zelkova weevil)는 우리나라와 일본에 분포하고 느티나무에 피해를 준다.

## 피해

이 해충이 전국적으로 발생한 것은 1990년대 중반 이후로 짐작된다. 6월경 잎이 갑자기 다갈색으로 변하며 심할 때는 낙엽이 진다. 애벌레가 잎과 잎 사이에 숨어서 엽육을 먹는다. 나무가 말라 죽을 정도는 아니지만, 피해받은 나무의 성장이 저해된다. 평지와 산지 구분 없이 피해가 발생하고 가해 기주의 수령과도 관계가 없다.

## 형태

성충은 장타원형으로 몸이 검고 크기는 2~3mm 정도이며 더듬이와 다리는 황적갈색이다. 몸 표면에 같은 모양의 털이 나 있는데, 연황색 내지 황갈색이다. 애벌레가 다 자라면 4~5mm쯤 되고 몸은 약간 납작하다. 가슴은 폭이 다소 넓고, 배 끝에 가까울수록 좁아진다. 몸 색깔은 황갈색, 머리는 갈색, 가슴등판은 흰색이다. 번데기 길이는 3mm 내외며 납작하게 생겼다. 색깔은 흰색을 보이다가 점점 담갈색이 된다.

## 생태

1년에 1회 발생하며 성충은 느티나무의 거친 껍질 사이에서 겨울을 나고, 봄에 새잎이 나올 즈음 느티나무 잎으로 날아간다. 성충은 주둥이를 잎에 꽂아 엽육을 먹는다. 잎은 바늘로 찌른 것과 같은 구멍이 뚫려 흔적이 남는다. 성충은 뒷다리가 발달해서 벼룩처럼 잘 뛴다. 4월 하순~5월 중순에 잎 중맥에 한 개씩 알을 낳는데, 부화한 애벌레는 4월 하순~5월 하순에 잎 속에 숨어들어 엽육을 먹고 잎맥과 표피만 남긴다. 5월 중순~하순이면 다 자란 애벌레는 엽육에 장경 7~8mm, 단경 3~4mm의 장타원형인 번데기방에서 용화하고, 5월 하순에 우화 탈출한다. 성충의 포획 최성기는 6월 상순경 새로운 성충의 우화 종료 시점이다. 겨울나기하는 성충은 먹어 치운 흔적을 거의 보여주지 않는다. 새로 우화한 성충은 엽육을 활발히 식해하게 되므로 잎을 그물망처럼 황폐화시킨다.

## 방제

번데기방 안에 있는 애벌레의 10~20%는 기생벌인 *Chysocharis* sp., *Entedon* sp., *Pnigalio* sp. 등이 기생한다. 5월 중하순에 잎 속의 애벌레나 번데기와 성충을 구제하기 위하여 메프유제(50%)를 800~1,000배 희석하여 잎에 골고루 뿌려준다. 무당벌레, 풀잠자리, 거미 등 포식성 천적이 많이 있으면 보호하는 것이 좋다.

A 느티나무 잎에 발생한 애벌레
B, C 애벌레가 잎을 먹은 모양
D 성충이 잎을 먹은 흔적
E 발생 상태가 비슷한 떡갈나무벼룩바구미의 피해
F 성충(등면)의 날개딱지 형태
G 성충의 다리 모양(퇴절)
H 애벌레에 기생하는 기생벌
I 애벌레의 외부 형태
J 번데기의 생김새

(사진: I, J, 정윤미)

A
B
C
D
E
F
1 mm
G
H
I
J

# 6 버들꼬마잎벌레

*Plagiodera versicolora* (Laicharting)
Imported willow leaf beetle

버들꼬마잎벌레(Imported willow leaf beetle, willow blue leaf beetle)는 한국, 일본, 중국, 타이완, 인도, 미국, 시베리아, 유럽, 아프리카 북부에 분포하며 버드나무류, 포플러류, 오리나무에 피해를 준다.

## 피해

버드나무류에 발생하며 성충과 애벌레가 새잎을 먹는다. 유령기와 중령기 애벌레는 처음에 잎살을 먹는다. 발생량이 많아지면 수세가 약화되어 나무의 생장에 지장을 준다.

## 형태

성충은 검은 청색이고 원형이다. 개체변이가 많다. 몸길이가 3.3~4.4mm에 달하고 날개는 광택이 있는 청남색이다. 앞날개의 점각열은 불규칙하다. 알은 크기가 0.8mm이고 가늘고 기다란 타원형이며 황백색을 띠고, 부화 시기가 다가오면 노란색으로 차츰 변한다. 어린 애벌레는 회황색이며 등판에 검은 돌기가 있다. 몸은 납작한 모양이다. 다 자란 애벌레는 길이가 4~5mm이다. 몸은 팽팽하며 유백색이나 머리, 다리, 경피판은 검은 갈색이다. 번데기는 타원형, 몸길이가 3~4mm 정도이고, 배등면에 네 줄의 검은색 반점이 있다. 몸은 황백색이고 표면은 단단하다. 털은 없다.

## 생태

1년에 5~6회 발생한다. 다만 추운 지역(예컨대 일본의 홋카이도)의 경우 1~2회 발생한다. 낙엽 등 풀 밑에 성충이 모여서 겨울을 보낸다. 이듬해 4월 중순경 새로 자라는 가지의 잎에 종으로 10~30개의 알을 낳는데 암컷 한 마리가 1,000~5,000개를 낳을 수 있다. 알기간은 약 5~9일, 애벌레기간은 약 21일이며, 4령기를 거쳐 다 자란 애벌레가 된다. 번데기기간은 3~5일이며 새로 나타나는 성충은 5월 중하순에 볼 수가 있다. 부화한 애벌레는 집단을 형성하고, 잎살을 먹기 위해 이동한다. 두 번 탈피하여 노숙충이 되면 먹이식물에 매달린 채로 번데기가 된다. 연중 애벌레와 성충을 11월까지 야외에서 볼 수 있다. 보통 성충은 생존 기간이 길고, 애벌레기간은 짧다.

## 방제

묘포원에서는 4~5월 성충 출현 시기에 털어서 잡는다. 성충과 애벌레 밀도가 높은 때는 메프수화제, 아시트수화제 1,000배액으로 7~10일 간격으로 몇 번 뿌려준다. 포식성 노린재 *Zicrona caerulea*가 알과 애벌레를 잡아먹는다.

**A** 애벌레와 성충의 피해를 받은 버드나무 잎
**B** 부화 초기의 애벌레가 갉아 먹은 잎
**C** 잎을 갉아 먹는 애벌레
**D** 성충이 가해한 버드나무 잎
**E** 성충의 머리·가슴의 생김새(등면)
**F** 애벌레를 잡아먹는 무당벌레
**G** 성충의 배면
**H** 잎을 가해하는 성충
**I** 잎 뒤에서 잎살을 갉아 먹는 애벌레
(사진: C, W. T. Johnson)

A
B
C
D
E
F
G
H
I

# 7 버들잎벌레

*Chrysomela vigintipunctata* (Scopoli)
Salix leaf beetle

버들잎벌레(Salix leaf beetle)는 한국, 일본, 중국, 시베리아, 인도, 중앙아시아, 몽골, 유럽에 분포하며 버드나무류, 사시나무, 오리나무, 황철나무에 피해를 준다.

## 피해

성충과 애벌레가 기주인 버드나무와 포플러의 잎을 먹는다. 특히 묘목과 어린나무에 큰 피해를 준다.

## 형태

성충은 머리와 몸이 검은색을 띠며 크기는 6.8~8.5mm 안팎이다. 앞날개는 황갈색이며 10개의 검은색 무늬로 덮여 있다. 알은 노랗다. 다 자란 애벌레는 크기가 11mm 정도이고 몸은 황록색이나 머리는 검다. 등면과 옆쪽면에 검은색 점으로 이어지는 줄이 있다. 앞가슴 등판은 검은 청색을 띤다. 그러나 옆면은 황갈색이다. 머리와 배 아랫면은 검다. 더듬이와 다리는 검고 퇴절 밑부분과 경절 일부는 황갈색이다.

## 생태

1년에 1회 발생하고 성충이 흙 속에서 겨울을 보낸 뒤 이듬해 4월경 땅속에서 나와 새잎을 먹는다. 알은 잎 뒷면에 난괴 형태로 산란한다. 어린 애벌레는 무리 지어 잎을 먹다 성장하면 흩어져 가해하는데 잎맥만 남긴다. 5월경 다 자란 애벌레가 잎 뒷면에 꼬리를 붙이고 매달린 채로 번데기가 되는데 번데기기간은 약 7일이다. 새로운 성충은 5~6월에 우화한다. 따뜻한 남부지역에서 각 태별 발육기간을 살펴보면 알기간은 약 5일, 애벌레는 11~19일, 번데기는 3~6주이다. 발생 패턴은 불규칙하여 매년 피해를 주지 않으나 발생 지역에 따라서는 발생량이 차이를 보인다.

## 방제

피해 초기에 성충을 털어 잡는다. 이때 땅 위에 비닐을 넓게 깔아 나무를 흔들어주면 모아 잡을 수가 있다. 천적류가 있으므로 이들을 보호하는 것이 필요하다. 약제 방제를 할 때는 4월 중순 이후에 치아클로프리드 액상수화제(10%)나 페니트로치온유제(40%) 1,000배액을 10일 간격으로 2회 수관에 뿌려준다.

A 버들잎 뒷면에 덩어리 형태로 낳은 알
B 버들잎에 꼬리를 부착한 번데기의 모습
C 날개딱지에 검은색 무늬가 있는 성충(등면)
D 잎을 가해하는 성충
E 성충의 배면 형태

# 8 사시나무잎벌레

*Chrysomela populi* Linné
Red poplar leaf beetle

사시나무잎벌레(Red poplar leaf beetle)는 한국, 일본, 중국, 시베리아, 몽골, 인도 북부, 아프리카에 분포하고 기주로는 사시나무, 황철나무, 버드나무류가 있다.

## 피해

포플러류의 중요한 해충으로 어린 애벌레가 무리 지어 생활하면서 새잎의 엽육을 먹는다. 피해 받은 잎은 그물 모양으로 잎맥만 덩그러니 남는다. 차츰 자라게 되면 분산 이동하는데 2~3령충은 주 잎맥만 남기고 다 먹는다.

## 형태

성충의 크기는 10~12mm 내외이다. 몸은 검은색인데 남색 광택이 난다. 날개딱지는 황갈색 또는 등적색을 띠고 폭이 넓은 계란형이다. 알은 광택이 나며 장타원형 등황색이고 광택이 있다. 다 자란 애벌레(3령)는 몸길이가 약 14~17mm 정도이다. 연한 복숭아색이고, 등에 두 줄의 검은 점열이 있다. 또한 옆면에 가시형 돌기가 두 줄로 나 있다. 번데기 몸길이는 9mm 내외, 노란 붉은색이며 등면에는 밝은 검은 반점이 있다. 몸은 단단하고 털이 없다.

## 생태

월동 성충은 5월경 출현하여 갓 자라난 어린잎을 먹는다. 교미와 산란은 5월 중하순에 시작한다. 알을 잎 뒷면에 40~60개씩 덩어리 모양으로 낳는다. 알기간은 4~7일쯤이며, 부화율은 70%에 달한다. 부화 초 애벌레의 등은 검은색, 배 부분은 어두운 색이지만 자라면서 흰색으로 바뀐다. 애벌레기간은 10~12일쯤 되고 세 번 탈피한다. 전용기(3~4일)에는 잎 뒷면 또는 작은 나뭇가지에 꼬리를 부착한 채 거꾸로 매달려 있다가 번데기로 변한다. 번데기기간은 4~7일이며, 우화한 성충은 10~20일이 지나면 알을 낳는다. 연 1~2회 발생하며 1세대는 30여 일 소요된다. 최종 발생한 성충은 10월 중순경부터 가해 기주식물 부근의 낙엽 하층으로 이동하여 흙 속에 들어가 겨울 보내기에 들어간다. 자란 애벌레는 분산 이동하고 2~3기에는 잎의 주맥만 남길 만큼 식욕이 왕성하다.

## 방제

발생 밀도가 낮거나 좁은 면적이면 성충을 포살한다. 애벌레 발생기에는 메프수화제·유제, 디프수화제 1,000배액을 살포한다. 성충과 알 덩어리가 많으면 7~10일이 경과한 후에 한 번 더 약을 뿌려 새로 날아온 성충과 부화한 애벌레를 구제할 수 있다. 천적인 거북무당벌레 *Aiolocaria mirabilis*가 애벌레를 잡아먹는다.

A 버드나무 잎을 가해한 잎벌레
B 잎벌레가 잎을 가해하는 모습
C 잎벌레 애벌레의 외부 형태
D 번데기 형태(등면)
E 버드나무 잎에 매달린 번데기
F 잎벌레의 성충
G 산란을 준비하는 성충

A
B
C
D
E
F
G

# 9 오리나무잎벌레

*Agelastica coerulea* Baly
Alder leaf beetle

오리나무잎벌레(Alder leaf beetle)는 한국, 일본, 중국, 시베리아, 북아메리카에 분포하며 기주로는 오리나무, 개암나무, 밤나무, 박달나무, 벚나무류, 버드나무류, 물갬나무, 배나무, 사과나무, 사시나무, 서어나무, 산돌배나무, 황철나무가 있다.

## 피해

봄에 새로운 싹이 전개될 즈음 성충과 애벌레가 주로 오리나무의 잎을 갉아 먹는다. 잎맥은 남겨둔 채 잎살만 먹으므로 그물 모양으로 피해 잎이 말라버리거나 낙엽이 진다. 대발생한 경우 피해받은 나무의 수관부 전체는 붉은 갈색으로 변한다. 8월경 부정아(不定芽)가 다시 나와 소생하지만 다음 해에 계속 피해를 받을 경우 고사하는 일이 있다. 우리나라는 1935년과 1936년에 피해가 보고되었다.

## 형태

성충은 몸길이가 6~8mm 내외이며 몸은 계란형으로 광택 나는 자남색이거나 녹남색을 띤다. 알은 등황색이며 긴지름이 1mm 정도이다. 애벌레는 부화 초기에 검은색이고 몸길이가 2~3mm에 달하며 때로는 옅은 다갈색 또는 회갈색을 띠는 것도 있다. 다 자란 애벌레는 진한 갈색 또는 검은 갈색으로 바뀌고 크기가 1.1~1.2cm이며 몸 표면에 엉성한 털이 나 있다. 애벌레의 몸은 가늘고 기다란 원통형이며 미세한 반점으로 덮여 있다. 머리, 무늬, 다리, 꼬리 끝부분은 검은 갈색이다. 배마디 1~8절에 각 한 쌍의 방어샘이 있어서 황백색 점액이 분비되어 고약한 냄새가 난다. 등면에 세 줄의 줄무늬가 있다. 그중 중간의 무늬가 작은 편이다.

## 생태

1년에 1회 발생하고 성충이 낙엽층과 토양 속으로 숨어들어 얕은 곳에서 겨울나기를 한다. 애벌레는 5~9월까지 출현한다. 겨울을 보낸 성충은 4월 중순경 나타나 식물의 잎에 황백색인 알을 수십 개씩 무더기로 낳는다. 애벌레는 집단으로 섭식하고 3령이면 다 자란 애벌레가 되어 토양 속으로 들어가 번데기로 변한다. 알기간은 약 10일, 애벌레기간은 20~30일로 발생 지역에 따라서 다르다. 성충은 오전 10~12시 사이에 섭식 활동을 가장 많이 한다. 산란 수는 한 마리가 약 300~600개이고, 난괴당 알 수는 30~70개 정도이다. 알은 대부분 잎의 뒷면에 낳는다.

## 방제

월동 이후 4~6월 하순경 성충과 유충의 섭식 피해가 나타나면 치아클로프리드 액상수화제(10%) 또는 페니트로치온유제(40%) 1,000배액을 10일 간격으로 2회 수관에 뿌려준다.

A 잎벌레의 피해를 받은 오리나무
B 잎 표면의 잎살을 먹는 애벌레
C 잎 뒤에 낳은 알들(난괴)
D 1령기 애벌레가 먹은 흔적
E 1령기 애벌레의 형태(등면)
F 잎 뒷면에서 잎을 먹는 애벌레와 성충
G 2령기 애벌레의 집단 섭식
H 3령기 애벌레의 생김새
I 성충의 생김새(등면)
J 흙 속에 들어간 3령 이후 애벌레
K 흙 속에서 우화한 성충

A
B
C
0.5 mm
D
E
F
G
H
3 mm
I
J
K

# 10 등빨간거위벌레

*Tomapoderus ruficollis* (Fabricius)
Leaf-rolling weevil

등빨간거위벌레(Leaf-rolling weevil)는 딱정벌레목, 거위벌레과, 목거위벌레아과에 속한다. 우리나라와 일본, 중국에 분포하며, 느릅나무, 느티나무가 중요한 기주식물이다. 최근 도시 근교의 기주에서 자주 발견되는 해충이다.

## 피해

성충은 기주식물의 잎을 갉아 먹으며, 잎을 둥근 항아리 모양으로 돌돌 말아, 그 안에 알을 한 개만 낳는다. 부화한 유충이 말린 잎을 먹고 자란 후에 성충이 되면 탈출구를 만들어 밖으로 탈출한다. 최근 발생이 늘고 있는데, 특히 묘포원에서 자라고 있는 어린 묘목을 좋아한다. 성충은 4~9월에 걸쳐 발생한다. 유충은 원통 모양으로 말린 잎을 먹고 자란다.

## 형태

성충의 날개딱지는 광택이 있는 청색을 띤다. 겹눈과 더듬이는 검은색이다. 머리, 가슴, 다리는 황갈색을 띠며, 알과 유충은 노란색이다. 성충의 몸길이는 약 6.5mm 내외이며, 유충의 크기는 약 1.0cm이다. 알은 타원형이고, 크기가 0.8mm 정도이다. 날개딱지의 앞부분에 작은 점각형 돌기가 흩어져 있다. 성충의 배 아랫면에는 검은 무늬가 있는 것과 없는 것이 있는데 암수와는 무관하다. 번데기의 체색은 노란색이다.

## 생태

자세한 생활사는 밝혀지지 않았다. 다만 연 1회 발생하고, 성충이 낙엽 속이나 땅속에서 월동하는 것으로 추측한다. 심각한 수준의 피해는 없지만 해마다 대발생하는 경향이므로 경계를 요하는 수목 해충이다.

## 방제

원통 모양으로 말린 잎을 따내면 알, 유충과 번데기를 동시에 없앨 수 있다. 대발생이 아니면 약제방제는 필요하지 않다.

A 피해받은 잎
B 알이 들어 있는 말린 잎
C 성충이 탈출한 탈출공
D 잎에 낳은 알
E 유충의 형태
F 번데기의 모습(등면)
G 갓 우화한 성충(배면)
H 성충의 배면
I 성충의 옆 모습
J 잎을 먹는 성충

A
B
30
50
60
C
D
E
F
G
H
I
J

# 11 호두나무잎벌레

*Gastrolina depressa* Baly
Walnut leaf beetle

호두나무잎벌레(Walnut leaf beetle)는 한국, 일본, 중국, 시베리아에 분포하며 호두나무, 가래나무, 왕가래나무를 기주로 삼는다.

## 피해

애벌레가 잎을 갉아 먹는데 2령기까지는 군집생활을 하고 이후에는 분산하여 가해한다. 피해 잎은 엽육이 소실된 그물 모양으로 변한다. 발생밀도가 높으면 새순의 잎맥만 남겨둔 채 다 먹으므로 식물이 말라 죽은 것처럼 보인다. 애벌레가 다 자라 종령기에 다다르면 가래나무 잎 뒷면에 매달린 채 번데기가 된다.

## 형태

애벌레는 일반적으로 검은 편이다. 성충의 앞날개는 자줏빛 나는 청색이다. 성충의 몸 윗면은 광택이 나는 남색이다. 더듬이는 염주 모양으로 11마디로 되어 있다. 암컷의 몸길이는 평균 7.5mm, 수컷은 7.1mm이다. 알은 긴 타원형이고 유백색이다. 알 덩어리로 산란되며 부화 초기에는 반투명하지만 시간이 경과하면서 오렌지색으로 바뀐다. 알 크기는 1.5mm 정도이다. 애벌레는 짙은 회색이고 크기가 3mm 정도이며, 몸의 마디에 검은색 무늬가 있고 가는 털이 나 있다. 전용기에는 크기가 약 5mm에 달한다. 번데기는 시간이 지나면 우윳빛에서 점점 검게 변하고 크기는 긴지름이 4.6mm, 짧은지름이 2.6mm이다.

## 생태

1년에 1회 발생하며 낙엽 아래나 나무껍질 틈 사이에서 성충으로 겨울을 난다. 이듬해 4월 하순에 성충은 월동 장소를 나와 교미를 하며 5월에 호두나무 잎 표면에 약 30개 내외의 난괴로 알을 낳는다. 알기간은 약 4일이다. 애벌레기간은 약 2주 내외로 군집으로 가해하다가 6월이면 다 자라게 된다. 번데기기간은 짧은 3일이고 6월 하순이 되면 우화 성충이 출현한다.

## 방제

애벌레가 군집하여 가해할 때 피해 가지를 소각한다. 산란 시기와 애벌레 가해 시기인 5월 하순경에는 페니트로치온유제(50%)나 클로르푸루아주론유제(5%) 1,000배액을 한 번 뿌려준다. 남생이무당벌레를 포식성 천적으로 이용한다. 그 밖에 새 종류와 풀잠자리 등 천적을 보호한다.

**A** 피해받은 호두나무의 모습
**B** 성충이 잎을 먹는 모습
**C** 암수 성충의 생김새
**D** 잎을 갉아 먹는 부화한 애벌레
**E** 다 자란 애벌레의 형태
**F** 잎에 매달린 번데기
**G** 산란된 알 덩어리
**H** 천적인 남생이무당벌레

(사진: A-H, 최광식)

A
B
C
D
E
F
G
H

# 12 별줄풍뎅이

*Mimela testaceipes* (Motschulsky)
Lineate chafer

별줄풍뎅이(Lineate chafer)는 한국, 일본, 중국과 시베리아 동부에 분포하고 있으며 소나무, 편백나무, 삼나무, 가문비나무, 잎갈나무, 벚나무류에 가해한다.

## 피해

성충이 기주식물의 잎을 폭식한다. 한편, 애벌레는 벼과 식물 및 임업용 묘목 또는 어린 조림수의 뿌리를 가해한다.

## 형태

성충의 몸길이는 14~20mm이며 색채의 변화가 많다. 몸의 등면은 연한 검누른 빛, 어두운 녹색, 녹색 띤 보랏빛이다. 배면은 연한 갈색, 짙은 개체들은 칙칙한 갈색으로 보이고 광택이 난다. 알은 타원형이고 우윳빛을 띤다. 산란 초기에는 1.4mm지만 부화 직전에 2.4mm까지 커진다. 다 자란 애벌레는 크기가 33~35mm가 된다. 성충의 날개딱지는 봉합선을 포함, 5개의 분명한 세로로 융기된 선을 갖고 있다.

## 생태

2~3년에 한 번 세대를 마친다. 추운 지방에서는 기간이 길어져 3년이 소모된다. 성충은 6~9월에 출현하며 7월 중하순이 발생 최성기이다. 성충은 주로 침엽수와 활엽수 잎을 먹고 목초지와 산간지의 묘포에 산란한다. 때로 조림지 주변에서 우화한 성충 무리가 어린 조림수의 잎을 먹어서 피해가 나타난다. 땅속 5~10cm 깊은 곳에 알을 한 개씩 낳는다. 알기간은 지온의 영향을 받아 25°C에서 약 20일 걸리고, 30°C에서는 14일 정도이다. 부화한 어린 애벌레는 땅속에 있는 부식질이나 목초, 잔디를 비롯한 벼과 식물의 가는 뿌리나 묘목 뿌리를 먹고 자란다. 세대기간이 2년인 남부지방에서는 7월경 부화한 애벌레가 2령충으로 겨울나기를 하여 이듬해 3월에는 다 자라 5월경에 번데기가 된다.

## 방제

잎을 먹고 사는 성충은 줄기 또는 가지를 흔들어 땅에 떨어뜨려 잡기도 한다. 발생 초기에 살충제를 살포한다. 묘목을 가해하는 애벌레를 방제할 때는 묘포원에 토양살충제를 섞어 넣으면 피해를 예방하는 효과가 있다. 성충 발생 최성기에는 유기인계 농약(2~3% 분제)을 ha당 30~40kg으로 2~3회 살포한다.

A 참나무류의 잎이 풍뎅이의 피해를 받은 모습
B 성충이 잎을 갉아 먹은 모양
C 금녹색을 띠는 성충(등면)
D 금녹색을 띠는 성충(배면)
E 녹색을 띠는 성충(등면)
F 녹색을 띠는 성충(배면)
(사진: C-F, 경기도 산림환경연구소)

A
B
C
D
E
F

# 13 왕풍뎅이

*Melolontha incana* (Motschulsky)

왕풍뎅이는 한국, 일본, 중국의 북동부 지역에 분포하고 참나무류에 주로 피해를 준다.

## 피해

성충이 6~8월에 나타나 침엽수, 활엽수의 잎을 갉아 먹는다. 특히 참나무 종류를 좋아한다. 발생 밀도가 높지 않으나 성충은 식성이 왕성하므로 잎의 주맥만 남기고 잎살을 다 먹어 나무의 성장에 지장을 주고, 미관을 나쁘게 한다. 굼벵이는 나무뿌리 근처에서 피해를 입힌다.

## 형태

성충은 크기가 26~33mm 안팎이다. 몸은 붉은 갈색이고 노란색의 짧은 미모가 몸 표면에 빽빽이 나 있다. 날개딱지에는 세로로 융기된 선이 3개 있다. 더듬이는 10마디, 수컷은 끝 7마디가 가늘고 긴 풀잎처럼 겹쳐 있다. 앞가슴등판에 작은 원형으로 된 점각이 있는데 중앙은 드물게 있고, 양옆에는 밀집되어 있다. 날개딱지에 5개의 융기된 줄이 있다.

## 생태

매년 발생하지는 않는다. 그러나 지역에 따라서 발생량이 많은 곳도 있다. 5~6년에 1세대를 마치며 성충이나 애벌레가 땅속에서 겨울을 보낸다. 겨울을 난 성충은 5월부터 나타나 활동한다. 알기간은 35~50일 정도, 애벌레는 7~8월경 발생한다. 성충은 봄부터 가을까지 볼 수 있고 참나무 종류의 잎을 갉아 먹는다. 알은 땅속에 낳고 애벌레가 활엽수의 뿌리를 가해한다. 자세한 생활사는 밝혀져 있지 않다. 중국줄풍뎅이(*Anomala aulax* Wiedemann), 밝은줄풍뎅이(*A. lucens* Ballion)도 발생한다.

## 방제

성충은 불빛에 많이 유인되므로 공원, 골프장, 묘포원에서는 유아등 설치로 성충의 밀도를 조정하고 애벌레는 토양살충제를 사용해 묘목 피해를 최소화할 수 있다. 중국에서는 기생균과 기생파리가 천적으로 알려져 있다.

**A** 담갈색을 띠는 성충(등면)
**B** 더듬이, 머리, 앞가슴등판의 생김새(앞면)
**C** 배 표면에 연노랑 짧은 털이 많은 성충(배면)
**D** 비슷한 종인 밤색우단풍뎅이 성충
**E** 밤색우단풍뎅이 굼벵이의 입틀과 가슴의 옆모습
**F** 청동풍뎅이의 굼벵이
**G** 화본과 식물의 뿌리를 주로 가해하는 종령기의 굼벵이
(사진: D, USDA, G. Cattin; E, USDA, J. Ogrodnick)

A
B
C
D
E
F
G

# 14 주둥무늬차색풍뎅이

*Adoretus tenuimaculatus* (Waterhouse)
Brown chafer

주둥무늬차색풍뎅이(Brown chafer)는 한국, 일본, 중국, 타이완, 인도, 미얀마, 인도네시아, 러시아에 분포하고 감나무, 대추나무, 느티나무, 귤나무류, 복숭아나무, 배나무, 벚나무, 밤나무, 사과나무, 버드나무류, 오리나무, 포도나무, 배롱나무, 장미, 참나무류, 호두나무, 오동나무, 아까시나무를 기주로 삼는다.

## 피해

성충이 기주식물의 잎을 가해하는데, 발생이 심하면 잎맥만 남기고 다 먹는다.

## 형태

성충은 짙은 적갈색 또는 흑갈색을 띠고 온몸에 황백색 털이 덮여 있다. 앞날개에 흰색의 짧은 털로 된 점 모양인 무늬가 있다. 몸길이는 변이가 많은 편이며 대개 9.7~12mm이다. 알은 긴 타원형으로 길이가 1.7~1.9mm, 너비는 1.0~1.7mm 정도며 유백색이다. 애벌레는 굼벵이 모양이며 우윳빛을 띠고 크기는 13~16mm에 달한다. 번데기의 형태는 앞부분은 둥근 모양이지만 몸 뒷부분은 뾰족한 모양이고 길이는 10mm 안팎이다.

## 생태

1년에 1회 발생하고 성충으로 겨울을 난다. 중국에서는 1년에 2회 발생하고 애벌레 형태로 겨울을 보낸다. 이듬해 5~6월에 나타나면서 기주식물을 공격한다. 성충은 광선에 잘 유인되는 야행성이다. 암컷은 짝짓기 이후 흙 속(지표면)에 알을 낳는다. 암컷 한 마리가 20~40개의 알을 낳고, 산란 후 3~5일 지나면 곧 죽는다. 애벌레는 유기질이 풍부한 부식물이나 잡초의 뿌리도 가해한다. 구릉지의 황토나 점양토성 토양에서 분포 밀도가 높은 편이고 땅속 3.3cm 깊이의 풀뿌리 부근에 많이 있다. 번데기는 토양 10~15cm 깊이에서 많이 볼 수 있다. 성충은 소리에 민감한 반응을 보이기도 하며 몸을 만지면 그 자리에서 땅으로 떨어지는 의태성 행동을 보이므로 특히 발생량을 확인하고자 할 때는 주의해야 한다.

## 방제

잎을 가해하는 성충은 발생 초기에 메프, 디프분제나 유제를 수관에 살포한다. 애벌레 방제는 토양살충제를 사용하는데 카보퓨란입제(3%), 에토프로포스입제(5%)를 5kg/ha 뿌린 뒤에 토양을 갈아엎어주어야 효과를 볼 수 있다.

A 풍뎅이 성충이 잎을 갉아 먹은 모습
B 피해 입은 참나무류의 잎
C 성충이 먹고 남긴 피해 흔적(장미)
D 잎을 가해하는 성충
E 검은색을 띠는 성충(등면)
F 미모가 난 성충(배면)

A
B
C
D
E
F

## 15 큰검정풍뎅이

*Holotrichia morosa* Waterhouse
Large black chafer

큰검정풍뎅이(Large black chafer)는 한국, 일본, 타이완, 중국에 분포하고 벚나무류, 사과나무, 배나무, 물푸레나무 등의 활엽수를 가해한다. 묘목에도 피해를 준다.

### 피해

성충은 활엽수의 잎을 갉아 먹고 굼벵이가 땅속에서 묘목의 뿌리를 먹는 해충으로 유명하다. 묘포장에 심어놓은 어린 묘목일수록 굼벵이의 피해를 많이 받는다.

### 형태

성충의 몸길이는 대개 17~21mm 안팎이다. 머리에는 촘촘하게 점각 무늬가 있다. 몸이 통통하고 검은색이나 갈색 개체가 많다. 등쪽에 광택은 없으며 배 아랫면은 보랏빛 나는 흰 가루로 덮여 있다. 앞가슴등판의 앞과 옆 가장자리에 갈색인 빳빳한 털이 돌려 나 있다. 더듬이와 부절은 붉게 보이고 앞날개딱지 표면에 작은 점각이 나 있다.

### 생태

성충은 4~9월에 나타나는데 5월에 가장 많이 발생한다. 야간에 활동하며 불빛에 잘 유인된다. 1세대는 1년 또는 2년이 걸리며 성충 및 3령기 굼벵이태로 겨울을 난다. 애벌레는 땅속에서 부화한 뒤 묘목의 뿌리를 먹고 자란다. 5~6월에 번데기가 되면 6월 초순경 성충으로 우화한다. 성충의 활동은 25~28°C가 최적 조건이다. 짝짓기를 마친 성충은 5~7일이 지나면 땅속 1.5~1.7cm 깊이에 알을 낳는다. 평균 산란 수는 100개 안팎이다. 성충의 수명은 60일 내외이며, 알기간은 약 8~10일, 번데기기간은 20~23일 내외이다.

### 방제

성충의 주광성을 이용하여 발생이 많은 5월에 유아등을 설치하면 밀도를 줄일 수 있다. 애벌레는 굼벵이 형태로 묘목의 뿌리를 공격하므로 피해가 크게 나타나면 토양살충제를 사용한다. 7월 중순에 애벌레의 발생이 진행되므로 기주식물이 있는 곳에 이미다클로프리드입제(2%), 카보퓨란입제(3%)를 60kg/ha 기준으로 뿌리고 약이 땅속에 충분히 스며들게 관수하면 좋다. 알을 포식하는 거미류, 무당벌레와 풀잠자리 등을 보호한다.

**A** 땅속에서 뿌리를 가해하는 굼벵이
**B** 유아등에 날아온 성충
**C** 검은색 계통 성충(등면)
**D** 검은색 계통 성충(배면)
**E** 갈색 계통 성충(등면)
**F** 갈색 계통 성충(배면)
(사진: C-F, 경기도 산림환경연구소)

A
B
C
D
E
F

# 16 풀색꽃무지

*Gametis jucunda* Faldermann
Small green flower chafer

풀색꽃무지(Small green flower chafer, citrus flower chafer)는 한국, 일본, 중국, 타이완, 시베리아, 몽골, 인도, 북아메리카에 분포하고 있으며 장미과 식물, 귤나무, 탱자나무, 밤나무, 사과나무, 복숭아나무에 가해한다.

## 피해

성충이 봄, 가을에 가해식물의 꽃에 날아와 꽃잎을 먹는다. 애벌레는 썩은 나무와 부엽토를 먹고 자란다. 성충이 식물의 꽃을 가해하므로 정원에 심은 관상목의 상품 가치를 훼손하여 경제적 피해를 준다.

## 형태

애벌레의 몸은 흰색이고 몸 뒷부분이 현저히 큰 편이다. 더듬이는 제1절이 가장 길다. 가슴다리의 발톱은 선단부가 둥근 모양이다. 제10배마디의 배쪽은 세로로 난 줄에 한 쌍의 짧은 가시털이 1열에 14개 정도 있다. 애벌레의 몸길이는 23mm 정도며, 3령기 굼벵이로 겨울을 난다. 성충은 몸길이가 13~17mm 내외며, 몸은 머리, 가슴등판, 연한 녹색의 날개딱지로 이루어져 있고, 날개딱지 표면에 짧은 연노란 가로무늬가 흩어져 있다. 몸 표면에 짧은 털이 많다. 알은 공 모양으로 지름은 2mm쯤 된다. 알 색깔은 연한 황색 내지 연녹색이다.

## 생태

1년에 1회 발생하고 종령기 굼벵이나 성충이 토양 속 깊은 곳에서 겨울나기를 한다. 암컷 성충이 땅속의 부엽토나 썩은 나무에 알을 낳는데 알에서 성충이 되려면 1~2년이 걸린다. 4~5월경 살고 있는 곳에 번데기방을 만들어 그 안에서 번데기가 된다. 성충이 봄 가을에 식물로 날아와 꽃을 먹어버리므로 피해가 크다. 월동 중인 굼벵이는 기온이 상승하는 3~4월경에는 토양의 얕은 곳으로 이동하여 번데기가 된다. 성충이 나타나는 시기가 비교적 짧아서 6월 중하순이 지나면 볼 수가 없다. 해가 진 이후에 암컷 성충이 땅속에 알을 낳고 알기간은 약 14일 내외이다. 부화한 애벌레는 부식질을 먹고 자라는데 야채나 과수류의 잔뿌리를 가해하기도 한다. 3령이 지난 굼벵이는 8월이 지나면 번데기가 된다.

## 방제

성충의 발생 초기에 포살하는 것이 좋다. 그러나 발생 밀도를 살펴 기주에 피해가 보이면 방제한다. 성충이 야간에 불빛에 날아오므로 유아등을 설치하여 유인해서 포살하는 것이 좋다.

A 꽃무지 성충의 피해를 받은 장미꽃
B 국화꽃을 가해하는 성충
C 감귤꽃잎을 가해하는 성충
D 꽃을 먹고 있는 성충
E 날개딱지에 점무늬가 있는 성충(등면)
F 점무늬가 있는 성충(배면)
G 날개딱지에 줄무늬가 있는 성충(등면)
H 줄무늬가 있는 성충(배면)
I 점무늬와 붉은 반문이 있는 성충(등면)
J 애벌레(굼벵이)의 형태

# 17 버들재주나방

*Clostera anastomosis* (Linné)
Black-backed prominent

버들재주나방(Black-backed prominent)은 한국, 일본, 중국, 인도, 시베리아, 유럽 등지에 분포한다. 은백양나무, 미루나무, 황칠나무, 은사시나무, 갈참나무, 수양버들, 상수리나무, 포플러류, 버드나무류, 참나무류, 느릅나무, 산사나무, 사과나무, 배나무, 신나무 등에 가해한다.

## 피해

부화한 애벌레는 처음에 모여 살면서 그물 모양으로 잎살만 가해하지만 자라면 나무 전체에 퍼진다. 애벌레 한 마리가 60~95cm$^2$의 잎을 먹는다. 8월 이후 피해가 심하다.

## 형태

성충의 몸은 회갈색이다. 크기가 15~20mm, 날개를 펼친 길이는 25~30mm이다. 머리와 가슴 중앙에 연한 붉은 갈색 띠가 있다. 앞날개에는 3줄의 회백색 사선이 있고 중앙에는 어두운 갈색 무늬가 있다. 애벌레는 몸길이가 35~40mm, 머리는 갈색이며 몸은 어두운 갈색이다. 번데기는 진한 붉은 갈색으로 황백색인 고치 속에 들어 있고 크기는 15mm쯤이다.

## 생태

1년에 3~4회 발생하나 불규칙하고 추운 지역에서는 2회 발생한다. 어린 애벌레가 줄기 밑부분의 갈라진 틈 또는 낙엽 속에서 작은 고치를 만들어 그 속에서 월동한다. 1화기 성충은 6~7월에 나타나면 암컷이 잎 뒷면에 50~700개의 알을 무더기로 산란한다. 한 마리가 평균 400개의 알을 낳는다. 알기간은 2~3주가 소요된다. 이듬해 봄이 되면 애벌레가 월동 장소에서 탈출하여 새잎을 먹기 시작한다. 애벌레는 성장을 계속하다가 6월경 번데기가 된다. 2화기의 성충은 8~9월경 나타나며 짝짓기를 마친 암컷이 1화기와 같이 알을 낳는다. 이때는 알기간이 약 10일이며 부화한 애벌레를 8~9월에 볼 수 있고, 1령기 때는 무리를 지어 먹이를 먹는다.

## 방제

군서하는 애벌레는 가지를 잘라 불에 태운다. 애벌레가 분산된 이후에는 페니트로치온유제(50%) 1,000배액 또는 비페트린입상수화제(8%) 1,000배액을 한 번 뿌려준다. 천적으로 팔점보라맵시벌, 밤나방살이자루맵시벌과 산누에살이납작맵시벌 등이 있다.

A 애벌레가 가해한 포플러나무
B 애벌레가 가해한 신나무 잎
C 애벌레가 가해한 수양버들
D 애벌레의 형태
E 애벌레의 피해로 고사한 은사시나무(서울 용산)
F 수컷 성충의 날개 편 모습
G 수컷 성충의 더듬이와 앞날개 기부
(사진: D, Kenji Umeya)

# 18 차주머니나방

*Eumeta minuscula* Butler
Tea bagworm

차주머니나방(Tea bagworm)은 한국과 일본에 분포하고 소나무류, 편백나무류, 낙엽송, 벚나무류, 콩과, 동백나무류 등 80여 종의 수목에 가해한다.

## 피해

애벌레가 여러 식물의 잎을 먹는 잡식성이다. 산림에 크게 발생하는 경우는 드물지만 도시 근교의 묘포원, 수목원 등에 자주 발생한다.

## 형태

암컷 성충은 몸 크기가 약 20mm이고 원통형이며 갈색 혹은 황백색을 띤다. 날개와 다리는 없다. 수컷 성충은 몸, 날개가 어두운 갈색이고 크기가 약 20mm이며 날개를 편 길이는 23~26mm에 이른다. 알은 황백색, 타원형이고 장·단경이 0.8mm, 0.6mm이다. 다 자란 애벌레의 몸길이가 17~25mm에 이른다. 머리에는 검은 갈색 무늬가 있다. 몸은 황백색이고 가슴등면에는 갈색 무늬가 있다. 수컷 번데기는 붉은 갈색이고 방추형이며 몸길이는 약 13mm 정도이다. 암컷 번데기는 긴 타원형이고 붉은 갈색이며 몸길이가 약 17mm로 수컷보다 크다. 주머니 크기는 23~40mm로 매우 다양하며, 표면에 짧고 작은 나뭇가지를 많이 붙여 만든다.

## 생태

대개 1년에 1회 발생하며 고치 안에서 애벌레 형태로 겨울을 보낸다. 성충 출현 시기는 5~7월이다. 암컷은 주머니 고치 속에 살며 교미 기간에 수컷이 고치 주변에 모인다. 암컷 성충은 주머니 속에서 알을 낳는데 6~8월에 부화한 애벌레는 바람을 타고 분산 이동한다. 애벌레는 봄, 여름, 가을에 나타나 잎을 먹고 자란다. 7령이 지나면 다 자란 애벌레가 된다. 가을 애벌레가 겨울날 채비를 한다.

## 방제

암컷이 들어 있는 주머니를 제거하면 밀도를 낮출 수 있다. 기생 천적이 많으므로 주머니를 제거했을 때 천적이 탈출할 수 있도록 장치를 한다. 7월 하순~8월 중순경에 클로르푸루아주론유제(5%) 1,500배액, 페니트로치온유제(50%) 1,000배액을 수관부에 뿌려준다.

A 낙엽송을 집단적으로 가해하는 차주머니나방
B 망고 잎을 갉아 먹은 차주머니나방(제주 서귀포)
C 낙엽송 잎에 매달린 주머니(여천공단)
D 소나무 줄기 위에서 이동하는 애벌레(밀양)
E 귤나무의 감귤에 붙어 있는 주머니(제주 서귀포)
F 주머니 안에 있는 애벌레의 크기
G 나뭇가지에 매달린 주머니의 모양
H 크기가 다른 주머니의 모양
I 주머니를 만든 소재

A
B
C
D
E
F
G
H
I

# 19 노랑쐐기나방

*Monema flavescens* Walker
Oriental moth

노랑쐐기나방(Oriental moth)은 한국, 일본, 중국, 타이완, 아무르, 우수리에 분포하고 있으며 기주로는 감나무, 느릅나무, 단풍나무, 매실나무, 밤나무, 배롱나무, 배나무, 복사나무, 뽕나무, 버드나무류, 벚나무, 사과나무, 석류나무, 유자나무, 장미, 찔레나무, 차나무, 포플러나무, 해당화, 플라타너스가 알려져 있다.

## 피해

감나무 등 과수류의 해충이기도 하다. 애벌레는 주맥만 남기고 잎을 다 먹는다. 애벌레와 성충 몸의 자모가 인체에 닿으면 독으로 인하여 염증을 일으켜 위생해충으로도 다룬다.

## 형태

날개를 펼친 길이는 32~34mm 내외이다. 성충의 앞날개 길이는 암컷이 14~15mm, 수컷이 12~13mm이며 노란 색깔이다. 앞날개의 바깥 부분은 붉은 갈색이고 가장자리에 검은 갈색 사선이 2개 있다. 알은 한쪽이 편평한 모양이다. 애벌레는 흰색으로 몸길이가 25mm 정도이고 머리는 엷은 갈색이며 몸의 앞과 뒷부분에 어두운 자줏빛 무늬가 있다. 그러나 중앙 부분과 옆 부분은 녹색인데 몸 표면에는 가시털이 있다. 고치의 바탕색은 회백색을 띠고 칙칙한 갈색 무늬이며 생긴 모양은 타원형이다.

## 생태

1년에 1회 발생하며 새알같이 생긴 고치 안에서 전용 상태의 애벌레로 겨울을 난다. 5월에 번데기가 되고 6월이면 우화한다. 대개 6월 중순~8월 중순 동안에 성충이 나타나지만 발생 패턴은 불규칙하다. 성충은 야간에 교미한 후 잎 뒷면에 1~2개씩 알을 낳는다. 애벌레가 6~7월에 잎을 가해한 뒤 가지에 고치를 만들고 그 속에서 겨울나기를 한다. 늦게 부화한 애벌레는 10월에도 볼 수 있다. 성충은 주광성이 강해서 밤에만 활동을 한다. 고치는 나무의 수간부 또는 가지에 붙여 만든다.

## 방제

겨울철에 가지에 붙어 있는 고치를 따내는 것이 효과적이다. 발생이 심하면 약제로 방제한다. 천적으로 *Chrysis shaugnaieusis*와 *Chaetexoriota eutachinodes* 등의 기생벌이 있으므로 보호한다. 애벌레가 발생하는 초기인 6월에 페니트로치온유제(50%)·수화제(40%)나 에토펜프록스수화제(20%) 1,000배액을 수관부에 골고루 뿌려준다.

A 암컷 성충의 날개 편 모습(등면)
B 어린 애벌레
C 앞날개 기부와 머리·가슴의 등면
D 등면의 무늬가 뚜렷한 자란 애벌레
E 알에서 깨어난 애벌레 무리가 잎을 먹는 모습
F 아주까리 열매처럼 생긴 고치(여름)
G 아주까리 열매처럼 생긴 고치(가을)

A
B
C
D
E
F
G

# 20 장수쐐기나방

*Parasa consocia* (Walker)
Green cochlid

장수쐐기나방(Green cochlid)은 한국, 일본, 중국, 타이완, 시베리아에 분포하고 있으며 감나무류, 물푸레나무, 미루나무, 밤나무, 버드나무, 벚나무, 배나무, 사과나무, 유자나무에 가해한다.

## 피해

애벌레가 모여 살며 기주식물의 잎을 갉아 먹는다. 어린 애벌레는 잎살만 먹지만 성장하면서 잎을 전부 먹는다. 따뜻한 지역에서 많이 발생하는 편이고 특히 버드나무류를 좋아한다. 가로수에 대발생하는 경우가 있다.

## 형태

성충의 날개를 펼친 길이가 29~32mm에 이른다. 몸은 엷은 녹색이고 앞날개의 외연에 커다란 검누른 빛의 띠가 있는데 기부에는 갈색 무늬가 있다. 애벌레의 몸길이는 25mm 정도이고 몸은 황록색을 띠며 등면 중앙에는 푸른색인 세로선을 볼 수 있다. 또한 등면에 둥글고 잔 알갱이가 빽빽하게 돋아 있다. 뒷가슴 등판에 검은색 반문이 2개 있다. 등판 중앙부의 외부에 혹 같은 부속기가 있는데 그 위에는 수많은 가시 돌기가 뭉쳐 있다. 몸에 난 자모의 돌기는 짧다. 비슷한 종인 *Parasa lepida*가 일본 시즈오카 서부 지역에 분포한다.

## 생태

1년에 1~2회 발생한다. 제1회 성충은 6월 상순~7월 상순경 출현한다. 애벌레는 6월 상순에 나타나기 시작하여 7월 하순에 다 자란 애벌레는 나무줄기의 빈틈이나 토양 속으로 들어가 고치를 짓는다. 한편, 연 2회 발생할 때는 8월 중순~9월 상순에 성충을 볼 수 있다. 애벌레는 8~9월에 출현하여 기주의 잎을 갉아 먹으며 10월에 다 자란 애벌레로 성장하고, 번데기가 되기 전 발육 형태로 고치 안에서 겨울나기에 들어간다.

## 방제

애벌레가 발생하는 6~7월에 약제방제를 한다. 대발생하지 않은 경우 별도의 방제가 필요하지 않다. 페니트로치온유제(50%) 또는 에토펜프록스수화제(10%)·유제(20%) 1,000배액을 수관부에 뿌려준다. 천적으로 포식충과 기생벌이 있으므로 약제를 사용할 때 유의한다.

**A** 피해 입은 장미 잎의 모습(경기 수원)
**B** 벚나무 잎살을 먹고 있는 애벌레(경기 양평)
**C** 장미 잎 뒤에서 잎살을 먹고 있는 애벌레(경기 수원)
**D** 수컷 성충의 겹눈, 더듬이(앞면)
**E** 암컷 성충의 날개 편 모습(등면)
**F** 수컷 성충의 날개 편 모습(등면)
**G** 잎을 가해하는 2령기의 애벌레
**H** 감나무 잎을 가해하는 애벌레(일본)
**I** 피해받은 장미 잎 뒷면(경기 수원)

(사진: H, Kenji Umeya)

## 21 노랑털알락나방

*Pryeria sinica* Moore
Pellucid zygaenid

노랑털알락나방(Pellucid zygaenid)은 현재 한국, 일본, 중국, 북아메리카에 분포하며 노박덩굴, 빗죽이나무, 사스레피나무, 사철나무, 줄사철나무, 참빗살나무, 청다래덩굴, 화살나무에 가해한다.

### 피해

가로수로 심은 경우보다 울타리용으로 심은 나무와 가지치기 못한 나무에 많이 발생한다. 4~5월경 애벌레가 무리 지어 잎을 마구 먹어 치운다. 특히 사철나무를 좋아한다. 대발생하면 가지만 남기고 잎을 다 먹는다. 이런 현상은 애벌레의 집합성이 강하기 때문에 피해가 심하게 나타난다.

### 형태

성충의 날개는 인편이 없어서 반투명해 보인다. 배마디에는 노란색의 긴 털이 나 있다. 날개를 펼친 길이는 30mm 내외이다. 애벌레의 몸바탕은 연노란색이다. 다 자란 애벌레의 몸길이는 약 20mm고 몸 전체는 담황색으로 검은 갈색인 세로로 난 무늬가 여러 개 있고 미세한 털도 많다.

### 생태

1년에 1회 발생한다. 나뭇가지에 산란한 알 상태로 겨울을 보낸다. 부화한 애벌레는 3월 하순~4월 상순경에 볼 수 있으며 처음에는 나뭇가지 끝쪽에 모여서 새순이나 잎 뒷면을 식해하다가 하부의 단단한 잎마저 먹는다. 5월 중순부터 애벌레는 분산 이동하여 잎과 잎 사이의 공간에 하얀 갈색의 단단한 고치를 만들고 번데기가 된다. 10~11월경 우화한 성충은 낮에 많이 날아다니며 나뭇가지에 알을 덩어리로 낳는다. 이때 알덩어리의 표면은 암컷의 배 끝에 나 있는 털로 덮인다. 애벌레는 건드리면 거미줄을 이용하여 땅에 떨어진다. 발생 지점은 해마다 비슷한 곳이다.

### 방제

피해받은 잎사귀의 먹은 흔적이 지저분하므로 갈퀴를 사용하여 제거하는 것이 좋다. 애벌레는 집단생활을 하므로 발생 초기에 페니트로치온 유제(50%), 에토펜프록스수화제(10%) 1,000배액을 수관에 뿌려준다.

A 알집의 모양(사철나무)
B 부화 초기의 피해
C 피해받은 잎과 먹은 흔적(사철나무)
D 1령기 유충의 탈피
E 성충의 날개 편 모습(수컷)
F 유충의 집단 가해
G 유충의 형태(등면)
H 잎을 때려 채집망에 떨어진 애벌레
I 2~3령기 유충이 잎을 먹는 모습
(사진: C, 경기도 산림환경연구소)

A
B
C
E
D
F
G
H
I

# 22 대나무쐐기알락나방(대먹나방)

*Balataea funeralis* (Butler)
Bamboo zygaenid

대나무쐐기알락나방(Bamboo zygaenid)은 한국, 일본, 중국에 분포하며 대나무류와 조릿대류에 가해한다.

## 피해

돌발적으로 발생하는 해충이며 대나무류의 잎을 갉아 먹는다. 다 자란 애벌레는 섭식량이 많다. 피해받은 잎은 칼이나 가위로 자른 듯 흔적이 남는다. 대나무 해충으로 오래전부터 알려져 왔다. 대발생하면 대나무 자생지에 피해가 크다. 피해를 받은 잎은 백화 현상이 나타난다. 털에는 독이 있어서 접촉하면 피부가 발진하게 되므로 주의해야 한다.

## 형태

성충의 날개길이는 10mm 안팎이다. 날개를 편 길이는 약 23mm에 이르고 몸 전체는 흑갈색이나, 약간은 남색을 띠는 것도 있다. 암컷 성충의 앞날개 중앙부와 뒷날개의 안쪽, 수컷 성충의 뒷날개의 안쪽은 반투명해 보인다. 알은 타원형이며 긴지름이 1mm쯤 된다. 다 자란 애벌레는 몸길이가 약 18~20mm며, 몸은 황갈색 또는 엷은 황갈색을 띤다. 애벌레의 몸 마디에는 검은색 털 뭉치판이 있고 긴 털이 드물게 나 있다. 특별히 가슴 부위와 꼬리 부위의 털이 길다. 번데기는 납작한 긴 타원형이며 몸은 노란 갈색이다.

## 생태

1년에 2회 발생하지만 따뜻한 곳에서는 연 3회 발생한다. 고치 안에서 다 자란 애벌레나 전용태로 겨울을 난다. 1화기의 애벌레는 5~6월에 출현한다. 암컷은 잎 뒷면에 황갈색의 알 덩어리를 산란한다. 알 덩어리에는 100~200개의 알이 있다. 2화기의 애벌레가 7~8월에 나타나고 성충은 8~9월에 걸쳐 볼 수 있다. 부화 초기의 애벌레가 대나무 잎 뒤에 한 줄로 줄지어 표피와 잎살을 가장자리부터 먹기 시작하고 직선상으로 갉아 먹는다. 그럴 경우 피해 부위의 잎은 하얗게 보인다. 애벌레를 자극하면 실을 토하면서 이동한다. 다 자란 애벌레는 잎 뒷면이나 돌멩이 아래에 엷은 고치를 만들어 번데기가 된다.

## 방제

적게 발생했을 때는 애벌레를 용기에 떨어뜨려 잡아 소각한다. 많이 발생하면 부화 초기에 잎 뒷면을 중심으로 디프 분제, 메프 분제를 뿌려준다.

A 애벌레가 갉아 먹은 대나무 잎
B 우화한 성충의 모습
C 애벌레의 형태(등면)
D 다 자란 애벌레와 고치의 모양
E 우화하기 전의 고치의 생김새
F 알의 모양(흰색은 부화한 것)
G 부화 유충의 가해
H 1령기 유충의 가해
I 부화 초의 유충 집단

A
B
C
D
E
F
G
H
I

# 23 독나방

*Euproctis subflava* (Bremer)
Oriental tussock moth

독나방(Oriental tussock moth)은 한국, 일본, 시베리아, 중국, 타이완, 아무르, 우수리에 분포하고 참나무류와 감나무, 밤나무, 찔레나무, 느티나무, 장미, 버드나무, 차나무, 진달래, 자두나무, 매실나무, 사과나무, 아까시나무, 해당화 등을 가해한다.

## 피해

애벌레가 수목류의 잎을 먹는다. 성충, 애벌레, 번데기에 독이 있는 털을 지니고 있어 몸에 접촉하면 가려움과 염증이 생긴다. 겨울을 난 애벌레는 4월경부터 활동을 시작한다. 우리나라는 1936년 이후 전국적으로 발생하고 있다. 잎 뒷면에서 집단 가해하므로 봄철 야외활동 시 유심히 살펴봐야 한다.

## 형태

성충은 몸 전체가 누런 빛을 띠고 앞날개 중앙에 X 모양인 무늬가 있다. 날개를 편 길이는 수컷이 25~33mm, 암컷은 37~42mm 정도다. 알은 연한 노란색이며 길이는 약 0.6mm이다. 알 덩어리는 암컷 성충의 체모와 인편 가루로 덮여 있다. 부화한 애벌레는 탈피를 반복하여 3령충이 되면 30~40mm로 자란다. 몸은 전체가 칙칙한 갈색이거나 등황색을 띤다. 배마디 1, 2, 8절 등면은 어두운 갈색의 털뭉치가 혹처럼 융기되어 있다.

## 생태

1년에 1회 발생하고 다 자란 애벌레(3령충)가 낙엽 등이 쌓인 곳이나 틈바구니에서 겨울을 난다. 애벌레는 4월 상순~중순이면 잎을 먹는데 처음에 집단으로 가해하지만 이후에는 분산하여 가해한다. 6월 중순~하순이면 다 자란 애벌레가 되고 나뭇잎을 모으거나 나무껍질의 틈이나 뿌리 근처로 이동하여 체모를 섞은 다갈색 고치 속에서 번데기가 된다. 번데기기간은 2~3주이며, 성충은 7~8월에 출현한다. 성충의 수명은 5~7일로 짧은 편이다. 암컷 성충은 잎 뒷면에 꼬리에 있는 털을 씌운 알 덩어리를 낳는다. 난괴당 알 수는 약 450~1,000여 개이며 알기간은 16~20일이다. 7월경 부화한 애벌레는 집단생활을 계속 하다가 11월이 되면 분산하여 월동 장소로 옮겨간다.

## 방제

애벌레가 잎에 모여 살고 있을 때 잎을 따 소각한다. 성충은 불빛에 유인되므로 등화유살을 7~8월에 실시할 수 있다. 유충이 발생하는 7월에 페니트로치온유제(50%)나 클로르푸루아주론유제(5%) 1,000배액을 한 번 뿌려준다. 애벌레에 기생하는 천적으로 *Apanteles conspersae*와 *Telenomus euproctidis* 등이 알려져 있다.

A 부화 초기의 유충(검은색)
B 유충의 가해
C 중령기 유충의 가해
D 종령기 유충의 형태(용화 전)
E 종령기 유충의 형태(등면)
F 성충의 날개 편 모습(등면)
G 성충의 교미

A
B
C
D
E
F
G

# 24 사과독나방

*Calliteara pseudabietis* (Butler)
Red tail moth

사과독나방(Red tail moth)은 한국, 일본, 중국, 유럽에 분포하며 사과나무, 배나무, 호두나무, 상수리나무, 떡갈나무, 신갈나무, 자작나무, 버드나무류, 낙엽송, 황철나무, 벚나무, 단풍나무류, 싸리나무, 향나무, 장미 등에 가해한다.

## 피해

매년 발생량이 많은 해충은 아니다. 애벌레가 기주식물의 잎을 먹으며, 애벌레의 독이 있는 센털이 피부에 닿으면 염증을 일으킨다. 때로는 성충의 인편이 몸에 닿으면 체질에 따라 알레르기 반응을 보이기도 한다.

## 형태

몸이 원통형인 애벌레는 녹색을 띤 황색이고 긴 털이 많다. 몸길이는 약 35mm쯤이며 머리가 크고 둥글다. 특히 제1~4배마디 등판의 털무더기는 황색이고, 제8배마디 등판은 붉은색 털뭉치가 있다. 성충은 날개를 펼친 길이가 암컷이 25~34mm, 수컷은 15~23mm이다. 암컷 앞날개는 회색을 띠고 검은 인편이 흩어져 있으며 뒷날개는 검은 무늬가 있는 흰색이다. 성충의 몸 크기에서는 변이가 심하지 않지만 날개 표면에 있는 인편과 색깔은 변이가 많은 편이므로 분류 동정(同定)하는 것이 어렵다.

## 생태

1년에 2회 발생한다. 성충은 4~5월과 7~8월에 출현하고, 애벌레의 피해는 5~7월과 9월에 나타난다. 알기간은 15일 안팎이고, 애벌레기간은 약 50일, 번데기기간은 10일 내외이다. 고치는 애벌레 몸에 있는 노란색인 독성분이 있는 센털을 섞어 만들고 그 안에서 번데기 형태로 겨울을 보낸다.

## 방제

발생이 많지 않으면 애벌레를 포살한다. 알을 포식하는 무당벌레류, 풀잠자리류, 응애류 등이 있으면 약제 처리 때 잘 살펴 사용 시기를 결정하는 것이 좋다. 애벌레가 발생하는 5월과 7월에 페니트로치온유제(5%) 또는 수화제(40%) 1,000배액을 수관에 뿌려준다.

**A** 성충의 날개 편 모습(수컷)
**B** 더듬이, 겹눈, 앞날개 기부의 형태(수컷)
**C** 암컷 성충의 날개 편 모습
**D** 암컷의 더듬이, 두흉부, 앞날개 기부의 모습
**E** 어린 애벌레의 형태
**F** 애벌레 몸에 나 있는 털뭉치
**G** 다 자란 애벌레의 독자모의 형태(일본 종)

# 25 매미나방(짚시나방)

*Lymantria dispar* (Linné)
Gypsy moth

매미나방(Gypsy moth)은 한국, 일본, 미국, 캐나다, 중국, 시베리아, 유럽에 분포하며 기주로는 벚나무, 사과나무, 매실나무, 졸참나무, 갈참나무, 밤나무, 오리나무, 졸가시나무, 버드나무류, 녹나무, 포플러, 소나무, 배나무, 복숭아나무, 상수리나무, 감나무, 살구나무, 떡갈나무류 등 여러 산림과 과수류가 있다.

## 피해

애벌레가 산림과 과수류의 잎을 갉아 먹는 해충이다. 대발생하는 패턴이므로 피해가 크게 나타난다. 어린 애벌레는 낮에는 나무줄기에 머물렀다가 야간에 활동을 하며 잎을 먹는다. 독나방과에 속하는 해충으로 애벌레와 성충의 독가시털이 인체에 피부질환을 유발하는 경우가 많다.

## 형태

암컷 성충은 몸길이가 25mm, 날개를 펼친 길이는 62~93mm에 이른다. 수컷 성충은 날개를 펼친 길이가 45~60mm 정도이다. 암컷은 배가 큰 편이고 몸은 회백색을 띤다. 수컷은 회색 내지 흑갈색이다. 알은 수백 개씩 덩어리로 낳는데 알 직경은 1.5mm 정도이다. 난괴 표면은 성충 배에 있는 황갈색 내지 갈색인 비늘털로 덮여 있다. 어린 애벌레는 검은색이고 몸 표면에 긴 센털이 많이 있고 다 자라면 길이가 55~70mm에 이른다.

## 생태

1년에 1회 발생하고 알 덩어리 상태로 나무줄기나 가지 아랫부분에서 겨울을 난다. 3~4월이면 부화하고 30일 정도면 애벌레가 다 자란다. 2개월이 지나면 번데기가 되어 수주간 우화한다. 성충은 7~8월에 출현한다. 애벌레는 먹성이 좋아 대발생했을 때는 수백 종의 식물에 피해를 준다. 대발생하는 요인에 대한 분석은 다양하게 보고되었다. 우리나라에서 발생하기 시작한 때는 1950년대 중반 이후로 추정하고 있다.

## 방제

알 덩어리(난괴) 밀도를 추정하여 방제 여부를 결정한다. 일본의 경우에 난괴가 보통 ha당 1,235개, 임업생산지에서는 741개 이상이면 방제가 필요한 것으로 여긴다. 생물적 방제에 기대를 걸고 있다. 대량 발생한 해에는 애벌레가 발생하는 4월 하순~5월 초순경에 페니트로치온유제(50%)나 수화제(40%) 1,000배액을 수관에 뿌려준다. 곤충병원성 미생물인 *Bacillus thuringiensis*(Bt) 균이나 핵다각체 바이러스를 이용한다.

**A** 유충의 대발생(철쭉)
**B** 애벌레의 형태(감나무)
**C** 유충의 가해(철쭉)
**D** 바이러스에 감염된 유충
**E** 알집과 기생벌의 탈출
**F** 다 자란 유충(등면)
**G** 수컷 성충의 옆 모양
**H** 수컷 성충(등면)
**I** 암컷 성충의 산란하는 모습
**J** 암컷 성충(등면)
**K** 나무줄기에 산란한 알 덩어리(소나무)

A
B
C
D
E
F
G
H
I
J
K

# 26 뒷노랑얼룩나방

*Sarbanissa subflava* (Moore)
Boston ivy tiger moth

뒷노랑얼룩나방(Boston ivy tiger moth)은 한국, 일본, 중국에 분포하며 담쟁이덩굴과 거지덩굴, 머루나무, 왕머루, 포도나무에 가해한다.

## 피해

애벌레가 잎을 갉아 먹어 피해가 발생한다. 포도원 또는 정원의 담쟁이덩굴에 발생한다. 도시의 정원에 종종 발생하여 혐오감을 준다.

## 형태

성충의 앞날개 길이는 암컷이 21~24mm, 수컷은 21mm 정도이다. 앞날개는 다갈색을, 뒷날개는 담황색을 띤다. 앞날개에 아름답고 섬세한 무늬가 있고 뒷날개 가장자리는 검은 갈색을 띠고 있다. 더듬이는 실 모양이다. 애벌레의 머리는 등황색이고 광택이 있으며 몸도 등황색이다. 다자란 애벌레는 크기가 약 40mm이다. 몸 각 마디에 불규칙한 황색의 가로선이 있다. 비슷한 종으로 *Mimeusemia persimilis*가 있다.

## 생태

1년에 2회 발생한다. 번데기가 토양 속, 나무껍질이나 나무판자의 틈에 숨어 겨울을 보낸다. 1화기 성충은 5월 하순에, 2화기 성충은 7월 중순~하순에 우화한다. 5월이면 암컷 성충이 잎에 알을 한 개씩 낳는다. 5월 하순부터 애벌레는 잎을 먹기 시작하고, 6월~7월 상순에는 크게 자란다. 8월 중순~9월 하순에 피해가 제일 심하다. 애벌레를 접촉하면 입에서 녹색 액을 분비한다. 성충은 야간에 활동하는 특성을 갖고 있다.

## 방제

발생한 애벌레는 포살한다. 그러나 많이 발생하면 애벌레 발생 초기인 6월에 페니트로치온유제(50%), 클로르푸루아주론유제(5%) 1,000배액을 뿌려준다. 기생성 천적인 맵시벌, 알좀벌, 기생파리 등을 보호한다.

**A** 애벌레가 가해한 잎의 모양
**B** 애벌레가 잎을 먹어버린 피해 기주
**C** 애벌레가 좋아하는 담쟁이덩굴(경기 수원)
**D** 애벌레의 먹이식물인 담쟁이덩굴의 잎
**E** 기주의 잎 위에 앉아 있는 성충
**F** 담쟁이덩굴 잎을 먹는 애벌레
**G** 현란한 날개무늬가 있는 성충의 모습(등면)
**H** 앞날개가 검은 개체의 형태(등면)
**I** 성충의 날개 뒷면의 무늬(배면)
(사진: E, F, Kenji Umeya)

# 27 뒤흰띠알락나방(반백먹나방)

*Chalcosia remota* (Walker)
White hind winged zygaenid

뒤흰띠알락나방(White hind winged zygaenid)은 한국, 일본, 중국에 분포하며 노린재나무에 가해한다.

## 피해

산간지방에서 자라는 노린재나무에 흔히 발생하며, 유충이 잎을 갉아 먹는다. 지역에 따라 대발생하면 잎 전체가 사라지는 경우가 있다.

## 형태

성충은 앞날개 길이가 25~30mm쯤이며 날개 바탕에 넓은 흰 띠가 있다. 뒷날개 바깥 가장자리는 검다. 애벌레의 몸길이는 25mm, 머리폭이 약 2mm쯤이다. 머리는 광택이 나는 검은 갈색이다. 몸에 난 센털은 옅은 갈색이며 가늘고 짧다. 배마디 등쪽에는 마디의 좌우에 네모난 황색 무늬가 있으며 가느다란 흰색의 짧은 털이 나 있다. 애벌레 등면은 두 줄로 반듯한 네모꼴의 무늬가 뚜렷하다. 몸마디의 측면에 있는 애벌레의 기문(氣門)은 검은색이고 원형에 가까운 타원형으로 생겼다. 특히 제8배마디의 기문이 아주 크다. 가슴다리는 검은색을 띤다.

## 생태

1년에 1회 발생한다. 애벌레가 4월경 출현하는데 5월 중순에서 6월이면 다 자란 애벌레가 된다. 번데기는 잎사귀 표면에 만들어진 옅은 갈색의 단단한 고치 속에 들어 있다. 우화 시기는 6~7월이다. 애벌레를 만지면 센털의 기부에서 투명한 액체를 분비한다.

## 방제

발생 밀도가 높을 때 필요하면 디프수화제나 메프수화제를 나무갓에 살포한다. 가급적이면 약제방제를 실시하는 것보다 유충이 쉽게 발견되므로 잡아 죽이는 것이 낫다. 좀벌류, 맵시벌, 알좀벌 등 기생벌과 침노린재, 선두리노린재 등 포식성 천적이 알려져 있으므로 보호한다.

**A** 수컷 성충의 날개 편 모습
**B** 성충의 머리와 앞날개 기부(수컷)
**C, E** 노린재나무 잎을 먹는 애벌레
**D** 애벌레의 등판 무늬(노란 네모꼴)와 센털의 모양
**F** 애벌레의 옆모습(기문선)
**G** 성충의 발생을 조사하는 예찰기구 유아등(제주 한라수목원)

# 28 무궁화잎밤나방

*Anomis mesogona* (Walker)
Hibiscus leaf caterpillar

무궁화잎밤나방(Hibiscus leaf caterpillar)은 한국, 일본, 중국, 오스트레일리아, 스리랑카, 미얀마에 분포한다. 무궁화, 복사나무, 자두나무, 사과나무, 배나무, 귤나무류, 산돌배나무, 포도나무에 피해를 준다.

## 피해

애벌레가 무궁화나무에 발생하면 잎을 몽땅 먹고 줄기만 앙상하게 남겨 나무의 미관을 해치고 나무의 성장이 나빠진다. 이 해충은 해마다 발생하지 않고 불규칙하게 대발생하므로 발생 예찰이 중요하다. 피해받은 나무가 말라 죽는 경우는 거의 없다.

## 형태

더듬이는 담홍색으로 수컷은 톱니바퀴형, 암컷은 실 모양이다. 성충의 날개 길이는 18mm 내외이다. 앞날개의 가로줄무늬는 회갈색이고 뚜렷하다. 뒷날개는 연한 회갈색이다. 애벌레의 몸은 가늘고 길며 회백색 바탕에 작은 점들이 흩어져 있다. 몸길이는 40mm 안팎이다. 부화 초기에 애벌레의 몸 색깔은 진하지 않고 연한 회녹색을 띤다. 성장하면서 애벌레의 몸 색깔이 진하게 변하는데 나뭇가지 색과 비슷해 발견하기가 어렵다.

## 생태

애벌레는 연 2회 불규칙하게 발생한다. 6월부터 9월까지 발생하지만 애벌레의 폭식량이 많아지는 8~9월에 피해가 크게 나타난다. 성충은 8~10월에 주로 나타난다. 연중 발생 횟수는 잘 알려져 있지 않다.

## 방제

애벌레의 피해를 받은 나뭇가지나 잎을 제거하며, 약제방제가 필요하면 부화 초기인 6월경에 페니트로치온유제(50%)·수화제(40%) 또는 델타메트린유제(1%) 1,000배액을 한 번 뿌려준다. 좀벌류, 맵시벌류, 알좀벌류 등 기생벌과 기생파리류, 거미류는 보호한다.

A 애벌레의 천적 사마귀
B 애벌레가 잎을 다 먹은 무궁화나무(수원)
C 무궁화 잎을 가해하는 애벌레
D 성충의 날개 편 모습(암컷)
E 성충의 두흉부와 날개 기부(암컷)
F 성충의 날개 편 모습(등면)
G 발생 초기의 애벌레(무궁화나무)
H 애벌레의 가슴다리와 배다리의 옆모습

# 29 미국흰불나방

*Hyphantria cunea* (Drury)
Fall webworm

미국흰불나방(Fall webworm)은 한국, 일본, 미국, 캐나다, 중국, 멕시코, 유럽, 러시아 등 여러 지역에 분포하고 있다. 포플러류, 버즘나무, 단풍나무, 뽕나무, 네군도단풍 등 200여 종의 식물에 가해한다.

## 피해

북미 지역 자생종으로 아시아 지역은 1948년 일본에서, 우리나라에는 1958년 서울에서 처음 발견되었다. 유충이 잎을 먹는데 한 마리의 섭식량은 $100 \sim 150cm^2$에 달한다. 1화기보다는 2화기의 피해가 심하다. 가로수와 정원수에 특히 피해가 크고 미관을 해친다.

## 형태

성충의 몸과 날개는 흰색이다. 크기는 암컷이 12~14mm, 수컷은 9~10mm이다. 알은 직경이 0.5mm 정도이고 둥근 공과 같은 모양이며 연한 녹색을 띤다. 알 덩어리는 암컷 성충의 흰털로 덮여 있다. 애벌레의 몸 빛깔은 변이가 심하다. 다 자라면 애벌레는 크기가 30mm에 달한다. 몸 마디마다 혹이 있고 흰색 또는 검은색 긴 털이 표면에 빽빽이 나 있다.

## 생태

보통 1년에 2회 발생한다. 나무껍질 사이 또는 지피 물 밑에서 번데기 상태로 겨울나기를 한다. 1화기는 5월 중순~6월 상순경 성충이 되어 암컷이 600~700개의 알을 낳는다. 5월 하순에 부화한 애벌레는 4령기까지 실을 토하여 잎을 싸고 그 속에서 집단생활을 한다. 2화기 성충은 7월 하순~8월 중순에 우화하여 산란하는데 성충은 4일 정도 생존한다. 8월 초순에 애벌레가 부화하면 10월 상순까지 잎을 먹고 자란다. 애벌레는 50여 일의 기간을 보낸 뒤 번데기로 겨울나기를 한다. 해에 따라 3화기까지 발생되지만 흔하지 않다.

## 방제

가해하는 초기에 피해받은 잎을 제거하고 소각하여 집단생활하는 애벌레를 방제한다. 애벌레가 가해하는 5~10월에 Bt 수화제를 살포한다. 애벌레가 4령기까지 집단생활을 하므로 애벌레의 포살이 효과적이다. 애벌레를 대상으로 잠복소를 설치하는 경우, 천적을 보호해야 하므로 겨울이 지난 후에 소각하는 것보다 땅에 묻어 천적이 탈출하도록 하는 것이 좋다. 최근에 가로수와 아파트 단지 내의 정원수에 잠복소를 설치하고 있지만 해충을 유인하는 효과보다 형식적으로 시행하는 경향이 많으므로 시정할 필요가 있다.

A 피해받은 잎(감나무)
B 부화 유충의 무리(앵도나무)
C 유충의 가해(사과나무)
D 유충의 형태
E 번데기의 모양(땅속)
F 날개에 반점이 있는 성충
G 날개에 반점이 없는 성충
H 성충의 짝짓기
I 알을 낳는 성충

A
B
C
D
E
F
G
H
I

# 30 벚나무모시나방

*Elcysma westwoodi* (Vollenhoven)
Tailed zigaenid

벚나무모시나방(Tailed zigaenid)은 한국, 일본, 중국, 러시아에 분포하며 매실나무, 벚나무류, 복사나무, 사과나무, 살구나무, 자두나무를 기주로 삼는다.

## 피해

짧고 통통하게 생긴 담황색의 애벌레가 잎 뒷면의 잎살만 먹어 피해를 준다. 애벌레의 중령기에는 잎에 작은 구멍을 만든다. 대량으로 발생하면 피해가 매우 크다. 피해는 5~6월경에 나타나고 장미과 식물을 잘 먹는다. 나무가 죽는 경우는 거의 없지만 미관을 나쁘게 하고 애벌레의 발생 밀도가 높으면 혐오스럽다.

## 형태

애벌레의 몸길이는 약 30mm, 몸은 담황색이고 통통하게 생겼다. 몸 표면은 요철이 많아 평평하지 않다. 표면에는 검은색 털이 엉성하게 나 있다. 등줄, 옆줄과 기문줄에는 검은색인 가느다란 세로줄이 있다. 성충은 앞날개 길이가 30~35mm쯤 되고, 날개를 펼친 길이가 약 60mm 정도이며, 날개 표면은 인편이 적어서 반투명해 보인다. 기부에는 황색 무늬가 있다. 뒷날개의 제4맥과 제7맥 사이는 가장자리가 늘어나서 꼬리 같은 돌기 모양을 하고 있다.

## 생태

1년에 1회 발생한다. 겨울을 보낸 애벌레는 4월경부터 활동하며 이듬해 봄에 새잎이 자랄 때면 잎을 먹는다. 대발생할 때는 특히 벚나무의 잎을 전부 먹는다. 애벌레는 행동이 활발하지 못하고, 다 자란 애벌레는 잎을 구부려 말아서 번데기가 된다. 번데기기간 100~120일이 지나야 우화한다. 성충은 8월 중순~10월에 발생한다. 암컷 성충은 나무껍질이나 잎의 뒷면에 몇 개 또는 20여 개의 알을 낳는다. 한 마리가 평균 110개 정도의 알을 낳는다. 성충은 낮에 활동하지만 광원을 쫓아 밤에는 불빛에 유인된다. 교미하기 전에는 수십 마리가 떼 지어 이른 아침에 나는 것이 특징이다. 알기간은 약 2주일이다. 9월에 애벌레가 나타나는데 잎을 먹는 양이 대단하다. 10월 하순경이면 어린 애벌레들은 겨울을 날 적당한 장소로 이동해간다.

## 방제

대량 발생하지 않았을 때는 별도의 방제가 필요하지 않다. 애벌레의 발생 초기인 4월에 페니트로치온유제(50%) 1,000배액이나 비페트린입상수화제(8%) 2,000배액을 한 번 뿌려준다. 집단으로 겨울을 보내는 애벌레 무리를 찾아내어 소각하거나 매몰한다. 기생벌, 기생파리와 포식성 천적이 있으므로 보호한다.

A 애벌레의 피해를 입은 기주식물
B 날개의 특징인 뒷날개의 꼬리 형태
C 암컷 성충의 날개 편 모습
D 애벌레가 갉아 먹은 잎(자두나무)
E 수컷 성충의 날개 편 모습
F 다 자란 애벌레의 형태(등면)

A
B
C
D
E
F

# 31 별박이자나방(별자나방)

*Naxa seraria* (Motschulsky)
Dotted white geometrid

별박이자나방(Dotted white geometrid)은 한국, 일본, 아무르, 중국에 분포하며 쥐똥나무, 광나무, 물푸레나무, 층층나무, 후박나무, 수수꽃다리에 가해한다.

## 피해

애벌레가 잎을 가해한다. 자라면서 잎과 가지에 실을 토하여 거미줄을 치고 모여서 산다. 피해가 심하면 가지만 남겨놓는다. 특히 쥐똥나무에 피해가 많다. 발생 밀도가 높을 때는 나뭇가지에 수많은 번데기가 거꾸로 매달려 있으므로 미관을 해치고 혐오감을 준다.

## 형태

더듬이는 암수가 모두 톱니 모양이다. 성충은 날개가 유백색이며 검은 갈색의 반점이 흩어져 있다. 날개 끝 가장자리에 두 줄의 검은 점들이 테두리 모양으로 있다. 앞날개 길이가 19~27mm에 달한다. 다 자란 애벌레는 몸길이가 약 3cm이고 가늘고 길다. 제3~5배마디에는 배다리가 없어서 자벌레 운동으로 이동한다. 그러나 제6배다리는 있다. 애벌레의 몸은 검은색, 엷은 갈색 무늬가 몸에 선명하다. 머리는 검은색이고, 몸 표면에는 흰색의 기다란 털이 드문드문 나 있다. 전체적으로 애벌레의 외부 형태에서 색깔이 지저분한 느낌을 준다.

## 생태

1년에 1회 발생한다. 가지와 잎에 거미줄로 집을 짓고 중령 애벌레가 무리 지어 겨울을 보낸다. 겨울을 보낸 애벌레는 4월부터 잎을 먹기 시작하여 5월에 거미줄 안에서 번데기가 되고 6~7월에 우화한다. 암컷은 잎에 알을 낳고 8월이면 알에서 애벌레가 부화한다. 불규칙적으로 대발생하는 해충이므로 갑자기 성충의 비래량(飛來量)이 많아지면 경계하는 것이 안전하다.

## 방제

겨울을 보낸 유충이 집단으로 생활하는 3~4월에 포살하거나 소각한다. 약제방제는 부화 초기(8월)에 실시하여야 효과가 있다. 페니트로치온유제(50%)나 델타메트린유제(1%) 1,000배액을 수관에 한 번 뿌려준다.

A 애벌레의 피해를 입은 쥐똥나무
B 나무줄기에 매달린 번데기
C 애벌레의 피해를 입은 기주식물
D 우화하려는 번데기(후박나무)
E 후박나무 잎 뒷면에 매달려 있는 번데기 모습
F 성충의 날개 편 모습(암컷)
G 갓 우화한 성충(쥐똥나무)

A
B
C
D
E
F
G

# 32 회양목명나방

*Glyphodes perspectalis* (Walker)
Box tree pyralid

회양목명나방(Box tree pyralid)은 한국, 일본, 중국, 영국, 미국, 인도에 분포하며 회양목에 가해한다.

## 피해

주로 조성된 화단에 큰 피해를 입히고 해마다 계속 발생하면 나무가 말라 죽고 만다. 애벌레가 잎을 가해할 때 거미줄을 토하여 잎을 묶고 안에서 먹는다. 밀도가 높은 때는 잎 전체를 가해하므로 관상수의 미관이 나빠진다. 심한 경우는 피해 부위가 말라 죽는다.

## 형태

성충의 앞날개 길이가 20~24mm에 달하는 비교적 대형의 명나방이다. 머리는 회백색, 가슴과 배마디는 은백색이다. 앞날개는 은빛이 나고 가장자리는 넓게 회흑색을 띤다. 날개의 중실 끝에는 초승달 무늬가 있고, 뒷날개의 외연부는 회흑색을 띤다. 애벌레의 몸은 선명한 황록색이고 바탕에 검은 갈색인 점무늬가 줄처럼 보인다. 머리는 검고 광택이 있다. 다 자란 애벌레 몸길이는 약 35mm이다.

## 생태

1년에 2회 또는 3회 발생하며 애벌레 상태로 겨울을 난다. 4월 하순경부터 애벌레가 발생하고 어린 애벌레가 가지에 거미줄을 쳐가면서 잎을 먹으므로 잎이 반투명해 보인다. 뚜렷한 피해는 6월 상순에 나타난다. 가해 부위에서 번데기가 된다. 1화기 성충의 우화 시기는 6~7월, 2화기 성충은 8월 하순에 나타난다. 상세한 생활사는 아직 밝혀지지 않았다. 중령기 휴면 애벌레로 겨울을 보낸 다음 이듬해 봄 4월부터 가해하기 시작한다.

## 방제

애벌레 발생이 많지 않으면 손으로 잡아낸다. 발생을 방치하면 회양목은 쇠약해져 결국 말라 죽는다. 4월과 8월 잎을 가해하기 시작하는 초기에 페니트로치온유제(50%)나 에토펜프록스수화제(10%)·유제(20%) 1,000배액을 10일 간격으로 2회 나무갓에 뿌린다. 무당벌레, 풀잠자리, 거미류 등 포식성 천적과 벌류, 맵시류, 알류, 기생파리 등 기생성 천적을 보호한다. 미생물제제인 Bt균이나 핵다각체 바이러스를 이용한다.

A 애벌레의 피해를 받은 회양목
B 애벌레가 거미줄을 쳐서 가해하는 모습
C 애벌레가 잎을 먹고 난 흔적
D 잎을 먹고 있는 애벌레
E 성충의 머리, 앞날개 기부의 특징
F 성충의 날개 편 모습
G 우화한 성충의 모습
H 종령기 애벌레의 거미줄 친 모습

A
B
C
D
E
F
G
H

# 33 솔나방(송충이)

*Dendrolimus spectabilis* (Butler)
Pine caterpillar

솔나방(Pine caterpillar)은 한국, 일본, 중국, 시베리아에 분포하며 곰솔, 가문비나무, 리기다소나무, 소나무, 전나무, 잣나무, 히말라야시다에 가해한다.

## 피해

애벌레가 잎을 갉아 먹으며 피해를 심하게 받은 나무는 고사한다. 애벌레는 그해 가을과 다음 해 봄 두 차례 가해하므로 전년도 10월경의 애벌레 밀도가 이듬해 봄의 발생 밀도를 결정하게 된다.

## 형태

성충의 몸색은 개체 변이가 심하다. 암컷은 앞날개의 무늬가 회백색, 어두운 갈색, 검은색을 보이는 반면 수컷은 붉은 갈색 또는 검은 갈색을 띤다. 성충 크기는 암컷이 40mm, 수컷은 30mm 정도이다. 날개를 편 길이는 암컷이 64~88mm, 수컷은 50~67mm이다. 앞날개 한가운데에 연한 색의 넓은 띠가 있고 그 바깥 가장자리에 흰 파도와 같은 선이 있다. 알은 직경 2mm 정도로 원형이며 담적갈색과 청갈색이 각 양쪽으로 나타나 있다. 부화 초기의 애벌레는 연회황색을 띠며 몸마디 등에는 불그스름하거나 회백색인 무늬가 불규칙하게 있다. 번데기는 방추형이고 갈색이다. 긴 타원형 고치는 황갈색이고 표면에 애벌레의 센털들이 군데군데 박혀 있다.

## 생태

1년에 1회 발생하며 5령 애벌레가 지피물이나 나무껍질 사이에서 겨울을 난다. 4월부터 활동하면서 솔잎을 먹는다. 알에서 부화한 애벌레의 기간은 약 320일 정도이다. 7회 탈피한 8령 애벌레는 고치를 만들어 번데기가 되며 약 20일 지나 나방으로 우화한다. 8월에 비가 많이 내리면 다음 해의 발생량이 줄어든다. 성충은 7월 하순~8월 중순경 나타나고 수명은 7~9일 정도이다. 암컷은 약 500개의 알을 솔잎에 무더기로 낳고 죽는다. 성충은 주광성이 강하다.

## 방제

애벌레를 포살하거나 접촉성 살충제 메프수화제를 뿌려준다. 성충은 광선에 유인되므로 유아등을 설치하면 좋다. 애벌레 밀도를 줄이는 방안으로 잠복소를 설치하면 월동하는 애벌레를 유인할 수 있다. 잠복소 설치는 지상 1m 높이의 수간에 애벌레가 들어갈 수 있도록 느슨하게 묶는데, 다음 해 2월 말경에 수집하여 처리한다. 천적으로 송충알좀벌은 알에 기생하고, 고치벌과 맵시벌은 애벌레나 번데기에 기생한다.

A 날개 편 성충(암컷)
B 날개 편 성충(수컷)
C 솔잎에 앉아 있는 성충의 모습(수컷)
D 수컷 성충의 더듬이·머리·앞날개 기부의 특징
E 회흑색을 띠는 애벌레의 등면
F 솔잎에 붙어 있는 알
G 황갈색을 띠는 애벌레
H 번데기가 되려는 다 자란 애벌레
I 다 자란 애벌레가 만든 고치의 모양

## 34 천막벌레나방(텐트나방)

*Malacosoma neustria* (Linné)
Forest tent caterpillar

천막벌레나방(Forest tent caterpillar)은 한국, 일본, 중국, 유럽, 미국, 캐나다, 타이완 등지에 분포하며 가해 식물로는 벚나무, 사과나무, 살구나무, 복숭아나무, 장미류, 버드나무, 밤나무 등 기주 범위가 넓다.

### 피해

애벌레는 이른 봄 실을 토해 만든 거미줄 집 안에서 군집생활하고 정원수와 가로수의 잎을 갉아 먹는다. 해에 따라 이상 발생 패턴을 보이는 해충이다. 대발생하면 한 나무를 다 가해한 후에 다른 기주로 이동하여 같은 피해를 준다.

### 형태

성충은 몸길이가 18~20mm에 달한다. 날개 편 길이는 수컷이 30~35mm, 암컷은 40~45mm 정도이다. 수컷은 황갈색이나 암컷은 다갈색이다. 수컷 성충은 앞날개 가운데에 갈색 세로줄이 2개 있고 암컷은 앞날개 중앙부에 진한 색의 띠를 갖고 있다. 애벌레는 크기가 약 55~60mm이고 옆면은 푸른색, 그 위는 검은색 또는 고동색을 띠며 등쪽은 흰색에 가깝다. 알은 회갈색이며 둥글게 생겼고 양 끝부분은 돌출하지 않고 평평하다. 알은 가는 나뭇가지에 반지 모양의 알 덩어리로 낳는다.

### 생태

1년에 1회 발생하며 가락지 모양으로 나뭇가지에 산란된 알 덩어리 상태로 겨울을 난다. 대개 식물의 새순이 나오기 전인 3월 중순~5월 중에 부화한다. 부화한 애벌레들은 그물로 짜진 텐트형 망 안에서 집단생활하고 밤이면 흩어져 잎을 먹는다. 애벌레기간은 약 60일이다. 다 자란 애벌레는 집단을 벗어나 나뭇가지로 옮겨가 황백색인 긴 타원형 고치를 만들어 번데기가 된다. 번데기기간은 약 2주일이다. 우리나라는 1960년대에 발생량이 많았고, 최근에는 애벌레를 먹는 포식자, 핵다각체 바이러스 등의 천적이 늘어나면서 밀도가 줄어들었다.

### 방제

잎이 나오기 시작할 때부터 가해하므로 겨울에 알 덩어리가 붙어 있는 가지를 잘라내어 소각한다. 집단으로 그물망 안에서 생활할 때 애벌레 무리를 없애거나 태워 죽이는 것도 좋다. 약제 방제가 필요할 때는 애벌레의 발생 초기에 클로르푸루아주론유제(5%) 또는 트랄로메트린유제(1.3%) 2,000배액을 나무 줄기 가지에 한 번 뿌려준다. 천적으로는 송충잡이자루맵시벌 등 기생벌과 왕침노린재 등 14종이 있다.

A 성충의 날개 편 모습(수컷)
B 더듬이, 머리, 앞날개 기부(수컷)
C 중령기 애벌레의 등면(한국)
D 다 자란 애벌레의 등면(일본)
E 살구나무 가지에 산란한 알 덩어리
F 집단을 구성한 애벌레
G 알에서 깨어난 부화 초기의 애벌레
H 복숭아나무에 그물망을 만든 애벌레
(사진: E, F, Kenji Umeya)

A
B
C
D
E
F
G
H

# 35 수수꽃다리명나방

*Palpita nigropunctalis* (Bremer)
Lilac pyralid

수수꽃다리명나방(Lilac pyralid)은 한국, 일본, 중국, 타이완, 시베리아, 사할린, 인도에 분포한다. 수수꽃다리(라일락) 외에도 들메나무, 돌개회나무, 쥐똥나무, 광나무, 금목서, 구골나무를 가해한다.

## 피해

애벌레가 잎을 갉아 먹는다. 여러 개의 잎을 실을 토하여 포개거나 작은 가지들도 끌어다 그 속에서 갉아 먹어 피해가 심해진다. 어린나무가 피해를 받으면 성장이 저해된다. 나무에 있는 잎 전체를 먹어 고사하는 일은 없지만 미관상 좋지 않다.

## 형태

성충의 날개를 편 길이는 30mm 정도이고, 색은 희고 반투명하다. 광선이 닿는 쪽은 붉은 듯 보이고 광택 나는 흰색의 가장자리 털이 있다. 앞날개 가장자리는 옅은 다갈색이다. 날개 중심 앞가장자리에 검은 갈색인 세 개의 점이 세로로 있고, 검은색 점이 한 개 있다. 뒷날개 중실에도 어두운 색깔의 점이 한 개 있다. 애벌레의 몸길이는 17mm 정도로 몸은 전체가 밝고 광택 있는 연녹색이며, 등쪽은 색이 더 짙다. 번데기는 갈색이고 크기는 10~15mm에 이른다.

## 생태

1년에 2~3회 발생하지만 지역에 따라 다르다. 성충은 4~9월에 걸쳐 나타나고, 자세한 발생 생태는 알려져 있지 않다. 애벌레는 9월 초순경 이후 수수꽃다리와 쥐똥나무에 실을 토하여 여러 잎을 엮고 그 속에서 가해한다. 다 자란 애벌레는 10월경에 엉성한 고치 안에서 번데기가 된다. 번데기기간은 10여 일이다. 성충, 번데기 또는 애벌레 형태로 겨울나기를 한다는 보고가 있다. 주로 조림지, 천연림에 넓게 대발생하는 경향이 있다.

## 방제

발생 초기에 실을 토해 잎과 가지를 엮은 것이 보이면 포살하거나 피해 가지를 잘라 소각한다. 대발생했을 때는 가해 초기에 약제를 잎에 살포한다. 애벌레 발생 시기(8~9월)에 페니트로치온유제(50%) 1,000배액이나 클로르푸루아주론유제(5%) 1,500배액을 한 번 뿌려준다.

**A** 성충의 날개와 몸통(암컷)
**B** 성충의 머리, 앞날개 기부의 형태(암컷)
**C** 수수꽃다리 잎을 먹는 애벌레
**D** 순이 난 가지들을 실을 토해 엮어 먹는 애벌레 무리
**E** 다 자란 애벌레가 만든 그물망
**F** 그물망 속에 들어 있는 애벌레
**G** 다 자란 애벌레의 형태(등면)
**H** 애벌레에 기생하는 고치벌 번데기(흰색)
**I** 그물망 안에 번데기를 만든 피해 입은 가지 모습

## 36 쌍줄푸른밤나방

*Pseudoips prasinanus* (Linné)
Green silver lines

쌍줄푸른밤나방(Green silver lines)은 현재 한국에 분포하고 있는 곤충으로 신갈나무, 갈참나무, 떡갈나무, 상수리나무, 졸참나무, 굴참나무 등 참나무류를 가해한다.

### 피해

참나무류의 잎을 애벌레가 가해한다. 5월 중순~7월 중순, 8월 중순~10월까지 애벌레를 볼 수 있다. 가해 기간인 6월 중순과 8월 중순이 방제 적기라고 판단된다. 식물의 잎이 없어지면 생장이 늦어지고 미관이 나빠진다.

### 형태

성충의 날개를 편 길이는 15~18mm 정도이다. 수컷은 배의 등면에 황색 털이 나 있고, 암컷은 백색을 띤다. 앞날개의 내횡선과 외횡선에 백색 띠가 있다. 앞날개의 바탕색은 연두색이며 이 종류 나방에게 많이 보이는 중실(median cell) 끝 쪽에는 백색 무늬가 없다. 뒷날개의 바탕색이 수컷은 황색이고 암컷은 흰색이다. 애벌레는 몸 전체가 연녹색을 띠며 세로로 4개의 백색선이 배 끝까지 연결되어 있다. 머리는 넓적하며 몸통의 폭과 같다. 꼬리다리는 2개로 나눠지고 배다리가 발달되어 있다. 5령 애벌레의 머리 폭은 3.8mm, 몸길이는 26mm 정도이다.

### 생태

5월 초~8월 말까지 유아등을 이용하여 발생 시기를 조사한 결과 연 2회 발생하는 것으로 추정된다. 1화기 때보다 2화기 때에 밀도가 2배 정도 많았다. 성충의 우화 최성기는 5월 중순과 7월 말로 조사되었다. 알기간은 4.5일, 애벌레는 5령기를 거치는 동안 약 24.4일이 소요되었고, 번데기기간은 9일, 성충기간은 7일 정도로 1세대에 45일이 소요되었다. 암컷 성충은 잎 표면에 불규칙하게 알을 낳고 산란 수는 평균 221개, 부화율은 95% 수준에 이른다. 애벌레의 영기별 기간은 1령이 6.8일, 2령이 3.2일, 3령이 3.7일, 4령이 4.9일, 5령은 5.8일이었다. 번데기 상태로 겨울을 나고 5월 초순경부터 우화가 시작된다. 2화기 성충이 산란한 후 약 30일이 경과하면 번데기 상태로 되어 월동에 들어간다. 돌발성 해충으로 최근에 발생이 늘고 있다.

### 방제

2화기에 발생량이 많아지므로 미리 살펴 방제하는 데 관심을 가질 필요가 있다. 약제를 사용할 때는 메프제와 디프수화제를 애벌레의 가해 초기에 살포한다.

**A** 암컷 성충의 날개 편 모습
**B** 애벌레가 잎을 가해하는 모습
**C** 성충의 머리, 가슴, 앞날개 기부(등면)
**D** 잎을 먹고 있는 애벌레의 옆모습(옆면)
**E** 알과 성충의 모습
**F** 나뭇잎에 붙어 있는 번데기
(사진: A-F, 경기도 산림환경연구소)

A
B
C
D
E
F

# 37 애모무늬잎말이나방

*Adoxophyes orana* (Fischer von Röslerstamm)
Summer fruit tortrix

애모무늬잎말이나방(Summer fruit tortrix)은 한국, 일본, 시베리아, 유럽, 인도, 중국에 분포한다. 졸가시나무, 차나무, 귤나무류, 미루나무, 버드나무, 가래나무, 자작나무, 밤나무, 느릅나무, 뽕나무, 장미, 찔레나무, 해당화, 사과나무, 양나무, 복사꽃나무, 매실나무, 유자나무, 동백나무, 송악, 진달래, 개나리 등 90여 종의 식물을 가해한다.

## 피해

잎을 갉아 먹는 해충이다. 애벌레가 관상용 과수류의 열매를 먹기도 하고 저장 중인 감귤의 과육을 먹어 들어가 피해를 준다. 발생형을 과수형과 차나무형으로 구분한다.

## 형태

다 자란 애벌레는 몸길이가 17mm 정도 되고 연한 황록색을 띤다. 머리는 연황갈색이다. 가슴다리는 갈색이고 앞가슴등판은 황갈색이다. 성충은 날개를 편 길이가 14~22mm이다. 발생형에 따라 성충의 색이 다르다. 차나무형은 옅은 황색을 띠고 상록활엽수를 가해하며, 과수형 성충은 연한 등갈색이며 낙엽수를 가해하는 특성이 있다. 알은 연노란색이다.

## 생태

이 해충은 잡식성이다. 애벌레 상태로 겨울을 나고 추운 곳에서는 1년에 3세대, 더운 지방에서는 4~5세대 되풀이하여 발생한다. 차나무에서 발생하는 계통은 잎을 2~3장 묶어서 월동한다. 사과를 가해하는 계통은 애벌레의 휴면력이 매우 강하다. 3령충은 저온 단일 조건이 되면 완전한 휴면에 돌입하게 된다. 차나무 가해 계통과 사과나무 가해 계통 모두 4월경에 번데기가 된다. 성충이 나타나는 시기는 연 4회 발생하는 경우에 4~6월, 6~7월, 7~8월, 8~11월이고, 낮에는 정지해 있다가 야간에 활발하게 활동한다. 암컷은 잎 위에 알을 낳는데 보통 135~190개의 알을 3~4개의 알 덩어리로 나누어 낳는다. 알기간은 봄·가을에는 11~17일이며, 여름에는 5~7일이다. 애벌레기간은 24~28일(봄·가을)이고, 여름에는 약 18일이다.

## 방제

애벌레가 발생하는 초기와 새 가지의 새순이 돋아나 꽃이 필 때까지 그로포유제, 클로르푸루아주론유제 등을 살포한다. (20mℓ/물 20ℓ 비율)

**A** 사과나무에 발생한 애벌레의 피해
**B** 애벌레가 잎을 말아 피해를 입힌 모습
**C** 알 덩어리와 부화한 애벌레
**D** 성충의 날개무늬(등면)
**E** 성충의 날개 편 모습
**F** 성충 날개무늬의 다양성(유럽분포종 PPS)
**G** 날개무늬가 뚜렷한 성충(네덜란드 분포종)
**H** 기주식물의 잎에 앉은 성충의 모습
(사진: G, PPS; E, H, 박규택)

A
B
C
D
E
F
G
H

# 38 으름밤나방

*Eudocima tyrannus* (Guenée)
Akebia leaf like moth

으름밤나방(Akebia leaf like moth)은 한국, 일본, 중국, 타이완, 인도에 분포하고 으름덩굴, 복사나무, 멀꿀, 배나무, 사과나무, 감나무, 무화과나무, 자두나무에 피해를 준다.

## 피해

애벌레가 으름덩굴 등 기주의 잎을 먹는다. 그러나 성충이 여러 종류의 과실에서 흡즙하므로 경제적 피해가 매우 크다. 특히 산간 지역에서 많이 발생하는 편이다. 성충의 흡즙 가해가 원인이 되어 과실이 조기에 떨어진다.

## 형태

성충의 날개를 편 길이는 10cm에 달한다. 앞날개는 다갈색 바탕에 여러 모양의 무늬가 있으며 뒷날개는 등황색으로 검은 무늬가 있다. 애벌레의 몸은 커다란 원통형이며, 몸의 앞부분을 등쪽으로 높이 구부리고 있다. 한편 꼬리 부분은 위로 치켜올린 자세를 취한다. 앞쪽 배다리가 아주 작게 변형되어 걷지 못하고 자벌레 운동을 한다. 몸길이는 약 75mm로 큰 편이다. 다 자란 애벌레는 어두운 자주색 또는 녹색을 띤다. 배의 첫째, 둘째 마디에 눈 모양의 무늬가 있다. 애벌레의 몸은 담색형과 짙은색형 두 가지가 있다. 남방 계통인 *Othreis fullonia*의 애벌레 형태는 본종과 비슷하다.

## 생태

1년에 2회 발생하고 성충태로 겨울을 난다. 애벌레가 나타나는 때는 5~6월과 7~9월이다. 피해도 이 시기에 많이 나타나며, 접촉하여 자극을 주면 두흉부를 심하게 진동시켜 놀라게 한다. 일반적으로 8월에 가장 많이 볼 수 있다. 다 자란 애벌레는 잎을 묶어 엉성하게 고치를 만들며 그 속에서 번데기가 된다. 번데기는 검은 갈색이다. 성충은 7~8월경 과수원에 많이 출현하여 과실을 흡즙한다. 도시의 정원에서 자주 발생하고 있다.

## 방제

애벌레를 구제하려면 디프수화제, 메프수화제를 살포한다. 가능하면 발생 초기에 실시해야 한다. 성충 방제는 주광성이 강하므로 유아등을 설치하여 발생을 미리 살펴 주의하거나, 성숙기에는 과실에 봉지를 씌워 직접 피해를 줄이는 것이 좋다.

A 성충이 복숭아를 흡즙하여 생긴 피해
B 포도 열매를 흡즙하는 붉은갈고리밤나방
C 과실에서 흡즙하는 성충의 모습
D 앞뒤 날개의 특이한 무늬 모양(등면)
E 성충의 겹눈, 머리, 다리, 날개무늬 모양(배면)
F 몸을 펴 이동하는 애벌레(등면)
G 으름덩굴 가지에 붙어 있는 애벌레(짙은색형)

A
B
C
D
E
F
G

## 39 자귀뭉뚝날개나방

*Homadaula anisocentra* Meyrick
Mimosa webworm

자귀뭉뚝날개나방(Mimosa webworm)은 한국, 중국, 미국에 분포하며 자귀나무, 주엽나무를 가해한다.

### 피해

가해하는 식물 잎에 애벌레가 실을 토하여 잎과 잎이 겹치게 그물망을 만들어 집단으로 갉아 먹으므로 피해가 심하기도 하지만 미관을 나쁘게 한다. 애벌레가 그물망 속에서 잎을 가해하면 피해 입은 가지는 차츰 잎이 말라 갈색으로 변하게 된다. 배설물은 그물망 안에 남아 있어서 비에 젖을 때는 더 지저분하게 보인다. 발생 시기는 늦봄부터 여름이 끝날 때까지 나타나므로 피해가 이어진다. 미국에는 이 해충이 1940년 중국에서 유입되어 많은 피해가 있었다.

### 형태

성충은 은색을 띤 나방으로 날개에 검은 점들이 흩어져 있다. 날개를 펼친 길이가 13mm쯤이다. 다 자란 애벌레는 회색 또는 갈색으로 변이가 심하다. 몸 크기는 16mm에 이른다. 애벌레 몸에 5줄의 흰색 무늬가 세로로 뻗어 있다.

### 생태

1년에 2회 발생하며, 가해 식물의 나무껍질 밑에 만들어진 고치 안이나 나무 밑의 은신처에서 번데기 상태로 겨울을 보낸다. 6월 초순에 나타난 암컷은 잎에 진주색, 또는 핑크색을 띠는 알을 낳는다. 부화한 애벌레는 여러 개의 잎을 엮은 그물망 안에서 잎을 먹고 자란다. 움직임이 활발한 애벌레는 충격을 받으면 실을 토하면서 재빨리 머물렀던 망을 빠져나와 아래로 떨어지는 습성이 있다. 애벌레는 성장하여 8월에 새로운 세대의 나방으로 출현한다. 월동세대가 되어 늦여름부터 겨울을 나는 번데기를 야외에서 볼 수 있다. 추운 지방에서는 가끔 9월에 성충을 볼 수도 있지만 겨울에 모두 죽는다. 자귀나무가 자라는 곳이라면 산간 지역과 평야 지역 어느 곳에서나 발생한다.

### 방제

애벌레가 어릴 때는 Bt제를 사용하면 좋다. 해마다 발생량이나 피해가 일정하지 않다. 그러나 때로는 많이 발생하면 방제가 필요하므로 예찰을 실시하여 피해를 줄여야 한다. 주엽나무는 이 해충에 대한 감수성 품종(Sunburst)과 중간감수성 계통(Moraine, Shademaster, Imperial)이 미국에 알려져 있다. 피해가 많으면 디프제, 메프제를 물 20ℓ당 20g을 희석하여 10일 간격으로 2회 뿌려준다.

A 애벌레가 갉아 먹어 피해를 입은 자귀나무
B 잎을 먹고 실을 토하여 자신을 보호하는 유충
C 애벌레의 피해를 받은 자귀나무
D 잎을 말아서 갉아 먹은 애벌레의 피해
E 중령기 애벌레의 형태
F 애벌레가 엮은 그물망과 피해 입은 가지
G 다 자란 애벌레의 모습

A
B
C
D
E
F
G

# 40 줄마디가지나방

*Semiothisa cinerearia* (Bremer et Grey)
Pagoda tree looper

줄마디가지나방(Pagoda tree looper)은 한국, 중국, 태국에 분포하며 회화나무를 가해한다.

## 피해

회화나무가 가로수로 보급이 많아짐에 따라 발생 지역이 넓어져서 피해가 많다. 6월과 8월에 회화나무에 발생하며 애벌레가 잎을 갉아 먹는다. 2화기인 8월에 발생 밀도가 높아 피해가 많아진다. 경기 지역 가로수에 발생하는 돌발성 해충이다. 해마다 발생이 점차 증가하는 해충이다.

## 형태

성충은 회갈색 날개를 가지고 있으며 날개를 편 길이는 30mm 정도이고 가로무늬가 발달하였다. 날개의 끝부분에 있는 가로무늬는 안팎에 검은 갈색인 4변형 무늬가 떼 지어 있으므로 다른 종과 구별이 쉽다. 다 자란 애벌레는 크기가 25~30mm이며, 몸 색깔은 연한 녹색이다. 배마디마다 4개의 검은 점이 이어져 있다. 알은 둥글고 회색이며 직경은 약 0.5mm이다. 번데기는 검은 갈색으로 길이가 14~16mm, 폭은 4.5~5.5mm 정도이다.

## 생태

경기 지방에서는 1년에 2회 발생하고 번데기 상태로 겨울을 난다. 성충은 5월 초순경부터 우화하기 시작하나, 우화 최성기는 6월 중순과 8월 말경이다. 잎에 알을 낳으면 4~5일 후 부화하고 애벌레기간은 22일, 번데기기간은 2주 내외이다. 1세대의 경과일수는 47일 정도이다. 암컷의 산란 수는 250~300개이며 92%의 부화율을 보인다. 애벌레는 5령기를 거쳐 번데기가 된다. 과거 유아등 설치로 중부 이남과 남부 지역에 분포가 확인되었지만 수목 피해는 경미하였다. 2001년 이후 회화나무에 집중 발생하여 피해가 확산되었고 돌발성 발생 패턴을 갖고 있는 해충으로 판단된다.

## 방제

2화기에 발생한 애벌레의 밀도가 높아지면 6월 중순이나 8월 말경 알파스린, 그로포유제나 디프수화제, 다이아톤유제를 살포한다.

A 애벌레가 가해하여 잎이 없어진 회화나무
B 애벌레가 잎을 갉아 먹은 모습(회화나무)
C 땅속에서 번데기로 탈바꿈한 모습
D 성충이 날개 펴고 앉은 모습
E 배다리가 퇴화되었음을 보여주는 애벌레(회화나무)
F 등면과 옆선에 뚜렷하게 보이는 줄무늬와 반점
G 어린 애벌레의 형태
(사진: C-E, 경기도 산림환경연구소)

A
B
C
D
E
F
G

# 41 호랑나비

*Papilio xuthus* Linné
Asian swallowtail

호랑나비(Asian swallowtail, Chinese yellow swallow tail)는 한국, 일본, 중국, 타이완, 미국, 미얀마, 사할린 등지에 분포하며 감귤류, 탱자나무, 산초나무, 황벽나무, 누리장나무, 유자나무를 기주로 삼는다.

## 피해

암갈색 바탕에 흰색 무늬가 비스듬하게 있는 애벌레가 잎을 갉아 먹는다. 다 자라게 되면 녹색으로 색이 바뀌는데 먹는 양이 많아져 잎을 다 먹는 때도 있다. 초피나무, 산초나무의 집단재배지에 발생량이 많다.

## 형태

성충의 날개를 편 길이는 80~120mm에 달한다. 성충이 출현하는 시기에 따라 봄형과 여름형으로 구분하는데 몸의 크기, 색깔 등이 다르다. 애벌레는 크기가 45~50mm이며, 부화 후 3령기까지는 몸 색깔이 회흑색을 띠지만 5령기 이후에는 색깔이 변하여 검은색에서 황록색이 된다. 배다리 윗부분에 흰색 줄무늬가 있어서 산호랑나비와 구별된다.

## 생태

우리나라에서는 연 3회 발생하고 나뭇가지 위에서 번데기로 겨울을 보낸다. 따뜻한 곳에서는 연 4회 발생한다(일본). 4~5월이면 성충이 나타나 여러 종류의 꽃에서 꿀을 빨아 먹는다. 암컷 성충은 어린잎의 뒷면에 알을 한 개씩 낳는다. 알기간은 약 5~6일이고, 애벌레기간은 약 30일이다. 2세대 성충이 나타난 이후에는 각 세대의 애벌레가 혼재되어 발생한다.

## 방제

감귤농장에서는 여름눈과 가을눈의 어린잎이 많은 나무와 고접을 한 나무에 피해가 크다. 정원수로 관리할 경우 애벌레를 포살하여 밀도를 줄일 수 있다. 알과 애벌레에 기생하는 *Trogus mactator*, 알락맵시벌 등이 있으므로 농약 살포 계획은 신중하게 세우는 것이 좋다. 애벌레가 나오는 4월 하순, 6월 하순, 9월 초순에 페니트로치온유제(50%) 1,000배액이나 클로르푸루아주론유제(5%) 1,500배액을 한 번 뿌려준다. 포식성인 무당벌레, 잠자리, 거미류, 기생성 파리와 벌 등은 보호한다.

**A** 호랑나비 성충(등면)
**B** 나무에 앉아 있는 성충
**C** 호랑나비와 비슷한 산호랑나비(등면)
**D** 산호랑나비의 애벌레
**E** 봄에 우화한 성충의 형태
**F** 머리, 앞뒷날개의 기부(등면)
**G** 잎을 갉아 먹는 애벌레(탱자나무)
**H** 애벌레의 옆모습(탱자나무)

(사진: B, 이흥식)

A
B
C
D
E
F
G
H

# II. 흡즙성 해충

목화진딧물

# 1 가루깍지벌레

*Pseudococcus comstocki* (Kuwana)
Comstock mealybug

가루깍지벌레(Comstock mealybug)는 한국, 일본, 중국, 타이완, 미국, 멕시코, 이란, 오스트레일리아, 러시아, 중앙아시아 등에 분포하며 송악, 은행나무, 개나리, 동백나무, 사철나무, 주목, 팽나무, 향나무, 후박나무, 배롱나무, 모과나무, 화살나무, 진달래, 호랑가시나무 등의 관상수와 사과나무, 배나무, 귤나무, 포도나무 등 과수류를 가해한다.

## 피해

암컷 성충과 약충이 기주식물의 지상부에서 즙을 빨아 피해를 주는데 때로는 지하부를 가해하고 과실에서도 피해가 나타난다. 발생 밀도가 높으면 수세가 약해지고 낙엽이 지며, 그을음병도 발생한다. 과실의 상품성이 떨어진다.

## 형태

암컷 성충의 크기는 3~4mm이다. 타원형으로 생겼으며 황갈색이거나 암갈색을 띠는데, 보통 흰색의 밀랍이 몸을 덮고 있다. 몸마디 가장자리에 17쌍 정도의 흰색 밀랍이 가시처럼 나 있다. 몸의 앞쪽에 있는 돌기는 짧으나 뒤쪽으로 갈수록 긴 편이다. 배 끝 가시돌기와 같은 밀랍꼬리가 몸길이의 반 정도나 된다. 알은 노란색이며 타원형이다.

## 생태

알 덩어리 상태로 나무껍질의 틈에서 겨울을 보낸다. 이른 봄 약충이 잎 뒷면에서 흡즙 가해한다. 이들은 감로를 배출하여 그을음병이 나타나기 이전에는 눈에 띄지 않는다. 여름철이면 각 충태가 겹쳐 발생하게 된다. 1년에 3~4회 발생한다. 경우에 따라 땅속에 묻힌 부분에 피해를 주기도 한다. 배에 봉지 씌우기를 했을 때 봉지 안에 발생하여 변색 또는 기형과가 만들어진다. 1세대 약충은 5월 하순경에, 2세대 약충은 9월이나 10월에 걸쳐 나타난다.

## 방제

겨울에 기계유유제를 나무줄기에 살포해준다. 잎이 나온 뒤 발생 밀도가 증가하면 메프수화제, 부프로페진수화제를 뿌려준다. 포식성 천적인 무당벌레류, 풀잠자리류, 거미류가 있으므로 약제를 살포할 때는 예찰을 꼭 실시하는 것이 좋다. 발생이 심하지 않으면 문질러 잡는 것이 효과적이고, 피해 입은 가지는 잘라내어 제거하는 것도 효과가 있다.

**A** 가루깍지벌레 약충(등면)
**B** 밀랍으로 덮여 있는 깍지벌레
**C** 약충 무리와 흰색 분비물
**D** 배의 과경부에 기생하여 생긴 피해
**E** 성충과 약충의 형태
**F** 사철나무에 기생한 약충
**G** 배 과피에 기생하는 약충과 그을음병
**H** *Dizygotheca*에 기생한 약충
(사진: C, Clemson Univ.; D, 농업과학기술원; E, F, 백운하)

A
B
C
D
E
F
G
H

# 2 각진장미흰깍지벌레

*Aulacaspis rosarum* Borchsenius
Asiatic rose scale

각진장미흰깍지벌레(Asiatic rose scale)는 한국, 중국, 몽골, 인도, 하와이, 뉴질랜드, 파푸아뉴기니에 분포하고 있으며 장미와 산딸기나무를 주로 가해한다.

## 피해

장미류의 줄기와 잔가지에 집중적으로 발생한다. 봄철부터 암컷과 수컷이 출현하여 즙액을 빨아 먹으면 식물의 생장이 나빠진다. 발생량이 많으면 잎이나 꽃봉오리에도 피해를 주어 심하면 기주식물의 부분 또는 전체가 죽게 된다. 직접 가해하는 것 못지않게 미관을 해치는 간접 피해가 일어난다.

## 형태

암수의 깍지 모양은 아주 다르다. 암컷은 대개 깍지가 둥글고 흰색이다. 1령충의 탈피각은 성충깍지의 가장자리 근처나 중앙부에 있고, 2령충 탈피각보다 색깔이 연하다. 수컷은 깍지가 암컷보다 훨씬 작으며 길고 흰색을 띤다. 암컷 성충의 머리와 가슴은 매우 크고 길이보다 폭이 넓은 편이다. 몸통의 양옆은 거의 평행하고 모서리는 뚜렷한 각을 이룬다. 앞숨구멍 주변에는 작은 둘레구멍이 27~33개, 뒷숨구멍 주변에는 9~13개가 있다. 중앙 주걱판은 매우 길고 크며, 안쪽 기부는 평행하고 약 반 되는 곳에서 양측으로 갈라진다. 제2, 3주걱판이 발달되어 있고 2조각이다. 중앙 샘구멍은 배 2~6마디에 있고 음문 둘레구멍은 5군이다. 이 종은 한 각을 이루고 있는 점, 배 2~3마디 등 쪽의 버금중앙부에 분비관을 4~9개 갖고 있는 점으로 장미흰깍지벌레와 구별할 수 있다.

## 생태

상세한 생활사는 알려진 바 없다. 다만 성충 형태로 기주식물의 가지나 줄기 및 갈라진 틈에 붙어서 겨울을 난다. 암컷 성충이 7월과 8월경 알을 낳으면 9월쯤 부화 약충을 볼 수 있다. 비슷한 종인 장미흰깍지벌레(*Aulacaspis rosae* Bouche)는 1령 약충으로 겨울을 보내고 이듬해 봄이 되면 탈바꿈하여 암컷 약충이 새로 난 순이나 가지로 이동하여 피해를 준다. 수컷 약충은 나무밑동 있는 곳으로 기어 내려간다.

## 방제

깍지벌레의 발생 초기에는 약제방제의 효과가 높다. 그러나 무당벌레, 깡충좀벌 등 기생 천적이 있을 때는 방제 방법을 IPM(종합적 해충군 관리) 시스템을 활용하는 것이 좋다.

A 넝쿨장미 줄기에 기생한 암컷 성충
B 깍지를 제거한 암컷 성충 표본
C 꽃봉오리에 기생한 수컷 성충(장미)
D 가지에 기생한 암수 성충(장미)
E 암컷 성충과 1령 약충
F 깍지벌레를 잡아 먹는 무당벌레
(사진: B, E, 농업과학기술원)

A
B
C
D
E
F

## 3 감나무주머니깍지벌레

*Asiacornococcus kaki* (Kuwana)
Persimmon myrtle scale

감나무주머니깍지벌레(Persimmon myrtle scale)는 한국, 중국, 일본에 분포하며 감나무와 고욤나무에 피해를 준다.

### 피해

감나무의 잎이나 가지, 줄기 등에 6월 중순 이후 발생하여 즙을 빨아 먹는다. 밀도가 높을 때는 열매 표면에도 피해를 준다. 통풍이 불량한 곳에 많이 발생하고, 발생량이 많으면 잎과 새로 자란 순이 시들었다 결국에는 말라 죽게 된다. 열매가 피해를 입으면 표면에 검은 반점이 생겨 상품 가치가 떨어진다. 피해 입은 잎은 2차적으로 그을음병이 유발되어 동화작용이 억제된다.

### 형태

암컷 성충과 약충은 붉은 갈색을 띠는데 흰색 또는 연노란색의 엉성한 주머니에 덮여 있다. 수컷 성충의 주머니는 암컷보다 작은 편이고, 기다란 모양이며 흰색이다. 알은 붉은 갈색의 타원 모양이다. 암컷은 몸길이가 약 2mm이고 폭은 1.3mm 내외이다. 몸에는 원추형의 짤막한 가시털이 분포하고 가장자리에는 긴 원추형 가시털이 줄을 이루고 있다. 더듬이는 3~4마디로 1, 2마디는 짧고 넓은 모양이다. 제3마디는 길고, 길이와 굵기가 다른 10개의 센털이 있다.

### 생태

1년에 3~4세대 발생한다. 감나무의 가지 껍질 또는 낙엽에서, 암컷 성충의 주머니에 싸여 알 또는 어린 벌레 상태로 겨울을 보낸다. 1세대 부화는 6~7월, 2세대는 8월 중하순, 3세대는 9월 중하순경이다.

### 방제

부화 초기에 메프제 또는 부프로페진과 아미트라즈유제(12.5%) 혼합제를 20mℓ/물 20ℓ 농도로 수관에 뿌려준다. 수확 21일 전까지 3회 이내로 끝내는 것이 좋다. 포식성 천적인 무당벌레, 거미류, 풀잠자리가 발견되면 보호한다. 발생이 많지 않을 때는 암컷을 문질러 잡는다.

A 잎에 깍지벌레가 발생한 감나무(경북 화북)
B 감나무 줄기에 발생한 약충
C 과실에 기생한 암컷과 수컷 성충
D 잎과 줄기에 기생하는 깍지벌레 약충
E 과실 표면에 기생한 암컷 깍지벌레
F 감나무 잎에 기생한 약충
G 암컷이 알을 낳고 있는 모습
H 수컷 성충의 깍지 모양
I 1령기 약충의 형태

(사진: F-I, 농업과학기술원)

# 4 거북밀깍지벌레

*Ceroplastes japonicus* (Green)

Japanese wax scale

거북밀깍지벌레(Japanese wax scale)는 한국, 북미, 일본, 중국, 인도, 이란, 오스트레일리아, 하와이, 프랑스, 러시아, 영국, 이탈리아, 타이완에 분포하며 감나무, 귤나무, 사과나무, 배나무, 살구나무, 모과나무, 석류나무 등 과실류와 벚나무, 은행나무, 상수리나무, 단풍나무, 비파나무, 네군도단풍나무, 사철나무, 가시나무, 회양목, 버즘나무, 잎갈나무, 목련, 월계수, 후박나무, 돈나무, 장미, 다정큼나무, 감탕나무, 화살나무, 후피향나무, 참나무, 동백나무, 사스레피나무, 보리수나무, 배롱나무, 팔손이, 진달래, 개나리, 치자나무, 아왜나무 등에 피해를 준다.

## 피해

1960년 이후 대발생하였다. 기주식물의 범위가 넓어서 산림에서도 발생한다. 길가나 정원과 같은 도시화된 환경에서 많이 발생한다. 기주식물의 잎과 가지에 붙어서 영양분을 빨아 먹는다. 발생량이 많으면 나무의 성장이 약화됨은 물론, 깍지벌레가 분비하는 감로로 인해 그을음병이 생긴다.

## 형태

암컷 성충은 깍지 길이가 3~4mm이고 넓은 타원형이다. 색깔은 핑크색이고 흰색의 밀랍으로 덮여 있다. 등은 볼록하고 얕은 홈이 있다. 몸은 옅은 보랏빛으로 달걀 모양이며 숨문의 쐐기 부분은 움푹 들어가 있다. 산란이 시작될 때쯤 암컷 성충의 몸은 위쪽으로 말려 올라가 밀랍 속은 알이 가득하다. 약충의 몸 양옆은 돌기 모양의 밀랍이 4~5장씩 분비되어 있다. 부화 약충은 평평하며 원형으로 생겼고 자줏빛을 띠고, 5~7일 후부터 밀랍을 분비하여 별 모양인 깍지를 만든다. 다리는 잘 발달되어 있다.

## 생태

연평균 기온 10°C 되는 곳을 분포의 한계 지역으로 본다. 1년에 1세대 발생하며 수정한 암컷으로 월동하여 5월 하순~6월 상순에 산란한다. 알 기간은 약 7일 정도이다. 암컷은 3회 탈피하고 9월 상순경에 성충이 된다. 1령충(20~34일)은 매우 활발하게 움직이며 한 번 정착하면 이동하지 않는다. 약충은 처음에는 엽면과 녹색인 작은 가지에 기생하지만 가을 월동 전에는 대부분 잎에서 가지로 이동한다. 암컷은 평균 800~900개의 알을 낳는다. 수컷은 교미가 끝나면 곧 죽는다.

## 방제

발생 초기(꽃이 진 후 20일, 5월 상순과 9월 상순경)에 메프수화제를 25g/물 20ℓ로 뿌려준다. 기생천적이 발생했을 때는 천적의 밀도를 높이는 것이 바람직하므로 약제방제 시기를 조정하는 것이 좋다.

A 사철나무 잎에 발생한 약충
B 동백나무 줄기에 발생한 성충과 약충
C 치자나무 줄기의 피해
D 깍지벌레의 성충(제주 위미)
E 암컷 깍지벌레의 형태(제주 위미)
F 깍지벌레의 약충(송악 잎)

(사진: C, 이흥식)

A
B
C
D
E
F

# 5 루비깍지벌레

*Ceroplastes rubens* Maskell

Red wax scale

루비깍지벌레(Red wax scale, Pink wax scale)는 한국, 중국, 일본, 타이완, 필리핀, 인도, 이란, 오스트레일리아, 뉴질랜드, 하와이, 미국, 러시아에 분포하고 있다. 기주로는 사스레피나무, 차나무, 치자나무, 동백나무, 사철나무, 꽝꽝나무, 월계수, 후박나무, 참식나무, 담팔수, 예덕나무, 섬쥐똥나무, 화살나무, 단풍나무, 밤나무, 진달래, 팔손이나무, 귤나무류, 감나무, *Aglaonema* spp., 망고, 송악, 사포딜라, 디지고데카속, 가막살나무속, 안스리움, *Alyxia*속 식물 등이 있다.

## 피해

동양의 열대지방이 원산지로 알려졌으며, 현재는 세계 곳곳에 분포한다. 과수류나 정원수의 해충이며 기주식물의 잎, 가지, 줄기에 붙어 영양분을 흡즙하면 수세가 약해져 생장이 둔화된다. 발생 밀도가 높을 때에는 그을음병으로 인해 미관을 해치게 된다. 제주도를 비롯하여 남부지방에 많이 발생한다.

## 형태

팥과 같은 색깔의 다소 단단한 밀랍으로 덮여 있다. 암컷 성충의 등면은 종기처럼 융기되어 있다. 가장자리는 물결 모양으로 약간 돌출되었고 흰색의 가는 띠가 있다. 암컷 성충은 타원형이다. 더듬이는 6마디, 제3마디가 특별히 길고, 나머지 마디는 짧으며 길이는 거의 같다. 숨구멍쐐기는 깊이 파였으며 파인 부위에는 길쭉하고 큰 가시털이 있으나, 주변에는 반구형인 작은 가시털만 있다. 밑돌기는 아주 단단한 모양이다. 다리는 퇴화되었다.

## 생태

1년에 1회 발생하며 수정한 암컷 상태로 월동한다. 6월 상순경 성숙하면 몸체 밑에 산란하고, 부화 약충은 6월 하순부터 7월 하순에 출현한다. 1령 약충은 암컷 성충의 배 밑에 잠시 머물렀다가 기어나와 분산한다. 1령 약충 기간은 약 20일, 2령 약충은 22~23일, 그리고 3령 약충 기간은 약 30일이다. 부화 약충의 정착률이 약 80%에 이르지만 성충이 되기까지 약 50%는 폐사한다. 최근에는 발생량이 많지 않다. 성충은 일생 동안 정착한 부위에서 다른 곳으로 이동하지 않고, 처녀생식으로 번식한다.

## 방제

발생 초기에는 직접 잡는 방법이 좋다. 우리나라에서도 기생성 천적이 많이 있으므로 활용하면 밀도를 줄일 수 있다. 약제방제는 약충 발생기(7월)에 메티다티온유제(40%), 이미다클로프리드 액상수화제(8%)·수화제(10%), 디메토에이트유제(46%) 1,000배액을 뿌려준다.

**A** 발생 초기의 암컷
**B** 줄기에 기생한 암컷
**C** 가지에 기생하는 약충(동백나무)
**D** 다 자란 암컷 성충(귤나무)
**E** 깍지벌레와 기생벌
**F** 동백나무에 기생하는 깍지벌레 성충(제주)

A
B
C
D
E
F

# 6 벚나무깍지벌레

*Pseudaulacaspis prunicola* (Maskell)
White prunicola scale

벚나무깍지벌레(White prunicola scale)는 한국, 일본, 오키나와, 중국, 타이완, 하와이, 미국 등지에 분포한다. 기주로는 복숭아나무, 자두나무, 개나리, 매실나무, 살구나무, 사과나무, 벚나무, 광나무, 느티나무, 수수꽃다리, 목서, 박태기나무, 사철나무, 쥐똥나무, 카탈파, 포플러나무, 진달래, 회양목, 감탕나무, 단풍나무, 식나무, 물푸레나무, 협죽도, 오리나무, 목련, 팽나무가 있다.

## 피해

나무 줄기나 가지에 흰색의 깍지벌레가 기생하며, 심한 발생으로 나무의 성장이 쇠약해진다. 일차적으로 나무껍질과 과실을 가해하고 경우에 따라 잎에도 피해를 입힌다. 피해가 심하면 수컷이 가지의 기부를 하얗게 덮어버린다.

## 형태

암컷 성충의 깍지는 직경 2~2.5mm 내외이다. 납작한 원형이며 흰색이거나 회백색이다. 각점은 한가운데보다 옆으로 다소 비켜나 있다. 몸 색깔은 황갈색 내지 다갈색이다. 수컷은 깍지가 가늘고 긴 편이며 흰색이고 직경이 1mm 정도이다. 대개 수컷은 밀집해 살아가므로 나무의 줄기나 가지가 온통 흰색으로 덮이게 된다. 뽕나무깍지벌레와 외부 형태가 비슷하여 구별하기 쉽지 않다.

## 생태

대개는 1년에 3회 발생하고 짝짓기를 한 암컷 성충으로 겨울을 난다. 약충의 부화 시기는 1회는 5월 상순경, 2회는 7월 중하순경, 3회는 9월 상중순이다. 직사광선이 닿지 않는 곳을 좋아한다. 2회 탈피하고 나면 성충이 된다. 날개 있는 수컷 성충은 짝짓기를 마치면 바로 죽는다. 온대 북부 지방에 많이 분포한다. 야외 활동 시기를 살펴보면 뽕나무깍지벌레보다 약 2주일 정도 늦게 출현한다.

## 방제

여러 종류의 천적이 기록되어 있다. 포식성 무당벌레는 *Chilocorus stigma* (Say), *Lindorus lophanthae* (Blaisdell), *Exochomus childreni* Mulsant가, 기생성 천적으로는 *Encarsia berlesei* (Howard)와 *Aspidiotiphagus citrinus* (Craw)가 있다. 또한, 포식성 총채벌레와 응애류가 미국에 분포한다. 약충 발생 시기에 클로치아니딘 액상수화제(8%), 클로치아니딘입제(5%)를 10mℓ/물 20ℓ로 10일 간격으로 2회 뿌려준다.

A 깍지벌레의 월동태(복사꽃나무)
B 깍지벌레 암컷(자두나무)
C 겨울을 난 깍지벌레 성충(복사꽃나무)
D 깍지벌레가 기생하여 죽은 줄기
E 깍지가 있는 암컷 성충(위)과 수컷 성충(아래)
F 벚나무에 붙어 있는 수컷 성충 집단
G 알을 품고 있는 암컷의 모습(깍지는 제거)
H 벚나무 가지에 기생한 깍지벌레
(사진: F-H, J. A. Davidson)

A
B
C
D
E
F
G
H

# 7 왕공깍지벌레

*Kermococcus vastus* (Kuwana)
Large globular scale

왕공깍지벌레(Large globular scale)는 한국, 일본, 중국에 분포하며 갈참나무, 상수리나무, 졸참나무, 자귀나무를 가해한다.

## 피해

둥근 염주 모양인 깍지벌레(암컷 성충)가 많이 발생하게 되면, 기주식물의 어린가지가 갈라진 곳 또는 잎자루 기부에 기생하여 즙액을 빨아 피해를 준다. 어린나무에 발생하게 되면 말라 죽는 피해를 입을 수 있다.

## 형태

암컷 성충의 깍지 길이는 약 8~10mm이고 둥근 모양이다. 몸은 황토색이고 광택이 난다. 등은 어두운 갈색이고 흰색 무늬가 있으나 산란을 끝낸 이후 깍지의 색깔이 변하고 반문도 없어진다. 부화한 약충은 연붉은색을 띤다.

## 생태

1년에 1회 발생하고 다 자란 약충이 겨울을 보낸다. 겨울을 보낸 약충은 기주식물의 새잎이 돋아나기 전에 적당한 부위로 이동하여 흡즙 가해한다. 둥근 공처럼 자라난 암컷 성충은 5월 중순이 되면 알을 낳는다. 10여 일의 알기간이 지나 5월 하순~6월 상순경 부화 약충을 볼 수 있다. 부화한 약충은 바람을 타고 다른 기주로 옮겨간다.

## 방제

깍지벌레가 붙어 있는 가지를 제거하거나 벌레를 잡아주고, 가지와 줄기에 붙어 있는 알도 제거한다. 겨울철에 기계유유제를 살포하면 효과가 있다. 기계유유제 사용은 추위가 심하지 않은 맑은 날, 바람이 없는 날을 택하는 것이 중요하다. 부화 초기(5~6월)에 메치온유제나 디메토유제를 1,000배로 희석한 농도로 10일 간격으로 2회 살포한다. 암컷에 기생하는 유용한 천적이 많이 있으므로 약제 사용 계획을 면밀히 세울 필요가 있다.

**A** 참나무에 발생한 암컷 성충
**B** 쥐똥나무 가지와 암컷 성충
**C** 쥐똥나무에 기생하는 암컷 성충
**D** 졸참나무와 다 자란 깍지벌레
**E** 깍지벌레와 개미의 공생
**F** 졸참나무 가지에 기생하는 암컷 성충

A
B
C
D
E
F

# 8 줄솜깍지벌레

*Takahashia japonica* (Cockerell)
String cottony scale

줄솜깍지벌레(String cottony scale)는 한국, 일본, 중국, 러시아에 분포하고, 기주로는 목련나무, 사과나무, 산수유, 벚나무, 단풍나무류, 감나무, 오리나무, 뽕나무, 앵두나무, 싸리나무, 철쭉나무, 느릅나무, 팽나무, 버드나무류, 느티나무, 자귀나무, 귤나무류, 담쟁이덩굴 등이 있다.

## 피해

기주식물의 잎과 가지에 붙어서 영양분을 빨아먹는다. 발생이 많아 피해가 크면 가지가 말라 죽는다. 깍지벌레의 형태가 특이하여 경관을 더럽히게 된다.

## 형태

암컷의 몸은 넓은 타원형이며 백색의 긴 국수 모양(때로는 고리 모양)인 알주머니가 발달해 있다. 깍지의 길이는 3~7mm이고 등면이 다소 볼록하며 어두운 갈색의 작은 반점과 중앙에는 등적색의 세로줄이 있다. 암컷 성충의 몸길이는 5~7mm이다. 더듬이는 7마디이고, 제3마디가 가장 길다. 3모판은 작고, 끝에 7~8개의 긴 센털이 있는데 몸 가장자리에 고루 분포한다. 몸 표면에서 흰 가루를 분비하지만 산란이 끝난 뒤에는 어두운 갈색으로 변한다.

## 생태

1년에 1세대 발생하며, 3령 약충태로 겨울을 난다. 다음 해 4~5월에 성충이 되면 5월 하순부터 알을 낳는다. 암컷 성충 한 마리의 최대 산란 수는 3,000개에 이른다. 알은 6월 중순에 부화한다. 부화 약충은 매우 활동적이며, 가지나 잎 뒷면 적당한 곳으로 이동하여 가해한다. 9~10월 가을이 되면 낙엽이 지기 전에 가지로 이동하여 3령 약충 상태로 겨울을 난다. 목련에서는 가끔 많이 발생하는 경향이 있다.

## 방제

먼저 미관이 나쁠 때는 피해받은 나무의 잎, 가지, 줄기 등을 제거하여 불에 태우거나 땅에 묻는다. 발생 밀도가 낮고, 발생량이 적으면 충체를 문질러 잡는다. 약제를 살포하기 전 포식성 천적류가 있는지 예찰한 다음 사용 시기를 정하는 것이 좋다. 5월 중순경 이미다클로프리드 액상수화제(8%) 2,000배액 또는 메티다티온유제(40%) 1,000배액을 10일 간격으로 2회 뿌려준다.

A 암컷 깍지벌레가 가지에 기생한 모습(목련나무)
B 국수 모양의 흰색 알주머니가 있는 암컷 성충(목련나무)
C 알주머니가 점점 커가는 암컷 성충
D 깍지와 알주머니가 가지에 붙어 있는 모습(느티나무)
E 연한 갈색 부분이 몸체인 암컷 성충(목련나무)

# 9 주머니깍지벌레

*Eriococcus lagerstroemiae* Kuwana
Grapemyrtle scale

주머니깍지벌레(Grapemyrtle scale)는 노린재목, 주머니깍지벌레과(*Eriococcidae*)에 속한다. 한국, 일본, 중국, 인도, 영국에 분포하며, 배롱나무에서 피해가 심하다. 석류, 감나무에 발생하는 감나무주머니깍지벌레와 매우 유사하지만, 몸을 덮고 있는 주머니의 색깔과 크기가 다르고, 더듬이의 마디 수와 가시털의 모양 등이 다르므로 구분할 수가 있다.

## 피해

성충과 약충이 기주의 잎, 가지, 줄기에서 즙액을 빨아 먹어 가지의 생장이 저해되고 수세가 약해진다. 가해 부위는 석류나무, 팽나무, 예덕나무, 회양목 등은 주로 가지와 줄기지만, 배롱나무에서는 가지, 줄기 이외에 잎에서도 기생한다. 많이 발생한 경우, 나무 전체가 말라 죽게 된다. 또한 배설물의 감로로 인한 2차 피해로 그을음병이 유발된다.

## 형태

암컷 성충은 몸길이가 1.9mm 내외이고, 몸통은 자주색이며, 흰색인 밀랍으로 덮여 있다. 수컷 성충은 몸길이가 0.9mm이고, 적자색을 띠며, 한 쌍의 반투명한 날개가 있다. 알도 적자색이고, 크기는 0.3mm 안팎이다. 부화 약충의 몸길이는 0.4mm 정도이며, 2령충은 길쭉하고 등표면에 털이 많다. 크기는 0.9mm 정도이다.

## 생태

1년에 2회 발생한다. 암컷 깍지 속에서 알로 월동하는데 일부는 약충태로도 월동한다. 1세대 암컷 성충은 4월 하순~5월 하순에 발생하는데 최성기는 5월 상순경이다. 2세대 암컷 성충의 발생 최성기는 8월 하순이다. 암컷은 하얀색의 주머니 속에서 알을 낳는데 평균 200여 개이다. 알은 6월 상순부터 부화한다. 2세대 성충이 낳은 알은 8월 하순경 부화하지만, 이때는 각 충태가 중복되어 발생한다.

## 방제

겨울철, 가지에 붙어 있는 알덩어리를 문질러 제거한다. 월동에서 깨어나기 전 기계유유제를 살포하여 월동란을 방제한다. 약충이 부화하는 6월 하순과 8월 하순에 적용 약제를 살포한다.

A 기생당한 잎의 변색(배롱나무)
B 줄기에 기생한 모습
C 암수컷의 깍지 모양
D 암컷에서 부화한 약충(붉은색)

# 10 쥐똥밀깍지벌레

*Ericerus pela* (Chavannes)
White wax scale

쥐똥밀깍지벌레(White wax scale)는 한국, 일본, 중국, 유럽에 분포하고 쥐똥나무, 물푸레나무, 이팝나무, 광나무, 수수꽃다리, 금목서 등을 가해한다.

## 피해

가지에 기생하여 흡즙하면 나무가 제대로 자라지 못한다. 수컷은 나무의 주 가지에 집단적으로 기생하고 흰색의 밀랍을 분비하여 몸을 덮는다. 겨울을 보낸 암컷 성충에서 부화된 어린 깍지벌레는 어린 나뭇가지를 타고 이동하여 알맞은 곳에 정착한 다음 흡즙 가해한다. 암컷은 단독으로 가지에 기생한다.

## 형태

암컷은 깍지 모양이 원형 또는 타원형이며 누런 갈색을 띠고 표면에 광택이 난다. 등면은 다소 융기되고 검은 무늬가 있다. 크기는 폭이 10mm, 높이는 8mm 정도다. 어린 깍지벌레는 중앙은 폭이 넓지만 앞뒤는 다소 좁은 모양이다. 등면에 연회색 십자 무늬가 뚜렷한 회흑색이고 표면의 광택은 약한 편이다. 표면에 검은 점무늬가 흩어져 있다. 수컷 성충의 더듬이는 6마디로 되어 있다.

## 생태

1년에 1회 발생하고 성충이 나뭇가지에서 겨울을 보낸다. 5월 상하순에 성숙하여 수천 개의 알을 낳는다. 6~7월이면 부화한 약충을 볼 수가 있다. 정착한 암컷 약충은 흰색 밀랍을 분비하여 몸을 덮고 2회 탈피 후 성충이 된다. 수컷의 개체는 많지 않고 수명이 짧다. 기생 밀도가 높은 나뭇가지는 차츰 시들게 되며 이듬해에는 결국 말라 죽게 된다.

## 방제

발생 개체수가 적으면 피해 입은 가지는 잘라준다. 깍지벌레는 통풍과 빛이 부족한 상황에서 많이 발생하므로 가지치기를 적절히 한다. 약충이 발생한 때는 메치온유제(40%), 디메토유제(46%) 1,000배액을 7일 간격으로 1~2회 살포한다. 포식성 천적인 무당벌레, 풀잠자리, 거미류가 발생했을 때는 약제 사용 시기를 신중하게 결정하는 것이 좋다. 기주식물의 줄기에 붙어 있는 알을 떼어내는 것도 효과가 있다.

A 쥐똥나무에 기생한 수컷 깍지벌레
B 수컷 깍지벌레(흰색)와 암컷 깍지벌레(갈색) 알집
C 새로 자란 수컷 깍지벌레의 형태
D 쥐똥나무 새 가지에 기생하는 암컷 성충
E 월동 이후 새로 성장하는 깍지벌레 약충
F 공같이 생긴 갈색의 암컷 성충
G 쥐똥밀깍지벌레 수컷

# 11 뽕나무깍지벌레

*Pseudaulacaspis pentagona* (Targioni Tozzetti)
White peach scale

뽕나무깍지벌레(White peach scale, Mulberry scale, West indian peach scale, Oleander scale, White scale)는 한국, 일본, 중국, 미국, 유럽, 오스트레일리아, 남아메리카 등 전 세계에 분포하고 있다. 기주로는 굴피나무, 구기자나무, 굴거리나무, 개나리, 멀구슬나무, 배나무, 닥나무, 버드나무, 벽오동, 뽕나무, 상산, 소철, 실거리나무, 사과나무, 복사나무, 예덕나무, 오동나무, 자두나무, 장미, 참다래나무, 초피나무, 포플러나무, 풍개나무, 호랑가시나무 등이 있다.

## 피해

암수 깍지벌레가 잎, 가지, 줄기에 많이 발생하여 즙을 빨아 가지를 죽게 한다. 기주 범위가 아주 넓으며 나무의 성장을 나쁘게 한다. 돌발적으로 대발생하면 나무가 말라 죽기도 한다.

## 형태

암수 깍지는 모양이 완전히 다르다. 암컷의 깍지는 원형이고 두꺼우며 흰색이다. 크기는 2~2.5mm가량이며, 등판은 볼록한 모양을 하고 있다. 몸체는 선황색이거나 등황색을 띤다. 수컷의 깍지는 작고 가늘면서 긴 모양이다. 수컷 약충은 깍지 외에 솜 같은 밀랍을 분비한다. 밀도가 높을 때에는 수컷이 암컷 깍지를 덮고 있어서 암컷이 보이지 않는 경우가 있다. 더듬이는 길고 뾰족하며 두 갈래로 갈라져 있다. 벚나무깍지벌레와 비슷하지만 더듬이가 갈라진 것, 밑판의 샘가시가 갈라진 점이 다른 특징이다.

## 생태

1년에 2~3회 발생하며, 암컷 성충태로 겨울을 보낸다. 암컷 성충은 4~5월경 50~100여 개의 알을 낳고 5월 상순에 1령 약충이 부화하며 수 시간 만에 정착하여 밀랍을 분비한다. 2세대 약충은 7월 하순경 부화하며, 30여 일이 지나면 성충이 되어 알을 낳는다. 3세대 약충은 9~10월에 부화되어 나타나며 성충으로 성장하여 월동세대가 된다. 수컷은 무리 지어 생활한다. 벚나무깍지벌레보다 분포 북한계가 남부에 있다고 알려져 있다.

## 방제

적절한 시기에 가지치기를 하여 채광과 통풍이 잘될 수 있게 환경관리를 해주는 것이 좋다. 깍지벌레는 발생 기간이 경과하면 방제하더라도 효과가 낮고 저항성 계통이 반드시 나타나 밀도 억제가 쉽지 않다. 부화 초기에는 부프로페진유제, 메프유제, 메치온유제를 20mℓ/물 20ℓ 농도로 뿌려준다. 겨울에 기계유유제를 나무에 뿌려 겨울을 보내는 해충을 죽일 수 있다. 또한 피해 가지는 제거해주고, 무당벌레, 기생봉, 풀잠자리 등 천적은 보호한다.

A 매실나무 가지에 기생하는 깍지벌레
B 암컷 성충의 둥근 깍지 모양
C 길쭉한 쌀 모양의 수컷 성충
D 어린 암컷의 깍지 모양
E 암컷 성충(위)과 수컷 성충(아래)의 형태
F 하얀 수컷 알(위)과 불그스름한 암컷 알 덩어리
(사진: B-F, J. A. Davidson)

# 12 뿔밀깍지벌레

*Ceroplastes ceriferus* (Fabricius)
Indian wax scale

뿔밀깍지벌레(Indian wax scale, Ceriferus wax scale, East indian wax scale)는 중국이 원산지이며 일본을 거쳐 들어온 침입 해충이다. 이 외에도 타이완, 오스트레일리아, 미국, 멕시코, 남아메리카, 이란, 하와이 등 전 세계에 분포하고 있다. 다양한 수목에 피해를 주는데, 뽕나무, 벚나무, 황철나무, 후박나무, 꽝꽝나무, 단풍나무류, 동백나무, 회양목, 구상나무, 낙우송, 은백양나무, 가시나무, 목련, 월계수, 참식나무, 돈나무, 조나무, 조팝나무, 장미, 모과나무, 귤나무류, 멀구슬나무, 감탕나무, 화살나무, 사철나무, 무환자나무, 무궁화류, 차나무, 사스레피나무, 보리수나무, 배롱나무, 석류나무, 송악, 좀작살나무, 치자나무, 아왜나무, 해당화, 호랑가시나무, 캐나다솔송나무, 구주산소나무, 명자나무, 매발톱나무 등을 가해한다.

## 피해

새 가지나 잎에 붙어 즙액을 빨아 먹으므로 수세가 약해진다. 깍지벌레가 분비하는 감로로 인해 그을음병이 발생하는데 미관을 해칠 뿐만 아니라 광합성 작용의 효율을 떨어뜨리게 된다. 통풍이 불량한 정원수에 많이 생기며, 특히 도시화된 곳의 가로수와 조경수에 빈번히 발생한다.

## 형태

암컷 깍지벌레는 몸길이가 3.5~7mm이고, 등쪽에 뿔 같은 밀랍이 앞으로 돌출되어 있어 다른 종류와 구별할 수 있다. 암컷 성충은 등면이 볼록하고 두꺼운 백색의 끈끈한 밀랍으로 덮여 있다. 몸체 가장자리의 밀랍은 약간 말려 있다. 1령 약충은 몸 양쪽으로 네 쌍의 밀랍돌기가 있다.

## 생태

온대지역에서는 대개 1년에 1회 발생하고 수정한 암컷 성충으로 겨울을 난다. 5월 하순~6월 상순 사이에 체내에서 성숙한 알을 6월 상순경 산란하며 알기간은 1주일 정도 된다. 1령 약충은 6월 중하순에 나타나며 매우 활발하게 이동하여 새 가지나 줄기에 정착하는데, 한번 자리를 잡으면 다른 곳으로 이동하지 않는다. 3령기를 거쳐 8월 하순에 성충이 된다. 바람에 의해 분산되고, 정착하면 다리는 퇴화되어 이동할 수 없게 된다. 암컷은 평균 800~900개의 알을 산란한다.

## 방제

피해 가지를 제거하거나, 발생이 많으면 약충이 발생한 초기에 메치온유제(40%) 20mℓ/물 20ℓ를 1주일 간격으로 2~3회 뿌려준다. 천적인 붉은깡충좀벌을 활용하여 성충의 발생을 줄일 수 있다.

A 치자나무에 기생하는 약충
B 네군도단풍에 발생한 약충과 성충
C 치자나무 줄기에 기생하는 암컷 성충
D 네군도단풍 줄기에 기생하는 암컷 성충
E 보리수나무 줄기에 기생하는 암컷 성충
F 사철나무 잎에 기생하는 약충
G 히말라야시다에 기생하는 암컷 약충과 성충
(사진: G, 백운하)

A
B
C
D
E
F
G

# 13 사철깍지벌레

*Unaspis euonymi* (Comstock)
Euonymus scale

사철깍지벌레(Euonymus scale)는 동양이 원산지인 곤충으로 한국, 일본, 미국, 캐나다, 온두라스, 멕시코, 러시아, 북아프리카, 유럽에 분포한다. 기주로는 사철나무, 쨩쨩나무, 참빗살나무, 화살나무, 회양목, 동백나무, 단풍나무, 귤나무, 무화과류, 고광나무, 목련, 호랑가시, 노박덩굴, 팥꽃나무, 물푸레나무, 쥐똥나무, 수호초, 앵초류, 미역순나무, 미역줄나무, 접시꽃이 있다.

## 피해

사철나무에 많이 발생하는 종이다. 줄기, 잎, 가지에 붙어 즙을 빨아 피해를 준다. 2차적으로는 질병을 일으키게 되고 병원균사로 말미암아 줄기가 말라 죽는다. 기생 부위가 깨끗하지 않아 미관도 해치게 된다.

## 형태

암컷 성충은 길고 폭이 넓은 굴 같은 모양을 한 칙칙한 갈색이며 등쪽에 볼록한 깍지를 갖고 있다. 몸체의 가장자리는 황갈색을 띠고 깍지의 길이는 2mm쯤이다. 몸통은 오렌지색이거나 노란색이고 몸마디의 구분이 분명하며 양옆에 짧은 샘가시와 소형 샘구멍이 있다. 알과 부화 약충도 노란색이다. 수컷 성충은 암컷보다 짧은(1.4mm) 깍지에 덮였으며 흰색이고 깍지의 좌우 가장자리는 평행하다. 대개 수컷은 잎사귀에, 암컷들은 줄기와 나뭇가지에 많이 분포하는 편이다. 더듬이에 1개 또는 2~3개의 긴 털이 있다.

## 생태

1년에 2회 발생하고 수정을 마친 성충태로 겨울을 난다. 약충은 5월 상순~6월 중순과 7~8월에 나타난다. 2세대인 7~9월에도 피해가 있다. 남부 지역에서는 3회 발생한다.

## 방제

발생 밀도가 높으면 나무 전체가 흰색을 띤다. 약충 발생 초기(5월 중순과 7월 하순경)에 이미다클로프리드 액상수화제(8%) 2,000배액, 메티다티온유제(40%) 1,000배액을 1~2회 뿌려준다. 무당벌레, 풀잠자리, 거미류 등 천적도 발생하므로 약제 처리할 때 신중하게 대처해야 한다. 심하게 피해 입은 가지와 줄기는 제거하여 불에 태우고, 깍지벌레의 발생량이 많지 않을 때는 문질러 잡는다. 미국에 있는 *Euonymus kiautschovicus* 사철나무 품종은 이 해충에 대해 저항성을 갖고 있다.

**A** 깍지벌레의 피해 초기
**B** 잎 표면에 기생한 암수
**C** 잎 뒷면에 기생한 수컷(흰색)
**D** 잎 표면에 기생한 수컷(흰색)
**E** 깍지벌레를 포식하는 무당벌레
**F** 흡즙으로 생긴 잎의 변색
**G** 암수 깍지벌레와 잎의 변색
**H** 다 자란 암컷(갈색)과 수컷(흰색)
**I** 깍지벌레 성충과 변색된 잎
**J** 사철나무 줄기에 기생한 깍지벌레

A
B
C
D
E
F
G
H
I
J

# 14 소나무가루깍지벌레

*Crisicoccus pini* (Kuwana)
Pine mealybug

소나무가루깍지벌레(Pine mealybug)는 한국, 미국, 일본에 분포하며 곰솔, 소나무, 잣나무를 가해한다.

## 피해

늦은 봄부터 초여름 시기에 깍지벌레의 약충과 성충 모두 소나무류의 새순과 2년 된 가지의 잎에서 즙을 빨아 피해를 준다. 무리 지어 생활하므로 새순의 성장이 좋지 않다. 그을음병도 일으키고 미관을 나쁘게 한다. 기생 밀도가 높은 경우 새순의 성장이 저해되고 잎 형태가 변형된다.

## 형태

성충의 다리와 더듬이는 갈색을 띠고, 더듬이 길이는 0.4~0.5mm이다. 약충이나 암컷 성충은 몸이 살구색 또는 등황색을 띠며 몸 표면이 흰 밀랍으로 덮여 있다. 생김새가 타원형이거나 긴 타원형이다. 몸 둘레에는 뾰족하고 가는 센털이 있으며 등면에도 센털과 샘구멍이 있다. 암컷 성충은 다 자라면 길이가 4mm쯤 되고, 등면은 융기한 모습이다. 알은 흰색이고 계란형이다.

## 생태

대개 1년에 1~2회 발생하며 나무줄기에 붙어 약충으로 겨울을 보낸다. 4~5월 월동 장소에서 이동한 어린 약충들은 2년 된 가지의 솔잎과 잎 사이에 집단으로 기생한다. 6~7월이면 암컷 성충의 산란이 시작되며, 160개 내외의 알을 낳는다. 이들의 생식 방법은 난태생에 가까우며 알은 낳자마자 부화한다. 2령기가 지난 약충이 새 가지의 부드러운 솔잎으로 이동하여 즙액을 빨아먹기 때문에 새 가지의 성장은 느려진다. 발생 밀도가 높을 때는 새 가지의 모든 잎이 피해를 입기도 한다. 이 해충의 직접 가해뿐 아니라 그을음병의 발생으로 검게 오염되기 때문에 관상 가치가 더욱 떨어진다.

## 방제

피해 입은 가지나 줄기는 제거하여 불에 태워 없앤다. 약충 발생 시기인 6월 상하순에 디프수화제(80%) 또는 메프수화제(40%) 약제를 물 20ℓ에 20g 비율로 혼합해 1~2회 살포한다. 부화 초기에 방제하면 효과가 좋으므로 새잎이 돋아나는 시기에 주의해 살필 것을 권한다. 천적인 쌍점애무당벌레가 깍지벌레를 잡아먹는다. 깍지벌레의 밀도를 낮추는 데 무당벌레의 역할이 중요하므로 천적이 발생했는지 관찰한 다음에 약제방제 계획을 세우는 것이 좋다.

A 깍지벌레가 기생하고 있는 새순
B 다 자란 성충(암컷)
C 잎과 잎 사이에서 흡즙하는 약충과 성충
D 줄기에 기생하는 성충
E 약충의 몸(등면)
F 몸 표면의 흰색 밀랍

A
2 mm
B
D
C
E
F

# 15 소나무굴깍지벌레

*Lepidosaphes pini* (Maskell)
Pine oystershell scale

소나무굴깍지벌레(Pine oystershell scale)는 한국, 일본, 중국, 타이완, 미국에 분포하며 기주로는 곰솔, 뱅크스소나무, 소나무, 스트로브잣나무, 테다소나무, 전나무류, 소철류, 나한송류, 주목류, 비자나무류가 있다.

## 피해

솔잎의 밑부분이나 중앙부에서 깍지벌레가 흡즙 가해하면 노랗게 되거나 백화 현상으로 발전하는 원인이 된다. 도시화로 말미암은 환경 악화가 발생이 많아지는 이유이며 도시 공원에 심은 나무에 많이 발생하고 있다. 기생이 심해지면 수세가 약해져 잎이 일찍 떨어진다. 2차적으로 그을음병을 유발시켜 나무 성장이 느려진다.

## 형태

암컷 성충은 굴깍지로 덮여 있고 등면은 약간 볼록하며, 깍지는 곧고 회색이거나 어두운 갈색이며 가장자리는 연노란색을 띠고 있다. 수컷 성충도 비슷한 색상과 구조이지만 암컷보다 깍지가 좁고 길이도 짧다. 입틀은 발달되어 있고, 구침은 매우 길다. 암컷 성충의 몸과 알, 부화 약충은 흰색이다. 암컷 깍지의 길이는 2~4mm, 수컷은 1mm 정도이다.

## 생태

1년에 2회 발생하며 수정을 한 암컷 성충이 겨울을 지내고 이듬해 봄 4월경 알을 낳는다. 1세대 약충은 4월 하순~5월 하순에, 성충은 7월 하순경 출현한다. 2세대 약충은 8월 중순~9월 중순경 나타나며 성충은 10월 상순에 볼 수 있다. 이런 발생 패턴은 불규칙할 때도 있다. 지역에 따라 3세대 약충이 발생하는데, 이들은 2령기 약충태로 겨울을 보내게 된다. 봄에 암컷이 약 30개의 알을 낳으며 수컷은 8월과 10월 중순에 나타난다.

## 방제

1세대 약충이 발생하는 4~5월의 부화 초기에 깍지벌레 약을 수관에 골고루 뿌려준다. 부프로페진이나 아미트라즈유제(12.5%) 또는 클로치아니딘 액상수화제(8%)를 물 20ℓ당 10mℓ로 혼합하면 된다. 월동하는 암컷 성충을 잡기 위해 새순이 돋기 이전에 기계유유제를 살포하면 효과가 높다. 살포 시기를 잘 선택해야 하고, 나뭇잎 색깔이 퇴색했거나 쇠약한 나무에서는 주의가 필요하다. 포식성 천적인 무당벌레, 풀잠자리와 거미류 등을 보호한다.

A 솔잎 밑부분에 기생하는 깍지벌레(암컷)
B 암컷 성충과 알의 형태
C 솔잎의 중앙부에 기생하는 깍지벌레(암컷)
D 굴깍지의 여러 형태(굽은형과 곧은형)
E 굴깍지 밑에 있는 암컷 깍지벌레
F 솔잎 밑부분의 황화 현상
G 성충과 약충이 기생하는 모습

A
B
C
D
E
F
G

# 16 솔껍질깍지벌레

*Matsucoccus thunbergianae* Miller et Park
Black pine bast scale

솔껍질깍지벌레(Black pine bast scale)는 현재 한국에 분포하는 곤충으로 해송(곰솔), 소나무, 적송에 피해를 준다.

## 피해

암컷 약충이 적당한 장소에 정착한 후 가늘고 긴 구침을 나무에 꽂고 수액을 흡즙하여 피해를 준다. 영양분의 손실과 세포막의 파괴로 피해 증후가 나타난다. 피해를 입은 나무는 대부분 아래 가지부터 인피부가 적갈색으로 마르는데, 3~5월에 심하게 나타난다. 전형적인 피해 증상은 4~5년생 나무의 수관 하부 가지의 잎이 갈색으로 변하며 심한 경우 말라 죽는 것이다. 여름과 가을에는 외견상 피해가 뚜렷하지 않다가 이듬해 봄에 갈색으로 변한다. 1963년 전남 고흥군 도양읍 비봉산의 해송에서 발생한 것이 최초의 기록이고, 지금은 전라 남북도 및 경남 남해안 지방의 해송에 집중적으로 피해를 주는 해충이다.

## 형태

암컷 성충은 황갈색의 긴 타원형이며 몸길이가 2~5mm에 이르고 날개는 없다. 수컷 성충은 크기가 1.5~2mm로 파리와 비슷한 형태로 날개가 한 쌍 있으며 흰 꼬리를 달고 있다. 부화한 약충의 크기는 약 0.4mm, 연한 황갈색을 띠고 몸은 타원형으로 생겼다. 다 자란 약충 몸의 체벽은 단단해지고 엷은 갈색으로 바뀌며 더듬이, 다리 등 부속지는 퇴화된다.

## 생태

1년에 1회 발생한다. 다 자란 약충(후기 약충)으로 겨울을 나고 4~5월에 번데기 시기를 거치지 않고 성충이 된다. 가지 위를 기어 다니는 암컷은 페로몬을 발산하여 수컷을 유인하고 교미한다. 이어 암컷 성충은 나무껍질 틈, 또는 작은 나뭇가지 사이에 흰 솜덩이처럼 생긴 알주머니를 만들고 알주머니 속에는 평균 280여 개(150~450개)의 알을 낳는다. 약 30일이 경과하면 (대개 5월 상순~6월 중순) 약충으로 부화하여 가지의 껍질 조각이나 나무껍질 틈으로 기어가 고착 생활을 시작하는데, 몸 주위에 밀랍성 물질을 분비한다. 정착한 뒤 약 120일은 여름휴면 상태를 유지하다 온도가 낮아지는 10월경 휴면이 종료되어 왕성한 발육이 시작된다.

## 방제

후기 약충을 대상으로 2월 하순~3월 중순에 부프로페진 40% 수화제를 50배 희석하여 항공 방제한다. 수간주사인 경우 12월에 포스팜 50% 원액을 사용한다.

**A** 피해 입은 소나무 숲(갈색)
**B** 피해 입은 소나무의 근접 사진(갈색)
**C** 흰색 꼬리를 달고 있는 수컷 성충
**D** 암컷 성충의 형태
**E** 붉은 갈색을 띠는 약충의 형태

(사진: A-E, 최광식)

# 17 식나무깍지벌레

*Pseudaulacaspis cockerelli* (Cooley)
False oleander scale

식나무깍지벌레(False oleander scale, Magnolia white scale, Mango scale, Oleander scale, Oyster scale)는 한국, 일본, 중국, 미국 등지에 분포하며 기주로는 감나무, 고욤나무, 개나리, 돈나무, 등나무, 벚나무, 상산, 식나무, 매자나무, 벽오동, 섬노린재나무, 오미자, 주목, 쥐똥나무, 진달래, 참다래나무, 화살나무, 호랑가시나무, 사철나무, 멀구슬나무, 능수버들, 꽝꽝나무, 초피나무, 철쭉, 협죽도, 청미래덩굴이 있다.

## 피해

기주식물의 잎, 가지, 줄기에 붙어 즙을 빤다. 잎에서는 잎 뒷면, 잎맥 주위에 주로 자리 잡는다. 기생 부위는 하얀 분을 발라놓은 듯이 보이며 잎의 즙을 빨아들인 부위는 반대면에 노란 무늬가 형성된다. 피해가 심하면 잎이 노랗게 되고 잎이 일찍 떨어지는 현상이 나타난다.

## 형태

암수 깍지의 모양이 다르다. 암컷은 기주식물과 가해 부위에 따라 다르게 보이지만, 몸 뒷부분이 주로 접은 부채 모양과 같다. 깍지는 흰색이며, 크기는 2~2.5 mm이다. 1, 2령 약충의 탈피각은 황색 또는 황갈색이다. 수컷 깍지도 흰색을 띠고 긴 형태지만 암컷보다 훨씬 작다. 앞 숨구멍에는 둘레로 구멍이 무더기로 있다. 중앙의 주격판은 폭이 좁아지고, 안쪽 가장자리 끝부분에만 톱니가 있다. 샘가시는 원뿔 모양이다. 음문 둘레구멍은 5군이며, 구멍 수가 많다. 기생 부위에 따라 몸이 기다란 것과 둥글게 생긴 개체가 있다. 나뭇가지에 주로 기생한 개체는 주격판 양쪽 가장자리에 톱니가 있고, 잎에 기생하는 개체는 중앙 주격판이 밑판 속으로 함몰되어 폭이 좁다.

## 생태

1년에 2세대 발생하고 성충 형태로 겨울을 난다. 1세대 약충은 5월 상중순경에 출현한다. 그러나 온실 조건에서는 5주일이면 한 세대가 완료되는 등 발생 상황이 불규칙하다.

## 방제

즙이 빨린 부위가 하얗게 보이므로 발견하기가 쉽다. 발생이 심하지 않으면 기생 부위를 절단하는 것이 좋다. 피해가 심하게 나타나면 메티다티온유제(40%), 이미다클로프리드 액상수화제(8%)·수화제(10%) 1,000배액을 10일 간격으로 2회 뿌린다.

**A** 깍지벌레가 발생한 기주(갈색)
**B** 고욤나무에 기생한 암컷 깍지벌레(제주 위미)
**C** 섬쥐똥나무에 기생한 수컷(제주 위미)
**D** 잎줄기에 기생한 암컷 성충(화살나무)
**E** 가지에 기생한 수컷 성충(주목)
**F** 암컷 성충과 약충(주목)
**G** 잎을 가해하는 암컷 성충의 모습

A
B
C
D
E
F
G

## 18 소나무솜벌레

*Pineus orientalis* (Dreyfus)
Oriental woolly aphid

소나무솜벌레(Oriental woolly aphid)는 한국, 일본에 분포하고 곰솔, 해송, 가문비나무, 섬잣나무, 스트로브잣나무, 반송을 가해한다.

### 피해

기주식물의 가지나 줄기의 껍질 틈에 붙어 솜 같은 백색 밀랍을 분비하게 되면 기생된 부위가 하얗게 보인다. 피해를 입으면 새눈의 성장이 저해되며 수세가 쇠약해지고 심하면 나무가 고사한다. 미국에서는 *Pineus strobi*가 분포한다. 정원수로 심은 반송 등에 많이 발생하므로 관상 가치를 떨어뜨리게 된다.

### 형태

성충의 몸길이는 약 1.3mm이고 몸색은 암갈색 내지 흑갈색이며 백색인 밀랍 가루가 덮여 있다. 머리와 앞가슴등판은 통통하다. 가슴의 등면, 측면과 배의 측면에 밀판이 잘 발달되어 있고, 약충은 백색의 밀랍으로 싸여 있으며, 겹눈은 3개이고 더듬이는 컵 모양으로 퇴화되어 있다. 비슷한 종으로 *Pineus strobi*와 *Pineus laevis*가 일본에 분포한다.

### 생태

1년에 수회 발생하며 섬잣나무 등의 가지, 줄기의 나무껍질 틈에서 약충으로 겨울을 보낸다. 5월 상순경부터 날개 없는 성충이 나타나서 나무껍질의 표면에 산란한다. 부화 약충은 나무껍질에 붙어서 가해하며 5~6월에 밀도가 높아지고 이때 피해도 심하다. 그 후 여름형 성충이 나타나고 가을까지 불규칙하게 발생이 계속 이어진다. 수세가 약한 나무와 밀식하여 광선이 부족하거나 통풍이 잘 안 되는 환경에서 자주 발생하므로 가지치기와 채광 조건이 잘 시행되도록 하는 것이 예방 차원에서 중요한 관리 방법이 될 것이다. 우선 건강하게 뿌리 내림이 되도록 식재 때 배려하면 더욱 좋다.

### 방제

부화 약충이 나타나는 5~6월경에 메티다티온유제(40%)를 20mℓ/물 20ℓ 농도로 희석하여 약 5일 간격으로 2~3회 살포한다. 또한 겨울에 월동 약충을 대상으로 기계유유제 40배액을 살포한다. 섬잣나무는 기계유유제 살포시 약해가 발생할 우려가 있으므로 살포하는 시기와 살포 농도 등에 주의하여야 한다.

A 솜벌레의 발생으로 가지가 피해 입은 모습(부산)
B 소나무 신초에 기생하는 약충
C 새로 자라는 가지에 발생하여 흡즙하는 약충
D 반송의 새순에 기생하는 약충(경기 수원)
E 새순에서 흡즙이 진행되면 다른 가지로 분산 이동
F 흰색 밀랍의 분비로 새 가지가 더럽혀진 피해 모습

A
B
C
D
E
F

## 19 스트로브솜벌레(신칭)

*Pineus harukawai* Inouye

스트로브솜벌레는 한국과 일본에 분포하며 기주로는 섬잣나무와 스트로브잣나무가 있다.

### 피해

섬잣나무류의 새 가지 부위에서 수간의 수피부에 기생하며 흰색의 솜 같은 분비물을 부착하여 수액을 빨아 먹으므로 수세가 약화되고 피해 입은 가지가 말라 죽는다. 심하게 발생하면 나뭇가지가 전부 하얀색으로 보인다. 가지치기를 하지 않은 나무가 피해율이 높은데, 바람이 잘 통하지 않으므로 발생 밀도가 높게 나타나는 원인이 된다. 고속도로 휴게소와 정원, 공원에서 자주 발생되어 경관을 나쁘게 한다.

### 형태

겨울형 성충의 크기는 1.3mm에 이른다. 몸은 타원형으로 붉은 갈색을 띤다. 여름형 성충은 몸길이가 0.8mm로 머리와 가슴은 흑갈색이고, 몸통은 붉은 갈색이다. 더듬이는 퇴화하여 흔적만 있으며 알은 노란갈색이며 타원형이다. 알 크기는 0.3mm 정도이다. 소나무와 적송을 가해하는 *Pineus laevis*와 형태적 특성이 비슷하다.

### 생태

수간(樹幹)과 가지의 껍질 틈에서 겨울을 보낸 약충은 5월경에 날개가 없는 성충으로 발육하여 가지의 피복물 안에 알을 낳는다. 이어 부화 약충이 침엽의 기부와 나무껍질 표면에 붙어서 자란다. 보통은 약충이 솜 같은 물질을 분비하면서 가해한다. 이 약충들은 여름형 성충이 되어 산란을 되풀이하고 알에서 부화한 약충태로 나무의 가지 표면에 기생하여 겨울을 보낸다. 나무를 밀식했을 경우와 가지치기를 하지 않은 나무들에서 발생하는 경우가 많이 있다.

### 방제

어린 나뭇가지나 줄기 표면에 하얀 가루와 같은 증상이 나타나기 시작하면, 가지치기를 실시하여 나무의 생장을 도와주어 발생 밀도를 낮게 한다. 초기의 발생 예찰을 하지 못해 약제를 사용하고자 하면 메프제 등의 유제를 10일 간격으로 2~3회 부화 초기에 살포한다. 다이시스톤, 에카친 TD 입제와 같은 토양 약제를 뿌리 주위를 따라 얕은 홈을 만들어 사용하면 약 3개월간의 예방 효과가 있다. 이때 사용하는 약은 정원수의 키가 2m 이하면 30~50g을 사용한다.

**A** 기생당한 스트로브잣나무
**B** 기생당한 섬잣나무
**C** 가지에 기생하는 솜벌레(스트로브잣나무)
**D** 줄기에 기생하는 솜벌레(섬잣나무)
**E** 피해 입은 줄기와 잎의 모습

# 20 꼬리가루깍지벌레

*Antonina crawi* Cockerell
Bamboo mealybug

꼬리가루깍지벌레(Bamboo mealybug, Cottony bamboo scale)는 노린재목, 가루깍지벌레과에 속하며 한국, 일본, 중국에 분포한다. 대나무, 조릿대, 기주조릿대, 오죽 등에서 발생한다. 미국에는 *Antonina graminis*와 *Antonina pretiosa*가 분포한다.

## 피해

대나무류에만 기생하며, 깍지벌레의 흡즙으로 식물의 성장이 저해되어 조기에 잎의 변색이나 낙엽이 일어난다. 작은 가지의 엽초부와 가지가 갈라지는 부분에 하얀 솜 모양의 깍지벌레가 기생하며 감로가 방울 모양으로 배출된다. 깍지벌레의 감로가 배출되면 기주식물은 그을음병이 발생하므로, 기생 부위와 하부의 잎줄기가 검게 변해 미관을 해치는 2차 피해를 받는다.

## 형태

암컷 성충은 장타원형 내지 폭이 넓은 타원형이고 암적자색을 띤다. 몸 표면이 매끄럽고 약간 광택이 있다. 깍지벌레의 몸을 둘러싸고 있는 흰색 밀랍 주머니는 타원형이다. 그 끝에는 흰색의 광택이 있는 밀랍 꼬리가 기다란 튜브 모양으로 뻗어 있다. 성충의 몸은 암갈색이고, 타원형이다. 몸 끝에 있는 기다란 흰색의 꼬리가 이 해충의 중요한 특징이다. 촉각은 퇴화하고 2마디로 구성되기도 한다. 다리가 퇴화되어 없기도 하다. 약충과 성충이 흰색의 밀랍 분비물을 만든다. 몸마디는 뚜렷하고, 밀납 주머니의 길이는 약 4.0mm 정도이다. 더듬이는 매우 짧고 4마디이다. 다리는 완전히 퇴화되어 없으며, 등면에 몇 개의 샘구멍이 있다.

## 생태

암컷의 몸에서 유충이 탈출하면 기생이 시작된다. 1년에 1회 발생하고, 암컷 성충으로 기생한 부위에서 월동한다. 1세대는 5~6월경 출현한다. 늦게 발생한 경우에는 9월 중순에도 3령기가 지난 성충이 관찰된다.

## 방제

발생 초기에 적용 약제를 2~3회 살포한다. 통풍이 안 되는 곳에서 발생 밀도가 높으며, 오래된 가지는 잘라내어 환경을 개선하는 것이 필요하다. 약충 발생 시기에 알맞은 약제를 살포한다.

**A** 깍지벌레가 발생한 대나무
**B** 죽은 가지에서 월동한 깍지벌레
**C** 가지 기부에 생긴 그을음병
**D** 암컷 성충의 발생 흔적
**E** 수컷 성충이 발생한 모양
**F** 암컷의 발생과 그을음병
**G** 새 가지에 기생한 암컷 집단
**H** 감로 배출이 시작된 모습
**I** 암컷의 밀랍선 꼬리 모양과 감로 방울
**J** 피해받은 대나무 잎과 갈색으로 변한 조직

A
B
C
D
E
F
G
H
I
J

# 21 목화진딧물

*Aphis gossypii* (Glover)
Cotton aphid

목화진딧물(Cotton aphid, Melon aphid)은 한국, 일본, 중국, 타이완, 뉴질랜드, 동남아시아, 인도, 미국, 멕시코, 캐나다 등 범세계적으로 분포하고 있는 곤충이다. 기주로는 무궁화나무, 사과나무, 자두나무, 매실나무, 감나무, 광대수염, 누리장나무, 개나리, 개오동나무, 살구나무, 석류나무, 뽕나무, 무화과나무, 모란, 산팽나무, 장미, 찔레나무, 해당화, 비파나무, 다정큼나무, 윤노리나무, 자귀나무, 유자나무, 감귤나무, 사철나무, 노박덩굴, 고추나무, 벽오동, 다래나무, 송악, 작살나무, 치자나무, 참오동나무, 청미래덩굴, 버드나무, 배롱나무, 떡갈나무, 유칼립투스 등이 알려져 있다.

## 피해

진딧물의 발생 밀도가 높을 때 식물은 건강하지 않게 보인다. 잎과 꽃들은 뒤틀리게 되며 수분이 모자라 시듦 증상이 흔히 나타난다. 이 진딧물은 식물 기생성 바이러스병을 전파하는 매개 곤충으로 알려져 있다.

## 형태

날개가 없는 성충은 몸길이가 1.1~1.9mm 정도이다. 몸의 색깔은 황색, 진녹색, 검은색인데 일반적으로 검은색 또는 어두운 녹색 종이 많다. 그러나 연노란색에서 흰색인 것들도 발생하므로 색의 변화가 다양하다. 날개 있는 것은 머리와 가슴이 검고, 배는 녹색 또는 황록색이며 검은 반점도 있다. 더듬이는 6마디, 제3마디에는 둥근 모양의 감각기가 몇 개 분포해 있다. 날개 있는 태생 성충으로 발육하는 어린 진딧물은 흰 가루를 분비하므로 회색으로 보인다.

## 생태

대개는 알 상태로 겨울을 나는데 남부의 따뜻한 지방에서는 성충 형태로 겨울을 보내는 것도 있다. 4월 상순이 되면 부화하여 새잎에서 즙액을 빤다. 이들 부화 약충들은 날개 없는 태생 곤충으로 몇 세대 단위생식을 거쳐 5월 상순경에는 날개 있는 암컷이 석류나무 등 중간숙주로 옮겨 간다. 여기에서 성충이 수십 마리의 약충을 생산하면 7~10일 후에는 날개 없는 태생 암컷으로 발육하여 세대 번식을 이어간다. 약 30일 후 날개 있는 태생 암컷이 나타나면 오이, 가지 등 2차 중간숙주로 이동한다. 10월 중하순경에 날개 있는 암컷과 수컷이 나타나며 무궁화나무로 이동하여 월동 준비를 한다. 11월에도 볼 수 있다.

## 방제

약충이 발생하는 초기에 진딧물약을 1~2회 살포한다. 봄철 방제가 매우 중요하다.

**A** 무궁화 순에 발생한 진딧물(잎이 변색된 모습)
**B** 날개 있는 수컷 성충의 흡즙하는 모습
**C** 무더기로 산란된 알의 형태
**D** 날개 있는 것과 날개 없는 성충
**E** 날개 없는 진딧물의 기생하는 모습
**F** 진딧물 몸통의 현미경적 형태
**G** 진딧물의 뿔관 형태
**H** 진딧물의 더듬이 형태
**I** 어린 진딧물(날개 없는 것)의 형태
**J** 진딧물을 잡아먹는 무당벌레(지리산)
**K** 진딧물을 흡즙하여 죽이는 꽃등에 유충
(사진: B-J, 이승환)

A
B
C
D
E
F
G
H
I
J
K

# 22 박주가리진딧물

*Aphis nerii* Boyer de Fonscolombe
Oleander aphid

박주가리진딧물(Oleander aphid, Yellow milkweed aphid)은 한국, 일본, 중국, 타이완, 오스트레일리아, 뉴질랜드, 동남아시아, 유럽, 인도, 아프리카, 북아메리카에 분포하며 정원수로는 명자나무, 노린재나무, 협죽도, 백당나무, 그리고 농작물 중에는 백합, 박주가리, 아스클레피아스, 하수오 등을 가해한다.

## 피해

성충과 약충이 5~6월경 기주식물의 새 가지, 잎 뒷면 화경(花莖: 꽃자루)에 모여 살면서 흡즙 가해하므로 새 가지의 생장을 저해하며 화착(花着)도 나쁘다. 잎이 마르거나 가지가 고사하지는 않지만 그을음병이 발생하기 때문에 미관을 해친다. 식물병 바이러스를 매개하는 것으로도 알려져 있다. 특히 제주도 등 남부 지역의 가로수나 정원수로 많은 협죽도에 피해가 심하다.

## 형태

날개 없는 태생 진딧물은 약 2.5mm이며, 몸은 밝고 진한 노란색을 띤다. 더듬이, 다리, 뿔관과 끝편은 검은색이다. 날개 있는 태생 진딧물은 약 2.2mm다. 머리, 더듬이, 앞가슴은 황색이며 가운뎃가슴, 뒷가슴은 검은색이다. 배는 황색이고 뿔관 밑부분에 검은색 무늬가 있다. 뿔관, 끝판, 밑판은 검은색이다.

## 생태

박주가리과 식물인 협죽도 등에 기주 특이성이 있다. 주로 4월 중순부터 10월경까지 발생한다. 5~6월경에 무시충이 가해 수종의 새순 잎 뒷면에 군집을 형성하면서 점차 기주의 진딧물 밀도가 높아지게 되어, 날개 있는 태생 진딧물이 출현해 부근의 나무로 이동하여 번식한다. 새 가지의 생장이 정지하고 잎이 경화되는 7~8월경에는 꽃자루에 기생하지만 기생 밀도는 감소한다. 9월에 재차 밀도가 증가하여 꽃이 피어 있는 꽃자루뿐만 아니라 꽃이 진 꽃자루에도 군집을 형성한다.

## 방제

이른 봄에 발생하여 그을음병을 일으켜 피해를 주기 때문에 조기 방제가 필요하다. 가로수, 정원수로 쓰이는 지역에서는 대발생 시 기주식물의 생육을 지연시키고, 감로에 의한 잎의 오염, 주변 벤치나 건물을 심하게 오염시키므로 주기적인 관찰이 필요하다.

**A** 기주의 줄기에 붙어 흡즙하는 피해 사진
**B** 날개가 없는 진딧물의 형태적 특징
**C** 발육태가 다른 날개 없는 진딧물의 군집
**D** 천적인 무당벌레의 유충과 성충
**E** 신초에서 흡즙하는 날개 없는 발육태의 진딧물
**F** 진딧물 몸통의 현미경적 형태
**G** 진딧물 뿔관 형태
**H** 진딧물의 더듬이 형태

(사진: F, G, H, 이승환)

A
B
C
D
E
F
G
H

# 23 밤나무왕진딧물

*Lachnus tropicalis* (Van der Goot)
Large chestnut aphid

밤나무왕진딧물(Large chestnut aphid)은 한국, 일본, 타이완, 중국, 그리고 동남아시아 지역에 분포하며 기주로는 구실잣밤나무, 가시나무류, 밤나무, 참나무류, 종가시나무, 붉가시나무가 있다.

## 피해

새 가지에 모여 살면서 흡즙 가해한다. 대발생할 때는 나무가 약해지고 심하면 말라 죽는다. 다른 진딧물과는 달리 잎에는 기생하지 않으며, 어린 가지부터 굵은 줄기까지 집단으로 기생하고, 빗물의 영향을 적게 받는 줄기 아래쪽에 기생한다. 공원에 심은 기주식물의 경우 방문객의 옷이 검은색으로 오염될 수 있다.

## 형태

대형 진딧물이며 날개 없는 암컷 성충은 몸길이가 5mm이고, 검은색이다. 날개 있는 태생 암컷 성충은 몸길이가 4mm이고, 날개가 검은색이다. 알은 광택 나는 어두운 갈색이거나 검은색이며 크기가 1.5mm로 타원형이다. 왕진딧물의 일종으로 뿔관이 작아 육안으로 확인할 수 없다.

## 생태

1년에 3회 발생하며 집단생활을 한다. 알로 겨울을 나는데, 알을 덩어리 상태로 나무줄기의 밑부분에 붙여 낳는다. 겨울을 지내면 4월 상순경 부화하고 가지 부위로 이동하여 즙을 빨아 피해를 준다. 3세대에 날개 있는 태생 암컷이 나타나면 다른 숙주로 이동하는데, 종가시나무와 상수리나무 등으로 확장하여 기생한다. 11월에는 날개 없는 태생 암컷과 수컷이 출현해 유성생식을 한다. 이러한 시기에 특히 집단성이 강하게 나타나 산란이 집중적으로 행해지면서 큰 난괴가 만들어진다.

## 방제

특별하게 고밀도 상태로 발생하지 않았다면 방제할 필요는 없지만 대량 발생했거나 미관을 해칠 정도면 방제를 실시해야 한다. 겨울에 덩어리로 산란되어 있는 알을 눌러 잡으면 봄철 발생을 억제하는 효과가 있다.

A 참나무의 어린 가지 끝에서 흡즙하는 모습
B 날개 없는 형의 약충
C 날개 없는 형의 성충
D 줄기에 집단으로 모인 날개 없는 성충과 약충
E 새로 난 가지에 기생하는 약충의 모습
F 기생하는 날개 없는 진딧물
G 줄기 밑부분에 산란된 알 덩어리와 성충의 모습
(사진: B-G, 이승환)

A
B
C
D
E
F
G

# 24 벚잎혹진딧물

*Tuberocephalus sakurae* (Matsumura)

벚잎혹진딧물은 한국과 일본에 분포하며 기주로는 *Prunus*속 정원수 또는 과수류인 살구, 신양벚나무, 산벚나무, 개벚나무, 산개버찌나무, 복사나무, 벚나무, 앵두나무, 왕벚나무가 있다. 쑥 종류에도 기생한다.

## 피해

벚나무 새 가지의 잎 뒷면에 군집을 형성하면서 즙을 빨아 피해를 준다. 피해 입은 잎은 뒷면이 세로축 방향의 부정형으로 말리고, 잎은 현저하게 작아지며 빠르게 (연녹색~붉은색으로) 변색된다. 피해 잎은 여름이 되기 전에 낙엽이 지기 때문에 수세가 약화되어 새 가지의 생장이 나빠진다. 피해 잎에서 충체를 확인하기 쉽지 않으나, 개체수에 비해 초기 신초 부위의 피해는 매우 크다. 심하면 부정형의 유사혹(pseudo gall)을 만든다.

## 형태

날개 없는 태생 진딧물은 약 1.7mm로 타원형이며 암갈색을 띤다. 머리의 위쪽과 얼굴 쪽에 미세돌기가 많으며 센털의 길이가 길다. 날개 있는 태생 진딧물은 약 2mm로 무시충과 유사한 색을 띤다. 뿔관과 더듬이는 짧은 편이다.

## 생태

알로 월동하며 4월 중순에 부화하여 새 가지의 잎 뒷면에 기생한다. 6월에 날개 있는 성충이 출현하여 중간기주로 이동하며, 7월 하순~8월 상순에 진딧물의 기생 밀도가 높다. 4~10월에 발생한다.

## 방제

피해 입은 줄기는 가지치기를 한다. 상습 발생하는 벚나무 집단 식재지에서 봄철 약충 발생 시기에 피해 흔적이 나타나기 시작하면 진딧물 전용 약제를 뿌려준다.

A 발생 초기의 증상을 보이는 벚나무의 피해 잎
B 흡즙이 진행되어 잎이 변한 모습
C 피해 잎이 오그라들고 색깔이 변한 새 가지
D 잎 속의 벚잎혹진딧물 무시충
E 피해 잎 아랫면의 말린 잎 형태
F 말린 잎 안에서 기생하는 진딧물
G 피해를 입은 말린 잎의 형태

(사진: A-G, 이승환)

# 25 복숭아가루진딧물

*Hyalopterus pruni* (Geoffroy)
Mealy plum aphid

복숭아가루진딧물(Mealy plum aphid)은 한국, 일본, 중국, 타이완, 오스트레일리아, 동남아시아, 인도, 유럽, 북아메리카에 분포한다. 정원수 중에는 매실, 복숭아, 살구, 자두 등 벚나무속 수목을 가해하며 그 외에도 초본류인 달뿌리풀, 갈대, 억새 등을 가해한다.

## 피해

자두나무에서 자주 발생한다. 잎의 뒷면에서 성충과 약충이 군집을 형성하여 즙을 빨아 먹는다. 피해 입은 잎은 진딧물 표면의 흰색 밀랍 가루 때문에 흰 가루로 덮여 있는 것처럼 보인다. 진딧물에서 배출되는 감로로 인해 그을음병이 발생하며, 심할 경우 잎은 물론 열매 줄기 부분도 심한 그을음병 증세를 보인다. 가로수로 쓰이는 살구나무, 매실나무에서 많이 발생한다.

## 형태

날개 없는 태생 진딧물은 약 1.5~1.9mm로 크기가 다양하며, 몸은 1차 기주에서는 밝은 녹색 또는 연두색을 띠며, 2차 기주에서는 배 부분에 연녹색과 자주색이 혼합되어 나타난다. 뿔관과 끝편은 검은색을 띤다. 약충의 경우 머리와 배 끝부분은 자주색을 띠고 중간 부분은 연녹색을 띠는 개체와, 자주색 혹은 연녹색만을 띠는 개체들이 나타난다. 성충은 흰 밀랍 가루를 얇게 덮어 쓰고 있다. 날개 있는 태생 진딧물의 경우 뿔관이 대체로 투명하다.

## 생태

기주 이동성 진딧물이며, 5~11월에 발생한다. 벚나무속(*Prunus* spp.) 식물을 1차 기주로 삼아 알로 월동하고 흡즙을 한 후에 6월 중순경 2차 기주인 억새 또는 갈대로 기주 이동을 한다. 1차 기주의 순에서 나온 간모(幹母)는 새로 난 잎에 집단을 형성하여 순을 흡즙 가해하고, 진딧물에서 분비되는 감로는 곰팡이병(그을음병)의 원인이 된다. 간모로부터 나온 2세대는 모두 유시형으로 여름기주인 갈대로 이주하며 갈대에서 여러 세대를 반복하다 가을철 유시형 암컷과 수컷이 출현, 월동 기주인 벚나무류로 다시 이주한다.

## 방제

성충, 약충 발생 시 진딧물 약제를 살포한다. 벚나무류에서 상습 발생지를 대상으로 새순이 자라기 시작하면 월동 간모를 대상으로 진딧물 전용 약제를 살포한다. 여름철 기주로 이동 후에는 방제가 필요 없으며, 주변의 2차 기주인 갈대를 제거하면 효과가 있다.

A 그을음병까지 발생한 흡즙 피해
B 복숭아나무 가지의 피해
C 날개 있는 진딧물과 기주식물의 잎
D 날개 없는 진딧물이 가해하는 모습
E 진딧물 몸통의 현미경적 형태
F 진딧물의 뿔관 형태
G 진딧물의 더듬이 형태
H 복숭아가루진딧물의 간모(fundatrix)
I 엽맥에 따라 기생한 무시형 약충
J 억새 잎에 옮겨온 무시형 성충과 약충
K 월동 기주에 피해주는 무시형 성충과 약충
(사진: A-H, 이승환)

# 26 복숭아혹진딧물

*Myzus persicae* (Sulzer)
Green peach aphid

복숭아혹진딧물(Green peach aphid)은 한국, 일본, 중국, 타이완, 뉴질랜드, 유럽, 아프리카, 북아메리카, 인도, 하와이 등 범세계적으로 분포하는 해충이다. 주요 정원수 기주로는 복사나무, 매화나무, 벚나무류, 돈나무, 장미, 찔레나무, 해당화, 매실나무, 사과나무, 배나무, 초피나무, 귤나무, 사철나무, 감나무, 고욤나무, 개나리, 협죽도, 작살나무, 구기자나무, 참오동나무, 흰말채나무 등이 있으며 기타 각종 농작물의 주요 해충이기도 하다.

## 피해

잎 뒷면에 군집을 형성하며 즙액을 빨아 피해를 준다. 피해 입은 잎은 시들면서 세로 방향으로 말리며 갈색으로 변한다. 각종 식물, 특히 농작물 바이러스를 매개하여 더 큰 피해를 준다.

## 형태

날개 없는 태생 진딧물은 약 1.8~2.5mm 정도로서 연한 황색, 녹황색, 녹색, 분홍색, 갈색 등을 띠지만 때로는 거무스름하게 보이는 것도 있다. 뿔관 중앙부가 약간 팽대하나 끝부분은 볼록한 편이며, 끝부분에 테두리 띠가 있다. 날개 달린 태생 진딧물은 2~2.5mm로서 녹색, 연한 황색, 황갈색, 핑크색 등 체색변이가 심하다. 제3배마디 등판부터 뿔관 밑부분까지 검은 무늬로 덮여 있고, 무늬의 양쪽에 돌출부가 2개씩 있다. 뿔관은 황갈색이거나 거무스름한 갈색으로 원기둥 모양이다.

## 생태

잎 뒷면에 주로 서식한다. 겨울기주인 복숭아나무의 겨울눈 기부에서 알로 월동하며 3월 하순~4월 상순에 부화한다. 부화한 간모는 단위생식으로 증식하고, 5월 상중순에 날개 달린 태생 진딧물이 증식하여 여름기주로 옮겨 6~18세대를 경과한 뒤 10월 중하순에 다시 겨울기주인 복숭아나무로 이동하여 산란성 암컷과 수컷이 되고, 교미 후 11월에 겨울나기를 할 알을 낳는다. 약충에는 녹색 계통과 붉은색 계통이 있는데, 복숭아나무에서는 대부분 녹색 계통이나 여름기주에서는 녹색 계통과 붉은색 계통이 같이 발생하는 경우가 많다. 기주 범위가 넓어 여름기주는 배추, 무, 고추 등 각종 농작물에 피해를 준다.

## 방제

약충 발생 초기에 진딧물 방제용 약제를 살포하면 효과적이다.

A 무궁화나무가 피해 입은 모습
B 복숭아나무가 피해 입은 모습
C 날개 없는 진딧물이 발생한 모습
D 유채에 기생하고 있는 날개 없는 약충
E 날개 없는 진딧물의 형태
F 날개 있는 진딧물의 형태

(사진: A-F, 이승환)

A
B
C
D
E
F

# 27 붉나무소리진딧물

*Toxoptera odinae* (Van der goot)
Udo aphid

붉나무소리진딧물(Udo aphid)은 한국, 일본, 중국, 타이완, 동남아시아, 인도네시아(자바), 인도, 남아프리카에 분포하고 있다. 다양한 식물을 가해하는데, 정원수 기주로는 귤나무, 오갈피나무, 두릅나무, 가막살나무, 가래나무, 가죽나무, 검양옻나무, 국수나무, 덜꿩나무, 돈나무, 동백나무, 말채나무, 머귀나무, 목련, 배나무, 벚나무, 분단나무, 붉나무, 사과나무, 사스레피나무, 산수유, 산초나무, 수국, 소태나무, 아왜나무, 옻나무, 음나무, 참죽나무, 층층나무, 탱자나무, 황벽나무, 회나무, 회화나무 등이 있다.

## 피해

공원, 녹지대에 발생하는 암갈색의 진딧물로 가해 수종의 새 가지, 새 잎의 뒷면, 화경(花莖)에 모여 살면서 흡즙 가해한다. 새 가지가 피해를 입으면 잎이 작아지고 단단해진다. 2차적으로 그을음병이 발생해 나무 전체가 검게 오염되어 미관을 해친다. 특히 옻나무류에 발생이 심해 새로 나온 가지가 온통 검은색의 진딧물로 덮여 있는 경우를 종종 볼 수 있다.

## 형태

날개 없는 태생 진딧물은 약 1.3~2.4mm로 크기가 다양하며, 몸은 회갈색 또는 적갈색을 띤다. 더듬이는 검고 비늘무늬가 있으며 긴 센털이 많다. 뿔관은 검은색을 띠며 끝부분의 테두리가 크다. 약충 시기에는 연한 적갈색을 띠나 성충이 되면 몸 색깔이 짙어진다.

## 생태

5~9월에 많이 발생한다. 기주 이동을 하지 않는 종이며 알로 겨울을 나지만 따뜻한 지방에서는 태생 암컷으로 월동한다. 제주도와 남부지방에선 주로 4월 중하순에 부화하여 새 가지에 기생하며, 날개 없는 태생으로 증식하여 5~6월경에는 기생 밀도가 높아진다. 11월 상중순에 날개 있는 태생 암컷과 수컷이 출현하여 교미 후 알을 낳는다. 감귤 해충으로 알려져 있으며 전국의 산지에 많은 옻나무, 붉나무에 흔히 분포하는 종이다. 여름기주로의 이동 없이 가을철까지 월동 1차 기주에 발생한다.

## 방제

약충 시기인 4~5월에 약제를 살포하면 효과적이다.

A 집단으로 기생 흡즙하는 붉나무소리진딧물
B 새 가지에 기생한 진딧물 무리
C 날개가 없는 진딧물 무리
D 날개가 발달한 유시형 진딧물
E 날개가 없는 산란모의 형태
F 집단으로 흡즙하는 날개 없는 진딧물
G 진딧물 몸통의 현미경적 형태
H 진딧물의 뿔관 형태
I 진딧물의 더듬이 형태

(사진: A-I, 이승환)

A
B
C
D
E
F
G
H
I

# 28 사과혹진딧물

*Ovatus malisuctus* (Matsumura)
Apple gall aphid

사과혹진딧물(Apple gall aphid)은 한국, 일본, 중국, 타이완, 시베리아, 미국에 분포하며, 기주로는 야광나무, 사과나무, 아그배나무, 명자꽃, 풀명자 등이 있다.

## 피해

신초가 나오는 5월부터 기주식물의 연한 잎에서 즙액을 빨아 피해를 준다. 즙을 빨린 잎에는 붉은 반점이 생기며 잎이 뒤로 말리게 되고 그 속에서 진딧물은 군집을 형성하여 잎을 가해한다. 피해 입은 잎은 점차 굳으며 흑색으로 변하여 조기에 낙엽이 진다. 진딧물이 가해한 잎은 배설한 감로로 인해 검은색의 그을음 증상이 나타난다.

## 형태

날개 없는 태생 진딧물은 1~1.7mm로 크기가 작으며 황갈색, 짙은 녹갈색, 짙은 갈색을 띤다. 뿔관과 넓적다리의 절반 정도는 검은색을 띤다. 날개 있는 태생 진딧물은 1.5~1.7mm로서 몸은 검은색을 띤다. 약충은 연녹색이 많으며 변이가 심하다.

## 생태

사과나무의 중요 해충이다. 4~10월에 발생한다. 월동란으로 기주식물의 눈 기부에서 겨울나기를 한다. 4월 상중순경 부화하여 발아하는 눈에 기생하고 군집을 형성하여 잎 뒷면을 가해한다. 가을까지 알을 낳으며 세대를 반복한다. 날개 없는 태생 진딧물은 잎이 오래 되면 어린 가지 선단 잎으로 이동하며 계속해서 잎을 말린다. 날개 있는 태생은 진딧물의 밀도가 높아지면 발생하게 되는데, 이들은 기주 이동을 한다. 10월 중순경에는 날개 있는 태생 암컷과 수컷이 발생한다. 여름 2차 기주로의 이동에 대한 보고는 없다. 신초의 겨울눈 기부에 산란한다.

## 방제

월동한 알의 밀도가 높을 경우에는 겨울에 약제를 살포하는 것이 좋다. 피해가 많지 않은 지역에서는 약제 살포를 금하고 천적인 기생봉의 활동을 높이는 것이 장기적인 전략으로 좋다. 겨울철에 기계유유제를 살포하거나 진딧물 약에 석회유황합제를 섞어 살포해도 좋다.

**A** 진딧물의 피해로 잎이 뒤로 말린 모습
**B** 새 가지에 발생한 모양
**C** 잎 뒤에서 흡즙하는 날개 없는 진딧물의 피해
**D** 새순에 기생한 진딧물의 피해 모습
**E** 날개 없는 진딧물 성충의 형태
**F** 잎살에 입틀을 찔러 흡즙하는 약충

(사진: A-F, 이승환)

A
B
C
D
E
F

# 29 소나무왕진딧물

*Cinara pinidensiflorae* (Essig et Kuwana)
Japanese red pine aphid

소나무왕진딧물(Japanese red pine aphid, Giant conifer aphid)은 한국, 일본, 중국, 타이완에 분포하며 소나무, 전나무, 곰솔, 리기다소나무 등 소나무속 침엽수를 가해한다.

## 피해

5~6월경에 소나무류의 1~2년생 가지에 기생하는 진딧물로 성충과 약충이 군집을 형성하면서 즙을 빨아 피해를 준다. 이로써 새 가지의 생장이 저해되며 수세를 약화시켜 가지를 고사하게 만든다. 또한 2차적으로 그을음병을 유발한다. 주 발생시기인 봄철에는 소나무 주변이 감로로 인해 끈적거릴 정도로 오염이 심하다.

## 형태

대형 진딧물로 무시충은 몸 크기가 약 4mm이고, 타원형으로 갈색 또는 흑갈색을 띠며 배에는 큰 무늬가 있다. 유시충(有翅蟲)은 약 4mm이고 몸은 검은색 또는 흑갈색이며 센털이 덮여 있다. 더듬이 3~6절의 끝은 검고, 입틀은 매우 길어 배의 중앙에 닿는다. 배는 적갈색이며 검은 무늬가 있다. 왕진딧물류로 뿔관이 흔적만 있어 육안으로 확인할 수 없다.

## 생태

4~11월에 주로 발생한다. 알로 월동하며 5월경에 부화한 약충은 2년생 가지나 유령목(幼齡木)의 줄기에 무리를 지어 생활하면서 흡즙 가해한다. 6월경에 밀도가 가장 높으며, 날개 없는 태생으로 번식을 계속하지만 날개 있는 태생 진딧물도 출현하여 주위의 소나무류에 분산 이주한다. 가을에 날개 없는 태생 암컷과 날개 있는 태생 수컷이 발생한다. 발생이 심한 나무에는 감로를 찾아 꿀벌, 꽃등에 같은 파리류 등과 함께 개미의 방문이 빈번하다.

## 방제

가지 다듬기가 안 되었거나 광선이 부족한 환경에서 많이 발생되므로 여건을 개선하는 것이 좋다. 5월 초 발생이 심한 지역에서는 순 부위의 발생량을 확인하여, 성충, 약충 발생 시기에 약제를 살포한다. 가을철 산란 전에 살포하는 것도 효과적이다.

A 소나무 신초가 피해 입은 모습
B 반송의 새순에 기생하는 진딧물 무리
C 약충이 발생하여 흡즙 가해하는 모습
D 약충과 성충이 기생한 소나무의 새 가지
E 새 가지에 기생하는 날개 없는 약충의 모습
F 진딧물의 발생으로 잎과 줄기에 생긴 그을음병 증상
(사진: A-F, 이승환)

A
B
C
D
E
F

# 30 호리왕진딧물

*Eulachnus thunbergii* Wilson

호리왕진딧물은 노린재목, 진딧물아목, 진딧물과, 왕진딧물아과(*Lachninae*)에 속한다. 한국, 일본 등에 분포하며 성충과 약충이 소나무, 곰솔, 리기다소나무 등에서 발생한다.

## 피해

리기다소나무에 피해가 크다. 황화현상이 일어난다. 성충과 약충이 기주식물의 잎에 집단으로 발생하여 흡즙 가해하면 감로의 배출이 많아 식물의 활력도가 저하되며, 2차적으로 부생성 그을음병을 유발하게 된다.

## 형태

유시충은 몸길이가 약 1.8~2.2mm 안팎으로 몸은 매우 가늘고 긴 편이다. 몸의 양쪽이 거의 평행하다. 체색은 녹색이고 배마디의 등판에 많은 검은색 피부 딱지가 있으며, 이곳에 긴 센털이 나 있다. 머리는 검은색이고 중앙에 세로 주름이 있어 좌우로 갈라지며 긴 센털이 나 있다. 뿔관은 작고 고리 모양이며, 지름은 약 0.04mm이다. 끝편과 끝판은 초승달 모양이며 검은색이고 센털이 나 있다. 무시충은 몸길이가 약 1.85mm이고, 가늘고 긴 편이다. 몸의 양쪽이 거의 평행하고 긴 센털이 많다. 몸 색깔은 청록색이고, 배의 등판에는 많은 검은색 피부딱지가 흩어져 있으며, 그 위에 긴 센털이 1개 나 있다. 몸 표면은 흰 밀가루 같은 물질이 엷게 덮여 있다.

## 생태

단식성 완전 생활환을 갖는다. 군집을 이루는 특성이 있다. 1년에 수회 발생한다. 주로 알 상태로 월동한다. 3~4월경부터 무시충과 유시충이 나타나고, 5~10월까지 발생한다. 가을에는 양성세대가 되어 난생 암컷 성충이 나타나 잎에 점점이 알을 낳는다. 통풍이 잘 안되는 가지와 잎의 울폐도가 높은 영(齡)은 성충으로 월동하기도 한다.

## 방제

거미류 등 천적을 보호한다. 발생 밀도가 높지 않으면 피해가 나타난 가지나 잎을 채취하여 소각한다. 발생 초기에 적용 약제를 살포한다. 나무에 수간주사를 하는 것도 권장한다.

A 응애류와 동시에 발생하여 피해가 생긴 모습
B 솔잎 기부에 가해하는 약충
C 잎과 가지에 가해하는 약충
D 타락법에 의해 확인한 약충들(기생 확인)
E 길쭉한 모양인 약충의 모습
F 약충의 흡즙으로 발생한 감로
G 솔잎에 산란한 알

A
B
C
D
E
F
G

# 31 곰솔왕진딧물

*Cinara piniformosana* (Takahashi)

곰솔왕진딧물은 노린재목, 진딧물아목, 진딧물과, 왕진딧물아과에 속한다. 한국, 일본, 중국, 타이완, 유럽 등 생물지리적으로 구북구 지역에 분포한다.

## 피해

소나무, 섬잣나무, 곰솔 등의 작은 가지나 엽초의 기부에서 흡즙 가해하여 신초에 피해가 크다. 봄철에 성충과 약충이 나무의 새순 가지에서 수액을 흡수하면 활력도가 저하된다. 발생량이 많으면 부생성 그을음병이 발생한다. 여름에는 1~2년생 가지에 기생한다. 묘목과 정원수에 발생한다.

## 형태

유시충과 무시충은 몸길이가 약 2.8~3.3mm 내외이다. 몸통은 검은빛이 도는 짙은 갈색이고 머리, 눈, 앞가슴, 다리는 검다. 더듬이는 6절이며 검은색이고, 제2~3마디 밑부분은 흑갈색이며, 뿔관과 끝편은 검다. 몸은 타원형으로 표면에는 뭉뚝한 모양의 센털이 많다. 몸체가 일부 흰 가루로 덮여 있다.

## 생태

1년에 10~15세대가 발생한다. 1세대는 약 20~50일 정도 소요된다. 봄에는 소나무의 새로 자라난 가지에, 여름에는 1~2년 가지에서 영양분을 빨아 먹고 자란다. 6월이면 발생 밀도가 가장 높다. 유시형보다 무시형이 많이 발생한다. 분산과 이동은 유시충에 의해 일어난다. 암컷 성충이 약 20개 정도 알을 낳으며, 알 상태로 월동한다.

## 방제

밀도가 높지 않으면 피해 가지나 잎을 채취하여 소각한다. 발생 초기에 적용 약제를 골고루 살포한다. 거미류 등 천적을 보호한다.

A 소나무 신초에 기생하는 무시형 진딧물
B 무리 지어 발생한 모습
C 피해 입은 솔잎 기부
D 진딧물을 포식하는 무당벌레의 성충

A
B
C
D

## 32 아카시아진딧물

*Aphis craccivora* Koch

Cowpea aphid

아카시아진딧물(Cowpea aphid)은 한국, 일본, 타이완, 중국, 뉴질랜드, 동남아시아, 인도, 남아메리카, 북아메리카, 멕시코, 영국 등 범세계적으로 분포한다. 기주로는 아까시나무가 대표적이며 개나리, 골담초, 골나무, 다릅나무, 대추나무, 등나무, 무궁화나무, 붉나무, 싸리나무, 칡나무, 클로버 등이 있다.

### 피해

사방용(砂防用)으로 산간 지역이나 가로수 또는 공원에 심어 자라고 있는 아까시나무 새 가지의 즙을 빨아 피해를 준다. 무리 지어 가해를 하고, 새로 자라는 가지가 피해를 입으면 선단부가 위축되면서 마치 활 모양으로 굽게 되고 잎 성장이 정지된다. 또 잎이 위축되어 새 가지의 생육이 멈춘다.

### 형태

날개 없는 태생 암컷은 크기가 약 1.5~2mm 정도이며 몸 전체가 검고 광택이 있다. 약충의 몸 색은 어두운 녹색, 갈색, 검은색 등 다양하며, 몸 표면은 흰 가루로 덮여 있다. 다리와 더듬이 기부의 반 정도가 흰색 또는 연노란색을 띤다.

### 생태

광식성 완전 생활환을 갖는다. 대부분 알 상태로 겨울을 난다. 그러나 날개 없는 태생 암컷이 겨울을 난다는 보고가 있다. 나무 위에서 겨울을 보낸 알은 5월경 부화하여 새로 자랄 가지에 기생한다. 날개가 선천적으로 없는 암컷이 빠르게 증식하면 날개 있는 같은 암컷도 많이 발생한다. 일반적으로 성충과 약충이 발생하는 것을 봄부터 가을까지 볼 수가 있다. 발생 밀도가 5월 상순부터 증가하여 7월까지 높은 상태를 유지한다. 여름철에 진딧물의 밀도가 낮은 이유는 천적 곤충의 활동이 활발하기 때문이라고 판단된다.

### 방제

주의 깊게 살펴 조기 발견, 조기 방제에 중점을 두어야 한다. 새 나뭇가지에 진딧물이 발생했음을 확인하면 진딧물 약을 잎에 뿌려 방제한다. 정원수에서 대발생하는 경우는 드물기 때문에 상습 대발생 지역을 제외하고, 약제 살포를 자제해 천적의 활동을 유지시키는 것도 좋은 방법이다.

**A** 아까시나무 잎에 기생하는 진딧물
**B** 새로 자라난 잎과 줄기에 기생한 진딧물(아까시나무)
**C** 진딧물을 잡아먹는 꽃등에 유충
**D** 날개 없는 성충의 집단 가해하는 모습
**E** 진딧물을 잡아먹는 풀잠자리의 알과 진딧물
**F** 날개 없는 성충 진딧물의 등면에서 본 형태
**G** 현미경으로 본 진딧물의 몸통과 더듬이 형태
**H** 날개 있는 성충의 현미경적 형태

A
B
C
D
E
F
G
H

# 33 인도볼록진딧물

*Indomegoura indica* (Van der Goot)
Indian aphid

인도볼록진딧물(Indian aphid)은 한국, 일본, 중국, 타이완, 인도, 동남아시아에 분포하며, 기주로는 고추나무, 말오줌나무, 원추리, 왕원추리, 골잎원추리, 새콩, 팽나무 등이 있다.

## 피해

4~5월에 월동기주인 고추나무, 말오줌때 등의 잎 뒷면, 새 가지 등에 발생한다. 집단으로 발생한 어린 약충은 흰색의 밀랍처럼 보이고, 성충은 오렌지색으로 변하여 쉽게 확인할 수 있다. 여름기주인 원추리류에서는 잎 뒷면에 기생하다가 꽃대가 나오면 꽃봉오리, 꽃대를 선호하는 경향이 있으며 피해가 심할 경우 정원에 심어놓은 원추리류가 말라 죽게 된다.

## 형태

비교적 대형인 진딧물로서 날개가 없는 진딧물은 3.5~4.8mm로 다른 진딧물에 비해 크다. 약충은 물론 성충도 두꺼운 흰색 밀랍 가루로 덮여 있으므로 전체적으로 흰색으로 보인다. 뿔관은 뚱뚱하고 어두운 색을 띠며, 더듬이와 다리는 짙은 검은색을 띤다. 날개 있는 진딧물은 전체적으로 오렌지색을 띠며 부속지들은 검은색으로 보인다.

## 생태

6~8월에 많이 발생한다. 고추나무에서 알로 겨울을 나며 간모(幹母)가 날개 있는 암컷 세대를 낳아 5~6월경 여름기주인 원추리류(*Hemerocallis* spp.)로 이동한다. 연간 10여 세대를 거쳐 가을철에 월동기주인 고추나무로 다시 날아와 유성생식으로 겨울나기할 알을 낳는다. 광식성 완전 생활환을 갖는다.

## 방제

월동 기주에서의 발생량은 많지 않으나 정원 초본류인 원추리에 많이 발생할 경우에 한해 진딧물 전용 약제를 살포하면 쉽게 방제할 수 있다.

**A** 진딧물의 흡즙으로 시들어가는 기주(지리산 노고단)
**B** 기주의 줄기에 집단적으로 발생한 날개 없는 약충 무리
**C** 꽃자루 밑에서 흡즙하는 진딧물 무리
**D** 원추리의 꽃망울에 기생한 약충들
**E** 날개 있는 암컷 성충이 흡즙하는 모습
**F** 꽃이 핀 뒤 씨방에 기생하는 약충의 모습
**G** 잎 뒷면의 유시충과 무시충
**H** 줄기에서 흡즙하는 무시형 성충과 약충
(사진: A-F, 이승환)

A
B
C
D
E
F
G
H

# 34 일본납작진딧물

*Ceratovacuna japonica* (Takahashi)
Japanese flat aphid

일본납작진딧물(Japanese flat aphid)은 한국과 일본에 분포하며 조릿대와 때죽나무를 가해한다. 특히 정원수로 쓰이는 때죽나무와 조릿대가 같이 있을 경우 피해가 크다.

## 피해

여름기주인 조릿대에서는 흰색 밀랍으로 덮인 진딧물이 무리를 지어 잎 뒤에서 즙을 빨면 잎이 누렇게 변하고 심할 때는 말라버린다. 관상용으로 심은 기주에 발생하여 밀도가 높아지면 잎의 색이 변하고, 옆으로 말리는 경우가 많다. 그을음병의 발생으로 잎의 동화작용이 나빠진다. 월동기주인 때죽나무에 5~6월 새순 부위에 바나나 모양의 혹을 형성하고 그 속에서 많은 수의 날개 있는 진딧물이 자란다.

## 형태

몸 표면이 흰색의 밀랍으로 덮여 있지만 몸통은 검은색을 띤다. 어린 초기의 약충은 엷은 밀랍으로 표면을 덮고 있으며, 령기가 높아지면 몸마디 측면으로 밀랍 분비가 왕성하게 일어난다. 몸은 계란형이고 몸마디 구분은 뚜렷하다. 날개가 발달한 진딧물은 숙주의 벌레 혹 안에서 자라며 흰색 가루로 무장된 모양이다.

## 생태

연간 발생횟수가 정확히 알려지지 않았다. 조릿대가 중간 숙주로 알려져 있다. 겨울 숙주인 때죽나무에서 바나나 모양의 혹을 만들어 기생하다가 혹 속의 날개 있는 진딧물이 여름기주인 조릿대로 이동해 여러 세대를 거친다. 가을이 되면 조릿대를 떠나게 되므로 볼 수가 없다. 햇볕이 잘 들지 않는 그늘진 곳과 통풍이 잘되지 않는 곳에 많이 발생한다.

## 방제

진딧물이 기생하면 식물의 잎이 마르게 되는 것으로 발생을 파악할 수 있다. 많이 발생하면 스미치온, 다이아지온, 올드란에스톡스 등 약제로 방제한다. 그루터기 다듬기를 자주 해주면 통풍과 채광 효과를 높여 발생을 예방할 수 있다.

A 잎에서 흡즙하는 약충의 무리 모습(서울대 관악캠퍼스)
B 발생 초기에 피해받은 잎
C 약충과 성충이 흡즙하는 모습
D 흡즙으로 생긴 잎 표면의 그을음병
E 흰색 밀랍으로 덮인 진딧물의 모습
F 잎의 밑부분에 발생한 약충과 성충의 모습
G 흰색 밀랍이 분비되기 전의 약충의 등면

A
B
C
1 mm
D
E
F
G

## 35 조팝나무진딧물

*Aphis spiraecola* Patch
Spirea aphid

조팝나무진딧물(Spirea aphid, Green citrus aphid)은 한국, 일본, 중국, 타이완, 오스트레일리아, 뉴질랜드, 동남아시아, 유럽, 아프리카, 북아메리카, 남아메리카에 널리 분포한다. 다양한 식물을 가해하는데, 대표적으로 정원수 기주에는 감나무, 감귤류, 대추나무, 모과나무, 배나무, 복숭아나무, 사과나무, 산딸기, 오갈피나무, 오미자나무, 유자나무, 장미, 포도나무, 개야광나무, 고욤나무, 국수나무, 꼬리조팝나무, 꽃사과나무, 단풍나무, 덩굴장미, 돈나무, 둥근잎조팝나무, 마가목류, 매발톱나무, 머루, 멀구슬나무, 명자꽃나무, 물싸리, 배롱나무, 백당나무, 병아리꽃나무, 분꽃나무, 분단나무, 사상자, 사철나무, 산사나무, 쉬땅나무, 아광나무, 야광나무, 인가목조팝나무, 조상나무, 참나무류, 참다래, 참조팝나무, 치자나무, 팽나무, 피라칸타, 황매화가 있다. 농작물 기주로는 거베라, 국화, 금잔화, 당귀, 독활, 목화, 백합, 안개초, 온시디움, 천궁, 토천궁, 해바라기 등이 있으며 그 외에 개미취, 개승마류, 고분, 구릿대, 넓은잎쥐오줌풀, 누개승마, 달맞이꽃, 대황, 댑싸리, 도깨비바늘, 돌마타리, 돼지풀, 망초, 분꽃, 쇠비름, 승마, 쑥, 쥐오줌풀, 참박쥐나물, 참싸리, 코스모스, 패랭이 등이 있다.

### 피해

성충과 약충이 기주식물의 새로 난 줄기와 새잎 또는 꽃봉오리에 무리 지어 잎 뒷면에서 즙을 빨아들인다. 피해를 입은 잎은 뒷면으로 말리며 여름에 낙엽이 진다. 각종 바이러스를 불러들이는 매개가 된다.

### 형태

날개가 없는 진딧물은 약 1.6~2.2mm로 크기가 다양하며, 몸은 연두색과 밝은 녹색을 띠며 종종 노란색 집단이 발견되는 경우도 있다. 뿔관과 끝편은 검은색이나, 더듬이와 다리는 상대적으로 옅은 편이다. 더듬이는 몸길이보다 짧다. 날개 있는 진딧물의 경우 날개 없는 진딧물과 비슷하나 머리와 가슴이 검거나 짙은 갈색을 띠며, 복부에 어두운 색의 가로 줄무늬가 있다.

### 생태

세계적으로 광식성 불완전 생활환을 갖지만, 한국, 일본에서서는 완전 생활환을 갖는다. 보통 알로 겨울을 보내나 따뜻한 지방에서는 암컷 성충으로 겨울을 난다. 5월 중순에 날개 있는 진딧물이 출현하여 2차 기주로 이동하며, 10월 중순에 다시 1차 기주로 이동하여 줄기에 알을 낳는다. 사과, 복숭아, 감귤 등 각종 과일나무 및 목본류의 순에서 겨울을 난다.

### 방제

성충, 약충 발생 시 적당한 진딧물 약제를 살포한다.

**A** 진딧물이 기생하여 말린 잎의 모양
**B** 진딧물의 기생으로 만들어진 간모혹의 형태
**C** 날개 없는 진딧물의 성충과 약충
**D** 날개 있는 진딧물과 약충들의 형태
**E** 조팝나무 줄기에 기생한 진딧물과 탈피각(흰색)
**F** 조팝나무진딧물의 산란모(Ovipara)
**G** 새 가지에 기생한 유시형과 무시형
**H** 포식성 무당벌레

(사진: A-F, 이승환)

A
B
C
D
E
F
G
H

## 36 쥐똥나무진딧물
*Aphis crinosa* Paik

쥐똥나무진딧물은 한국, 일본에 분포하며, 기주로는 섬쥐똥나무, 인동, 쥐똥나무, 청백당나무 등이 알려져 있다.

### 피해

쥐똥나무류의 잎이나 가지에 집단으로 둘러싸고 흰색의 가루를 뒤집어쓴 상태로 즙을 빨아들여 피해를 준다. 피해를 입은 새 가지는 생장이 저해되고 잎이 변형된다. 특히 봄부터 여름철에 피해가 많고, 잎보다 줄기에 집단 발생한다. 순부위 가지에서 중간 아래 부위의 줄기까지 가해한다.

### 형태

날개 없는 진딧물은 몸이 통통한 편이고, 약 1.2mm 정도로 크기는 다소 작은 편이다. 성충과 약충 모두 밝은 노란색을 띤다. 날개가 있는 경우에는 없는 것과 유사하나 머리, 가슴, 더듬이, 뿔관이 검은색을 띤다. 다리는 옅은 색이나 다리 끝부분은 검은색이다. 진딧물속(*Aphis*)에 속하는 종 중에서 비교적 뿔관(cornicle)이 짧은 편이다. 약충과 성충이 집단으로 서식하며, 흰색의 밀랍을 덮어쓰고 있어 진딧물의 형태를 알아보기 어렵다.

### 생태

4~10월에 발생하며, 단식성 완전 생활환을 갖는다. 한국 및 일본에서만 알려진 종으로 정확한 생태가 보고된 바 없다. 국내에서는 4월 말부터 쥐똥나무에 발생한다. 일반적으로 쥐똥나무의 새로 난 가지에 무리 지어 있지만, 진딧물의 밀도가 증가하면 수피가 두꺼운 오래된 가지에도 발생한다. 밀식해서 심었을 때, 가지다듬기를 못한 경우에 많이 발생한다.

### 방제

상습 발생지에서는 5월 초 약충 발생기에 약제를 살포한다.

A 새 가지에 기생한 진딧물의 피해(쥐똥나무)
B 쥐똥나무진딧물의 집단(쥐똥나무)
C 날개 없는 진딧물이 잎 뒷면에 기생한 모습과 그을음병
D 진딧물이 만들어 분비하는 감로와 밀랍
E 날개 있는 진딧물의 몸통
F 날개 있는 진딧물의 뿔관, 끝편의 모습
G 날개 없는 진딧물의 현미경적 형태
H 날개 없는 진딧물의 뿔관과 끝편(현미경 형태)
(사진: E-H, 이승환)

## 37 찔레수염진딧물

*Sitobion ibarae* (Matsumura)
Rose aphid

찔레수염진딧물(Rose aphid)은 한국, 일본, 중국, 타이완, 필리핀, 뉴질랜드, 유럽, 아프리카, 북아메리카, 남아메리카에 분포하며, 기주로는 장미, 해당화, 용가시나무, 찔레나무 등과 같은 장미속(*Rosa* spp.) 식물이 알려져 있다.

### 피해

4~5월경에 장미의 새 가지, 새잎, 꽃자루에 모여 살면서 즙을 빨아들여 피해를 주므로 새 가지의 생장이 저해되고 잎이 펼쳐지는 게 늦어지며 모양이 변형된다. 찔레, 장미 등의 1년생 새로 나는 가지에 집단 기생한다.

### 형태

날개 없는 진딧물은 약 2.5~2.7mm 정도의 크기로 녹색을 띠며 등면에 무늬가 없으며 털은 짧고 막대기 모양이다. 더듬이는 검은색이며 다리는 황록색이다. 날개 있는 진딧물은 머리와 가슴이 황적색이며 배는 녹색이다. 크기는 날개 없는 진딧물보다 약간 작으며 배 양측에 발달된 두꺼운 판이 있다.

### 생태

발생 시기는 3~10월이다. 성충이나 약충으로 겨울을 지내며, 추운 지방에서는 알로 겨울을 난다. 따뜻한 지방에서는 겨울에도 나무의 잎에 기생하는 개체가 있으며, 3월부터 기생 밀도가 증가하여 4월 중하순에 날개 있는 개체가 출현한다. 5월 중순~6월 상순에 밀도가 가장 높으며 여름에 일시 감소하다가 9월에 재차 증가한다. 여름기주로의 이동 없이 연중 가해한다. 단식성 완전 생활환을 갖지만, 따뜻한 곳에서는 불완전 생활환을 갖는다.

### 방제

발생량이 많은 상습지에서는 봄, 가을에 자라는 순 부위에 발생 시기를 찾아 진딧물 전용 약제를 살포한다. 장미의 묘목을 대량으로 심었을 때, 절화용 묘를 재배할 경우에는 새 가지의 생장이 좋은지 유심히 살펴 진딧물의 발생 여부를 예찰하는 것이 좋다. 무당벌레 등 천적이 발견되면 약제방제 시기를 조정하는 것이 바람직하다.

**A** 찔레나무 새순에 기생한 모습(유시형과 무시형)
**B** 진딧물을 잡아먹는 무당벌레 유충
**C** 날개 없는 약충이 즙액을 빨아 먹는 모습
**D** 날개 없는 성충과 약충의 형태와 탈피각
**E** 날개 있는 성충의 형태
**F** 날개 있는 성충의 현미경적 형태(더듬이, 빨판)
(사진: B-F, 이승환)

A
B
C
D
E
F

# 38 팽나무알락진딧물

*Shivaphis celti* (Das)
Celtis shivaphis

팽나무알락진딧물(Celtis shivaphis)은 노린재목, 진딧물아목, 진딧물과(*Aphididae*)에 속한다. 한국, 일본, 중국, 타이완 등에 분포하며 팽나무, 풍게나무, 푸조나무 등을 흡즙 가해한다.

## 피해

성충과 약충이 잎 뒷면에 집단으로 모여 즙액을 빨아 먹으므로, 피해받은 부위가 노란색으로 변색된다. 발생 밀도가 높을 경우, 피해 잎이 갈색으로 변하며 일찍 떨어진다. 성충과 약충이 잎 뒷면에서 솜과 같은 왁스 분비물을 덮고 있어 눈에 쉽게 띄고, 2차적으로 부생성 그을음병을 유발하므로 미관을 해치게 된다.

## 형태

무시충은 몸길이가 1.7~2.0mm이고, 짙은 갈색이며, 하얀 실 모양의 물질을 분비하여 몸을 덮는다. 머리는 노란색, 눈은 검은 갈색이며 더듬이는 연한 황색이다. 유시충은 노란색으로 몸길이가 약 2.6mm 안팎이고, 배마디등면에는 검은 점무늬가 있으며, 하얀 실 모양의 물질로 몸을 덮는다. 날개는 투명하고, 날개맥을 따라 무늬가 있다.

## 생태

팽나무가 기주인 단식성 완전 생활환 진딧물이다. 1년에 수회 발생한다. 약충은 4월에 부화하여 잎 뒷면에서 흡즙 가해한다. 성충과 약충이 봄부터 가을까지 발생하며 여름에 발생 밀도가 가장 높다. 10월 하순~11월 상순에 무시형 산란성 암컷과 유시형 수컷이 나타나 교미한 후, 가지에 월동할 알을 낳는다. 봄부터 가을까지 발생하고, 여름에 기생 밀도가 가장 높다.

## 방제

피해 초기에 피해받은 잎을 채취하여 소각한다. 무당벌레, 풀잠자리류, 꽃등에류 등의 천적을 보호한다. 발생 초기에 적용 약제를 살포한다.

A 잎 뒤에서 발생이 시작된 초기
B 잎 뒤에 발생한 무시형 발육태
C 유시형, 무시형 약충
D 가지에 발생한 꽃등에 유충
E 잎 기부에 발생한 약충 무리
F 유시형 성충과 몸을 덮은 흰 밀랍

A
B
C
D
E
F

# 39 솔거품벌레(소나무거품벌레)

*Aphrophora flavipes* (Uhler)
Pine spittle bug

솔거품벌레(Pine spittle bug, Pine frog-hopper)는 한국, 일본, 중국에 분포하며, 기주로는 곰솔, 소나무, 잣나무, 리기다소나무, 구상나무 등이 있다.

## 피해

5~6월경 1~2년생 어린 가지에 하얀 침과 같은 거품으로 된 분비물을 볼 수 있으며, 그 속에 붉은색 약충이 영양분을 빨아들여 피해를 주면 외피 조직이 갈색으로 변해 죽게 된다. 약충이 자신을 보호하는 거품을 만들어내기 때문에 미관을 더럽히게 된다. 발생이 많은 편은 아니다.

## 형태

성충의 몸길이는 약 8~10mm, 갈색을 띠는 납작한 작은 매미 모양으로 뛰기에 알맞은 뒷다리가 있다. 몸통은 암갈색, 등쪽은 갈색으로 불규칙한 무늬가 있다. 다 자란 약충의 머리와 가슴은 갈색이거나 진한 갈색이며 배 부분은 등황색을 띤다. 몸길이는 약 4~5mm 정도이다. 알 크기는 2mm 정도이다.

## 생태

줄기에 붙어 즙을 빨아 먹는 약충이 거품을 만드는 특별한 행동을 한다. 1년에 1회 발생하며 작은 가지의 조직 안에 낳은 알이 겨울을 난다. 약충 출현 시기는 5월경이며 7월이 되면 성충이 나타난다. 종에 따라 거품집의 크기가 다른데 한 곳에서 즙을 빨아들이는 약충 마릿수에 따라 결정된다. 해에 따라 발생이 심한 경우도 있다. 북아메리카에는 향나무류에 피해를 주는 *Clastoptera arborina*와 *Clastoptera juniperina* 같은 거품벌레 종이 분포한다.

## 방제

기주식물에서 거품집이 발견되면 가해하고 있는 약충을 잡는다. 기생 부위가 높은 곳이거나 발생량이 많으면 메프유제 또는 파프유제를 500~1,000배로 희석하여 뿌려준다. 생물적 방제 수단으로 *Entomophthora aphrophorae* 균을 이용한다.

A 소나무에 기생한 거품벌레 약충
B 소나무 새 가지에 기생한 거품벌레(약충)가 만들어낸 거품
C 오렌지색 약충과 거품(거품을 제거한 후)의 모양
D 구상나무에 발생한 약충과 거품
E 우화 직전의 약충(등면)의 생김새
F 우화 직전의 약충(배면)의 생김새
G 기생 초기의 거품벌레 약충의 모양(소나무)
H 다 자란 약충의 탈피각(아래)과 거품

A
B
C
D
E
F
G
H

# 40 띠띤애매미충

*Naratettix koreanus* (Matsumura)

띠띤애매미충은 노린재목, 매미충과, 애매미충아과에 속한다. 우리나라는 2011년에 철쭉에 발생하여 피해가 나타났으며, 2012년에는 전국으로 분포가 확산되었다. 한국과 일본에 분포하며, 우리나라에는 북쪽띠띤애매미충(*Naratettix zini*) 등 2종이 있다. 일본은 남부 지역(후쿠오카, 큐슈 등)에 남방 계통인 *Naratettix inornatus*가 분포한다.

## 피해

산철쭉, 영산홍, 진달래, 백당나무 등이 기주식물이며, 앞·뒷면에서 흡즙성 입틀을 이용하여 식물의 영양을 빨아 먹는다. 피해받은 잎에는 희고 둥근 모양의 작은 반점이 흩어져 있는데, 배설물(주로 검은색인 액체 물질)을 잎 뒷면에 남기지 않아 깨끗해 보이므로 방패벌레의 피해와 쉽게 구별된다. 발생량이 많아지면, 피해가 커지는데 잎은 하얗게 변색되고 조기낙엽으로 인하여 수세가 약해진다. 피해는 6월부터 10월까지 계속 나타나는 경향을 보인다.

## 형태

몸은 납작하고 머리와 앞날개 중앙부의 오렌지색 무늬를 빼고는 노란색이다. 날개 끝까지 크기는 약 4.0mm이며, 실제 몸길이는 약 3.0mm이다. 앞날개 중앙부의 오렌지색 무늬는 외면부가 짙은 갈색이다. *Naratettix*속에는 형태가 유사한 종이 있으므로 주의해서 동정하는 것이 좋다.

## 생태

약충과 성충이 흡즙 가해한다. 6월부터 발생하여 7~8월경 발생 밀도가 가장 높다. 기주식물의 잎맥 근처나 연한 가지의 조직 안에 알을 낳는다. 10월 중순까지 성충을 볼 수 있으므로, 수피 사이나 낙엽 속에서 월동하는 것으로 추정된다. 자세한 생활사는 알려지지 않았다.

## 방제

발생량이 많아지는 6월 초순경에 디노테퓨란(수화제), 아세타미프리드(수화제) 등을 10일 간격으로 2~3회 잎 뒷면에 골고루 살포한다.

A 매미충의 발생으로 피해 입은 철쭉
B 잎 뒷면을 가해한 모습
C 약충의 탈피각
D 흡즙으로 엽록소가 피해받은 모습
E 애매미충 성충의 모습(등면)
F 성충의 모습(배면)

A
B
C
3 mm
D
E
5 mm
F
5 mm

## 41 푸토니뿔노린재(주홍눈노린재)

*Elasmucha putoni* Scott
Parent bug

푸토니뿔노린재(Parent bug)는 한국, 일본, 극동러시아에 분포하며, 기주로는 나무수국, 자작나무, 편백, 층층나무, 오리나무류, 산진달래, 영산홍, 꼬리진달래, 산철쭉, 산뽕나무, 사방오리나무, 닥나무가 있다.

### 피해

성충과 약충이 잎 뒷면에서 즙을 빨아들이면 잎이 퇴색하여 심한 경우 모양이 이상해지기도 하고, 발생 밀도가 높아 흡즙하는 성충과 약충의 수가 많아지면 낙엽이 지는 원인이 된다. 해마다 발생이 많은 곤충은 아니지만 최근 들어서 새로운 주거 단지의 가로수와 정원수가 이 해충이 선호하는 종들이 식재되면서 국지적으로 발생하기 시작하였다. 밀식재배된 정원수는 뿌리내림과 동화작용이 나쁜 상태가 많아서 노린재의 침입에 취약한 편이다.

### 형태

몸 크기가 5령이면 평균적으로 6.7mm 정도이고, 성충은 7.5~9.5mm에 달한다. 수컷은 몸의 폭이 좁고, 녹갈색 바탕에 검은 점 모양으로 파인 부분이 밀집되어 나타나 있다. 암컷은 황갈색 내지 붉은 갈색이고 몸이 큰 편이다. 암·수컷 모두 배 아랫면에 검은 점각이 없다. 약충의 몸은 타원형이다.

### 생태

성충으로 나무 틈바구니나 지면에 흩어져 있는 낙엽 안에서 겨울을 보낸다. 1세대를 산뽕나무와 닥나무에서 보내며 다른 기주에서 2세대를 보낸다. 암컷 성충은 알과 약충을 보호하는 습성이 있다. 약충기간은 약 30일 전후이다. 약충은 전 기간 동안 무리를 구성하는 성향을 강하게 보인다. 산지나 야산지대에 자라는 나무에서 생활한다.

### 방제

약충이나 성충이 집단으로 발생하게 되면 즙을 빨아 먹어 피해가 생겨나므로 노린재 종류의 방제약을 잎에 살포한다. 발생 초기에는 부화한 약충들이 군집생활하는 특성이 있고, 흡즙한 잎이 변색되므로 피해 가지를 잘라내는 것도 효과적이다.

A 노린재 성충의 생김새(등면)
B 부화 약충이 군집 가해하는 모습
C 방패판의 등면에서 본 형태
D 앞날개 막상부의 등면에서 본 끝자락
E 더듬이와 머리의 등면에서 본 생김새
F 머리와 앞다리의 분절마디의 형태
G 약충의 흡즙으로 잎 모양이 변한 어린 가지(여의도)
H 암컷 성충이 부화한 약충을 품은 모습
(사진: B, H, Gakken)

A
1 mm
B
C
1 mm
D
1 mm
E
1 mm
F
1 mm
G
H

## 42 말매미

*Cryptotympana atrata* (Fabricius)
Korean blackish cicada

말매미(Korean blackish cicada)는 한국, 일본, 중국, 미국, 캐나다, 인도네시아, 말레이시아, 필리핀에 분포하며 기주로는 멀구슬나무, 담팔수, 감귤나무, 사과나무, 양버들, 포플러, 뽕나무, 벚나무, 버즘나무, 배나무, 복숭아나무, 앵두나무, 포도나무가 있다.

### 피해

암컷 성충이 산란관을 사용하여 어린 2년생 나뭇가지의 인피부에 상처를 내고 알을 낳아서 가지가 말라 죽게 된다. 약충은 여러 해 동안 땅속에 살며 기주의 뿌리를 해친다. 성충이 흡즙한 부위에서 수액이 흘러 때로는 그을음병이 발생한다.

### 형태

성충은 검은색이며 등판은 특히 광택이 난다. 몸길이가 수컷은 44~48mm, 암컷은 38~44mm이고 날개가 잘 발달했다. 날개를 편 길이는 125mm 정도이다. 배마디등판의 뒷가장자리는 일부 어두운 색깔도 있다. 더듬이는 9마디이며 제1마디가 길다. 앞다리, 넓적다리 마디 아랫면의 중치는 앞 치열에서 떨어져 있다. 알은 유백색을 띠고 바나나 모양이다. 알 크기는 길이 2.4mm, 폭은 0.5mm 정도이다. 약충은 흰색을 띠며 크기가 2mm쯤 되지만 6령기가 되면 35mm로 자란다. 몸은 연한 갈색이다.

### 생태

약 6년에 1세대가 완성된다. 성충은 7~8월에 출현하는데 집단생활을 한다. 짝짓기를 마친 암컷은 가지의 굵기가 4~7mm 정도인 기주의 2년생 가지 형성층 안에 산란관을 사용하여 상처를 내고 그 안에 일렬로 알을 6~7개씩 낳는다. 가지 하나에 약 150~350여 개의 알을 낳으며 암컷은 500~800개의 알을 배에 품고 있다. 가지 속에서 겨울을 보낸 알은 이듬해 장마철에 부화하여 땅속으로 이동하고 여러 해 동안 지하에서 살며 식물의 뿌리를 먹고 자란다. 다 자란 약충은 오후 8시~새벽 6시에 땅속에서 나오는데 약충의 78%가 밤 9~10시에 나온다. 수컷 성충은 고온이 계속되는 여름 이른 아침부터 정오까지 많이 운다. 성충의 수명은 60~70일쯤이다.

### 방제

산란한 나뭇가지는 잎이 말라 죽게 되므로 가지를 잘라내어 묻는 것이 좋다. 가능하면 알에 기생하는 기생벌을 보호하면 유익하다. 산란 시기에 기피제를 선택해 사용한다. 성충 발생 시기에 유아등으로 유인하여 포살한다.

A 말매미의 산란 피해(양버들, 대구)
B 성충이 기주식물에 붙어 있는 모습(멀구슬나무, 제주)
C 성충의 형태
D 알에서 부화하는 약충 무리
E 성충의 머리와 가슴의 생김새
F 매미 약충의 탈피각
G 알이 산란된 가지의 산란 흔적

A
B
C
D
E
F
G

## 43 쓰름매미

*Meimuna mongolica* (Distant)

쓰름매미는 한국과 중국에 분포하며 좋아하는 기주로는 감나무, 산수유, 은행나무, 단풍나무, 버즘나무가 있다. 애매미속에 속한다.

### 피해

작은 나뭇가지 체관 부분에 상처를 내고 그 속에 바나나 모양인 알을 낳기 때문에 가지가 고사하는 경우가 생긴다. 도시에서 더운 여름날 밤늦게까지 우는 매미 울음소리는 소음공해로 문제가 된다.

### 형태

몸길이가 수컷이 33mm 내외, 암컷은 산란관을 제외하면 25mm 정도이다. 날개 끝까지 길이는 수컷이 48mm, 암컷은 45mm이고, 수컷은 몸통이 더 길쭉하다. 등은 검정 바탕에 녹색, 황색의 선과 무늬로 장식되어 있는데, 애매미보다 무늬가 더 발달한 편이다. 배쪽은 연한 쑥색과 흰색이 섞여 있다. 수컷 배마디의 배쪽 면은 갈색이 돌고 반투명해 보인다. 배딱지는 큰 편이라 배길이의 3분의 2쯤 된다. 암컷의 산란관은 애매미와 마찬가지로 몸 밖으로 길게 나와 있다. 끝 배마디의 윗면에 흰색 테두리가 있다.

### 생태

성충은 6월 말이나 7월 초순부터 출현하고 늦게는 9월 중순에도 볼 수 있다. 살아가는 환경은 주위가 트인 곳을 좋아한다. 많이 발생했을 때는 나무줄기의 아랫부분에 앉지만 일반적으로 지상 3~4m 되는 줄기에 앉는 경향이 많다. 약충은 여러 해 동안 땅속에서 식물의 뿌리와 유기물을 먹고 자란다. 울음소리가 쓰름쓰름 되풀이되어 들리며 한 마리가 울기 시작하면 부근에 있는 수컷들이 따라서 운다. 해 질 무렵에 시작하여 컴컴해질 때까지 많이 울며 기온이 높은 날이면 불빛이 환한 곳에서 한밤중에도 계속 운다.

### 방제

암컷이 알을 낳아 말라 죽은 나뭇가지를 늦은 가을에 절단하여 땅에 묻어버리거나 태워 없앤다.

A 암컷 성충의 산란으로 죽은 갈색 나뭇가지(계수나무)
B 산란으로 피해 입은 가지(호랑가시나무)
C 나무줄기에 붙어 있는 수컷 성충
D 암컷 성충의 형태(등면)와 산란관
E 수컷 성충의 형태(배면)
F 땅에서 나와 나무 위에서 탈피한 뒤의 탈피각
G 땅에서 나와 우화한 탈피각(은행나무)

# 44 참매미

*Oncotympana fuscata* Distant
Dusky cicada

참매미(Dusky cicada)는 한국을 비롯하여 중국 동북 지역과 러시아에 분포한다. 여러 가지 식물 중에서 벚나무, 미루나무, 감나무, 사과나무, 배나무, 참나무, 아까시나무와 소나무류 등 침엽수를 선호한다.

## 피해

우리나라 전국에 분포하며 성충 발생 시기는 7월 초순에서 9월 중순까지이다. 어린나무 가지에 암컷이 산란관으로 인피부에 상처를 만들고 그 안에 흰색의 바나나 모양인 알을 낳는데 이렇게 산란된 가지는 마르거나 바람에 부러져 피해를 입는다.

## 형태

참매미속의 종들은 겹눈을 포함한 머리의 넓이가 가운데가슴 등의 기부와 거의 같은 크기이다. 앞가슴등판의 양옆 가장자리는 약간 확장되어 구불구불하고, 진동막 덮개는 공 모양으로 튀어나와 있다. 앞, 뒷날개는 대부분 투명하다. 참매미 성충은 몸길이가 암수 모두 35mm 안팎이며, 날개 길이를 포함하면 약 60mm에 달한다. 몸은 두껍고 둥글게 생겼으나 짧다. 몸 등판은 검정 바탕에 녹색, 황색, 흰색이 어우러진 커다란 무늬가 있으며, 몸 배쪽에는 좌우 옆면에 녹색과 흰색이 어우러진 무늬가 있다. 수컷은 배딱지가 둥글고 가로로 퍼졌으며 볼록하다. 날개는 투명하다. 가운데가슴 등판의 점무늬는 개체변이가 심하다. 새벽부터 울며, 맑은 날 아침에 잘 우는 편이다.

## 생태

발생 패턴은 산간 지역보다는 평지에 많이 발생한다. 성충은 6월 하순~9월 상순에 발생한다. 가끔 해발 1,000m 넘는 산에서도 발견된다. 다른 매미류처럼 발생 생태가 자세히 밝혀진 기록이 거의 없는 편이다. 성충은 나무의 낮은 가지에 앉기를 좋아하지만 높은 곳에도 잘 앉는다. 말매미와 같이 산란으로 인한 피해가 있다. 약충은 2~4년 땅속에서 생활하며 나무뿌리를 가해한다. 대략 3~4년에 1세대를 경과하며, 성충의 수명은 1개월 정도이다.

## 방제

산란으로 인해 가지가 마르거나 부러지면 절단하여 땅에 묻거나 불에 태워 없앤다. 줄기에 기어 오르는 다 자란 약충을 잡아 죽이거나, 성충 발생 초기(6월 하순)에 이미다클로프리드 액상수화제(8%) 2,000배액을 10일 간격으로 2회 살포한다.

A 암컷의 산란으로 생겨난 가지의 피해
B 어린 가지에 산란된 매미의 알
C 참매미가 좋아하는 벚나무
D 참매미 성충의 날개 편 모습
E 참매미의 탈피각
F 성충의 등면에서 본 머리·가슴·마디의 생김새
G 성충 수컷의 발음기관(배면)
H 땅속에서 기어나온 약충(등면)
I 참매미 성충(등면) 수컷

A
D
B
E
F
C
G
H
I

## 45 털매미

*Platypleura kaempferi* (Fabricius)
Kaempfer cicada

털매미(Kaempfer cicada)는 한국, 일본, 중국, 타이완, 동남아시아에 분포하고, 기주로는 벚나무, 참나무류, 소나무, 당버들, 느티나무, 귤나무, 비파나무, 뽕나무, 사과나무, 배나무, 감나무, 버드나무, 미루나무가 있다. 한반도 각지와 부속 도서 지역에 넓게 분포한다.

### 피해

기주식물의 2년생 가지 체관 부분에 산란하면 가지가 말라 죽는 경우가 있다. 약충이 오랜 기간 땅속에서 뿌리에 피해를 줘서 성장을 나쁘게 한다.

### 형태

약충의 몸은 반원형이고 황갈색을 띠나 광택은 없다. 더듬이는 8마디, 제3마디가 제2마디보다 길다. 앞다리 퇴절의 아랫면에 돌기가 줄지어 있다. 약충의 몸 크기는 18~20mm 안팎이다. 성충의 몸길이는 20~25mm이고 날개 끝까지는 32~38mm이다. 털매미 약충의 탈피각은 겹눈을 제외하고 몸 전체가 진흙으로 덮여 있는 것이 많다. 우리나라에서는 울릉도, 소흑산도, 제주도에 분포하는 개체가 육지 분포종과 형태적 변이를 나타낸다.

### 생태

5령기 약충으로 토양 속에서 겨울을 보낸다. 성충과 약충 모두 다식성이며 가끔 대량 발생한다. 수분이 많은 토양을 좋아하고 약충의 움직임은 느린 편이다. 1세대에 약 4년이 걸린다. 약충기간은 약 3년이 소요된다. 성충은 대체로 7~8월에 많이 발생하는데 집단생활을 하며, 이른 아침부터 오전 중에 많이 운다. 성충은 6월 하순~9월 상순까지 볼 수 있다. 암컷은 교미 후에 산란하며 알기간은 약 40일이다.

### 방제

산란 때문에 피해가 생긴 가지는 잘라낸다. 대량 발생한 해에는 기피제를 뿌려 성충이 피해를 주는 것을 막는다. 약이 피해를 준 나무뿌리 부위에 토양살충제를 사용하면 좋다.

**A** 암컷의 산란으로 죽은 가지
**B** 암컷이 산란을 많이 하는 벚나무
**C** 수컷 성충의 머리, 가슴, 배의 모습
**D** 수컷 성충의 날개 편 모습(등면)
**E** 땅속에서 생활하는 약충 탈피각(등면)
**F** 잘 발달한 앞다리의 생김새(옆면)

(사진: E, Gakken)

A
B
C
D
E
F

# 46 배나무방패벌레

*Stephanitis nashi nashi* Esaki et Takeya
Pear lace bug

배나무방패벌레(Pear lace bug, Willow lace bug)는 한국과 일본에 분포하며, 기주로는 배나무, 꽃벚나무, 명자나무, 벚나무, 사과나무, 살구나무, 아그배나무, 자두나무, 장미, 황매화 등이 있다.

## 피해

잎 뒷면에서 즙을 빨아 먹어 피해를 주는데, 잎 표면은 엽록소가 없어져 허옇게 변한다. 대개 6월과 7월 이후에 피해가 생기며, 발생량이 많아지면 완전히 잎이 하얗게 되어 낙엽 지게 된다. 잎 뒷면은 배설물이 얼룩처럼 남고 탈피한 충체가 달라붙어 지저분하다.

## 형태

성충은 몸길이가 3mm 내외이다. 몸은 칙칙한 갈색이고 방패 모양이며 다리는 황색을 띠고 있다. 앞날개는 반쯤 투명해 보이고 그물 모양의 날개맥을 갖고 있다. 부화 약충은 몸길이가 보통 0.4mm이고 뚜렷한 색이 없는 모양이지만 사마귀같이 생긴 돌기가 여러 개 있다. 그러나 발육하면 몸이 원통형이 되고 털 모양인 돌기가 발달한다. 3기에 이르면 날개가 생기고 몸 색깔이 연한 크림색으로 변한다.

## 생태

발생 패턴이 매우 불규칙하다. 1년에 3~4회 발생하고 성충이 기주식물의 지제부, 잡초와 낙엽 밑에서 겨울을 난다. 월동한 성충들이 5월 상순과 중순경 기주식물로 날아와 잎의 주맥이나 제1지맥을 따라서 잎 조직 안에 15~30여 개의 알을 덩어리로 낳고 그 표면을 진갈색 분비물로 덮는다. 알기간은 약 14일이다. 부화 약충들은 처음에 모여서 살고 거의 이동하지 않는다. 약충기간은 약 20여 일이다. 1세대 성충은 6월 중순~7월 상순에 산란을 많이 한다. 연간 발생하는 성충 발생 세대의 시기로 2화기는 7월 중순~8월 상순, 3화기는 8월 하순~9월 상순, 4화기는 10월 상순경이 된다.

## 방제

월동한 성충이 잠복한 장소를 찾아서 1차 방제를 실시해 밀도를 낮추어야 한다. 발생 초기에는 기주식물에서 발견하기 쉽지 않으므로 미리 유의해 살펴 발생 밀도를 확인하고 약충기간에 메프유제, 파프유제를 10일 간격으로 2회 살포한다. 매년 피해를 입는 지역은 1세대 약충을 대상으로 방제하면 효과가 있다.

A 성충과 약충으로 피해 입은 배나무 잎(뒷면)
B 피해 입은 벚나무 잎(뒷면)
C 성충의 등면에서 본 생김새
D 사과나무의 피해 잎(황회색으로 변함)
E 방패벌레의 약충과 피해 잎
F 약충의 머리, 등판의 모습
G 흡즙이 심해 잎이 변색된 모습(사과나무)
H 피해 입은 명자꽃나무 잎
I 흡즙으로 노랗게 변한 벚나무 잎

(사진: F, Gakken)

## 47 버즘나무방패벌레

*Corythucha ciliata* (Say)
Sycamore lace bug

버즘나무방패벌레(Sycamore lace bug, Platanen netz-wanze)는 한국, 미국, 캐나다, 유럽에 분포하며, 기주로는 버즘나무, 물푸레나무류, 닥나무가 있다.

### 피해

1995년에 충북 청주에서 처음으로 피해가 알려진 외래해충이다. 주요 가로수의 경관을 해치고 사람들에게 불쾌감을 준다. 장마기 이후나 건조한 해에 피해가 매우 심한 경향이 있다. 이 해충이 잎 뒷면에서 즙을 빨아들이면 잎이 황백색으로 변한다. 피해를 준 부위에 검은 점 모양의 배설물과 벌레 허물이 산재되어 있어 응애류에 의한 피해와 구별되므로 알아보기 쉽다.

### 형태

성충은 어두운 갈색이고 날개는 반투명한 우윳빛이다. 몸길이는 3~3.4mm, 날개 편 길이가 3.4~4mm에 이른다. 더듬이는 4마디로 연한 황색을 띤다. 알은 표주박 모양인 어두운 갈색이고 크기가 0.25mm 정도이다. 약충의 크기는 0.45~2.25mm로 1령, 2령 때는 갈색이나 3령 이후에는 점차 어두운 갈색으로 변한다.

### 생태

1년에 3세대를 경과한다. 성충이 기주식물의 나무껍질 틈에서 겨울을 난다. 4월 하순경 외부 온도가 20°C 이상 상승하여 수일간 지속되는 시기에 월동 성충이 수피 틈에서 나와 줄기를 타고 이동한다. 암컷은 약 90개의 알을 새로 나온 잎 뒷면의 주맥과 부맥 사이에 낳는다. 알기간은 약 2주일이며 약충기간은 5~6주간이다. 6월 이후 온도 상승이 이어지면 발육 속도가 빨라져 세대 기간도 짧아진다. 7월 이후에는 여러 세대의 약충과 성충이 혼재되어 기주식물의 잎 뒷면에서 무리 지어 산다. 그 이후 15°C 이하로 온도가 내려가는 9월 하순부터는 기주식물의 나무껍질 밑으로 이동하여 성충으로 겨울나기 준비에 들어간다.

### 방제

약제방제는 겨울을 난 성충이 새잎으로 이동하는 5월경이 적기이다. 이미다클로프리드(4%) 액제를 수간주사하면 효과적이고, 약효는 4개월 지속된다. 피해받은 잎을 모아 태울 때는 포식성 천적을 보호하기 위하여 천적이 있는지를 확인하여야 한다.

A 피해 입은 버즘나무 잎
B 성충과 약충이 기생한 버즘나무(황갈색)
C 방패벌레의 가해 흔적(버즘나무 잎 뒷면)
D 성충의 외부 형태
E 방패벌레 성충의 월동 장소
F 약충의 형태적 특징
G 갓 부화한 약충과 탈피한 약충(흰색)
(사진: D, F, W. T. Johnson)

A
B
C
E
D
F
G

# 48 진달래방패벌레

*Stephanitis pyrioides* (Scott)
Azalea lace bug

진달래방패벌레(Azalea lace bug)는 한국, 일본, 타이완, 북아메리카에 분포하며 기주로는 진달래, 밤나무, 사과나무, 영산홍, 철쭉, 감나무가 있다.

## 피해

여름부터 가을까지 잎이 하얗게 탈색되어 일찍 낙엽 지게 된다. 이런 현상은 날개가 반투명하고 몸이 납작한 작은 방패벌레가 잎 뒷면에서 즙을 빨아들여 생겨난 현상이다. 발생한 부위에 검은 반점 모양인 벌레 똥이 붙어 있다. 잎 뒷면이 갈색으로 변색되어 식물의 미관을 해친다.

## 형태

성충은 몸길이가 3.5mm 내외이다. 등쪽은 납작하고, 가슴 부분이 둥그스름한 모양이다. 몸 전체는 그물 모양인 맥상을 띠고, 날개의 맥상은 더 뚜렷해 보인다. 투명해 보이는 날개 중앙에 갈색인 X자 모양인 무늬가 있다. 약충은 날개가 없는 흑갈색을 띠고 광택이 있으며 몸에는 뚜렷한 가시돌기가 있다. 약충은 4회 탈피하여 성충으로 탈바꿈한다.

## 생태

1년에 4~5회 발생하고, 성충은 잎과 잎 사이의 틈새나 낙엽 속에서 겨울을 난다. 이듬해 4월 상순경에 기주의 잎 위로 이동하여 잎 뒷면의 잎살 조직 안에 한 개씩 알을 낳는다. 일반적으로 건조한 환경을 좋아하고 발생이 이른 경우는 4월 하순에도 피해 증상을 볼 수가 있다. 그러나 대체로 피해가 나타나는 시기는 장마기 이후의 더운 여름부터 가을까지이다. 알기간은 5~7일 소요되고 유충기간은 20일쯤 된다. 약 한 달이면 1세대를 마칠 수 있다. 이 해충은 일본 원산으로 알려졌고 미국에는 분재가 수입되면서 정착하게 되었다. 북아메리카와 캐나다에는 *S. rhododendri* Horvath가 철쭉의 해충으로 피해를 준다. 드레이크와 루호프(1965)가 *Lacebugs of the World*에 1,820종을 기록하였는데 방패벌레속 3종이 활엽수 관상식물에 피해를 준다고 발표하였다.

## 방제

약충이 발생하는 5월경에 이미다클로프리드 액상수화제(8%) 2,000배액 또는 메티다티온 유제(40%) 1,000배액을 희석하여 살포하는데 7~10일 간격으로 수관부에 2~3회 살포한다.

A 방패벌레의 피해를 입은 진달래
B 잎 뒷면에서 흡즙한 흔적
C 피해 초기의 잎에 나타난 증상
D 피해 중기의 증상
E 차츰 색깔이 진해지는 성충의 모습
F 몸과 날개가 흰색인 우화 초기의 성충
G 가시돌기가 뚜렷한 약충의 형태(등면)
H 기생하면서 배설물을 잎에 남긴 흔적(명자꽃나무)
I 흡즙 피해가 아주 심한 경우의 잎

49

# 미국선녀벌레

*Metcalfa pruinosa* (Say)
Citrus flatid planthopper

미국선녀벌레(Citrus flatid planthopper)는 노린재목, 매미아목, 선녀벌레과에 속하는 외래곤충으로 북미가 원산이다. 우리나라에서는 2009년에 서울, 경기, 경남 밀양에서 처음으로 발생이 확인되었다. 미국, 캐나다, 이탈리아, 프랑스, 슬로베니아, 스위스, 크로아티아, 그리스, 스페인, 헝가리, 튀르키예, 러시아 등 주로 북미와 유럽 지역에 분포하고 있다. 주요 가해 수종으로는 아카시아, 가중나무, 회양목, 참오동나무, 단풍나무류, 사철나무속, 무궁화속, 인동속, 복숭아속, 조팝나무속 등이 있다.

## 피해

약충과 성충이 잎과 줄기에서 흡즙하여 피해를 주며, 발생량이 많으면 감로로 인해 그을음병이 발생하여 광합성 저해 및 과실류의 상품 가치를 떨어뜨린다.

## 형태

성충은 몸 크기가 5.5~8.0mm이고, 몸 중앙부가 넓다. 생김새는 나방처럼 보일 수 있으나, 선녀벌레류는 넓은 삼각형의 앞날개가 몸에 수직으로 달라붙은 모양이다. 눈과 다리의 발목마디를 제외한 모든 부위는 왁스선으로 덮여 있다. 유충은 유백색을 띠며, 등과 배쪽은 압착된 모양이다. 앞가슴등판은 비스듬히 돌출한 줄이 거꾸로 된 V자 모양이다. 또, 중앙에 돌출된 원형의 홈이 있다.

## 생태

1년에 1회 발생한다. 기주식물의 목질부 조직이나 나무껍질 밑에 낳은 알로 월동한다. 월동한 알은 4월 하순경 부화하고, 5월에는 잎이나 어린 줄기에서 약충을 발견할 수 있다. 약충은 4령기를 거치며, 약충의 전체 발육기간은 약 40일이다. 성충은 7월부터 10월까지 발생한다.

## 방제

약충을 방제하는 데 1차는 5월 중순, 2차 방제는 6월 중순부터 7월 초순경 방제하는 것이 효과적이다. 성충은 7월 하순부터 9월 초순에 방제하면 좋다. 추천 약제는 이미다클로프리드 액상수화제, 메티다티온유제, 에마멕틴벤조에이트 유제, 아피도피로펜 액제 등이 있다. 포식성 천적인 무당벌레류, 풀잠자리류와 기생벌이 있으므로 친환경 방제의 수단으로 활용하는 것이 좋다. 최근 농촌진흥청에서는 선녀벌레집게벌의 사육과 이용을 권장하고 있다.

A 부화한 약충이 줄기에서 흡즙
B 부화한 1령 약충
C 흰색 밀랍이 몸을 덮은 약충
D 2~3령기 약충 무리
E 우화 초기의 성충
F 약충과 우화 초기의 성충
G 엽맥부에서 가해하는 약충
H 연녹색을 띠는 성충
I 갈색을 띠는 성충
J 짙은 갈색을 띠는 성충

# 50 갈색날개매미충

*Pochazia shantungensis* Chou et Lu
Brown-winged planthopper

갈색날개매미충(Brown-winged planthopper)은 노린재목, 매미아목, 큰날개매미충과(*Ricaniidae*)에 속한다. 우리나라에 2010년 5월 충남 공주, 예산 일대의 사과와 블루베리 과수원에 발생하여 피해가 알려졌다. 외래종으로 보고된 바 있으나, 미확인 토착종으로 알려졌다. 중국 산둥성, 저장성 지역이 원산지로 추정된다. 산수유, 감나무, 밤나무, 때죽나무, 단풍나무 등 100여 종의 식물에 피해를 주고 있다. 그 밖에 주목과 같은 침엽수도 가해한다.

## 피해

성충과 약충이 잎이나 어린 가지와 과실에서 즙액을 빨아 먹으며 감로를 배출한다. 이로 인한 부생성 그을음병을 발생시켜 수세를 약화시키고, 미관을 해치는 직간접적 피해를 준다.

## 형태

성충은 암갈색을 띠며 몸 크기는 8.2~8.7mm이고, 수컷은 배 선단부가 뾰족한 모양이나, 암컷은 둥근 형태이므로 구분된다. 암컷 성충은 1년생 가지의 인피부 조직 속에 2열로 알을 낳고, 가지에서 나온 톱밥과 하얀색의 밀랍 등을 섞어 그 위에 덮는다. 알의 크기는 1.2mm 안팎이며, 긴 타원형이고 우윳빛이다. 약충의 크기는 대략 1.6~4.5mm이며, 배마디 끝에서 노란색 밀랍 물질을 부채살 모양으로 형성한다. 4회 탈피하여 성충이 된다.

## 생태

연 1회 발생하며, 가지 안에서 알로 월동한다. 5월 중순~6월 상순에 부화한 약충은 5월 중순~8월 중순까지 4회 탈피한 후 성충으로 발육한다. 성충은 7~11월 중순까지 발생하며, 암컷 성충의 산란 활동은 8월 중순경부터 시작된다.

## 방제

발생 초기에 아세타미프리드 수화제, 에토펜프록스 유제, 디노테퓨란 수화제, 설폭사플로르 액상수화제 등을 살포한다. 끈끈이트랩을 설치하거나 알이 산란된 가지를 부화하기 전에 제거한다. 거미류 등 천적을 보호한다.

**A** 갈색날개매미충의 피해를 입은 식물
**B** 줄기에 산란한 흔적(흰색)
**C** 산란한 알의 모양(수피 제거)
**D** 산란 후 표면에 부착한 밀랍성 분비물
**E** 약충의 형태
**F** 부화 초기의 약충
**G** 약충의 몸통(앞면)
**H** 약충의 배 끝에 부착된 장식(황색)
**I** 성충의 형태(등면)

A
B
C
D
E
F
G
H
I

51

# 뽕나무이

*Anomoneura mori* Schwarz
Mulberry sucker

뽕나무이(Mulberry sucker)는 한국, 일본, 중국, 타이완에 분포하며, 기주로는 뽕나무류 식물이 있다.

## 피해

약충이 집단으로 살면서 뽕나무 잎의 즙을 빨아들여 피해를 준다. 피해 입은 잎은 위축되고 노랗게 변한다. 탈피각이나 밀랍 배설물이 잎에 붙어 있으므로 경관을 해친다.

## 형태

암컷 성충은 약충처럼 흰색 밀랍이 몸 위에 덮여 있으나 몸은 황갈색이거나 다갈색이다. 수컷 성충의 몸길이는 3~3.6mm이고, 날개를 편 길이는 9mm 정도이다. 암컷 성충은 3.5~4.1mm에 달한다. 몸은 우화 직후에는 황갈색이었다가 차츰 짙은 색이 되고 겨울을 지난 뒤에는 다갈색이 된다. 더듬이는 머리 폭의 약 2배에 이를 정도로 길며 담황색 내지 다갈색이다. 알은 길이가 약 0.37mm로 방추형이다. 알의 색은 유백색이고 시간이 지나면 노랗게 변한다. 부화 3일 전에 붉은 반점이 나타난다. 1, 2령충은 유백색, 3령충은 푸른 녹색, 5령충이 되면 옅은 황록색을 띠며 배 끝에 4개의 기다란 꼬리가 생긴다. 앞날개는 반투명하고 갈색 반문이 있다.

## 생태

1년에 1회 발생하고 성충태로 겨울을 보낸다. 겨울을 보낸 성충은 4월경 뽕나무로 모여들어 교미를 마치고 5~6월에는 새싹 부근에 알을 낳는다. 알기간은 약 18일이다. 부화율은 최고 85%지만 평균 60% 정도이다. 약충은 몸의 끝부분에서 흰색의 가루 밀랍을 분비해 몸을 보호하고 5회 탈피하고 나면 성충이 된다. 약충기간은 총 22~29일이다. 성충은 7월 하순경 출현하는 편이지만 지역에 따라서 출현 시기에 차이가 있다.

## 방제

성충의 발생 밀도와 산란 밀도를 조사하여 방제할 것인가를 정할 수 있다. 약충이 발생하는 시기에 이미다클로프리드 액상수화제(8%) 2,000배액이나 메티다티온유제(40%) 1,000배액을 1회 살포한다. 방제 최적기는 9~10월 하순이다. 기생봉과 칠성무당벌레 등 천적을 활용하면 좋다.

A 야생 뽕나무 가지에 발생한 약충 무리
B 흡즙하는 약충 무리
C 성충의 집단 발생
D 뽕나무이 성충(감로 배출 모습)
E 천적인 칠성무당벌레 성충의 모습

# 52 큰팽나무이

*Celtisaspis japonica* (Miyatake)

큰팽나무이는 노린재목, 매미아목, 알락나무이과(*Aphalaridae*)에 속한다. 한국, 일본, 중국 등에서 발생하며, 팽나무만 가해하는 단식성 해충이다.

## 피해

약충이 잎 뒷면에 기생하면, 잎의 앞 표면에 고깔 모양인 벌레혹이 생긴다. 잎 뒷면은 하얀색의 분비물로 직경이 약 1.0~5.0mm인 원형의 깍지를 만들어 덮는다. 벌레혹은 초기에는 노란색을 띠고, 내부에는 하얀색 털이 빽빽이 나 있다. 하얀 깍지에는 나이테 모양의 물결 같은 선이 있다. 잎 하나에 벌레혹이 많이 생기면 잎은 기형이 되고, 벌레혹은 검은 갈색으로 변하면서 조기낙엽 현상이 일어난다. 매년 발생이 심하지 않고, 바람이 잘 통하지 않는 곳에 자라는 나무에 발생하는 경우가 많다.

## 형태

약충은 초기에는 가늘고 황백색이나 자라면서 몸 표면을 하얀 분비물로 덮는다. 성충은 수컷의 몸길이가 2.2~2.8mm 내외, 암컷은 2.5~3.5mm이다. 몸은 황갈색 또는 다갈색 바탕에 검은 갈색 무늬가 있다. 머리는 몸에 비하여 크고, 정수리 부위가 편평하며, 검은 갈색 골프채 모양의 무늬가 한 쌍 있다. 더듬이는 머리 폭의 약 1.4배로 가늘며 길고 연한 갈색을 띠며, 끝마디는 검고 곤봉 모양이다. 앞날개는 크고 폭도 넓으며, 회황색의 투명한 부분과 다갈색 또는 검은 갈색의 불투명한 부분이 있다. 알은 길이가 약 0.1mm 정도이고, 길쭉하며 주름이 약간 있다.

## 생태

1년에 2회 발생한다. 알로 나무껍질 틈이나 지피물에서 월동한다. 1세대는 5월에 부화하고, 약 1개월간의 약충기간을 거쳐 6월경 성충이 출현하며, 8월에 산란한다. 2세대는 9월에 부화하고, 10월에 성충이 출현하며, 11월에 산란한다.

## 방제

피해 초기에 적용 약제를 살포한다. 포식성 천적인 홍점박이무당벌레, 풀잠자리류를 보호한다.

A 약충의 기생으로 만들어진 벌레혹
B 잎 표면에 돌출된 혹의 다양한 모양
C 성충의 형태(옆면)
D 잎 뒷면에 만든 벌레혹 기부의 원형 깍지
E 부화 초기의 약충과 분비물이 덮인 중령기 약충

# 54 회양목가루이

*Aleurotuberculatus hikosanensis* Takahashi
Box tree whitefly

회양목가루이(Box tree whitefly)는 노린재목, 매미아목, 가루이과(*Aleyrodidae*)에 속하는 곤충이다. 한국과 일본에 분포하며 기주식물은 꽝꽝나무, 회양목, 사스레피나무, 때죽나무, 소귀나무 등이 있다.

## 피해

부화한 약충과 성충이 잎 뒷면의 체관부(phloem)를 통해 식물의 영양분을 흡즙하여 가해한다. 발생 밀도가 높으면 잎의 성장이 둔화되며, 피해가 심한 잎은 노랗게 변색되고, 가을에는 붉은색으로 변한다.

## 형태

성충은 날개는 흰색이다. 몸은 노란색이며 광택은 없다. 번데기는 검은색을 띠며, 등면의 중앙부가 볼록하다. 번데기의 길이는 0.9mm, 폭은 0.7mm 내외로 광택이 나고, 외피는 단단하다. 몸 주위에서 하얀 밀랍을 분비한다. 번데기 전의 3령기 약충은 몸 가장자리테의 등판에 짧은 털이 많이 나 있다. 복부의 기부는 몸에서 가장 폭이 넓다. 번데기 복면의 가슴과 배마디에는 색이 연한 가로 주름선을 볼 수 있다. 유사한 종이 식나무, 귤나무 등 가로수에 기생하는데, 이들 종류는 번데기 복부의 가로 주름선이 뚜렷하여 구별할 수 있다. 사스레피나무, 꽝꽝나무 등에 기생하는 종은 머리 중앙부의 중앙선에 따라 뻗은 세로줄이 몸의 중앙 부근에서 좌우로 갈라진 가로선이 뚜렷해서 구별된다. 3령기 약충은 배 아래에 있는 흡착판이 발달하여 잎 표면에 고착되는 기능을 돕는다. 알을 잎에 낳는데 초기에는 크림 노란색이나, 하루가 지나면 어두운색이 된다. 알기간은 약 5~7일이다.

## 생태

연 2~3회 발생한다. 지역에 따라서 발생 빈도가 다양한 패턴을 보인다. 약충시기는 3령기로 구분하는데, 이 기간 동안 계속 흡즙하면서 발육한다. 그러나 영양분을 섭취하지 않는 4령기부터 몸의 형태가 바뀌면서 번데기의 모습을 갖추며, 번데기를 잎의 뒷면에 부착한다. 성충의 비행 능력은 뛰어나지 않아 분산 거리가 멀지는 않지만, 바람을 타고 이동하는 경우가 많다. 돌발성 해충이고, 그을음병을 유발하여 미관을 나쁘게 한다. 번데기 상태로 잎에서 월동한다.

## 방제

발생 초기에 적용 약제를 수회 살포한다.

A 가루이의 감로 배출로 그을음병이 발생한 모습
B 잎 뒤에 부착된 번데기(검은색)
C 번데기의 형태(검은색)
D 가루이의 흡즙 피해로 죽은 나무
E 성충이 바람을 피해 숨어 있는 모습
F 회양목의 신초에서 흡즙하는 성충

A
B
C
D
E
F

# 55 꽃노랑총채벌레

*Frankliniella occidentalis* (Pergande)
Western flower thrips

꽃노랑총채벌레(Western flower thrips)는 1980년대 중반 급속하게 세계 여러 나라에 분포하게 되었다. 현재 한국, 일본, 미국, 오스트레일리아, 뉴질랜드, 페루, 콜롬비아, 코스타리카, 과테말라, 이탈리아, 북유럽 등지에 분포하고 있다. 기주 범위가 매우 넓은데 주요 기주로는 자두나무, 포도나무, 사과나무, 망고, 올리브나무, 복숭아나무, 살구나무, 딸기, 고추, 양파, 멜론, 아스파라거스 등의 작물이 있다.

## 피해

다식성 곤충으로 327여 종의 식물을 가해한다. 약충과 성충이 기주의 잎이나 새순과 꽃에서 즙액을 빨아 먹는다. 피해 입은 식물은 황화현상을 보이고, 잎과 꽃은 모양이 삐뚤어지며, 새순은 형태가 쭈그러진다. 과실이나 잎의 표면은 산란 피해와 흡즙으로 찰과상이나 긁어낸 듯한 흠집이 생긴다. 흡즙으로 TSWV(Tomato Spotted Wilt Virus)나 푸사리움 병을 건전한 식물에 옮기는 매개충 역할을 한다.

## 형태

성충의 더듬이는 8마디이고 첫째 마디는 황색, 둘째 마디는 갈색, 셋째 마디는 밑부분의 3분의 2가 황색이다. 앞가슴등판에는 짧은 자모가 가운데 한 쌍 나 있다. 앞날개에 완전한 두 줄의 센털이 있다. 연한색, 어두운색, 중간색 등 색채 변이가 심한데, 암컷 성충의 몸길이는 1.4~1.7mm, 몸색은 밝은 황색이거나 갈색으로 색채 변이가 있다. 배에 갈색 반점을 가진 황색 형도 있다. 수컷 성충의 몸길이는 1~1.5mm 안팎이며 몸은 밝은 황색이다.

## 생태

1년에 여러 차례 발생하며 번데기나 성충으로 땅속에서 겨울을 보낸다. 수컷은 한 집단 안에서도 몸 크기의 변이가 많다. 암컷은 잎 부위와 사과꽃에 알을 낳는다. 나무에서나 토양 표면에서 번데기가 되며, 30°C에서 발육이 왕성하나 이보다 높으면 발육이 감소한다. 약충은 고온에 민감하고 그다음으로 암컷 성충, 번데기 순이다. 온실 해충이긴 하지만 서리가 많은 곳에서도 야외 생존이 가능하다. 흰색 꽃보다는 노란색 꽃잎에 피해가 더 많이 나타난다.

## 방제

1990년대에 몇 가지 농약에 대해 내성이 생겼다고 확인된 바 있다. 스피노사이드(입상), 클로로훼나피르(수화제, 액상유제) 등을 부화 초기에 뿌려준다. 기생성 세균으로 *Beauveria bassiana*와 *Beauveria globulifera* 등 미생물제재를 사용하거나 기생벌 *Thripoctenus americanus*를 이용한다.

A 총채벌레의 피해를 입은 감자(제주 수산)
B 겨울을 보낸 총채벌레와 십자화과 식물(제주 수산)
C 총채벌레가 발생한 양배추 농장
D 총채벌레가 발생한 자목련 꽃의 피해
E 피해 입은 기주식물(토마토)
F 총채벌레의 성충(현미경적 형태, 오른쪽 부분)
G 더듬이 2~3마디(현미경적 형태)

A
B
C
D
E
F
G

# 56 벤자민관총채벌레(신칭)

*Gynaikothrips ficorum* (Marchal)
Cuban laurel thrips

벤자민관총채벌레(Cuban laurel thrips)는 주로 열대 지방에 분포하는데 북아메리카, 오스트레일리아, 인도네시아, 타이완, 말레이시아, 베트남, 인도, 중국 하이난섬, 필리핀, 이탈리아, 서인도, 멕시코, 사모아, 통가, 아프리카에 분포한다. 벤자민류 식물 등에 기생한다.

## 피해

연중 각각의 충태를 볼 수 있다. 벤자민류 식물의 어린잎을 말거나 벌레혹을 만들어 그 안에서 즙액을 빤다. 대만고무나무가 흡즙 피해를 받게 되면 새싹과 잎이 붉은색으로 변하고 잎이 두터워지며 오그라진 형태가 된다. 열대, 아열대 지역에서 발생량과 밀도가 높아 잎이 기형이 되고 나무 성장이 억제된다.

## 형태

성충은 새까만 색이고 광택이 있지만, 약충은 연노란색을 띤다. 알은 흰색이다.

## 생태

성충과 약충 모두 잎을 말거나 엽맥을 경계로 표면이 맞닿게 세로로 접어 벌레혹을 만들어 즙을 빤다. 성충이 다른 곤충의 침입을 막는 분비물을 분비한다. 더운 지역에 분포하므로 연중 각각 자란 정도가 다른 곤충의 형태를 볼 수 있다. 암컷 성충이 접힌 잎 사이에 흰색의 알을 낳는다. 1년이면 13세대 이상 발생하므로 나무의 이동, 이식 과정이 분포 확산의 중요한 원인으로 알려져 있다. 열대와 아열대 지역에서 총채벌레는 10월부터 12월에 가장 밀도가 높다. 잎에 생기는 벌레혹은 여름부터 가을에 걸쳐 많이 만들어진다. 아직 국내 발생 기록은 없으나 실내 관상용으로 식물을 기르고 있기 때문에 발생이 걱정되는 해충이다.

## 방제

발생 초기에 벌레혹과 같이 피해 입은 잎을 따주는 것이 좋고 발생 밀도가 높으면 약제방제를 한다. 스피노사드입상, 에토펜프록스수화제, 클로로훼나피르유제를 발생 초기에 사용하면 효과가 높다. 풀잠자리 유충과 *Macrotracheliella nigra* 노린재 등 천적 곤충을 이용할 수 있다(Mound & Marullo, 1996).

A 피해 입은 벤자민고무나무 잎
B 총채벌레가 발생한 *Ficus*속 식물(Macau)
C 총채벌레가 발생한 벤자민고무나무 잎
D 총채벌레의 흡즙으로 접힌 잎과 피해상(그을음병)
E 잎에 산란된 알과 암컷 성충
F 1령기 약충의 형태
G 2령기 약충의 형태

(사진: E, W. Cranshaw)

A
B
C
D
E
F
G

57

# 볼록총채벌레

*Scirtothrips dorsalis* Hood
Assam thrips

볼록총채벌레(Assam thrips, Chilli thrips)는 한국, 일본, 타이완, 인도, 파키스탄에 분포하며 동백나무, 매실나무, 아왜나무, 꽝꽝나무, 사철나무, 종가시나무, 밤나무, 마취목, 후피향나무, 차나무, 감나무, 진달래, 은행나무, 벚나무, 무화과나무, 포도나무, 배나무, 딸기류, 칠리 고추, 망고, 람부탄 등에 가해한다.

## 피해

성충과 약충이 수목류의 새 가지 끝부분에 기생하며, 수액을 빨아 먹으면 갈색으로 변한다. 많이 발생했을 때는 새잎의 자람과 가지의 성장이 억제된다. 때로 감귤류의 어린 과일에 피해를 주면 상처가 생겨 상품 가치가 떨어지는 원인이 된다. 피해 입은 잎은 방패벌레가 흡즙해서 생긴 것처럼 잎살이 원래의 녹색을 잃게 되고 황회색으로 변한다.

## 형태

암컷 성충은 연노란색의 몸 색깔을 가지고 있으며 가슴부위 측면은 어두운색이다. 몸길이는 0.9~1.2mm 정도이다. 약충도 연노란색을 띤다.

## 생태

1년에 10~13회 발생한다. 기주식물의 낙엽 속에서 번데기나 성충 형태로 겨울을 난다. 이듬해 4월 하순경에 성충이 나타난다. 외부 온도가 25°C 정도 되면 산란을 시작하고 하루에 2~3개 낳는데, 새잎 뒷면의 해면조직 안에 한 개씩 낳는다. 5월 상순에는 부화 약충이 나타나며 근처의 새순과 어린 열매의 즙액을 빨아 피해를 준다. 다 자란 상태의 약충은 낙엽 아래에서 전용기를 지나 번데기가 된다. 피해는 6~7월에 가장 높다. 발생 경과는 환경 조건에 따라 영향을 받게 되는데 일반적으로 알기간은 3일, 약충기간은 5일, 그리고 전용·번데기기간은 약 5일이다.

## 방제

새눈이 자랄 때와 과실이 어린 시기에 피해가 크다. 발생 예찰을 실시하면 초기에 방제하기가 쉬울 뿐만 아니라 방제 효과도 좋다. 약제 사용은 스피노사드입상, 클로로휀나피르 수화제, 에토펜프록스 수화제를 살포한다. 천적을 이용한 방제를 활용할 필요가 있으며, 풀잠자리와 포식성 응애인 *Euseius tularensis*가 잘 알려져 있다. 천적을 방사할 때는 반드시 약제 살포를 중지해야 한다.

A 흡즙된 부분이 변색된 모양(은행나무)
B 초기 피해 부위가 점각으로 나타난 모습
C 입틀의 작용으로 황갈색이 된 피해 부위(은행나무)
D 뒷가슴등판의 센털(등면)
E 제5배마디 등판의 치상돌기와 뒷가장자리 센털
F 진달래 잎에 나타난 흡즙 피해
G 천적인 풀잠자리의 알
H 머리와 앞가슴등판의 형태(더듬이는 삭제)

A
B
C
D
E
F
G
H

# 58 전나무잎응애

*Oligonychus ununguis* (Jacobi)
Spruce spider mite

전나무잎응애(Spruce spider mite)는 한국, 일본, 중국, 타이완, 러시아, 북아메리카대륙 등 북반구 지역에 분포하며, 기주로는 전나무, 소나무, 가문비나무, 곰솔, 편백나무, 밤나무, 분비나무, 물참나무, 떡갈나무, 잣나무, 삼나무 등이 있다.

## 피해

가로수, 정원수에 많이 발생하는데 어린 약충이 잎이나 새 가지의 영양분을 빨아 먹어 피해를 준다. 특히 묘목에 피해가 많은 편이다. 잎 기부에 거미줄 모양의 실을 만들고, 흡즙하면 잎은 노랗게 변색하며 나무 전체의 생장이 억제된다. 잎이 마르고 그로 인하여 조기낙엽 현상이 생긴다. 조기낙엽이 진행되면 가지가 죽을 수 있으며 지속적으로 진행되면 나무 전체가 죽게 된다.

## 형태

암컷 성충은 몸길이가 0.3mm고 계란형이다. 몸은 붉은 갈색을 띠고 등쪽 센털은 길다. 수컷의 크기는 0.2~0.3mm이다. 부화 초기의 약충은 핑크색을 보이다가 식물 즙액을 빨고 난 후에는 녹색으로 보인다.

## 생태

1년에 5~6회 발생하고 기주에서 알로 겨울을 보낸다. 5~6월 초순에 부화하지만, 기후 조건에 따라 영향을 받는다. 약충은 5월 하순~6월 상순에 출현한다. 대개 10월 하순까지 중복 발생해 자란 형태가 각각 혼재한다. 1세대 소요 기간은 15~20일이고 알기간은 7~10일쯤 된다. 암컷 성충은 30일간 생존이 가능하며, 40~50개의 알을 낳을 수 있다. 덥고 건조한 조건이 응애의 발육에 최적이라 볼 수 있다. 늦여름에 응애의 발생 밀도가 높아지는 것이 이런 이유이기도 하다. 겨울나기를 위해서 9월 초순부터 산란을 하여 서리가 내릴 때까지 이어진다.

## 방제

발생 초에 밀도를 억제하려면 미리 살펴 방지하는 일이 필수이다. 응애가 한 잎당 2~3마리 발생하면 비페나제이트 액상수화제를 물 20ℓ당 10mℓ로 희석하여 3~4회 뿌려준다. 압력을 높여 물을 분수해주면 응애를 떨어뜨려 응애의 발생 밀도를 안정화하는 친환경 방제도 효과적이다.

A 응애의 피해를 받은 소나무(경기 안양)
B 소나무에 발생한 응애의 피해(전남 광양)
C 흡즙 피해가 나타난 전나무 잎
D 성충의 생김새
E 응애의 흡즙으로 잎에 나타난 피해
F 잎에 산란된 알과 흡즙 피해상
G 전나무 잎에 응애가 친 그물망 모양의 피해상
(사진: E, D. Shetlar; F, E. B. Walker)

A
B
C
D
E
F
G

# 59 향나무잎응애

*Oligonychus perditus* Pritchard et Baker
Juniper spider mite

향나무잎응애(Juniper spider mite)는 한국과 일본에 분포하며, 기주식물로는 향나무와 가이즈카향나무가 있다.

## 피해

늦은 봄이 되면 겨울을 보낸 알에서 약충이 부화하여 기주식물의 잎을 흡즙 가해하며 심하게 발생하면 나무 전체가 엷은 황색으로 변한다. 전국에 골고루 발생하는 편이다. 일본에서는 1955년 미국으로 수출하려던 향나무속 식물에서 처음 발견되었다.

## 형태

암컷 성충은 크기가 0.3~0.4mm이고 계란형이다. 앞몸통은 등색, 뒷몸통은 적갈색이다. 수컷 성충은 0.2~0.3mm 정도이며 역삼각형이고 색깔은 암컷보다 엷은 색이다. 암컷의 제1, 2부절에 있는 2중털 부위 배 옆에 한 쌍의 털이 있는 점과 수컷 교미기의 자루 등쪽면에 움푹한 부분이 있는 형태 차이로 전나무잎응애와 구별된다.

## 생태

1년에 여러 번 발생하며 대부분 알 상태로 겨울나기를 하지만 따뜻한 남부 지역에서는 성충태로 겨울을 보내는 경우도 있다. 일반적으로 고온 건조한 조건에서 많이 발생한다. 발생 상태에 관한 정보가 많지 않은 편이지만 연간 5회 발생하고, 5월 중순이 되면 월동한 알에서 약충이 부화한다. 알기간은 약 7일, 성충은 탈피한 후 2일이 경과하면 알을 낳는다. 고온기에 1세대 소요 기간은 20일 정도이다. 발생 최성기에는 발육태가 혼재한다.

## 방제

잎이 노랗게 변하기 시작하였다면, 흰 종이나 헝겊을 아래에 받쳐 잎을 털면 붉은색 응애의 발생을 확인할 수 있다. 응애가 발생한 경우에 스피로디클로펜 수화제 10g/물 20ℓ를 3회, 비펜스린 액상수화제 1,000배액을 2~3회 수관부에 골고루 뿌려준다. 같은 약의 연용은 내성이 생기므로 가급적 피해야 한다. 발생 초기에는 물만 뿌려주어도(수압을 이용하며) 잎에 붙은 응애를 약 80%까지 떨어뜨려 죽일 수 있다.

A 응애가 발생하여 나타난 피해 증상
B 피해 입은 잎이 노랗게 변색된 모습
C 응애의 발생 여부를 잎의 색으로 확인
D 응애 약충의 탈피각과 알
E 향나무 잎 응애의 피해
F 응애 성충의 모습(등면)

(사진: D, F, 정윤미)

A
B
C
D
E
F

# 60 점박이응애

*Tetranychus urticae* Koch
Two-spotted spider mite

점박이응애(Two-spotted spider mite)는 한국, 일본, 중국, 미국, 영국, 독일, 이집트, 러시아, 인도, 멕시코, 파키스탄, 프랑스에 분포하고 있다. 기주로는 사과나무, 배나무, 복숭아나무, 매실나무, 자두나무, 감귤류, 장미류, 양벚나무, 조록싸리, 아까시나무, 신나무, 네군도단풍, 대추나무, 포도나무, 산수유나무, 무궁화나무가 있다.

## 피해

잎에서 즙액을 빨아 먹으면 엽록소가 없어지고 표면에 흰색 점이 생긴다. 심하게 피해 입으면 갈색으로 변하면서 낙엽이 진다.

## 형태

암컷 성충은 방추형에 가깝다. 몸길이가 0.4~0.5mm이고 폭은 0.26~0.32 mm이다. 여름형 응애는 엷은 녹색 바탕에 노란빛이 있으며 몸통 좌우에 검은색 반점이 뚜렷하다. 수컷 성충은 크기가 0.26~0.40mm로 작고 몸이 납작한 편이다. 몸의 넓이는 0.14~0.19mm이다. 알은 둥글고 투명하며 연노랑 내지 진주색이다. 부화할 때가 가까워지면 붉은색인 안점(눈 같은 무늬)이 보인다. 성충의 등에 나 있는 센털 배열이 암수에 따라 다른데, 암컷은 6열 24개, 수컷은 7열 26개로 구분된다.

## 생태

1년에 8~10회 발생한다. 수정한 암컷이 나무껍질 틈, 잡초나 낙엽에서 겨울을 보낸다. 암컷 성충으로 겨울을 나는 것이 95.3% 수준으로 알려져 있다. 4~5월에는 주로 잡초에서 생활하다가 7월이 되면 사과나무로 기주 이전한다. 8~9월에 피해가 가장 높다. 짝짓기를 끝낸 암컷 응애는 1~3일이 경과하면 알을 낳는다. 평균 산란 수는 50~150개, 최대 700개 내외를 낳을 수 있다. 산란 기간은 평균 14일, 최장 36일간 알을 낳는다. 월동형 암컷과 비월동형 암컷 성충은 생존 기간이 각각 5~7개월, 2~5주이며 수컷은 평균적으로 암컷보다 수명이 짧은 경향이다.

## 방제

월동 성충은 2% 기계유유제를 식물의 겨울 새싹 잎이 나기 전에 살포한다. 7~9월 사이에는 발생밀도가 증가하므로 주기적으로 약을 뿌려준다. 성분이 같은 약제를 계속 사용하면 저항성을 가진 계통이 생겨나므로 방제 효과가 떨어진다. 응애 발생 밀도가 엽당 2~3마리에 이르면 비펜스린(1.5%)과 싸이핵사틴 수화제(15%)를 물 20g/물 20ℓ 농도로 3회 뿌려준다.

A 온실재배 장미에 나타난 응애의 피해
B 응애가 흡즙한 장미 잎의 피해(변색 잎)
C 응애의 발생 밀도가 각각 다른 장미
D 점박이응애의 알, 약충, 성충이 발생한 잎 뒷면
E 잡초에서 발견된 성충과 약충
F 성충·약충이 발생한 장미나무의 모습
G 발생 밀도가 높은 경우에 볼 수 있는 각태

29

# 62 꽃매미(주홍날개꽃매미)

*Lycorma delicatula* (White)
Spotted lanternfly

꽃매미(Spotted lanternfly)는 한국, 일본, 중국, 베트남과 인도 등지에 분포하며 활엽수가 기주식물로 알려져 있는데 쉬나무, 가죽나무, 참중나무를 가해한다. 2006년 이후 서울, 인천, 경기 지역에 대발생하고 있지만, 이 해충은 이미 우리나라에 분포했던 종이다.

## 피해

활엽수의 잎이나 새로 자라는 줄기에서 약충과 성충이 즙액을 빨아 먹으므로 기주식물의 성장을 억제한다. 발생 밀도에 따라 피해 정도가 다르다. 이 해충의 흡즙으로 기주가 말라 죽지는 않지만 배설물의 발생으로 그을음병이 나타나 경관을 해친다. 또한 중령기 이후 약충이나 성충의 색깔이 혐오감을 유발하므로 좋지 않다.

## 형태

성충의 앞뒷날개에 붉은색을 띠는 무늬가 있다. 몸길이는 15~20mm이며 수컷은 암컷보다 작다. 날개 편 길이는 38~55mm이다. 앞날개는 혁질이며 기부 쪽이 분홍색 또는 연한 갈색을 보이지만 끝부분은 짙은 갈색이다. 날개맥은 흰색이다. 날개 표면에는 크기가 다른 검은 갈색인 반점이 20여 개 흩어져 있다. 뒷날개는 삼각형이고 기부 쪽은 붉은색을 띠며 짙은 갈색인 점무늬가 6~10개 나 있다. 날개 끝은 검은색이다. 알은 둥근 기둥형이며 길이가 2.5~3mm쯤 되고 회색을 띤다. 약충은 납작한 편이고 1령충은 4~5mm 정도이며 검은색이다. 머리가 뾰족하고 등에는 여러 개의 둥근 흰색 무늬가 흩어져 있다. 4령충부터 등면은 붉고 양옆에 날개딱지가 자란다. 다 자란 약충은 붉은색을 띠는데 검은 점무늬가 나타난다.

## 생태

1년에 1회 발생하고 알 상태로 겨울을 난다. 부화는 5월 하순부터 시작되며 어린 약충은 먹이식물의 잎으로 이동하여 무리 지어 흡즙한다. 성충 출현 시기는 7월 하순~8월 중순경이다. 암수 짝짓기는 대부분 밤에 이루어진다. 알을 무더기로 나무줄기의 틈에 40~50개씩 줄을 지어 낳는다. 흉고직경 14~25cm인 나무줄기에 많이 낳는 편이다. 약충은 놀라거나 접촉하면 뛰어올라 피하는 성질이 있다. 9~10월이면 암컷 성충은 겨울을 나는 알을 나무줄기와 틈에 낳는다.

## 방제

천적 곤충은 알려진 바 없다. 발생 밀도가 높은 편이므로 부화 초기에 이미다클로프리드 액상수화제(8%) 2,000배액 또는 치아클로프리드 액상수화제(10%), 메티다티온유제(40%) 1,000배액을 10일 간격으로 2회 뿌려준다.

A 나무줄기에 모여 있는 성충
B 부화 후의 알집
C 나뭇잎에 앉은 성충의 형태
D 땅 위에서 기어다니는 성충
E 날아가기 직전의 성충의 자세
F 줄기에 매달린 성충
G 3령기 약충
H 2령기 약충

(사진: A, D, 산림과학원; E, G, 늘푸른농원)

A
B
C
D
E
F
G
H

2장

해충

# III. 천공성 해충

솔수염하늘소

# 1 북방수염하늘소

*Monochamus saltuarius* Gebler
Sakhalin pine longicorn beetle

북방수염하늘소(Sakhalin pine longicorn beetle, Long-horn beetle, Sawyer beetle)는 한국, 일본, 중국, 몽골, 러시아, 서부시베리아, 아무르, 서유럽, 우크라이나, 베라루스, 에스토니아, 라트비아, 리투아니아에 분포하며 소나무와 곰솔에 피해를 준다.

## 피해

쇠약한 소나무류의 줄기에 구멍을 내고 들어가 목재부에서 생활하는 곤충으로 솔수염하늘소와 같이 소나무재선충병을 옮긴다. 성충은 소나무류의 새 가지 나무껍질을 먹고 자란다. 그러나 건전한 나무에는 기생하지 않는다. 암수 모두 생존 기간 내내 가해하며, 많이 발생하면 한 나무에 많은 유충이 기생하여 나무의 성장을 저하시킨다.

## 형태

성충은 몸길이가 11~20mm이고, 검거나 검은 갈색인데 몸에 황갈색의 미세한 털이 나 있다. 알은 타원형이고 황백색이며 길이가 3mm 정도이다. 애벌레는 다 자라면 20~30mm가 된다.

## 생태

성충은 대개 연 1회 발생하나 추운 곳은 2년에 1회 발생한다. 애벌레가 나무줄기의 재질부에서 겨울을 보낸 후 4월경 나무껍질 밑에 번데기방을 만들고 번데기가 된다. 나무껍질에 직경 5~6mm의 원형 탈출공을 뚫고 새 성충이 밖으로 날아간다. 우화 탈출은 4~6월에 많다. 탈출한 성충은 대부분 낮에 활동한다. 벌목한 나무와 쇠약한 나무의 줄기 위에서 교미한 암컷은 나무껍질에 상처를 만들고 산란관을 삽입하여 알을 한 개씩 낳는다. 평균 산란 수는 46개로 최대 142개를 낳을 수 있다. 암컷 생존 기간은 25°C에서 20~115일, 평균 80일이다. 알기간은 6~7일(27°C), 6~8일(23°C), 20°C에서는 10~20일이다. 부화한 애벌레는 내수피를 먹고 60일이면 다 자란다. 번데기기간은 온도에 따라 다르다. 23°C에서는 8~9일로 솔수염하늘소의 11~15일에 비하면 발육이 빠르다. 재선충 부착률은 자연 고사목에서 탈출한 경우가 95%였다(교토 지방, 요시다, 1989). 그러나 도호쿠 지방의 경우는 32%로 지역 간 차가 있었다. 성충은 1회 비상 거리가 최고 1.3km, 기상 조건이 좋다면 광범위한 이동이 가능하다.

## 방제

베어내어 고사한 나무는 소각 또는 매립하여 매개충의 발생을 차단한다.

A 북방수염하늘소의 성충(등면)
B 앞에서 본 성충의 모습
C 성충이 기주식물에 구멍을 뚫은 모양
D 성충이 뚫은 구멍과 애벌레의 갱도(소나무 내부)
E 애벌레의 배설물(오른쪽)과 번데기방(왼쪽)
F 목재 내부의 애벌레 모습
(사진: A-F, 경기도 산림환경연구소)

A
B
C
D
E
F

## 2 뽕나무하늘소

*Apriona germari* (Hope)
Mulberry longicorn beetle

뽕나무하늘소(Mulberry longicorn beetle)는 한국, 일본, 타이완, 베트남, 태국, 인도에 분포하며, 기주로는 포플러류, 버드나무류, 가래나무류, 붉가시나무, 느릅나무류, 뽕나무, 닥나무, 꾸지나무, 무화과, 녹나무, 산딸기류, 비파나무, 벽오동, 배롱나무, 사과나무, 배나무, 귤나무류, 석류, 감나무, 아까시나무 등이 있다.

### 피해

애벌레가 줄기 내 목재 부위를 갉아 먹어 피해를 주고 수세가 쇠약하면 나무는 고사하게 된다. 일본의 경우는 뽕나무, 무화과 및 비파나무에 발생 피해가 많았는데, 관동 지방에서는 포플러류에 피해가 많았다. 여러 마리 애벌레가 줄기 내 아래위로 2~3m의 긴 갱도를 만들면 목재 내부는 변색된 공동이 생긴다.

### 형태

성충은 몸길이가 34~46mm이고, 검은 갈색이다. 몸 전체는 회황갈색의 가는 털이 덮고 있는데 언뜻 보면 황갈색으로 보인다. 수컷의 촉각은 몸길이의 1.2~1.3배로 끝 2마디가 날개 끝까지 이르고, 암컷은 몸길이보다 약간 길거나 같다. 알은 긴 타원형이고 유백색이며, 길이는 6mm 내외이다. 애벌레는 원통형이고 유백색이며 다 자라면 60~80mm 정도이다. 앞가슴등판의 과립상 돌기들은 뒷가장자리에서 앞쪽으로 방사형으로 있다. 머리는 가늘고 긴 편이다. 번데기는 크기가 약 50mm쯤이고 황백색이며 방추형이다. 배마디 1~6절의 양옆에는 각각 한 쌍의 센털이 있다.

### 생태

2~3년에 1회 발생한다. 기주의 줄기 안에서 겨울을 보낸 다 자란 애벌레가 5~6월에 번데기가 된다. 성충은 6~8월에 우화하여 탈출하는데 이른 아침이나 야간에 주로 활동하고 1년생 가지의 껍질을 먹는다. 산란은 7~8월에 많으며 1년생 가지의 밑부분에서 15cm 정도 높이에 많이 낳는다. 암컷 한 마리가 알을 30~140개 낳는데 평균 산란 수는 60개쯤 되고, 하루에 평균 2개의 알을 낳는다. 알기간은 9~14일인데 보통 10일 정도이다. 부화율은 약 83%다. 부화한 애벌레는 목재 부분 아래로 이동하며 갉아 먹어 피해를 준다. 이때 가루나 둥근 공 모양의 벌레를 밖으로 배출한다.

### 방제

산란을 많이 하는 10~20mm되는 가지를 적기에 가지치기한다. 성충 발생기에 피해가 심한 곳에는 메프유제 500배액을 살포한다. 애벌레가 있을 때는 이들의 벌레똥 구멍이 있는 곳에 역시 메프유제 500배액을 주사기로 주입하면 좋다.

**A** 하늘소의 피해를 받은 무화과나무(제주 서귀포)
**B** 애벌레의 배설물과 성충의 가해 흔적
**C** 성충(등면)의 생김새
**D** 줄기 속에서 애벌레가 배설물을 배출하는 장면
**E** 무화과나무 줄기를 가해하는 성충
**F** 줄기 속을 먹어 들어간 애벌레

(사진: F, Gakken)

A
B
C
D
E
F

# 3 솔수염하늘소

*Monochamus alternatus* Hope
Japanese pine sawyer

솔수염하늘소(Japanese pine sawyer)는 한국, 일본, 중국, 타이완에서 분포하고, 기주식물로 소나무, 곰솔, 전나무, 류큐소나무, 삼나무, 스트로브잣나무, 테다소나무, 일본전나무, 낙엽송, 히말라야시다, 개잎갈나무 등 29종이 알려져 있다.

## 피해

소나무재선충을 옮기는 매개체 역할을 한다. 솔수염하늘소와 북방수염하늘소가 기주식물을 갉아 먹어 생긴 상처 부위를 통해 선충이 건강한 나무 속에 침입, 수지세포를 파괴하여 나무가 고사하게 된다.

## 형태

성충의 몸 크기는 15~28mm이며, 암적갈색 또는 흑갈색이다. 머리와 앞가슴등판에 황갈색 미세한 털로 된 반문이 있다. 날개딱지는 암갈색과 적갈색, 백색의 작은 무늬가 불규칙하게 있다. 수컷의 더듬이는 몸길이의 2~2.5배이지만 암컷은 1.5배를 넘지 못한다. 제3마디 이전 촉각마디는 각 마디 기부에 회백색의 미세한 털이 있다. 알은 길이가 약 4mm, 폭은 1mm로 유백색을 띤 긴 타원형이다. 다 자란 애벌레는 크기가 20~40mm이며 납작한 원통형 모양이다. 머리는 검은 갈색이며 앞가슴등판은 갈색을 띤다. 번데기는 몸 전체가 유백색이고, 원통형이며 크기는 20~26mm쯤이다.

## 생태

1년에 1회 발생하나 추운 지방에서는 2년에 1회 발생한다. 부화한 애벌레가 나무의 내수피를 먹고 자란다. 1령충 기간은 5~12일이고 이때 톱밥 같은 배설물(대체로 갈색)을 밖으로 배출한다. 목재 안에서 겨울잠을 잔 애벌레는 4~6월에 번데기가 된다. 번데기기간은 온도에 따라 다르다. 성충은 약 일주일 동안 번데기방에 머문 후 탈출한다. 한 성충의 탈출 시기는 4월 중순에서 6월 하순에 걸쳐 일어나지만 추운 곳은 7~8월 상순에도 우화한다. 성충은 야행성이라 야간에 나무에 모여 교미하고 산란한다. 성충은 직경 1cm쯤인 소나무가지 껍질을 20cm 길이로 먹는다. 나무껍질 3mm 정도에 상처를 낸 뒤 한 개씩 알을 낳으며 평균 100개(최대 215개)의 알을 낳는다. 알은 실온 조건이면 5~7일 만에 부화한다. 이 해충의 분포 가능 범위는 연평균 기온이 약 11°C에서 1화기 발생의 한계라고 한다.

## 방제

피해목은 제거한다. 성충의 우화 최성기에 메프 수화제(40%)·유제(50%)를 40mℓ/물 20ℓ 농도로 골고루 뿌려준다. 생물적 방제로 백강균을 이용할 수 있다. 애벌레가 나무껍질 아래 살고 있는 10월경 살포량은 1m²당 600cc로 충분히 뿌려야 한다.

A 애벌레의 피해로 배출된 배설물(피해 비교)
B 하늘소 성충이 잠복해 사는 곳
C 솔수염하늘소 성충
D 성충의 날개 무늬
E 성충이 빠져나간 탈출공
F 탈출 직전의 성충
G 번데기의 형태(배면)
H 소나무 가지 속에서 자란 애벌레의 형태
(사진: B-H, 경기도 산림환경연구소)

A
B
C
D
E
F
G
H

# 4 알락하늘소

*Anoplophora chinensis* (Förster)
White spotted longicorn beetle

알락하늘소(White spotted longicorn beetle)는 한국, 일본, 중국, 미얀마에 분포하며, 기주로는 단풍나무, 포플러, 버드나무류, 버즘나무, 오리나무 등이 있다.

## 피해

애벌레가 나무줄기 밑부분을 뚫고 침입하여 목질 부분을 먹는다. 심은 지 5~6년이 경과한 나무가 피해를 가장 많이 입는다. 성충은 잎과 가는 가지를 먹어 피해를 주는데, 나뭇가지의 껍질을 빙 돌려 고리처럼 생긴 모양으로 갉아 먹는 일이 많아 가지 끝이 말라 죽는다. 시간이 경과하면 먹은 부위가 갈색으로 변한다.

## 형태

성충의 몸길이는 24~35mm이고, 몸은 광택 나는 검은 색깔이다. 날개딱지에 불규칙한 흰색 무늬가 흩어져 있다. 암수의 생김새는 비슷하지만 더듬이 길이가 다르다. 수컷은 몸길이의 1.7~2.0배, 암컷은 1.2배만큼 길다. 알은 긴 타원형이고 유백색을 띠며 길이가 3~4mm 정도이고 최대 폭은 1.7mm이다. 다 자란 애벌레는 몸길이가 45~60mm에 달하고, 앞가슴등판의 앞뒤에는 갈색 무늬가 있다. 애벌레는 납작한 원통형으로 몸 전체는 유백색을 띠고, 머리는 황갈색이다. 유리알락하늘소도 형태가 비슷한 종이다.

## 생태

예전에는 2년에 1회 발생하는 것으로 알려졌으나 최근에는 연 1회 발생하는 것으로 확인되었다. 그러나 지역에 따라 2년에 한 번 발생하는 경우도 있다. 우화한 성충의 탈출 시기는 5~7월 상순에 많다. 발생 패턴은 평야 지역이 산간 지역보다 2주 정도 일찍 성충이 출현한다. 알은 줄기 아래쪽, 특히 땅에 맞닿은 줄기에 많이 낳는데, 입으로 나무껍질에 약 1cm쯤 상처를 내서 산란관을 나무껍질 아래로 넣고 한 개씩 알을 낳는다. 산란이 끝나면 분비물을 배출하여 산란한 흔적을 덮는다. 암컷 한 마리가 120개까지 알을 낳을 수 있지만 대개 30~90개를 낳는다. 알 기간은 10~15일이다. 5령을 지나 나무줄기 내에서 겨울을 난 애벌레가 이듬해, 이르면 4월경, 5월 상순~중순경 번데기가 된다. 번데기기간은 20~29일쯤이다.

## 방제

성충을 유인하려면 유아등을 이용하면 좋다. 어린 애벌레는 철사 줄로 찔러 잡는다. 약제방제는 발생 초기에 파프분제(2%)·유제(47.5%)를 13mℓ/물 20ℓ의 농도로 약이 골고루 묻도록 충분히 뿌려준다.

A 애벌레의 침입으로 생긴 피해 흔적(버즘나무)
B 지면 가까이 먹어 들어간 피해 흔적(버즘나무)
C 가슴 높이 줄기에 침입한 흔적(버즘나무)
D 애벌레의 침입으로 상처받은 인피부(단풍나무)
E 나무껍질에 붙어 있는 성충(버즘나무)
F 인피부를 갉아 먹은 피해 흔적
G 애벌레의 형태
H 침입한 곳에서 찾아낸 애벌레
I 성충의 형태(등면)
J 앞에서 본 성충의 형태(머리, 더듬이)
K 유리알락하늘소의 성충과 탈출공(피해 비교)
(사진: K, USDA)

# 5 털두꺼비하늘소

*Moechotypa diphysis* Pascoe
Oak longicorn beetle

털두꺼비하늘소(Oak longicorn beetle)는 한국, 일본, 중국, 몽골에 분포하며, 기주로는 가시나무, 개서어나무, 굴피나무, 밤나무, 상수리나무, 졸참나무, 은백양나무, 포플러가 있다.

## 피해

성충이 표고버섯 재배대목을 비롯한 고사한 나무, 벌채한 지 얼마 되지 않은 나무의 수간에 산란하여 부화한 애벌레가 수피 밑을 먹어 피해를 준다. 고목에서 톱밥과 같은 나무가루가 나오기 때문에 쉽게 피해 여부를 알아볼 수 있다. 산란 부위는 수피가 얇은 곳에 많다. 성충은 마른나무의 가지에서 나무껍질을 먹기도 한다.

## 형태

성충은 몸길이가 약 15~30mm에 달한다. 우화 직후에는 몸 전체가 핑크색이었다가 몸이 단단해지면서 검게 변한다. 몸 표면은 칙칙한 갈색과 연붉은 갈색의 미세한 털로 덮여 있다. 앞날개의 기부 근처에는 칙칙한 갈색의 기다란 털로 된 한 쌍의 혹이 있다. 알은 긴 폭이 2.5~3mm, 짧은 폭이 0.5~0.6mm인 긴 타원형이며 산란 직후에는 흰색을 띤다. 다 자란 애벌레는 몸길이가 20~28mm에 이른다.

## 생태

1년에 1회 발생하는데 일부는 2년에 1세대인 것도 있다. 성충으로 겨울을 나고 겨울나기가 끝나는 3월 하순~4월경에 산란을 시작한다. 늦게는 7월 이후에도 이어질 때가 있다. 마른나무 중에서도 벌채해 1년 정도 된 나무에 알을 많이 낳고 고사한 지 2년 이상 된 나무에는 산란하지 않는다. 나무껍질을 물어뜯어 상처를 만든 뒤 1~6개의 알을 낳는다. 암컷 한 마리가 40여 개 알을 낳을 수 있다. 알기간은 7~10일이며 부화한 애벌레는 목재의 인피 부분을 먹는다. 애벌레기간은 3개월 정도이고, 번데기기간은 12~17일이다. 우화 후 며칠 동안 번데기방에 머물렀던 성충은 밖으로 탈출하며 8~10월까지 볼 수 있다. 여름에 비가 많고 기온이 낮아지면 우화율은 떨어진다. 11월경 기온이 내려가면 활동이 둔화되면서 토양의 낙엽층과 부식층, 썩은 나무 사이, 나무껍질 아래 등 적당한 장소에서 겨울을 보낸다. 때로는 애벌레 형태로 겨울을 나는 경우도 있다.

## 방제

수분이 많은 원목에 산란율이 높다. 6월 상순인 산란 최성기까지 원목에 해충이 접근 못하게 방충망을 설치하여 산란을 예방한다. 산란 기피 효과에 유칼립투스오일, 님나무 종실기름 1% 이상의 농도로 뿌리면 좋은 것으로 확인된 바 있다. 백강병균인 *Beauveria bassiana*의 포자현탁액에 대목을 담가 사충 효과를 높인다.

A 하늘소 성충이 겨울을 보내는 잠복소
B 목재에 앉아 있는 성충
C 짝짓기하는 암수컷 성충(포플러)
D 성충의 등면(검은색 계통)
E 성충의 등면(갈색 계통)

A
B
C
D
E

# 6 향나무하늘소(측백나무하늘소)

*Semanotus bifasciatus* (Motschulsky)
Juniper bark borer

향나무하늘소(Juniper bark borer)는 한국, 일본, 중국, 타이완에 분포하며, 기주로는 측백나무, 향나무류, 편백나무, 삼나무, 나한백 등이 있다.

## 피해

애벌레가 수피 밑의 형성층 부분을 갉아 먹어 심하면 나무가 말라 죽는다. 수세가 약한 나무에 발생하는 경향이 높다. 애벌레는 배설물을 밖으로 내보내지 않기 때문에 발견하기 어렵다.

## 형태

성충의 몸통은 다소 납작하게 생겼고 검은 갈색이다. 날개는 담황색이며 중앙과 끝에 검은색의 넓은 띠가 있다. 앞가슴 등쪽에 돌기가 3개 있다. 몸길이는 약 9~15mm 정도이다. 알은 타원형이며 황갈색이고 길이는 약 2mm이다. 애벌레는 부화 초기에 옅은 분홍색을 띤다. 다 자란 애벌레는 몸길이가 22mm로 몸통은 유백색이다. 번데기는 연노란색이며 더듬이는 가슴을 넘어 배마디 중간까지 닿는다.

## 생태

1년에 1회 발생하고 9월 상순에 우화한 성충이 기주식물에서 겨울을 보낸다. 성충의 출현 시기는 3~5월경이며 발생 최성기는 3월 중순부터 4월 상순경이다. 성충의 활동 최적온도는 14~22°C이다. 교미와 산란은 오후 2시~밤 10시 사이에 많이 이루어진다. 암컷은 쇠약한 나무껍질을 물어뜯고 그 안에 27~100개의 알을 낳는데 알기간은 7~14일이다. 애벌레는 형성층 부위에서 불규칙한 갱도를 평형하게 만들어가며 배설물을 채워둔다. 다 자란 애벌레는 8월 하순경에 목질부 속 깊이 들어가 번데기방을 만들어 약 10일 동안 번데기가 된다. 성충이 활동하는 기간은 수컷이 8~28일, 암컷은 23~32일이다.

## 방제

피해 입은 나무는 제거 작업을 10월부터 2월 사이에 마친다. 3월 하순~4월 상순에 메프유제 500배액을 10일 간격으로 2~3회 뿌려 성충과 애벌레를 방제한다. 기생천적(좀벌류, 맵시벌류, 기생파리류) 등을 보호하고, 해충을 잡아먹는 딱따구리 등 조류를 보호하면 도움이 된다.

A 피해를 입어 말라 죽어가는 향나무(서울)
B 향나무 윗부분에서 피해가 시작되는 모습(서울)
C 성충이 껍질과 인피부를 갉아 먹은 흔적
D 성충이 나무에서 탈출한 구멍(향나무)
E 피해 입은 나뭇가지(측백나무)
F 애벌레가 만든 갱도
G 피해 입은 가지와 건전한 가지

A
B
C
D
E
F
G

# 7 광릉긴나무좀

*Platypus koryoensis* (Murayama)
Ambrosia beetle

광릉긴나무좀(Ambrosia beetle)은 한국, 타이완, 시베리아에 분포하며, 기주로는 갈참나무, 상수리나무, 서어나무, 졸참나무 등이 알려져 있다.

## 피해

2004년 이후 참나무시들음병을 옮기는 매개충으로 알려졌다. 목재 내부에 구멍을 뚫어 목질 부분에 피해를 준다. 주로 나무 중심부까지 먹어 들어가기 때문에 목재의 경제적 가치를 떨어뜨리는 원인이 된다. 죽은 나무보다는 살아 있는 나무의 지제 부위(지상 0~50cm)에 피해를 준다. 5월 말경 월동 성충이 신갈나무 등 줄기의 직경이 30cm 이상인 나무를 가해하기 시작하는데, 수컷이 먼저 공격하고 나면 생기는 유인물질로 암컷이 집단으로 모여들게 되며, 침입 부위는 점점 위쪽으로 확대되는 특징을 보인다.

## 형태

성충은 어두운 갈색을 띠고 평균 몸길이는 암컷이 4.4mm, 수컷이 4.2mm 정도이며 암컷 성충의 가슴등판에 균낭(mycangia)이 있다. 균낭의 수는 5~11개로 변이가 심한데 평균 6개가 가장 많다. 성충의 앞다리는 구멍 뚫을 때 생기는 목질 부스러기를 밖으로 배출하기에 용이하도록 주름진 모습이며 큰 털이 잘 발달되어 있다.

## 생태

1년에 1회 발생한다. 성충은 5~6월경 어미벌레가 만든 갱도를 거쳐 외부로 탈출한다. 교미를 마친 암컷은 갱도 내에 불규칙하게 산란하고 때론, 성충이 알을 지니고 다닌다. 애벌레는 분지공(分枝孔)을 만들고 암브로시아균(Ambrosia)을 먹으며 성장을 계속한다. 애벌레는 5령기를 거쳐 다 자라면 번데기방에서 번데기가 된다. 대부분은 애벌레 형태로 나무 안에서 겨울을 지내지만, 성충으로 겨울나기를 하는 경우가 전체 겨울나기의 12~13%에 달한다. 대개 성충은 5~9월에 볼 수 있는데, 6~7월에 최성기가 된다. 9월에 우화한 성충이 겨울나기를 한다. 겨울나기하는 성충의 성비는 6 대 4로 암컷이 많다.

## 방제

수간주사, 벌채목 훈증, 비닐로 나무를 덮어주는 등 방제 방법이 다양하다. 봄철에 메탐소디움 훈증제를 0.5ℓ/$m^2$ 처리하는 벌채훈증이 효과적이다. 가능하면 페로몬의 이용 등 환경친화형 방제 기술이 개발되어야 한다.

A 참나무시들음병에 감염된 참나무 식생대
B 목재 안의 유충이 조직을 갉아 먹고 외부로 배출한 목재 가루
C 병을 매개하는 광릉긴나무좀 성충(암수)
D 갱도 안에 있는 균사의 모습
E 성충의 입틀과 머리 모습
F 애벌레의 발육 과정(5단계)
G 목질부를 먹는 애벌레의 입틀
H 갱도 안의 번데기
I 광릉긴나무좀의 알

(사진: A-I, 경기도 산림환경연구소)

A
B
C
D
1 mm
E
F
1 mm
G
1 mm
H
I
1 mm

# 8 앞털뭉뚝나무좀

*Scolytus frontalis* Blandford

앞털뭉뚝나무좀은 딱정벌레목, 나무좀아과에 속하며, 한국과 일본에 분포한다. 1983년 일본으로부터 수입된 원목에서 처음으로 검출되었다. 느티나무와 느릅나무를 가해한다. 2010년에 국내 발생이 보고되었다.

## 피해

천공은 주로 수간의 인피부와 목질부 양쪽 부분에 생기며, 암수 각 한 마리씩 존재한다. 암컷 성충은 길이 3.7~4.0cm, 폭 0.2cm 크기의 외갈래 모갱을 만든다. 기주식물에 침입한 성충은 먼저 교미를 마치고 산란하게 될 갱도를 만든다. 유충의 갱도는 빽빽한 방사상 모양으로 대략 90개 안팎을 만든다. 길이는 5.0cm 내외가 보통이다. 갱도 안에는 충분(먹고 난 배설물)과 목재의 분말 등이 접착되어 있다. 다른 나무좀과 분말의 모양이 현저하게 다르다. 번데기의 방 크기는 긴 폭이 0.5cm, 짧은 폭은 0.25cm로, 인피, 변재부 양쪽에 만들며, 차츰 깊이 만들어지기도 한다. 비공은 모갱을 중심으로 자리 잡고 있으며, 수피 표면의 둥근 선상에 배열된다. 피해목의 줄기에서 5~8월에 걸쳐 우윳빛이나 연한 갈색인 액체가 침입공을 통해 수피 밖으로 흘러나온다. 수세가 매우 약한 나무에서는 이 같은 수액이 외부로 흘러나오지 않는다. 가해하는 부위는 심지어 높은 곳 잔가지에서도 발견된다. 뿌리 단근 작업으로 옮겨 심은 나무, 새로 옮겨 심은 경우, 수세가 약한 나무에 많이 발생되는 경향이 있다.

## 형태

성충의 몸 크기는 4.0~5.0mm이다. 몸은 원통형이며 기다란 계란 모양이다. 체색은 대체로 흑갈색이며, 초기에는 암갈색을 띠기도 한다. 머리의 이마 부위에는 연한 갈색인 짧은 털이 많이 나 있다. 그래서 앞털뭉뚝나무좀으로 부른다.

## 생태

상세한 생활사는 알려지지 않았으나, 주로 가해한 식물조직의 내부에서 번데기 상태로 월동한다. 성충의 출현 시기는 6월경이다.

## 방제

권장하는 약제 디메틸디설파이드(유제) 94.56%를 피해목 밀폐 후 훈증 처리하거나, 페니트로티온(유제) 200~500배로 희석하여 7~10일 간격으로 3~5회 성충 발생 시기인 6~7월에 살포한다.

A 앞털뭉뚝나무좀의 피해를 받은 느티나무
B 목재를 갉아 먹은 피해 상태
C 목재 내부에 형성된 갱도의 모습
D 성충이 탈출한 탈출공
E 성충의 형태(배면)
F 성충의 형태(옆면)
G 성충의 머리에 분포하는 털(등면)
H 성충의 형태(등면)

(사진: A-H, 곤충다양성연구소)

# 9 붉은목나무좀

*Xyleborus rubricollis* Eichhoff
Red necked bark beetle

붉은목나무좀(Red necked bark beetle)은 한국과 일본에 분포하며, 기주로는 가시나무, 감나무, 감탕나무, 개옻나무, 녹나무, 단풍나무류, 멀구슬나무, 물갬나무, 박달나무, 박태기나무, 밤나무, 복숭아나무, 붉가시나무, 비파나무, 살구나무, 소귀나무, 소나무, 자두나무, 전나무류, 쥐똥나무, 참오동나무, 헛개나무, 후박나무 등이 있다.

## 피해

여러 종류의 침엽수와 활엽수 줄기에 구멍을 뚫고 들어가 피해를 준다. 쇠약한 식물을 좋아하는데 발생 밀도가 높으면 나무가 말라 죽기도 한다.

## 형태

성충 몸이 2.3~2.8mm 정도인 소형 나무좀이다. 암컷 성충은 원통형이며 광택이 있고 머리가 외형상 붉은색으로 보이나 딱지날개와 배 부분이 검은 갈색이다. 몸 표면에 짧은 털이 흩어져 있다. 앞날개 딱지 표면에 뚜렷한 점들이 줄을 이루고 있고 날개 끝부분은 경사가 심하다. 알은 길이가 0.7mm로 폭은 0.4mm이며 흰색 타원형이다. 애벌레는 가늘고 납작하다. 번데기는 흰색이며 크기가 암컷의 경우 2.5mm이다. 색깔과 생김새가 비슷한 종인 루이스나무좀(*Ambrosiodmus lewisi*)보다는 몸 크기가 작다.

## 생태

1년에 2세대가 발생하며 성충이 피해를 준 목재 안에서 겨울을 보낸다. 암컷 성충은 4~5월에 목재 안에서 탈출해 새로운 기주식물로 날아간다. 처음 나무껍질에서 2~4cm 깊이로 목질부에 짧지만 직선으로 들어가 피해를 준다. 암컷 성충은 앞가슴등판과 가운뎃가슴등판 사이에 있는 주머니같이 생긴 포자저장기관을 거꾸로 해 암브로시아균 포자를 나오게 하고 갱도 벽에 남게 한다. 이 균은 목재를 소화하는 데 도움을 준다. 암컷은 산란을 3주일 이상 한다. 알은 갱도 앞부분에 덩어리로 낳는데 알기간은 약 4일이다. 암컷이 낳는 알 개수는 20~50개에 달한다. 부화한 유충은 암브로시아균을 먹고 자란다. 번데기기간은 평균 7일이고, 새로운 성충이 6월경 나타난다. 밤나무 집단지에 많이 발생한다. 오리나무좀(*Xylosandrus germanus*)과 생활사가 비슷하다.

## 방제

고사한 나무, 넘어져 있는 나무는 5월 이전에 정리를 해두어야 한다. 유아등으로 유인할 수 있으므로 조기에 살펴 방제 계획을 세운다. 성충이 나타나는 시기에 페니트로치온유제(50%) 또는 치아클로프리드 액상수화제(10%) 500배액을 7~10일 간격으로 2~3회 뿌려준다.

A 나무좀이 기생하여 죽어가는 소나무(서울 용산)
B 나무좀이 기생한 자두나무(충북 옥천)
C 드물게 자두 열매를 가해한 모습(충북 옥천)
D 나무좀이 먹어 들어간 침입구(자두나무)
E 성충이 침입한 복숭아나무의 줄기
F 성충의 옆모습(날개딱지의 끝부분이 경사진 형태
G 나무좀이 만든 갱도의 구조

A
B
C
D
E
F
G

10

# 솔여섯가시나무좀

*Ips acuminatus* (Gyllenhal)
Engraver beetle

솔여섯가시나무좀(Engraver beetle)은 한국, 일본, 중국, 몽골, 시베리아, 유럽에 분포하고 있으며, 기주로는 가문비나무, 곰솔, 독일가문비, 두송, 소나무, 잎갈나무, 잣나무 등이 있다.

## 피해

쇠약해진 기주식물의 나무줄기에 성충이 구멍을 뚫어 형성층을 가해하면 나무는 말라 죽는다.

## 형태

성충은 짧은 원통형이며 몸길이가 3.8~4mm쯤이다. 몸은 붉은 갈색 또는 검은 갈색을 띤다. 몸 전체가 황색인 긴 융모로 덮여 있다. 이마 가운데 부분은 양편으로 나란히 작은 혹이 있다. 앞가슴등판 부분에 물고기 비늘을 닮은 작은 뿔이 있고 후반부에 점각열을 볼 수 있다. 날개딱지의 옆 부분은 3개의 치상돌기가 있는데 그중 3번째 것이 가장 크다. 암컷은 돌기가 균등하게 크고 수컷은 제3치상돌기가 말단 옆에서 나누어져 있다. 알은 길이 1.4mm, 폭 0.9mm의 타원형이고 유백색을 띠며 다소 투명하다. 애벌레의 크기는 3.8mm이며 머리는 황백색이다. 배는 둥근 형태이고 대개 배면이 굽어 발굽형이다. 번데기는 3.9mm이고 타원형이다. 갱도는 복선이며 교배실은 위로 향하고, 모갱도가 3줄 아래로 신장된다. 모갱도는 길이가 16~26mm, 폭이 2~3mm이고 전갱도는 60mm이다. 비슷한 종으로 세쌍니나무좀과 여섯가시큰나무좀이 우리나라에 분포한다.

## 생태

1년에 1회 발생하고 더운 곳에서는 연 3~4세대 발생하기도 한다. 성충이 9월 중순경부터 피해목의 갱도 안에서 겨울을 난다. 겨울을 보낸 성충이 봄부터 여름까지 알을 낳는데, 5월부터 7월에 걸쳐 볼 수 있을 만큼 산란 기간이 길다. 기주에 성충이 침입하는 1차 시기는 6월 상순, 2차는 7월 중순경이다. 성충이 알을 낳는 기간은 6~19일이다. 알기간은 5~12일, 애벌레기간은 20~28일, 번데기기간은 6~12일이다. 우화된 최초의 성충은 7월 상순에도 볼 수 있으나, 늦게는 9월 상순에 볼 수 있다.

## 방제

쇠약한 나무, 해충이 가해한 나무는 베어낸다. 4월 수액의 움직임이 있기 이전에 가지치기, 간벌하여 채광 조건을 높여준다. 원목을 15일간 물에 담가두면 폐사율이 100%에 가깝다. 약으로 방제하려면 메프유제(50%)를 살포한다.

A 나무좀의 피해를 받은 소나무
B 성충이 탈출한 구멍
C 목재 내부의 갱도와 피해
D 성충의 가슴등판 중앙부의 모습(등면)
E 성충의 머리 앞부분, 날개 돌출부의 형태(옆면)
F 성충의 형태(옆면)
G 등면에서 본 성충의 두흉부와 날개딱지

A
B
C
D
E
F
G
1 mm

## 11 박쥐나방

*Endoclyta excrescens* (Butler)
Swift moth

박쥐나방(Swift moth)은 한국, 일본, 중국, 시베리아에 분포하며, 기주로는 플라타너스, 포플러, 삼나무, 참오동나무, 오리나무, 밤나무, 호두나무, 감나무, 아까시나무, 등나무, 편백나무, 벽오동나무, 차나무, 동백나무, 오동나무, 단풍나무, 자작나무 등이 있다. 화훼와 정원수, 가로수에서 발견된다.

### 피해

잡식성으로 목본식물에 속하는 농작물에도 피해를 준다. 애벌레가 지면에 가까운 줄기를 많이 가해한다. 목질부와 형성층 사이를 갉아 먹으면 껍질이 부정형으로 갈라져 보인다.

### 형태

보통 내지 대형 크기의 나방이다. 성충이 날개를 편 길이가 45~110mm이며 갈색 또는 어두운 갈색으로 보인다. 일반적으로 활엽수를 가해하는 것들은 대형 개체이고, 초본 및 침엽수에 피해를 주는 것들은 소형 개체이다. 더듬이는 짧고 뒷다리는 흔적만 있다. 알은 긴지름 0.8mm, 짧은지름 0.6mm로 둥글며, 처음에는 황백색이나 시간이 지나면서 검게 변한다. 알은 끈끈하게 달라붙는 성질이 없으므로 토양 입자나 낙엽 틈에 떨어져 있다. 큰애벌레는 길이가 60mm이며 애벌레의 실을 만드는 관은 길고 예리하다. 번데기는 크고 원통 모양이며 황갈색 또는 붉은빛이 도는 갈색이다.

### 생태

1년에 1회 또는 2~3년에 한 번 발생하며, 알로 겨울을 보내지만 애벌레로도 월동한다. 우화 시기는 8월 중순~10월 상순이지만 변화가 심하고 오후 2시쯤에 우화하는 경우가 많다. 암컷 한 마리가 1만 개의 알을 낳을 수 있다. 성충은 해가 질 무렵 활동한다. 알은 건조에 약하다. 애벌레는 3령기까지 땅에서 사는데, 땅에 근접한 식물 부위가 공격을 많이 받게 된다. 이때는 실을 굴 모양으로 토해 거미줄로 된 집을 만든다. 갱도 안에서 번데기가 되고, 기간은 4주 정도이다.

### 방제

땅 표면에서 생활하는 애벌레가 생겨날 때가 되면 토양에 약을 살포하거나 가해하여 들어간 구멍에 쇠줄을 넣어 찔러 죽인다. 줄기에 기피제를 발라도 된다. 산란 시기에는 수간도포제를 줄기에 바른다. 가해받은 부위에 페니트로치온유제(50%) 100배액을 주사기로 주입한다.

A 애벌레가 먹은 양버즘나무의 밑줄기
B 성충의 머리와 가슴 형태(등면)
C 성충의 머리와 가슴 형태(앞면)
D 애벌레가 먹고 난 흔적을 제거한 모습(버즘나무)
E 줄기 속 박쥐나방 애벌레의 생김새
F 옆에서 본 성충의 모습
G 줄기에 애벌레가 수평으로 먹어 들어간 모습
(사진: B, C, F, 경기도 산림환경연구소)

# 12 복숭아유리나방

*Synanthedon hector* (Butler)
Cherry tree borer

복숭아유리나방(Cherry tree borer)은 한국과 일본에 분포하며, 기주로는 갯버들, 벚나무, 복사꽃나무, 매실나무, 자두나무, 사과나무, 유자나무, 배나무 등 장미과의 벚나무속 식물이 있다.

## 피해

애벌레가 기주식물의 나무 줄기와 가지에 구멍을 뚫어 형성층 부위에 피해를 주므로, 나무의 방어력이 약화되고 가지가 바람에 쉽게 부러진다. 피해 입은 부위에 병균이 침입하여 심하면 나무가 말라죽게 된다.

## 형태

성충은 몸길이가 15mm, 날개를 편 길이는 20~30mm이다. 몸은 파란빛이 도는 광택 있는 검은색을 띤다. 배 부분 제4~5마디는 면에 노란색 띠가 있으며 배면은 모두 노랗다. 성충의 날개는 투명해 벌과 흡사해 보인다. 알은 붉은 갈색이고 납작한 타원형이다. 애벌레의 모양은 하늘소와 비슷하다. 다 자란 애벌레의 크기는 20~25mm 정도이며 머리는 갈색, 가슴과 배는 붉게 보이는 연노란색이다. 번데기의 크기가 15mm에 달하고, 배 부위는 등면 앞가장자리와 뒷가장자리에 톱니 모양의 띠가 있다.

## 생태

1년에 1회 발생한다. 애벌레가 나무의 껍질 아래를 먹어 들어가고, 늦가을 엮은 고치를 만들어 안에서 겨울을 보낸다. 발육이 빠른 성충은 5월부터, 발육이 늦은 것은 10월까지 오랜 기간에 걸쳐 우화한다. 줄기의 갈라진 틈과 상처가 난 곳에 한 개씩 알을 낳는다. 알기간은 10~20일로 온도의 영향을 많이 받는다. 애벌레는 3월부터 활동해 형성층을 가해한다. 먹어 들어간 구멍으로 벌레똥이 나오며 나뭇진도 많이 나온다. 다 자란 애벌레는 나무껍질 밑에서 번데기가 된다. 번데기는 탈출 구멍에 몸을 반쯤 내밀어 우화되고 성충이 되어 나온다.

## 방제

나무에 구멍을 뚫어 피해를 주는 천공성 애벌레는 약제방제가 잘 듣지 않는다. 애벌레가 침입한 부위를 발견하기 쉬우므로 잡아서 죽인다. 발생 전부터 미리 살피고, 페로몬 덫을 이용하면 밀도가 낮아지는 효과가 있다. 줄기 밑부분에서 많이 발견되므로 벌레집을 제거하고, 페니트로치온유제(50%) 100배액을 주사기로 주입한다. 발생 밀도가 높다고 판단되면 성충 우화 최성기(7~8월)에 100~250배 농도로 줄기와 가지에 2~3회 뿌려주면 성충의 산란과 애벌레의 식입을 방지할 수 있다.

A 줄기의 형성층이 피해 입은 복사나무
B 형성층에서 수지가 분비된 모습
C 피해 입은 부분이 팽대된 모습
D 피해 입은 부위가 혹같이 변형된 모습
E 유충이 목질부 안에서 가해하여 수액이 분비된 모습
F 포도유리나방의 피해(포도나무)
G 가해가 진행되는 동안 수액이 외부로 배출되는 모습

A
B
C
D
E
F
G

# 13 애기솔알락명나방

*Dioryctria pryeri* Ragonot
Pine salebria moth

애기솔알락명나방(Pine salebria moth, Smaller Pine shoot borer)은 한국, 일본, 타이완, 중국에 분포하며, 기주로는 소나무류와 구상나무가 있다.

## 피해

애벌레가 새 가지와 열매(구과)에 피해를 준다. 새 가지를 가해할 때는 잎이 돋아나는 부분에 나뭇진주머니를 만들고 윗부분을 먹는다. 미성숙한 구과를 먹을 때에도 기부 또는 윗부분에 나뭇진주머니를 만들어 먹는다. 구과에 피해가 생기면 종자를 얻지 못한다.

## 형태

성충의 몸 크기는 10~13mm이고, 날개를 편 길이는 22~25mm 정도이며, 앞날개는 붉은 갈색이고 날개 기부에 한 개의 회색인 짧은 무늬가 가로로 있다. 몸통은 붉은 자줏빛이나 머리와 배는 흑갈색을 띤다. 정수리에 비늘조각이 다발 모양으로 나 있다. 알은 길이가 0.8mm의 타원형이고, 유백색에서 부화 전에는 검은 갈색으로 색이 변한다. 애벌레는 크기가 15~22mm이고 몸은 검은색에 가까우며 광택은 없다. 배 끝부분이 붉은 적갈색이거나 연갈색이다. 번데기는 크기가 11~14mm, 폭은 3~4mm쯤이며 붉은 갈색을 띤다.

## 생태

1년에 1회 발생한다. 다 자란 애벌레가 5~6월 새 가지나 구과에서 탈출해 땅속에 들어가 번데기가 된다. 하지만 가끔 새 가지나 구과 안에서 번데기가 되는 경우도 있다. 우화 시기는 7월 상순경이다. 2년생 구과에 기생하고 배설물은 실을 토해 옆에 있는 구과 외부에 뭉쳐 둔다. 새로 난 가지에서는 가지 기부에 구멍을 뚫어 노란색 수지를 흘려 주머니를 만든다. 새 가지는 피해가 많으면 붉게 변색되어 말라 죽는다. 상세한 생활사는 알려지지 않았다. 제주에서는 1979~1980년에 구상나무 열매의 피해가 많았다.

## 방제

애벌레와 번데기가 침입한 어린 가지는 피해받아 떨어진 구과와 함께 채취해 태운다. 기생벌(좀벌, 맵시벌, 알좀벌)과 기생파리 및 풀자리, 무당벌레, 거미 등 포식성 천적 등을 보호해야 하므로 약제방제를 실시하기에 앞서 예찰하면 좋다. 약제방제는 산란기와 부화 초기인 7월 중순~8월 중순에 페니트로치온유제(50%), 클로르푸루아주론유제(5%) 1,000배액이나 비페트린 입상수화제(8%) 4,000배액을 한 번 뿌려준다.

A 애벌레의 피해를 입은 구상나무 구과(제주 한라산)
B 애벌레의 배설물을 구과에 붙여놓은 것
C 구과가 피해 입은 모습(뚫린 구멍)
D 미성숙 구과가 피해 입은 모습(수지가 분비되는 곳)
E 성충의 외부 형태 모습
F 번데기의 생김새
G 애벌레의 생김새

(사진: E, 경기도 산림환경연구소)

A
B
C
D
E
F
G
INCHES

2장

해충

# IV. 벌레혹 형성 해충

솔잎혹파리

# 1 버들순혹파리

*Rabdophaga rosaria* (Loew)
Willow bud midge

버들순혹파리(willow bud midge)는 한국, 일본에 분포하며, 기주로는 내버들, 선버들, 키버들 등이 있다.

### 피해

기주식물의 새눈에 기생한다. 피해 입은 새눈의 자람이 더뎌지면 주변의 여러 작은 잎들이 커지며 새눈을 둘러싸 잎사귀는 여러 겹으로 모아지는데 마치 공이나 장미꽃 봉오리처럼 보이는 벌레혹이 된다. 그러면 안에 있는 새싹은 자라지 못해 가을에 말라 죽게 된다. 정원이나 공원에서 미관상 문제가 된다.

### 형태

성충의 몸길이는 3~4mm로 모기처럼 생겼다. 몸은 검은 자줏빛을 띠고 날개는 2쌍이고 반투명하다. 다리는 갈색이다. 다 자란 애벌레는 몸길이가 약 4mm에 이르고 방추형이며 등황색을 띤다.

### 생태

1년에 1회 발생해 벌레혹 속에서 애벌레 형태로 겨울을 보내고 이듬해 봄이 되면 번데기가 된다. 번데기기간은 약 30일이며, 4~5월경 성충이 나타난다. 짝짓기를 마친 암컷 성충이 새눈에 불그스름한 알을 한 개씩 낳는데, 암컷 한 마리가 200여 개의 알을 낳을 수 있다. 알기간은 약 일주일이다. 부화한 애벌레가 새눈 중심부를 향해 뚫고 들어가 피해를 준다. 봄에 애벌레가 가해할 때는 피해 부위가 크지 않아 눈에 잘 띄지 않다가 여름이 되면 잎사귀는 녹색이 유지되지만 벌레혹은 점점 자라난다. 늦은 여름에 벌레혹의 색이 변하기 시작하면 잎도 갈색으로 바뀌게 되어 피해 정도를 식별할 수가 있다. 많을 때는 한 나무에 수십 개나 되는 벌레혹이 생기기도 한다. 애벌레는 가을이 될 때까지 자라면서 피해를 준다. 가을까지 다 자란 애벌레는 겨울을 보낸 다음 이듬해 봄 3~4월에 번데기가 된다.

### 방제

겨울에 벌레혹을 제거하여 불에 태우거나 땅속에 묻어 애벌레를 죽인다. 전국적으로 발생하고 있지만, 나무가 죽는 일은 없으므로 약제방제보다는 기생당한 가지의 벌레혹을 잘라내는 것이 좋다.

A 애벌레가 가해하여 만들어진 벌레혹(전년도)
B 장미 꽃잎처럼 비대해진 벌레혹(갈색)
C 새순에 만들어진 피해상
D 잎이 이상 비대해진 초기의 변화
E 새순에 기생하는 애벌레의 모습
F 애벌레에 기생하는 천적(오른쪽)
G 꽃잎처럼 변형된 피해 입은 새순
H 겨울 가지와 애벌레가 들어 있는 벌레혹
(사진: E-G, 정윤미)

# 2 사철나무혹파리

*Masakimyia pustulae* Yukawa et Sunose
Euonymus gall midge

사철나무혹파리(Euonymus gall midge)는 한국, 일본, 중국에 분포하며, 기주로는 사철나무, 줄사철나무, 화살나무가 있다.

## 피해

애벌레가 기주의 잎 뒷면에 다소 둥근 모양으로 울퉁불퉁한 벌레혹을 만든다. 벌레혹의 크기는 직경이 4~10mm쯤 되며 잎 하나에 여러 개의 혹이 만들어진다. 이 벌레혹 속의 애벌레가 즙을 빨아 피해를 주면 잎은 일찍 낙엽이 진다. 피해 입은 잎이 조기에 낙엽이 지면 나무의 성장이 나빠지며 미관을 나쁘게 한다.

## 형태

혹파리는 몸길이가 2mm 정도이고 날개 길이는 암컷이 2.8mm, 수컷이 2.7mm에 달한다. 몸통은 암수 모두 노란색이다. 더듬이 마디 수는 15개로, 다리는 고운 비늘조각으로 덮여 있고 발톱이 두 갈래로 나누어져 있다. 애벌레는 길이가 2mm 정도이며 우윳빛이거나 노란색을 띤다.

## 생태

1년에 1회 발생하고 잎에 있는 벌레혹 안에서 3령 애벌레 상태로 겨울나기를 한다. 4월이면 번데기가 되고 2주 지난 후에는 성충으로 우화한다. 추운 곳(강원도)에서는 4월 하순~5월 하순에 성충이 출현하는 경향이 있다. 수컷은 새벽에 우화하지만 암컷은 몇 시간 늦게 우화한다. 짝짓는 시간대는 새벽 5시에서 오전 10시 사이에 이루어진다. 수컷 파리는 수명이 6~12시간으로 매우 짧다. 암컷 성충은 90개 정도의 알을 낳는다. 교미 후 즉시 새잎 뒷면에 알을 낳는데 알기간은 일주일 정도이다. 부화한 애벌레가 잎 표면을 파고들어 벌레혹을 만들고, 6월경에는 많은 벌레혹이 생겨난다. 보통 한 개의 벌레혹에는 1~2마리의 애벌레가 들어 있다. 부화한 애벌레는 7월에 2령충이 되고 10월에 3령충이 되며 겨울나기 세대로 자란다.

## 방제

3월 중순에 카보퓨란(3%) 입제를 피해 나무 주변 지표면에 $1m^2$당 200g씩 묻고 5월 상순에 2차 매립을 하는 것이 효과적이다. 때로는 피해 잎을 제거하여 소각하거나 땅에 묻어버린다. 기생벌과 기생파리 등 천적을 보호한다.

A 심하게 피해 입은 사철나무의 잎
B 피해 초기의 잎(사철나무)
C 가해 부위가 융기된 모습
D 가해 부위를 확대한 모습(사철나무)
E 잎 뒷면에서 우화 탈출한 모습
F 사철나무혹파리의 성충(머리·앞가슴·앞날개)
G 탈출한 번데기의 탈피각
H 번데기 모습(배면)
I 우화하는 혹파리의 모습

(사진: A, H, I, 정윤미)

A
B
C
D
E
F
G
H
I

## 3 산딸기혹파리

*Lasioptera rubi* (Schrank)
Raspberry gall midge

산딸기혹파리(Raspberry gall midge)는 한국, 일본에 분포하며 산딸기류, 곰딸기, 멍석딸기에 기생한다.

### 피해

딸기나무의 줄기에 기생해 혹을 만들면 윗부분이 성장하지 않는다. 대개 벌레혹이 만들어진 가지가 고사한다. 벌레혹은 크기가 약 8~9mm 정도이며 둥근 모양이다. 해마다 발생하는 편이다.

### 형태

암컷 성충의 몸은 연한 노란색이고 여러 개의 흰 털이 나 있다. 몸길이가 2mm 안팎으로 작은 파리이며 더듬이는 18마디로 되어 있다. 가슴의 등면은 검으나 양옆은 황색이다. 배는 붉게 보이는 노란색으로 각 배마디의 등과 배에는 검은 비늘 같은 털이 많아 검은 띠를 만들고 있다. 날개는 반투명하고 날개맥은 검은색이다. 수컷은 몸이 작고 황색이다. 애벌레는 등황색이거나 오렌지색을 띤다.

### 생태

1년에 1회 발생해 애벌레 상태로 겨울나기를 한다. 성충이 5월 중하순에 우화하여 새로 자라는 줄기에 알을 낳는다. 벌레혹 안에는 여러 마리의 유충이 살고 있다. 처음 애벌레가 기생하여 만든 벌레혹은 크지도 볼록하지도 않으나, 6~7월이 되면 줄기 안에 살고 있는 애벌레의 침샘에 의하여 식물조직은 이상 비대 현상을 보여 줄기의 벌레혹이 크게 자란다. 한 개의 벌레 안에 여러 마리의 애벌레가 들어 있으면 더 크게 자란다. 자세한 생활사는 알려지지 않았다.

### 방제

벌레혹은 수거해서 땅에 묻거나 태워 없앤다. 발생량이 많지 않으면 약제방제를 할 필요가 없다. 기생벌과 기생파리가 있으므로 천적을 보호한다.

A 줄기에 만들어진 벌레혹(경기 수원)
B 벌레혹 안에 있는 오렌지색 애벌레
C 벌레혹 안에 있는 애벌레의 집단 서식과 혹 내부(확대)
D 3개 층으로 이루어진 벌레혹의 구조
E 벌레혹 안의 유충과 비어 있는 공간(확대)
(사진: B, C, E, 정윤미)

A
B
C
D
E

# 4 솔잎혹파리

*Thecodiplosis japonensis* (Uchida et Inouye)
Pine gall midge

솔잎혹파리(Pine gall midge, Pine needle gall midge)는 한국과 일본에 분포하며 기주로는 소나무와 해송(곰솔)이 있다.

## 피해

6월 하순~10월 하순까지 애벌레가 솔잎 밑부분에 벌레혹을 만들고 그 속에서 즙액을 빨아 먹으므로 피해 입은 잎은 성장이 멈추고 그해에 변색해 낙엽이 진다. 피해가 여러 번 반복되면 나무는 말라 죽게 된다.

## 형태

성충의 몸길이는 암컷이 2~2.5mm, 수컷은 1.5~1.9mm이다. 뒷다리는 길어서 몸길이의 1.5배에 달하며 몸 색깔은 등황색이다. 알은 노란색이며 긴 타원형이다. 길이는 0.5mm이고, 너비는 0.1mm이다. 다 자란 애벌레와 번데기는 노란색을 띤다. 애벌레의 크기는 1.8~2.8mm로 다리가 없으며 번데기는 몸길이가 2.3~2.5mm이다.

## 생태

1년에 1회 발생하며, 땅 위 지피물 밑이나 땅속에서 월동한 애벌레는 5월 상순~6월 상순에 번데기가 되고, 5월 중순~7월 상순에 성충이 된다. 6월이 우화 최전성기이며, 특히 비가 온 다음 날에 우화율이 높다. 숲속의 잡목 또는 풀잎 사이를 날면서 교미한 후, 새로 자란 솔잎 사이에 평균 6개씩 알을 낳고 하루나 이틀 사이에 성충은 죽는다. 암컷은 100여 개까지 알을 낳을 수 있지만 실제 산란 수는 이보다 적다. 알에서 5~6일 후에 부화한 애벌레는 솔잎 밑부분으로 내려가 벌레혹을 만들어 그 속에서 수액을 흡수한다. 벌레혹의 크기는 길이 6~8mm, 폭 약 2mm이고 벌레혹당 애벌레는 1~18마리로 평균 5.7마리다. 애벌레는 9월 하순~다음해 2월 사이에 주로 비가 올 때 땅으로 떨어져 2cm 이내의 땅속에서 겨울을 난다.

## 방제

애벌레는 건조한 임지에서는 자연스럽게 죽게 되므로 땅 위 잡물 제거 등으로 임지를 건조시킨다. 또한 7~9월 애벌레가 성숙하기 전에 피해 입은 나무를 베어 잎을 태우거나 성충의 우화기에 약제를 살포한다. 솔잎혹파리먹좀벌, 혹파리살이먹좀벌 등 기생천적을 이용하기도 한다. 최근에는 수간에 살충제를 주입하는 방법 등이 있다. 4월 하순~5월 하순경에는 애벌레와 번데기를 대상으로 이미다클로프리드입제(2%)를 뿌리 근방에 처리한다. 약은 흉고직경 1cm당 20g을 사용한다.

A 솔잎혹파리의 피해 현상(반송)
B 솔잎 기부에 만들어진 벌레혹
C 솔잎혹파리 성충의 가해 및 발생량 조사 트랩 설치
D 기생당한 솔잎의 성장모드
E 알의 형태
F 솔잎에서 탈출한 유충(기생당한 잎에 가습함)
G 유충의 형태
H 번데기의 형태(배면)
I 성충의 형태
(사진: B, D-F, H, 경기도 산림환경연구소)

A
B
C
D
E
F
G
H
I

## 5 수양버들혹파리
*Rabdophaga rigidae* (Osten Sacken in Loew)

수양버들혹파리는 한국, 일본에 분포하며, 기주로는 수양버들과 버드나무류가 있다.

### 피해

연중 벌레혹을 볼 수 있다. 주로 가을부터 작은 가지에 한 개 또는 여러 개의 벌레혹이 생긴다. 애벌레가 가지의 조직 안에 기생하면, 피해 입은 부위가 혹 모양으로 변형된다. 처음 만들어질 때의 벌레혹은 녹색이거나 황색에 가깝다가 시간이 경과하면 차츰 갈색으로 변한다. 이런 벌레혹이 많이 생긴 식물은 생장이 나빠지기도 하지만 미관을 해치기도 한다.

### 형태

성충은 몸 색깔이 짙은 등적색이며 날개는 투명하다. 벌레혹의 크기는 다양하다. 보통 길이 15mm, 폭 12mm의 둥근 모양이다. 벌레혹의 표면은 매끈한 회녹색이다. 혹 중앙에서 애벌레가 자라는데, 다 자란 애벌레는 원통형이며, 몸의 앞뒤 끝부분은 가늘다. 몸길이는 4~5mm쯤이며 등적색을 띤다.

### 생태

외국에서도 *Dasineura*속의 혹파리들은 *Salix*속의 식물에 흡즙 기생하여 벌레혹을 만들게 된다. 습지나 개울가에 자라는 기주식물에서 흔하게 발견된다. 기생하는 애벌레의 침샘에 의하여 흡즙한 부위의 식물조직이 이상 비대해져 벌레혹이 만들어진다. 우리나라에서는 전국 각지에서 발생한다. 1년에 1회 발생하고 작은 가지에 만들어진 벌레혹 안에서 애벌레 형태로 겨울을 난다. 3월경에는 벌레혹 안에서 번데기가 된다. 새로운 성충은 3월 하순~4월 하순에 우화하고 벌레혹을 탈출한다. 암컷 성충은 새 가지의 조직 안에 알을 낳는다. 알에서 부화한 애벌레는 조직 안에서 가해하기 시작한다. 봄과 여름 기간에는 발달한 벌레혹을 볼 수 없지만, 10~11월에 작은 가지의 일부분이 갑자기 커지면서 벌레혹이 만들어진다.

### 방제

대발생하는 경우가 많지 않다. 그러나 벌레혹이 생긴 가지의 윗부분은 건전한 생장을 못 하게 되므로 가지치기를 시행하여 벌레혹을 겨울철에 제거하면 좋다.

A 버드나무의 벌레혹
B 가지 중간에 생긴 벌레혹
C 가지 끝에 생긴 벌레혹
D 벌레혹 안에서 자라는 애벌레
E 벌레혹 내부의 생김새
F 벌레혹 안에 있는 초기 형태의 애벌레
G 벌레혹 안에서 자라는 애벌레

(사진: F, G, 정윤미)

A
B
C
D
E
F
G

# 6 아까시잎혹파리

*Obolodiplosis robiniae* (Haldeman)
Black locust midge

아까시잎혹파리(Black locust midge)는 한국, 북아메리카, 일본, 유럽에 분포하며, 기주로는 아까시나무와 민둥아까시나무가 있다.

## 피해

햇가지에서 깨어난 유충이 아까시나무 잎과 함께 성장하면서 가장자리에서 즙을 빨아 뒤쪽으로 잎을 만다. 피해가 심하면 잎들이 이르게 낙엽이 져 말라 죽은 것처럼 보이기도 한다. 대개는 어린나무의 새로 자라는 가지에 많이 발생하지만 오래된 나무의 나무갓 정상에 있는 새순에도 피해가 크다. 지역과 시기를 보면 흰가루병과 같이 나타나 더욱 피해를 많이 준다.

## 형태

성충의 몸길이는 3~5mm로 머리는 검은색이다. 날개는 검은 털로 덮여 있으며 시맥(곤충의 날개에 무늬처럼 갈라져 있는 맥)은 단순한 형태다. 배는 붉은색을 띠며 다리는 허벅지마디 전체와 종아리마디 맨 끝부분만 검은색이다. 애벌레는 붉은 기운이 돌지만 점차 자랄수록 유백색을 띠고 발이 없는 구더기 형태를 하고 있다. 다 자라면 최대 4~5mm 정도가 된다.

## 생태

1년에 수회 발생한다. 늦은 가을 낙엽 질 때 다 자란 애벌레가 땅속으로 2~3cm 내려가 겨울을 보낸다. 번데기기간을 지하에서 보내고 성충이 5월 초에 발생해 6월에 우화 최성기를 이루어 밀도가 가장 높다. 오전 11시~오후 4시 사이에 지면 가까운 곳에서 짝짓기를 마친 암컷은 1~2일 지난 뒤에 어린 새잎에 알을 낳는다. 암컷 한 마리의 포란 수는 평균 70~120개나 된다. 알에서 깨어난 애벌레는 잎에서 즙을 빨아 먹고 점점 가장자리로 이동하면서 잎을 만다. 알기간은 약 4일, 애벌레기간은 15일, 번데기기간은 5일, 성충기간은 약 3~4일로 한 세대가 약 한 달 정도이고, 10월 초까지 발생한다.

## 방제

피해 초기에 치아클로프리드 액상수화제(10%) 2,000배액을 피해 입은 잎에 살포한다. 애벌레를 먹는 천적 곤충에는 풀잠자리, 깡충좀벌, 무당벌레, *Scolothrips takahashii*, 침노린재 등이 있으므로 약제를 뿌릴 때는 예찰을 시행하는 것이 유익하다.

A 아까시잎혹파리의 가해
B 유충의 피해를 받은 잎 말림 현상
C 풀잠자리의 알(천적)
D 잎에 산란된 알
E 말린 잎 안에 있는 어린 유충
F 노숙 유충의 용화
G 번데기의 형태
H 성충의 형태(등면)
I 성충의 날개, 다리, 촉각의 형태

(사진: D-H, 정윤미)

A
B
C
D
E
F
G
H
I

# 7 밤나무혹벌

*Dryocosmus kuriphilus* Yasumatsu
Chestnut gall wasp

밤나무혹벌(Chestnut gall wasp)은 한국, 일본, 중국에 분포하며 밤나무에 기생한다.

## 피해

밤나무의 중요한 해충이다. 4월 하순부터 새로 난 밤나무 눈에 기생하여 붉은색의 벌레혹을 만든다. 벌레혹 크기는 다 자랐을 때 10~15mm 정도이다. 혹벌이 피해를 준 부위에 작은 잎이 여러 개가 생기며 새 가지의 생장이 나빠져 개화나 결실이 되지 않는다. 벌레혹은 성충이 탈출하고 나면 말라 죽는데 대개 7월 중하순경이다. 내충성 밤나무 품종에서는 새눈에 혹벌이 산란은 하지만 알에서 부화한 어린 애벌레는 생장할 수가 없다. 그러나 내충성 품종 밤나무도 1978년 이후 벌레혹이 발견되고 있다.

## 형태

성충은 몸 크기가 3mm 정도이고 검은 갈색을 띠며 광택이 난다. 더듬이의 색은 황갈색인 기부마디 이외에는 검은색이다. 날개는 투명하다. 애벌레의 몸길이는 최대 2mm에 이르고 다 자란 애벌레는 반투명한 회백색이다.

## 생태

1년에 1회 발생하며 눈의 조직 안에서 애벌레 형태로 겨울나기를 한다. 4월 상순경 가지에서 겨울을 보낸 애벌레가 기주의 겨울눈 안에 벌레방을 만들지만 4월의 맹아기 이전에 육안 식별은 어렵다. 그러나 애벌레는 3~5월에 급속히 자라면서 벌레혹도 볼록하게 자라나며 가지의 성장도 정지된다. 벌레혹 안에 여러 개의 애벌레방이 있고 여러 마리의 애벌레를 볼 수 있다. 많을 경우 20마리 정도 된다. 다 자란 애벌레는 6월 상순~7월 상순에 벌레혹 안 애벌레방에서 번데기가 된다. 약 7~9일간 번데기시기를 거치면 우화하여 성충이 된다. 성충으로 우화한 후에도 벌레혹 안에 7일 정도 머물러 있다가 구멍을 뚫어 밖으로 탈출하게 되는데, 시기는 6월 하순~7월 중하순이 된다. 탈출한 새로운 암컷은 밤나무 새눈에 5~6개씩 알을 낳는다. 대개 한 마리가 200~300개 내외의 알을 낳을 수 있다. 알기간은 30~40일이 소요되며 7월 하순~9월 상순에 부화하여 식물조직 안에서 먹고 자란다. 성충별의 평균 수명은 4일 내외이다.

## 방제

내성 품종을 심는 것이 유리하다. 현재 산목률, 순역, 옥광률, 상림 등 국내 개발 품종과 유마, 은기, 이취, 축파, 단택, 삼조생 등 도입종이 보급되었다. 기생성 벌인 남색긴꼬리좀벌, 노란꼬리좀벌, 상수리좀벌 등을 보호한다.

A 밤나무 순에 만들어진 벌레혹
B 성숙한 벌레혹의 모양
C 새순에 만들어진 벌레혹의 모양
D 벌레혹 안에 있는 밤나무혹벌의 애벌레와 알
E 벌레혹 안의 애벌레와 내부 혹의 생김새
F 성충이 밤나무 새순에 알을 낳는 모습
G 성충의 형태

(사진: E, 정윤미)

A
B
C
D
E
F
G

# 8 어리상수리혹벌

*Trichagalma serratae* Ashmead
Quercus gall wasp

어리상수리혹벌(Quercus gall wasp)은 한국, 일본에 분포하며, 기주식물에는 상수리나무와 졸참나무가 있다.

## 피해

8월경 애벌레가 상수리나무 등 식물의 작은 가지에 직경 10~20mm의 밤송이를 닮은 털뭉치형 벌레혹을 만든다. 벌레혹이 처음 만들어질 때는 녹색이지만 차츰 황갈색이나 갈색으로 변한다. 많을 때는 가지 하나에 5~20여 개의 혹이 만들어진다. 이렇게 기생률이 높으면 잎이 일찍 떨어지고, 가지가 말라 죽는 경우가 있다. 나무 전체가 죽는 예는 거의 없다. 벌레혹 중심 단단한 목질부에 계란 모양의 애벌레방을 만들고 한 마리의 애벌레가 가해한다.

## 형태

황갈색인 혹벌 성충은 크기가 3~4mm이고, 암컷은 머리가 가슴보다 폭이 좁다. 배는 납작하고 암갈색을 띤다. 날개에는 투명하고 연한 털이 있고 날개맥은 갈색이며 여러 개의 회색 반점이 불규칙하게 나 있다. 다리는 갈색이거나 어두운색이며, 산란관은 갈색이다. 혹 속에 있는 유충은 다리가 없으며 우윳빛을 띤다.

## 생태

1년에 1회 발생한다. 알 상태로 겨울나기를 하며, 7월 하순~8월 상순에 부화한 애벌레는 나무줄기에 단기간에 벌레혹을 만든다. 다 자란 애벌레는 9월 하순경에 벌레혹 속에서 번데기가 되어 10월 상순경에 우화한다. 우화하여 탈출한 성충은 12월에서 이듬해 1월에 겨울눈 부근에 알을 낳는다. 암컷은 처녀생식에 의하여 알을 낳는다. 새로운 가지가 자라기 시작해도 알은 식물조직 안에 그대로 있다가 부화하여 눈이 자라기 시작하면 애벌레는 다른 곳으로 이동하게 된다. 알 기간은 약7개월이며 여름이 되면 부화한다.

## 방제

대량으로 발생한 때에는 10~11월경 벌레혹을 제거하여 다음 해의 발생 요인을 제거한다.

**A** 줄기에 형성된 새로운 벌레혹
**B** 벌레혹 안에서 자라는 애벌레와 번데기 모습
**C** 봄에 만들어진 벌레혹
**D** 벌레혹에서 성충이 탈출한 전년도의 벌레혹
**E** 여름에 성장한 벌레혹의 생김새

A
B
C
D
E

# 9 참나무순혹벌(갈떡혹벌)

*Neuroterus nawai* Ashmead

Nawa gall wasp

참나무순혹벌(Nawa gall wasp)은 한국, 일본에 분포하고, 기주식물에는 갈참나무, 떡갈나무, 신갈나무, 졸참나무 같은 참나무류가 있다.

## 피해

4~5월경 참나무류의 새 가지 끝부분에 벌레혹을 만든다. 벌레혹의 성장이 계속되면 갈색으로 색이 변하여 미관이 나쁘다. 벌레혹은 크기가 20~30mm가량 되고 둥근 모양이다. 이 혹으로 말미암아 생육이 불량해진다.

## 형태

성충벌은 몸길이가 2~3mm쯤 되며 몸통은 검은색이다. 혹 안에 있는 애벌레는 유백색이며 다리가 없고 번데기 모양과 비슷하다.

## 생태

1년에 2회 발생한다. 벌레혹은 4월 중하순에 생기고 혹의 생장이 매우 빠르다. 기주식물의 잎보다 조금 늦게 성장을 시작하고 약 20여 일이면 최대로 된다. 벌레혹 내에서 번데기가 되고 5월 하순~6월 중순경 우화하여 혹에서 탈출한다. 성충은 교미 후 참나무류의 뿌리에 알을 낳는다. 애벌레가 뿌리에 기생하여 직경 5~6mm의 벌레혹을 만드는데 색깔은 갈색을 띤다. 뿌리에 생긴 벌레 내에서 겨울을 난 개체가 4월 상중순에 날개 없는 태생의 성충이 되어 새로운 가지로 이동한다. 산란한 뒤 수주 또는 수개월이 경과하면서 벌레혹 형성이 시작되며 부화한 흰색 애벌레가 변형된 공간에서 섭식을 시작한다.

## 방제

많이 발생하지 않으므로 방제 대책이 꼭 필요한 것은 아니다. 때때로 벌레혹이 많은 경우에는 5월 중순까지 벌레혹을 제거하여 태우거나 땅에 묻어 우화 성충의 밀도를 줄이는 것이 손쉬운 방법이다.

A 가지에 생긴 황색 벌레혹
B 오래된 벌레혹(갈색)
C 새로 생겨난 벌레혹의 크기(단위 mm)
D 새로 난 가지 끝에 만들어진 벌레혹

## 10 검은배네줄면충

*Tetraneura nigriabdominalis* (Sasaki)
Ribes root aphid

검은배네줄면충(Ribes root aphid)은 한국과 일본에 분포하며 기주로는 느릅나무와 참느릅나무가 있다.

### 피해

이른 봄(4월 상순)에 부화한 어린 약충이 잎 뒷면에 기생하면 흡즙한 자극으로 기생 부위가 벌레혹처럼 된다. 대개 벌레혹은 붉은색이 되며, 시간이 지나면 갈색으로 변하고 잎이 마른다. 벌레혹은 보통 잎당 1~5개가 만들어지며 날개 있는 태생 암컷이 이주한 후에 갈색 미라(mummy) 모양으로 잎이 변한다.

### 형태

느릅나무에 기생한 간모 약충은 부화 당시 광택 있는 검은색을 띤다. 2령기 이후에는 연갈색으로 변하면서 몸에 흰 가루가 덮인다. 날개 있는 태생 암컷은 연갈색이며 더듬이와 가슴은 검은색이다. 몸 크기는 2~2.3mm이며 머리 윗쪽에는 24~28개의 센털이 나 있다. 벌레혹은 큰 것의 길이가 8mm에 이르고, 밑 기부는 약 2mm인 둥근 통 모양이다.

### 생태

느릅나무 껍질 사이에서 알로 겨울을 난다. 4월 상중순에 부화한 약충이 새잎이 펼쳐지기에 앞서 잎 뒷면에서 즙을 빨아 피해를 준다. 벌레혹은 기생당한 지 15~20일이면 성장이 끝난다. 한 마리의 암컷 성충이 10~20마리의 약충을 낳는데, 이 약충들이 자라서 날개 있는 태생 암컷이 된다. 5월 중하순경 벌레혹 위의 탈출 구멍을 통해 밖으로 날아가 중간 숙주인 벼과 식물로 이동한다. 이들은 뿌리 부분에서 날개 없는 태생 암컷을 생산해 세대가 반복된다. 7월 하순~8월 상순에 날개 있는 태생 암컷이 출현하고 벼의 뿌리로 옮겨간다. 9월 하순부터 날개 있는 태생 암컷이 나타나 주 기주인 느릅나무로 돌아 가 양성 암컷과 수컷을 낳는다. 암컷은 교미 후 나무껍질의 갈라진 틈에 알을 한 개 낳는다.

### 방제

발생 밀도가 낮으면 방제하지 않아도 된다. 미관상 좋지 않다고 생각하면 4월 상순 새싹이 돋을 때 모노포액제(24%), 아시트수화제(50%), 이미다클로프리드수화제(10%) 등을 살포한다.

**A** 기생당한 느릅나무의 잎
**B** 잎에 만들어진 벌레혹
**C** 벌레혹 안에 있는 약충
**D** 벌레혹 안에서 자라는 약충들
**E** 약충을 덮는 흰색 밀랍과 탈피각

A
B
C
D
E

# 11 외줄면충(느티나무외줄면충, 느티나무외줄진딧물)

*Paracolopha morrisoni* (Baker)

외줄면충은 느티나무외줄면충 또는 느티나무외줄진딧물이라고도 불리며 한국, 일본이 원산지이나 최근 북아메리카 지역에도 발생하고 있다. 기주식물에는 느티나무와 대나무류가 있다.

## 피해

간모가 어린잎 뒷면에서 즙을 빠는데 피해 부위 반대 방향(잎 앞면)으로 표주박 모양의 혹이 마치 잎에 열매가 달린 모양으로 많은 양이 생긴다. 많이 발생할 경우 나무 전체에 수없이 많은 혹이 생기는데, 피해 입은 나무가 죽는 경우가 없으므로 미관상 문제가 없다면 특별히 방제할 필요는 없다.

## 형태

피해 입은 혹을 열어 보면 뿔관이 없는 연녹색의 많은 약충들이 흰색의 가루를 뒤집어쓰고 있는 것을 볼 수 있으며, 시간이 지나면 모두 검은색의 날개 있는 태생 면충들이 나타나 구멍을 뚫고 탈출할 준비를 한다.

## 생태

알로 느티나무의 나무껍질 틈에서 겨울을 보낸다. 이듬해 4월 중순경 깨어난 간모가 잎에 혹을 만들고 그 속에서 많은 수의 날개 있는 태생 암컷 성충을 만드는데, 약 20일이 경과하면 다 자란 날개 있는 태생 암컷이 혹의 구멍을 뚫고 탈출하여 여름 2차 기주인 대나무류의 뿌리 부위로 이동해 여름을 나며, 가을철이 다가오면 다시 느티나무로 이동하고 암컷과 수컷이 교미하여 수많은 알을 낳는다.

## 방제

혹을 만들면 그 속에 있는 면충들이 약제에 노출되지 않으므로, 상습 발생 지역에서는 월동한 약충이 이동하는 초기에 이미다클로프리드 액상수화제(8%) 2,000배액 또는 메티다티온유제(40%) 1,000배액을 10일 간격으로 2회 뿌려준다. 혹의 형성이 느티나무를 죽게 하지는 않으므로, 느티나무알락진딧물 등 다른 진딧물이 동시에 발생하거나 미관상으로 문제가 될 때, 그리고 감로 때문에 주변이 지저분할 정도가 될 경우에 방제가 필요하다.

A 잎 표면에 만들어진 벌레혹의 모양
B 외줄면충으로 인한 느티나무 피해 사진
C 벌레혹 안에서 흡즙하는 약충들
D 외줄면충의 벌레혹 모양(확대)
E 벌레혹의 생성 초기의 형태

(사진: A-E, 이승환)

A
B
C
D
E

# 12 구기자혹응애

*Aceria kuko* kishida

Lycium leaf blister mite

구기자혹응애(Lycium leaf blister mite)는 한국, 일본, 미국, 중국, 타이완에 분포하며, 구기자나무를 가해한다.

## 피해

구기자나무 잎에 기생하여 직경 2mm 내외의 둥근 벌레혹을 만들고 그 안에서 서식하며 가해한다. 벌레혹이 있는 잎의 표면은 볼록하게 융기하여 중심부는 움푹 들어가 배꼽 모양을 하고 있다. 벌레혹의 개구는 잎의 뒷면에 많다. 많이 발생하면 꽃이 떨어지고 열매도 일찍 떨어진다. 대발생했을 때는 생산량이 34% 정도 떨어지게 된다. 피해 입은 나무는 가지가 짧아지고 가해한 잎 색깔이 변하며 모양이 불규칙하게 된다.

## 형태

암컷 성충의 몸길이는 0.17~0.18mm이고 폭은 0.065mm이며 방추형에 가깝고, 색깔은 노란색을 띤다. 겨울을 나는 암컷은 몸길이가 0.15~0.16mm이고 몸 폭은 0.074mm이며, 방추형에 연한 황색을 띤다. 수컷은 길이가 0.175mm이고 폭은 0.054mm 정도이다. 몸 뒤쪽의 환절수는 등쪽에서 64~70개, 배쪽에서 63~69개이다. 알은 둥근형이고 직경이 약 0.05mm이고 반투명하며 우윳빛을 띠고 표면에는 울퉁불퉁한 무늬를 갖고 있다. 어린 응애는 반투명하며 몸길이는 0.10~0.13mm이다. 다리는 두 쌍이고 등과 배쪽은 완전히 분리되어 있지 않다. 색은 우윳빛이며 다소 노란색을 띠는 것도 있다.

## 생태

원래 응애는 자유생활을 하지만 구기자에 큰 피해를 주고 있다. 보통 1~2년생 가지의 갈라진 틈 속 또는 눈의 인편 밑에서 암컷이 겨울을 보낸다. 중국에서는 야외에서 1년에 13회 발생하기도 한다. 암컷 응애는 평균 7~10개의 알을 낳고, 여름에 1세대에 소요되는 기간은 7~11일 사이이며 평균 9.5일이 소요된다. 전파 방법은 바람, 비, 흐르는 물, 곤충, 사람, 가축과 나무의 이동에 의해 일어난다. 6~7월경에 피해가 많이 일어나고 8월이 되면 겨울을 보내는 암컷 성충이 나타난다.

## 방제

새잎이 나오기 시작했을 때 피리다(유제) 약제를 20mℓ/물 20ℓ를 10일 간격으로 약액이 충분히 묻도록 뿌려준다.

A 구기자혹응애의 피해
B 잎 뒷면에 만들어진 벌레혹
C 잎 표면에 형성된 벌레혹
D 잎 뒷면에서 본 벌레혹
E 잎 표면에 만들어진 벌레혹
F 벌레혹을 자른 모양과 안에 있는 응애
G 벌레혹 뒷면의 모양
H 응애가 기생한 잎들(앞면)
I 구기자혹응애의 현미경 관찰

(사진: F, G, 정윤미; I, 이종호)

A
B
1 mm
C
1 mm
D
E
0.1 mm
F
0.1 mm
G
H
20㎛
LM
I

## 13 버드나무혹응애

*Aculus niphocladae* (Keifer)
Salix rust mite

버드나무혹응애(Salix rust mite)는 한국, 일본, 인도에 분포하며, 기주식물에는 능수버들, 수양버들, 선버들 등이 있다.

### 피해

아주 작은 혹을 만드는 응애가 잎에서 즙액을 빨아 먹는다. 응애의 기생으로 잎의 표면에 염주 모양의 벌레혹이 생긴다. 처음에는 황록색이지만 시간이 지나면 붉은색으로 변한다. 잎 표면에 좁쌀만 한 크기의 벌레혹 때문에 발생 밀도가 높으면 일찍 낙엽이 지기도 한다. 벌레혹의 색, 모양, 크기가 다양하다.

### 형태

암컷 응애는 연한 황색이고 몸통이 배쪽으로 구부정한 굼벵이 모양이다. 몸길이는 200~270μm, 폭은 72~80μm이다. 입틀과 머리가 포함되어 있는 전구부는 아래로 굽은 모양이고 길이가 26~33μm 안팎이다. 수컷은 암컷보다 몸이 작아 길이가 156μm, 폭은 53μm이다. 응애는 발육하는 동안 대개 연노란색이다.

### 생태

새잎이 자라기 시작하면 겨울을 보낸 암컷 응애가 돋아난 잎으로 이동한다. 봄에 벌레혹이 만들어지고 연중 세대가 반복된다. 응애의 흡즙으로 잎 조직이 이상 비대 현상을 일으켜 자그마한 혹으로 변형되면서 응애는 안전한 혹 안에서 발육이 이어진다. 응애는 벌레혹 안에 머물다가 가을이 되어 혹이 단단해지면 가지의 새순이나 나무껍질 틈으로 옮겨간다. 제2 암컷 성충은 옆눈에서 겨울을 보낸다. 혹응애는 이듬해 자라나는 겨울눈의 잎과 잎 사이에서 겨울잠을 자는 예가 많다. 각 발육 상태별로 자세하게 생활사가 밝혀진 것이 없다.

### 방제

봄이 되어 잎 표면에 벌레혹이 대량으로 발생할 조짐이 나타나면 응애 약을 살포한다. 발생이 미미한 수준이면 피해 입은 잎을 따서 없앤다. 벌레혹이 만들어지는 봄에 디코폴유제(42%)나 아미트유제(20%) 500~1,000배액을 10일 간격으로 2~3회 뿌려준다.

**A** 벌레혹이 만들어진 잎 표면(광릉)
**B** 봄철 새잎에 만들어진 벌레혹(경기 오산)
**C** 잎 표면에 만들어진 벌레혹
**D** 벌레혹의 모습(월악산)
**E** 버드나무혹응애의 옆모습(현미경 관찰)
**F** 잎 뒷면에서 본 벌레혹(오래된 것)
**G** 잎 뒷면에 만들어진 벌레혹(새로 만든 것)
(사진: E, 이종호)

A
B
C
D
E
F
G

# 14 붉나무혹응애

*Aculops chinonei* Huang

Rhus eriophyiid mite

붉나무혹응애(Rhus eriophyiid mite)는 한국과 일본에 분포하며 붉나무를 기주로 삼는다.

## 피해

혹응애가 기생하면 잎 표면과 뒷면이 사마귀 혹과 같이 변형이 생긴다. 많은 잎에 불규칙한 붉은색 벌레혹이 여기저기 흩어져 발생한다. 지역에 상관없이 우리나라 전국에서 발생하고 있다. 성충의 발생 밀도가 높으면 잎은 기형이 되고 말라 죽게 된다. 봄에는 녹색을 유지하지만 여름이 지나면 벌레의 돌출 부위가 붉게 나타난다. 정상적인 잎과 비교하면 흉한 모습을 보여 미관을 해치게 된다.

## 형태

대개 성충 응애는 감긴 모양이며 갈색이고 가느다랗다. 특히 암컷은 굼벵이 모양이고 오렌지색을 띠고 있다. 앞주둥이 부분은 길이가 24μm이며 앞 방향으로 돌출하였고 아래로 향해 있다. 앞가슴등판은 세모꼴과 비슷한 모양을 하고 있으며 길이가 33~35μm, 폭은 45μm 정도이며 작고 뾰족한 형태의 앞조각을 지니고 있다. 몸길이는 암컷이 210~280μm, 수컷은 약 220μm이고, 폭은 52μm 정도이다.

## 생태

응애의 발육태별 생태와 기주식물에 대한 보고는 있지만 혹응애의 계절 발생에 관한 것은 알려지지 않았다. 매년 발생하고 있고 해마다 발생하는 지역이 늘어나는 경향이다. 낙엽된 벌레혹 안에서 성충으로 겨울을 보내는 것으로 추측된다.

## 방제

약제방제가 필요한 경우는 드물다. 밀도가 높아지면 약제방제를 시행할 수도 있다. 봄철 벌레혹이 커질 때 디코폴유제(42%)나 아미트유제(20%)를 뿌려준다.

A 응애가 기생하여 만들어진 벌레혹
B 붉나무혹응애의 피해(뒷면)
C 잎에 사마귀처럼 만들어진 벌레혹
D 잎 뒷면에 만들어진 초기의 벌레혹
E 잎 뒷면에서 본 벌레혹
F 벌레혹의 내부 형태
G 혹응애 성충의 옆모습(현미경 관찰)

(사진: G, 이종호)

A
B
C
D
E
1 mm
F
1 mm
G
20 μm

# 15 소나무혹응애

*Trisetacus* sp.
Pine rosette gall mite

소나무혹응애(Pine rosette gall mite, stunted needle mite)는 한국, 미국, 일본에 분포하며, 기주로는 소나무, 구주소나무, vasey's sand pine, slash pine, cedar pine, sugar pine, western white pine, franco douglas fir 등이 알려져 있다.

## 피해

소나무혹응애가 기생하면 새순이 뭉쳐서 나거나 부정아가 덩어리 형태로 변하고 잎이 짧아지는 현상이 일어난다. 소나무속 계통 소나무 7종에 발생한다(Keifer, 1982). 가지 끝 새순이나 잎이 나는 신초 부위에 기생하면 정상적인 잎 자람이 불가능하다. 발생량이 많으면 목재의 경제성이 떨어진다. 어린 묘목에 발생하면 기형이나 왜소하게 되어 자라지 못한다. 많이 발생한 나무는 영양분의 소실로 인하여 쇠약해지고, 잎의 색깔이 변한다. 발병 후 방치하면 1~2년 안에 말라 죽는다.

## 형태

등판에 3개의 센털이 있고 앞으로 기울어져 있다. 몸길이는 280~410μm 정도이다. 공격 습성이 다양하고 종 단위 분류가 쉽지 않다. 외국 기록은 *Trisetacus alborum Keifer, T. campnodus Keifer & Saunders, T. floridanus Keifer, T. gemmavitians Styer, Nielson & Balderston, T. pseudotsugae Keifer* 등으로 정리되어 있다.

## 생태

봄철 새순이 자라는 시기에 피해가 나타난다. 부정아가 분화하여 무더기로 순이 자라나는 것이 특징이며 잎은 짧아진다. 때로는 덩어리 모양으로 크게 발달하게 된다. 어느 때는 기형으로 성장한 순이 나무 전체의 가지 모양으로 보일 때가 있다. 보통은 몇 개의 가지 끝부분에 정상적으로 솔잎이 전개되지 못한다. 발생되는 부위는 한 나무에서 보면 영양분이 많다고 생각되는 남쪽 부위에 많이 발현된다. 그런데 이런 발병 현상이 응애에 의한 것이 아니라 비전염성병이 원인이라는 보고가 있으며, 원인이 바이러스, 혹응애 또는 유전에 의한 것인지 확실한 규명이 필요하다는 주장도 있다.

## 방제

우리나라에서 발생 생태가 알려져 있지 않으나 발생량이 늘어날 것으로 예상된다. 특히 전국에서 도시화가 진행되어 소나무류의 이식이 흔해지면 응애의 전파가 많아질 것으로 예상된다. 피해 입은 가지는 잘라내야 한다.

A 소나무의 새순이 부정아로 변한 모습
B 잎이 짧고 부정아가 많은 기생당한 새순
C 성충의 형태적 특징
D 혹응애의 가해로 새순 가지가 변한 모습
E 혹응애의 가해로 새순이 로셋 형으로 변한 모습
(사진: A, B, 박지두; C-E, Keifer 등)

A
B
C
D
E

# 16 회양목혹응애

*Eriophyes buxi* (Canestrini)
Eriophyoid mite

회양목혹응애(Eriophyoid mite)는 한국, 이탈리아, 헝가리에 분포하며 회양목에 피해를 준다.

## 피해

혹응애가 회양목의 잎눈 속에 잠입하여 꽃봉오리와 같은 벌레혹을 형성하므로 나무의 생장과 수형 유지에 지장을 준다. 3월 중순경이 되면 월동한 벌레혹은 변색되며, 새로 생긴 벌레혹은 4월 하순부터 변색되기 시작하고, 5월 하순에는 벌레혹이 완전히 고사되어 흑갈색으로 변하면서 혹응애의 피해도 중지된다. 대발생하면 나무 전체가 벌레혹으로 덮이게 되는데 마치 씨앗이 열리는 열매처럼 보인다. 정상적으로 꽃을 피운 부분에는 단단한 씨가 건강하게 익어가지만, 벌레혹은 녹색이 아닌 갈색으로 변색되고 미관을 나쁘게 만든다. 정상으로 자란 열매와 쉽게 구별할 수 있다.

## 형태

암컷 성충은 가늘고 긴 지렁이 모양이고 몸길이는 0.17~0.25mm이고 폭은 0.05~0.055mm이다. 수컷의 몸길이는 0.21~0.25mm이다. 몸통은 원통형이며 개각은 짧고 넓다. 두구는 매우 짧으며 다리의 제4절은 제5절보다 짧다. 배에는 약 95개의 가는 고리마디가 있는데 매끄럽고 편평하며, 제1배마디 센털과 부드러운 센털은 다소 길고, 제2배마디 센털은 짧고 거의 보이지 않는다. 생식기의 센털은 약간 길다.

## 생태

9월 상순부터 출현하여 회양목의 눈속에 잠입한다. 월동 후 혹응애는 3월 상순경부터 새로운 눈속으로 잠입하여 벌레혹을 만든 후 2~3세대를 경과한다. 10월부터는 대부분 벌레혹 안에서 성충으로 월동하는데, 알, 약충으로 월동하는 것도 있다.

## 방제

발생 초기인 9월 상순에 디메토유제 500배액을 10일 간격으로 2~3회 살포한다. 피해를 받은 눈(벌레혹)을 발견하는 대로 채취하여 소각한다. 따낸 벌레혹을 태우거나 땅에 묻지 않고 버리면 혹응애가 탈출하여 되살아난다.

A 화양목에 만들어진 벌레혹
B 잎자루와 줄기 사이에 벌레혹이 열매처럼 만들어진 모습
C 벌레혹을 확대한 형태(비늘 같은 잎으로 만들어짐)
D 벌레혹 안에 살고 있는 응애의 각태별 발육 상태
E 벌레혹을 길게 잘라낸 내부 형태
F 혹 안에서 약충과 성충이 무리 지은 모습
G 회양목혹응애 성충(현미경 관찰)

(사진: G, 이종호)

A
B
C
D
E
F
G
LM
20㎛

# 17 사사키잎혹진딧물

*Tuberocephalus sasakii* (Matsumura)
Sasaki cherry aphid

사사키잎혹진딧물(Sasaki cherry aphid)은 한국과 일본에 분포하며 겹벚나무, 산벚나무, 수양벚나무, 앵두나무, 왕벚나무 등의 벚나무류 정원수에 피해를 준다. 뺑쑥과 쑥을 중간기주로 삼는다.

## 피해

벚나무 새눈에 기생하는 진딧물로 잎 표면의 잎맥을 따라서 주머니 모양의 벌레혹을 형성한다. 벌레혹의 길이는 약 20mm이며, 폭은 8mm 정도로 크다. 형성 초기의 벌레혹은 황백색이나 성숙하면서 황록색, 홍색으로 색깔이 변하기 때문에 발견하기 쉽다.

## 형태

날개 없는 태생은 몸길이가 약 1.6mm이며, 전체적으로 담황색을 띤다. 날개 있는 태생은 날개가 없는 것과 비슷하나 머리, 가슴, 다리는 검은색이다.

## 생태

벚나무 가지에서 알로 겨울을 나며 4월 상순에 부화하여 새눈 부근에 기생한다. 기생당한 잎은 즙을 빨아들인 자극에 의해 기생 부위가 몸쪽으로 오목하게 들어가며 잎 표면이 주머니 모양인 벌레혹을 형성한다. 벌레혹은 약 20일간 비대하게 성장하며 뒷면에 열린 입구가 있다. 벌레혹 내에 정착한 날개 없는 태생이 낳은 약충은 약 일주일 후 성장을 끝내고 날개 없는 태생이 되며, 계속해서 약충을 낳기 때문에 단기간 내에 벌레혹에는 황색의 약충, 성충과 백색의 벗은 허물로 가득 차게 된다. 5월 하순~6월 중순에 날개 있는 태생이 출현하여 중간기주인 쑥으로 이동한다. 쑥 잎 뒷면에서 여름 기간을 나며 10월 하순경 날개 있는 태생 암컷과 날개 있는 태생 수컷이 출현한다.

## 방제

진딧물의 발생수가 적을 때는 기생 부위를 제거한다. 발생수가 많을 때는 잎에 벌레혹이 형성되어 미관을 해치므로 기주식물의 잎이 새롭게 돋아나는 4월 상순에 약제로 방제한다. 이미다클로프리드 액상수화제(8%) 2,000배액 또는 메티다티온유제(40%) 1,000배액을 10일 간격으로 1~2회 살포한다.

A 진딧물이 기생하여 잎이 변한 모습
B 벌레혹의 형태
C 벚나무 잎에 형성된 벌레혹의 모양
D 벌레혹이 만들어진 중기 상태의 피해상
E 유시형 성충의 현미경 사진
F 벌레혹 안의 약충 무리
G 벌레혹 안에 있는 약충과 성충

(사진: E, 이승환)

# V. 종실·구과 해충

도토리거위벌레

# 1 도토리거위벌레

*Mechoris ursulus* (Roelofs)
Oak nut weevil

도토리거위벌레(Oak nut weevil)는 한국, 일본, 중국, 보르네오, 자바섬, 네팔, 러시아에 분포하며 원산지는 중국의 화난 지방이다. 기주식물인 상수리나무, 신갈나무, 참나무의 종자가 되는 과실에 피해를 준다.

## 피해

참나무속 나무의 어린 가지 중에서 도토리 열매가 붙어 있는 가지를 7~8월경에 잘라내 땅에 떨어뜨린다. 이런 도토리거위벌레의 행동으로 잘려나간 가지들은 식물의 생장에 장애가 되고 잘려진 가지들 때문에 경관이 나빠진다. 유사한 종으로 도토리바구미가 있는데, 도토리 열매에 알을 낳긴 하지만 가지를 잘라내지는 않는다.

## 형태

성충은 몸길이가 약 9mm며 검거나 어두운 갈색이고 광택이 난다. 날개에 회황색인 짧은 털이 촘촘히 나 있다. 주둥이 길이는 날개 길이와 비슷하다. 더듬이는 11마디이며 앞 끝 3마디부터 팽대되어 있다. 알은 긴 타원형이며 긴지름은 1.3mm, 짧은지름은 0.1mm이고, 우윳빛이나 부화기가 가까워지면 노란색으로 변한다. 유충의 몸길이는 7~11mm이며 우윳빛이다. 번데기는 우윳빛을 띠고 꼬리에는 한 쌍의 갈색 가시털이 있다.

## 생태

1년에 1회 발생하며 다 자란 애벌레로 땅속에 만든 흙집 안에서 겨울을 난다. 7월 초~9월 하순경까지 암·수컷이 짝짓기를 하고 나면 암컷이 어린 도토리 열매에 주둥이를 사용하여 씨껍질을 뚫고 산란관이 들어갈 수 있게 구멍을 낸다. 이 구멍 속에 한 개씩 알을 낳고 입으로 가지를 잘라 땅에 떨어지게 한다. 4령충이 되면 도토리 열매에 탈출 구멍을 만들어 탈출하는데 대개는 7월 하순~10월 하순까지 이어진다. 탈출 후 곧바로 땅속으로 들어간 애벌레는 땅속 7~11mm 깊이에서 다 자란 애벌레로 겨울을 난다. 이듬해 5월 초순~9월 초순 사이에 번데기가 되는데 우화 최성기는 8월 초순경이다. 산란 행위는 도토리 열매의 성장기에 행해지는데 열매가 작고 타닌 농도가 높은 초기와 중기 사이에 알을 많이 낳는다. 열매에 알을 낳고 가지를 자르는 행위는 도토리거위벌레의 자손을 효과적으로 보호하여 생존율을 높이는 본능으로 여겨진다.

## 방제

떨어진 구과는 소각하는 것이 좋다. 성충이 우화하는 최성기(대개 8월 상순경)를 전후하여 10일 간격으로 3회 정도 페니트로치온유제(50%)·수화제(40%) 1,000배액을 수간 살포하는 것이 효과적이다.

A 도토리 열매에 알을 낳는 성충
B 도토리 열매 안 거위벌레 알의 형태
C 도토리 열매의 산란 흔적
D 산란 후 잘라낸 가지들의 절단면
E 알이 산란된 열매
F 땅에 떨어진 피해 가지의 모양

(사진: B, 정윤미)

A
B
C
D
E
F

# 2 밤바구미

*Curculio sikkimensis* (Heller)
Chestnut curculio

밤바구미(Chestnut curculio)는 한국, 일본, 중국, 러시아에 분포하며 밤나무의 밤과 참나무류의 도토리를 가해한다.

## 피해

씨껍질과 과육 사이에 낳은 알에서 부화한 애벌레가 과육을 먹게 되므로 열매가 건강하지 못하다. 배설물을 밖으로 내보내지 않아 수확한 밤을 쪼개보거나 유충이 탈출하기 전까지는 피해를 알아보기 어렵다. 밤나무 품종에 따라 피해에 차이가 있다. 중생종이나 만생종이 조생종보다 피해가 크다.

## 형태

성충의 크기는 6~10mm이며, 주둥이 길이는 5~8mm로 길다. 주둥이의 중간쯤에 더듬이가 있으면 암컷이고, 끝에서 3분의 2 위치에 더듬이가 있는 경우 수컷에 해당한다. 몸은 진한 갈색 바탕에 회황색 비늘털이 빽빽하게 나 있다. 알은 타원형이고 유백색이다. 애벌레의 머리는 갈색, 몸통은 유백색이고 크기가 12mm 안팎이다. 다 자란 애벌레는 황색을 띤다. 다리는 없으며 몸은 배쪽으로 굽어 있다.

## 생태

1년에 1회 발생하나 추운 곳에서는 한 세대를 거치는 데 2년이 걸리는 개체도 있다. 성충은 7~10월에 걸쳐 발생한다. 성충이 어린 밤송이 표면에 주둥이로 구멍을 내고 씨껍질과 과육 사이에 1~2개의 알을 낳으면 밤껍질에 아주 작은 갈색 반점이 생긴다. 부화한 애벌레가 과실 속으로 먹어 들면 배설물조차 밖으로 내보내지 않아 피해과인지 건전과인지 구별할 수 없다. 한 개의 과실에 보통 1~2마리가 들어가지만 4마리가 들어간 예도 있다. 9월 하순 이후부터 피해를 입은 열매에서 탈출한 다 자란 애벌레가 땅속 약 15cm 깊이에서 흙집을 만들어 겨울나기를 한다. 이듬해 7월 중순부터 번데기기간(약 2주일)을 지나 우화 성충이 된다. 성충의 수명은 약 30일이다.

## 방제

9월 상순부터 10일 간격으로 파프유제 1,000배액 또는 나크, 디프수화제 800배액을 1~2회 살포한다. 이류화탄소의 훈증은 25°C에서 1m²당 80mℓ를 투입하여 18~24시간 실시하면 좋다. 훈증제는 독성이 강하므로 안전하게 취급하도록 유의한다.

A 암컷 성충이 알을 낳은 밤송이
B 피해 입은 밤 열매
C 밤바구미 성충의 외부 형태
D 밤송이에서 산란을 준비하는 성충
E 밤송이에 침입한 흔적(갈색)
F 밤을 먹고 자란 애벌레의 생김새
G 밤 속에 들어가 성장한 애벌레

A
B
C
D
E
F
G

## 제3장

# 비전염성병

非傳染性病

이경준
Kyung-Joon LEE

3장

비전염성병

# I. 수목의 피해 요인과 병의 진단법

# 1 수목에 피해를 주는 요인

조경수(造景樹, landscape trees)는 인간의 생활 주변에 식재되기 때문에 숲이나 경작지와 비교하여 상당히 다른 환경에서 자란다. 기후에 맞지 않는 지역에 억지로 심거나 건축공사로 인해 변형된 토양이나 수목 생장에 부적합한 토양에 식재되기도 한다. 농작물처럼 격리된 농토에서 자라지 못하고 인간 활동에 의한 각종 간섭(건축공사에 의한 토양 변경, 대기오염, 기계와 중장비, 염화칼슘 등)을 받으면서 자라며, 도시의 열악한 기상 상태(여름철 고온, 골바람)에 노출되기 쉽다. 그만큼 조경수는 인위적인 환경에서 인간에 의해 잦은 피해를 받으므로, 전염성병이나 해충 피해보다 비전염성병에 더 자주 노출된다. 특히 뿌리를 대량으로 절단하는 수목 이식은 수목의 건강을 해쳐 수형이 훼손되고, 병해충에 대한 저항성을 낮추기도 한다.

수목에 피해(被害, damage)를 일으키는 요인은 전염성병, 비전염성병, 해충의 세 분야로 분류된다. 표 3-1에 열거한 생물적 요인 중에서 병균과 기생식물에 의한 병을 전염성병(傳染性病, infectious diseases)이라고 부르며 이 책의 제1장에서 다루고, 해충은 제2장에서 다루고 있다. 제3장에서는 위의 전염성병과 해충을 제외한 나머지 요인에 의한 모든 병, 즉 비전염성병에 대하여 기술하고자 한다.

비전염성병은 기상과 토양에 관련된 환경적 요인과 인간, 동물, 식물과 관련된 생물적 요인에 의해서 발생한다. 이러한 요인들은 수목의 건강을 해쳐서 비정상적인 상태로 만든다. 수목이 건강하지 못하고 정상적인 생장을 할 수 없을 때 병(病, disease)이라는 명칭을 쓴다. 비전염성병(非傳染性病, non-infectious diseases)은 생리적 피해(生理的 被害, physiological damages), 무생물적 장해(無生物的 障害, abiotic disorders), 비생물적 피해(非生物的 被害, non-biotic damages), 비기생성병(非寄生性病, non-parasitic diseases)이라고도 다양하게 부르지만, 예외 없이 전염되지 않는 병이므로, 비전염성병이라는 명칭이 가장 타당하다고 판단된다.

표 3-1 수목에 피해를 일으키는 요인의 분류. 이 중에서 비전염성병은 생물적 요인에 의한 피해 중에서 병균, 해충, 기생식물을 제외한 나머지 모든 요인에 의한 병을 의미한다.

| 요인 | 내용 |
|---|---|
| 기상적 요인 | 고온(엽소, 피소, 열해), 저온(냉해, 동해, 만상, 조상, 상주, 상열, 동계피소, 동계건조), 가뭄(한발, 지구온난화, 동계건조), 바람(풍해), 조풍과 해일(염해), 폭설(설해), 우박, 홍수, 낙뢰, 화산폭발, 일조량 부족 |
| 토양적 요인 | 건조, 과습, 침수, 양분결핍, 극단적인 산도, 중금속, 염분 |
| 인위적 요인 | 답압, 심식, 도로포장, 복토, 석축, 절토, 정지작업, 갇힌 뿌리, 휘감는 뿌리, 농약, 대기오염, 비료, 해빙염, 세척제, 유독가스, 수간주사 후유증, 기계, 장비, 지주대 결박, 철사, 환상박피, 이식목 관리 소홀, 잘못된 전정, 접목불화합성, 인공조명, 불, 햇빛 차단 |
| 생물적 요인 | 병균, 해충, 기생식물, 만경식물, 착생식물, (야생)동물 |

## 2 수목의 건강도(활력도) 측정: 샤이고미터

수목에 병징(病徵)이 일단 나타나면, 건강상태가 나빠진 것을 짐작할 수 있으나, 생리적으로 어느 정도의 스트레스를 받고 있으며, 수목의 건강 혹은 활력(活力, tree vigor)이 어느 정도 악화되어 있는지 조사할 필요가 있다. 또한 회복 가능성이 있는지를 진단하는 것이 필요하여, 의학에서는 이를 예후(豫後, prognosis)라고 부른다.

형성층 주변의 조직(안쪽으로 2차 목부와 바깥쪽으로 2차 사부)은 인간의 혈관과 같아서 수분과 양분을 이동시키는 통도조직(通導組織, vascular tissues)이다. 이 통도조직은 건강할 때(활력이 높을 때) 수액 이동이 활발하여 수분함량이 많으며, 전기를 통하면 전기저항도가 낮다. 반면 스트레스를 받거나 죽어 있으면 수분함량이 낮아져 형성층 전기저항치(CER, Cambial Electrical Resistance)가 높아진다. 이러한 원리를 이용하여 수목의 건강도를 측정하는 기계를 샤이고미터(Shigometer)라고 한다. 건강한 나무는 수치가 낮고(2~15킬로옴), 건강이 악화되거나 서서히 죽어가는 나무는 수치가 높아지며(20~25킬로옴), 죽은 나무는 매우 높다(30킬로옴 이상). 물론 이 숫자는 수종과 계절에 따라서 상당히 차이가 있다. 서서히 죽어가고 있는 나무, 특히 상록침엽수는 초기에 병징이 나타나지 않고 육안으로 식별이 되지 않지만, 샤이고미터는 이를 구별할 수 있다. 특히 수목을 이식한 후에 건강이 회복되기 전까지 수년간 샤이고미터는 나무의 회복 정도를 가늠할 수 있는 유일한 기계이다. 특히 이식한 소나무의 건강상태와 활착 정도를 진단할 수 있다.

샤이고미터를 이용하면 수간에서 형성층의 살아 있는 부분과 죽어 있는 부분을 정확하게 찾아낼 수 있다. 병징이 심하게 나타난 나무와 쇠약한 노거수의 활력을 측정할 수 있으며, 봄에 수액이 이동하는 시기를 찾아내서, 수간주사를 놓을 만한 상태인지를 판단할 수 있다.

샤이고미터는 매우 유용한 기계이지만, 다음

표 3-2 8월에 측정한 조경수의 형성층 전기저항치 비교(단위: 킬로옴). 6~8월 수치가 연중 가장 낮은 시기에 해당함.

| 수종명 | 평균 | 범위 | 수종명 | 평균 | 범위 |
|---|---|---|---|---|---|
| 회화나무 | 3 | 2~6 | 버즘나무 | 9 | 5~15 |
| 메타세쿼이아 | 3 | 3~4 | 단풍나무 | 9 | 7~13 |
| 백송 | 4 | 3~8 | 자작나무 | 9 | 8~10 |
| 은행나무 | 5 | 3~8 | 왕벚나무 | 9 | 7~13 |
| 칠엽수 | 5 | 3~8 | 리기다소나무 | 10 | 5~14 |
| 전나무 | 6 | 5~7 | 향나무 | 10 | 6~14 |
| 상수리나무 | 7 | 6~9 | 측백나무 | 11 | 8~15 |
| 스트로브잣나무 | 7 | 6~8 | 소나무 | 11 | 6~15 |
| 섬잣나무 | 8 | 6~10 | 소나무(쇠약해진 이식목) | 18 | 17~20 |
| 느티나무 | 8 | 6~12 | | | |

과 같은 점을 주의해야 한다. 따라서 상당한 기간 동안 기계에 익숙해지기까지 훈련이 필요하다.

1) 수종별로 수치(전기저항치)가 크게 다르다.

2) 사용 당시 건강한 나무의 수치와 항상 비교해야 한다.

3) 수액 이동이 거의 없는 겨울철에는 사용할 수 없다.

4) 봄철 새순이 충분히 자란 이후부터 가을 단풍이 들기 전까지 사용할 수 있다.

5) 계절별로 수치가 다르며, 봄철에 높고, 한여름에 제일 낮고, 가을에 다시 높아진다.

6) 비가 많이 오면 수피가 젖어 있으므로, 마를 때까지 2일 이상 기다려야 한다.

7) 전극을 형성층에 삽입할 때, 수직 방향을 유지하며, 일정한 힘으로 밀어 넣어 같은 깊이에서 측정해야 한다.

8) 일중 같은 시간에 측정한다.

A 형성층 전기저항치를 근거로 수목의 건강상태를 진단하는 샤이고미터.

B 샤이고미터는 두 개의 전극을 목질부(실제로는 형성층)에 수직 방향으로 꽂아 사용한다.

## 3 병의 진단과 치료

인간의 질병은 오랜 연구와 치료 역사가 있으며, 각종 검사와 첨단장비를 이용해 비교적 정확하게 진단할 수 있다. 반면, 식물의 질병은 연구 역사가 짧고 검사 방법이 제한되어 있어, 수목에 피해를 일으킨 원인을 구명하기가 그렇게 쉽지 않다. 표 3-1에 열거한 여러 가지 요인 중에서 한 가지 혹은 두 가지 이상의 요인이 1회 혹은 반복적으로 영향을 끼쳐서 가시적인 피해가 나타나게 되는데, 각 요인마다 독특한 병징을 보이는 것이 아니라 일반적 병징(예: 잎의 시듦, 황화현상, 반점 등)을 보이기 때문이다.

이와 같은 현상은 인간의 경우 몸에 이상이 있을 때 신열이 나기도 하는데, 신열이 있는 것만으로 원인을 찾을 수 없는 것과 같다. 수목도 마찬가지이지만, 수목이 피해를 받은 상태, 시기, 주위 환경을 참고로 하면 진단에 큰 도움이 된다. 실제로 이러한 자료 없이는 원인을 정확하게 진단할 수 없다. 정확한 원인을 구명하지 못한 상태에서 살균제, 살충제, 혹은 영양주사 등의 처방을 내린다면 결코 그 나무를 치료할 수 없다. 특히 피해를 받은 나무의 건강상태가 빠른 속도로 나빠지고 있을 때에는 정확한 진단에 의해서 조속히 처방함으로써 나무를 회복시킬 수 있으나, 때를 놓치면 늦는 경우가 자주 있다.

의학에서는 질병 감염 시 어떠한 과정을 거쳐 어떤 결과로 귀결되는지를 예측하는 것을 예후(prognosis)라고 한다. 즉 병이 발생한 후, 혹은 치료가 끝난 후 나무의 건강이 회복될 수 있는가를 미리 판단하는 것을 의미한다. 인간의 질병은 건강한 사람일수록 빨리 회복할 수 있듯이, 수목의 예후는 대부분 뿌리 건강에 따라서 결정된다. 수목은 뿌리가 건강하고 체내에 에너지(탄수화물을 의미함)를 충분히 저장하고 있을 때에는 잎이 일시적으로 심하게 피해를 받았더라도 새잎이 나오면서 회복이 되는 경우가 대부분이다.

잎이 피해를 받았을 때 나무가 회복하는 정도는 맹아력이 좋은 활엽수가 침엽수보다 양호한 편이다. 그러나 더 중요한 것은 활엽수와 침엽수 모두 뿌리가 전혀 피해를 받지 않은 상태일 경우에 나무가 회복할 가능성이 크다는 사실이다. 예를 들면 소나무의 경우 솔잎혹파리 피해로 잎이 거의 다 갈변하더라도 토양을 건드리지 않아 뿌리가 건강한 경우에는 엽면시비 혹은 수간주사로 건강 회복이 가능하지만, 복토로 뿌리가 고사하면서 잎이 갈변한 상태에서는 잎이 되살아나지 않는다.

병의 치료는 병의 원인을 먼저 정확하게 진단한 후 이를 극복하는 방법을 처방함으로써 가능해진다. 따라서 병 진단의 첫 단계는 전염성병과 비전염성병 중에서 어느 한쪽인가 혹은 양쪽 모두인가를 우선 구별하는 것이다. 전염성병의 진단과 치료는 주로 병원균에 관한 과학적인 지식(병리학)을 바탕으로 하며, 비전염성병은 주로 기상, 토양, 그리고 수목 생리에 관한 지식을 바탕으로 수행한다.

정확한 진단은 건강한 수목의 기본적인 특성을 먼저 이해해야 가능하다. 건강하고 정상적으로 자라고 있는 수목의 구조, 생장, 그리고 생리에 관한 지식(수목생리학)은 수목이 비정상적인 현상(병징)을 보일 때 이를 해석할 수 있는 능력을 갖게 해준다.

C 소나무(경북 예천 석송령) 솔잎혹파리 피해. 뿌리가 건강하기 때문에 엽면시비와 토양 관주로 회복이 가능하다.

D 소나무 복토 피해. 뿌리가 고사했기 때문에 지상부의 회복이 거의 불가능하다.

(사진: C, D, 강전유·이상길, 2008)

## 4 비전염성병의 진단

비전염성병(非傳染性病, non-infectious diseases)은 주로 불규칙한 기상상태, 생육 환경의 악화, 비정상적인 토양, 다양한 인위적인 요인 등으로 일어나기 때문에 정확한 진단(診斷, diagnosis)을 위해서는 단순한 병징 이외에 다음에 열거한 사항에 대해서 관찰 혹은 질문을 통해서 정보를 더 입수해야 한다. 즉 수종명, 이상 부위, 피해 상황, 주변의 환경, 다른 나무들의 발병 상태, 변화 추이, 기상 이변, 토양의 상태, 관리 역사 등에 대해서 구체적인 정보를 얻어야 한다. 그리고 피해 부위와 관련 조직을 수거하여 실험실에서 세밀하게 관찰하여 참고자료로 삼는다. 또한 수목의 구조와 기본 생리에 대한 지식을 바탕으로 원인과 결과에 대한 해석, 최근 기상, 토양, 대기에 대한 정보, 지상부와 지하부의 상호관계를 분석한다. 이러한 분석 자료는 중요한 단서(clue)가 되며, 얻어진 모든 정보에 가장 합당한 결론, 즉 피해의 원인을 최종적으로 결론짓게 된다.

비전염성병을 찾아내기 위해서는 피해 증상과 피해 발생 상황을 고려하여 우선적으로 전염성병이나 해충에 의한 피해의 가능성을 먼저 판단해야 한다. 그림 3-1과 같이 병징(病徵, symptom)과 표징(標徵, sign)을 바탕으로 전염성병을 찾아내고, 해충을 직접 발견하거나 그 흔적과 해충의 밀도로 해충에 의한 피해 가능성을 판단한다. 이때 전염성병이나 곤충에 의한 피해(충해, 蟲害)가 아니라고 판단되면 비로소 비전염성병의 가능성이 커진다.

비전염성병은 대개 비정상적인 환경(기후, 토양)이나 인위적 행위의 결과로 초래되는 경우가 많으므로, 현장 조사 시 반드시 토양을 어느 정도의 깊이(최소 40cm)까지 파서 정상적인 토양 상태와 뿌리의 건강상태를 먼저 확인하고, 주변에 함께 자라는 초본식물과 특히 목본식물을 면밀하게 관찰하여 비정상적인 피해 양상(패턴)을 먼저 점검한다.

표 3-3에 정확한 수목 진단을 위해 현장에서 조사해야 할 항목을 나열하였다. 나무의사의 '조사야장'에 해당하며, 총 58개 항목에 달한다. 이는 현장에서 필요한 모든 정보를 다각적으로 모으는 과정이다. 마치 경찰이 어떤 사건의 현장을 조사할 때 지문, 머리카락 등 모든 가능한 정보를 수집하는 것과 비교할 수 있다.

수목 피해 진단 과정을 요약하면 다음과 같다.

1. 수종명(species name) 구명
2. 병징(symptom) 파악
3. 수목 전체(whole tree) 관찰
4. 수목 생육 장소(site) 점검(생육 환경, 햇빛, 토양, 주변 시설물, 경쟁하고 있는 이웃 나무 등)
5. 피해 양상(damage pattern) 파악(주변 다른 나무, 즉 동종 혹은 이종의 발병 여부)
6. 수목 관리 역사(management history) 수집
7. 실험실 분석 자료 검토(잎, 토양, 수질, 병균 존재)
8. 정보의 종합화와 가능한 모든 원인 나열
9. 최종 진단과 문헌을 통한 원인 확인

E 초기 진단시 토양 조사가 우선이다. 시멘트 같은 엉뚱한 물질이 땅속에 포함된 경우 이를 모르면 피해 진단이 안 된다.

F 인위적 피해의 특징. 뜨거운 아스팔트를 새로 깔 때 열기가 나오면서 일정한 높이의 가로수 잎이 죽게 된다.

(사진: E, F, Costello 등, 2003)

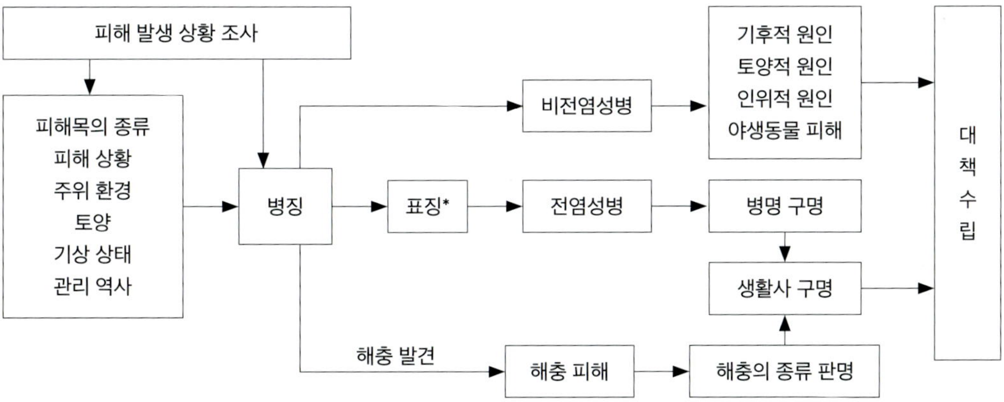


그림 3-1 피해 원인 구명과 수목병의 진단과정 요약(*표징은 곰팡이병일 경우에만 쉽게 나타난다.)

표 3-3 수목 피해 원인을 구명하는 데 필요한 조사항목(총 58개 항목, 나무의사의 '조사야장'에 해당)

| 항목 | 조사항목 |
|---|---|
| 1. 일시와 장소 | 조사 일시:<br>조사자:<br>조사 장소:<br>GPS 좌표: |
| 2. 피해목 | 1) 수종명, 속명 혹은 과명<br>2) 수령(직경과 수고를 기초로 대략 조사한다)<br>3) 크기(수고, 흉고직경, 수관폭, 지하고)<br>4) 접목 여부<br>5) 이식 여부와 이식 연도(5년 이내 이식목일 경우 8번 항목 기재)<br>6) 과거 3년간 가지의 생장량, 현재 잎의 크기 |
| 3. 병징 | 1) 비정상적인 상황 기술 – 부위, 고사 조직 유무, 전반적 상황 기술<br>2) 잎과 눈의 모양, 색깔, 크기 – 시듦, 괴사, 반점, 황화현상, 비틀림, 조기낙엽, 구멍, 잎의 크기(계절별로 잎의 크기가 달라짐을 고려), 눈의 존재, 크기, 건조 상태 등을 기술<br>3) 가지 – 변색 및 고사 여부, 금(균열)이 있는가, 부풀어 오른 곳 유무, 동절기에 겨울눈이 건강한 상태로 붙어 있는가, 곤충의 배설물 부착 여부 |

| 항목 | 조사항목 |
|---|---|
| 3. 병징 | 4) 수관 내 발병 부위 – 수관 전체 혹은 일부, 위쪽 혹은 아래쪽, 균일하게 혹은 불규칙하게 분포<br>5) 수간 – 수직으로 금이 있는가(방위 포함), 공동 여부(크기, 상태), 수피에서 수액이 흘러나오는가, 부풀어 오른 곳 유무, 혹 유무, 버섯 발생 및 종류, 작은 구멍 여부(천공충의 탈출공)와 구멍 주변의 배설물, 기계적 상처 여부(위치와 크기), 지제부 근처 수피의 건강 상태<br>6) 뿌리 – 굵은 뿌리의 색깔과 부패 여부, 세근의 상태(마르거나 검은색으로 괴사 여부), 뿌리에서 근맹아 발생 여부(왕성하게 발생했으면 뿌리가 건전하다는 증거임), 지제부 밑의 뿌리 수피 안쪽 목질부의 색깔, 밑동이 밑으로 내려가면서 삼각형으로 넓어지는 초살도의 정도로 복토 여부 확인 및 복토 깊이(평행으로 되어 있으면 복토의 가능성 있음)<br>7) 발병 시기 – 피해 확산 속도, 발병 초기의 기상 조건 기술<br>8) 이웃 나무의 발병 상황 – 같은 수종의 다른 나무에 발병 여부, 발병 개체 수, 다른 수종의 피해 여부, 피해목이 모여 있는가, 특별한 위치(방위, 경사, 바람 방향)에만 나타나는가(주변의 다른 수종들도 같은 증세를 보인다면 비전염성일 가능성이 큼)<br>9) 곤충이 잎을 가해한 흔적(배설물 포함)이 있는가, 곤충이 잎에 서식 중인가, 잎을 가해한 정도, 곤충의 밀도, 응애 존재 여부와 밀도(반드시 20배 확대경으로 확인)<br>10) 곰팡이에 의한 표징(버섯, 포자퇴 등)이 있는가 |
| 4. 토양 | 1) 경사도<br>2) 토성(모래, 미사, 진흙의 상대적 혼합 비율)<br>3) 답압의 정도, 투수성, 견밀도<br>4) 지표면 상태 – 포장(재료, 두께), 포장재의 공기 유통 여부, 멀칭 여부, 이끼 생장 여부<br>5) 배수 상태 – 큰비가 온 후 5일 이내 배수되는가, 현재 물이 고여 있는가<br>6) 수분 함량 – 겉흙(표토)과 40cm 깊이 흙(심토): 현재 흙이 말라 있는가 혹은 젖어 있는가<br>7) 색깔 – 정상적 색깔인가, 냄새 여부(계란 썩는 냄새가 나면 과습한 토양이거나 가스가 누출 중임)<br>8) 복토, 석축 조성, 절토, 심식 여부<br>9) 토목공사 여부와 실시 시기 – 정지작업(땅고르기는 뿌리에 큰 피해를 줌), 토양 굴착, 상하수도 공사 |
| 5. 기상 | 1) 누적된 강수량 – 지난 1년간 월별 혹은 일별 강수량(인접 지역 기상청 혹은 더 가까운 군청 혹은 면사무소의 과거 기상 자료 참조)<br>2) 최근 강수량(과거 1주일~1개월)<br>3) 지난 여름철 고온 정도(기상 자료 참조)<br>4) 지난 겨울 추위의 정도(예년보다 월등히 최저기온이 더 낮았는지 여부와 지속 기간)<br>5) 최근 한발과 강우 상태(과건과 과습의 가능성)<br>6) 최근 비정상적 기상 상태 – 혹서, 늦서리, 첫서리, 우박, 태풍, 돌풍, 폭설, 낙뢰 |
| 6. 생육 환경 | 1) 방위 – 나침반으로 조사<br>2) 채광 – 나무가 햇빛을 충분히 받고 있는가 혹은 그늘에서 자라는가<br>3) 식재 위치(숲속, 도로변, 정원, 공원, 주차장, 높은 곳, 낮은 곳, 평지 등)<br>4) 식재 간격(독립목, 줄나무, 군식 등)<br>5) 대기오염의 상태(주변 오염 배출 공장 여부와 주풍의 방향과의 위치)<br>6) 주변에 하수도, 천연가스 배관 여부<br>7) 통풍의 정도 – 주풍의 방향, 주변이 장애물로 막혀 있는가<br>8) 주변 시설물 – 냉방기, 통풍구, 분진 발생 시설<br>9) 과거 주변 건축 및 도로공사 여부 – 먼지 발생 여부 |
| 7. 관리 역사 | 1) 식재 연도(이식목의 활착 기간은 5년임)<br>2) 지난 1~2주간 특별한 작업 실시 여부 – 약제 살포, 엽면시비, 수간주사 등<br>3) 지난 1~6개월간 특별한 작업 실시 여부 – 강전정, 토양 굴착, 절토, 시비, 제초제, 염화칼슘 사용 여부<br>4) 지난 1~2년간 특별한 작업 실시 여부 – 전정, 복토, 절토, 포장<br>5) 지난 5년간 특별한 작업 실시 여부 – 수관 밑에 복토(20cm 이상) 여부<br>6) 관수 – 평소 관수 주기, 빈도, 습관(한 번에 많이 주는 정도), 물받이(물집), 물주머니, 점적관수 설치 여부 |

| 항목 | 조사항목 |
|---|---|
| 8. 최근 (5년 이내) 이식목 관리 상태 | 1) 이식 연도와 이식 시기, 이식 시 전정 여부와 전정 강도<br>2) 잎의 건강상태 – 비정상적인 형태, 소나무, 잣나무, 전나무, 가문비나무, 주목, 동백나무 연차별 잎의 부착 여부<br>3) 가지 생장 상태 – 고사 가지 여부, 새순 발생 상태, 과거 5년간 가지의 연간 생장량<br>4) 줄기(수간)의 상태 – 상처, 수간 감싸기 여부(마대, 부직포, 등), 천공성 해충 탈출공 여부와 곤충 배설물<br>5) 수관 – 가지 고사로 수관축소 정도, 수관의 크기, 가지치기 정도, 지하고 높이<br>6) 토양 – 되메우기 상태, 멀칭 여부, 유공관 설치 여부 및 개수, 직경<br>7) 근분의 크기(직경) – 근원경에 대한 비율, 포장 물질의 제거 여부와 지상 노출 여부<br>8) 복토, 심식 여부 – 밑동이 땅속에 묻혀 있는지(초살도로 판정함)<br>9) 세근의 발달 상태 – 훈련목(사전 뿌리돌림, 농장 적응목)과 야생목 구별, 세근의 발생 정도<br>10) 관수 상태 – 물받이(물집) 설치 여부, 관수 주기<br>11) 시비 – 화학비료, 퇴비 사용 여부, 사용량<br>12) 지주대 – 설치 여부(재료, 개수, 크기, 각도)와 설치 연도, 결박 상태 |

## 5 전염성병과 비전염성병의 차이점

피해 원인을 구명하는 과정에서 우선 해결해야 할 것은 전염성병과 비전염성병의 구별이며, 위의 두 가지 병 사이에는 유사한 점이 매우 많지만 다음과 같은 차이점이 있다.

전염성병의 특징을 요약하면 다음과 같다.

1) 동일 종(種, species)이나 동일 속(屬, genus), 혹은 동일 과(科, family)에 속하는 유사한 종류의 수종에서만 제한되어 나타나는 기주선택성 혹은 기주특이성(寄主特異性, host specificity)이 있다. 즉 전염성 병균은 일정한 기주만을 골라서 감염시키기 때문에 전염성병을 판별하는 가장 중요한 기준이 된다. 따라서 어떤 종류의 수종이 병징을 나타내는지 우선적으로 조사해야 한다.

2) 동일 수종 내에서도 개체 간의 건강상태와 내병성에 차이가 있기 때문에 병에 걸린 개체(이병개체, 罹病個體)와 건전한 개체(무병개체)가 함께 존재한다.

3) 병이 점진적(漸進的, progressively)으로 퍼지기 때문에, 이병개체 간에 혹은 한 개체 내에서도 발병 정도(초기 병징과 후기 병징이 동시에 존재함)에 차이가 있으며, 피해 양상이 불규칙하다.

4) 한 지역 내에서도 미세기후(微細氣候, microclimate)가 서로 다르기 때문에, 발병한 개체가 불규칙하게 분포한다. 곰팡이 포자가 발아하기 적합한 미세기후가 조성된 국소 지역에서 병이 먼저 시작된다.

5) 하루이틀 사이에 별안간 나무 전체에 병징이 심하게 나타나는 경우는 거의 없다. 수목은 딱딱한 목부조직으로 되어 있어 연약한 초본류와 다르다. 예외는 양묘장의 입고병(立枯病, 모잘록병)으로 2~3일 사이에 모든 묘목이 죽기도 한다.

6) 곰팡이에 의한 병은 병원체의 일부가 겉으로 드러나는 표징이 잎, 눈, 피목, 가지, 줄기, 뿌리 등에 나타나는 경우(예: 포자, 포자퇴, 버섯)가 있다.

7) 저온에서는 병균이 자라지 않기 때문에 월동하는 동안 상태가 나빠지지 않는다. 즉, 월동하면서 나타나거나, 이른 봄에 나타나는 잎의 갈변은 전염성병이 아니라고 할 수 있다.

이에 반하여 비전염성병은 다음과 같은 특징을 가지며, 위에 기술한 전염성병의 개별적 항목과 서로 대조할 수 있다.

1) 대면적에서 발생하며, 피해 장소에서 함께 자라는 거의 모든 나무(수종에 관계 없이)에서 동시에 나타난다. 즉, 기주특이성이 없다.

2) 여러 가지 다른 수종에서도 비슷한 증상을 보인다.

3) 동일한 그리고 균일한 병징으로 나타나며, 수관 전체에 나타나기도 한다.

4) 살아 있는 조직과 죽은 조직 간의 경계선이 뚜렷하다.

5) 수관과 수간의 방위, 위치, 높이에 따라서 한 나무 내에서도 발병 부위가 독특한 경우가 있다.

6) 어떤 특수한 환경과 특별한 위치(지역)에서만 발병하는 경우가 많다. 특수한 위치란 낮은 곳, 높은 곳, 특수 방위(남향, 남서향), 햇빛에 노출된 곳, 그늘진 곳, 경사가 있는 곳, 주풍이 불어오는 곳, 도로변, 특수 시설(냉방기, 환풍기 등)이 있는 곳, 물이 고이는 곳 등을 의미한다.

7) 대개 병징이 서서히 나타나지만(예: 복토, 심식, 답압), 기상이변(예: 늦서리), 약품처리(예: 농약 살포, 수간주사, 엽면시비), 급성대기오염 등에 의한 피해는 며칠 사이에 급속히 나타나기도 한다. 복토, 심식, 답압은 5~20년 후에 나타나기도 한다.

피해 원인 구명에서 혼동을 주는 것은 잎의 색깔이 변하거나 반점이 생기는 경우이다. 즉 점무늬병, 작은 흡즙성 곤충(예: 응애, 진딧물, 방패벌레, 총채벌레) 피해, 양분 결핍, 대기오염 피해, 그리고 뿌리 장애는 모두 초기에 잎에서 비슷한 병징, 즉 황화현상과 반점으로 나타나기 때문이다. 따라서 피해 발생 상황을 세심히 검토하여 생리적 피해(비전염성병)와 전염성병을 우선적으로 가려내고, 눈에 잘 띄지 않는 응애류의 피해가 있는지를 반드시 확인하지 않으면 피해 원인을 잘 못 찾아낼 가능성이 커진다. 뿌리는 땅속에 있어 보이지 않지만, 뿌리 손상이 먼저 오고 난 후에 지상부에 이상이 나타나므로, 현장 진단 시에는 항상 뿌리를 제일 먼저 조사하고 토양 상태를 점검해야 한다.

수목은 한 장소에 고정되어 자라면서 주위환경의 영향을 많이 받으므로 피해 원인을 진단하기 위하여는 이웃한 나무와 주위 환경을 면밀히 검토해야 한다. 이러한 정보 없이 잎과 가지의 병징만으로 비전염성병을 진단할 수 없다.

응애류의 피해는 활엽수와 침엽수에서 자주 발생하는데, 무수히 많은 아주 작은 흰 반점을 형성하면서 잎의 퇴색이 진행되어 얼핏 보면 영양실조로 오인하기 쉽다. 응애는 워낙 작아서 맨눈으로 보이지 않으므로, 반드시 루페(20배 이상 확대)로 응애의 흔적(알, 난각, 탈피각, 응애 자체)을 확인해야 한다.

A 비전염성병인 영산홍의 엽소 병징. 잎의 가장자리가 먼저 갈변한다.
B 전염성병인 담쟁이덩굴의 점무늬병의 병징. 일정한 크기의 반점이 산재해 있다.
C 비전염성병인 칠엽수의 엽소 병징. 잎의 가장자리가 먼저 갈변한다.
D 전염성병인 칠엽수의 얼룩무늬병의 병징. 불규칙한 크기의 반점 혹은 괴사 조직이 흩어져 있다.

표 3-4 수목의 주요 병징에 따른 피해 원인 요약(Costello 등, 2003에서 발췌 및 보완)

| 피해 부위 | 주요 병징 | 부위 혹은 세부 병징 | 피해 원인 |
|---|---|---|---|
| 잎 | 시듦 (위조) | 잎 전체 | 뿌리 손실: 뿌리썩음병, 물리적 상처, 토양의 통기성 불량(과습, 복토, 답압), 곤충(바구미, 굼벵이) |
| | | | 뿌리에서 줄기로 수분 이동 방해: 수병(줄기마름병, 시듦병, 재선충), 천공충, 수간에 상처, 동물 피해 |
| | | | 수분 부족: 관수 부족, 불투수성 토양(소수성 토양, 답압), 토양의 낮은 보수력(얕은 토심, 모래 토양) |
| | | | 수분 요구도가 높은 환경: 고온, 건조한 공기, 심한 바람, 지구온난화, 동계 이상고온(상록수의 경우) |
| | 괴사 | 잎 가장자리 | 엽소, 토양 독성: 높은 염분 함량, 높은 붕소 함량, 제초제(diuron, atrazine, dalapon, borates) |
| | | | 심한 철 결핍 |
| | | | 전염병(세균) |
| | | 큰 반점 | 수분 부족, 과다한 햇볕(엽소), 고온, 탄저병 |
| | | 주근깨 같은 작은 반점 | 세균성 병, 깍지벌레, 제초제(paraquat, bentazon, oxadiazon, diquat, cyclohexenone 등), 오존 피해 |
| | | 엽맥 사이 조직 | 대기오염, 제초제, 심한 철과 망간 결핍 |
| | | 잎 전체 | 수분 부족, 탄저병, 제초제(weed oil, diquat, paraquat, oxyfluorfen), 서리 피해, 동해, 동계건조, 동계 이상고온 |
| | 황화 | 잎 전체 | 강한 햇빛 노출, 햇빛 부족, 질소 결핍, 뿌리 손상(과습, 복토, 물리적 손상, *Phytophthora* 뿌리썩음병, 뿌리선충), 토양 염분에 의한 가벼운 피해, 수간과 뿌리에 환상의 상처(파고드는 철사, 수간의 피소, 물리적 손상), 가스 유출(토양 내 파이프, 매립지) |
| | | 엽맥 사이 조직 | 미량 원소 부족(철, 망간), 기생성 뿌리병(*Phytophthora*, 선충), 제초제(triazines, atrazine, simazine) |

| 피해 부위 | 주요 병징 | 부위 혹은 세부 병징 | 피해 원인 |
|---|---|---|---|
| 잎 | 황화 | 얼룩 반점, 모자이크 | 아연 결핍, 바이러스 병(느릅나무, 포플러 모자이크), 제초제(uracils, bromacil, terbacil) |
| | | 엽맥 백화 현상 | 바이러스(느릅나무 모자이크병), 제초제(urea 유도체, diuron, monuron, neburon) |
| | | 점각, 주근깨 같은 반점 | 흡즙성 해충(응애, 진딧물, 매미충, 노린재, 총채벌레), 대기오염 |
| | | 은색화 | 흡즙성 해충(응애, 총채벌레), 대기오염 |
| | | 백색화 | 제초제(amitrole, norflurazon, clomazone) |
| | | | 철 결핍, 뿌리기생병(*Phytophthora* 뿌리썩음병) |
| | 해어진 잎 | | 식엽성 해충(딱정벌레, 나방 유충), 기상 피해(바람, 우박) |
| | 구멍 난 잎 | (불)규칙적 구멍 | 곤충(딱정벌레, 나방 유충), 전염병(구멍병) |
| | 기형 잎 | 떡 같은 조각 | 전염병(*Exobasidium* 떡병) |
| | | 뒤틀린 잎 | 곤충(진딧물, 잎말이나방), 전염병(오갈병, LVA바이러스)<br>제초제(glyphosate, sulfonylureas, imidazolinones) |
| | | 말린 잎 | 곤충(잎혹파리) |
| | | 굽은 잎 | 살충제, 제초제 |
| | | 왜소엽 | 제초제, 느티나무 종자생산잎(병이 아님) |
| | 새로운 조직 형성 | 혹 같은 조직 | 곤충(진딧물, 혹응애, 혹벌, 나무이, 혹파리), 떡병 |
| | 잎에 굴 형성 | | 곤충(잎벌, 굴나방) |
| | 속성 낙엽 | | 심한 수분 부족, 전염성병(*Entomosporium*), 제초제(bromacil), 농약 혼용, 응애, 뽕나무버섯뿌리썩음병 |
| | 개엽 지연 | 발아 지연 | 겨울 가뭄, 부족한 저온 노출(춘화처리 부족), 곤충(진딧물), 전염병(탄저병) |
| 새 가지 | 시듦과 고사 | | 수분 부족, 곤충(천공성, 가지환상박피곤충, 진딧물), 세균성 가지마름병, 서리(첫서리, 늦서리), 피해 |
| | 비틀림 | | 곤충(혹파리, 진딧물), 전염병, 바이러스, 제초제(2, 4-D, dicamba, glyphosate, dalapon), 대화 현상 |
| | 길게 자람 | | 제초제(dicamba) |
| | 빗자루 모양 | 가는 가지로 갈라짐 | 전염병(흰가루병, 빗자루병), 곤충(응애), 겨우살이, 세포돌연변이, 제초제(glyphosate) |
| 가지, 수간 | 가지 끝부터 점진적 고사 | | 전염병(가지마름병), 토양의 통기성 불량(복토, 심식, 과습, 배수불량, 침수), 이식 후 수분 부족 후유증(활엽수) |
| | 움푹 들어가거나 변색된 수피 | | 전염병(부란병), 피소 |
| | 불규칙한 부패 | | 천공충의 반복적 가해(유리나방) |
| | 가지와 수간에 유상 조직 형성 | | 물리적 손상, 가지마름병(*Nectria*, *Ceratocystis*), 수피의 피소, 천공성 곤충의 반복적 침입, 동해 |
| | 혹 형성 | | 전염성병(혹병, 줄기녹병), 곤충(사과나무 혹), 겨우살이, 외부 상처, 많은 눈이 모여 있음(나무 옹두리) |

| 피해 부위 | 주요 병징 | 부위 혹은 세부 병징 | 피해 원인 |
|---|---|---|---|
| 가지, 수간 | 수피가 벗겨짐 | | 곤충(천공충, 나무좀), 전염병(줄기녹병, 잣나무 가지마름병), 피소, 스프링클러 피해, 낮은 수목 활력, 낙뢰, 외부 충격 |
| | 나무진이 흘러나옴 | | 세균성병, 전염병(녹병), 곤충(천공충, 나무좀), 수분 부족 |
| | 수피에 구멍 형성 | | 곤충(천공충, 나무좀), 딱따구리 피해 |
| | 일부 수관 쇠퇴 | | 건조, 배수 불량, 복토, 심식, 침수, 답압, 도로포장, 심한 엽소 |
| | 부풀어 오름 | 접목 부위 | 접목불화합성(대승, 수승 현상) |
| | | 환상 조임 | 휘감는 철사, 밑동을 휘감는 뿌리 |
| | | 밑동 부분 | 영지버섯류, 말굽버섯류 |
| | 균열 | | 제초제(2,4-D 계통), 동해(상열), 속성 생장 균열, 하중을 견디지 못함, 낙뢰 |
| | 버섯 발생 | | 목재부후균(치마버섯, 뽕나무버섯, 영지버섯, 진흙버섯류, 덕다리버섯, 구름버섯, 구멍장이버섯, 말굽버섯, 아까시재목버섯) |
| 뿌리 | 오그라듦 | | 수분 부족, 토양의 높은 염분 함량, 제초제(dinitroanilines, amides, thiocabamates) |
| | 변색 | | 전염성병(*Phytophthora* 뿌리썩음병, *Pythium*), 토양의 통기 불량(침수, 배수 불량, 높은 지하수위, 과다 관수), 뿌리 위 복토, 답압 |
| | 뒤틀림 | | 제초제(trifluralin, oryzalin), 선충, 균근(병이 아님), 곤충(뿌리진딧물) |
| | 혹 형성 | | 작은 혹(콩과식물의 뿌리혹박테리아, 뿌리혹 선충, 사과면충), 큰 혹(근부균 복령) |
| | 뿌리조직의 붕괴 | 가는 뿌리의 부후 | 과습, 배수 불량, 침수, 복토 |
| | | 굵은 뿌리 | 뽕나무 뿌리썩음병, *Rhizina* 뿌리썩음병, 과습, 배수 불량 |
| 수관 전체 | 수관 전체의 시듦 | | 수분 부족(여름철 극심한 수분 부족, 동계건조, 겨울철 이상고온에 의한 상록수 시듦음), 복토 |
| | | | 전염성병(소나무 재선충병), 참나무시듦음병 |

## 6 진단 기구

인체 진단 의학은 2000년 이상의 오랜 역사가 있다. 현대 의학은 그동안 누적된 모든 의학 지식, 최첨단 기술과 장비를 이용해 여러 가지 과학적 정보를 바탕으로 진단과 치료를 실시한다. 환자의 가장 불편한 점에 대한 주소(主訴) 문답, 혈압, 체온, 맥박, 오감(시진, 촉진, 청진, 타진, 후진)을 이용한 관찰, 각종 검사실 검사(예: 혈액, 배설물, X-ray, 초음파, MRI 등)를 동원하여 종합적인 진단이 가능하다.

이에 비하여 수목 진단 의학은 그 역사가 미천하여 초보적이라고 할 수 있으며, 현대 의학과 같은 각종 검사 방법이 개발되어 있지 않다. 수목 진단은 몇 가지 기구로 수행할 수밖에 없다. 표 3-5에 현장에서 필요한 기구의 명단을 나열하였다. 이 중에서 매우 긴요한 것은 확대경, 주머니칼, 조각칼, 삽, 전정가위, 끌, 카메라, 나침반 등이다. 응애 피해는 자주 관찰되는데, 매우 작아 맨눈으로 보이지 않기 때문에 확대경(magnifier, 20배 이상)으로 보아야 확인할 수 있다. 곰팡이에 의한 병 중에서 포자퇴 등의 표징이 식물 표면 밖으로 노출되는 경우 확대경이 필요하며, 20배 정도 확대할 수 있어야 한다.

주머니칼은 가지, 줄기, 수간에서 죽은 조직과 산 조직을 검사하는 데 유용하게 쓰인다. 삽은 뿌리의 건강을 확인할 때 쓰며, 끌이나 조각칼은 형성층 조직이 살아 있는 것을 확인하기 위해 수피를 벗기는 데 쓴다. 고무망치(mallet)는 수피가 들떠 있는지 그리고 그 밑의 목재가 부패했는지 확인할 때 쓴다. 카메라는 시기별로 수목의 변화를 기록으로 남기는 가장 좋은 수단이다. 잎, 가지, 수간, 주위 환경의 상태를 중점적으로 찍되, 원경과 근경, 접사를 시도한다. 나침반은 방위를 확인하여 남향에서 주로 관찰되는 엽소, 피소, 상열을 진단하기 위해 사용한다. 검토장(檢土杖, soil profile tube)은 복토가 이루어진 경우 그 깊이를 쉽게 알 수 있는 기구로서, 1m 길이 쇠파이프의 한쪽을 좁고 길게 자르고 끝을 뾰족하게 만들어 땅속에 박아 넣어서, 복토로 인해 흙의 토질과 색깔이 바뀐 부분을 찾아낸다(표 3-5).

표 3-5 수목 건강 조사 현장에서 필요한 진단 기구 명단

| 조사항목 | 기구명 |
|---|---|
| 기록과 표식용 | 조사야장, 필기도구, 메모지, 카메라, 유성펜, 분필, 라벨, 표식용 테이프, 표식용 페인트, 손전등 |
| 일반조사 | GPS 수신기, 무전기, 고도계(altimeter) |
| 수목조사 | 직경측정자(caliper), 수고측정기(Hypsometer), 생장추(increment borer), 망원경(binocular), 확대경(루페, magnifier, hand lens, 20~40X), 전정가위(hand pruner, pruning shear), 고절기(pole pruner), 톱(saw), 휴대용 엽록소 측정기, 사다리, 드릴, 핀셋, 끌(chisel), 고무망치(mallet), 주머니칼(pocket knife), 조각칼, 등목기구(tree climbing equipment) |
| 해충조사 | 확대경(hand lens), 포충망(insect net), 독병(alcohol vial), 유산지(oil paper), 삼각통, 곤충포집기(beating trap), 솔(brush) |
| 생육환경조사 | 나침반(compass), 조도계(illuminometer), 줄자(50m) |
| 토양 및 수질조사 | 삽, 손갈퀴, 검토장(soil profile tube), 채토기, 토양 오거(soil auger), 토양경도계(penetrometer), 토양산도계(soil pH meter), 토양습도계, 염분측정기, 토색첩(color chart), 세척병, 플라스틱 병 |
| 생리활성조사 | 샤이고미터(Shigometer), 레지스터그래프(Resistograph) |
| 표본채집용 | 샬레, 미생물 배지, 바이엘, 비닐봉투, 아이스박스 |
| 수간주사용 | 드릴, 중력식 혹은 압력식 주사기, 상처도포제(wound dressing), 알코올병 |

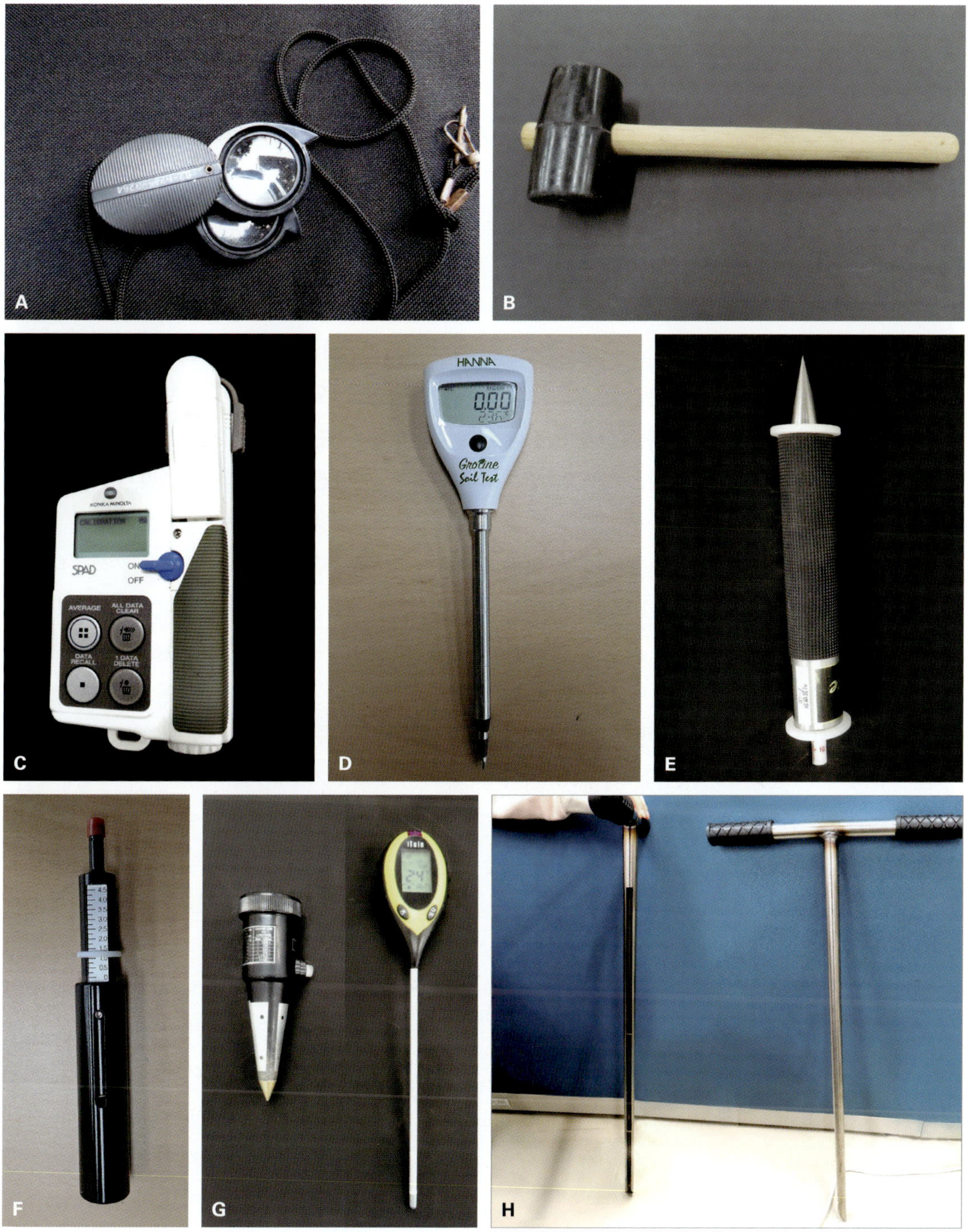


A 20배 이상 배율을 가진 확대경(루페). 응애 진단에 필수적인 진단 기구.
B 고무망치(형성층 사활 진단용).
C 엽록소측정기.
D 염류측정기(관개수 혹은 토양의 염도 측정용).
E 토양경도계(답압측정기).
F 토양경도계(답압측정기).
G 토양 pH 측정기.
H 검토장(복토 깊이 측정용, 파이프 길이 1.2m, 직경 2.5cm).

# 7 검사실 분석

수목의 진단을 정확하게 실시하기 위해 몇 가지 검사실 분석 자료가 도움이 된다. 엽 분석, 토양 분석, 수질 분석, 엽록소 분석, 전분 분석, 형성층 전기저항치 분석을 예로 들 수 있다.

### 엽 분석(葉分析, foliar analysis)

엽 분석은 잎의 무기 양분의 함량을 측정하기 위한 분석이다. 수목의 양분 결핍이 의심스러울 때 잎에 들어 있는 무기 양분의 함량을 측정하는 것은 다른 어떤 검사보다 가장 정확한 진단법이다. 잎의 채취 방법에 따라서 차이가 생기지만, 채취 시기(6~7월), 채취 위치(가지의 중간), 잎의 연령과 노쇠 정도(중간 정도)를 통일하면 유용한 자료를 얻을 수 있다. 항상 피해목의 값과 건강한 개체의 값을 대조구(무처리구)로 하여 비교해야 한다.

귤나무의 경우 정상적인 생장을 위해 가장 적절한 잎의 무기 양분 함량이 조사되어 있어서 이 수치를 기본으로 해서 진단한다(표 3-6). 수종이 달라지면 이 값이 달라지기 때문에 항상 같은 수종의 건강한 개체의 비슷한 시기의 값을 비교치로 해야 한다. 무기양분(원소)에 따라서 차이가 크지만, 조경수의 경우 조사 대상 수목의 측정치가 정상 수치의 50%보다 작으면 결핍이라고 해석할 수 있다. 과수는 이보다 범위가 더 좁다.

### 토양 분석(土壤分析, soil analysis)

토양 분석은 토양의 성질과 무기양분 함량을 측정하여 토양이 수목 생장에 적합한지를 판단하는 방법이다. 이론적으로 양분 결핍을 진단할 때에는 엽 분석보다 정확하지 않지만, 이외의 다른 문제가 있는지 확인할 수 있는 방법이다. 조경수가 생육하기 적절한 토양의 특성을 표 3-7에 표시했다.

토양 분석에서는 토양의 물리적 성질과 화학적 성질을 점검한다. 물리적 성질은 토성(土性, soil texture, 점토 · 미사 · 모래의 상대적인 혼합 비율), 토양 공극과 용적비중(bulk density, 단위부피당 무게)을 근거로 하여 배수성, 통기성, 답압 정도를 조사하고, 입단 구조 형성, 토양 수분 함량을 측정한다. 화학적 성질은 총유기물 함량, 각종 무기양분의 함량, 토양 산도(pH), 양이온치환용량(무기양분을 저장 혹은 흡착할 수 있는 능력)을 분석한다.

염화칼슘을 자주 뿌리는 곳은 알칼리성 토양으로 바뀌어 있을 가능성이 있으므로 pH를 반드시 조사한다. 토양이 산성화된 정도를 알고 있으면, 비료를 주고자 할 경우 어떤 성분(예: 철분, 붕소)이 부족한지 가늠할 수 있다. 무기양분 분석에서는 14가지 원소 중에서 수목이 부족하기 쉬운 질소, 인, 칼륨 위주로 분석하며, 강한 산성 혹은 강한 알칼리성토양의 경우에는 철과 붕소를 추가로 조사한다.

토양을 채취하는 깊이도 매우 중요하다. 뿌리가 집중적으로 모여 있는 곳을 대상으로 해야 하는데, 잔뿌리는 표토(30cm) 이내에 많고, 굵은 뿌리는 그 아래 심토까지 뻗는다. 일반적으로 겉흙 2cm 정도는 걷어내어 사용하지 않는다. 제초제 검사를 할 경우 표토 5cm 이내에서, 염도 측정의 경우 표토 15cm 이내의 흙을 채취한다. 일반적인 토양 검사를 위해서는 교목의 경우 30, 60, 90cm 깊이에서, 관목의 경우 15, 30, 45cm 깊이에서 토양을 채취한다. 피해 원인으로 어떤 특수 물질이 의심스러울 때는 피해를 입은 곳의 토양과 피해가 없는 곳의 토양을 함께 채취해 서로 비교해야 한다.

### 수질 분석(水質分析, water analysis)

수질 분석은 관개수가 염분과 중금속으로 오염되어 있는지를 분석한다. 염분의 농도는 임해(臨海) 매립지에서 높을 수 있으며, 관개수에 염분이 적은 농도로 존재하더라도 장기간 사용하면 피해를 볼 수 있다. 바닷물 원수에는 50~55dS/m(데시지멘스 퍼 미터)의 염분이 들어 있으며, 일반적으로 식용수에는 0.8dS/m 이하의 염분(UNICEF 기준)이 함유되어 있어야 한다. 관개수를 장기적으로 사용할 때에는 0.5~0.75dS/m 이하의 염분이 포함되어야 한다. 단기간 관수에는 2.0dS/m 미만을 사용할 수 있다. 시중에서 판매되는 생수에는 0.05dS/m 정도의 염분, 그리고 서울시에서 공급하는 수돗물에는 0.1~0.18dS/m 정도의 염분이 들어 있다(참고: 1dS/m = 100cS/m = 1mS/cm = 1,000uS/cm).

표 3-6 귤나무의 무기영양 상태를 진단할 수 있는 엽 분석 지침(Embleton 등, 1975)(단위: 건중량에 대한 %)

| 원소명 | 영양 상태 | | | | |
|---|---|---|---|---|---|
| | 결핍 상태 | 적정 수준 이하 | 적정 수준 | 적정 수준 이상 | 과잉 상태 |
| 질소(N) | 2.2 미만 | 2.2~2.3 | 2.4~2.6 | 2.7~2.8 | 2.8 초과 |
| 인(P) | 0.09 미만 | 0.09~0.11 | 0.12~0.16 | 0.17~0.29 | 0.30 초과 |
| 칼륨(K) | 0.40 미만 | 0.40~0.69 | 0.70~1.09 | 1.10~2.00 | 2.30 초과 |

표 3-7 조경수 식재에 적합한 토양의 물리적 및 화학적 성질의 적정 수준(이경준, 2015)

| 항목 | 단위 | 적정 수준 | 항목 | 단위 | 적정 수준 |
|---|---|---|---|---|---|
| 토성 | | 사질양토-양토 | 치환성 $K^+$ | cmol/kg | 0.25~1.0 |
| 산도 | pH | 5.5~6.5 | 치환성 $Ca^{++}$ | cmol/kg | 2.5~5.0 |
| 유기물 | % | 3.0 이상 | 치환성 $Mg^{++}$ | cmol/kg | 0.5~2.0 |
| 총 질소 | % | 0.2 이상 | 전기전도도(EC) | dS/m | 0.5 미만 |
| 유효인산 | mg/kg | 50~100 | 염분농도 | % | 0.05 미만 |
| 양이온치환용량(CEC) | cmol/kg | 10~20 | | | |

3장

비전염성병

# II. 기상적 요인에 의한 병

## 1 고온(高溫, high temperature)

### 배경

식물이 생장할 수 있는 온도의 범위를 임계온도(臨界溫度, cardinal temperature)라고 한다. 임계온도는 식물이 자랄 수 있는 최저온도와 최고온도 사이의 범위가 되며, 온대지방의 경우 0°C에서 35°C 정도이지만, 식물 종류에 따라서, 식물의 부위에 따라서, 그리고 생리적 대사의 종류에 따라서 차이가 있다. 기온이 35°C를 초과하면 온대지방의 식물은 고온 피해(heat injury)를 받기 시작하며, 열대지방의 식물은 보통 40°C 이상에서 피해를 본다. 반면 고산지대의 식물은 25°C에서도 피해를 볼 만큼, 고온에 의한 피해를 주는 온도는 수목의 원산지 혹은 분포지에 따라서 크게 차이가 있다.

일반적으로 고온에 의한 피해는 세포막의 손상에서 비롯되는데, 세포막에 있는 지방질(인지질)의 액화와 단백질의 변성으로 세포막이 제구실을 못하여 물질이 새어 나온다. 특히 잎의 경우에는 엽록체를 구성하는 막이 기능을 상실하여 광합성을 수행하지 못한다.

### 1-1 엽소(葉燒, 잎타기, 잎데임, leaf scorch)

#### 배경

엽소는 여름철 고온, 건조한 바람, 토양 수분 부족이 함께 올 때 발생한다. 여름철 도시에서 포장된 도로와 건물 주변에서 반사되는 열은 국소적으로 기온을 상승시켜 50°C를 넘게 하는 경우가 있다. 이때 도로 표면과 건물 벽에 가까이 있는 잎과 남향에 노출된 잎이 열에 의해 타서 마른다. 특히 햇빛을 반사하는 강화유리를 남향이나 서향에 설치한 경우 상태를 더 악화시킨다. 냉방장치(air conditioner)의 환풍기는 건물 밖에 주로 설치되는데, 여기에서 나오는 뜨거운 바람이 주변에 있는 조경수의 잎을 마르게 한다. 오후 햇빛을 집중적으로 받는 수관의 바깥쪽의 남서향에 있는 잎은 양엽(陽葉, sun leaf)으로서 수관의 안쪽의 항상 그늘에 있는 음엽(陰葉, shade leaf)보다 건조에 견디는 힘이 크지만, 여름철 고온이 지속되면서 일사량이 높을 경우 과다한 증산작용으로 인하여 남향에 노출된 잎에서 탈수 상태로 피해가 나타난다.

#### 병징

여름철 오후 햇빛을 집중적으로 받는 수관의 남향에 노출된 잎이 마르기 시작하여 갈색으로 변하는 것을 엽소 현상이라고 부른다. 활엽수 잎의 가장자리가 마르고, 적색 혹은 갈색으로 변하면서 타들어간다. 침엽수 잎도 마찬가지로 끝부분이 먼저 갈색으로 변한다. 잎의 가장자리는 뿌리로부터 수분을 공급받을 때 수분을 전달하는 엽맥에서 가장 멀리 떨어져 있어 가장 먼저 수분 부족 현상이 나타나서 마르게 된다.

우리나라에서는 무더운 6월 중에 혹은 7월의 장마가 끝난 후 이어 무덥고 건조한 날씨가 지속되면 장마 기간 동안 저항성이 없던 잎에서 엽소 현상이 자주 관찰된다. 여름철 조경수의 외관을 해치는 대표적인 사례이지만, 건강하게 뿌리를 잘 뻗은 나무의 경우에는 치명적인 피해를 입지 않는다. 은행나무, 메타세쿼이아, 칠엽수, 단풍나무, 목련, 산딸나무, 층층나무, 느티나무, 느릅나무, 물푸레나무, 진달래, 영산홍, 한대성 수종인 주목, 잣나무, 전나무, 자작나무에서 자주 볼 수 있다.

## 방제

여름철 더운 날 주변의 통풍을 도모하여 기온이 상승하는 것을 막고, 토양에 관수하여 수분 부족을 해소시켜준다. 토양을 되도록 아스팔트나 콘크리트로 포장하지 말고, 대신 잔디를 입히거나 유기물 멀칭(mulching)으로 토양으로부터 복사열을 줄인다. 관목의 경우 차광막으로 그늘을 만들어준다(비음 처리).

**A** 은행나무 엽소. 남쪽 햇빛에 노출된 잎이 먼저 갈변한다.
**B** 수수꽃다리 엽소의 초기 병징. 잎 가장자리가 먼저 퇴색한다.
**C** 단풍나무 엽소. 가장자리가 적색으로 변색한다.
**D** 영산홍 엽소. 반점이 없고, 산 조직과 죽은 조직의 경계선이 뚜렷하다.
**E** 가시칠엽수(마로니에) 엽소. 잎의 가장자리가 먼저 갈변하여 얼룩무늬병의 불규칙한 반점과 차이가 있다.
**F** 느티나무 엽소.
**G** 산딸나무 엽소. 잎의 끝부분이 먼저 갈변한다.
**H** 오갈피나무 엽소. 고유의 전형적인 청색이 나타난다.
**I** 철쭉 엽소.

## 1-2 피소(皮燒, 볕데기, sunburn)

### 배경

더운 여름에 햇빛이 강하면 오후에 접어들면서 기온이 상승한다. 특히 포장도로에서 지열이 반사되고, 건물에서 열이 반사될 경우에는 기온의 상승으로 인하여 남서쪽의 온도가 더욱 높아진다. 최근에는 지구온난화가 가속되고, 모든 벽면을 반사하는 강화유리로 장식하는 건물들이 늘어나면서 남향이나 서향으로 지은 건물 근처에 심어놓은 조경수가 여름철 고온에 의해 피해를 보는 사례가 늘고 있다.

특히 수간의 남(서)쪽 수피가 오후 햇빛에 직접 노출되어 있을 경우 수피의 온도가 상승한다. 이때 수분 부족이 함께 올 경우에는 증산작용을 제대로 못 하고, 수분의 이동이 이루어지지 않아서 수간의 온도를 낮추어주지 못하기 때문에 수피의 온도가 더욱 높아지게 된다. 이로 인해서 남(서)쪽에 노출된 지표면에 가까운 수피가 열에 의해 피해를 받는다. 혹은 검은색을 띤 토양이 햇볕을 받아서 표면 온도가 60°C를 넘으면 남(서)쪽의 수피가 피해를 받는다.

### 병징

남(서)쪽에 노출된 지표면에 가까운 수피가 여름철 햇빛과 열에 의해 타서 형성층 조직이 죽어 벗겨지고, 그 속에 있는 목부 조직이 노출되는 현상을 피소 현상이라고 한다. 대개 수간의 남

(서)쪽에서 수피가 수직 방향으로 불규칙하게 갈라지면서 괴사하여 형태가 지저분하게 된다. 전에 밀식재배하던 수목을 이식하여 단독으로 심어놓거나 강전정을 실시하면, 이전에 그늘 속에 있던 수피 부분이 햇빛에 노출되어 피소 현상이 잘 나타난다. 특히 수피가 얇은 수종인 배롱나무, 단풍나무, 목련, 매화나무, 느티나무, 물푸레나무, 벚나무에서 심하게 나타난다.

피소 현상으로 죽은 수피는 매우 불규칙하게 벗겨지고, 죽은 조직의 가장자리가 지저분하게 되어 새로운 유상조직(癒傷組織, callus)이 자라 나오지 못한다. 이렇게 노출된 곳을 통해서 목재부후균이 침입하여 수간이 추가로 썩어서 큰 상처를 만들게 된다. 이러한 상처는 쉽게 치유되지 않고 지속되는 경향이 있다.

## 방제

수간의 아랫부분을 다른 물질로 감싸는 것이 가장 손쉬운 방제법이다. 지상 2m 이내에서 피소 현상이 잘 생기므로 수간을 마대로 한 바퀴 돌려 싼다. 나무를 이식할 때 수피를 보호하기 위하여 녹화마대로 싸는 것은 수피를 물리적인 충격으로부터 보호할 뿐만 아니라, 이식 후에 피소 현상을 방지할 수 있는 수단이 된다. 어린나무의 경우에는 흰 도포제(예: 석회유황합제)나 수성 페인트를 발라 주거나, 쿠션이 있는 흰 종이테이프(tree wrap)로 싸기도 한다. 종이테이프는 수년 후 자연적으로 부패하여 없어진다. 석회유황합제는 피소를 방지할 뿐만 아니라, 천공성 해충(예: 복숭아유리나방)의 침입을 막기 때문에 더 큰 도움이 된다. 노출된 검은색 토양이나 아스팔트 포장은 피소를 유발하는 원인이 되므로, 아스팔트를 걷어내고 토양을 유기물로 멀칭하면 도움이 된다. 상처를 아물게 하려면 수피 외과수술을 통해서 상처 부위를 타원형으로 도려내서 새로운 형성층 조직이 상처를 감싸는 유상조직을 만들도록 유도해야 한다.

그늘에 있던 수피가 햇빛에 노출되어 피소를 유발할 수 있는 고강도의 전정(강전정)이나 솎아베기(간벌)를 자제하고, 대신 관수를 실시한다. 토양 수분이 많아지면 증산작용과 수액 이동이 활발해져 수피의 온도가 내려감으로써 피소의 가능성을 낮출 수 있다.

A

B

C

**A** 남쪽 수피가 불규칙하게 벗겨진 벚나무 피소. 길게 수직으로 금이 간 것은 상열에 해당한다.
**B** 남쪽 방향 수피가 벗겨진 단풍나무 피소.
**C** 단풍나무 피소.
**D** 공작단풍 피소. 햇빛을 향해 비스듬히 있는 남쪽 수피가 심하게 피해를 입은 모습.
**E** 벚나무 피소.
**F** 장미과 토욘 피소. 전형적인 피소는 불규칙한 상처를 남쪽에 만든다(사진: Costello 등, 2003).
**G** 피소와 상열을 방지하기 위해 흰 페인트를 칠한 모습.
**H** 가문비나무 밑가지를 남겨두면 피소와 상열을 방지할 수 있으며, 초살도가 커지고 무게중심이 아래쪽에 있어 바람에도 강하다.

## 1-3 열해(熱害, heat injury)

### 배경

열해는 봄철 혹은 여름철 수관 전체의 잎이 고온의 피해를 받는 것을 말한다. 봄철에 어린 잎이 충분히 자라기 이전, 아직 경화(硬化)되지 않은 상태에서 고온에 노출될 때 발생한다. 여름철 장마로 공중 습도가 높은 상황에서 더운 열기로 잎이 갈변하는 예를 들 수 있다. 고온에 서서히 노출된 식물은 열충격단백질(heat shock protein)을 합성하여 대응하면서 인내한다.

### 병징

봄철 이른 높은 기온으로 인하여 아직 경화되지 않은 어린잎(예: 남쪽에 노출된 목련 잎)이 스팀에 덴 듯한 모습을 보이기도 한다. 목련은 고정생장을 하므로 여름철에 새잎을 생산하지 않는데, 봄 잎이 열해를 받으면 수관 전체의 잎이 건강이 나빠져서 나무가 죽기도 한다. 더운 여름 고층 건물에 설치된 강화유리가 햇빛을 반사하면서 벽 근처의 남쪽에 심은 나무들이 열해로 잎이 마르기도 한다. 이 경우 땅에 가까운 키가 작은 관목은 피해가 적고, 키가 큰 나무는 심한 피해를 받는다. 여름에 공중 습도가 높은 상태에서 고온에 의해 잎이 뜨거운 스팀에 노출된 듯한 모습을 나타내기도 한다.

## 방제

열해를 예방하는 방법은 햇빛을 반사하는 강화유리를 설치한 고층 건물의 남쪽에는 아예 나무를 심지 않는 것이다. 또한 장마철 공중 습도가 높아지면 그 지역의 통풍을 도모하여 열이 한 곳에 정체하는 것을 방지하는 것이 좋다.

A 백목련 열해. 5월 초 기온이 33℃까지 상승하여 아직 경화되지 않은 잎(오른쪽)이 더운 열기에 피해를 본 모습.
B 느티나무 잎이 8월 중에 습한 고열의 증기에 노출되어 퇴색한 모습. 9월 하순 녹색 잎(왼쪽)이 돋아 나왔다.
C 8월 초순부터 10일 이상 지속된 37℃ 고온의 열해로 황매화 잎이 황화현상을 보인다.
D 고온에 예민한 수종을 강화유리 남향에 심어 나타난 잎의 열해.
E 스팀파이프 근처에 식재한 세쿼이아 잎의 열해.

(사진: D, E, Costello 등, 2003)

# 2 저온(低溫, low temperature)

### 배경

식물이 생육(生育, growth)할 수 있는 최저온도는 생존(生存, survival)할 수 있는 최저온도보다 훨씬 더 높으며, 자연적으로 서서히 순화된 수목의 경우에는 생존 온도가 매우 낮아진다. 야외에서 순화된 버드나무와 침엽수는 영하 40°C에서도 죽지 않는다. 실험실 내에서 서양측백나무를 순화시키면서 서서히 냉동시키면 영하 85°C에서도 죽지 않는다.

온대지방에서 수목이 생육할 수 있는 온도는 보통 0°C에서 35°C로 알려져 있지만, 생육환경에 따라서 차이가 있다. 일반적으로 고산지대에서 자라는 수목은 최저 생육 온도가 낮은 편인데, 예를 들면 알프스 산맥에서 자라는 진달래류는 영하 8°C에서도 광합성을 할 수 있다고 한다. 반면 많은 열대식물은 18~20°C에서도 생장 장애를 가져올 만큼 저온에 예민한 반응을 보인다.

임업에는 종자배포구역(seed transfer zone)이라는 규제가 있다. 목재 생산용 수종을 위도 5도 이상 북쪽 혹은 남쪽으로 이동시키지 말라는 규제이다. 북쪽 산지를 남쪽에 심으면 여름에 생장을 일찍 정지하여 생장이 저조해지며, 남쪽 산지를 북쪽에 심으면 늦게 자라다가 서리 피해를 받을 수 있기 때문이다. 이러한 산지의 특성을 지역품종(geographical race)이라고 칭한다.

## 2-1 냉해(冷害, chilling injury)

### 배경

냉해는 생육기간(한국에서 3월부터 10월) 중 주로 봄과 가을의 환절기에 낮은 온도(빙점 이상의 온도)에서 나타나는 저온 피해를 의미한다. 냉해는 온대지방 수목의 경우에는 남쪽에서 생산된 묘목을 북쪽에 심는 경우, 봄(예: 배나무)과 가을(예: 비파나무)에 수정이 제대로 이루어지지 않는 경우, 가을에 덜 익은 과일을 생산하는 경우에 발생한다. 열대식물은 저온(보통 15°C 이하)으로 잎에 피해가 나타나거나 쇼크를 받아 건강이 나빠지는 것을 예로 들 수 있다.

냉해는 위도와 연관되어 나타나기도 한다. 남쪽에서 자란 나무를 추운 북쪽으로 가져오면 냉해를 받을 수 있다. 예를 들면 난대지방(제주도, 전남과 경남의 따뜻한 지역)에서 양묘한 묘목(예: 영산홍)을 강원도에 심으면 냉해를 받을 수 있다. 혹은 중국 남쪽 난대지방에서 양묘한 묘목을 수입할 경우에도 냉해를 받을 수 있다.

사과나무는 봄철 0~5°C에서 피해를 입는다. 과수의 경우 봄철 개화기에 온도가 내려가면 꽃가루받이(수분, 受粉)가 이루어진 후 화분관의 생장이 저조하여 수정이 지연되는 경우가 자주 있다. 배나무의 경우 기온이 15°C 정도로 높으면 2일 만에 수정이 되지만, 기온이 5°C로 내려가면 12일이 소요되어 암꽃의 감수기간인 7일 내에 수정이 되지 않는다.

## 병징

열대성 관상수는 냉해로 잎에서 엽록소가 파괴되어 백화현상이 나타나면서 마른다. 이른 봄철 과수원에서는 배나무와 사과나무의 꽃가루가 옮겨진 후 저온으로 인해서 수정이 이루어지지 않아 열매를 맺지 못하는 경우가 냉해의 대표적인 예이다. 가을에 추위가 빨리 와서 온도가 내려가면 과수원에서 전분이 미처 분해되지 못해서 과일의 당도가 낮아지고, 유기산이 그대로 남아 신맛을 내는 덜 익은 과일이 생산된다.

난대수종 중에서 가을에 개화하여 다음 해에 열매가 익는 비파나무, 상동나무, 보리장나무, 보리밥나무, 까마귀쪽나무, 팔손이, 차나무류는 가을에 온도가 내려가면 꿀샘이 열리지 않고 꿀벌이 방문하지 않아 수정이 되지 않는 경우가 있다.

냉해는 온대지방에서는 생식생장에 주로 피해를 주기 때문에, 과실을 생산하지 않는 조경수는 냉해를 잘 받지 않는 대신, 생장이 둔화되거나 어린 가지 끝(예: 양버즘나무 새순의 늦가을 피해)이 고사하기도 한다.

## 방제

봄과 가을철 개화 후 기온이 떨어지면 벌을 투입하거나 인공수분으로 수정을 촉진시켜 주어야 한다. 환절기에 열대성 관상수는 찬 공기에 노출되는 것을 방지하며, 찬물로 관수하지 않는다. 열대식물은 토양에 열선을 깔아 열을 가하여 뿌리의 활성을 유지시켜준다. 남쪽에서 양묘한 묘목을 북쪽 추운 지방에 심지 않는다.

**A** 배꽃의 수술과 암술이 봄철 저온(영하 5℃)에 냉해를 받아 검은색으로 변한 모습. 피해를 받지 않은 수술은 연분홍색을 띠고 있다.
**B** 앞 사진에서 냉해를 받은 배꽃의 암술대(화살표)가 검게 변해 있다.
**C** 목련의 꽃잎이 냉해로 검게 변한 후 낙화하지 않고, 새순이 나오고 있다.
**D** 차나무 잎의 봄철 냉해.
**E** 산세베리아 잎이 냉해로 녹색이 퇴색한 모습.
**F** 파키라 잎이 냉해로 녹색이 퇴색한 모습.
**G** 셀로움 잎의 냉해.
**H** 가을철 냉해로 당분 합성이 지연되어 신맛이 나는 풋사과.

## 2-2 동해(凍害, freezing injury)

### 배경

동해는 빙점 이하에서 나타나는 식물의 피해를 말하며, 봄과 가을 생육기간 중에 나타나는 복사결빙(radiation freeze)에 의한 서리 피해와 한겨울에 찬 공기가 밀려와서 생기는 대류결빙(advection freeze)에 의한 피해를 동해의 예로 들 수 있다.

가을에 온도가 낮아지고 일장이 짧아지면 온대지방의 수목은 생장을 정지하고 낙엽이 지면서 월동을 준비한다. 이러한 과정을 저온순화(低溫馴化, cold acclimation)라고 한다. 일단 순화된 수목은 체내에 탄수화물(주로 설탕), 수용성 지방(주로 인지질), 수용성 단백질(주로 당단백질)을 축적하면서 수분을 밖으로 내보내 빙점을 낮추어 세포가 동결되는 것을 방지한다. 동시에 동결방지단백질(anti-freeze protein)을 합성하여 내한성(耐寒性, cold hardness)을 가지기 때문에 빙점 이하에 노출되더라도 동해를 잘 받지 않는다.

반면 식물이 순화되지 않은 상태에서 빙점 이하의 온도에 노출되거나 순화된 식물이라도 빠른 속도로 빙점 이하의 온도에 노출되면 동해를 입는다. 동해의 첫 번째 원인은 온도가 빙점 이하로 내려갈 때, 세포 내에서 얼음 결정이 형성되어 세포막을 파손시키기 때문이다. 두 번째 원인은 온도가 서서히 내려가서 얼음 결정이 세포 밖에 생기더라도 원형질이 탈수 상태를 견디지 못하기 때문이다.

## 병징

피해 증상은 잎의 엽육조직의 붕괴와 세포질의 응고 현상이다. 상록활엽수는 잎의 끝과 가장자리가 피해 초기에 탈색이 되면서 물먹은 것과 같이 투명하게 보이다가 괴사하여 갈색을 띠게 된다. 침엽수는 잎끝부터 갈색으로 변한다. 심할 경우 잎 전체 혹은 수관 전체가 균일한 갈색으로 변하면서 나무가 고사한다. 한겨울에 잎이 갈변하므로 전염성병과 쉽게 구별할 수 있다.

동백나무, 차나무, 회양목, 삼나무, 금송 등은 잎이 겨울철에 붉은색으로 변하기도 하는데, 이는 일시적으로 나타나는 현상으로서 봄이 되면 정상적인 녹색으로 회복이 된다. 양묘장에서 자라는 침엽수의 어린 묘목(예: 소나무, 전나무, 가문비나무)도 겨울철에 잎이 적갈색을 띠다가 봄에 다시 녹색으로 되돌아와 회복한다.

봄에 개화한 후 열매가 다음 해에 익는 수종(예: 참나무 속의 일부, 소나무속)은 겨울철 열매에 동해를 입기도 한다. 모밀잣밤나무, 구실잣밤나무는 가을에 개화하고 이듬해에 열매가 익는데, 월동 중에 열매가 동해를 받기도 한다.

## 방제

북풍이 불지 않는 곳(북풍을 막아주는 고층 건물의 남향)에 수목을 식재하거나, 북풍에 노출되어 있을 경우 방풍림(防風林, windbreak) 혹은 방풍책으로 북풍을 막아준다. 토양에 유기물로 멀칭을 실시한다. 큰 나무는 짚이나 보온덮개로 밑동과 수간을 싸 주고, 소교목이나 관목은 수간을 싸 주거나 나무 전체를 비닐로 덮어주되 꼭대기에 통풍구를 열어준다. 영산홍(상록성 철쭉류에 해당)과 같이 내한성이 약한 나무는 겨울에 증산억제제를 잎과 가지에 진하게 뿌려준다. 남쪽에서 양묘한 어린 묘목(파종묘, 삽목묘 포함)을 북쪽 지방에 심지 않는다. 법적으로는 온대지방에서 종자배포구역(seed transfer zone)을 위도 5도 이내로 제한하기도 한다.

낙엽활엽수 혹은 상록활엽수의 어린 가지가 동해를 받았을 경우 봄에 동아(겨울눈)에서 새싹이 곧 나오지 않더라도, 가지를 미리 잘라버리면 안 된다. 활엽수는 (어린) 가지의 수피 밑에 잠아가 많이 숨어 있기 때문에, 동아가 얼어 죽으면 잠아가 나중에 발달하여 잎으로 자랄 수 있기 때문이다. 6월 말까지 기다린 후 가지가 죽은 것을 확인한 후 전정한다.

내한성은 수종에 따라서 큰 차이가 있다. 고위도에서 자라는 수종은 저위도에서 자라는 수종보다 내한성이 강하다. 따라서 조경을 설계할 때부터 내한성이 있는 수종과 품종을 선택해야 한다. 자작나무, 오리나무, 사시나무, 버드나무류, 소나무, 잣나무, 전나무, 주목은 온대 북부(연평균 기온 8~10℃)에서도 자랄 수 있는 수종으로서 내한성이 커서 중부 지역에 심을 경우 동해를 거의 받지 않는다. 반면에 남부 지역에서 자라는 삼나무, 편백, 금송, 개잎갈나무(히말라야시다), 곰솔(해송), 테다소나무, 배롱나무, 피라칸다, 줄사철나무, 영산홍, 대나무류, 남천, 탱자나무 등은 중부 지역에서 동해를 잘 입는다. 그 밖에 사철나무, 가이즈카향나무, 능소화, 벽오동, 오동나무, 포플러(특히 이태리포플러)도 동해에 약한 편이다.

A
B
C
D
E
F
G
H

I
J
K
L
M
N
O

**A** 동해로 인해 변색된 대나무. 줄기 혹은 뿌리가 살아 있으면 봄에 새순이 나온다.
**B** 저온이 지속되어 동해를 입은 영산홍(2011. 1, 서울). 잠아가 살아 후에 새싹이 돋았으며, 뒤편의 사철나무는 피해가 없다.
**C** 동백나무 동해(2011. 4, 전북 군산).
**D** 동백나무 동해(2011. 4, 서울).
**E** 추위에 약한 줄사철나무(중앙)의 동해와 피해를 면한 사철나무(좌우).
**F** 꽝꽝나무 동해(2011. 4, 수원).
**G** 식나무 동해(2011. 4).
**H** 만병초 동해(2021, 충남 공주).
**I** 붉가시나무 동해(2011, 서울 홍릉수목원). 후에 근주맹아로 회복.
**J** 검게 변색된 이태리포플러 형성층의 동해(1981, 충북).
**K** 편백 동해(2011. 4, 전북 군산).
**L** 금목서 동해(2011).
**M** 8월 늦은 전정 후 곰솔의 새순이 경화되지 않은 상태에서 갈변하고 잎이 동해를 받은 모습(사진: Sinclair와 Lyon, 2005).
**N** 동백나무 잎의 겨울철 일시적 변색(회복 가능).
**O** 회양목 잎의 겨울철 일시적 변색(회복 가능).
**P** 동해를 받아 회복이 불가능한 앞줄의 녹색 전나무와 뒷줄의 회복이 가능한 변색된 전나무 묘목.
**Q** 소나무 묘목의 겨울철 일시적 변색(회복 가능).
**R** 회복이 가능한 겨울철(영하 10℃) 동백나무의 잎말림.
**S** 동해를 받은 영산홍이 잠아에서 새순을 늦게 내보낸 모습(2011. 6, 서울).
**T** 배롱나무 월동 대책(서울).
**U** 배롱나무 월동 대책(서울 국회의사당).

## 2-3 서리 피해(frost injury, 만상, 조상, 상주)

### 배경

서리는 맑고 바람이 불지 않는 야간에 지표면이 급속히 냉각되어 지표면의 기온이 상층보다 낮아져 기온역전(temperature inversion) 현상이 생길 때 수증기가 응축 현상을 일으키면서 생긴 얼음이다. 만상은 봄에 늦게 오는 서리를 뜻한다. 한국의 경우 4월 말경 맑게 갠 날 야간 온도가 영하(주로 영하 3~5°C)로 떨어질 때, 새로 자라 나와 내한성이 없는 새순과 어린잎에서 발생한다. 조상은 가을에 첫 번째 오는 서리로서, 따뜻한 가을 날씨가 지속되어 수목이 계속 생장하면서 아직 내한성을 가지고 있지 않을 때, 별안간 첫서리가 오면 새순이 피해를 받게 된다.

### 병징

만상(晩霜, 늦서리, late frost, spring frost)은 봄에 야간 기온이 영하로 내려갈 때 새로 나온 새순, 잎, 꽃이 하룻밤 사이에 시들어 마르는 현상이다. 남쪽과 남서쪽 수관이 더 큰 피해를 입는다. 활엽수의 경우 잎이 검은색으로 변하고, 침엽수의 경우 적갈색으로 변하다가 결국 새순이 말라 죽는다. 활엽수 중에서 목련, 백합나무, 모과나무, 단풍나무, 철쭉, 영산홍, 쥐똥나무에서, 그리고 침엽수 중에서 주목, 전나무, 낙엽송, 메타세쿼이아에서 심하게 나타난다. 주목의 경우는 1년 이상 된 잎들은 경화가 이미 되어서 피해가 없고, 새순(신초, 新梢)만 급격히 적갈색으로 말라 죽는다. 특히 한 지역에서 자라는 같은 수종 혹은 새순이 연약하게 자란 많은 나무들이 하루이틀 사이에 별안간 동일한 병징을 보이므로, 세밀히 관찰하면서 기상 자료를 검토하면 원인을 찾아낼 수 있다.

조상(早霜, 첫서리, early frost, summer frost)은 가을철 따뜻한 날씨가 지속되거나 여름철 시비로 나무가 웃자라면서 아직 내한성을 가지고 있지 않을 때 찾아오는 첫서리를 뜻한다. 산악 지역에서 찬 공기가 지상 1~3m 높이에 정체되는 분지(盆地, frost pocket)에서 가끔 나타난다. 키가 3m보다 작은 나무에 큰 피해를 주며, 병징은 늦서리와 같이 새순과 잎에서 나타난다. 소나무는 고산지대에서 온도가 낮아 잎이 늦여름까지 채 자라지 못한 상태에서, 활엽수는 여름 전정으로 새순이 늦게 나온 상태에서 잎의 기부가 피해를 받아 잎이 밑으로 처진다. 조상은 모든 새순이 죽어서 그 후유증이 1~2년간 지속되어 만상보다 더 심각하게 나무의 모양을 훼손시켜 나무가 왜성 혹은 관목형으로 되기도 한다.

상주(霜柱, 서릿발, frost heaving)는 초겨울 혹은 이른 봄에 습기가 많은 땅에 서리가 내리면서 표면의 흙이 위로 솟아오르는 현상이다. 이때 묘포장에서 키가 작은 1~2년생 묘목은 서릿발과 함께 위쪽으로 솟아 올라와서 뿌리가 노출되어 말라 죽는 경우가 자주 있다.

### 방제

만상(늦서리) 피해는 새순에만 주로 오고, 봄철 식물 호르몬이 왕성하게 생성되어 잠아에서 곧 새순이 나오기 때문에 나무에 치명적인 피해를 주지 않는다. 따라서 특별한 조치 없이 기다리면 회복이 된다. 예방법은 일기예보에 따라서 서리가 오기 전에 스프링클러로 안개비를 만들거나, 연기를 발생시키거나, 송풍기로 바람을 일으키거나, 비닐로 덮어주어 관목이나 소교목(예: 차나무, 귤나무)의 피해를 줄이는 것이다. 조상(첫서리) 피해를 막으려면 늦여름 시비를 자제하여 가을에 생장을 일찍 정지시킨다. 평소 칼륨(K) 시비는 서리에 대한 저항성을 높여준다.

상주(서릿발)에 의한 피해를 방지하려면 묘포장 토양의 배수를 철저히 해서 서릿발이 생기지 않도록 해야 하며, 노출된 땅바닥을 유기물로 만든 볏짚, 톱밥, 바크, 우드칩 등으로 멀칭을 실시한다. 멀칭의 두께는 5cm 이내로 해야 한다. 근본적으로 토양에 모래를 넣어 토성을 개량하는 것이 더 효과적이다.

**A** 쥐똥나무 늦서리 피해 초기 병징(2008. 5. 4). 잎이 물먹은 것같이 보이며, 습기가 남아 있다.
**B** 쥐똥나무 늦서리 피해 후기 병징. 피해 잎이 마르고 새순이 나오고 있다.
**C** 진달래 늦서리 피해(적색으로 변한 가지). 새순이 나와 완전히 회복 중이다.
**D** 아왜나무 늦서리 피해. 새순이 나오고 있다.
**E** 장미 늦서리 피해. 회복되지 않고 말라 죽은 모습.
**F** 전나무(왼쪽)와 주목(오른쪽) 늦서리 피해. 같은 장소에서 같은 시기 발생.
**G** 전나무 고산지대 늦서리 피해. 새순이 갈변하면서 모두 처진 모습.
**H** 고산지대 가문비나무 2년 전 늦서리로 끝눈(갈색)이 죽고, 첫해에 작은 잎이 나오고, 이듬해 큰 잎이 나와 완전히 회복한 모습.
**I** 가을에 자란 능수버들 가지의 첫서리 피해. 이층이 형성되지 않아 다음 해 봄까지 잎이 붙어 있다(2024. 3. 29).
**J** 노르웨이소나무 첫서리 피해. 추운 곳에서 늦게 싹이 난 후 8월 첫서리에 잎의 생장점이 피해 입은 모습(사진: Sinclair, 1987).
**K** 곰솔 엽저(잎의 아랫부분으로서 어린 생장점에 해당)가 가을 첫서리 피해로 갈변한 모습(사진: Sinclair와 Lyon, 2005).
**L** 늦가을이나 이른 봄에 묘포장에서 서릿발로 토양 표면이 위로 솟아 오른 모습.
**M** 반복된 서릿발로 뿌리가 위로 올라와 쓰러진 어린 주목.

## 2-4 상열(霜裂, frost crack)

### 배경

상열은 겨울철 수간이 동결하는 과정에서 바깥쪽의 변재 부위가 안쪽에 단열되어 있는 심재 부위보다 더 심하게 수축함으로써, 두 부위 간에 수축의 불균형으로 생기는 장력 때문에 종축(수직) 방향으로 갈라지는 현상이다. 위와 같은 현상은 마치 벌채해 놓은 통나무가 건조하면서 길게 갈라지는 것과 흡사한 원리로 일어난다. 상열이 나타나는 위치는 주로 낮에 햇빛에 의해 온도가 올라가서 온도 차가 더 많은 남쪽 혹은 남서쪽 수간이며, 침엽수보다는 활엽수에서 더 자주 관찰된다.

### 병징

상열은 햇빛에 노출된 남쪽 수피가 수직 방향으로 길게 찢어져 골이 파이는 증상을 보인다. 주로 직경이 15~30cm 정도의 나무에서 발생하는데, 그 이유는 직경이 15cm보다 작으면 열전도가 쉽게 이루어져 수축 불균형이 작아지고, 직경이 30cm보다 크면 변재와 심재 간의 수축 현상이 나타나더라도 수간의 부피가 커서 갈라지려는 힘보다 저항이 더 크기 때문이다. 은행나무, 단풍나무, 벚나무, 느티나무, 메타세쿼이아에서 자주 관찰된다.

### 방제

여름철 피소를 방지하기 위해서 부직포 혹은 녹화마대로 줄기를 감싸거나 흰 페인트나 석회유황합제를 바르는 것은 상열도 함께 예방할 수 있다. 그 밖에 밑가지를 제거하지 않고 그대로 두면 수간에 그늘을 만들어 피소와 상열도 방지할 수 있다. 토양 멀칭도 도움이 된다.

A B C D

**A** 고산지대 가문비나무 상열 병징. 남쪽 수간이 길게 갈라진 모습. 직경 15~30cm에서 발생한다.
**B** 목련 상열 피해 후 심재가 부패하면서 회복이 지연되고 있다.
**C** 금송 상열 피해(안동 도산서원) 후 형성층에서 새살이 나와 회복 중이다.
**D** 메타세쿼이아 상열 피해 후 새살이 나와 회복 중이다.
**E** 느티나무 상열 피해.
**F** 벚나무 상열 후 회복이 지연되고 있다.
**G** 은행나무 상열 후 회복 중이다.
**H** 배롱나무 이식목 상열. 수피가 얇아서 수피 보호(마대로 감싸기)가 필수적인데 설치하지 않은 상태.

## 2-5 동계피소(冬季皮燒, winter sunscald)

### 배경

동계피소는 거울철에 수피가 어는 현상을 의미한다. 한겨울에 수간의 남쪽 부위가 햇빛에 의하여 가열되면 그늘진 쪽의 수간보다 온도가 20°C 이상 올라가서 일시적으로 조직의 해빙 현상이 나타나는데, 일몰 후에 급격히 온도가 떨어지면서 조직이 동결하여 형성층 조직이 피해를 받는 현상이다.

### 병징

남쪽 수피가 불규칙하게 죽으면서 표면이 거칠어지고 목질부로부터 이탈한다. 대륙성기후를 가진 곳, 특히 주야간 온도가 크게 벌어지는 지역에서 많이 발생한다. 또한 수피가 얇거나 병해충과 물리적 원인으로 상처를 이미 가지고 있는 나무에서 더 자주 관찰된다. 이식목의 경우 수분 부족으로도 야기된다. 여름철에 생기는 피소와 결과적으로 흡사한 병징을 보이기 때문에 세월이 지나면 구별이 어렵다. 단풍나무, 백합나무, 피나무, 벚나무, 목련, 사과나무, 배나무, 호두나무, 느릅나무에서 자주 관찰된다.

## 방제

동계피소를 막기 위해서는 밑가지를 그대로 남겨두고, 여름철의 피소와 겨울철의 상열을 방지할 때처럼 수간을 마대로 싸거나 흰 페인트를 발라 주거나 토양을 유기물로 멀칭한다.

A 남쪽 수간에 발생한 동계피소.
B 동계피소. 상처 속에 민달팽이가 숨어 있다.
C 동계피소.
D 가시칠엽수(마로니에) 동계피소.

(사진: A, Ophardt와 Hummel, 2016; B, C, Wikipedia)

## 2-6 동계건조(冬季乾燥, winter desiccation)

### 배경

동계건조는 고산지대에서 자라는 상록수가 이른 봄에 과다한 증산작용으로 인하여 말라 죽는 현상으로서 동해의 또 다른 예이다. 늦은 겨울 혹은 이른 봄에 날씨가 따뜻해지면서 훈풍(薰風)이 불면, 기온은 쉽게 상승하지만 고산지대의 토양은 얼어 있는 상태로 남아 있는 경우가 자주 있다. 이때 상록수는 증산작용이 증가하여 겨울보다 수분이 더 많이 필요하지만, 토양이 얼어 수분 흡수가 원활하지 못해서 따뜻한 날씨가 지속되면 잎과 가지가 마르게 된다. 이와 같이 따뜻한 봄철에 아직 토양이 얼어 있는 상태는 주로 고산지대에서 북향에 있는 지역에서 나타나므로 이 지역에서 자라는 상록수가 피해를 받게 된다.

### 병징

동계건조는 고산지대의 북향에 심어놓은 상록수에서 이른 봄에 나타나는데, 증상이 피해 즉시 나타나지 않다가, 토양이 녹은 후 침엽수의 경우 수관 전체의 잎이 적갈색으로 변하거나 잎이 아래로 처지면서 결국 나무가 고사하게 된다.

### 방제

동계건조를 줄이는 방법은 방풍림을 설치하여 증산작용을 최소화하는 것, 토양의 배수 상태를 양호하게 유지하여 기온 상승 시 해토가 빨리 되도록 유도하는 것, 증산억제제를 미리 잎에 뿌려주는 것이다. 가능하다면 지표면의 멀칭을 임시로 걷어내거나, 고산지대에서는 낙엽층을 제거하여 해토를 촉진한다.

**A** 곰솔 묘목의 동계건조 피해. 토양이 얼어 있는 상태에서 과도한 증산으로 발생(2006. 3).

**B** 강원도 고산지대 삽당령에서 봄철 소나무 묘목이 말라 죽은 동계건조 피해(2006. 4).

## 2-7 지구온난화 동계건조(global warming winter desiccation)

### 배경

동계건조에 의한 새로운 형태의 피해가 최근 관찰되고 있다. 대기권의 이산화탄소 증가로 인한 지구온난화(global warming) 현상은 전 세계적으로 기후변화를 초래하고 있다. 최근 겨울철 이상난동(異常暖冬) 현상이 자주 관찰되고 있는데, 기후변화의 한 예에 해당하며, 1998, 2002, 2007, 2009, 2014, 2020, 2024년에 발생했다. 추운 겨울이 지속될 때에는 상록수가 증산작용을 적게 해서 정상적으로 월동할 수 있다. 그러나 상록수는 낙엽수와는 달리 겨울철에도 온도가 상승하면 광합성과 증산작용을 한다. 겨울철 따뜻한 날씨가 지속되면서 강수량이 적으면 상록수(특히 전년도 가을에 이식한 경우)가 건조 피해를 받을 수 있다. 한국과 같이 겨울철 강수량이 적은 지역(대륙성기후)에서 심각한 문제가 된다.

### 병징

상록수는 겨울철 기온이 5°C 이상 상승하면 증산작용을 시작하여 수분을 잃어버린다. 겨울철 따뜻한 날씨가 지속되면서 강수량이 적을 때 상록수는 수분 부족에 노출되며, 봄까지 가뭄이 지속되면 잎이 누렇게 마른다. 이런 현상은 동계건조의 또 다른 형태이다. 가지가 부분적으로 죽거나 나무 전체가 동시에 말라 죽기도 한다.

국내에서는 2007년 봄에 겨울 고온과 가뭄으로 진천, 영월에서 9만 주의 잣나무가 집단으로 고사했으며, 2009년에는 전년도 가을부터 전국적으로 이상난동과 가뭄이 지속되어 남쪽 지방에서만 300만 그루의 야생 소나무가 죽었다. 소나무와 잣나무는 본래 추운 날씨를 선호하는 수종으로서 따뜻한 겨울 날씨에 제대로 적응하지 못한다.

### 방제

따뜻한 겨울 날씨에 가뭄이 지속되면 겨울철에도 상록수를 대상으로 관수해야 한다. 삼한사온(三寒四溫)의 특징을 이용해 따뜻할 때 관수한다. 관수 후 4일 정도 배수가 되면 한파가 찾아와도 뿌리가 피해를 입지 않는다. 특히 가을에 이식한 상록수(예: 소나무, 주목)는 더 큰 피해를 받으므로 겨울철에 관수하거나 증산억제제를 뿌리는 것이 좋다. 근본적으로 가을 이식을 자제할 필요가 있다.

A

B

**A** 잣나무 지구온난화 동계건조(2007. 5, 충북 진천). 이상난동과 겨울 가뭄이 함께 올 때 과도한 증산작용으로 발생(사진: 나용준).
**B** 소나무(2009. 4, 경남 밀양). 이상난동과 가뭄으로 남향의 모래 토양에서 자라는 야생 소나무가 먼저 고사한 모습.
**C** 소나무(2009. 4, 경남 밀양). 이상난동과 가뭄으로 남향 산비탈에서 발생한 모습.
**D** 소나무(2007. 3, 서울). 이상난동과 가뭄으로 이른 봄에 발생한 모습.

## 3 가뭄(한발, 旱魃, drought)

가뭄(한발)은 일정 기간 비가 오지 않아 수분 부족을 초래하는 것을 뜻한다. 한국의 기후는 겨울철에는 시베리아 고기압의 영향을 받아 건조한 북서풍이 부는 대륙성기후를 보여 비가 거의 오지 않는다. 여름에는 북태평양 고기압의 영향을 받아 다습한 남서풍이 부는 해양성기후를 보여 비가 자주 오는 편이며, 장마철도 있다. 그러나 봄과 가을에는 비가 적게 와서 봄 가뭄과 가을 가뭄이 자주 나타난다.

한반도의 연평균 강우량은 1,300~1,500mm로 많은 편이지만, 지역에 따라서 편차가 크다. 중부지방 강우량은 연간 1,300mm 정도이지만, 남부지방은 1,600mm 이상이며, 경북 지역은 1,100mm 정도로 적다. 이 중에서 약 40~45%가 1개월 미만의 장마철에 집중되어 있어, 나머지 기간에는 비가 적은 편이다. 이러한 기후는 유럽과 매우 다르다. 예를 들면 스위스의 연강수량은 830mm로 한국보다 적지만, 연중 골고루 분포하는 경향이 있다. 제네바를 기준으로 할 때, 매달 30일 중에서 10일 정도 비가 온다고 하니, 가뭄이 적은 나라라고 할 수 있으며, 수목 생장에도 유리하다.

가뭄이 지속되면 토양이 건조해지므로, 가뭄의 병징과 방제는 토양적 요인에 의한 병 중에서 '건조 피해'에서 다루고자 한다.

**A** 봄 가뭄으로 뽕나무의 연한 열매가 잎보다 먼저 피해를 받은 모습(2015. 6).
**B** 봄 가뭄으로 쥐똥나무 꽃잎이 잎보다 먼저 마른 모습(2015. 6).

## 4 풍해(風害, wind damage)

### 배경

평소에 적절하게 부는 바람은 수목의 뿌리 발달과 나무 밑동의 생장을 촉진하고 수고생장을 감소시킨다. 밑가지를 제거하지 않고 그대로 두거나 평소 바람에 노출된 나무는 무게중심이 아래쪽에 있고 뿌리 발달이 촉진되어 바람에 견디는 힘이 생긴다.

풍해는 바람에 의해서 나타나는 물리적 및 생리적 피해를 의미하며, 초속 15m(시속 50km) 이상 풍속일 경우 피해를 줄 수 있다. 강풍에 의한 피해는 활엽수보다 인장강도가 약한 침엽수가 더 크며, 특히 천근성인 가문비나무와 낙엽송이 바람에 약하다. 특히 폭우를 동반한 강풍이 불면, 토양이 부드러워져 뿌리까지 뽑히는 경우가 생기는데, 이를 풍도(風倒, windthrow)라고 부른다. 바람의 피해를 받는 나무는 수고와 수관이 너무 크거나 잎이 밀생하거나, 아주 좁은 각도 혹은 아주 넓은 각도로 뻗은 가지, 병든 가지, 그리고 수간에 큰 공동을 가지고 있는 경우에 관찰된다. 이론적으로 수고/직경 비율이 50 이상일 경우 풍도 위험이 크다.

### 병징

강풍으로 나무가 뿌리까지 뽑혀 넘어지거나, 줄기가 부러지고, 비스듬히 누워버린다. 잎이 갈기갈기 찢어지거나 해지게 된다. 가지가 부러진 채 수관에 매달리게 되며, 시간이 지나면서 부러진 잎과 가지가 말라 죽는다.

### 방제

풍해를 줄이기 위하여 이식목의 경우 지주대를 반드시 설치한다. 줄당김(cabling)과 당김줄(guying)을 설치한 경우 조임틀로 철선을 조여준다.

평소에 가지치기를 주기적으로 실시하여, 위험한 가지를 미리 제거하고, 수관의 크기를 작게 유지한다. 영국과 미국에서 관찰된 예를 보면 태풍에 의한 피해는 가지치기를 하지 않은 나무에서 심하고, 가지치기로 수관이 작아진 나무는 바람을 적게 타므로 피해를 적게 받았다. 가로수의 경우 3~5년 주기로 가지치기를 통하여 수형을 가다듬고 수관을 작게 유지하면 풍해를 어느 정도 줄일 수 있다.

소경목을 이식할 경우 밑가지를 그대로 두어

밑동의 직경생장을 촉진함으로써 초살도(梢殺度, tapering, 밑동에서 위로 올라가면서 줄기 직경이 가늘어지는 정도)가 커지고, 2년이 경과하면 지주목을 제거하여 스스로 버틸 수 있도록 훈련시킨다. 낙우송이나 메타세쿼이아처럼 초살도가 크면 무게중심이 아래쪽에 있어서 나무가 잘 쓰러지지 않는다. 간벌은 점진적으로 실시한다.

바람이 상습적으로 강한 곳에서는 처음부터 심근성 수종을 선정하여 식재하는 것이 바람직하며, 이러한 수종은 방풍림(防風林, windbreak)으로도 적합하다(표 3-8). 그러나 뿌리의 발달은 토양의 특수성, 즉 토심과 토성에 따라서 크게 달라지기 때문에 근본적으로 풍해를 방지하기는 어렵다.

표 3-8 심근성과 천근성 조경수의 예(심근성 수종은 방풍림으로 적합)(가리주미, 1979).

| 구분 | 침엽수 | 활엽수 |
| --- | --- | --- |
| 심근성 | 곰솔, 나한송, 낙우송, 메타세쿼이아, 비자나무, 삼나무, 소나무류, 은행나무, 잣나무류, 전나무, 주목 | 계수나무, 구실잣밤나무, 굴거리나무, 느티나무, 단풍나무류, 마가목, 모과나무, 목련류, 백합나무, 벽오동, 생달나무, 소귀나무, 수양벚나무, 참나무류, 참식나무, 칠엽수, 팽나무, 호두나무, 회화나무 |
| 중간성 | 낙엽송 | 가시나무류, 녹나무, 매실나무, 배롱나무, 버즘나무, 벚나무류, 복사나무, 비목나무, 자귀나무, 후박나무 |
| 천근성 | 가문비나무, 개잎갈나무, 금송, 낙엽송, 눈주목, 독일가문비나무, 솔송나무, 편백, 화백 | 느릅나무, 동백나무, 매화나무, 밤나무, 버드나무류, 보리수나무, 사시나무, 산사나무, 산딸나무, 아까시나무, 오리나무류, 이팝나무, 자작나무류, 층층나무, 포플러류, 푸조나무, 피나무 |

**A** 고산지대 전나무 수관이 바람 영향으로 한쪽 방향으로 자란 모습(크롬홀츠 현상).
**B** 루사 태풍으로 목재강도가 낮은 버드나무 줄기가 부러진 모습(2002. 8).
**C** 셀마 태풍으로 삼척 도계읍 긴잎느티나무 줄기가 부러진 모습(1987. 7).
**D** 괴산 왕소나무가 2012년 태풍으로 쓰러져 고사한 모습.
**E** 곤파스 태풍으로 장송이 쓰러진 모습(2010. 9, 서울).
**F** 바람으로 천근성 정원수가 뿌리째 뽑혀 쓰러진 모습.
**G** 볼라벤 태풍으로 낙엽진 벚나무가 10월 초에 개화한 모습(2012. 10, 제주도).
**H** 매미 태풍으로 뿌리 발달이 빈약한 이식한 소나무가 쓰러진 모습(2003. 9, 부산).
**I** 천연기념물 백송이 폭우로 줄기가 넘어진 모습(1990. 7, 서울 통의동).
**J** 곤파스 태풍으로 쓰러진 장송(우측)을 다시 세웠으나 수년간 후유증으로 잎이 작고 수관 발달이 미약하다.
(사진: C, D, 강전유, 2015; H, 이승제)

# 5 조풍(潮風, ocean salt spray)

## 배경

조풍 피해는 바닷가에서 소금을 함유한 바람(조풍)이 불어와 수목에 피해를 주는 경우이다. 바닷가에서 잘 자라는 수목은 천연적으로 내조성(耐潮性)이 있다고 할 수 있다. 곰솔, 위성류, 해당화, 순비기나무가 대표적인 예로서 주로 바닷가를 따라서 자란다(표 3-9). 곰솔은 내조성이 있으나, 바닷물이 육지로 올라오거나, 바람으로 바닷소금이 대량으로 날아올 때에는 피해를 받는다. 2012년 8월 말 볼라벤 태풍이 제주도에서 인천으로 상륙했을 때, 비가 거의 오지 않고 바람만 불어 소금이 날아와서 제주도, 영종도 등 서해안 도서 지역의 곰솔에 큰 피해를 주었다.

## 병징

조풍 피해는 넓은 지역에 걸쳐서 조풍에 약한 수종의 수관 전체가 갈색으로 변하기 시작한다. 활엽수의 경우 잎의 가장자리가 타 들어가는 현상을 보이며, 갈색 반점이 불규칙하게 나타난다. 수목에 따라서 초기 증상이 갈색, 자색, 홍색 등으로 다양하게 나타나지만, 후반부에는 대개 갈색 반점으로 변하고 조직이 검게 괴사한다. 심하면 조기단풍이 들면서 낙엽이 지거나, 눈이 더 이상 자라지 않고 가지가 죽는다. 그러나 초기 증상은 생장 감소와 조기낙엽 현상이기 때문에 다른 생리적 피해와 쉽게 구별이 안 된다. 1회성 조풍으로 일시적으로 잎이 부분적으로 갈변할 경우에는 새순이 나와서 나무가 회복된다. 바닷가에서 자라는 수종과 일부 수종은 내조성이 있다고 할 수 있지만(표 3-9), 비를 동반하지 않은 태풍이 불 때에는 모두 피해를 받는다.

## 방제

조풍 피해를 줄이는 방법은 바람이 멈추면 물로 잎을 씻어주는 것이다. 근본적으로 바닷가에는 내조성이 있는 수종을 심어야 한다.

표 3-9 내조성(조풍에 대한 저항성)에 따른 수목의 분류(이경준, 2015)

| 내조성 | 침엽수 | 활엽수 |
|---|---|---|
| 강함 | 곰솔, 나우송, 노간주나무, 리기다소나무, 주목, 풍겐스가문비나무, 향나무 | 가죽나무, 감탕나무, 굴거리나무, 꾸지뽕나무, 낙상홍, 난쟁이조릿대, 녹나무, 느티나무, 능수버들, 동백나무, 때죽나무, 모감주나무, 무궁화, 버즘단풍나무, 벽오동, 보리수나무, 소사나무, 순비기나무, 식나무, 아까시나무, 아왜나무, 양버들, 위성류, 자귀나무, 주엽나무, 쥐똥나무, 참나무류, 칠엽수, 팥배나무, 팽나무, 해당화, 후박나무, 회양목, 회화나무 |
| 약함 | 가문비나무, 낙엽송, 삼나무, 소나무, 스트로브잣나무, 은행나무, 전나무, 측백나무, 개잎갈나무(히말라야시다) | 가시나무류, 개나리, 국수나무, 단풍나무류, 대왕참나무, 덜꿩나무, 마가목, 목련류, 백합나무, 벚나무, 사철나무, 생강나무, 수수꽃다리, 음나무, 자작나무, 조팝나무, 피나무, 피라칸다 |

A 비가 오지 않고 바람만 불었던 볼라벤 태풍으로 염해를 받은 곰솔. 고사할 정도의 피해는 아니다.
B 볼라벤 태풍으로 염해를 받은 곰솔. 피해를 받지 않은 잎이 많아 회복이 가능하다(사진: A, B, 2012. 10, 제주도).
C 바닷가 곰솔 조풍 피해.
D 바닷가 왕벚나무 조풍 피해.
E 바닷가 졸참나무 조풍 피해.
F 앞 사진의 졸참나무 잎의 병징.
G 바닷가 복자기 조풍 피해(사진: C-G, 2012. 9, 인천 영종도 공항에서 볼라벤 태풍 피해).
H 조풍으로 바닷가를 향한 부분의 잎만 피해를 입은 측백나무(전북 새만금 방조제).
I 바닷가 전나무 잎의 조풍 피해.
J 경북 울진 후정리 향나무의 1987년 조풍 피해(사진: 강전유, 2015).

## 6 해일(海溢, seismic wave)

### 배경

해일 피해는 큰 너울이 바닷가를 뒤덮어 소금 피해를 유발하는 것을 뜻하며, 바닷물이 침투한 곳에서만 나타나며, 침투한 바닷물의 양과 체류 시간에 비례하여 피해를 준다. 바닷물이 대량으로 토양 속으로 스며들기 때문에 내조성이 있는 곰솔이나 해당화도 죽는다. 2004년 12월 인도네시아 대지진 후 쓰나미가 동남아시아 지역을 강타했는데, 최종 살아남은 수종은 야자나무류와 해변무궁화밖에 없는 것으로 조사되었다.

바닷물의 소금 농도는 내개 50~55dS/m(혹은 3~4%)로서 음용수나 관개수로 쓸 수 없다. 대부분의 작물에 사용 가능한 관개수의 소금 농도는 0.75dS/m 미만이다. 내염성 작물에 제한적으로 사용 가능한 관개수는 1.0~2.0dS/m이며, 2.0dS/m 이상의 관개수는 장기적으로 농업용수로 사용할 수 없다. 참고로 WHO(세계보건기구) 기준에 의한 음용수의 염분 허용치는 0.8dS/m이며, 시판하는 생수에는 0.05dS/m(50uS/cm)의 염분이 들어 있다.

간척지에서 토양 중 염분에 의한 전기전도도와 작물 생육과의 관계를 보면, 0~1dS/m에서는 일반 작물이 제한 없이 자랄 수 있고, 2~4dS/m에서는 민감한 엽채류의 생육 장애가 나타나며, 4~8dS/m에서는 내염성 작물만을 재배할 수 있다(참고: 1dS/m = 100cS/m = 1mS/cm = 1,000uS/cm).

## 병징

조풍 피해는 잎에서 피해가 일시적으로 나타나고 후에 새순이 나오는 경우가 대부분이지만, 쓰나미의 경우는 뿌리가 염분으로 죽기 때문에 피해가 심하다. 지상부로 염분이 이동하여 잎의 가장자리부터 크고 작은 갈색 반점이 생기고 갈변하면서 모든 잎, 눈, 형성층이 피해를 받으면 결국 나무도 죽는다.

## 방제

토양 중에 있는 염분을 제거할 때에는 충분한 양의 물로 토양을 세척하고, 토양이 마른 후에 숯가루를 넣어서 소금을 흡착시킨다. 150mm의 관수는 이론적으로 표토 30cm 깊이에 있는 염분의 2분의 1 정도를, 300mm의 관수는 5분의 4를 씻어낼 수 있다. 숯가루를 넣어 소금을 흡착시킨다. 석고($CaSO_4$) 시비로 토양의 나트륨(Na)을 유리시켜 물로 용탈시킨다. 바닷가와 임해매립지에는 염해에 강한 수종을 식재한다.

A 해일로 높은 파도가 칠 때 염해를 받은 바닷가의 곰솔.
B 앞 사진에서 해일로 염해를 받은 곰솔 잎의 병징. 균일하게 갈색으로 변한 모습.
C 인도네시아 대지진 시 생긴 해일로 내염성 야자나무와 해변무궁화(됫배경)만 살아남은 모습(2005. 3, 몰디브).
D 해일로 토양 염해를 받은 망고나무 잎의 병징(2005. 3, 몰디브).

# 7 설해(雪害, snow damage)

## 배경

설해는 나무가 눈의 무게를 감당하지 못하여 가지가 부러지거나 나무 전체가 쓰러지는 피해를 말하며, 비스듬하게 자라는 나무가 먼저 피해를 받는다. 눈이 많이 오는 지역일수록 오랜 세월 동안 진화 과정을 통해서 침엽수가 곧게 자라는 성질을 가지게 되었다. 또한 원추형의 수관을 가져 눈이 적게 쌓이도록 하고, 쌓일 경우에도 무게중심이 아래쪽에 머물도록 하여 도복(倒伏)을 방지한다. 노르웨이가 원산지인 독일가문비나무는 눈이 쌓이는 것을 최소화하기 위하여 측지(側枝)와 소지(小枝)가 밑으로 처져 있는 것이 특징이며, 조경수로서의 가치가 크다.

눈사태(avalanche)는 높은 고산 지역, 즉 유럽의 알프스산맥과 동양의 히말라야산맥을 끼고 있는 지역에서 자주 관찰되며, 한국에서도 강원도 태백산맥 지역에서 가끔 볼 수 있다. 산이 높을수록, 사면이 길수록, 그리고 경사도가 심할수록 눈사태는 자주 일어나며, 사면에 입목밀도가 높을수록 적게 일어난다.

## 병징

수관에 눈이 쌓이면 가지가 아래로 처지면서 부러지기도 한다. 눈이 쌓인 상태로 그대로 두면 가지가 영구히 휘어지며, 수간이 구부러진 상태에서 회복되지 않거나 도복되기도 한다. 특히 습설(濕雪)이 오면 눈 자체가 무겁고 더 많은 눈이 쌓여 피해를 악화시킨다.

## 방제

설해를 줄이는 방법은 상록수의 수관이 너무 크거나 잎이 과밀할 경우 가지치기를 통해서 가지와 잎을 솎아주는 것이다. 눈이 수관에 많이 쌓이면 가능한 한 빨리 눈을 제거하는 것이 중요하다. 기울어진 나무는 다시 세운 후에 지지대로 받쳐서 더 이상의 도복을 막는다. 눈사태를 예방하기 위해 숲의 입목밀도를 높게 유지한다.

뻗은 가지들은 햇빛 부족으로 죽어서 수관이 불균형을 이룬다.

양수(陽樹, 그늘에서 살 수 없는 나무)인 소나무, 포플러, 자작나무, 버드나무, 낙엽송을 북향의 그늘에 심으면 서서히 건강이 나빠지면서 가지가 조금씩 고사하고, 특히 소나무는 수년이 경과하면 결국 죽는다.

## 방제

아파트 단지같이 나무가 밀식되어 있는 곳에서는 그늘에 들어간 나무의 가지가 고사하므로 주기적으로 솎아베기(간벌)을 통해서 나무의 밀도를 줄여준다. 그늘진 곳에는 처음부터 음수(陰樹, 그늘에서도 살 수 있는 나무, 예: 주목, 단풍나무, 사철나무, 회양목)를 배식(配植)하면 일조량 부족을 극복할 수 있다.

A 실내에서 햇빛 부족으로 잎이 황화현상을 보이면서 새순이 고사한 소철.
B 양수인 향나무가 주변 나무들이 빨리 자라면서 그늘 속에서 고사한 모습.
C 음수인 주목조차도 북향 그늘에서 견디지 못해 안쪽 가지들이 서서히 고사한 모습.
D 식재 20년이 경과한 후 단풍나무(왼쪽)가 만든 그늘로 안쪽 가지가 고사한 섬잣나무(오른쪽).
E 그늘에서 자라면서 가는 수간과 빈약한 잎을 가진 향나무.
F 온실(차광막 설치)에서 햇빛 부족으로 웃자라서 키가 커진 소나무 묘목.

3장

비전염성병

# III. 토양적 요인에 의한 병

## 1 건조(乾燥, drought)

### 배경

수목은 낮에 증산작용을 하면서 수분을 과다하게 잃고 수분 부족 현상이 생긴다. 건조 초기의 단순한 시듦은 야간에 수분 상태가 좋아지면 다시 회복된다. 그러나 만성적인 건조는 광합성을 둔화시키고 직경생장도 감소하여, 나이테가 좁아지면서 위연륜(僞年輪, false annual ring)을 만들기도 한다. 일반적으로 낮에 시들었던 잎이나 가지가 밤에 회복되는 것이 정상이다. 만일 시듦 현상이 낮과 밤에 지속적으로 나타나면 건조 피해가 있다고 판단한다.

요즘 대경목(大徑木)을 철저한 준비 없이 이식하는 관행으로 인하여 이식 후 건조 피해가 자주 발생한다. 특히 이식목(移植木)은 뿌리를 많이 잃었기 때문에 첫해부터 수년간 주기적으로 관수하지 않으면 건조 피해를 면할 수 없으며, 게을리하면 가지가 죽거나 나무가 고사한다. 조경공사가 끝난 후 수년간 가장 유의해야 할 사항이 이식목에 대한 주기적인 관수 계획을 세우는 것이다.

### 병징

건조에 의한 피해는 활엽수와 침엽수가 서로 다르게 나타난다. 활엽수는 어린잎과 줄기의 시듦 현상(위조, 萎凋, wilting)이다. 시든 잎이 가장자리부터 엽맥 사이 조직에서 갈색으로 고사하면서 말려들어 간다. 오후 햇빛이 드는 남서향의 가지와 바람에 노출된 부분이 먼저 영향을 받는데, 피해가 더욱 진전되면 낙엽이 진다. 활엽수는 수분스트레스를 받으면 잎의 크기가 작아지고, 새 가지 생장이 위축되어 엽면적(leaf area)이 감소하며, 가지 끝부터 서서히 밑으로 죽어 내려와서 수관이 축소된다.

침엽수는 잎이 단단해서 건조 피해가 초기에 잘 나타나지 않기 때문에 주의해야 한다. 소나무는 건조에 대한 저항성이 커서 탈수 상태에 있더라도 초기에 잎에 가시적인 증상(예: 잎의 처짐, 변색)이 나타나지 않는다. 잎이 퇴색하여 어두운 녹색으로 되는 것이 초기 증상이나, 가시적으로 잎이 쪼그라드는 후기 증상이 나타나면, 이미 나무가 죽기 직전까지 도달한 상태라고 할 수 있다. 이때는 관수를 하더라도 나무가 회복되지 않는다. 이후 수관의 여기저기에서 불규칙하게 잎과 가지가 죽는 현상을 보인다. 건조 피해로 고사한 소나무 잎은 과습이나 잎떨림병에 걸린 경우보다 잎이 더 오랫동안 붙어 있다. 그러나 푸사리움가지마름병에 걸린 잎은 갈변 후 예외적으로 수년 동안 붙어 있다.

건조 피해가 잘 나타나는 수목은 주로 천근성 수종이거나 토심이 낮은 곳과 모래 성분이 많은 토양에서 자라는 개체이다. 건조 피해로 쉽게 잎이 말리거나 고사하는 수종은 단풍나무류, 칠엽수, 층층나무, 물푸레나무, 느릅나무와 뿌리를 얕게 뻗은 관목류를 예로 들 수 있다. 이식할 때 잎을 많이 제거하지 않은 주목과 향나무는 지상부와 지하부의 비율이 맞지 않아 건조 피해가 심하게 나타난다.

수분 부족으로 인한 잎과 줄기의 건조 피해는 서서히 가지 끝에서 나타난다. 이와 흡사하게 전염성병인 줄기마름병이나 시듦병(예: 소나무 재선충병, 참나무 시듦병)으로 인한 피해와 뿌리에 손상을 입은 경우에도 수분 부족과 비슷한 증상을 보이므로 서로 구별하기 어려워서 진단 시 주의해야 한다.

## 방제

조경수에서 건조 피해는 이식목에서 제일 먼저 나타나게 마련이다. 적절한 크기로 근분을 제작하여 이식한 나무도 처음 2년 동안 수분이 절대적으로 부족하며, 회복하는 데 5년이 걸린다. 건조 피해를 줄이기 위하여 관수해야 할 경우에는 1회를 실시하더라도 하층토(심토)까지 완전히 젖을 때까지 충분히 관수하는 것이 같은 양의 물을 여러 번으로 나누어서 표층토만 젖을 만큼 주는 것보다 훨씬 더 나무에게 도움이 된다. 이식목에 한 번에 많은 물을 주기 위해서는 반드시 근분 주변에 원형으로 물받이(물집)를 크게 설치하여 5년간 유지하면서 건조할 때마다 물을 주어야 한다.

건조기에 스프링클러로 대면적을 관수하는 것은 조경수의 경우 효율적인 방법이 못 된다. 점적관수법(點滴灌水法, drip irrigation)을 이용하여 나무 밑동에만 조금씩 물을 흘려보내는 방법이 바람직하다. 나무에 매달아놓는 물주머니는 점적관수에 해당하지만, 물을 천천히 떨어뜨리면 한 곳만 적시는 단점이 있고, 더운 여름날 땅 표면에서 대부분 증발해버려서 효과가 적다.

이식목의 건조 피해를 막으려면, 이식하기 1~2년 전 뿌리돌림, 직경이 큰 근분 제작, 근분 포장재의 제거와 철저한 흙 되메우기, 지주대 세우기, 이식 후 주기적 관수를 반드시 지켜야 한다. 건조에 강한 소나무도 예외일 수 없다. 건조 피해가 예상되는 지역에는 내건성이 큰 소나무, 노간주나무, 곰솔, 향나무, 눈향나무, 호랑가시나무, 가죽나무, 사시나무, 회화나무, 사철나무, 회양목 등을 심는다(표 3-10).

귀중하여 특별히 보호하고자 하는 나무 밑에는 잔디, 화초, 관목을 함께 심지 않는 것이 바람직하다. 비가 조금 올 때 혹은 관수량이 부족할 때에는 나무 밑에 심어놓은 잔디나 화초가 뿌리를 얕게 뻗으므로 이 물을 먼저 이용하는 반면, 보호하려는 나무뿌리는 더 깊은 곳에 있어 이 물을 이용할 수 없기 때문이다. 따라서 다른 식물을 심지 말고 대신 토양을 유기물로 멀칭하여 토양 수분의 증발을 억제하는 것이 특별한 수목의 건조 피해를 예방하는 방법이다.

표 3-10 내건성의 차이에 따른 수목 분류

| 내건성 | 침엽수 | 활엽수 |
|---|---|---|
| 높음 | 곰솔, 노간주나무, 눈향나무, 독일가문비나무, 소나무, 스트로브잣나무, 은행나무, 향나무 | 가죽나무, 돈나무, 매자나무, 물오리나무, 보리수나무, 사시나무, 사철나무, 아까시나무, 참나무류(신갈나무), 피라칸다, 화살나무, 호랑가시나무, 회양목, 회화나무 |
| 낮음 | 낙우송, 삼나무 | 가시칠엽수, 느릅나무, 능수버들, 단풍나무, 동백나무, 물푸레나무, 수국, 자작나무, 주엽나무, 층층나무, 황매화 |

A 수분 부족으로 잎이 처진 수수꽃다리. 관수하면 회복 가능.
B 회복이 불가능할 만큼 말라버린 수수꽃다리 잎.
C 수분 부족으로 처진 개나리 잎. 즉시 관수로 회복 가능한 상태.
D 봄 가뭄으로 잎이 아래로 처진 칠엽수. 즉시 관수하면 회복 가능.
E 이식한 이팝나무 잎이 상당히 말라 완전 회복이 어려운 상태.
F 봄 가뭄으로 영산홍 잎은 모두 마르고, 내건성이 있는 회양목은 살아 있다.
G 여름 가뭄으로 남향에 심은 백목련 잎이 탈락.
H 여름 가뭄으로 고사한 사철나무 잎.
I 조기 탈락한 메타세쿼이아 가로수 잎. 장기 건조로 피해 입은 남쪽 나무와 그늘 덕분에 피해 입지 않은 북쪽 나무.
J 여름철 가뭄과 고온으로 별안간 고사한 향나무. 모든 잎이 균일하게 갈변.
K 잣나무 가뭄 피해(오른쪽). 잎이 균일하게 갈변.
L 단풍나무가 가을 가뭄으로 단풍이 제대로 들지 않고 일부 잎이 마른 상태(2006. 10).
M 물푸레나무의 건조 피해. 꼭대기 가지부터 고사하기 시작하여 전형적인 건조피해 병징을 보인다(사진: Dreistadt, 2004).

## 2 과습(過濕, excess water)

### 배경

토양 입자의 크기는 진흙은 0.002mm보다 작고, 미사는 0.002~0.02mm, 모래는 0.02~2.0mm로서 토양의 종류에 따라서 다양하다. 토양 입자와 입자 사이에는 작은 공극(孔隙, pore space)이 있으며, 이 공극을 물과 공기가 상호 보완적으로 채우고 있다. 즉 공극에서 수분이 없어진 만큼 공기가 대신 채워지며, 수분으로 채워진 만큼 공기가 줄어든다. 뿌리는 토양 중의 물을 흡수하므로 토양 중에 물이 많을수록 뿌리가 물을 많이 빨아들일 것으로 생각하기 쉽다. 그러나 뿌리는 잎과 마찬가지로 호흡을 하기 위해서 산소를 필요로 하므로, 토양 중에는 산소를 가진 공기도 있어야 한다. 따라서 토양 공극에 수분과 산소가 알맞은 비율로 함께 있어야 뿌리가 정상으로 자랄 수 있다. 토양 중에 수분이 너무 많으면 과습하고 배수불량(排水不良, poor drainage)한 토양이 되며, 산소 부족으로 인하여 뿌리가 제 기능을 하지 못한다. 이런 현상은 진흙을 많이 함유한 토양에서 자주 관찰된다. 일반적으로 활엽수가 침엽수보다 습한 토양에서 견디는 힘이 크다. 포플러의 경우 암나무가 수나무보다 과습에 대한 저항성이 더 큰 경향이 있다.

### 병징

과습은 진흙이 많거나, 배수가 불량하거나, 낮은 지대에 있거나, 지하수위가 높거나, 과다하게 관수하거나, 옹벽 등으로 물이 정체하는 토양에서 관찰된다. 비가 오고 2일 경과 후 토양 표면에 물이 고여 있다면 과습 토양에 해당한다. 초기 증상은 엽병(잎자루)이 누렇게 변하면서 아래로 처지는 현상이다. 이를 상편생장(上偏生長, epinasty)이라고 부른다. 이것은 뿌리에서 에틸렌 가스가 생산되어 잎으로 이동하기 때문에 나타난다. 과습이 더 진행되면 잎이 작아지고 황화현상을 보이며 수종(예: 주목, 동백나무, 사철나무, 무궁화, 담쟁이덩굴, 쥐똥나무, 백합나무)에 따라서는 잎 표면에 물혹(수종, 水腫, edema)을 만들기도 하며, 가지 생장이 둔화된다. 더 진전되면 잎이 마르고 어린 가지가 고사하며, 조기단풍이 들고, 겨울철 동해에도 약해진다. 병에 대한 저항성이 낮아져서 *Phytophthora* 병균에 의한 뿌리썩음병이 쉽게 생긴다. 또한 부정근이 발생하기도 하고 결국 뿌리가 검은색으로 썩어 껍질이 벗겨진다.

과습에 의한 뿌리 고사로 인하여 지상부에 나타나는 가장 확실한 후기 병징은 활엽수의 경우 수관 꼭대기로부터 가지가 밑으로 죽어 내려

표 3-11 과습 토양(혹은 침수)에 대한 수종별 저항성(Costello 등, 2003)

| 저항성 | 침엽수 | 활엽수 |
|---|---|---|
| 높음 | 낙우송, 메타세쿼이아, 미국잎갈나무 | 미국느릅나무, 단풍나무류(은단풍, 네군도, 루브룸), 물푸레나무, 미국느릅나무, 버드나무류, 버즘나무류(단풍, 서양), 뽕나무, 오리나무류, 자작나무류, 미국주엽나무, 대왕참나무, 서양팽나무, 페칸, 피나무, 포플러류, 풍향수, 흑호두나무, 히코리 |
| 낮음 | 가문비나무(독일, 은청), 서양측백, 소나무, 전나무, 주목, 해송, 향나무류 | 꽃산딸나무, 단풍나무류(설탕, 노르웨이), 목련, 사과나무, 벚나무류, 사시나무, 아까시나무, 참나무류, 층층나무 |

오면서 수관이 축소되는 현상이다. 과습은 보통 1년 이내로 나무를 죽게 한다. 솔잎의 경우 고사한 잎을 손으로 잡아 당기면, 건조로 고사한 잎보다 과습으로 고사한 잎이 더 쉽게 이탈한다.

## 방제

토양이 침수(浸水)되어 있을 때, 침수된 물을 5일 이내에 배수시키지 않으면 뿌리가 피해를 입게 된다. 배수가 불량한 토양은 비가 많이 온 후 1m 깊이 웅덩이의 물이 5일이 경과한 이후에도 그대로 남아 있다. 이를 기준으로 하여 배수 불량 토양을 찾아낸다. 배수 속도는 24시간에 깊이 60cm 이상이어야 한다. 즉, 비가 온 후 반나절 정도 지나 중력수(重力水, gravitational water)가 모두 빠져나가는 토양이면 괜찮다. 나무 주변에 새로운 건축물이 설치되거나 토양의 형상이 바뀌면 배수가 제대로 되는지 점검해야 한다. 배수가 안 되면 명거배수(明渠排水, 노출된 도랑, trench drainage) 혹은 암거배수(暗渠排水, 땅속 깊이 유공관을 묻음, underground drainage)를 통해서 과습 상태를 없애야 한다. 부득이한 경우 과습 토양에서 잘 견디는 수종(예: 버드나무류, 낙우송)을 골라서 식재함으로써 과습 피해를 예방할 수 있다(표 3-11).

G
H
J
1
I
L
K
M
N

O

P

A 주변 건축공사 후 배수불량으로 고사한 천연기념물 백송(서울 원효로).
B 주변 논에서 걷어올린 흙이 배수불량을 초래해 고사한 천연기념물 소나무(문경시 존도리). 초기에 잎끝이 갈변(2005).
C 앞 사진 소나무의 뿌리가 산소 부족으로 완전히 부패한 상태.
D 배수불량으로 고사한 스트로브잣나무. 모든 잎이 균일하게 갈변.
E 앞 사진 스트로브잣나무 뿌리가 검게 썩어 있으며, 대부분 진흙으로 되어 있는 토양이다.
F 저수지 둑이 터져 장기간 과습 상태이었던 양묘장 잣나무의 뿌리와 흙이 검은색으로 변하고, 뿌리 껍질이 벗겨졌다.
G 배수불량으로 고사한 소나무 잎의 갈변과 검은색으로 변한 뿌리와 흙.
H 주변이 2m로 성토된 지역에서 배수불량으로 고사한 나무의 뿌리가 검은색으로 변했다.
I 수막분수에서 지속적으로 물을 흘려 보내 과습으로 고사한 주목. 잎의 초기 황화 후 갈변한 상태.
J 과습으로 고사한 소나무 뿌리의 초기 병징. 수피가 벗겨지며 잔뿌리가 이미 고사하여 없어진 상태.
K 예년보다 긴 장마와 계속된 강우 후 배수로 근처의 딱총나무 잎이 검게 변색.
L 긴 장마 기간에 토양의 산소 부족으로 황화현상을 보이는 소나무 새잎.
M 배수가 불량한 논에서 양묘한 금송의 잎이 아래로 처지는 상편생장을 보인다.
N 낮은 곳(중앙 부분)으로 물이 고이는 정원에서 과습으로 주목의 잎이 단계적으로 황화 후 갈변 현상을 보인다.
O 소나무 과습 피해. 잔뿌리가 모두 죽고, 굵은 뿌리도 검은색으로 고사한 모습(사진: 강전유).
P 배수불량 토양에서 자란 주목 잎의 뒷면에 형성된 물혹(수종)(사진: 문성철과 이상길, 2014).

## 3 침수(沈水, water-logging)

하천부지 혹은 저지대에서 자라는 나무들은 홍수 때 뿌리가 물에 잠겨 침수된다. 침수가 짧은 기간 지속될 경우에는 나무에 피해를 주지 않는다. 1960년대 이태리포플러를 개량하여 전국 하천부지에 널리 식재했는데, 장마철 단기간 침수에는 피해를 받지 않았던 사례가 있다.

수목이 침수에 견디는 능력은 수종에 따라서 차이가 있다. 대부분의 수종은 침수에 대한 저항성이 없지만, 낙우송과 버드나무는 예외이다. 낙우송은 본래 미국 미시시피강의 범람지역에서 자라며 기근(氣根, knee root)을 물 밖으로 내보내 호흡을 한다. 버드나무는 지상에서 흡수한 산소를 뿌리까지 내려보내기 때문에 침수된 상태에서도 자랄 수 있어 강 혹은 하천부지에서 발견된다. 이는 왕버들도 마찬가지다.

논벼는 침수가 될 때 잎까지 잠기기 때문에 3일 이내에 물을 빼지 않으면 피해를 받는다. 수목은 뿌리만 잠기므로 보통 5일 이내에 물을 빼면 피해가 없다. 7일이 경과하면 많은 수목이 고사하는 것으로 알려져 있다. 1970년대 뉴욕의 식물원이 7일간 침수되었는데, 이때 많은 수종이 죽어 수종별 저항성을 조사한 사례가 있다.

홍수는 대개 뻘흙이 함께 밀려오면서 침수를 유발하기 때문에 나무뿌리 호흡이 급속히 나빠져서 7일 이내 물이 빠지지 않으면 피해를 준다. 반면, 실험실에서 맑은 물로 침수 실험을 할 경우 보름이 경과해도 화분의 뿌리가 죽지 않는다는 점을 유의할 필요가 있다.

A 강가에서 홍수로 침수된 나무들(영국 템스강). 물이 5일 내로 빠지면 생존 가능하다.
B 강우량이 적은 지역의 댐에 물이 불어나 침수로 고사한 나무들(미국 워싱턴주).
C 침수로 소나무 뿌리가 고사한 모습. 수피가 벗겨지며 검은색으로 변한다.
D 홍수 후 뻘흙이 쌓이지만 버드나무가 새 뿌리를 만들어 회생한 모습(서울 한강변).
E 하천변의 버드나무가 뻘흙이 쌓일 때마다 새 뿌리를 4회 뻗으면서 자란 모습.
F 저수지 물에 잠긴 상태로 건강하게 살아 있는 왕버들(경북 청송 주산지, 2023. 3. 23).

## 4 양분 결핍(養分缺乏, nutrient deficiency)

### 배경

식물이 종자에서 발아하여 꽃이 피고 열매를 맺어 생활사(life cycle)를 완성할 때까지 꼭 필요한 원소를 필수원소(必須元素, essential elements)라고 칭한다. 총 17가지 원소가 알려져 있는데, 탄소, 산소, 수소는 공기와 물로부터 흡수하며, 이를 제외한 14가지 원소는 토양에서 흡수한다. 토양에서 흡수되는 모든 원소는 반드시 이온(ion, 양전기 혹은 음전기를 띰)의 형태로 물에 녹아 있는 상태로 물과 함께 흡수된다. 체내에 건중량의 0.1% 이상 존재하는 원소를 대량원소(大量元素, macro-element)라고 하며, 0.1% 미만으로 존재하는 원소를 미량원소(微量元素, microelement)라고 칭한다(표 3-12).

양분 결핍은 토양 내 양분이 절대적으로 부족하거나 혹은 양분이 충분히 있더라도 수목이 흡수할 수 없는 형태로 존재하는 경우에 나타난다. 식물은 토양 내 무기물의 형태로 존재하는 양분만을 흡수하기 때문에 무기양분(mineral nutrients)으로 칭한다. 질소, 인, 칼륨, 마그네슘은 체내 이동이 쉬운 이동성 원소(移動性 元素, mobile elements)로서 부족할 경우 성숙 잎에서 어린잎으로 원소를 쉽게 이동시키기 때문에 그 부족 현상은 성숙 잎에서 먼저 나타난다.

반면에 칼슘, 철, 붕소, 망간은 체내 이동이 쉽게 되지 않는 부동성 원소(不動性 元素, immobile elements)로 분류되며, 어린잎과 가지, 열매에서 결핍 현상이 먼저 관찰된다. 그밖에 황, 아연, 구리, 몰리브덴은 부동성 혹은 중간 정도의 이동성 원소로 분류되며, 특히 황 결핍은 성숙 잎에서 혹은 어린잎에서 결핍 증세가 먼저 나타나기도 한다.

가장 흔한 증상은 잎에 생기는 황화현상, 괴사, 백화현상, 작은 반점, 불규칙한 얼룩 반점, 비틀림, 타 죽음, 낙엽현상이다. 가지에는 로제트형(rosette, 마디의 생장이 안 되어 잎이 촘촘히 붙어 있는 총생 상태), 왜성형, 고사, 변색 현상 등이 나타난

표 3-12 정상적인 수목 잎과 무기양분 결핍 증상을 나타내는 수목 잎의 14가지 필수원소의 함량 비교(건중량에 대한 비율). (Hartman, 2000). (1%=10,000ppm)

| 대량원소(%) | | | 미량원소(ppm) | | |
|---|---|---|---|---|---|
| 무기양분 종류 | 정상 잎 | 결핍 잎 | 무기양분 종류 | 정상 잎 | 결핍 잎 |
| 질소(N) | 2.0~4.0 | 1.5 | 철(Fe) | 50~400 | 33 |
| 인(P) | 0.12~0.5 | 0.08~0.1 | 붕소(B) | 15~100 | 8 |
| 칼륨(K) | 0.75~2.5 | 0.3~0.6 | 몰리브덴(Mo) | 0.1~1.5 | 0.1 미만 |
| 칼슘(Ca) | 0.7~2.5 | 0.2~0.5 | 망간(Mn) | 20~800 | 7~18 |
| 마그네슘(Mg) | 0.2~0.6 | 0.05~0.2 | 아연(Zn) | 15~100 | 15 미만 |
| 황(S) | 0.2~0.5 | 0.12~0.14 | 구리(Cu) | 5~20 | 5 미만 |
| | | | 염소(Cl) | 100 | 관찰 안 됨 |
| | | | 니켈(Ni) | 아주 미량 | |

다. 열매에는 기형, 변색, 왜소화, 반점이 흔하다. 잎에서 황화현상이 나타날 때에도 잎이 전체적으로 황색으로 되거나(질소, 인, 칼륨, 황), 가장자리가 변색하거나(마그네슘), 엽맥은 녹색을 유지하면서 엽맥과 엽맥 사이의 조직만 황색으로 되는(칼륨, 철, 망간) 다양한 증세를 보이기 때문에, 부족한 원소를 찾아내는 진단 과정에 도움이 된다.

양분 결핍을 진단하는 방법으로 가시적 병징 관찰, 토양분석, 엽분석, 시비시험이 있지만, 가장 신빙성이 있는 진단법은 엽분석이다. 수종마다 무기양분의 적정 수준이 다르기 때문에, 건강한 잎의 특정 원소의 함량을 표준으로 하여 부족 상태를 진단해야 한다(표 3-12 참조). 일반적으로 어떤 잎의 양분 함량이 정상적인 잎 함량의 50% 이하이면 결핍 상태라고 할 수 있다.

무기양분 결핍이 나타나는 정도는 수종의 양분요구도에 따라 차이가 있다. 무기양분을 많이 요구하는 수종(예: 느티나무, 물푸레나무)은 주로 계곡 부위의 비옥한 땅에서 자라며, 요구도가 낮은 수종(예: 소나무, 참나무류)은 산비탈이나 능선 부위를 차지한다(표 3-13).

표 3-13 여러 수종의 양분요구도

| 양분요구도 | 활엽수 | 침엽수 |
|---|---|---|
| 높음 | 감나무, 굴피나무, 너도밤나무, 느티나무, 단풍나무, 대추나무, 동백나무, 매화나무, 모과나무, 물푸레나무류, 배롱나무, 백합나무, 벚나무, 양버즘나무, 오동나무, 이팝나무, 칠엽수, 피나무, 호두나무, 회화나무 | 금송, 낙우송, 독일가문비나무, 삼나무, 측백나무, 주목 |
| 중간 | 가시나무류, 버드나무류, 자귀나무, 자작나무, 포플러 | 가문비나무, 미송, 솔송나무, 잣나무, 전나무 |
| 낮음 | 등, 보리수나무, 소귀나무, 싸리나무류, 오리나무, 아까시나무, 참나무류, 해당화 | 곰솔, 노간주나무, 대왕송, 방크스소나무, 소나무, 향나무 |

## 4-1 질소 결핍

### 배경

질소(窒素, N, nitrogen)는 아미노산, 단백질, 효소, 핵산, 식물호르몬의 구성 성분이기 때문에 생물의 여러 가지 대사의 핵심 역할을 하는 원소이다. 질소는 엽록소의 구성 성분이며, 무기양분 중에서 가장 많은 양이 식물체 내에 함유되어 있어 가장 중요한 원소이다. 수목의 여러 부위 중에서 잎이 광합성, 호흡, 당분 저장과 이동 등의 대사 작용을 가장 왕성하게 수행하기 때문에 잎 속에 질소 함량이 가장 많으며, 수목의 경우 잎 건중량의 2% 내외(콩과식물과 과수류 2.5~3%, 소나무 1.5%)가량이 질소로 되어 있으며, 대량원소(체내 건중량의 0.1% 이상 존재)의 일종이다.

### 병징

활엽수는 잎이 작고 얇아지며, 성숙엽에서 먼저 잎 전체가 황록색으로 균일하게 변한다. 이로 인하여 생장이 극히 저조해진다. 더 진전되면 성숙엽이 조기에 낙엽이 진다. 복엽은 소엽의 숫자가 감소하고 가지가 가늘어지면서 짧아진다. 꽃은 늦게 많이 피는 경향이 있고, 열매는 작고 가벼워지며, 일찍 성숙한다. 침엽수는 잎이 짧고 노란색을 띤다. 잎의 배열이 엉성하고 수관 하부가 먼저 노란색으로 변색한다.

## 방제

질소를 함유한 요소(urea), 황산암모늄($(NH_4)_2SO_4$), 질산나트륨($NaNO_3$) 비료를 $100m^2$당 1~2kg 시비한다.

**A** 뒤쪽 테다소나무림으로부터 모래 토양에 씨앗이 떨어져 자생하는 묘목에서 관찰된 질소 결핍증. 묵은 잎이 먼저 갈변.
**B** 귤에서 오래된 잎이 먼저 황화현상을 보이는 전형적인 질소 결핍증.
**C** 진달래 성엽에서 황화현상을 보이는 질소 결핍증.
**D** 흰가문비나무 묘목(오른쪽)이 질소 결핍증(황화와 왜소화)을 보인다.
(사진: A, Sinclair, 1987; B, Costello 등, 2003; C, Dreistadt, 2004; D, USDA For. Serv., 1989)

## 4-2 인 결핍

### 배경

인(燐, P, phosphorus)은 핵산으로 만들어진 염색체와 인지질로 만들어진 원형질막의 구성 성분이다. 또한 에너지를 생산하고 전달하는 ATP의 형태로 존재하여 광합성과 호흡작용에서 당류와 결합하여 여러 가지 대사를 주도한다. 인은 체내에 건중량의 약 0.12~0.2%가량 함유되어 있는데, 질소 다음으로 부족하기 쉬운 양분이다. 인은 산성토양(pH 4.5 이하)에서는 알루미늄(Al) 혹은 철(Fe)과 결합하고, 알칼리성 토양(pH 8.0 이상)에서는 칼슘(Ca)과 결합하여 물에 녹지 않는 불용성(不溶性) 인산으로 바뀌어 식물이 흡수할 수 없기 때문에, 중성 토양이 아닐 경우 부족 현상이 자주 나타난다.

### 병징

체내 인의 함량이 0.1% 이하로 내려가면 병징이 나타난다. 질소의 경우와 마찬가지로 성숙엽에서 결핍증이 먼저 나타나는데, 잎에 나타나는 증세는 질소 결핍에 비해서 더 다양하다. 어린잎은 오히려 짙은 녹색을 띤다. 활엽수는 성숙엽에서 황화현상이 오거나, 엽병과 엽맥(특히 뒷면)이 적자색으로 변하며, 잎이 작고 약간 뒤틀리며, 엉성하게 부착되어 있고 조기낙엽이 진다. 가지 길이는 정상이나 가늘게 보이며, 꽃과 열매가 적게 달린다. 침엽수는 잎이 어두운 청색, 보라색 내지 회녹색으로 변하며, 더 진전되면 수관 하부부터 낙엽이 지며, 뿌리 생장이 둔화되어 엉성해진다.

### 방제

인 결핍 현상은 주로 산성토양과 알칼리성토양에서 나타나기 때문에 토양 산도(pH)를 중화시키면 해결된다. 산성토양은 일반 석회를 사용할 수 있지만, 인이 함유된 석회, 즉 과린산석회(과석)($Ca(H_2PO_4)_2H_2O$)를 100$m^2$당 1~2kg 시비한다.

A 초기 인 결핍으로 배나무 잎이 작아지고 말린 모습.
B 단풍나무류 성엽에 붉은색 반점이 생긴 모습.
C 물푸레나무 잎에 나타난 전반적인 황화현상.
D 싹이 나는 어린 흑가문비나무 묘목의 새순(일차엽)에 보라색 기미가 나타난 모습.
E 단풍나무에서 엽맥 사이 조직의 황화.
F 종이자작나무에서 오래된 잎의 황화.

(사진: A, Costello 등, 2003; B-F, USDA For. Serv., 1989)

## 4-3 칼륨 결핍

### 배경

칼륨(K, potassium)은 건중량의 약 1% 내외(활엽수 1.0~1.5%, 침엽수 0.4~1.0%)로서 많은 양이 조직 내 들어 있지만, 조직의 구성 성분이 아니기 때문에 유기질 형태가 아닌 자유 이온의 형태로 존재한다. 광합성과 호흡작용에 관여하는 효소의 활성제 역할을 하며, 세포의 삼투압을 조절하는 물질이며, 이로써 기공의 개폐에 직접적으로 관여한다. 빗물이 수관을 통과할 때(특히 산성비의 경우) 잎으로부터 칼륨을 용탈(溶脫, leaching)시켜서 결핍증을 가속화하기도 한다.

### 병징

체내 칼륨의 함량이 활엽수의 경우 0.6~1.0% 이하, 침엽수의 경우 0.2~0.4% 이하로 떨어지면 병징이 나타난다. 생장이 감소하며, 결핍 현상이 성숙엽에서 먼저 나타난다. 활엽수는 잎의 가장자리와 엽맥 사이 조직에서 황화현상이 보이고 후에 검은 반점이 생긴 후 괴사한다. 가지에는 잎의 숫자가 적어지고 여름에 고사하며, 측지가 꼬불꼬불 자라며 길이가 짧다. 꽃이 적게 달리며, 열매가 작고 색깔이 빈약하다. 침엽수는 잎의 길이가 짧아지고, 성숙엽이 처음에 어두운 청록색을 보이다가 후에 황색, 적갈색으로 변하며, 나중에 잎끝이 먼저 괴사하고, 낙엽이 진다. 서리피해와 열해, 대기오염에 약해지고, *Verticillium* 같은 병균에 대한 저항성도 감소한다.

### 방제

황산칼륨($K_2SO_4$)이나 염화칼륨(KCl)을 100$m^2$당 2~8kg을 시비한다. 모래 성분이 많은 토양에는 완효성 칼륨 비료를 쓴다. 유기물을 멀칭으로 토양에 덮어두면 유기물로부터 칼륨이 쉽게 용탈되어 효과를 볼 수 있다.

**A** 오래된 잎에서 먼저 황화현상을 보인다(미국 포플러류 *Populus trichocarpa*).
**B** 칼륨과 마그네슘 결핍으로 2년생 잎이 먼저 황화현상을 보이는 스트로브잣나무.
**C** 일부 성엽에서 황화현상을 보이는 여왕야자나무.
**D** 앞 사진에서 생긴 황색 반점.

(사진: B, Sinclair, 1987; C, D, Costello 등, 2003)

## 4-4 칼슘 결핍

### 배경

칼슘(Ca, calcium)은 세포벽에서 칼슘 펙테이트(calcium pectate)의 형태로 중엽층(세포와 세포 사이의 조직)을 구성하는 물질로서 세포막의 정상적인 기능에 기여하며, 전분을 분해하는 효소, 아밀라제(amylase)와 다른 효소들의 활성제 역할을 한다. 잎 속에 건중량의 0.5% 내외로 들어 있다.

### 병징

체내에서 이동이 안 되기 때문에(사부로 적재가 되지 않음), 결핍증은 항상 어린 조직에서 먼저 나타난다. 세포분열 시 중엽층을 만드는 데 필요하기 때문에 세포분열이 일어나는 정단분열조직, 즉 줄기 끝, 뿌리 끝, 어린잎에서 결핍증이 나타나며, 분열조직이 죽는다. 어린잎의 황화 및 고사뿐 아니라 잎이 작아지고 기형화(뒤틀리면서 끝이 뒤로 젖혀짐)가 일어난다. 또한 가지가 왜성화하여 끝이 고사하고 뿌리 끝도 고사하여 생장이 감소한다. 침엽수는 잎끝이 꼬부라지고, 눈이 왜성화, 수관 상부의 어린잎에서 가장 심한 증세를 보인다.

**방제**

석고($CaSO_4 \cdot 2H_2O$)를 100$m^2$당 40~75kg을 시비한다.

A 귤 잎의 가장자리에 나타난 황화현상(사진: Univ. Florida IFAS Extension, 2019).

B 사과 열매가 움푹 파이는 증세(사진: de Freitas 등).

## 4-5 마그네슘 결핍

**배경**

마그네슘(Mg, magnesium)은 엽록소의 구성 성분이며, ATP와 결합하여 ATP가 제 기능을 하도록 활성화한다. 광합성, 호흡작용 그리고 핵산 합성에 관여하는 효소의 활성제 역할을 한다. 체내 함량은 건중량의 0.1~0.3% 정도이다. 마그네슘의 결핍 현상은 일반 토양에서는 거의 볼 수 없으나, 산성비로 인하여 토양이 산성화된 유럽과 북미주의 산림에서 나타난 기록이 있다.

**병징**

체내 마그네슘의 함량이 0.08% 이하로 내려가면 병징이 나타난다. 체내 이동이 잘되기 때문에 성숙한 잎에서 병징이 먼저 나타난다. 활엽수는 잎이 얇아지는 경향이 있고, 성숙 잎의 가장자리가 붉은색으로 변색하며, 차차 엽맥 사이 조직(엽맥은 정상으로 남음)으로 확대되어 결국 잎이 괴사한다. 조기낙엽이 지며, 가지는 결핍 현상이 보일 때까지 정상으로 생육한다. 침엽수는 2년 혹은 3년생 성숙한 잎끝이 오렌지색 혹은 적색으로 변색한다. 잎에서 변색한 곳과 정상적인 녹색을 띤 곳의 경계가 뚜렷하게 보이며, 수관 하부에서 먼저 증세가 나타난다.

**방제**

황산마그네슘($MgSO_4 7H_2O$)이나 석회석($CaCO_3$) 비료를 100$m^2$당 12~25kg 시비한다.

A 종이자작나무 엽맥 사이 조직이 먼저 황화현상을 보인다.
B 흑가문비나무 잎끝이 먼저 황화현상을 보인다.
C 발삼전나무 오래된 잎에서 먼저 황화현상이 나타난다.
D 대추야자나무 오래된 잎에서 먼저 황화현상이 나타난다.
(사진: A, B, USDA For. Serv., 1989; C, Sinclair, 1987; D, Costello 등, 2003)

## 4-6 황 결핍

### 배경

황(黃, S, sulfur)은 시스테인(cysteine), 메티오닌(methionine)과 같은 아미노산의 구성 성분이며, 티아민(thiamine, 비타민 $B_1$), 비오틴(biotin), 페레독신(ferredoxin), 코엔자임(coenzyme) A와 같이 호흡과 광합성에 관여하는 조효소의 구성 성분이다. 황지질은 세포막의 구성 성분으로서 막의 기능에 관여한다. 황이 부족하면 단백질 합성이 지연되어 아미노산이 축적된다.

### 병징

결핍증은 활엽수의 경우 질소 결핍과 흡사하다. 잎이 작아지고, 어린잎과 성숙 잎의 황화현상, 성숙 잎에서는 엽맥 사이 조직 혹은 잎 가장자리의 황화현상, 가지의 왜성화가 나타난다. 침엽수는 성숙엽에서 잎끝이 황화현상을 보이다가 적색으로 고사하면서 조기낙엽이 진다.

### 방제

석고($CaSO_4 \cdot 2H_2O$)를 $100m^2$당 5~8kg을 시비한다.

## 4-7 철 결핍

### 배경

철(鐵, Fe, iron)은 미량원소(微量元素, micro-elements, 체내 함량이 건중량의 0.1% 미만으로 존재하는 원소)의 한 종류이다. 철은 광합성과 호흡작용에서 전자를 전달하는 단백질(ferredoxin, cytochrome 같은 조효소)과 효소의 구성 성분이며, 엽록소 단백질의 합성에 관여한다. 체내 함량은 건중량의 40~100ppm가량 되며, 철의 결핍 현상은 수목의 미량원소 중에서 가장 흔하게 나타나는데, 산성토양에서는 철이 쉽게 흡수되어 부족 현상이 잘 관찰되지 않는다. 대신 알칼리성 토양에서 자주 관찰되며, 특히 겨울철 염화칼슘을 살포한 도시 토양의 pH가 높아지면서 자주 나타난다.

### 병징

체내 철의 함량이 25~40ppm 이하로 되면 결핍증이 나타나는데, 체내에서 이동이 되지 않아 어린잎에서 먼저 나타난다. 활엽수는 어린잎의 엽맥 사이 조직이 황화현상을 보이며, 엽맥은 정상이다. 가지 기부에 있는 성숙엽은 짙은 녹색으로 남아 있다. 더 진전되면 잎의 가장자리와 끝이 흑갈색으로 타들어가면서 낙엽이 진다. 잎이 작아지는 경향이 있고, 가지가 가늘고 길어지며, 한 나무 내에서도 가지의 생장이 불규칙해지며, 결국 가지가 고사한다. 열매의 색깔도 빈약해진다. 쌀쌀한 봄에 심하게 나타난다. 침엽수는 새순이 황화현상을 보이면서 왜성으로 자라며, 수관 하부는 정상적으로 녹색을 유지한다.

### 방제

황산철($FeSO_4H_2O$) 비료를 $100m^2$당 12kg, 혹은 Fe-EDTA를 $100m^2$당 0.2~0.5kg(용액의 경우 200ppm) 시비한다. 철 결핍을 진단하는 간단한 방법은 황화현상을 보이는 잎에 0.1% $FeCl_3$(제2염화철) 용액을 분무한 후 녹색이 회복되는 반응을 관찰하는 것이다.

A

B

C

D

E

F

G

A 황 결핍으로 황화현상이 나타난 귤 새잎.
B 철 결핍으로 황화현상이 나타난 영산홍 어린잎.
C 풍향수 어린잎(왼쪽) 엽맥 사이 조직의 황화현상.
D 풍향수에서 후기 병징.
E 대왕참나무 새순이 먼저 황화현상을 보인다.
F 루브라참나무 어린잎의 황화현상.
G 대나무 어린잎의 황화현상(사진 B-G: 철 결핍).
(사진: A, Univ. of Florida IFAS Extension, 2019; B, 이승제; C, D, Costello 등, 2003; E-G, Sinclair, 1987)

## 4-8 망간 결핍

망간(Mn, manganese)은 엽록소의 합성에 필수적이며, 효소의 활성제이다. 특히 광합성에서 물($H_2O$) 분자를 가르는 광분해(photolysis)를 촉진한다. 망간 결핍증은 자주 볼 수 없으나 알칼리성 토양에서 나타나는 경우가 있다. 체내에서 이동이 되지 않아서, 어린 조직에서 결핍증이 먼저 나타나는데, 활엽수는 철 결핍처럼 엽맥 사이 조직이 먼저 황화현상을 보인다. 잎이 나긋나긋해지고, 생장이 감소하며, 열매가 작아진다. 침엽수는 철 결핍증과 구별이 안 되며, 새순의 생장이 왜성화 및 황화현상을 보이고, 성숙 잎과 수관 하부는 정상이다. 치료를 위해서 황산망간($MnSO_4 \cdot 2H_2O$)를 100$m^2$당 2~10kg을 살포한다.

## 4-9 아연 결핍

아연(亞鉛, Zn, zinc)은 아미노산의 일종인 트립토판(tryptophan)의 생산에 관여함으로써 부수적으로 이 아미노산으로 만들어지는 식물호르몬인 옥신(auxin)생산에 관여한다. 결핍 증상은 옥신 부족으로 인하여 절간생장이 억제되고, 잎이 작아진다. 활엽수는 황화와 괴사 반점이 생기고 성숙잎의 낙엽현상이 생긴다. 열매도 작아지고 다양한 색깔을 띤다. 침엽수는 잎과 가지가 왜소화하고, 황화현상을 보인다. 치료를 위해서 킬레이트(chelate) 아연을 100$m^2$당 1kg을 살포한다.

## 4-10 구리 결핍

구리(銅, Cu, copper)는 산화-환원 반응에 관여하는 효소의 구성 성분이며, 엽록체 단백질인 플라스토시아닌(plastocyanin)의 구성 성분이다. 매우 적은 양만 필요하기 때문에 수목에서 결핍 현상이 잘 나타나지 않는다. 결핍 증상으로 활엽수는 잎, 가지의 왜소화와 어린잎에서 갈색 반점이 생기고, 키가 작아진다. 침엽수는 가지 끝의 어린 잎이 갈변하고, 가지가 밑으로 처져 꼬부라진다. 치료를 위해 황산구리($CuSO_4 \cdot 5H_2O$)를 100$m^2$당 0.5~1.5kg 살포한다.

## 4-11 붕소 결핍

붕소(硼素, B, boron)는 화분관의 생장 및 핵산의 합성과 반섬유소의 합성에 관여한다. 결핍증은 산림과 과수원에서 철과 더불어 미량원소 중에서 흔하게 나타나는 편이다. 산성과 알칼리성 토양 모두에서 결핍증이 나타나는데, 정단분열조직(줄기 끝과 뿌리 끝)이 죽고 수분 흡수력이 떨어진다. 밤나무의 경우 조기낙과 현상을 붕사($Na_2B_4O_7 10H_2O$) 시비(100$m^2$당 0.2~0.5kg)로 어느 정도 방지할 수 있다.

## 4-12 몰리브덴 결핍

몰리브덴(Mo, molybdenum)은 질소고정효소(nitrogenase)와 질산환원효소(nitrate reductase)의 구성 성분이며, 식물호르몬의 일종인 아브시스산의 합성에 관여한다. 결핍 증상은 산림에서 매우 드물게 관찰되나, 잎의 끝부분부터 황화현상과 괴사현상이 일어난다. 방제를 위해 몰리브덴나트륨($Na_2Mo_4 2H_2O$)을 $100m^2$당 2~20g 시비한다.

**A** 망간 결핍으로 루브룸참나무 어린잎의 엽맥 사이 조직의 황화.
**B** 망간 결핍으로 꽃참단풍 어린잎의 황화.
**C** 귤의 붕소 결핍. 어린잎의 황화와 엽맥 비대 현상.
**D** 아연 결핍으로 아몬드 어린잎의 왜소화.
**E** 구리 결핍으로 쥐똥나무 잎의 왜소화(왼쪽). 오른쪽 잎은 정상.

(사진: A, D, Costello 등, 2003; B, E, Sinclair, 1987; C, Obreza와 Zekri, 2019)

# 5 극단적 토양 산도(extreme soil pH)

## 배경

토양 산도는 토양 입자에 흡착되어 있는 수소 이온($H^+$) 농도에 의해서 토양이 산성화되어 있는 정도를 나타낸다. 토양 산도는 무기양분이 수용성(水溶性, solubility) 형태로 존재하여 식물이 흡수할 수 있도록 하는 정도, 식물이 토양 중의 중금속을 흡수하는 정도, 그리고 유기물을 분해하는 토양 미생물의 활동 정도를 결정하기 때문에 식물 생장에 매우 큰 영향을 준다. 대부분의 수목이 선호하는 산도는 약산성에 해당하는 pH 5.5~6.5이다. 은행나무, 팽나무, 주엽나무는 약알카리성 토양에서 견디며, 너도밤나무, 말밤나무(미국칠엽수), 풍향수, 백합나무는 산성토양을 선호한다(Berrang and Karnosky, 1983). 대왕참나무는 pH 6.8 이하에서만 정상적으로 자라며, 알칼리성토양에서 잘 자라지 못한다(표 3-14).

산성토양에서는 무기양분 중에서 인, 칼슘, 마그네슘, 붕소가 식물이 흡수할 수 없는 형태, 즉 불용성(不溶性) 형태(insoluble form)로 존재하며, 식물이 중금속 중에서 알루미늄, 망간, 구리를 과다하게 흡수하여 독성을 나타내기 쉽다. 반면 알칼리성토양에서는 철, 아연, 망간이 불용성으로 존재하여 결핍 현상이 일어나기도 한다.

## 병징

토양 산도(soil pH)가 극단적일 때에는 무기양분의 흡수가 저해되고, 중금속에 의한 독성이 나타나며, 토양 미생물의 활동이 둔화되어, 양분 결핍 현상과 중금속에 의한 독성 피해가 동시에 나타난다. 산성토양에서는 인과 붕소의 결핍 현상이 자주 관찰된다. 이로 인하여 생장이 둔화되고, 잎의 황화현상과 고사, 가지마름 현상이 관찰된다. 알칼리성토양(예: 석회암 토양과 염화칼슘 살포)에서는 철의 결핍 현상이 자주 나타난다. 알칼리성토양에서 아연과 망간의 결핍 증상은 수목이 본래 미량을 요구하기 때문에 매우 드물게 관찰된다. 산성비에 의한 피해를 수십 년간 지속적으로 받은 곳에서는 토양 산성화가 진행되어 알루미늄에 의한 독성으로 세근의 발달이 억제되고, 칼슘과 마그네슘의 결핍 현상이 보이기도 한다. 이로 인하여 1970년대 산림쇠퇴(forest decline) 현상이 북미와 유럽의 숲에서 나타났다.

## 방제

산성토양은 보통 석회석(石灰石, limestone, $CaCO_3$)이나 백운석(dolomite, $CaCO_3$+$MgCO_3$)으로 pH를 높일 수 있다. 분말 석회석처럼 입자가 작을수록 교정 효과가 크다. 생석회(quicklime, CaO)와 소석회[slaked lime, $Ca(OH)_2$]는 석회석보다 효과가 크지만, 고가이며 취급하기가 힘들다. 석회석을 이용할 때에는 토양에 골고루 뿌려야 하며, 밑의 흙과 섞어야 한다. 시비량은 토성과 유기물 함량에 따라서 크게 차이가 있지만, 점토와 유기물의 함량이 많을수록 더 많은 양의 석회석을 사용해야 같은 단위의 pH만큼 중화시킬 수 있다. 한국에서 농경지의 경우 10a(1,000$m^2$)당 200kg의 석회를 사용하는 것을 기준으로 한다. 회분(灰分, wood ash)도 산성토양을 중화시킬 수 있는데, 석회석보다 효과가 50% 정도 적다. 활엽수의 회분은 침엽수의 회분보다 칼슘의 함량이 높아서 중화 효과가 더 크며, 칼륨비료로도 훌륭하다.

알칼리성토양은 황(黃)이나 황산알루미늄

$[Al_2(SO_4)_3]$을 사용하여 pH를 낮출 수 있다. 곱게 가루로 만든 황이 거친 농업용 황보다 효과가 크지만 값이 더 비싸다. 황산알루미늄은 황보다 효과가 훨씬 작아서, 황 사용량의 7배 정도를 더 사용해야 같은 효과를 볼 수 있으며, 과다하게 사용할 때는 알루미늄의 독성이 나타난다. 시비 요령은 석회석과 같다.

표 3-14 수종별 적정 토양 산도 범위(Hartman, 2000)

| 적응 산도 범위(pH) | 침엽수 | 활엽수 |
|---|---|---|
| 4.0(5.0)~6.5 | 가문비나무, 소나무류, 솔송나무, 전나무, | 때죽나무, 목련, 미국마가목, 노각나무, 밤나무, 아까시나무, 참꽃단풍, 일부 참나무류, 자작나무, 펜실베니아산겨릅나무, 호랑가시나무, 화백류 |
| 5.0(5.5)~6.5 | | 꽃산딸나무, 대왕참나무, |
| 6.0~6.5 | 연필향나무, 은행나무, 은청가문비나무, 주목 | 개암나무, 백합나무, 새우나무, 풍(향)수, |
| 6.5~7.5 | 낙우송, 잎갈나무, 측백나무, 향나무 | 가죽나무, 개오동나무, 느릅나무, 단풍나무, 마가목, 모과나무류, 물푸레나무, 미국칠엽수, 미국흰참나무, 박태기나무, 배나무, 벚나무류, 복사나무, 뽕나무, 사과나무, 산사나무, 살구나무, 서어나무, 양버즘나무, 오동나무, 오리나무, 유럽참나무, 주엽나무, 팽나무, 포플러, 피나무, 호두나무, 회양목 |

**A** 알칼리성토양에서 건강하게 자생하는 회양목. 잎이 적색으로 변한 것은 겨울철 일시적인 현상.
**B** pH 7.8 토양에서 대왕참나무 어린잎(오른쪽)의 황화 및 갈변. 산성토양에서만 제대로 자란다.
**C** 알칼리성토양에서 철, 아연, 망간 결핍으로 어린잎 엽맥 사이 조직의 황화.
**D** 알칼리성 석회암 토양에서는 식물의 생장이 저조하다.
**E** 석회암 토양에서 홍가시나무류 잎의 황화.
**F** 알칼리성토양에서 팽나무의 철 결핍증. 어린잎이 먼저 병징을 보인다.
**G** 왼쪽 토양(pH 3.2)에서 식물 생장이 저조한 반면, 오른쪽 토양(pH 6.2)에서는 정상적으로 자라는 모습.
(사진: B-G, Costello 등, 2003)

## 6 토양 중금속(重金屬, heavy metals)

### 배경

토양 중의 중금속은 암석의 풍화작용으로 생기는 것보다 인위적인 요인으로 발생하는 것이 더 많다. 중금속 중에서 수목의 생장에 피해를 줄 만큼 고농도로 존재하는 것에는 카드뮴(Cd), 납(Pb), 구리(Cu), 아연(Zn), 망간(Mn), 알루미늄(Al), 수은(Hg), 비소(As)를 열거할 수 있으며, 광산 지역과 폐광 지역에서 높게 나타난다. 이 중에서 구리, 아연, 망간은 식물이 필수적으로 필요한 미량원소이지만, 극히 적은 양을 요구하며, 과디하게 토양에 존재할 경우 독성이 나타난다(표 3-15).

중금속의 피해는 엽록소 함량의 감소로 인한 광합성 방해, 탄수화물 대사의 불균형, 토양에서 흡수한 질산 이온의 단백질화 과정을 담당하는 질산환원효소의 불활성화, 이온 운반과 치환 방해 등을 유발한다. 이러한 독성은 중금속이 활성산소를 생산하여 지질을 산화시킴으로써 식물 색소와 세포막을 파괴하고, 효소의 활성화를 방해하기 때문이다.

수목은 중금속이 생성한 활성산소의 독성을 제거하기 위하여 노력한다. 저항성이 있거나 건강한 개체는 항산화효소(抗酸化酵素, 예: superoxide dismutase, glutathione reductase)를 만들어 활성산소를 제거하거나, 중금속과 결합하여 독성을 제거하는 금속결합단백질을 생산하려고 노력한다. 이러한 과정은 에너지를 소모하기 때문에 생장이 둔화되기도 한다.

### 병징

중금속에 의한 피해 증상은 잎, 줄기, 뿌리의 모든 부위에서 나타난다. 잎의 황화현상과 왜소화, 뒤틀림, 괴사, 조기 낙엽, 잎의 숫자 감소와 엽면적의 감소, 줄기 신장의 억제, 뿌리의 신장과 측근의 발달 억제 등을 일으켜 수목의 생장이 극히 저조해진다.

중독 증상은 중금속에 따라서 약간 다르게 나타나지만, 잎에 반점을 형성하는 것이 공통점이라고 할 수 있다. 카드뮴(Cd) 중독의 증상은 수종에 따라서 약간 차이가 있으나, 박달나무는 초기에 잎의 엽맥 부근에 카드뮴이 축적되어 엽맥 부근에서 검은 반점이 먼저 나타나기 시작하다가 잎의 전면으로 불규칙하게 퍼진다. 은사시나무의 경우에는 초기부터 잎의 전면에 불규칙하게 반점이 생긴다. 붕소(B) 중독은 잎의 가장자리부터 검은색의 작은 반점들이 생기기 시작한다.

### 방제

쓰레기 매립지의 경우 산업폐기물에 혼합되어 있는 중금속에 의해서 피해가 나타날 수 있는데, 나무를 심기 전에 주변 토양을 들어내고 깨끗한 흙으로 객토한 후 식재한다. 광산 지역과 같이 중금속의 농도가 높을 경우에는 객토와 더불어 주위에 활성탄(活性炭, activated charcoal)을 함께 섞어서 중금속을 흡착시킨다. 중금속 내성은 수종에 따라서 차이가 있으므로 광산 지역에는 내성이 있는 수종을 선별하여 식재한다. 현사시(은사시나무)는 카드뮴에 대한 내성이 크며, 카드뮴을 대량으로 흡수하는 성질이 있어서 광산 지역에서 중금속을 제거하는 수단으로 수목을 이용하는 식물복원법(植物復元法, phytoremediation)에 응용할 수 있다.

표 3-15 토양과 조직 내 중금속 함량에 따른 독성 판단(Chapman, 1965)

| 원소 | pH | 토양 분석 | | | 조직 분석 | |
|---|---|---|---|---|---|---|
| | | 무해 | 독성 가능성 | 독성 있음 | 정상 | 독성 있음 |
| 알루미늄(Al) | 4.5 미만 | 0.5 ppm 미만 | 0.5~1.0ppm | 1.0ppm 초과 | | |
| 구리(Cu) | 5.0 미만 | | | 150ppm 초과 | | 20ppm 초과 |
| 망간(Mn) | 5.5 미만 | | | | | 1,000ppm 초과 |

A B

A 박달나무의 토양 카드뮴(Cd) 독성(엽맥이 먼저 갈변).
B 은사시나무의 토양 카드뮴 독성.
C 느릅나무류의 토양 붕소(B) 독성.
D 뽕나무류의 토양 붕소 독성.
E 해안세쿼이아의 붕소 독성.
F 솔송나무의 비소(As) 독성.
G 은행나무 토양 중금속 독성.
(사진: A, B, 국립산림과학원; C-E, Costello 등, 2003; F, Sinclair와 Lyon, 2005; G, Dreistadt, 2004)

# 7 토양 염분(土壤鹽分, soil salt)

토양 염분은 다양한 원인으로 축적된다. 바닷가에서 파도, 해일(tsunami)과 조풍(潮風)으로 소금이 토양에 축적되는 경우, 해안매립지에서 염분이 모세관을 따라서 상승하는 경우, 겨울철 도로변에 제설제(除雪劑) 혹은 해빙염(解氷鹽, deicing salt, 주로 염화칼슘을 사용)을 살포하는 경우, 경마장이나 테니스장에서 먼지 발생을 줄이기 위해 소진염(消塵鹽, dedusting salt, 염화나트륨을 사용하기도 함)을 살포하는 경우, 화학비료를 과다하게 사용하는 경우 등을 예로 들 수 있다. 토양에 염분이 축적되면 나무가 염분을 과다하게 흡수하여 잎에 염분 피해가 나타난다. 잎에 염분의 함량이 0.3%(건중량 기준) 이상일 경우 피해가 나타난다. 또한 토양 pH가 상승하여 알칼리성토양으로 변하면서 철, 붕소, 망간, 아연 결핍증을 초래하기도 한다.

## 병징

피해를 받은 잎의 가장자리가 갈변하면서 잎이 뒤틀리기도 한다. 심하면 조기낙엽이 지며, 수관 여기저기에서 불규칙하게 나타난다. 제설제는 소나무에서 해토 직후 잎의 전체적인 갈변과 가지 고사로 나타난다. 살아 있는 조직과 죽은 조직이 예리하게 분리되는 경향이 있다. 엽소현상과 흡사하여 진단이 어렵다. 다만, 엽소는 여름철 남향에 노출된 잎에서 관찰되므로 위치와 시기적으로 차이가 있어 구분할 수 있다.

## 방제

도시에서 염화칼슘 피해를 예방하기 위해서 토양을 비닐이나 짚으로 멀칭을 실시한다. 나무에는 증산억제제를 뿌려 물리적 보호막을 형성한다. 물로 토양 속의 소금을 씻어내고, 활성탄 투여로 염분을 흡착시킨다. 150mm 강우가 오면 표토 30cm 내 염분이 2분의 1 감소하고, 300mm 강우는 5분의 4를 감소시킨다는 실험 결과가 있다. 그러나 그 밑의 토양까지 염분을 제거하려면 더 많은 강우가 필요하다. 한국의 경우 여름 장마철에 많은 비가 오므로 장마가 지나가면 염분 피해가 경감된다고 할 수 있다. 해안매립지의 경우 5~7년 정도 경과하면 자연 강우로 인하여 내염성 식물로 농사를 지을 수 있을 만큼 제염(除鹽)이 이루어지며, 갈대가 자라기 시작한다. 바닷가에 자생하는 위성류, 곰솔, 해당화, 순비기나무 등을 식재할 수 있다.

A

**A** 장미 농원의 지하수 염분 피해(부산시 매립지).
**B** 홍도화 염화칼슘 토양 살포 피해.
**C** 상수리나무 잎의 가장자리 황화.
**D** 느티나무 잎의 가장자리 갈변.
**E** 물푸레나무 잎의 전반적인 황화 및 갈변.
**F** 산딸나무 잎의 갈변.
**G** 소나무 잎의 갈변[사진 C-G: 염분이 포함된 물(염분 0.5%)을 화분 바닥에서 빨아올리게 한 실험, 서울대 박필선 교수].
**H** 곰솔(앞줄) 잎이 균일하게 갈변하여 고사(새만금 간척지).

3장
비전염성병

# IV. 생물적 요인에 의한 병

비전염성병에는 생물적 요인에 의한 병 중에서 만경식물, 착생식물, 야생동물, 인간에 의한 피해도 포함된다. 비전염성병을 '비생물적 피해(non-biotic damage)'라고 칭하는 경우도 있지만, 비전염성병은 위와 같은 생물에 의한 피해도 포함하기 때문에 비생물적 피해는 적절한 표현이 아니라고 판단된다.

# 1 만경식물(蔓莖植物, vine)

## 배경

만경식물(덩굴)은 나무를 감고 올라가서 공간을 차지하고 햇빛을 차단하며, 물과 탄수화물 이동을 방해함으로써 치명적 피해를 준다. 이 중에서 칡은 콩과식물로서 척박한 땅에서도 잘 자라며, 번식력이 왕성하여 골칫거리로 취급되고 있으며, 구제가 쉽지 않다. 다래는 인간의 간섭이 적은 숲속에서 주로 자란다. 담쟁이덩굴, 환삼덩굴, 외래종 가시박은 초기에 줄기를 타고 올라갈 때에는 나무에 피해를 주지 않지만, 일단 수관 위쪽까지 올라가서 햇빛을 가리면 수목 생장에 지장을 주거나 피해목을 죽이기도 한다.

## 병징

여러 가지 만경식물 중에서 줄기가 가늘게 자라는 1년생 초본 덩굴류는 다른 나무를 감고 올라가더라도 나무에 큰 피해를 주지 않는다. 그러나 환삼덩굴과 외국에서 들어온 가시박은 생장이 매우 빠르기 때문에 나무를 뒤덮으면 나무를 고사시키기도 한다. 담쟁이덩굴, 칡과 다래는 다년생으로 덩굴이 굵어지고 피해목의 수간을 타고 올라가서 나무 전체를 뒤덮어 피해목의 광합성을 방해한다. 담쟁이덩굴은 광합성을 방해하며, 칡과 다래는 자체의 줄기가 굵어져 피해목에 물리적인 압박을 가해서 피해목 수간에 깊은 골을 만들어 수분과 탄수화물의 이동을 방해한다. 덩굴식물이 수간을 압박하여 탄수화물의 아래쪽 이동이 방해되면 압박 부위가 굵게 비대해져서 후에 덩굴을 제거하더라도 기형으로 계속하여 자란다. 또한 덩굴의 무성한 잎들이 햇빛을 차단하여 피해목의 수세가 급격히 약해지면서 피해목이 서서히 죽는다.

## 방제

만경류는 피해목의 수간을 감고 올라가는 덩굴의 아랫부분을 잘라버리면 해결되지만, 잘린 부분에서 곧 새싹이 나와서 다시 자라 올라온다. 따라서 완전 박멸을 위해서는 퍼져 있는 덩굴을 모두 제거하고 뿌리까지 뽑아버리는 것이 바람직하다. 잘라버린 덩굴의 그루터기에는 글리포세이트(glyphosate, 비선택성 제초제) 액제를 원액의 형태로 발라주고 비닐로 피복하면 효과가 크다. 칡은 생활력이 강하여 사방으로 포복경(runners)을 뻗으면서 반복하여 뿌리를 내리기 때문에 제일 먼저 자리 잡을 때 생성된 직근성 굵은 뿌리와 주위의 포복경을 함께 제거해야 한다.

A

**A** 복사나무의 칡 피해.
**B** 백합나무의 환삼덩굴 피해.
**C** 칡에 의한 줄기 비대.
**D** 소나무 줄기의 만경식물 피해.
**E** 다래덩굴이 나무를 감고 올라가는 모습.
**F** 담쟁이 덩굴 피해. 나무를 감고 올라간 후 수관에 그늘을 만든다(사진: 이승제).

## 2 착생식물(着生植物, epiphyte)

### 배경

이끼(moss)와 지의류(地衣類, 바위옷, lichen)는 바위와 다른 식물의 표면에 붙어서 자라는 착생식물이다. 지의류는 곰팡이와 녹조류 혹은 질소고정 박테리아(Cyanobacteria, 예전에 남조류로 불림)와의 공생 형태를 이루고 있으며, 바위 표면에 붙어서 수백 년 동안 서서히 자란다. 수피에도 부착하여 자라지만 양분을 빼앗아가지 않기 때문에 대부분 나무에 피해를 주지 않는다. 한국에서는 봄과 가을이 건조하기 때문에 이끼가 북쪽을 향한 수피에서 주로 자란다.

이끼류와 바위옷은 대부분 나무에 피해를 주지 않지만, 특수 환경에서는 피해를 주기도 한다. 원시림과 같이 숲이 우거진 곳, 비가 많이 오는 곳, 계곡이 깊어 햇빛이 잘 들지 않는 곳, 연중 물이 흐르는 계곡, 공중 습도가 높은 야외 온천, 물방울이 계속적으로 튀는 폭포 근처에서 자라는 이끼류는 간혹 너무 왕성하게 자라서 나뭇잎을 덮어 피해를 준다. 따뜻한 남쪽 지방에서 가지 위에서 길게 늘어지는 이끼(Spanish moss, 실제로 꽃이 피는 bromelia류)는 독특한 경관을 만들기도 하지만, 햇빛을 차단하여 일부 피해를 준다.

### 병징

온천과 폭포 주변의 이끼와 바위옷은 너무 왕성하게 번져서 나뭇가지 전체를 뒤덮고 잎의 생장을 물리적으로 방해하고 햇빛을 차단하여 잎과 가지가 죽기도 한다. 공중 습도가 높은 곳에서는 방위를 가리지 않고 이끼가 나무껍질에 부착하지만, 습도가 낮은 곳에서는 햇빛이 들어오지 않는 북향의 나무껍질에서 주로 자란다.

### 방제

지의류는 대기오염에 가장 예민한 식물로 알려져 대기오염의 지표식물(指標植物, indicator plant)로 사용될 정도이다. 따라서 도시에서는 잘 자라지 못하지만, 보르도액이나 황산동($CuSO_4 5H_2O$) 용액을 살포하면 없앨 수 있다. 보르도액(Bordeaux mixture)은 황산동과 석회유(생석회를 물에 탄 것)를 섞어서 만든다. 길게 늘어지는 이끼는 갈퀴로 긁어서 제거한다.

A

B

A 제주도 삼나무 수피의 북쪽 그늘에 발생한 이끼(수목에 피해가 없음).
B 고산지대 이끼가 전나무 잎과 가지를 덮은 모습.
C 고산지대 이끼가 무성하게 자라 잎과 가지를 덮은 모습.
D 대형 폭포 근처의 이끼가 가문비나무의 잎을 덮어 고사시킨 모습.
E 연간 강수량 6,000mm의 온대우림에서 이끼가 나무를 고사시킨 모습(미국 서부 올림픽국립공원).

## 3 동물(動物, animal)

### 배경

동물에 의한 피해는 도시의 조경수에 큰 위협이 되지 않지만, 지역에 따라서 상황이 다르다. 동물이 씹거나, 쪼거나, 기어오르거나, 뜯거나, 배설하거나, 또는 파헤치는 행동에 의해서 생긴다. 두더지는 지표면 바로 아래에 굴을 파면서 뿌리를 해치기도 한다. 들쥐, 토끼, 노루는 여름철에는 어린잎과 가지를 먹이로 이용하며, 겨울철 눈이 많이 쌓여서 먹이가 부족할 때 어린나무의 껍질을 벗겨 먹는다.

다람쥐와 청설모는 밤, 호두, 잣 같은 견과를 주로 먹지만, 어린 가지를 씹어놓기도 한다. 날짐승과 개는 물리적 피해보다는 배설물과 방뇨로 인한 피해가 더 클 수 있는데, 백로류(왜가리, 쇠백로, 황로), 해오라기, 가마우지가 나무 위에 둥지를 틀 경우에는 배설물(강산성을 띰)에 의한 피해가 심하다. 딱따구리는 주로 죽은 나무에 구멍을 파지만, 간혹 살아 있는 줄기 주변을 돌아가면서 환상으로 깊게 상처를 만들어 수분과 탄수화물 이동을 방해하기도 한다. 개가 같은 장소의 나무를 주기적으로 방문하여 방뇨할 경우 피해가 생기는데, 큰 개인 경우 시간이 지나면 피해가 나타난다.

## 병징

동물의 피해는 동물의 종류와 나무의 크기에 따라서 다르게 나타난다. 설치류는 나무 밑동에 주로 피해를 만들며, 어린나무의 경우에는 토끼와 사슴이 새순과 나무껍질을 벗겨 먹는 피해가 나타난다. 동물의 이빨 자국이 가장 뚜렷한 동물 피해의 증거가 되며, 곰에 의한 피해의 경우에는 발톱 자국과 껍질이 크게 벗겨지기도 한다. 백로류와 왜가리의 피해는 소나무와 참나무류에서 산성을 띤 배설물에 의해서 가지가 부분적으로 고사한다. 도시에서 새가 나무나 전선줄 위에서 같은 장소에서 지속적으로 배설하면 그 밑의 나뭇잎이 피해를 받아 갈색으로 죽는다.

개에 의한 피해는 좁은 정원에서 개를 놓아서 기를 경우 발생할 수 있는데, 큰 개가 주기적으로 한 나무 밑에 방뇨하면 수개월 후에 잎이 고사하여 수관 전체가 갈색으로 변한다. 이 경우 뿌리가 먼저 썩고 후에 잎에서 병징이 나타나게 된다. 특히 작은 나무의 경우 쉽게 피해를 받을 수 있다.

## 방제

나무에 동물이 접근할 수 없도록 밑동을 철망, 플라스틱 파이프 등으로 보호하든가, 울타리를 설치한다. 쥐나 다람쥐가 열매를 먹을 때에는 이들이 올라갈 수 없도록 매끄러운 철판으로 감싸는 방법이 있다. 딱따구리가 줄기 주변을 돌아가면서 상처를 목질부 속까지 깊게 만들 경우에는 환상박피(環狀剝皮, girdling)가 되어 이를 그대로 두면 줄기의 윗부분이 말라서 죽는다.

이런 경우에는 수피이식(樹皮移植, bark implant) 수술에 의해서 위아래로 단절된 수피를 서로 연결시켜 소생시킬 수 있다. 상처 부위를 깨끗하게 청소한 다음, 상처의 위아래에서 높이 2cm 가량의 살아 있는 수피를 수평 방향으로 벗겨내고, 격리된 상하 상처 부위에 다른 곳에서 벗겨온 비슷한 두께의 신선한 수피를 이식하여 덮어주고 작은 못으로 고정시킨다. 이식이 끝나면 젖은 천으로 패드를 만들어 덮은 다음, 비닐로 덮어서 건조하지 않게 하고 그늘을 만들어준다. 봄에 할 경우 형성층의 세포분열이 왕성해서 가장 성공률이 높다. 수피이식 대신 격리된 형성층을 여러 개의 살아 있는 가지로 서로 연결하는 교량접목(橋梁接木, 교접, 橋接, bridge grafting)을 실시해도 된다.

**A** 소나무의 왜가리 배설물 피해.
**B** 영산홍의 새 배설물 피해.
**C** 지리산 세석평전 구상나무 수피를 대륙밭쥐가 갉아 먹은 흔적(사진: 국립공원연구원 박홍철).
**D** 야생 곰이 껍질을 벗긴 흔적(미국 워싱턴주).
**E** 잔디밭의 두더지 땅굴 피해(화살표). 나무뿌리도 피해를 입는다.
**F** 측백나무류의 개 빙뇨 피해(사진: Sinclair, 1987).
**G** 토끼 피해를 막기 위해 조림목 줄기에 플라스틱 튜브 설치.
**H** 쥐의 야자열매 피해를 막기 위한 미끄럼판 설치.

# V. 인위적 요인에 의한 병

# 1 뿌리 생장 장애에 의한 병

## 1-1 답압(踏壓, soil compaction)

### 배경

답압은 인간이나 장비에 의해서 표토가 다져져서 견밀화되는 토양 경화 현상을 의미한다. 일반적으로 조경공사가 이루어지기 전에 토목공사 기간 동안 중장비에 의해서 표토가 다져진다. 사람이 빈번히 다니는 곳은 발길에 의해서 땅이 딱딱해진다. 답압이 진행되면 통기성이 나빠지고, 뿌리가 토양 속으로 뚫고 들어가지 못해서 수목 생장에 극히 불리하다.

수목은 새로운 잔뿌리를 계속해서 만들기 때문에 세포분열을 위해 왕성하게 호흡을 한다. 이때 토양 내 산소를 필요로 하는데, 산소(토양 속 공기에 포함)는 토양 입자 사이의 공극에 존재한다. 토양은 공극이 많을수록 용적비중(容積比重, bulk density)이 낮아지고, 통기성이 좋고 배수가 잘되어 뿌리 생장에 유리하다. 도시 토양에서 용적비중은 1.5g/$cm^3$ 이하가 되어야 한다. 토양 답압이 진행되면, 수분과 산소를 함유하는 토양 공극이 없어져서 수분과 산소가 부족하게 되고, 뿌리 발달이 저조하여 양분도 부족하게 되어 나무의 생장이 둔화된다.

### 병징

답압에 의한 피해 증상은 토양 내 수분, 산소, 무기양분이 부족해서 나타나는 현상을 합쳐놓은 것과 흡사하다. 즉 답압이 장기간에 걸쳐 만성적으로 지속되면, 마치 척박한 땅에서 자라는 것 같은 증상을 보인다. 잎이 작아지고 가지의 생장이 둔화되며, 장기적으로 지속될 경우 잎에 황화현상이 나타나며, 수관의 꼭대기부터 밑으로 내려오면서 가지가 고사하고 수관이 엉성해진다.

중장비에 의한 답압은 매우 심하게 이루어질 경우, 건축공사가 끝난 후 그 위에 수목을 식재하면 수목 생장이 거의 불가능하다. 반면 사람 발길에 의한 운동장, 공원, 등산로변의 답압은 경미하게 이루어지기 때문에 수목 생장에 치명적인 영향을 주지는 않는다.

### 방제

사람의 왕래가 많은 곳에는 나무로 만든 데크(deck)를 깔아 추가 답압을 방지할 수 있다. 토목공사장에서는 수관 폭만큼 원형으로 울타리를 설치하여 중장비의 접근을 막는다. 중장비가 다니는 길에는 무쇠나 알루미늄으로 만든 여러 개의 복공판(覆工板, PSP, 구멍이 많이 뚫린 유공 철판)을 연결하여 깔면 중장비의 하중을 분산시키는 효과가 있어 답압을 예방할 수 있다.

답압 토양을 개량하는 방법은 천공법과 도랑 설치와 같은 적극적인 방법과 멀칭과 같은 소극적인 방법으로 나눌 수 있다. 천공법(穿孔法)은 토양 표면에 구멍을 뚫고 모래, 유기물, 다공성 물질(펄라이트, 버미큘라이트)을 넣는 것이다. 동력 오거(power auger)를 이용하여 직경 5cm 내외의 구멍을 30cm 깊이로 뚫는다. 천공 대신 방사 방향으로 도랑을 파고 다공성 물질(모래, 유기물, 질석 등)을 집어넣기도 한다.

토양 멀칭(mulching)은 다공성 유기물을 토양 표면에 깔아두는 것이며, 이미 다져진 토양의 답압을 더 이상 진행되지 않도록 하는 조치로서 미관상으로도 좋다. 멀칭으로 쓰는 유기물로는 섬유매트(예: 코코매트, 부직포), 바크(bark), 우드칩(wood chip), 솔방울, 낙엽, 솔잎, 볏짚 등이 있으며, 입자가 굵어서 통기성이 좋아야 하며, 5~7cm 이내의 깊이로 깔아야 한다. 자갈은 영구적으로 쓸 수 있다는 장점 이외에는 토양 개량 효과가 거의 없다. 단, 쇄석(碎石)은 토양 속에 넣을 경우 답압을 방지하고 통기성과 배수성을 높여 최근 선진국에서 가로수 식재 시 구덩이에 직경 2~3.5cm 쇄석을 흙과 섞어 사용하고 있으며, 이를 자갈토양(skeletal soil) 공법이라고 부른다.

**A** 공사장 내 은행나무 주변 답압.
**B** 덕수궁의 방문객에 의한 답압. 수목 생장이 약간 둔화된다.
**C** 서울 근린공원의 방문객에 의한 답압.
**D** 답압과 토양 유실을 방지하고 토양 수분을 보존하기 위한 염색된 바크 멀칭.
**E** 수목원의 바크(수피) 멀칭(뉴질랜드).
**F** 탐방로 보존을 위한 우드칩 멀칭.
**G** 목재 데크 설치는 가장 확실한 답압 방지 수단이며, 수목 생장에 유리하다.
**H** 공사장의 토양 답압을 방지하기 위한 복공판(PSP).

## 1-2 심식(深植, deep planting)

### 배경

나무를 식재할 때 얼마나 높게 혹은 낮게 심는가에 따라서 네 가지 방식으로 분류한다. 저습지와 임해매립지처럼 배수가 안 되는 곳에 나무를 주위보다 높게 심는 것을 상식(上植, 마운딩 식재라고도 함), 비가 적게 오는 곳에 물이 모이도록 낮게 심는 것을 저식(低植, 예: 반사막 지역), 예전의 높이와 같이 정상적으로 심는 것을 평식(平植), 그리고 예전에 나무가 묻혀 있던 높이보다 10cm 이상 더 깊게 심는 것을 심식(深植)이라고 부른다.

심식은 토성(土性, 모래, 미사, 진흙의 상대적인 혼합비율)과 심식의 깊이에 따라서 피해 정도가 다르게 나타난다. 낮게 묻힌 경우 특히 모래 토양을 얕게 위에 덮을 경우에는 피해가 없거나 그 증세가 경미하다. 그러나 깊게 묻힌 경우 특히 통기성(通氣性, aeration)이 좋지 않은 진흙으로 덮을 경우에는 수개월 내로 나무가 고사하기도 한다.

수목의 뿌리는 호흡을 하기 때문에 산소를 필요로 하며, 산소 공급이 원활한 토양의 표면(표토) 근처에 잔뿌리가 집중적으로 모여 있다. 심식이 되면 토양 내 산소 부족으로 인하여 뿌리의 호흡이 방해를 받으며, 뿌리의 생장이 둔화되어 결국 나무의 건강이 나빠진다. 조경공사에서 절대 해서는 안 되는 사항이 심식과 복토이다.

### 병징

심식은 뿌리 주변에 산소를 부족하게 만들어 뿌리 호흡이 방해를 받으면서 뿌리의 발달이 둔화된다. 이로 인해서 수분과 양분 흡수가 제대로 일어나지 않고 그 영향이 지상부에 미쳐서, 가지 생장이 둔화되어 잎이 작아지고 황화현상이 나타나며, 더 진전되면 가지 끝이 서서히 말라 죽는다. 이러한 증세는 복토(覆土)로 인한 피해에서도 흡사하게 나타난다.

심식 피해는 매우 천천히 진행되어 식재 후 수년이 경과하여 증세가 서서히 나타나기 시작하기 때문에, 그 원인을 잘못 진단하는 경우가 많다. 세월이 더 경과하면 땅속에 묻힌 밑동 부분의 수피가 썩기 시작하여 결국 나무가 죽게 된다. 수피가 얇은 백송, 단풍나무, 목련, 자작나무에서 심식 피해가 자주 관찰된다.

심식으로 인하여 나타나는 피해 증상은 전반적으로 뿌리의 호흡을 방해하는 토양 상태(예: 과습, 배수불량, 복토, 답압)에서 나타나는 증상과 비슷하게 보인다.

## 방제

심식이 된 나무는 발견되는 즉시 예전에 묻혀 있던 높이까지 표토를 제거한다. 혹시 뿌리가 위로 상승하여 올라와 있더라도 밑동 주변의 흙만이라도 반드시 제거하여 수피가 더 썩는 것을 막아야 한다. 표토를 제거하여 나무 주변이 낮아져서 배수가 잘 안 될 경우에는 물이 고이지 않게 배수 파이프를 묻어야 한다.

A B C D

A 심식으로 세월이 지난 후 부패한 목련의 밑동.
B 밑동이 부패한 소나무 심식 피해.
C 심식으로 고사한 음나무.
D 앞 사진에서 심식으로 음나무 형성층이 부패한 모습.
E 섬잣나무 심식 13년 후 아직 살아 있으나 묻힌 밑동이 부패하고 있다.
F 심식으로 묻힌 가지가 고사한 주목.
G 주목 목재가 방부성이 강하여 견디고 있지만 묻힌 밑동 수피가 서서히 부패 중이다.
H 심식으로 가지 끝부터 서서히 고사하는 단풍나무.
I 심식으로 윗가지가 죽으면서 아래쪽 줄기에서 맹아가 나온 살구나무. 잔디 피복으로 심식이 더 가중된 모습.
J 앞 사진의 심식된 살구나무의 6년 후 모습.

(사진: C, D, H, 이승제)

## 1-3 도로포장(道路鋪裝, road pavement)

### 배경

도시에서 도로, 보도, 주차장, 광장 등 대부분의 지역은 어떤 재료로든 포장이 되어 있다. 아스팔트, 시멘트, 보도블록, 화강암 판석으로 포장하는 경우가 많은데, 물이 스며들지 못하고 통기성이 매우 나쁘다. 따라서 그 밑에서 자라는 나무 뿌리는 산소 공급이 제대로 되지 않고 뿌리가 뻗을 공간이 제한되어 있다. 결국 산소, 수분, 양분이 모두 부족하여 뿌리 생장이 저조하고 통기성과 배수가 불량하여 수목 생장에 불리하다. 도로포장에 견디는 저항력은 수종에 따라서 차이가 있는데, 버즘나무, 은행나무, 포플러류, 회화나무, 느티나무는 저항성이 있는 반면, 소나무는 저항성이 약하다.

### 병징

도로포장으로 인한 피해 병징은 답압이나 복토와 흡사하게 나타난다. 단, 밑동이 노출되어 있으므로 수피가 부패하지 않는다.

### 방제

포장 재료를 걷어내는 것이 가장 확실하고 빠른 방법이다. 여의치 않을 경우 아스팔트에 수직으로 구멍을 여기저기 뚫어놓는다. 아니면 포장공사 초기에 수직 통기관(유공관)을 여기저기 묻어 공기 유통을 도모한다. 더 바람직한 것은 다공성인 투수 콘크리트(pervious concrete)에 해당하는 아스팔트와 콘크리트를 혼합한 투수성 아스콘(asphalt-concrete)을 사용하면 물과 공기가 밑으로 내려갈 수 있다. 보도블록은 가능하면 작은 것(예: 작은 벽돌)을 간격을 벌려 깔아서 틈새로 물과 공기가 땅속으로 들어갈 수 있게 해야 한다. 요즘 사용하는 화강암 판석(가로세로 약 50cm)은 공기 유통이 안 되어 사용을 자제해야 한다.

**A** 경남 창녕 경사지의 느티나무 콘크리트 포장 상태. 장기간 강우로 뿌리가 노출되어 포장했을 가능성이 크다.
**B** 앞 사진에서 콘크리트 포장으로 뿌리가 산소 부족으로 호흡 장애를 받아 가지가 죽고 잎이 갈변한 모습.
**C** 소나무(오른쪽) 도로포장으로 뿌리 건강(잎의 퇴색)이 나빠지기 시작한 모습.
**D** 석축 조성과 포장으로 잎의 왜소화와 수관쇠퇴가 진행 중인 느티나무.
**E** 콘크리트 포장으로 가지 끝이 고사한 단풍나무.
**F** 도로포장으로 고사 중인 가로수(*Acacia melanoxylon*).

(사진: A-E: 이승제; F: Costello 등, 2003)

## 1-4 복토(覆土, fill soil)와 석축(石築, masonry)

### 배경

복토는 나무뿌리가 이미 자라고 있는 곳에 흙을 부어 뿌리가 깊게 묻히는 것을 말한다. 주로 토목공사에서 지반을 높이는 성토를 하거나 정지작업을 하면서 남는 흙을 나무 주변에 덮음으로써 복토가 된다. 조경수의 여러 가지 인위적 피해 중에서 가장 흔하게 관찰되고 가장 심각하게 나타나는 피해로서 삼가해야 할 사항이다.

복토는 뿌리 호흡을 방해하므로 심식(深植) 피해와 동일한 결과를 가져온다. 수목에 필요한 수분과 양분은 잔뿌리(세근, 細根)가 흡수한다. 잔뿌리는 수명이 짧아 쉬지 않고 새로 만들어지는데, 세포분열을 위해 지속적으로 호흡을 하기 때문에 많은 양의 산소가 필요하다. 따라서 잔뿌리는 산소 공급이 원활한 토양의 표면 근처에 집중적으로 모여 있다. 실제로 잔뿌리의 90% 정도가 표토 20cm 깊이에 모여 있을 만큼 토양 내 산소 공급은 매우 중요하다. 복토가 되면 토양 내 산소 부족으로 인하여 뿌리의 호흡이 방해를 받으며, 뿌리의 발달이 둔화되어 나무의 건강이 악화되고, 묻힌 밑동이 서서히 부패한다.

복토로 인해서 수목의 건강이 나빠지는 현상은 땅속에서 진행되기 때문에 초기에는 그 피해를 전혀 알 수 없다. 산소 부족으로 뿌리의 발달이 둔화하거나 잔뿌리가 죽어가는 현상은 매우 느리게 진행되며, 토성에 따라서 첫 증상이 나타나는 기간이 다르다. 진흙을 많이 가진 흙은 통기성이 나빠서 수개월 내로 지상부에 피해 증상이 나타나지만, 모래 성분이 많은 흙에서는 피해가 서서히 진행되어 10년 혹은 20년 후에 나무가 죽기도 한다.

복토 피해는 중요한 보호수에서도 자주 발견된다. 1970년대 시작한 새마을사업으로 마을 입구의 노거수 주변을 석축으로 쌓고 복토를 했거나 콘크리트로 포장하여 많은 나무(조사 개체의 30%)가 고사했다. 천연기념물 노거수에서도 피해 사례가 많다. 충북 보은의 정이품송(正二品松)은 나무 주변에 약 60cm 높이로 복토가 되었는데, 10여 년이 경과한 1986년 걷어냈으나 땅속에 묻힌 수피의 4분의 3가량이 죽어서 밑동이 잘록해졌다.

충북 보은의 백송은 1m 높이로 축대를 쌓고 축대 안에 흙을 넣어 복토가 되었으며, 땅속에 묻힌 밑동이 서서히 썩어 20년 후인 2004년 여름 별안간 고사했다. 서울시 보호수 중에서 중구 정동에 있는 회화나무(550년생)는 지난 수십 년 동안 지반이 높아지는 과정에서 뿌리가 60cm 깊이로 묻혔으며, 2003년 흙을 걷어냈으나 이미 심하게 피해를 받은 상태라서 회복이 되지 않고 있다.

## 병징

나무가 자연적으로 자라면 바람에 견디기 위해서 밑동 근처에서 직경이 굵어지는 것(trunk flare)이 정상이다. 복토가 되지 않았다면 밑동이 위쪽 줄기보다 굵어야 하며, 만일 밋밋하다면 복토가 된 상태라고 할 수 있다. 복토 피해는 토양 속의 산소 부족으로 인하여 뿌리의 활력이 서서히 나빠지면서 뿌리가 먼저 고사한 후, 지상부에는 증세가 나중에 나타난다.

활엽수의 초기 증상은 나무꼭대기의 잎이 작아지고 새 가지의 길이가 짧아지는 등의 생장 감소이다. 더 진전되면 수관의 맨 꼭대기에 있는 가지의 끝부터 잎의 왜소화, 황화현상이 나타나면서 잎이 조기에 낙엽이 지거나 마른 잎이 오래도록 붙어 있고, 꼭대기부터 밑으로 가지가 죽어 내려오기 시작한다. 엽량이 줄어 수관이 엉성해 보이면서 수관이 축소된다. 여기서 더 진전되면 나무 전체가 완전히 죽는다. 이때 나무 밑동에 버섯이 발생하고, 땅을 파 보면 땅속에 묻혀 있는 수피와 목질부가 완전히 썩어서 탄수화물과 수분 이동이 안 되어 나무가 말라서 죽게 된 것을 알 수 있다.

침엽수는 초기 증상이 잘 나타나지 않아서 잎이 마르기 시작하면 이미 구제하기에 너무 늦는 경우가 대부분이다. 소나무를 포함한 침엽수류는 잎이 빳빳하기 때문에, 가지고 있는 양분과 에너지를 모두 소진할 때까지 잎에 병증을 나타내지 않다가 별안간 죽게 된다. 잎이 마르는 병증이 지상부에 나타날 때쯤에는 이미 모든 뿌리가 부패한 상태이며 어떤 치료로도 나무를 소생시킬 수 없다.

병징이 지상부에서 처음 나타나는 속도는 복토의 깊이와 복토된 흙의 성질(토성)에 따라서 다르다. 진흙으로 두껍게(예: 50cm 이상) 복토하면

2~3개월부터 잎의 황화현상이 나타나지만, 모래흙으로 복토하면 수년 혹은 20년 후부터 나타나기도 한다. 복토의 깊이는 쇠파이프로 만든 검토장(檢土杖, profile tube)으로 간단히 조사할 수 있다.

## 방제

자라고 있는 나무 밑에 10cm 이상의 복토를 절대 하지 말아야 하며, 복토된 것을 발견했을 때는 즉시 흙을 제거한다. 만일 시간이 오래 경과하여 복토된 흙 속으로 뿌리가 상승하여 자라 올라와 있을 경우에는 밑동 주변의 흙만이라도 제거하여 밑동이 썩는 것을 방지해야 한다. 위로 올라와 있는 뿌리는 상황에 따라서 다르겠지만 함부로 제거하면 안 된다. 밑동 주변의 흙을 제거한 후 땅이 움푹 패여 배수가 잘 되지 않을 경우에는 배수구를 만들어서 배수를 도모한다. 죽은 가지를 제거하고 수간주사와 엽면시비로 영양 상태를 개선해준다.

나무 주변에 복토를 꼭 실시해야 할 상황일 경우에는 뿌리가 숨을 쉬고 토양에 물이 들어가도록 조치하면 된다. 우선 나무 주변에 물이 고이지 않도록 바깥쪽으로 약간의 경사를 유지하면서 토양 표면을 깨끗하게 정리하고 자갈을 약 20cm 깊이로 수관폭 내에 골고루 깐다. 다음 나무 밑동이 흙 속에 묻혀 썩지 않게 밑동 주변에 반경 60cm 이상의 빈 공간을 두고 원형으로 돌을 수직으로 쌓아 마른 우물(dry well)을 만들고, 빗물이 주변으로 빠지면서 뿌리에 산소와 수분이 공급되도록 한다. 수평 통기관(通氣管, vent pipe) 혹은 유공관(有孔管, perforated pipe)을 마른 우물로부터 방사 방향으로 수레바퀴의 살처럼 8방으로 설치하고, 가장자리를 원형으로 유공관으로 서로 연결시킨 후, 수직 유공관을 8방으로 8개 이상 설치한다. 마지막으로 복토를 한다. 이렇게 실시하면 빗물이 마른 우물에 떨어져 수평 유공관을 통해 사방으로 퍼질 수 있으며, 산소도 함께 공급된다. 수직 유공관을 통해 관수하고, 액비를 투여할 수 있다. 1m 이상 복토를 해도 나무뿌리는 흙의 압력을 견디면서 살아갈 수 있다.

위의 방법은 상당한 예산과 인력이 요구되므로, 약간의 복토를 해야 할 때는 간이 방법으로 대형 폐타이어 1~2개를 한쪽을 자른 후 밑동에 집어 놓고 주변에 복토를 하면 최소한 밑동이 부패하는 것을 방지할 수 있다.

K
L
M
N
O
P
Q
R

S

T

U

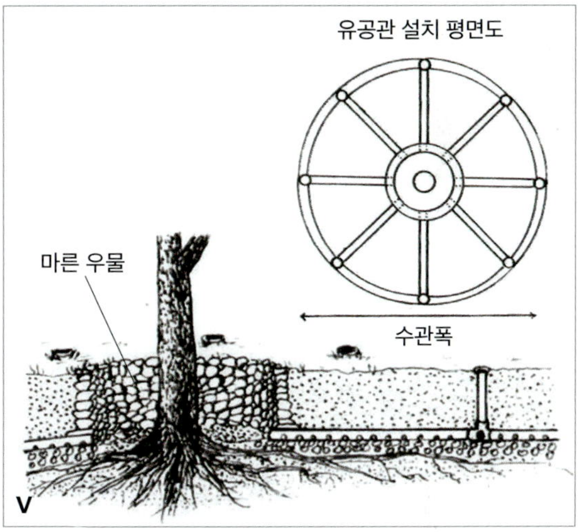

V

**A** 충북 보은군 정이품송이 10여 년간 60cm 깊이로 복토된 후 흙을 제거한 모습. 밑동이 잘록해짐.
**B** 앞 사진 정이품송에서 밑동 형성층의 4분의 3가량이 고사한 모습.
**C** 서울 정동 회화나무(550년생)가 60cm 복토되었던 모습.
**D** 앞 사진 회화나무에서 복토 제거 후 설치한 마른 우물과 임시 울타리.
**E** 충북 보은군 천연기념물 백송(경사지에서 자람)에 1m 석축을 쌓은 모습. 뿌리가 장기간 노출되어 복토한 것으로 추정.
**F** 앞 사진의 백송 밑동이 복토 20년 후 완전히 썩어 고사한 모습(2004. 7).
**G** 광화문 은행나무 1.5m 복토 상태(이식 후 설계 변경으로 지반이 높아짐).
**H** 전북 장수군 의암송 복토된 흙을 제거하는 모습. 2000년 잎의 황화현상이 이미 나타났다.
**I** 양평 용문사 은행나무 석축과 복토 피해로 키가 20m 이상 감소한 모습. 1919년 수고가 63m로 세계에서 가장 큰 은행나무였다.
**J** 제주도 성읍리 느티나무 석축과 복토 상태.
**K** 제주도 팽나무 석축과 복토 상태.
**L** 서울 신림동 굴참나무(천연기념물) 40cm 복토로 버섯 발생 등 수피가 부패하고 있다.
**M** 불국사 소나무 복토 상태.
**N** 서울숲 느티나무(앞나무와 뒷나무) 복토 상태.
**O** 서울 역사박물관 버즘나무 복토 후 새 뿌리 발생. 밑동 피해는 없다.
**P** 소나무 복토 후 밑동이 부패한 모습.
**Q** 대학캠퍼스 느티나무(왼쪽) 석축 및 복토 상태.
**R** 복토의 초기 병징(수관 상부 잎의 황화, 왜소화).
**S** 복토의 중기 병징(조기 낙엽, 가지 고사).
**T** 복토의 후기 병징(수관 쇠퇴 및 축소). 뿌리도 함께 죽고 있다.
**U** 소나무 복토 피해. 뿌리가 죽어 회복이 불가능한 상태.
**V** 부득이한 경우 복토 요령(유공관 매설 및 밑동 주변에 마른 우물 설치).
(사진: H, 강전유, 2015; M, O, R, T, 이승제; U, 강전유, 이상길, 2008).

## 1-5 절토(切土, soil cut)

### 배경

절토는 뿌리가 뻗고 있는 토양의 일부를 걷어내거나 수직 방향으로 잘라내는 것을 뜻한다. 절토는 뿌리의 일부가 제거되기 때문에 복토보다 더 빨리 그리고 더 큰 피해를 준다. 수목의 뿌리는 일반 토양에서 수평 방향으로 수관폭보다 더 밖으로 자라며, 수직 방향으로 1~2m 정도 내려가지만, 잔뿌리의 90% 이상이 표토 20cm 깊이에 모여 있다. 따라서 나무 주변의 모든 흙을 30cm 깊이로 제거한다면 잔뿌리가 모두 제거되어 나무가 살 수 없게 된다.

### 병징

나무의 한쪽 방향으로만 절토가 이루어질 경우에는 절토의 정도에 따라서 나무에 피해를 주는 정도가 다르다. 수관의 한쪽 가장자리 부근에서 낙수선(drip line)까지 절토가 이루어지면 전체 뿌리의 약 15%가 제거되며, 수관폭(樹冠幅, crown width) 반경의 절반 부근에서 절토가 이루어지면 뿌리의 30%가 제거된다. 그 이상의 절토가 이루어지면 수관에 피해가 나타나기 시작한다. 뿌리가 잘린 쪽의 수관이 마르기 시작하여 가지가 고사한다. 활엽수는 도관(물관)이 수간을 따라서 곧게 올라가기 때문에 뿌리가 잘린 쪽의 수관이 피해를 본다. 반면에 침엽수는 나이를 먹을수록 가도관(헛물관)이 수간을 따라서 나선상으로 돌면서 올라가는 경향이 있어서 뿌리가 잘리지 않은 쪽 수관에서 피해가 나타나기도 한다.

### 방제

토목공사를 하면서 나무 주변의 흙을 제거해야만 할 경우에는 수관폭의 3분의 2만큼 원형으로 흙을 남겨놓고 절토된 부분에 석축을 쌓아서 흙이 더 이상 무너지지 않게 조치하면 나무를 살릴 수 있다. 더 이상 안쪽으로 흙을 제거하면 나무의 모양이 훼손된다.

절토로 피해를 받은 나무는 반복적으로 관수하여 고사를 방지하고, 인산 비료를 주어 뿌리의 발달을 촉진시킨다. 질소 비료는 지상부 생장을 촉진하여 건조 피해를 조장하므로 당분간 사용하지 않는다.

A

B

**A** 서울시 보호수 음나무 절토 상태(밑동에서 아까시재목버섯이 생기고 있다).
**B** 앞 사진의 음나무 절토로 수관 상부의 쇠퇴 현상.
**C** 이태리포플러 절토 후 수관이 축소되어 두절작업을 실시한 모습.
**D** 절토(뿌리 손실) 피해를 입은 낙우송. 뿌리가 잘린 쪽의 수관이 고사함.
**E** 댐 비탈면에서 절토와 표토 제거 후 석축 조성으로 고사한 참나무류.
**F** 개잎갈나무 뿌리 주변 절토 상태. 2년 후 여름에 급격히 고사(사진: Costello 등, 2003).

## 1-6 정지작업(整地作業, 땅고르기, grading)

### 배경

정지작업은 땅고르기라고도 부르며, 토목공사에서 땅바닥을 반반하게 고르는 작업을 의미한다. 땅을 정지하면 필연적으로 높은 곳은 깎이고, 낮은 곳은 메워지게 된다. 혹은 외부에서 흙을 가져와 성토(盛土)로 지반을 높이기도 한다. 노거수나 보호수가 이미 자라고 있는 곳을 개발하기 위해서 정지작업을 하는 경우가 자주 있다. 특히 이 나무들이 유명해지면 방문객이 증가하여 진입로, 주차장, 휴식처를 신설하면서 정지작업이 진행된다. 결국 정지 혹은 성토 과정에서 뿌리가 복토되거나 잘려나가게 된다. 이는 나무에게 치명적인 피해를 유발하기 때문에 절대로 정지나 성토를 실시해서는 안 된다. 따라서 토목공사 이전에 그 지역에 나무가 심겨 있는지를 미리 파악하여 정지작업을 최소화해야 한다.

### 병징

정지작업으로 인한 병징은 복토와 절토에서 언급한 내용과 동일하다.

### 방제

정지작업을 보호수에서 멀리 떨어진 곳에서 실시해야 한다. 최소한 나무뿌리가 뻗고 있는 구역, 즉 수관폭(낙수물이 떨어지는 반대쪽까지 거리)에서 바깥으로 50% 정도 확장된 구역 내에는 절대 복토와 절토가 수행되지 않게 해야 한다. 혹시 수관폭 밖에서 성토가 필요한 경우 보호수 인근 토양의 배수가 잘 되도록 특별히 배려해야 한다. 또한 보호수가 종일 햇빛을 받을 수 있는 공간을 확보해야 한다.

특히 경사지에서 자라는 나무는 경사면을 안정시키기 위해 석축을 쌓거나 복토나 절토를 실시해서는 안 되며, 노출된 뿌리도 그대로 두어야 한다.

A

B

C

**A** 정지작업하면서 복토로 수관이 심하게 훼손된 천연기념물 이팝나무(오른쪽, 경남 양산).
**B** 공원 미화작업 중 복토로 수관이 크게 훼손된 이팝나무(중앙, 전남 광양).
**C** 노거수 보호사업으로 실시한 석축, 목책, 도로정비로 수관이 축소된 이팝나무(경남 김해).
**D** 초등학교 담 설치 과정에서 70cm 복토로 13주 중에서 3주만 살아 남은 이팝나무(전북 진안).
**E** 정자를 설치하면서 정지작업으로 소나무 뿌리를 훼손한 모습.
**F** 주변 토양을 훼손하여 피해를 입은 느티나무.

(사진: E, F: 강전유)

## 1-7 갇힌 뿌리(restricted roots)

갇힌 뿌리는 가로수나 정원수 중에서 식수대(植樹垈, planter) 속에 오랫동안 갇혀 있는 동안 뿌리의 발달이 억제되어 뿌리가 기형으로 자라는 경우를 뜻한다. 이로 인하여 나무의 생장이 위축된다. 구부러진 뿌리(kinked roots)는 어린나무를 옮겨 심을 때 작은 구덩이에 뿌리를 억지로 집어넣는 과정에서 구부러진 상태로 심어 뿌리가 그 상태로 굳어진 경우이다. 구부러진 뿌리는 심한 경우에는 혹같이 뭉쳐서 뿌리가 제구실을 하지 못하고, 지주를 제거하면 바람에 잘 쓰러진다.

근본적인 방제법은 가로수의 식수대를 더 크게 설계하여 뿌리가 넓게 퍼지도록 유도하거나, 나무를 심을 때 구덩이를 더 넓고 깊게 파는 것이다. 보통 크기의 나무가 제대로 자라기 위해서는 토양 부피가 최소 $8m^3$(가로, 세로, 깊이 각각 2m)가 되어야 한다.

A 작은 식수 공간에 뿌리가 갇혀 있는 가로수.
B 작은 식수 공간에서 뿌리가 위로 돌출하는 가로수.
C 오래된 가로수의 뿌리가 겉으로 노출된 모습(미국 뉴욕시).
D 작은 화분에 뿌리가 갇힌 전나무의 건강이 서서히 나빠지고 있다.

## 1-8 휘감는 뿌리(circling roots)

### 배경

휘감는 뿌리(권근, 卷根, girdling roots)는 나무 밑동 주변을 휘감으면서 자라는 뿌리를 뜻한다. 자연적으로 종자가 땅에 떨어져서 자란 나무의 경우에는 뿌리가 밑동에서 사방으로 퍼져 나가기 때문에 밑동을 휘감는 뿌리를 거의 볼 수 없다. 대신 묘목을 용기(容器, container) 혹은 화분(pot)에 담아서 양묘할 경우 자주 볼 수 있다. 뿌리가 용기 주변을 맴돌고 있는 경우, 그대로 옮겨 심으면 후에 휘감는 뿌리로 발달한다.

답압이 심하게 되어 있거나, 작은 토양 공간(예: 식수대)에 나무를 심거나, 딱딱한 토양에 작은 구덩이를 파고 나무를 심을 때 긴 뿌리가 휘어지게 되며, 후에 뿌리가 멀리 퍼지지 못하고 구덩이 안에서 맴돌 경우에도 휘감는 뿌리로 자랄 수 있다.

### 병징

휘감는 뿌리는 나무 밑동을 휘감아서 밑동을 조이면서 직경이 굵어진다. 시간이 지나면서 더욱 압박하여 밑동 수피 속으로 파고 들어가서 수분과 양분의 이동을 방해한다. 수피의 사부(체관)를 통한 탄수화물(설탕)의 이동이 제한을 받으면서 협착이 일어나는 윗부분의 수간이 아랫부분보다 더 굵어지기도 한다. 10년 혹은 20년의 세월이 경과하면 밑동이 제대로 굵어지지 못하고 물리적으로 협착하며 잘록해진다. 이런 나무는 센 바람에 쓰러지기도 하며, 수세가 전반적으로 약해져서 가을에 단풍이 먼저 들고 낙엽 시기도 빨라진다.

### 방제

용기에 담아서 기른 어린 묘목을 옮겨 심을 때 휘감는 뿌리가 발견되면, 용기를 제거하고 예리한 도구를 이용하여 휘감는 뿌리만을 골라서, 감고 있는 직각 방향으로 자른다. 삽을 이용할 경우에는 묘목을 땅에 뉘어 놓고 수직 방향으로 자르면 휘감는 뿌리만 절단할 수 있다. 휘감는 뿌리가 되지 않도록 고안된 요철 공기 화분이 있다. 플라스틱 화분의 벽을 울퉁불퉁하게 제작하면 뿌리가 주로 아래쪽으로 자라서 이를 예방할 수 있다.

A

B

A 단풍나무의 휘감는 뿌리.
B 휘감는 느티나무 뿌리가 밑동을 파고드는 모습.
C 미국느릅나무 뿌리가 밑동을 압박하는 모습.
D 화분에서 맴도는 뿌리를 그대로 심은 나무의 뿌리 모습. 식재 전에 휘감는 뿌리를 수직으로 절단해야 한다.
E 맴도는 뿌리 발생을 방지하기 위한 요철 공기 화분. 안쪽에도 요철과 구멍이 있다.
(사진: A, Sinclair 등, 1987; C, D, Costello, 2003)

# 2 화학물질에 의한 병

## 2-1 농약(農藥, agricultural chemicals)

### 배경

농약(일명 작물보호제)에 의하여 발생하는 약해(藥害, chemical injury, phytotoxicity)는 제초제(herbicides), 살충제(insecticides), 생장조절제 중에서 생장억제제에 의해서 발생한다. 이 중에서 제초제 피해가 가장 심각하다. 살균제(fungicides)에 의한 피해는 거의 없으며, 살선충제와 살비제(응애 구제용) 피해는 가끔 있다.

제초제와 생장조절제는 주성분이 식물 호르몬이다. 가장 많이 쓰는 제초제는 식물 호르몬 중에서 옥신(auxins) 계통을 이용하여 만드는데, 아주 낮은 농도로 사용할 때에는 발근을 촉진하고 식물 생장에 도움이 되지만, 높은 농도로 살포하면 제초제가 된다. 제초제는 식물 호르몬 대사의 균형을 깨뜨려 피해가 나타난다.

식물생장조절제(plant growth regulator)는 수목이 너무 빨리 자라거나 꽃과 열매가 너무 많이 달려서 문제가 될 경우 생장과 결실을 조절(억제)하는 목적으로 사용한다. 수목의 생장을 촉진하고자 할 경우에는 약제보다는 햇빛, 토양 개량, 시비, 관수, 병해충 구제 등으로 생육 조건을 개선해 주는 것이 바람직하다. 조경수 관리에서 생장촉진제(growth promoter)는 발근촉진을 위한 경우 이외에는 거의 사용하지 않는다. 대신 생장억제제(growth retardant)와 결실억제제를 사용하면 생장과 결실을 억제하여 효과를 볼 수 있다.

## 병징

농약의 병징은 수종, 약제의 종류 및 농도, 살포 시기에 따라서, 그리고 초기와 후기 병징이 다르게 나타나기 때문에 진단에 어려움이 많다. 피해를 받은 나무는 잎에서 말림, 뒤틀림, 기형, 왜소화, 꺾임, 변색, 황화, 반점, 갈변, 부분 괴사, 전체 고사, 낙엽, 낙과 증세가, 그리고 가지에서 휨, 뒤틀림, 비대, 고사 등의 증세가 다양하게 나타난다(609쪽 표 3-4 참조). 약해의 증세는 약제 살포 후 수 시간 혹은 수일 내로 나타나거나, 토양에 살포한 일부 살충제 혹은 제초제와 같이 몇 달 후 혹은 다음 해에 나타나기도 한다.

살충제 피해는 활엽수의 경우 잎의 가장자리가 타들어가며, 불규칙한 반점이 생기며, 침엽수의 경우 잎끝이 적갈색으로 변색한다. 소나무의 제초제 피해는 신초(新梢, 당년 가지)가 생장 중일 때에는 갈색으로 변하며, 잎이 뒤틀리거나, 밑으로 처지거나, 꺾이거나, 생장을 정지하거나, 끝이 갈색으로 변한다. 봄철에 신초만 죽고 오래된 잎에 피해가 없으면 새순이 나오기도 한다.

선택성 제초제는 식물 호르몬 제제인데, 2,4-D는 잎이 타면서 말려 들어가고, 엽병과 가지가 뒤틀린다. 디캄바(Dicamba) 유제를 사용하면 활엽수의 잎은 왜소화, 기형으로 자라면서 비대생장을 한다. 소나무의 경우에는 새 가지 끝이 굵어지면서 꼬부라지고, 잎이 붙어 있는 가지 끝이 비대 생장하며, 은행나무는 잎끝이 말려들고, 주목은 황화와 갈변 현상을 보인다. 비선택성 제초제(non-selective herbicides)는 빗물에 의해 이동이 잘되지 않아 제자리에서 피해가 나타나는 경향이 있고(예: glyphosate, paraquat), 활엽수의 잎은 갈색으로 말라 죽고, 주목, 향나무, 측백나무는 새잎의 끝부분이 황화현상을 보인다.

A

B

K
L
M
N
O
P
Q
R

S

T

U

V

W

**제초제 피해**

A 제초제가 비산하여 사과나무 잎에 생긴 반점.
B 수수꽃다리 초기 병징(뿌리에서 빨아 올린 제초제로 잎이 말림).
C 앞 사진의 수수꽃다리 후기 병징(일부 가지가 후에 죽음).
D 단풍나무 초기 병징(잎의 말림).
E 말발도리 잎의 왜성화(4월 하순 살포, 6월 중순 촬영).
F 이팝나무 새잎의 왜성화.
G 회양목 초기 병징(잎의 황화).
H 주목 가지 끝 잎의 갈변.
I 주목 잎의 황화 및 밑부분 갈변.
J 소나무 새순의 꼬부라진 모습.
K 스트로브잣나무 새순이 휜 모습(4월 하순 살포, 6월 중순 촬영).
L 소나무 새잎의 생장 정지.
M 소나무 가지의 휨과 가지 끝의 굵어진 모습.
N 소나무 잎이 뒤틀린 모습(6월 하순 살포, 8월 중순 촬영).
O 소나무 묵은 잎이 갈변하고 새순의 잎이 처진 모습.
P 소나무 새순이 자라다가 피해를 입은 모습(4월 하순 살포, 6월 중순 촬영).
Q 전년도에 새순이 죽고 이듬해 회복 중인 소나무.
R 전년도 피해를 입고 이듬해 일부 가지에서 새순이 돋은 소나무.
S 제초제를 수간주사한 전주시 곰솔(천연기념물). 동쪽 가지만 살아 있다(수간주사 6월 중순, 촬영 7월 중순).
T 앞 사진에서 피해 초기 모습(새순이 먼저 피해를 입고, 후에 묵은 잎도 고사).
U 향나무의 '솔솔' 제초제 피해. 후에 악화되어 나무가 고사.
V 은행나무 디캄바 제초제(선택성) 초기 피해 병징(잎 가장자리의 황화)(사진: 이승제).
W 제초제에 직접 접촉한 칠엽수 잎의 병징.

## 방제

약제 살포 시 권장하는 농도를 반드시 지켜야 한다. 특히 전정을 실시하여 잎의 양이 많이 감소한 경우에는 수간주사 시 약량을 이에 맞게 반드시 줄여야 한다. 특히 겨울철 전정 후 소나무재선충약 수간주사 시 잎이 감소한 만큼 약량을 줄여야 한다.

대부분의 살충제와 제초제는 토양 중에 장기간 잔류하지 않지만, 일부 살충제와 제초제는 반감기가 100~260일(특히 아트라진계 제초제가 상대적으로 길다) 정도로 길어서 피해가 2년간 지속되기도 한다. 토양에 잔류하고 있는 농약이 뿌리로 흡수되어 피해를 일으킬 경우에는 토양(겉흙을 대상으로 함)에 활성탄(活性炭, activated charcoal)을 집어넣어 농약을 흡착시켜 농약의 농도를 낮춘다. 활성탄 대신에 부엽토, 완숙퇴비, 석회를 사용해도 된다. 겉흙을 잔뿌리가 훼손되지 않는 범위 내에서 걷어내고, 신선한 토양으로 대체한다.

제초제를 토양에 살포한 경우 토양이 건조할 때 수목 피해가 증가하므로 적절한 관수로 농약을 씻어낸다. 수간주사와 엽면시비로 피해 수목을 건강하게 관리하고, 적절하게 관수한다. 그러나 과다한 관수는 농약에 대한 저항력을 저하시킬 수도 있다. 토양 관주도 효과가 있는데, 무기질 비료를 물에 녹여 토양 속에 넣어 농약 대신 흡수하게 한다. 물 1ℓ당 요소 1g, 질산칼슘 0.5g, 질산칼륨 0.25g, 제1인산칼륨 0.25g, 황산마그네슘 0.25g을 섞는다.

농약 피해는 다음과 같은 조건에서 자주 발생한다. 1) 권장 농도 이상으로 사용할 경우, 2) 바람에 의해서 이웃 나무로 약제가 비산할 경우, 3) 한 곳에 너무 많이 살포할 경우, 4) 봄철 조직이 어리거나 여름철 새순이 발생하여 약제가 쉽게 조직 속으로 침투하는 경우, 5) 일조량이 부족하거나 그늘에서 자라서 조직이 연약한 경우, 6) 태풍이 지나간 직후에 잎과 가지에 마찰에 의한 상처가 많은 경우, 7) 기온이 높을 때 살포하여 화학반응이 빨리 일어나는 경우, 8) 가뭄이 계속되어 잎에 탈수 현상이 있어 수분(약제 포함)이 쉽게 흡수될 경우, 9) 두 개 이상의 농약을 혼합하여 사용할 경우 등이다.

반면에 바람이 강하게 불 때에는 약제가 비산하여 날아가버리므로 약효가 감소하거나 이웃 작물에 피해를 준다. 농약을 살포한 직후에 비가 오면 약제가 씻겨나가서 효력이 작아진다. 위와 같은 기상조건에 따른 약효와 약해를 고려한다면, 가장 이상적인 약제 살포 시기는 바람이 적고 갠 날 오전 혹은 늦은 오후라고 할 수 있다.

살균제(예: 보르도액)를 살포하고 곧 연이어서 다른 살균제 혹은 살충제를 살포할 경우에도 약해가 나타나는 경우가 있으므로 주의해야 한다. 특히 조심해야 할 사항은 디프수화제(예: trichlorofon, 예전 상품명 디프테렉스)를 핵과식물(예: 벚나무, 복숭아나무, 자두나무)에 살포하면, 농도에 관계 없이 잎이 황화현상을 보이면서 낙엽이 지는 현상이다.

생장억제제에는 두 종류가 있다. 정아를 억제시키고 대신 측아를 발달시키려면 옥신 제제(NAA)와 멜릭하이드라지드(maleic hydrazide, MH)를 사용하며, 마디 생장을 억제시키려면 항지베렐린(antigibberellins) 약제로서 daminozide, paclobutrazol 등을 사용한다. 개화 결실 억제제에는 NAA와 ethephon이 있으며, 주맹아(trunk sprout) 억제제에는 NAA(0.1%)와 chlorflurenol이 있다.

**살균제, 살충제 피해**

**A** 배나무 코리스 살균제(주성분: boscalid, kresoxim-methyl) 피해(살균제는 피해가 잘 나타나지 않는다).
**B** 꽃사과 살충제 스미치온 500배액 고온 시 살포 피해.
**C** 영산홍 스미치온 살충제 500배액 피해.
**D** 백자작나무 살충제 dimethoate 피해.
**E** 농약 희석을 잘못해 정량 이상 살충제 살포 후 발생한 버즘나무 약해.
**F** 강전정 후 소나무 재선충약 아바멕틴 수간주사액 과잉 투여 피해(2월 주사 후 5월 촬영).
**G** 앞 사진에서 수간주사액 과잉 투여 피해(묵은 잎 끝의 갈변).

(사진: D: Sinclair, 1987; E: 이승제)

## 농약 혼용 피해

일반적으로 살충제와 살균제를 섞어서 쓰는 경우가 대부분인데, 살충제는 유제 형태이고, 살균제는 수화제 형태인 경우가 많아서, 두 가지를 섞으면 유제의 입자가 수화제의 증량제에 흡착되어 응집함으로써 약해를 나타내게 된다. 약효가 급격히 작아지는 가장 흔한 경우는 알칼리성 약제와 다른 약제를 혼용할 때이다. 즉 유기인계 혹은 카바메이트계 농약과 알칼리성 석회보르도액이나 석회황합제를 섞는 경우에는 약효가 없어진다. 그밖에 유기염소계나 유기황계 농약을 알칼리성 농약과 혼합해도 약효가 떨어지고 약해가 나타난다. 따라서 '농약혼용적부표'를 반드시 참고해야 하며, 어떤 약제들은 혼합 후 즉시 사용해야만 약효를 유지할 수 있는 조합도 있다.

농약 혼용에 의한 약해 병징은 잎에 검은색 반점이 발생하거나 잎이 붉은색으로 변색하거나, 조기낙엽 혹은 조기낙과 현상이다. 연속하여 다른 농약을 사용할 때 용기와 호스 내에서 두 가지 이상 약제가 혼합될 수 있다. 용기와 호스를 세탁용 탄산소다 혹은 암모니아수로 깨끗하게 세척하는 것도 중요하다.

**농약 혼용 피해**
A 배나무에 살충제(버티맥, 엔스프레이) 처리 10일 후 살균제(코리스) 살포 피해(살포한 나무 중 일부 잎에서만 나타남).
B 사과나무의 탄저병 살균제(델란입상수화제)와 영양제(화상스탑) 혼용 살포 피해(살포한 나무 중 일부 잎에서만 나타남).
C 감나무에 살균제(카브리오)와 살충제(타스타, 히어로) 3종을 혼합 살포하여 모든 잎과 열매가 7일 후 떨어진 모습.
D 앞 사진에서 3종 농약 혼용 살포한 감나무의 잎이 모두 떨어진 상태.
E 산유자나무의 농약(diuron과 bromacil) 혼용 피해.
F 섬잣나무의 농약 혼용 피해.

(사진: E, Costello, 2003; F, 이승제)

## 2-2 대기오염(大氣汚染, air pollution) 물질

### 배경

대기오염은 대기 중에 있는 물질이 정상적인 농도 이상으로 존재할 때 일컫는 말이다. 한국에서 1970년대에는 석탄 사용으로 인하여 아황산가스($SO_2$)가 주요 대기오염 물질이었으며, 후진국에서 주로 석탄을 사용하기 때문에 후진국형 대기오염이라고 칭한다. 먼지는 도시에서 식물생장에 지장을 줄 만큼 높은 수준으로 존재하는 미립자(particulates)이다.

최근 한국에서 가장 큰 문제가 되는 대기오염 물질은 오존(ozone), 질소산화물, 미세먼지이다. 질소산화물(窒素酸化物, nitrogen oxides)은 NOx라고도 하는데, NO, $NO_2$, $N_2O$와 같은 산화된 질소화합물로서 자동차 엔진의 연소과정에서 생기는 화합물이다. 오존($O_3$)은 성층권에서는 태양의 자외선을 차단하는 고마운 역할을 하지만, 대기권에서는 생물에게 유해한 가스이다. 대기권의 오존은 주로 자동차 매연가스에서 2차적으로 만들어진다.

여름철 기온이 30°C 이상 되는 맑은 날 자동차 매연으로 발생한 질소산화물과 탄화수소(炭化水素, hydrocarbons)가 강한 자외선에 의하여 산화 반응을 일으켜서 오존과 PAN(peroxyacetyl nitrate)이 만들어진다[탄화수소 + 질소산화물($NO_x$) = 오존($O_3$) + PAN].

오존 가스는 생선의 비린내와 비슷한 냄새를 가지고 있으며, 오존과 PAN은 강력한 산화력을 가진 물질(oxidant)이다. 오존은 여름철에 자동차가 많은 대도시에서만 주로 문제가 되기 때문에 선진국형 대기오염이라고도 부른다. 현재 한국에서는 대기 중 오존의 농도가 0.12ppm을 초과하면 오존주의보를, 그리고 0.3ppm을 초과하면 오존경보를 발령하고 있다. 위의 오존 농도는 수목에도 피해를 줄 수 있다.

대기오염은 아주 경미할 때에는 수목에 피해가 없다. 그러나 만성적으로 오염의 정도가 증가하면 광합성과 무기양분의 흡수를 방해하여 건강 상태가 나빠져서 2차적으로 병해충의 감염을 유발한다.

대기오염에 대한 수목의 저항성 생리는 다음과 같다.

1) 어린잎(유엽)이 성숙잎(성엽)보다 항산화물질을 더 많이 만들어 저항성이 더 높다. 즉, 초기 증상이 성엽에서 먼저 나타난다.

2) 광합성을 많이 하면 그 에너지로 항산화효소(peroxidase, catalase)가 항산화물질을 더 많이 만들어 독성을 더 빨리 제거한다. 항산화효소로서 superoxide dismutase, ascorbate peroxidase, guaiacol peroxidase가 알려져 있다. 따라서 양지에서 자란 건강한 나무는 그늘에서 자라거나 이식한 나무보다 항산화물질을 더 많이 생산하여 저항성이 더 높다.

3) 속성수가 장기수보다 기공을 열고 오염물질을 더 많이 흡수하여 저항성이 낮다. 천천히 자라는 침엽수가 활엽수보다 저항성이 높다.

4) 생장을 억제하면 저항성이 높아진다.

5) 질소비료는 저항성을 낮추고, 칼륨비료는 높인다.

6) 침엽수 중 잎의 수명이 긴 수종(예: 전나무, 가문비나무)은 같은 잎이 수년간 매연물질에 노출되어 조기낙엽 현상을 보이면서 건강이 나빠진다.

## 병징

대기오염에 의한 피해는 수목에서 살아 있는 유세포(柔細胞, parenchyma cell)가 가장 많이 모여 있으면서 가장 왕성한 대사 작용을 수행하는 잎에서 제일 먼저 나타난다. 급성피해를 받으면 활엽수에서는 엽맥 사이 조직, 잎 가장자리, 잎끝의 황화와 괴사, 주근깨 같은 반점 형성, 불규칙한 갈변 · 백화 현상, 그리고 조기낙엽 등의 증세를 관찰할 수 있다. 침엽수의 잎에서는 황화현상, 잎끝의 적갈색 변색과 괴사현상이 일어난다.

낮은 농도에서 장기간에 걸친 만성적인 대기오염 피해는 황화현상으로 먼저 나타나는데, 다른 요인에 의한 생장 불량의 증세와 구별이 되지 않아 가려내기가 힘들다. 잎이 작아지고 활력이 감소하며, 연녹색을 띠며, 오래된 잎(소나무의 경우 3년생과 2년생 잎)부터 조기낙엽이 진다.

대기오염의 피해와 비슷한 증상을 나타내는 병 중에는 양분결핍 현상이 있으며, 그다음 곰팡이, 세균, 바이러스에 의한 병 중에서는 잎에 점 모양의 무늬를 만드는 점무늬병(반점병)이 있다. 그 밖에 진딧물과 응애류의 피해를 받으면 잎에 작은 점무늬가 만들어지기 때문에 혼동하기 쉽다. 특히 응애는 맨눈으로 보이지 않기 때문에 오진이 잦다. 급성피해는 그 지역의 대기오염물질 배출원에 대한 지식과 기상정보를 참조하여 피해양상을 분석한 후 최종적으로 판단해야 한다.

**1) 아황산가스($SO_2$)**: 주로 석탄 연소 과정에서 발생한다. 활엽수에서 잎의 끝부분과 엽맥 사이 조직이 괴사하고, 물에 젖은 듯한 모양을 가지며, 침엽수에서 물에 젖은 듯한 모양과 적갈색으로 변색하기도 한다. 발단 농도는 민감 수종의 경우 0.3~0.6ppm에서 3시간 노출이다. 최근에는 석탄을 사용하는 화력발전소에 탈황(脫黃) 장치가 의무화되어 있어 피해가 줄어들고 있다.

**2) 오존 가스($O_3$)**: 더운 여름철 자동차 매연가

스(탄화수소와 질소산화물)가 공기 중에서 산화되면서 발생하는 2차 오염물질이다. 활엽수 잎 표면에 주근깨 같은 많은 반점이 생기며, 책상조직이 먼저 붕괴한다. 작은 반점이 합쳐져서 표면이 백색화한다. 침엽수에서 잎끝이 괴사하고, 황색의 반점이 생기고, 황화된 왜성 잎이 된다. 발단 농도는 민감 수종은 0.06ppm에서 4시간, 0.1~0.25ppm에서 2시간 노출이다. 오존 피해는 침엽수보다 생장이 빠른 활엽수에서 더 예민하게 나타나고, 어린잎이 항산화물질을 더 왕성하게 만들기 때문에 저항성이 있으며, 따라서 초기 증상이 성엽에서 먼저 나타난다.

H
I
J
K
L
M
N
O

**아황산가스**
**A** 곰솔 잎의 적갈색 변색.
**B** 앞 사진에서 곰솔 묵은 잎(왼쪽) 끝부분의 갈변. 오른쪽은 정상적인 잎.
**C** 은행나무 잎의 가장자리 갈변.
**D** 리기테다소나무 잎끝의 갈변. 엽저는 생장점에 해당하여 저항성이 있다.
**E** 경기도 양주 은행나무(천연기념물) 피해(새잎은 피해가 없고, 묵은 잎의 황화).
**F** 어린잎보다 성엽이 먼저 피해를 입은 백자작나무. 어린잎은 항산화물질을 만들어 방어한다.
**G** 소나무류 잎끝의 갈변.
**H** 스트로브잣나무 어린가지의 갈변.
**오존가스**
**I** 포플러(*P. trichocarpa*) 5시간씩 7일간 0.12ppm $O_3$에 노출 피해(성엽이 먼저 피해를 입는다).
**J** 백합나무 피해(0.1ppm 8시간씩 10일간 노출). 무수히 많은 작은 죽은깨 반점 형성.
**K** 가죽나무 큰 반점 형성.
**L** 한복판 엽맥이 먼저 피해를 받은 굴피나무 잎.
**M** 느티나무 잎 전체에 작은 반점 형성(0.1ppm 8시간씩 10일 노출).
**N** 잎 가장자리부터 피해받은 회화나무.
**O** 엽맥에 가까운 곳부터 피해 입은 모감주나무.
**P** 잎끝부터 피해를 입은 층층나무.
**Q** 잎끝이 갈변한 곰솔. 경계선이 뚜렷하다.
(사진: F, H, Sinclair, 1987; G, Costello 등, 2003; J-Q. 0.1ppm 8시간씩 10일 노출: 국립산림과학원)

3) 질소산화물($NO_X$): 활엽수에서 초기에 흩어진 회녹색 반점이 생기면서 잎의 가장자리가 괴사하고, 엽맥 사이 조직이 괴사한다. 침엽수에서는 초기에 잎끝이 자홍색 내지 적갈색으로 변하며, 잎의 기부까지 확대되고, 고사 부위와 건강 부위의 경계선이 뚜렷하다. 발단 농도는 1ppm에서 100시간, 20ppm에서 1시간 노출로서 아황산가스나 오존가스보다 더 높은 수준에서만 피해가 나타난다. 즉, 질소산화물은 일반적인 대기오염 수준에서는 피해가 잘 나타나지 않는다.

4) PAN(peroxyacetyl nitrate): 자동차 매연가스(탄화수소와 질소산화물)가 공기 중에서 산화되면서 발생하는 2차 오염물질이다. 활엽수에서 잎 뒷면에 광택이 나면서 후에 은회색 혹은 청동색으로 변한다. 고농도에서는 잎 표면도 피해를 받는다. 오존 피해는 성숙잎에서 먼저 나타나는데, PAN은 이와 달리 어린잎이 먼저 더 큰 피해를 받아 생장이 저조해지고 왜성화한다. 침엽수에서는 황화현상과 조기낙엽 현상이 일어난다. 발단 농도는 0.2~0.3ppm에서 8시간 노출이다.

5) 불소(fluoride, F) 가스: 활엽수에서 초기에 잎끝이 황화현상을 보이며, 잎 가장자리로 확대되고, 가운데 엽맥(중륵)을 따라 안으로 확대되고, 황화조직이 고사한다. 침엽수에서 잎끝이 고사하고, 고사 부위와 건강 부위의 경계선이 뚜렷하게 나타난다. 발단 유발 조직 내 함량은 민감 수종에서 100μg/g이며, 발단 농도는 0.75μg/$m^3$노출에서 수 시간이다.

**6) 중금속(heavy metals):** 활엽수에서 엽맥 사이 조직의 황화현상, 잎끝과 가장자리의 고사, 조기 낙엽, 잎의 왜성화가 나타난다. 그리고 어린잎에서 먼저 발병한다. 침엽수에서 잎의 신장 억제, 어린잎 끝의 황화현상, 잎 기부로 고사가 확대된다. 발단 유발 조직 내 함량은 ppm으로 표시하면 Cu 128, Zn 740, Ni 37, Cd 7.0, Pb 135, Hg 25, V 7.7이다.

**7) 산성비(酸性雨, acid rain):** 자연상태에서 이산화탄소($CO_2$)가 빗물에 녹으면 탄산염($HCO_3^-$)이 되어 산도가 pH 5.7까지 내려간다. 따라서 산성비는 산도가 pH 5.6 이하의 강우를 뜻한다. 공업지대에서 대기 중에 오염되어 있는 아황산가스($SO_2$)와 질소산화물(NOx)이 햇빛에 의해서 산화되어 각각 황산과 질산으로 변한 후 빗물에 녹아서 산성비가 된다. 빗물에 수용성 황과 질소가 함유되어 있기 때문에 산성비가 내리는 초기에는 비료 역할을 하여 수목의 생장이 촉진되기도 한다. 그러나 산성비가 지속되면 토양이 산성화되어 토양 내 알루미늄(Al)의 독성이 나타나고 칼슘과 마그네슘의 흡수가 방해되어 결핍 증상을 유발한다.

잎의 표면에는 왁스 성질을 띤 큐티클층(cuticular layer)이 있어 증산작용을 억제하고 잎에서 무기물이 용탈되는 것을 방지한다. 산성비는 이러한 큐티클층을 용해시켜서 얇게 만들고, 이로 인하여 칼륨(K) 같은 무기물이 용탈되기도 한다. 큐티클층을 용해시킨 산성비는 물방울이 잎에 부착할 때 생기는 접촉각(接觸角, contact angle)을 작게 만드는데, 이 원리를 이용하여 대기오염과 산성비의 정도를 측정하는 수단으로 사용한다.

산성비로 인해 초래된 산성토양에 대한 처방은 석회질 비료를 토양에 넣어 중화하는 것이다.

**8) 먼지(dust):** 검댕(soot)이나 먼지는 맨눈으로 보이며, 잎과 줄기의 표면에 붙거나 기공을 막아서 광합성을 방해함으로써 생장이 나빠진다. 부유먼지는 직경 50μm 이하, 미세먼지(particulate matter, PM)는 10μm 이하, 그리고 초미세먼지(fine particulate matter)는 2.5μm 이하를 칭한다. 수목 기공의 크기(길이)는 17μm(단풍나무)~56μm(은행나무) 범위에 있다. 미세먼지 중 작은 것과 초미세먼지는 기공 속으로 들어가는데, 증산작용을 증가시키고, 건조저항성을 감소시키며, 광합성을 감소시켜 생장을 억제한다. 가시적인 병징은 잘 나타나지 않는다. 그러나 잎이 수년간 살아 있는 상록수가 낙엽수보다 오래 먼지에 노출되므로 잎의 수명이 짧아지는 경향이 있다.

## 방제

대기오염이 심각한 도시지역에서 조경수 관리의 첫 단계는 대기오염에 저항성이 있는 수종을 선택하여 식재하는 것이다. 수종에 따라서 대기오염에 대한 내성이 다르므로, 식재 지역의 특성에 맞게 조경수를 선택해야 한다(표 3-16).

분진과 같은 미립자(particulates)는 잎의 표면에 부착하여 여러 가지 대사 작용을 방해한다. 특히 분진이 기공을 막고 있으면 이산화탄소의 출입을 막아서 광합성을 방해한다. 분진을 없애기 위하여 잎을 주기적으로 물로 세척하는 것이 바람직하며, 분진이 자동차 매연과 혼합되어 있을 때는 기름 성분이 있으므로 세제를 물에 풀어서 세척한다.

관수를 자주하여 기공이 많이 열려 있으면, 대기오염에 예민해지므로, 적절한 수준에서 나무에 수분 스트레스를 주는 것이 좋다. 같은 이유로 공기 중의 관계습도가 낮을 경우 대기오염에 대한 저항성이 증가한다. 그러나 급성 대기오염에 노출되었을 경우에는 즉시 물로 잎과 가지를 씻어주면 피해 정도를 줄일 수 있다.

수목이 왕성한 생장을 하고 있을 때에는 대기오염에 예민해지므로, 생장억제제(生長抑制劑, growth retardants)를 살포하여 생장을 둔화시키면 저항성을 높일 수 있다. 오존이나 PAN과 같은 강력한 산화 물질은 잎의 조직을 산화하여 붕괴시키는데, 수목에 적절한 수준으로 시비하면 수목이 항산화물질(antioxidants)을 생산하여 이에 대응하는 능력이 증가하게 된다. 질소비료를 적게 주는 대신 인과 칼륨 비료를 쓰며, 토양에 석회질비료를 주면 도움이 된다. 봄과 가을에 질산칼륨이나 질산칼슘을 0.5~1.0% 용액으로 만들어 각 2회씩 엽면시비하여 건강도를 높여준다.

#### 9) 황사(黃砂, yellow dust)

황사는 중국과 몽골에서 발원한 가는 모래와 황토로 구성되어 있다. 평소에 모래(혹은 황토)가 0~50μg/m$^3$의 농도에서 황사현상 시 100~500μg/m$^3$로 증가하며, 규소, 알루미늄, 칼슘, 칼륨, 나트륨의 농도가 증가한다. 수목에 미치는 영향은 황사가 잎 표면을 덮고 기공을 막아 기공전도도와 엽록소의 감소로 광합성이 감소하고, 수고와 직경생장을 크게 감소시킨다. 방제를 위해서 잎을 물로 자주 씻어준다.

표 3-16 대기오염에 대한 수종별 저항성 비교(산림청, 2020)

| 대기오염에 대한 저항성 | 침엽수 | 활엽수 |
|---|---|---|
| 강함 | 리기다소나무, 서양측백, 은행나무, 측백, 편백, 향나무류 | 가죽나무, 감탕나무, 개나리, 굴거리나무, 녹나무, 대나무류, 대왕참나무, 돈나무, 동백나무, 때죽나무, 마가목, 매자나무, 먼나무, 모감주나무, 모과나무, 물푸레나무, 미루나무, 백합나무, 버드나무류, 벽오동, 병꽃나무, 뽕나무, 사철나무, 산사나무, 상수리나무, 송악, 아까시나무, 아왜나무, 양버들, 양버즘나무, 월계수, 은단풍, 은사시나무, 이팝나무, 졸가시나무, 중국단풍, 쥐똥나무, 참느릅나무, 태산목, 팥배나무, 팽나무, 풀명자, 피나무, 피라칸다, 호랑가시나무, 회양목, 후피향나무 |
| 약함 | 가문비나무, 개잎갈나무, 금송, 구상나무, 낙엽송, 반송, 삼나무, 소나무, 오엽송, 잣나무, 전나무 | 가시나무, 감나무, 계수나무, 느티나무, 단풍나무, 매실나무, 명자나무, 목서류, 목련, 무화과나무, 박태기나무, 벚나무류, 복사나무, 복자기, 살구나무, 수국, 수수꽃다리, 이태리포플러, 자귀나무, 자작나무, 진달래, 층층나무, 화살나무 |

D
E
F
G
H
I
J
K

**A** 중국단풍 이산화질소 노출 후 피해가 없어 내성을 확인.
**B** 굴참나무 이산화질소 노출 후 피해가 없어 내성을 확인.
**C** 습지소나무(*P. elliottii*) 불소가스 노출 피해.
**D** 박태기나무 알루미늄광산에서 불소가스 노출 피해.
**E** 미루나무 암모니아가스 노출 피해.
**F** 1980년대 유럽 독일가문비나무 산성비 피해.
**G** 앞 사진에서 독일가문비나무 수관축소와 가지고사.
**H** 산성비로 토양의 백화현상, 뿌리와 토양미생물 고사.
**I** 1970년대 유럽의 가문비나무 숲이 산성비로 훼손된 모습(사진: wikipedia).
**J** 먼지가 두껍게 묻어 잎이 퇴색한 소나무.
**K** 공사장에서 먼지가 날아오는 남쪽 방향 가지에만 먼지가 묻어 있는 산딸기나무.
**L** 앞 사진에서 비산한 먼지로 고사한 산딸기나무.
**M** 공사장에서 가까운 순서대로 산딸기 열매 크기가 더 작다. 피해가 없는 곳(맨 왼쪽)은 정상으로 자란 열매.

(사진: A, B, 국립산림과학원; C-E, Sinclair, 1987; F-H, 서울시립대 이경재 교수)

## 2-3 비료(fertilizer)와 두엄(barnyard manure)

### 배경

화학비료(化學肥料, chemical fertilizer)는 매우 농축된 화합물로서 과다하게 시비하면 약해가 나타난다. 조경수의 시비량은 농작물과 비교하여 매우 까다로운 편이다. 조경수는 불규칙한 간격으로 심겨 있고 나무의 크기가 서로 다르기 때문에, 농작물과 같이 단위면적당 시비량을 적용할 수 없다. 대신 개체별로 흉고직경당 사용량을 제시하고 있다.

유기질비료의 비료 성분은 매우 다양한 편이다. 특히 감미료 제조 과정에서 만들어진 유기질비료를 뿌리에 직접 닿는 곳에 토양 용적을 기준으로 5% 이상 사용하면 피해가 나타나는 경우가 있어 주의를 요한다. 두엄(구비, 廏肥, barnyard manure)은 풀, 짚, 가축의 배설물 따위를 썩힌 것을 의미한다. 특히 동물 배설물(계분, 돈분, 우분 등)이 대량으로 섞여 충분히 썩지 않은 두엄은 독성이 남아 있기 때문에 뿌리에 직접 닿는 곳에 넣으면 피해가 발생한다.

### 병징

화학비료는 권장량을 초과할 경우, 그리고 충분히 썩지 않은 두엄은 피해를 유발할 수 있다. 과용 시 뿌리의 갈변과 괴사를 초래한다. 활엽수는 잎(특히 새순)의 적갈색 변색, 반점, 비틀림과 조기낙엽의 병징을 보인다. 소나무는 잎의 끝부터 갈색으로 변하며, 심하면 잎이 갈색으로 고사한다. 갈변한 잎은 오랫동안 붙어 있다.

## 방제

화학비료를 사용할 때 권장량을 철저히 지킨다. 풀, 볏짚, 낙엽, 톱밥과 같이 식물에서 기원한 유기물이 충분히 썩어서 된 완숙퇴비(compost)는 비료 성분이 적게 포함되어 있어서 토양 중에 다량으로 투입하더라도 약해가 나타나지 않으므로 과비(過肥)의 염려 없이 안심하고 사용할 수 있다. 완숙퇴비의 기준은 탄질비(C:N)인데, 20:1보다 작아야 유기물이 완전히 분해되었다고 판단되므로, 2년 이상 충분히 자연 발효시킨다. 참고로 톱밥과 풀은 탄질비가 각각 1,000:1과 100:1이다. 과수원에서 늦가을에 퇴비를 나무 주변에 깔아 주면 서서히 분해되면서 양분을 공급한다. 구태여 땅속에 넣지 않아도 효과를 볼 수 있다.

화학비료의 과비 위험을 방지하는 방법은 수목용 고형복합비료를 사용하는 것이다. 이 비료는 복숭아 씨앗 모양(도핵형)으로 25g씩 딱딱하게 찍어서 만든 완효성 비료(緩效性肥料, slow-release fertilizer)로서 운반이 쉽고 무게를 달지 않아도 된다. N:P:K:Mg:B를 13:6:8:3:0.2의 비율로 섞어서 만든 것이다. 뿌리 혹은 근분 주변에 한 나무당 흉고직경에 따라서 2알, 4알, 혹은 8알을 땅속에 박아 넣는다.

A 주목과 회양목의 복합비료 과다 투여 피해(1월 살포, 5월 촬영).
B 소나무 잎의 갈변(살포 4개월 후 5월 촬영).
C 소나무 고사(살포 18개월 후 촬영).
D 소나무 잎의 황화와 겨울눈의 생장 저하(살포 4개월 후 5월 촬영).
E 검게 죽고 수피가 이탈한 소나무 뿌리(살포 4개월 후 5월 촬영).
F 진달래류 잎의 변색.
G 가문비나무 잎끝의 갈변.
H 반송에 썩지 않은 두엄을 뿌리 근처(왼쪽)에 넣어 좌측 수관이 갈변.

(사진: F, G, USDA, 1989; H, 이승제)

## 2-4 해빙염(解氷鹽, deicing salt)

### 배경

도시에서 발생하는 염해(鹽害)는 겨울철 빙판길과 경사지에 식염(염화나트륨, NaCl)이나 염화칼슘($CaCl_2$) 같은 해빙염(제설제)을 사용함으로써 주변에 있는 수목에서 생긴다. 소진염(消塵鹽, de-dusting salt)은 비포장도로, 경마장, 테니스코트에 먼지 발생을 막기 위하여 사용되며, 주로 염화칼슘을 쓴다. 이러한 소금 피해는 소금 사용량, 수목에 묻은 양, 토양에 축적된 양, 토성, 배수 상태, 강수량, 그리고 수종의 소금에 대한 저항성에 따라서 다양하게 나타난다. 해빙염 피해는 겨울에도 잎이 붙어 있는 상록수에서 피해가 더 크다.

해빙염이 토양에 축적되면 토양 용액의 삼투압이 높아져서 뿌리가 수분을 흡수할 수 없게 된다. 해빙염을 살포한 곳에서 토양 산도(pH)가 9.0까지 상승하는 사례가 발생하며, 이러한 지역에서는 철, 망간, 구리의 결핍증이 나타나기도 한다. 또한 토양 중에 과다하게 존재하는 나트륨과 칼슘은 이온 간의 길항작용에 의해서 칼륨 흡수를 방해하여 칼륨 결핍을 유도하기도 한다.

## 병징

피해를 입은 수목들이 주로 경사진 도로변에 위치하거나 소금이 빗물에 씻겨서 모이는 곳에서 관찰되므로 진단에 도움이 된다. 고속도로변에서는 바람에 소금이 날려서 도로에 인접한 상록수에서만, 그리고 한쪽 수관에서만 피해가 나타나서 쉽게 진단할 수 있다. 겨울철에 사용한 해빙염의 피해는 상록수는 즉시 잎에 나타나지만, 낙엽수는 봄에 새싹이 한참 자란 후에 나타난다. 침엽수는 잎끝에서부터 황화현상이 오면서 갈색으로 변하여 심하면 후에 낙엽이 진다. 낙엽수는 봄에 새싹이 나오면서 잎이 어느 정도 자라다가 잎의 끝부분과 가장자리부터 황색으로 변하면서 갈색으로 되어 마르기 시작한다. 더 진전되면 눈이 형성되지 않고 가지가 고사한다. 침엽수와 활엽수 모두 잎에서 피해 부위와 건전 부위의 경계선이 뚜렷하게 나타난다. 반면 전염성병의 경우에는 병반 주위에서 변색이 점진적으로 진행되는 것이 일반적이다.

간척지와 같이 본래 토양 중에 염분의 함량이 많은 경우에는 생장 초기부터 뿌리가 서서히 썩으면서 뿌리로부터 과도한 소금이 흡수되어 지상부에 축적되면 염해가 나타난다. 오래된 성숙잎에 소금이 더 많이 축적되어 어린잎보다 피해가 먼저 나타난다. 피해 증상은 해빙염 피해와 비슷하다. 해빙염의 피해는 0.5% 용액을 이용한 토양 관수 시험에서 활엽수가 침엽수보다 더 예민하게 나타났다.

## 방제

소금을 뿌리기 전에 나무를 심은 도로변의 토양을 비닐로 덮어서 소금의 침투를 막는 것이 가장 바람직하고 경제적이다. 상록수의 경우 증산억제제(蒸散抑制劑, antitranspirant)를 평소보다 약간 더 진하게 희석하여 잎에 미리 뿌려 보호막을 형성하는 것도 효과가 있다.

소금이 묻은 후에 비가 오지 않았다면, 잎에 묻어 있는 소금을 우선적으로 물로 씻는 것이 가장 효과적이다. 물의 양을 많이 사용할수록 토양에 축적된 소금을 더 많이 제거할 수 있다. 이론적으로 보면 150mm의 관수로 표토 30cm 깊이에 있는 소금의 2분의 1 정도를 씻어 낼 수 있으며, 300mm의 물로는 같은 깊이 소금의 5분의 4를 씻어낼 수 있다. 땅이 얼어 있는 상태에서는 물로 세척하더라도 소금이 제거되지 않으므로 해토가 될 때까지 기다려야 한다. 소금으로 인하여 토양의 물리적 성질, 즉 입단 구조와 배수가 불량해졌을 경우에는 활성탄(숯가루, activated charcoal)을 겉흙과 섞어 염분을 흡착시키거나, 석고(gypsum, calcium sulfate)를 사용하여 나트륨을 토양에서 유리시켜 관수로 용탈시킨다. 가능하면 해빙염 대신 모래, 쇄석, 톱밥을 사용하도록 하고, 내염성 수종을 골라서 식재하는 것이 바람직하다.

A
B
C
D
E
F
G
H

**A** 고속도로변의 스트로브잣나무 염화칼슘 피해.
**B** 앞 사진에서 스트로브잣나무 잎의 끝부분이 먼저 피해를 입은 모습. 잎의 기부에 어린 세포로 된 생장점은 저항성이 있다.
**C** 1월 살포 후 4월 새잎이 피해를 받은 후 5월 중에 새순이 돋은 메타세쿼이아 가로수.
**D** 앞 사진의 근접 사진. 균일한 색으로 갈변했으며, 새순이 나오고 있다.
**E** 1월 살포 후 소나무 수관이 4월 중 불규칙하게 갈색으로 고사.
**F** 도로 쪽 회양목 잎이 먼저 피해를 입은 모습(4월 촬영).
**G** 앞 사진에서 균일하게 갈변한 잎. 전염성병에서 나타나는 반점이 없다.
**H** 염화칼슘을 뿌린 주차장 쪽 수관은 낙엽이 지고, 반대쪽은 피해가 없다. 활엽수에서 수액이 곧게 올라가기 때문에 나타난 현상이다.
**I** 앞 사진에서 피해를 받은 느티나무 잎의 오그라듦과 갈변.
**J** 잎의 가장자리가 먼저 피해를 입은 은행나무(사진: 이승제).

## 2-5 세척제(洗滌劑, detergents)

### 배경

건물의 외벽이나 유리창을 세척할 때 쓰는 세척제와 세탁기에서 배출되는 오수에는 수목 생장에 지장을 주는 성분이 들어 있다. 건물 세척제는 원칙적으로 중성을 띤 중성세제를 써야 한다. 그러나 잘 제거되지 않는 먼지와 검댕을 효과적으로 없애기 위하여 산성 세척제를 쓰면 주변에서 자라는 조경수에 큰 피해를 줄 수 있다. 세탁기 오수에는 붕사(硼砂, borax)가 다량으로 함유되어 있어 수목에 피해를 준다.

### 병징

건물을 세척할 때 산성 세척제를 사용하면 세척제가 주변으로 튀거나 세척제가 나뭇잎에 묻어서 잎이 갈색으로 변하면서 피해를 받는다. 심할 경우 침엽수에서 치명적인 피해를 주기도 하며, 활엽수의 경우 미관상 나쁘다. 침엽수는 잎의 끝부분부터 갈색으로 변하면서 말라 죽는다. 이병조직과 건전조직의 경계선이 뚜렷하게 만들어지기 때문에 전염성병에 의한 병징과 구별이 쉽게 된다.

### 방제

세척제는 중성세제를 사용하여야 하며, 세제와 씻어낸 물이 나뭇잎에 닿지 않도록 노력한다. 세탁기의 오수는 수목으로부터 멀리 배수가 되도록 노력한다. 피해를 발견한 즉시 충분한 물로 세척해준다.

A 염산이 포함된 세척제로 건물벽을 청소한 후 주목 피해(사진: 이희봉).
B 벚나무 염산 세척제 피해.
C 전나무 염산 세척제 피해.
D 세탁기에서 배출된 붕사에 의한 소나무 피해(사진: Sinclair, 1987).

## 2-6 토양 유독 가스(toxic gases)

### 배경

토양 유독가스 피해는 배수 불량 지역, 쓰레기 매립지, 도시가스 배관 지역과 같이 토양 속에서 발생하는 가스에 의한 피해와 하수구의 맨홀이나 공업단지와 같이 지상부에서 발생하는 가스에 의한 피해로 나눌 수 있는데, 만성적인 비전염성병의 대표적인 예이다. 주로 메탄가스($CH_4$), 유화수소($H_2S$), 이산화탄소($CO_2$)가 문제가 되며, 일산화탄소(CO)는 100ppm 이하에서는 식물에 피해를 주지 않는다. 토양 중에 이산화탄소가 많고 산소가 부족한 환경에서 발생하므로 토양의 통기성이나 배수가 불량한 경우의 피해 증상과 비슷하게 보인다.

## 병징

매립지의 경우 토양의 색깔이 청회색이나 흑회색을 띠며, 유화수소($H_2S$)가스에 의한 계란 썩는 냄새 혹은 메탄가스($CH_4$)와 암모니아가스($NH_3$)의 냄새가 나며, 땅이 불규칙하게 가라앉거나 금이 간다. 피해 증세는 서서히 수년에 걸쳐서 나타나는데, 산소 부족으로 뿌리가 청색을 띠면서 물에 젖은 것 같은 색깔을 나타내며, 뿌리의 발달이 위축되면서 지상부의 생장이 불량해진다. 그 지역의 대부분의 수종이 같은 증세를 보이면, 기주특이성이 있는 곰팡이에 의한 근부병(뿌리썩음병)이 아니고, 불량한 토양 조건이라는 것을 알 수 있다.

초기에는 수분 부족과 흡사한 증세를 보인다. 가지가 엉성하고 잎이 작아지다가 더 진전되면 가지가 마르고 갈색으로 변한다. 암모니아 가스는 잎을 백색, 구리빛 혹은 검은색으로 변하게 한다. 하수구 근처에서는 메탄가스와 유화수소가스에 의해서 잎이 누렇게 변한다. 소나무 잎은 끝부터 적갈색으로 변색한다. 지상부로 분출되는 유독가스는 급성 피해를 가져오는데, 가스에 직접 노출된 잎이 별안간 갈색으로 변하면서 가스가 유출되는 쪽의 수관이 말라 죽는다. 가스가 유출되는 곳을 찾으면 원인을 쉽게 판별할 수 있다.

## 방제

매립지에서 수목을 보호하는 방법은 배기 파이프를 설치하여 메탄가스를 밖으로 배출시키고 산소 공급을 촉진시키는 것이 가장 효율적이다. 아까시나무, 버드나무, 은사시나무는 이러한 지역에서 자생할 만큼 저항성이 있다. 그 밖에 루브룸단풍나무, 물푸레나무, 독일가문비나무, 스트로브잣나무, 서양버즘나무, 대왕참나무, 미국피나무, 포플러류, 주목이 저항성을 가지고 있다. 일반적으로 천근성 수종이 심근성 수종보다 저항성이 더 크다.

**A** 토양 속 배관 파이프에서 유출된 유독가스 피해.

**B** 매립지 유독 가스에 의한 관목 피해(사진 중앙).

(사진: A, B, Costello, 2003)

## 2-7 수간주사(樹幹注射, stem injection) 후유증

수간주사는 영양제, 침투이행성 살균제와 살충제를 공급하여 건강을 회복시키거나 병해충을 방제하는 수단으로 널리 쓰인다. 빠른 효과를 기대할 수 있지만, 수간에 구멍을 뚫기 때문에 상처로 인한 후유증이 있으며, 약제가 제대로 흡수되지 않으면 주사 부위에 약해가 나타난다. 소나무는 평소에 송진을 분비하기 때문에 수간주사 구멍이 잘 부패하지 않는다.

플라타너스 방패벌레를 방제하기 위해서 살충제를 주사할 경우 종종 약해를 볼 수 있다. 약액이 즉시 흡수되어 위로 올라가지 않으면, 주사 부위에 농축된 약액이 축적되어 약해가 나타나기도 한다. 압력식 수간주사는 10분 내로 약액이 들어가지 않으면 더 이상 약액이 위로 이동하지 못하므로, 즉시 약통을 제거해야 한다. 직경 5cm 미만의 작은 나무는 잎의 양(엽량)이 적기 때문에 농축된 약액으로 피해를 입을 수 있어 주사를 삼간다. 구멍의 상처를 빨리 회복시키기 위해서 구멍을 직경 4.5mm 정도로 작게 뚫고, 주사 후에는 상처도포제로 구멍을 막아준다.

A

A 약액이 모두 흡수되지 않아 수피에 피해를 입은 버즘나무.
B 버즘나무의 잔류 약액 피해.

B

# 3 물리적 상처에 의한 병

## 3-1 기계와 장비(machinery)

### 배경

조경수는 인간의 생활권 주변에서 자라기 때문에 인간, 기계, 장비에 의해서 물리적 상처(mechanical injury)를 잘 받는다. 자동차와 중장비에 의한 충돌사고, 잔디 깎는 기계, 예초기, 냉난방기, 굴착기에 의한 뿌리 손상, 수목을 의도적으로 파괴하는 반달리즘(vandalism) 등으로 인하여 수피에 상처를 받는다.

가장 흔한 피해는 잔디 깎는 기계에 의해서 수피가 연약한 봄철과 이른 여름에 나무 밑동에 상처를 만드는 행위이다. 기계로 인한 피해 중에는 환풍기와 냉방기에서 나오는 바람과 더운 공기로 나뭇잎이 마르는 현상이 있다. 그 밖에도 지하에서 건물 밖으로 배출시키는 스팀이나 더운 바람이 나오는 환풍구에 가까이 자라는 나무에 피해를 준다. 나무를 지탱하는 지주목 주변에 얽어놓은 철사, 끈, 받침대(지주대)도 제때에 제거하지 않으면 피해를 줄 수 있다.

### 병징

기계와 중장비에 의한 수목의 피해는 주로 나무 밑동에 물리적 상처로 나타난다. 상처를 통해서 소나무의 송진, 벚나무의 검, 단풍나무와 백송의 수액이 흘러나온다. 예초기로 밑동에 상처를 반복적으로 만들면 환상박피(環狀剝皮, girdling) 현상으로 진전되어 나무가 죽기도 한다. 또한 아스팔트로 도로포장을 할 때 포장 장비로부터 열기가 밖으로 나오면서 인근에 있는 가로수가 피해를 받는 경우도 있다. 이 경우 장비가 이동하면서 지상에서 일정한 높이의 가지가 반복적으로 피해를 받는다.

### 방제

잔디 깎는 기계에 의한 피해를 줄이기 위하여 적극적인 방법으로써 나무 밑동 주변에 플라스틱 파이프로 만든 수피보호대(樹皮保護帶, tree guard)를 씌워서 보호한다. 소극적인 방법으로는 나무 밑동 근처에 잔디를 심지 않고 대신 유기물로 멀칭을 실시하여 기계나 장비가 접근할 필요가 없도록 한다.

환풍기와 냉방기에 의한 피해는 바람과 더운 공기가 수평 방향으로 배출되어 직접 나무에 닿아서 생기는 현상인데, 냉방기에 바람의 방향을 위로 바꾸는 장치를 부착시키면 도움이 된다.

지하에 하수관을 묻거나 매설물을 설치할 경우 근계(根系)를 손상시키는 경우가 자주 있다. 이때 지상부에서 수직으로 파 내려가면 많은 뿌리가 끊기므로, 대신 수평 방향으로 터널을 뚫어서 뿌리를 보호할 수 있도록 배려한다.

A 냉방기에서 나온 더운 바람에 의한 식나무 피해.
B 냉방기에서 나온 더운 바람에 의한 오동나무 피해.
C 메타세쿼이아의 예초기 피해. 밑동 주변에 잔디 대신 멀칭을 실시하면 예방할 수 있다.
D 은행나무 밑동이 굵어지면서 깔판에 압착된 모습.
E 소나무 송진 채취 흔적. 수십 년 동안 상처 회복이 안 되었지만, 추가 부패도 없다.
F 나무밑동에 박혀 있는 철공작물.

## 3-2 지주대(支柱垈, stake) 결박

나무를 이식하면 지주대(받침대, prop, support) 설치는 필수적이다. 나무가 바람에 흔들리면 수간이 한쪽으로 기울어지고, 근분이 움직여서 되메우기를 한 토양 내 모세관이 끊기면서 근분 안으로 수분 이동이 안 되기 때문이다. 지주는 2~3년 동안만 설치하며 활착이 진행되면 제거하는 것이 원칙이다. 나무는 바람에 흔들려야 뿌리 발달이 촉진되고 밑동 지름이 굵어진다. 활착이 진행되는 나무는 직경이 굵어지면서 지주대를 고정하고 있는 철사나 끈의 압박을 받는다. 따라서 결박 중인 철사를 적기에 제거하거나 풀었다가 다시 매야 한다. 시기를 놓치면 지주 자체와 철사가 자라고 있는 조직을 파고들어가서 상처를 만들어 피해를 유발한다.

**A** 결박 끈을 수년간 방치해 생긴 단풍나무 상처.
**B** 철제 지주대가 수피 속으로 파고들어감.
**C** 활착이 끝난 소나무의 지주대를 방치하여 수피 속으로 들어간 결박 끈.
**D** 수간이 굵어지면서 지주대가 수간을 파고들어감.

## 3-3 못, 철사, 밧줄

나무를 고정하기 위해서 밧줄이나 철사로 줄기를 묶는 일이 있다. 이러한 물건은 일시적으로 사용해야 하며, 시간이 경과하여 직경이 굵어지면 제거해야 한다. 때를 놓치면 밧줄과 철사가 조직을 파고들어가서 나무의 건강이 나빠진다.

나무에 표찰이나 관리번호를 달기 위해 여러 가지 장치가 개발되어 있다. 스프링으로 된 늘어나는 철사를 사용하기도 하고, 혹은 못을 박는 경우도 있다. 줄기에 못을 박는 것은 나무에 큰 피해를 주지 않는다. 못이 목부조직과 밀착되어 있기 때문에 빗물이 속으로 스며들지 않으므로 목재 부패를 유발하지 않는다. 애처럽게 보일 수는 있지만, 식물은 신경이 없으므로 수목 학대에도 해당하지 않는다.

**A** 소나무 밧줄 피해. 아직 살아 있으나 쇠약해진 상태.
**B** 이식용 반생(잘 휘는 철사)이 수피를 파고들어간 모습.
**C** 표찰용 못 박기. 나무에 피해를 거의 주지 않는다.
**D** 모범적으로 스테인리스 스프링을 이용한 표찰은 피해가 없다.

## 3-4 환상박피(環狀剝皮, girdling)

환상박피는 수간을 한 바퀴 돌면서 나무껍질(수피)을 띠 모양으로 벗겨내는 것을 말한다. 딱따구리가 먹이를 찾으면서 만들기도 하고, 인간이 개화 촉진이나 공중 취목을 위해서, 혹은 수목 이식 과정에서 껍질이 이탈하면서 흡사한 상황이 되거나, 나무를 고사시키기 위해서 실시하기도 한다. 환상으로 껍질을 벗기거나 상처를 입으면 사부조직이 죽지만, 목질부를 통해 위쪽으로 수분 이동이 당분간 지속되므로 나무가 일정 기간 동안 시들지 않는다. 그러나 잎에서 탄수화물이 아래로 내려가지 못해 결국 뿌리가 죽고 나무도 고사한다.

치료법으로 수피이식과 교접이 있다. 수피이식(樹皮移植, bark implant)은 환상박피된 상처 부위의 폭이 좁을 때, 상처의 위아래에서 높이 2cm 가량의 살아 있는 수피를 환상으로 띠 모양으로 벗겨내고, 다른 건강한 나무에서 벗겨온 신선한 수피로 대체하는 치료법이다. 교접(橋接, bridge graft)은 상처 부위의 폭이 넓을 때, 건강한 나무에서 여러 개의 가지를 채취하여 상처의 위아래를 다리를 놓는 식으로 서로 연결하는 치료법이다.

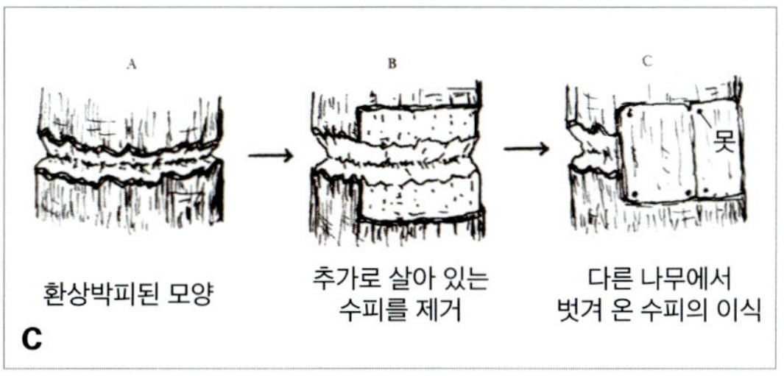


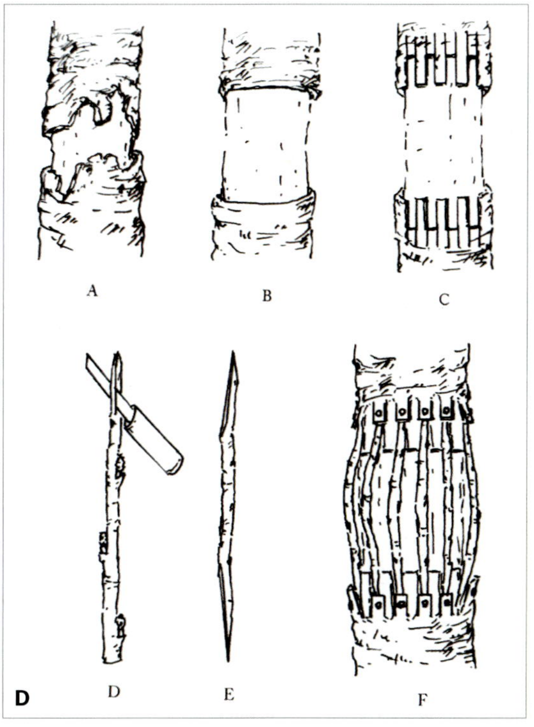

**A** 참죽나무류 환상박피 후 아래쪽에서 새순이 나온 모습.
**B** 앞 사진에서 환상박피로 고사한 참죽나무류.
**C** 위아래 간격이 좁은 환상박피를 치료하는 수피이식 과정.
**D** 위아래 간격이 넓은 환상박피를 치료하는 교접 과정.

# 4 기타 인위적 요인

## 4-1 이식목 관수 소홀

### 배경

나무를 포함한 모든 생물은 물 없이 살아갈 수 없다. 식물은 증산작용으로 수분을 계속해서 잃어버리며, 특히 이식한 나무는 뿌리를 대부분 상실했기 때문에 심한 수분 부족 현상을 겪는다. 국내에서는 이른 봄철 나무를 이식하는데, 이 시기에 봄 가뭄으로 인해 비가 오지 않는 경우가 많다. 이때 나무를 이식한다면 반드시 물을 자주 주어야 한다. 이식한 나무가 활착에 실패하는 것은 대부분 이식 초기의 수분 부족 때문이다. 지구온난화로 인해 봄철 온도가 높아지면서 수분 부족이 더욱 심각해지고 있다.

이미 활착을 하고 건강하게 자라는 나무도 가뭄이 계속되면 물을 공급해야 한다. 수목 관리의 기본은 나무가 말라 죽지 않게 하는 것이며, 나무에 대한 전문적인 지식이 없더라도 물을 자주 줄 수 있다. 관수를 적기에 하지 않는 것은 관리 소홀에 해당한다. 이식목의 활착 기간은 직경이 클수록 길어지며, 대개 5년 정도이다.

### 병징

나무의 이식후유증(移植後遺症)으로 자주 관찰할 수 있는 것은 조기낙엽과 가지의 고사 현상이다. 나무는 수분이 부족해지면 잎이나 가지의 숫자를 줄여 증산작용을 축소함으로써 살아남으려고 한다. 가뭄이 계속되면 뿌리에서 제일 먼 곳에 있는 잎과 가지가 먼저 피해를 받는다. 활엽수는 수관 꼭대기의 가지 끝부터 낙엽이 지면서 가지가 말라 죽는다. 침엽수는 수관 전체에서 여기저기 죽은 가지가 관찰되거나 수관 전체가 한꺼번에 균일하게 갈변하기도 한다.

수분 부족으로 고사한 나무의 병징은 잎이 균일하게 갈색으로 변하는 것이다. 전염성병이 아니기 때문에 잎에 곰팡이 포자에 의한 반점이 없으며, 가는 가지가 깨끗하게 말라 죽는다. 가지마름병이라면 포자퇴가 수피 표면에 나타나거나 푸사리움 가지마름병처럼 목질부가 갈색으로 변하는 경우도 있다.

### 방제

이식목의 근분 주변에 물받이(물집)를 크게 만들어 놓고 가물 때마다 충분히 관수한다. 1회 관수할 때 물을 충분히 많이 주어 심토까지 젖도록 한다. 5년간 계속하여 관수한다.

B
C
D
E
F
G
H

A 봄에 이식한 느티나무를 여름까지 관수하지 않고 방치하여 고사한 모습.
B 관수 소홀로 수관이 거의 다 죽고, 잠아에서 새순이 발생 중인 느티나무.
C 수분 부족으로 거의 고사하고 밑에서 새순이 발생 중인 벚나무.
D 수분 부족으로 거의 죽고 새순이 발생 중인 살구나무. 바닥의 잔디가 빗물을 빼앗아 나무가 건조 피해를 더 받았다.
E 이식 후 관수 소홀로 고사 직전의 소나무.
F 관수 소홀로 이식 1년 후 거의 고사한 장송.
G 이식 후 수분 부족으로 고사한 주목. 모든 잎이 균일하게 갈변한 모습.
H 이른 봄 이식한 주목이 관수 소홀로 6월에 고사한 모습.
I 남향에 식재한 주목이 관수 소홀로 더운 여름철에 수관 상부부터 말라 죽는 모습.
J 왼쪽 회양목은 튀어나온 지붕 때문에 빗물이 떨어지지 않는 위치에 있어 고사했으며, 오른쪽 나무는 자연 빗물로 살아 있다.

## 4-2 잘못된 전정(剪定, erroneous pruning)

### 배경

전정은 전지(剪枝), 혹은 가지치기라고도 하는데, 조경수의 건강 유지와 수목의 안전 관리 측면에서 필요한 작업이다. 그러나 전정은 적절한 시기에, 적절한 수준(강도)으로, 수종에 맞게, 그리고 권장하는 방법대로 실시하지 않으면 나무에 피해를 줄 수 있다. 수종에 따라서 상처를 치유하는 능력에 차이가 있어 전정 후 상처 회복이 잘 되는 수종(내성이 있음)과 그렇지 않은 수종(내성이 약함)이 있다(표 3-17). 특히 벚나무는 상처 치유 능력이 매우 나쁜 수종에 속하여 전정을 실시하면 목질부가 쉽게 부패한다.

전정을 하면 상처가 생기는데, 나무가 나타내는 상처 방어는 미국의 Shigo 박사가 1970년대에 연구한 CODIT(Compartmentalization of Decay in Trees, 목재부후격리) 이론으로 설명된다. 나무에 상처가 생기면 나무는 부후균의 확산을 막기 위하여 상처 주위에 물리적 그리고 화학적 방어벽을

표 3-17 영국에서 관찰된 수종별 강전정에 대한 내성 분류(Harris 등, 2004)

| 내성 있음 | 내성 약함 |
|---|---|
| 가시칠엽수, 가죽나무류, 느릅나무류, 단풍나무류, 마가목류, 물푸레나무류, 버드나무류, 버즘나무류, 산사나무류, 오리나무류, 주목류, 참나무류, 포플러류, 피나무류, 호랑가시나무류 | 너도밤나무류, 라일락류, 배나무류, 벚나무류, 사과나무류, 자작나무류, 주엽나무, 호두나무류 |

네 방향에서 입체적으로 만든다.

방어벽 1은 부후균이 상처의 아래와 위 방향(수직 방향 혹은 종축 방향)으로 확산되는 것을 막기 위하여 도관이나 가도관을 폐쇄시키면서 만든 벽이다. 방어벽 2는 부후균이 수선을 따라서 목재의 중앙 부위(횡단면에서 방사 방향)로 침투하는 것을 막기 위하여 나이테의 접선 단면에 만든 방어벽이다. 방어벽 3은 부후균이 나이테를 따라서 수평으로 접선 방향으로 확산되는 것을 방지하기 위하여 방사단면에 만든 벽이다. 방어벽 4는 노출된 외부 상처를 밖에서 에워싸기 위하여 형성층이 세포분열을 통해서 만드는 새로운 나이테로 된 방어벽이다. 위의 네 가지 벽 중에서 방어벽 4가 가장 강력한 벽이며, 방어벽 1이 가장 약하다.

올바른 전정 방법은 Shigo 박사의 CODIT 이론에 근거하여 만들어졌는데, 핵심은 가지터기(branch stub)를 남기지 않고 바짝 자르는 것이다. 바짝 자를 경우에는 가지가 붙어 있던 원줄기의 형성층이 타원형으로 노출되면서 형성층이 유상조직(癒傷組織, callus)을 만들어 상처를 서서히 감싸 덮어버림으로써 더 이상의 부패가 일어나지 않는다.

강전정은 일반적으로 1회에 잎과 가지를 30% 이상 제거하는 경우를 말한다. 낙엽수의 경우 이른 봄(잎이 없는 기간)에 실시하면 나무가 잠아를 내보내면서 서서히 회복할 수 있다. 그러나 상록수(특히 소나무)를 대상으로 강전정을 실시하면(예: 1회에 30% 이상) 많은 잎을 잃어버려 나머지 살아 있는 조직을 지탱할 만큼 광합성을 수행하지 못해 살아 있는 조직의 일부(잎과 가지)가 죽는다. 강전정의 피해는 소나무에서 가장 예민하게 나타난다. 추위에 약한 나무의 경우에는 한여름에 강전정을 실시하면 가을 늦게까지 생장하다가 월동 준비가 늦어져서 동해를 입을 가능성이 높아진다.

## 병징

잘못된 전정은 가지터기를 길게 남긴 것, 너무 바짝 잘라서 형성층이 과다하게 노출된 것(편평 전정, flush cut), 전정하면서 수피가 길게 찢어진 것, 소나무의 경우 강전정으로 잎과 가지가 고사하는 것, 두절작업을 하여 한 장소에서 여러 개의 가지가 발생하면서 아귀다툼(crotch, fork)을 하는 것 등을 뜻한다. 가지터기를 길게 남길 경우에 가지터기는 서서히 죽어가면서 썩어 들어간다. 수년이 경과하면 가지터기가 붙어 있던 원줄기의 밑부분이 움푹 패면서 원줄기에 커다란 구멍이 남는다. 이 구멍을 통해서 빗물과 부후균이 들어가 원줄기가 부패하게 되며 이 상처는 더욱 크게 확대된다. 고목의 줄기와 밑동이 썩는 것은 바람에 의해서 가지가 거칠게 잘못 부러졌거나 잘못된 가지치기에서 시작된다. 벚나무는 상처 치유 능력이 빈약하여 전정 후 상처 부위가 쉽게 부패한다. 가지가 아귀다툼을 할 경우 시간이 경과하면 가지가 굵어져 인접한 가지끼리 서로 붙으면서 수피함몰(bark inclusion)이 생겨 그 부위가 쉽게 부패한다.

## 방제

전정을 할 때 CODIT 원리에 맞추어 바짝 자르는 원칙을 지키면 전정으로 인한 피해를 최소화할 수 있다. 잘못된 전정을 발견하면 즉시 가지터기를 바짝 잘라서 바로 잡는다. 전정이 끝난 다음에는 노출된 형성층에 상처도포제를 연 1회 이상 발라준다. 상처도포제(傷處塗布劑, wound dressing, 예: thiophanate, tebuconazole)는 살균제와 방수제가 함께 포함되어 있어서 병원균의 침투를 억제하고 과다한 수분 증발도 방지한다.

굵은 가지를 자를 때에 한 번에 자르면 가지의 무게 때문에 가지 밑부분이 찢어져서 수간에 큰 상처를 남기므로 세 번에 걸쳐서 자른다. 우선 최종 자르려는 위치보다 20cm 가량 위쪽에 가지 밑 방향에서 위를 향하여 직경의 40% 가량 자른 후, 이보다 3cm 위쪽에서 위에서 아래로 톱질을 하여 우선 가지의 무게를 제거한 후, 마지막으로 가지터기를 바짝 잘라버린다.

소나무를 전정할 경우 1회에 수관(엽량 기준)의 30% 미만으로 제한하여 실시한다. 추위에 약한 수종은 한여름을 피해서 휴면기에 전정을 실시하는 원칙을 지킨다.

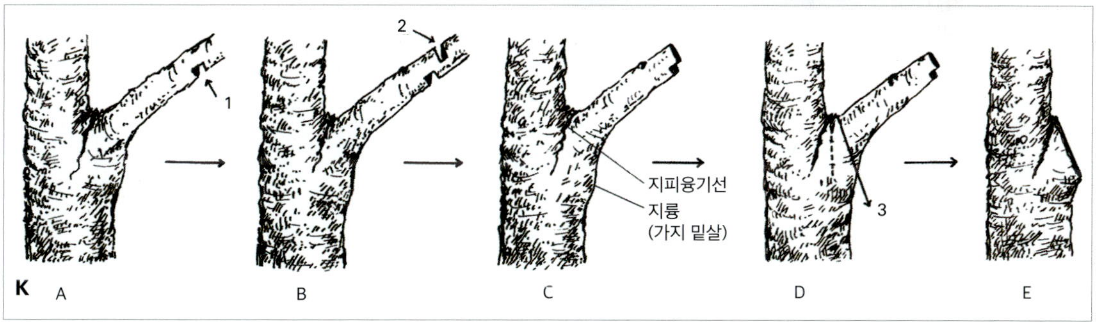


**A** 위에서 아래로 한 번에 잘라서 가지 무게로 인하여 목질부가 길게 찢어진 벚나무.
**B** 가지터기를 길게 남겨놓은 잘못된 느티나무 전정. 후에 가지터기가 썩으면서 수간에 구멍을 만들게 된다.
**C** 30년 전에 가지터기를 남겨놓고 전정하여 가지터기가 썩으면서 구멍이 생긴 단풍나무.
**D** 남겨놓은 느티나무 가지터기가 형성층이 새살로 상처를 감싸는 것을 방해하는 모습.
**E** 강전정으로 수관이 쇠퇴하고 있는 소나무. 소나무 전정은 1회에 30% 이상 실시해서는 안 된다.
**F** 겨울철 강전정한 소나무에서 새순이 거의 나오지 않아 건강이 극히 나빠진 모습(2025. 7. 촬영).
**G** 2023년 가을 소나무에 강전정을 실시한 후 2024년 6월 초 고사한 가지들.
**H** 6월 말 강전정(두절) 후 가을까지 새순을 만들다가 얼어 죽은 이태리포플러. 여름철 강전정은 추위에 약한 나무에 금기 사항이다.
**I** 강전정을 실시하여 잠아가 많이 나오면서 수형이 불량해진 단풍나무.
**J** 올바르게 전정한 느티나무에서 유합조직이 수년 동안 제대로 나오는 모습. 노출된 목재 부위에는 매년 상처도포제를 바른다.
**K** 굵은 가지를 바짝 자르기 위한 3단계 전정법 예시.

## 4-3 접목불화합성(接木不和合性, grafting incompatibility)

### 배경

접목을 실시할 때 대목의 장점을 살리기 위하여 서로 다른 수종을 사용하는 경우가 있다. 접목불화합성은 접수(椄穗, scion)와 대목(臺木, rootstock) 간에 서로 생리적으로 원활한 대사가 이뤄지지 못하는 경우를 뜻한다. 접목 부위에서 위아래 사부조직이 서로 제대로 연결되지 못해서 잎에서 만들어진 설탕이 사부를 타고 내려오면서 접목 부위에서 설탕이 정체되어 접수가 대목보다 빨리 자라서 생기는 현상이다. 접목불화합성은 수종이 서로 다를 때 주로 발생하지만, 곰솔 대목에 반송 접수를 붙일 경우, 그리고 고욤나무에 감나무를 접목할 때에는 생기지 않는다. 반면, 대목과 접수의 수종이 일치하는 경우에도 발생할 수 있는데, 버즘나무, 물푸레나무, 밤나무 접목묘에서 관찰된다.

### 병징

나무가 제대로 자라지 않고, 수세가 나빠지며, 잎의 황화, 조기단풍, 조기낙엽 현상을 보인다. 꽃과 열매가 많이 달리기도 하고, 대목에서 새순이 나오기도 한다. 윗부분의 접수가 아랫부분의 대목보다 빨리 자라서 접수 부분의 직경이 아래 대목의 직경보다 굵어지는 비대현상을 수승(穗勝)이라고 한다. 이러한 증상은 접목 후 수년 혹은 수십 년이 경과한 후에도 지속되다가 증세가 심할 경우에는 접목 부위가 부러지기도 한다. 간혹 대목 부위가 더 굵어지는 현상을 대승(臺勝)이라고 부른다.

### 방제

접목불화합성이 자주 나타날 경우에는 접수와 대목의 수종을 서로 일치시키도록 한다.

A 밤나무의 접목 부위가 갈라진 모습.
B 물푸레나무 접목 윗부분이 굵어진 모습(수승 현상).
C 접목불화합성으로 고사한 양버즘나무.
D 벚나무류 두 수종 간의 접목불화합성.
E 해송 대목에 반송 접수를 접목하더라도 불화합성이 생기지 않는다.
(사진 B, C, Costello, 2003; D, Sinclair, 1987)

## 4-4 인공조명(人工照明, artificial light)

인공조명은 일장(日長, 낮의 길이)을 길게 하여 수목의 생장과 개화에 영향을 미친다. 가로등을 밤에 켜 놓으면 이론적으로 인접해 있는 식물이 가을철 늦게까지 자라면서 서리 피해 혹은 동해를 받을 수 있지만, 실제로 몸체가 큰 가로수에서는 이로 인한 가시적인 피해를 기의 볼 수 없다. 그러나 실험실에서는 참느릅나무, 느티나무, 버즘나무, 노르웨이단풍나무, 자작나무가 예민하게 반응을 보이며, 목련, 참나무류, 풍향수는 저항성이 있는 것으로 기록되어 있다(Berrang and Karnosky, 1983).

꼬마전등(성탄절 혹은 축제 장식용)을 나무에 무수히 달아 놓더라도 나무에 피해를 주지 않는다. 동절기에 나무가 휴면 상태에 있고 온도와 광도가 낮아서 추가 조명을 감지하거나 이에 대한 생리적 반응을 보이지 않기 때문이다. 단, 전선이 가지를 물리적으로 압박하지 않아야 한다.

인공조명이 식물에 생리적 영향을 주기 위해서는 일정 수준 이상의 광도(조도)를 가져야 한다. 국화(菊花)의 경우 10~20럭스(lux) 이상의 광도가 되어야 가을철 개화를 지연시킬 수 있다고 하는데, 실제 농가에서는 50~70럭스 이상의 조명을 사용하고 있다. 수목의 경우 유효 광도가 알려져 있지 않지만, 무궁화는 인공조명과 가온(加溫)으로 개화 시기를 조절할 수 있다.

A 회화나무 가로수에 설치한 가로등. 나무 생장에 큰 지장을 주지 않는다.
B 소나무에 설치한 성탄절 장식. 겨울철에 열을 발생하지 않고 조도가 낮아 꼬마전등이 생장에 지장을 주지 않는다.
C 소나무와 주목에 설치한 꼬마전등. 전선이 가지를 압박하지 않으면 피해가 없다.
D 동네야구장 조명등. 광도가 낮아 주변 나무 생장에 피해가 없다.

## 4-5 불(fire)

### 배경

화산, 지진, 산불, 낙뢰, 실화로 발생하는 불로 인하여 수목이 피해를 받는 경우이다. 수목의 잎은 150°C 이상 되는 고열이나 불꽃에 순간적으로 노출되더라도 피해를 입는다. 어린 가지는 잎보다 저항성이 약간 더 있지만, 고열에 약한 것은 비슷하다. 그러나 줄기와 밑동은 수피로 보호되어 있어 수피의 두께에 따라서 불에 대한 저항성이 매우 다르다. 얇은 수피를 가진 수종(백송, 오동나무, 배롱나무, 단풍나무, 벚나무)은 불에 약한 반면, 두꺼운 수피를 가진 수종(은행나무, 소나무, 버드나무, 참나무류)은 불에 견디는 능력이 크다.

맹아력이 강한 참나무류, 사시나무, 자작나무, 아까시나무, 잎갈나무, 피나무는 산불 후 소생하는 능력이 강하다. 소나무는 어릴 때 수피가 비늘형으로 자주 벗겨지면서 얇기 때문에 화재에 약하지만, 나이를 먹으면 수피가 누적되면서 두꺼워져 산불에 견디는 능력이 생긴다. 미국에서 거목으로 2,000년 이상 장수하는 수종인 세쿼이아(*Sequoia*)는 수피의 두께가 평균 30cm(최고 70cm) 정도 되고 송진을 함유하고 있지 않아서 수피가 타더라도 겉 부분만 타기 때문에 잦은 산불에 살아남는다.

지표화(地表火, surface fire)는 바람이 불지 않을 때 낙엽과 잔가지가 불에 서서히 타면서 불꽃이 지표면에 머물러 있는 산불을 의미하며, 나무에 큰 피해를 주지 않는다. 수관화(樹冠火, crown fire)는 바람이 심하게 불 때 지표화가 확대되어 수관 위로 불꽃이 올라가서 나무 전체를 태우는 산불이며, 송진을 함유한 소나무 숲에 큰 피해를 준다. 지중화(地中火, underground fire)는 땅속에서 유기물(예: 이탄)이 불꽃 없이 서서히 장기간 연기만 발생하는 불을 의미한다. 국내에는 오대산 해발 1,200m에 이탄습지가 있다.

## 병징

불꽃이나 고열에 노출된 잎은 순간적으로 말라서 곧 갈색으로 퇴색하며, 가지는 검게 변하고 서서히 말라 죽는다. 수피는 불꽃과 접촉하면 검게 숯으로 변하지만 접촉한 시간에 따라서 피해 정도가 다르다. 수피의 안쪽에 있는 코르크형성층이 피해를 보더라도 더 안쪽에 있는 형성층과 사부가 살아남으면 코르크형성층을 다시 만들 수 있다. 그러나 형성층이 피해를 보면 그 부위는 재생이 안 되어 목부조직이 노출되고, 시간이 지나면 목부가 썩어 들어간다.

## 방제

불로 겉이 검게 그을린 부분이라도 수피 안쪽에 잠아(潛芽)가 살아남는 경우가 있으므로, 몇 개월 기다린 후 완전히 죽은 부위가 판별되면 그때 죽은 부위를 도려낸다. 형성층이 노출되었을 때는 형성층 주변에 죽은 조직을 깨끗하게 없애버리고 상처도포제를 바르고, 유상조직이 재생되기를 기다린다.

건조한 날씨가 지속되어 숲에서 낙엽의 수분 함량이 10% 이하로 낮아지면 산불이 발생할 확률이 높아진다. 소나무는 잎과 가지에 송진을 많이 가지고 있어 불에 쉽게 타며, 건조할 때 강풍이 불면 지표화가 수관화로 바뀌어 큰 산불로 확대될 가능성이 크며, 맹아력이 없어 나무가 집단으로 고사한다. 목재 문화재 근처에는 소나무숲을 조성하지 않는 것이 바람직하다.

내화수림대(耐火樹林帶)를 조성하여 산불의 확산을 감소시킬 수 있다. 수피가 두꺼운 수종, 잎의 수분함량이 많아 수관에 의한 열 차단 효과가 큰 수종, 맹아 발생이 왕성한 수종으로서 중부지방에는 참나무류, 은행나무, 느티나무, 백합나무, 물푸레나무, 아까시나무, 황철나무 등을 심고, 남부지방에는 아왜나무, 가시나무류, 녹나무, 후박나무, 생달나무, 참식나무, 소귀나무 등 상록수를 심는다.

A 속초 산불 피해(2019. 4. 4). 잎에 송진을 함유한 어린 소나무가 얇은 수피를 가져 피해가 컸다.
B 산불(충남 홍성, 2023. 4. 2.)의 강도에 따라서 수관화로 고사한 소나무(위쪽 검은색), 지표화로 밑동만 타서 고사한 소나무(오른쪽 갈색), 생존한 소나무(왼쪽 녹색), 피해가 적은 활엽수가 섞여 있는 모습.
C 사찰 전나무 산불 피해. 잎이 붉은 색으로 균일하게 변한 모습.
D 쓰레기 소각장 불로 피해를 입은 느티나무(사진: 이승제).
E 산불 후 살아 있는 느티나무 수피(적색)와 죽은 형성층(흑색)을 구별할 수 있다.
F 지표화일 경우 살아남은 느티나무는 직경이 굵고 수피가 두껍다.
G 활엽수 잎의 화재 직후의 모습(열대성 해안무궁화).
H 고베 대지진(1995) 발생 8년 후 은행나무 형성층이 유합조직을 좌우 15cm 넓이로 만들어 회복 중인 모습.

3장
비전염성병

# VI. 기타 비정상적인 현상

# 1 조기낙엽(early leaf fall)과 조기단풍(autumn color)

### 배경

목본식물에서 잎의 수명은 매우 다양하다. 낙엽수의 경우 이른 봄 처음 나온 잎은 줄기(수피의 사부조직)에 저장하고 있던 탄수화물을 이용해서 새순이 자라기 때문에 대개 잎의 크기가 작고 가을까지 살아남지 못하고 한여름에 낙엽이 지는 경향이 있다. 그 예를 목련과 감나무에서 쉽게 찾아볼 수 있다. 자유생장(가을까지 키가 자라는 생장)을 하는 사철나무와 상록성 철쭉(예: 영산홍)의 경우에는 늦여름 혹은 이른 가을에 만들어진 잎은 월동 후 새순이 나오면 곧 탈락한다. 동백나무는 고정생장(봄에만 키가 크는 생장)을 하며 한 번 자란 잎이 만 4년간 살아남는다. 반면 알프스의 고산지대와 같이 양분 순환이 느린 곳에서 자라는 상록침엽수(예: 스위스잣나무)는 잎의 수명이 20년 되는 경우도 있다.

한국 소나무의 잎은 세 번의 생육기간(3년)을 완료한 후 떨어지는 것이 정상이며, 잣나무의 잎은 서늘한 곳에서는 4년까지 살아남는다. 그러나 스트로브잣나무의 잎은 2년차 가을에 별안간 단풍이 들면서 낙엽이 진다. 한국에서 전나무(구상나무 포함)와 주목의 잎은 5~6년 정도 살아 있는 것이 정상이다. 사철나무는 가지 내에서 양분 순환이 빠르게 진전되어, 봄에 나온 잎은 여름에 떨어지고, 가을에 나온 잎은 이듬해 새순이 나온 직후 떨어진다.

수목이 정상적으로 자랄 때에는 낙엽수는 가을에 낙엽이 지며, 상록수는 여름 이후 서서히 혹은 가을에 낙엽이 지지만, 스트레스를 계속해서 받으면 묵은 잎들이 가을에 한꺼번에 변색되면서 낙엽이 지는 경우를 자주 볼 수 있다(예: 소나무, 섬잣나무). 환경 스트레스의 원인으로는 양분 결핍, 병충해, 이식, 대기오염, 산성비, 지구온난화, 도시의 열섬 효과로 인한 여름철 고온과 건조 등을 나열할 수 있다. 이 중에서 양분 결핍과 병충해를 제외한 나머지 요인들은 인간에 의해서 생긴다.

활엽수에서 봄에 일찍 나온 잎은 여름이나 가을에 새로 나온 잎보다 더 일찍 노화하기 때문에 가을에 먼저 단풍이 든다. 이 경우 봄 잎이 모여 있는 수관의 아래 부위가 초가을에 조기단풍이 들고, 가지 끝에 있는 여름 잎(혹은 가을 잎)은 늦가을까지 녹색을 유지한다.

### 병징

낙엽활엽수가 정상적인 단풍 계절인 가을이 되기 전(4주 이상 빠른 경우)에 먼저 단풍이 들면서 낙엽이 진다. 큰 나무를 이식할 경우 뿌리가 많이 잘려서 수목은 엄청난 스트레스를 받으며 이로 인하여 늦여름이나 초가을에 조기낙엽 현상이 생긴다. 이때 겨울눈을 만들고 단풍이 들면서 낙엽이 지면, 수목의 건강상태는 살아남을 정도라고 판단할 수 있다. 소나무와 섬잣나무의 경우 덥고 건조한 도시환경으로 인하여 2년차 잎이 가을(10월 말이나 11월 초)에 일시에 갈색으로 변하면서 낙엽이 지면, 3년을 채우지 못했으므로 조기낙엽이라고 할 수 있으나, 이 또한 건강이 위험한 상태는 아니다.

소나무를 이식하면 수분 부족이 곧 오기 때문에 조기낙엽 현상을 쉽게 볼 수 있다. 이식 후 3년차 잎이 먼저 조기낙엽이 지고, 관수하지 않아 상황이 더 나빠지면 이어서 2년차 잎도 조기

낙엽이 진다. 이 경우 1년차 잎만 남아 잎이 작아지고 수관이 엉성해지며 더 악화되면서, 1년차 잎이 점차 마르면 나무가 죽는다.

## 방제

위에 열거한 조기낙엽은 수목의 건강이 나쁘다는 증거를 보여주고 있지만, 당장 나무가 죽을 정도에 달한 것은 아니다. 대기오염, 산성비, 여름철 고온과 건조 등에 노출시키지 않고 자주 관수하면 이를 예방할 수 있다. 관수와 시비(주로 퇴비 사용)를 통해서 수목을 건강하게 기르고, 이식할 때는 근분의 크기를 크게 유지하고, 근분 주변에 물받이(물집)를 만들어 주기적으로 관수하는 것이 좋다. 미관상 보기가 싫으면 가을철 변색된 상록수의 잎을 장대로 한꺼번에 털어버린다.

A 정이품송 후계목 2년생 잎이 가을에 낙엽 진 모습. 이식후유증으로 인한 조기낙엽에 해당한다.
B 소나무 2년생 잎의 가을 낙엽은 조기낙엽에 해당하고, 3년생 솔잎이 가을에 낙엽 지는 것이 정상이다.
C 섬잣나무 2년생 잎의 가을 낙엽은 조기낙엽에 해당한다.
D 스트로브잣나무 2년생 잎의 가을 낙엽. 정상적인 낙엽.
E 잣나무 4년생 잎(화살표)의 가을 낙엽. 정상적인 낙엽.
F 소나무 이식 후 1년생 잎만 남아 있으며, 잎이 작다. 건강이 악화된 증거.
G 소나무 이식 후 1년생과 2년생 잎이 붙어 있다. 심각하지 않은 이식후유증에 해당.
H 황연목의 8월 조기단풍 현상. 여름철 수분 부족으로 발생(사진: Costello 등, 2003).
I 단풍나무가 가을 가뭄으로 10월 단풍색이 제대로 발현되지 않고 잎이 마른 모습.
J 느티나무 열매가 달린 가지의 왜소엽이 가을에 조기단풍이 든 모습. 개화생리에 의한 정상적인 현상이다(764쪽 사진 A 참조).

## 2 성전환(性轉換, sex transformation)

소나무는 암수한몸(자웅동주, 雌雄同株, monoecious)이지만, 암꽃과 수꽃이 서로 다른 가지에 달린다. 암꽃은 햇빛을 잘 받으면서 자라는 건강한 가지(활력지)에 달리는데, 이 가지에는 잎의 숫자가 많아서 광합성을 많이 하여 충실한 종자를 생산한다. 반면 수꽃은 활력이 낮은 가지(쇠약지)에 달리는데, 수꽃의 개수만큼 잎의 숫자가 줄어들어 광합성을 적게 하여 계속 쇠약한 상태로 남아 있다. 세계적으로 120여 종의 소나무류가 존재하는데, 한국의 소나무(*Pinus densiflora*)는 수꽃이 가장 많이 달리는 소나무류로서 이를 학명에 반영할 정도이다.

수목에서 성전환은 자주 관찰되는 현상은 아니다. 암수한몸과 암수딴몸이 섞여 있는 포플러와 주목의 경우에는 암나무와 수나무의 구별이 애매한 경우가 가끔 있다. 소나무의 한 품종으로 알려진 반송(盤松)에서는 성전환이 자주 관찰된다. 이 경우 대부분 수꽃이 암꽃으로 성전환하는 것을 볼 수 있으며, 암꽃이 수꽃으로 되는 경우는 관찰되지 않는다. 성전환이 일어나는 개체에서는 거의 매년 관찰되며, 그 정도에 차이가 있을 뿐이다.

소나무에서 수꽃은 봄에 새로 나오는 가지(신초, 新梢, 혹은 1년생 가지)의 아랫부분에 달린다. 수꽃이 새로 나올 때부터 암꽃으로 성전환하여 나오는 경우와 꽃 한 개(한 개의 화서에 해당함) 내에서 수꽃과 암꽃이 동시에 만들어져 비정상적인 기형으로 나오는 자웅동체(雌雄同體, hermaphrodite)에 해당하는 경우도 있다. 이러한 성전환의 원인은 자세히 밝혀지지 않고 있지만 식물 호르몬의 불균형으로 해석할 수 있으며, 유전적인 소질에 의해 결정된다.

수꽃이 암꽃으로 바뀌어 가지의 아래쪽에 수십 개의 솔방울이 밀착하여 붙어 있는 것을 남복송(男福松)이라고 하며, 성전환에 해당한다. 반면 암꽃이 정상적으로 달리는 위치인 가지의 꼭대기에 솔방울이 수십 개 모여 있는 경우에는 여복송(女福松)이라고 부르며, 이것은 성전환에 해당하지 않는다.

A 반송 남복송. 가지의 아래쪽에 있는 암꽃(화살표)은 수꽃이 성전환한 것이다.
B 소나무 남복송. 가지 아래쪽에 모여 있는 솔방울은 수꽃이 성전환한 것이다.
C 반송 여복송. 가지 위쪽 끝에 모여 있는 암꽃을 일컫는다.
D 소나무 여복송. 가지 위쪽 끝에 모여 있는 암꽃을 일컫고, 3년간 2회에 걸쳐서 여복송을 생산하여 유전적 특성임을 알 수 있다.
E 남복송은 수꽃이 암꽃으로 성전환하여 만들어진다는 증거를 보여주는 사진. 한 개의 꽃에서 아래쪽은 수꽃이고 위쪽은 암꽃인 상태(화살표)는 성전환을 시도하다가 중단되었다는 것을 나타낸다.

## 3 돌연변이(突然變異, mutation)

### 배경

살아 있는 세포는 핵 속의 DNA에 담겨 있는 유전정보에 따라서 새로운 세포와 물질을 합성하면서 자란다. 이때 유전정보를 잘못 판독하거나 혹은 복제 과정에서 오류가 발생하기도 한다. 한 개의 세포 내에서 오류가 발생할 수 있는 확률은 매우 낮지만, 한 개체를 구성하는 세포 숫자가 엄청나게 많기 때문에 이 중에서 일부 세포가 오류를 범하여 변이를 보이기도 한다. 이렇게 생긴 부분적인 기형(奇形, abnormality)을 돌연변이라고 하는데, 생물의 진화 과정에서 새로운 종이 태어나는 수단으로 해석되고 있다.

수목의 경우 부분적으로 나타난 돌연변이가 생장에 치명적인 불이익이나 손상을 가져오지 않으면 수목이 그 상태를 유지하면서 자란다. 아조변이(芽條變異, bud mutation)는 생장점인 눈, 잎, 새 가지에서 나타나는 돌연변이를 일컫는다. 백화현상 혹은 알비노(albino) 현상은 소나무에서 종자 발아 직후 엽록소가 결핍되는 현상인데, 광합성을 하지 못하기 때문에 묘목이 일찍 죽는다. 잎의 일부분이 흰색으로 되어 얼룩 잎(variegated leaf)을 가지게 되면, 이것을 영양번식시켜서 새로운 품종을 만들기도 한다. 얼룩 잎은 버즘나무, 네군도단풍, 사철나무, 목서, 돈나무, 무화과나무, 소나무, 향나무, 측백나무 등에서 관찰된다.

### 병징

향나무에서는 잎의 백화현상이 봄에 새순에서 자주 나타나는데, 여름이 되면 잎이 정상으로 되돌아오는 경우가 많으며, 나무는 다시 정상적으로 자란다. 이것은 봄에 새순에서 엽록소의 합성이 지연되는 현상이다. 황금소나무, 황금측백 등은 엽록소의 합성이 이루어지지 않고 대신 카로티노이드(carotenoid)가 만들어져 황색을 띤다. 황금소나무 중에는 봄에만 일시적으로 황색을 띠거나, 계속하여 혹은 겨울에만 황색을 유지하는 개체들이 있다.

A

B

**A** 소나무류 묘목의 잎이 흰색을 띠는 알비노(albino) 현상.
**B** 흑호두나무 복엽에서 반쪽이 기형인 키메라(chimera) 현상을 보임.
**C** 사철나무 얼룩 잎(무늬사철나무).
**D** 벤자민고무나무(*Ficus benjamina*)의 얼룩 잎.
**E** 향나무의 아조변이.
**F** 황금서양측백나무의 아조변이.
**G** 황금소나무(보은 법주사).
**H** 황금소나무(경기도 포천)가 여름에 녹색이다가 겨울에 황금색을 띤 모습.

(사진: A, USDA, 1990; B, Sinclair, 1987)

# 4 대화(帶化, fasciation)현상

대화현상은 몇 수종에서 줄기가 납작하게 자라는 현상이다. 줄기 끝에 한 개의 눈이 생기지 않고 여러 개의 눈이 한꺼번에 자라면서 서로 붙어서 혁대(革帶, belt)같이 납작하게 자란다. 사철나무, 물푸레나무, 돈나무에서 자주 볼 수 있다. 원인이 밝혀지지 않아서 바이러스에 의해 생기는 병이라고 추정되기도 한다. 돌연변이라고 기술한 책도 있지만, 다음 세대로 유전되지 않아서 돌연변이가 아닌 것으로 해석되기도 하며, 정상적인 생장으로 되돌아오는 경우도 있다.

A 원인불명으로 사철나무 줄기가 납작해진 모습.
B 벚나무 대화현상. 원인불명이다.
C 돈나무 대화현상.

(사진 B: Sinclair, 1987; C: Costello 등, 2003)

## 5 옹이(혹, gall, tumor, burl), 유주, 다아현상

나무줄기에 생기는 혹 또는 나무옹두리는 대부분 박테리아, 곰팡이, 곤충, 선충, 겨우살이, 외부 상처 등에 의해서 유발되는 병적인 형태이다. 나무 생장에 큰 지장을 주지 않으면서 크게 자라는 옹이 혹은 생리적인 비정상적 현상으로 해석되며, 그 원인이 아직 밝혀져 있지 않다. 침엽수의 경우 가문비나무, 콘토르타 소나무, 세쿼이아에서 자주 발견된다. 세쿼이아(*Sequoia*)의 혹은 많은 눈을 가지고 있다가 후에 싹을 틔우기도 하는데, 정교한 목리를 가지고 있어 조각품으로 널리 쓰인다.

활엽수의 경우 벚나무, 설탕단풍나무, 흑호두나무에 생기며, 왕버들은 버드나무 중에서 장수하는 수종으로서 나이를 먹을수록 혹이 많아지고 커지면서, 줄기에 독특한 아름다움을 만든다. 이러한 활엽수에서는 혹 속에 무수히 많은 눈(잠아)이 숨어 있다가 움으로 튀어나오기도 한다.

은행나무는 노목이 되면서 가지에서 혹이 길게 자라서 밑으로 처지는데 유주(乳柱, stem burl)라고 부르며, 일본과 같이 다습한 곳에서 자라는 개체에서 더 흔하게 볼 수 있다. 이러한 현상은 비정상적이지만, 병으로 취급되지 않는다. 다습한 환경에서 줄기의 호흡을 도모하기 위해서 유주가 생기는 것으로 해석된다.

다아현상(多芽現象, multiple buds)은 가지의 한 곳에 많은 수의 눈이 모여서 발생하는 현상을 말하며, 곰솔에서 자주 관찰된다. 소나무의 경우 소나무혹응애(pine rosette gall mite)가 기생하면서 생긴다고 알려져 있으며, 그밖에 바이러스에 의한 병인 경우와 유전적인 원인에 의해 발생하는 경우가 있다.

**A** 벚나무 혹.
**B** 삼나무 혹.
**C** 베롱나무 맹아옹이.
**D** 아까시나무 맹아옹이.
**E** 피나무 맹아옹이.
**F** 벚나무 맹아옹이.
**G** 리기다소나무 맹아옹이.
**H** 양버즘나무 거대한 혹.
**I** 고목인 은행나무에서 관찰된 유주(전남 화순 이서면 천연기념물).
**J** 원인불명인 소나무 뿌리혹(송근봉, 경기도 포천 산정호수 근처).
**K** 소나무 다아현상.

## 6 연리지(連理枝, grafted branch)와 연리근(grafted root)

연리지는 같은 개체 내에서 혹은 다른 개체 간에 이웃한 가지가 서로 맞닿아 융합된 형태의 가지를 뜻한다. 연리지는 단순히 물리적인 현상으로서 이웃한 가지끼리 부딪치거나 마찰을 통해 수피에 상처가 생기면서 형성층이 서로 맞닿아 하나로 붙어서 생긴다. 따라서 같은 수종 혹은 서로 다른 수종 간에도 생길 수 있으며, 유합조직(callus)이 형성되면 성공적으로 마무리될 수 있다. 연리지를 통해 양분을 상호 교환할 수 있으며, 병원균이 서로 전파되기도 한다. 단풍나무, 모과나무, 음나무, 은행나무에서 자주 관찰된다.

연리지 현상은 뿌리에서도 관찰되는데, 이를 연리근(連理根)이라고 칭하며, 근접(根接, grafted root)에 해당한다. 뿌리가 땅속에서 자라면서 서로 엉겨 붙어, 같은 수종 혹은 서로 다른 수종 간에 마치 접목을 실시한 것 같이 이웃한 뿌리가 붙어버리는 현상이다. 뿌리가 물리적으로 맞닿으면 수종에 관계 없이 근접이 이뤄진다. 근접을 통해서 무기양분, 농약, 병원균도 전파된다. 대표적인 예로 1960년대 미국에서 대유행했던 느릅나무줄기마름병(Dutch elm disease)은 매개충과 근접으로 퍼져 미국의 느릅나무 가로수를 전멸시켰다. 그 밖에 국내에 아직 보고되지 않은 *Verticillium* 시듦병도 근접으로 퍼진다.

A 모과나무 연리지(한 나무에서 발생).
B 단풍나무 연리지(두 나무 사이에서 발생).
C 소나무 연리지(두 나무 사이에서 발생).
D 느티나무 연리지(쌍간 사이에서 발생).
E 수목 뿌리의 연리근 현상(사진: Kozlowski와 Cooley, 1961).

3장

비전염성병

# VII. 병으로 오인되는 정상 상태

# 1 왜소엽(矮小葉, dwarf leaf)과 도장지 잎

## 배경

수목 잎은 환경 조건에 따라서 크게 혹은 작게 자란다. 낙엽수에서 봄에 제일 먼저 나온 잎은 저장한 탄수화물을 이용해 겨우 만들어지기 때문에 후에 나오는 잎보다 작다. 잎이 작아져 왜소엽이 되는 경우는 나무를 이식하거나, 토양 조건이 악화되거나, 뿌리가 손상을 입을 때이다. 극심한 건조, 복토, 과습 등으로 생육 조건이 나빠질 때도 초기 증상으로 왜소엽이 생긴다.

나무의 생육 환경(햇빛, 온도 등)과 영양 상태가 양호해지면 잎이 커진다. 이식목이 활착하면 잎이 정상적인 크기로 돌아온다. 전정 혹은 솎아베기(간벌)를 실시한 후 햇빛의 자극을 받아서 나오는 도장지(徒長枝, sprout)와 맹아지(萌芽枝, sucker)는 왕성하게 자라 올라와 정상보다 훨씬 더 큰 잎을 만든다. 이때는 잎의 모양도 본래 수종 고유의 형태를 띠지 않는다.

## 병징

나무가 정상적으로 자라면서 잎이 작아지는 경우도 있다. 느티나무는 봄에 꽃이 핀 후 종자가 자라기 시작하면 종자가 달린 가지의 잎은 더 이상의 생장을 정지하고 왜소한 상태로 가을까지 남는다. 이는 정상적인 개화생리 현상이며 종자가 붙어 있는 가지에서만 관찰된다. 이 경우 잎이 자라지 않는 이유는 종자가 식물 호르몬을 생산하여 잎으로 갈 양분을 독점하여 빼앗아가는 것으로 해석된다. 즉 충실한 종자를 생산하기 위해 느티나무가 발휘하는 독특한 생존 전략이라고 할 수 있다. 나무 전체에 종자가 달리면, 모든 잎이 왜소엽으로 남아 그 여파로 새 가지가 나오는 여름 생장을 거의 하지 않으며, 다음 해까지 영향을 미쳐 봄 생장이 저조해진다. 왜소엽은 가을에 갈색으로 조기단풍이 들며, 이층(離層)이 제대로 만들어지지 않아 겨울 내내 잎이 붙어 있기도 한다. 느티나무 본래의 단풍색은 노랑 혹은 빨강이기 때문에 갈색 왜소엽을 쉽게 구별할 수 있다.

A 느티나무 왜소엽(오른쪽 열매가 달린 가지의 잎). 정상적인 종자 생산 방식이다.

B 목련의 도장지 잎(왼쪽)과 정상 잎(오른쪽).

# 2 노출된 뿌리(exposed roots)

### 배경

수목은 한자리에서 수백 년 동안 뿌리를 내리고 살아간다. 세월이 지나면서 뿌리가 서서히 굵어지고, 겉흙 가까이 자라는 굵은 뿌리는 점점 더 땅 밖으로 올라와서 노출된다. 이와 더불어 겉흙 혹은 표토(表土, surface soil, top soil)는 빗물로 인하여 서서히 씻겨나가므로, 표토 유실 현상은 경사지에서 더 심하게 진행된다. 특히 우리나라는 장마철과 태풍 시 폭우가 쏟아지면 겉흙이 쉽게 씻겨나가기 때문에 오래된 고목 주변의 뿌리는 노출되게 마련이다. 최근에는 등산로 주변에서 뿌리가 심하게 노출된 나무들을 자주 볼 수 있다.

위와 같이 수십 년의 장기간에 걸친 뿌리 노출은 서서히 진행되기 때문에 갑자기 진행되는 산사태로 인한 뿌리 노출과 비교하여 생리적인 측면에서 볼 때 근본적으로 다른 점이 있다. 뿌리 노출이 서서히 진행될 때에는 수목의 뿌리는 햇빛의 반대 방향인 땅속으로 들어가는 특성인 굴지성(屈地性, geotropism) 때문에 노출된 굵은 뿌리를 제외한 나머지 뿌리들은 모두 그 밑으로 내려가서 정상적으로 자란다. 특히 수분과 양분을 흡수하는 가는 뿌리(세근, 細根, fine roots)는 모두 그 밑에서 정상으로 자라고 있기 때문에 아무런 문제가 되지 않는다. 반면에 산사태로 갑자기 뿌리가 노출되면 지금까지 땅속에 있던 잔뿌리와 굵은 뿌리가 한꺼번에 노출되기 때문에 잔뿌리가 대량으로 말라 죽어서 나무에 피해를 준다.

우거진 숲속에서는 죽은 나무 등걸 위에 종자가 떨어져 뿌리를 내리면서 자라는 경우가 있다. 이때 노출된 뿌리가 수 미터를 자라 내려와서 땅속으로 들어가는데, 노출된 뿌리는 정상적으로 자란다. 낙우송은 늪지대에서 자라면서 기근(氣根, 호흡근, knee root)을 수면 밖으로 돌출시켜서 산소 호흡을 도모하면서 정상적으로 자란다.

### 병징

한자리에서 오랜 세월 동안 자란 고목, 경사지에서 자라는 나무, 등산로변의 나무뿌리는 빗물로 인하여 노출되어 있다. 이때 주로 굵은 뿌리들이 밖으로 나와 있으며, 지상부의 잎과 가지에는 가시적인 피해가 보이지 않는다. 등산로 주변에서는 뿌리 노출이 원인이 아니고, 대신 토양 답압으로 인한 뿌리의 산소 부족 때문에 나무의 생장이 둔화되는 경우가 있다. 굵은 뿌리가 서서히 노출되는 현상 자체는 미관상 보기 흉하며, 사람들에게 안타까운 마음을 불러일으키지만, 나무 생장에 지장을 주지 않기 때문에 생리학적으로 병이라고 할 수 없다.

### 방제

서서히 노출된 뿌리는 그대로 두어야 하며, 그 위에 흙을 덮으면 안 된다. 바닷가의 모래 토양에서 자라는 수목(예: 소나무, 곰솔, 소사나무, 위성류)은 지속적인 바람으로 뿌리가 서서히 노출되지만, 정상적으로 자라기 때문에 노출된 뿌리를 흙으로 덮으면 안 된다. 흙을 덮는 것은 복토(覆土)에 해당하며, 그 밑에 있는 가는 뿌리들의 산소 호흡을 방해해서 피해를 준다. 고목의 노출된 뿌리는 거대한 밑동과 더불어 우람한 운동선수의 다리 근육을 연상케 하는 자연의 아름다움이며, 그대로 보존해야 나무가 정상으로 자란다. 등산로 주변에서 노출된 뿌리는 그대로 놓아두되, 답압이 더 이상 진행되지 않도록 별도 조치(등산로 우회)를 해야 한다. 더 이상 흙이 씻겨나가는 것과 답압을 방지하기 위해서는 통기성이 있는 물질로 토양에 멀칭(mulching)을 실시하여 보호한다. 환경친화적인 바크(bark), 우드칩(wood chip), 거적, 부직포, 혹은 코코매트(코코넛 껍질로 만든 매트)를 두껍지 않게 사용한다.

A 등산로의 노출된 뿌리. 살아 있는 뿌리이며, 잔뿌리가 밑에서 정상적으로 자라고 있어 생장에 지장을 주지 않는다.
B 비탈면의 뿌리. 자연현상으로 나무에 피해가 없다.
C 충남 서천군 신송리 곰솔(천연기념물, 수령 400년)의 노출된 뿌리. 뿌리가 살아 있으며, 그대로 두어야 한다.
D 바닷가의 노출된 소나무 뿌리. 장기간 바람에 모래흙이 유실되어 나타난 자연현상이며, 피해가 전혀 없다(사진: 강전유).

# 3 간맹아, 주맹아, 근맹아

잠아(潛芽, dormant bud)는 수피 밑에 숨어 있는 눈을 의미하며, 전정을 실시하면 자극을 받아 밖으로 자라 나온다. 나무가 위기를 감지하면서 나타내는 반응이라고 해석된다. 활엽수의 가지에는 많은 잠아가 있어 전정을 하면 여기저기에서 새순이 나오는데, 이를 간맹아(幹萌芽, stem sprout)로 부른다. 활엽수의 밑동을 자른 후 근주(根株, stump)에서 나온 줄기를 주맹아(株萌芽, stump sprout)라고 부르며, 리기다소나무에서도 관찰된다. 아까시나무, 오동나무, 포플러(예: 은사시나무), 대추나무, 옻나무, 두릅나무를 포함한 많은 관목은 겉흙 근처의 뿌리에서 새움을 내보내 새로운 식물로 자랄 수 있는데, 이는 근맹아(根萌芽, root sprout)로 불리며, 부정아(不定芽, adventitious bud)에서 유래한 것이다. 잠아와 부정아에서 유래한 새움을 맹아(萌芽, sprout)라고 칭한다. 사과, 배, 복사나무, 매실나무, 감나무에서 여름철 곧게 웃자라는 맹아를 도장지(徒長枝, epicormic shoot)로 칭한다. 도장지에는 꽃눈이 만들어지지 않는다. 세월이 경과하면서 원줄기가 부패하면 대신 여러 개의 주맹아가 자라서 원줄기를 대체하는 경우를 은행나무와 세쿼이아에서 자주 볼 수 있다. 국내에서 나이가 많은 은행나무는 대부분 이런 식으로 주맹아가 서로 붙어서 새로운 원줄기를 형성하면서 자란 것이다.

A 목련의 두목작업 후 발생한 간맹아.
B 자주 관찰되는 은행나무 주맹아.
C 고목 은행나무 주맹아. 후에 서로 붙어 오래된 원줄기를 대체하여 한 개의 원줄기로 변하며, 연리지에 해당한다.
D 벌근에서 발생한 버즘나무 주맹아.
E 세쿼이아 주맹아. 원줄기가 죽으면서 발생하여 미래에 서로 붙어 한 개의 원줄기(수간)로 변한다.
F 은사시나무의 근맹아. 넓은 면적에서 근맹아가 발생하여 뿌리가 수관폭 밖까지 자라고 있다.

## 4 수피 탈락(bark shedding)

수피(樹皮, 나무껍질) 중에서 맨 바깥쪽에 있는 딱딱한 부분을 외수피(外樹皮)라고 부른다. 외수피는 죽은 조직으로 나무의 직경이 굵어질 때 원둘레 방향(접선 방향)으로 늘어나지 못하기 때문에 결국 벗겨지거나 금이 가면서 탈락한다. 따라서 수피가 탈락하는 것은 직경이 굵어지면서 생기는 자연적인 현상이다.

수피의 맨 안쪽에는 탄수화물을 운반하는 2차 사부가 있고, 이보다 바깥쪽에 코르크조직[주피(周皮)라고 부름]이 있다. 코르크조직은 일련의 세포층으로 되어 있는데, 이 중에서 코르크형성층은 매년 코르크를 만들어 수피를 두껍게 만들면서 형성층을 보호한다. 세월이 지나면서 누적된 코르크층은 외수피의 형태로 조금씩 벗겨지거나 혹은 전혀 벗겨지지 않는 경우도 있다.

외수피가 얇게 매년 벗겨질 경우 매끈한 수피를 가지게 되며, 배롱나무, 양버즘나무, 모과나무, 이팝나무, 산수유, 흰자작나무에서 관찰할 수 있다. 가끔 벗겨지는 수피는 주피 밑에 여러 층의 새로운 주피가 만들어지면서 조각(혹은 비늘 모양)으로 벗겨지며, 소나무, 느티나무에서 볼 수 있다. 두껍고 수직 방향으로 깊게 골을 만드는 수피는 코르크조직이 사부섬유와 엉켜 있어 코르크가 평생 벗겨지지 않으면서 누적되는 경우로서 은행나무, 참나무류, 버드나무, 포플러, 느릅나무, 물푸레나무에서 볼 수 있다.

**A** 매년 얇게 벗겨지는 흰자작나무 수피.
**B** 매년 얇게 벗겨지는 모과나무 수피.
**C** 가끔 두껍게 벗겨지는 느티나무 수피.
**D** 가끔 얇은 조각으로 벗겨지는 소나무. 나이를 먹으면 외수피가 두꺼워지면서 거의 벗겨지지 않는다.
**E** 평생 벗겨지지 않아 두꺼운 수피를 가진 굴참나무. 수직으로 깊게 골이 파여 있다.
**F** 평생 벗겨지지 않아 두꺼운 수피를 가진 버드나무.

## 5 뿌리의 균근(菌根, mycorrhiza) 곰팡이

균근은 식물 뿌리와 토양 곰팡이 간의 공생 형태를 말한다. 곰팡이는 땅속으로 균사를 뻗어 무기양분과 수분을 흡수하여 식물 뿌리로 전달하고, 식물 뿌리는 곰팡이에게 탄수화물을 제공하여 서로 도우면서 살아간다.

묘포장에서 자라는 소나무류를 자세히 보면 뿌리 표면을 흰 곰팡이가 두껍게 싸고 있는 모습을 볼 수 있다. 이는 균근 곰팡이에 의한 것이며, 나무에 병을 일으키지 않으며, 오히려 나무 생장을 도와준다. 균근 곰팡이는 나무의 뿌리 속으로 들어가서 표피와 피층의 세포간극에 머물러 있거나(외생균근), 혹은 세포 안으로 들어간다(내생균근). 반면, 병균 곰팡이는 내피를 통과해 목부와 사부까지 들어가 뿌리를 죽게 한다.

대부분의 산림토양은 무기양분, 특히 질소와 인의 함량이 부족한 경우가 많다. 이를 극복하기 위해서 산림에서 자라는 대부분의 목본식물은 토양 곰팡이와 균근을 형성한다. 곰팡이는 토양 속으로 균사(菌絲, mycelium)를 광범위하게 뻗어 수분과 양분을 흡수하여 뿌리에 전달하기 때문에 척박하고 건조한 토양에서 나무가 자랄 수 있게 도와준다. 특히, 곰팡이는 토양 속 불용성 인산을 수용성 인산(soluble phosphate)으로 바꾸어 흡수한 후 이를 뿌리에 전달한다.

균사가 뿌리 속으로 들어가되 세포 밖에서만 자랄 경우 외생균근(外生菌根, ectomycorrhiza)이라고 부른다. 외생균근은 균사가 뿌리 표면을 두껍게 싸면서 균투(菌套, fungal mantle)를 형성하고, 뿌리 속으로 들어가서 피층의 세포간극 사이에 머물면서 하티그망(Hartig net)을 형성하는 것이 특징이다. 소나무과, 참나무과, 자작나무과, 버드나무과에 속하는 수목에서 발견된다.

산림에서 외생균근을 형성하는 곰팡이는 고등균류(자낭균과 담자균)에 속하며 버섯을 생산한다. 송이버섯, 광대버섯, 무당버섯, 젖버섯, 졸각버섯, 싸리버섯, 꾀꼬리버섯, 능이, 까치버섯, 그물버섯, 알버섯 등을 예로 들 수 있다. 위와 같은 버섯은 여름과 가을철에 숲속의 땅바닥에서 곧바로 올라오는 버섯이며, 그 밑의 수목 뿌리와 연결되어 있다. 균근버섯은 나무뿌리가 없는 초원이나 농경지에서 발견되지 않는다.

내생균근(內生菌根, endomycorrhiza)은 곰팡이의 균사가 뿌리 속으로 들어가 세포 안까지 침투하여 자란다. 외생균근에서 관찰되는 균투나 하티그망을 형성하지 않고, 대신 기주 뿌리 세포 안에서 나뭇가지 모양의 수지상(樹枝狀) 근균(arbuscular mycorrhiza, AM)을 형성한다. 관련되는 곰팡이는 하등균류에 속하는 접합자균(接合子菌)이며, 눈에 보이는 버섯을 생산하지 않는다. 기주 식물은 외생균근을 형성하는 수종을 제외한 광범위한 수종(예: 물푸레나무, 단풍나무, 아까시나무)과 초본류(예: 잔디, 사초, 콩, 밀)에 해당한다. 포플러는 외생균근과 내생균근을 함께 가지고 있다.

A
B
C
D
E
F
G
H

A 미송 균근. 곰팡이 균사가 뿌리를 완전히 싸고 있다(사진: USDA For. Serv., 1990).
B 모래밭버섯균으로 인공 접종하여 균근을 형성한 리기테다소나무 묘목의 건전한 뿌리 발달.
C 소나무 균근 뿌리의 모습. 잔뿌리가 균근을 형성하면 비대해진다.
D 리기다소나무 외생균근 뿌리의 횡단면. 뿌리 겉표면을 둘러싸서 균투(청색 화살표)를 형성하고, 뿌리 속으로 침투한 균사(녹색으로 염색된 부분)가 세포 간극에만 하티그망(적색 화살표)을 형성한다. 균사가 세포 안으로 들어가지 않는다.
E 호두나무 내생균근의 모습. 균사가 세포 안으로 들어와 있고, 넓적한 소낭(vesicle)도 있다.
F 송이버섯(*Tricholoma matsutake*). 소나무 뿌리와 공생하는 대표적인 균근버섯.
G 달걀버섯(*Amanita hemibapha*). 광대버섯류에 속하는 균근버섯.
H 그물버섯(*Boletus edulis*). 식용 균근버섯.
I 싸리버섯류(*Ramaria sp.*). 균근버섯.
J 갈색털꾀꼬리버섯(*Cantharellus lutescens*). 식용 균근버섯.
K 청머루무당버섯(*Russula cyanoxantha*). 무당버섯류에 속하는 균근버섯.
L 흰주름젖버섯(*Lactarius hygrophoroides*). 젖버섯류에 속하는 균근버섯.

# 참고문헌

## 제1장 전염성병


강전유 외 5인(2008). 나무병해도감. 소담출판사. 288 pp.

국립산림과학원(2018). 생활권 수목병해도감. 188 pp.

국립수목원(2010). 식별이 쉬운 나무도감. 지오북. 725 pp.

羅瑢俊, 申鉉童, 李鐘奎, 車炳進 외 7인(1999). 樹木病理學. 鄕文社. 346 pp.

나용준, 고영진, 김기우, 김경희 외 4인(2021). 생활권 조경수 병리학. 문운당. 209 pp.

문성철, 이상길(2014). 나무병해충도감. 자연과생태. 879 pp.

山林廳 林業硏究院(1991). 樹木病害蟲圖鑑. 424 pp.

식물병리학 교재연구모임(2006). 식물병리학(역서). 월드사이언스. 929 pp. [원저 Agrios, G. N. (2005). Plant Pathology. 5th ed. Elsevier Academic Press]

이경준(2015). 수목의학. 서울대학교출판문화원. 446 pp.

李永魯(2006). 새로운 韓國植物圖鑑(1권). 敎學社. 975 pp.

李永魯(2006). 새로운 韓國植物圖鑑(2권). 敎學社. 885 pp.

이종규, 차병진, 신현동, 나용준 외 5인(2017). 신고 수목병리학. 향문사. 342 pp.

이준탁(2004). 한국의 파이토플라스마병. 농업과학기술원. 226 pp.

이창복(2003). 원색대한식물도감(상). 향문사. 914 pp.

이창복(2003). 원색대한식물도감(하). 향문사. 910 pp.

차병진(2003). 환경이상과 식물장해. 도서출판 개신. 163 pp.

한국식물병리학회(2022). 한국식물병명목록. 제6판. 630 pp.

한국작물보호협회(2022). 작물보호제(농약)지침서. 1823 pp.

玄信圭, 玄在善, 羅瑢俊(1994). 森林保護學. 鄕文社. 271 pp.

황병국 외 18인(2001). 식물의학. 개정판. 탐구당. 640 pp.

堀江博道, 高野喜八郎, 植松清次, 吉松英明, 池田二三高 編集(2001). 花と綠の病害圖鑑. 全國農村教育協會. 東京. 547 pp.

池上八郎, 勝本 謙, 原田幸雄, 百町滿郎 共著(1996). 新編 植物病原菌類解説. 養賢堂. 東京. 475 pp.

岸國平 編(1998). 日本植物病害大事典. 全國農村教育協會. 東京. 1276 pp.

小林享夫, 勝本謙, 我孫子和雄, 阿部恭久, 柿島眞 編(1992). 植物病原菌類 圖鑑. 全國農村教育協會. 東京. 685 pp.

日本綠化センター(2014). 最新樹木醫の手引き. 改訂4版. 東京. 699 pp.

鈴木和夫 編著(1999). 樹木醫學. 朝倉書店. 東京. 325 pp.

Agrios, G. N. (2005). Plant pathology. 5th ed. Academic Press, New York. 922 pp.

Butin, H. (1995). Tree diseases and disorders. Oxford University Press, New York. 252 pp.

Butin, H., Nienhaus, F., and Böhmer, B. (2003). Farbatlas Gehölzkrankheiten. 3. Aufl. Eugen Ulmer, Stuttgart. 287 pp.

Dreistadt, S. H., Clark, J. K., and Flint, M. I. (2004). Pests of landscape trees and shrubs. 2nd ed. University of California, Division of Agriculture and Natural Resources Publication 3359. 501 pp.

Hansen, E. M., and Lewis, K. J., eds. (1997). Compendium of conifer diseases. American Phytopathological Society. 101 pp.

Hartman, G., Nienhaus, F., and Butin, H. (2007). Farbatlas Waldschaden. 3. Aufl. Eugen Ulmer, Stuttgart. 269 pp.

Hepting, G. H. (1971). Diseases of forest and shade trees of United States. USDA Forest Service. Agr. Handbook No. 386. 658 pp.

Hiratsuka, Y., Langor, D. W., and Crane, P. E. (1995). A field guide to forest insects and diseases of the prairie provinces. Northern Forestry Centre, Canadian Forest Service. 297 pp.

Manion, P. D. (1991). Tree disease concepts. 2nd ed. Prentice Hall Inc., Englewood Cliffs, New Jersey. 402 pp.

Peace, T. R. (1962). Pathology of trees and shrubs. Oxford University Press, New York. 753 pp.

Pirone, P. P., Hartman, J. R., Sall, M. A., and Pirone, T. P. (1988). Tree maintenance. 6th ed. Oxford Univ. Press, Oxford. 514 pp.

Shin, H. D. (2000). Erysiphaceae of Korea. National Institute of Agricultural Science and Technology. Suwon, Korea. 320 pp.

Shin, H. D., and Kim, J. D. (2001). *Cercospora* and allied genera from Korea. National Institute of Agricultural Science and Technology. Suwon, Korea. 302 pp.

Shin, H. D., and Sameva, E. F. (2004). *Septoria* in Korea. National Institute of Agricultural Science and Technology. Suwon, Korea. 183 pp.

Sinclair, W. A., Lyon, H. H., and Johnson, W. T. (2005). Diseases of trees and shrubs. 2nd ed. Cornell University Press, Ithaca, New York. 676 pp.

Tainter, F. H., and Baker, F. A. (1997). Principles of forest pathology. John Wiley & Sons, Inc., New York. 805 pp.

Tattar, T. A. (1986). Diseases of shade trees. Rev. ed. Academic Press, New York. 391 pp.

Woo, K. S., and La, Y. J. (1996). An illustrated guidance on ornamental/ shade tree destroying insects and diseases. United States Forces Korea, Eighth United States Army, Environmental Programs Office. Seoul, Korea. 163 pp.

### 제2장 해충

강전유 외(2008). 나무해충도감. 소담출판사. 328 pp.

강전유(2015). 나무 해충. 학술편수관. 420 pp.

국립식물검역원(2010). 식물외래병해충도감. 292 pp.

권건형 외(2014). 참나무 숲속의 애벌레. 경기도산림환경연구소 연구자료 제1호. 49 pp.

권건형 외(2016). 철쭉류 병해충 도감. 경기도산림환경연구소 연구자료 제3호. 45 pp.

농업과학기술원(2002). 원예작물 깍지벌레 원색도감. 도서출판 상록사. 121 pp.

문성철 외(2015). 나무 병해충 도감. 자연과생태. 879 pp.

백운하(1972). 한국동식물도감 제13권 동물편(곤충류 V). 문교부. 삼화서적(주). 751 pp.

백운하(1978). 한국동식물도감 제22권 동물편(곤충류 IV). 문교부. 삼화서적(주). 751 pp.

산림과학원(2007). 신 산림해충도감. 웃고문화사. 458 pp.

서울대학교식물병원(2010). 서울대학교관악캠퍼스 조경수 병해충 조사. 132 pp.

순천대학교수목진단센터(2016). 생활권수목의 종합적인 건강관리(해충편). 18 pp.

순천대학교수목진단센터(2019). 소나무 피해 진단 및 회복. 141 pp.

우건석(2017). 생활권 수목해충치료의 인문학적 개념의 접근은 불가능한가. 생활권수목진료세미나. 순천대학. 83 pp.

우건석(2021). 수목치료기술자 양성과정-수목해충학. 서울대학교식물병원. 161 pp

이규철(2013). 현장 50년 감 병해충 이렇게 막는다. 세명문화사. 302 pp.

이범영, 정영진(1997). 한국수목해충. 성안당. 459 pp.

이영준(2005). 우리매미 탐구. 지오북. 191 pp.

작물보호협회(2016). 작물보호제 지침서. 1503 pp.

홍기정 외(2019). 수목해충학. 향문사. 390 pp.

岡島秀治, 桝本雅身(2022). 日本原色アザミウマ図鑑. 全国農村教育協会. 622 pp.

梅谷献二 編(1994). 野外の毒蟲と不快な蟲. 全国農村教育協会. 東京. 331 pp.

北隆館(2007). 原色昆虫大圖鑑 第1巻. 460 pp.

北隆館(2007). 原色昆虫大圖鑑 第2巻. 526 pp.

北隆館(2007). 原色昆虫大圖鑑 第3巻. 654 pp.

三枝豊平(2012). 九州でよく見られるウンカ・ヨコバイ・キジラミ類図鑑. 櫂歌書房. 190 pp.

上住泰, 西村十郎(1992). 原色庭木・花木の病害蟲. 農文協. 東京. 578 pp.

小林富士雄, 竹谷昭彦(1994). 森林昆蟲. 養賢堂. 東京. 567 pp.

安永智秀, 前原諭, 石川忠, 高井幹夫(2018). カメムシ博士入門. 全国農村教育協会. 212 pp.

奥野孝夫, 田中寛, 木村裕(1977). 原色樹木病害蟲圖鑑. 保育社. 365 pp.

志村隆 編(2005). 日本産幼蟲圖鑑. (株)學習研究社. 東京. 336 pp.

川邊透(2019). 昆虫探検図鑑1600. 全国農村教育協会. 365 pp.

Blackman, R. L., and Eastop, V. F. (2006). Aphids on the World's Herbaceous Plants and Shrubs, Vol. 2, The

Aphids. John Wiley & Sons Ltd., Chichester. 1439 pp.

Brandenburg, R. L., and Villani, M. G. (2005). Handbook of Turfgrass Insect Pests. Entomological Society of America. Photographs of Asiatic garden beetle adult.

Cranshaw, W. (2004). Garden insects of North America. Princeton University Press. 656 pp.

Evans, A. V. (2017). Backyard Guide to Insects and Spiders of North America. National Geographic Partners. 238 pp.

Falk, S., and Lewington, R. (2015). Field Guide to the Bees of Great Britain and Ireland. Bloomsbury Publishing Plc. 432 pp.

Hedlin, A. F. et al. (1986). Cone and seed insects of North American conifers. CFS, USFS, SARH. 122 pp.

Ives, W. G. H., and Wong, H. R. (1988). Tree and shrub insects of the prairie provinces. Northern Forestry Centre, Canadian Forestry Service. 327 pp.

James, D, G. (2017). The Book of Caterpillars. Ivy Press. 656 pp.

Johnson, W. T., and Lyon, H. H. (1991). Insects that feed on trees and shrubs. Cornell University Press. 560 pp.

Keifer, H. H. et al. (1982). An illustrated guide to plant abnormalities caused by Eriophyid mites in North America. USDA Agriculture Handbook No. 573. 178 pp.

Lee, Jong-ho (2006). Systematic study on the Family Eriophyidae (Prostigmata: Eriophyoidea) in Korea. Ph. D. thesis. Seoul National University. 202 pp.

Lee, S. H., and H. Kim (2006). Hemiptera: Sternorrhynch (Aphididae: Aphidini). Economic Insects of Korea 28. Ins. Koreana Suppl. 35. National Institute of Agricultural Science and Technology, and Center for Insect Systematics, Suwon. 151 pp.

Lee, S. H., Holman, J., and Havelka, J. (2002). Illustrated Catalogue of Aphididae in the Korean Peninsula. Part I, Subfamily Aphidinae (Hemiptera: Sternorrhyncha) Korea Research Institute of Bioscience and Biotechnology, Daejoen. 359 pp.

Miller, D. R., and Davidson, J. A. (2005). Armored scale insect pests of trees and shrubs. Cornell University Press. 442 pp.

Miyazaki, M. (1971). A revision of the tribe Macrosiphini of Japan (Homoptera: Aphididae: Aphidinae). Insecta Matsumurana 34, 1-247.

Moritsu, M. (1983). Aphids of Japan in Colors. Zenkoku. Noson Kyoiku Kyokai, Tokyo. 448 pp.

Mound, L. A., and Marullo, R. (1996). The thrips of Central and South America: an introduction (Insecta: Thysanoptera). Memoirs on entomology. international. Vol. 6. Associated Publishers, Gainesville, Florida. 487 pp.

Mutuura, Akira et al. (1991). Early stages of Japanese moths in color. Vol. 1. Hoikusha Publishing Co., Osaka. 238 pp.

Mutuura, Akira et al. (1991). Early stages of Japanese moths in color. Vol. 2. Hoikusha Publishing Co., Osaka. 237 pp.

Olkowski, William, et al. (1991). Common-Sense Pest Control. Taunton Press. 715 pp.

Remaudière, G., and Remaudière, M. (1997). Catalogue des Aphididae du Monde. Homoptera Aphidoidea; Catalogue of the world's Aphididae. INRA, Paris. 473 pp.

The editors of Sunset Book and Sunset Magazine (1998). Western garden problem solver. Sunset Publishing Corporation, Menlo Park, California. 320 pp.

Waring, P., and Townsend, M. (2015). Field Guide to the Moths of Great Britain and Ireland. Bloomsbury Publishing Plc. 444 pp.

Woo, K. S., and La, Y. J. (1996). An illustrated guidance on ornamental/ shade tree destroying insects and diseases. United States Forces Korea, Eighth United States Army, Environmental Programs Office. Seoul, Korea. 163 pp.

Xiao, Gangxou (1991). Forest insects of China. China Forestry Publishing House, Beijing. 1362 pp.

## 제3장 비전염성병

강전유(2001). 수목치료의술. 나무사랑. 665 pp.

강전유(2013). 나무의 피해 진단 및 처방 사례(2011-2012). 한국수목치료기술자협회. 264 pp.

강전유(2015). 나무 생리적 피해. 진단, 예방, 치료. 학술편수관. 267 pp.

강전유, 이상길(2008). 나무의 피해 진단 및 치료. 생각하는 백성. 246 pp.

국립산림과학원(2020). 생활권 수목의 위험성 평가 가이드라인. 국립산림과학원 연구자료 제844호. 71 pp.

국립수목원(2024). 국가표준식물목록. http://www.nature.go.kr/kpni/index.do

김종국 외(2019). 삼고 산림보호학. 향문사. 430 pp.

산림청(2012). 수목진료매뉴얼. 333 pp.

산림청(2020). 가로수 조성 관리 매뉴얼. 181 pp.

우수영(2021). 수목환경생리학. 월드사이언스. 502 pp.

이경준(2015). 수목의학. 서울대학교출판문화원. 446 pp.

이경준(2018). 문답으로 배우는 조경수 관리지식. 향문사. 346 pp.

이경준(2021). 전면개정판 수목생리학. 서울대학교출판문화원. 555 pp.

이경준, 이승제(2022). 전면개정판 조경수식재관리기술. 서울대학교출판문화원. 446 pp.

이규화 역(2005). 올바른 나무 전정. 아인북스. 207 pp. [원저 Shigo, A. L. (1989). Tree pruning: A worldwide photo guide. Shigo and Trees Associates.]

이규화 역(2021). 응용교목생물학. 바이오사이언스출판. 507 pp [원저 Hirons, A. D. and Thomas, P. A. (2018). Applied tree biology. John Wiley & Sons Ltd.]

이종규 외(2017). 신고 수목병리학. 향문사. 342 pp.

이창복(1979). 대한식물도감. 향문사. 990 pp.

황병국 외(2001). 식물의학. 개정판. 탐구당. 640 pp.

堀大才, 岩谷美苗(2002). 圖解 樹木醫の手当て. 東京. 171 pp.

鈴木和夫(1999). 樹木醫學. 朝倉書店. 325 pp.

安盛博(1992). 樹木醫 Handbook I. 牧野出版. 128 pp.

安盛博(1995). 樹木醫 Handbook II. 牧野出版. 133 pp.

興水肇, 吉田博宣 編(1998). 緑を創る植栽基盤. 313 pp.

苅住昇(1979). 樹木根系圖說. 誠文堂. 東京.

日本綠化 Center(2006). 最新樹木醫の手引き. 改訂3版. 東京. 559 pp.

佐野利男(1993). 綠化木の 維持管理と 病害蟲對策. 丸和 Biochemical 株式會社. 東京. 197 pp.

Agrios, G. N. (2005). Plant pathology. 5th ed. Academic Press. 922 pp.

American Horticultural Society. (1993). Encyclopedia of gardening. Brickwell, C. and McDonald, E. (ed.). Dorling Kindersley Ltd., London, England. 648 pp.

Berrang, P. and Karnosky, D. F. (1983). Street trees for metropolitan New York. New York Botanical Garden. 179 pp.

Blanchard, R. O. and Tattar, T. A. (1997). Field and laboratory guide to tree pathology. 2nd ed. Academic Press, San Diego, California, U. S. A. 358 pp.

Costello, L. R., Perry, E. D., Matheny, N. P., Henry, J. M., and Geisel, P. M. (2003). Abiotic disorders of landscape plants: A diagnostic guide. University of California Agriculture and Natural Resources Publication 3420. University of California, Oakland, California. 242 pp.

Dirr, M. A. (1998). Manual of woody landscape plants. Stipes Pub Llc. 1187 pp.

Dreistadt, S. H. (2004). Pests of landscape trees and shrubs: An integrated pest Management Guide. 2nd ed. University of California Agriculture and Natural Resources Publication 3359. 501 pp.

Edmonds, R. L., Agee, J. K., and Gara, R. I. (2000). Forest health and protection. McGraw Hill, Boston. 639 pp.

Grey, G. W. (1997). The Urban forest. John Wiley & Sons. 502 pp.

Haller, J. M. (1986). Tree care. 2nd ed. Macmillan Publ. Co., New York. 280 pp.

Harris, R. W., Clark, J. R., and Matheny, N. P. (2004). Arboriculture. 4th ed. Prentice Hall, New Jersey. 578 pp.

Hartman, J. R., Pirone, T. P. and Sall, M. A. (2000). Pirone's tree maintenance. 7th ed. Oxford Univ. Press. 560 pp.

Hopkins, W. G. and Huner, N. P. A. (2009). Introduction to plant physiology. 4th ed. John Wiley & Sons. 503 pp.

International Society of Arboriculure (1997). Plant health care for woody ornamentals. International Society of Arboriculure, Savoy, Illinois. 223 pp.

Kozlowski, T. T. and Pallardy, S. G. (1997). Physiology of woody plants (2nd edition). Academic Press, New York. 411 pp.

Kozlowski, T. T. and Pallardy, S. G. (1997). Growth control in woody plants. Academic Press, San Diego, Calif. 641 pp.

Kozlowski, T. T., Kramer, P. J. and Pallardy, S. G. (1991). The physiological ecology of woody plants. Academic Press, San Diego, Calif. 657 pp.

Kramer, P. J. and Kozlowski, T. T. (1979). Physiology of woody plants. Academic Press, New York. 811 pp.

Lawrence, T., Norquay, P., and Liffman, K. (1993). Practical tree management. Inkata Press, Melbourne. 122 pp.

McGlynn, C. (1999). The Ultimate gardening book. Kiln House Books, London, England. 448 pp.

Obreza, T. and Zekri, M. 2019. Boron(B) and chlorine(Cl) for citrus tree. University of Florida IFAS Extension Publication SL406. Gainesville, Florida.

Pallady, S. G. (2008). Physiology of woody plants. 3rd ed. Elsevier Inc. 454 pp.

Pereire, A. (1995). The Ward Lock encyclopedia of gardening. Ward Lock, London, England. 704 pp.

Salisbury, F. B. and Ross, C. W. (1992). Plant physiology. 4th ed. Wadsworth Publ. Co., Belmont, California. 682 pp.

Sinclair, W. A., and Lyon, H. H. (2005). Diseases of trees and shrubs. 2nd ed. Comstock Publishing Associates. Cornell University, Ithaca, New York. 659 pp.

Smiley, E. T., Graham, A. W. Jr., and Cullen, S. (2008). Best management practices: Tree lightning protection system. 2nd ed. International Society of Arboriculture, Champaign, Illinois.

Smith, W. H. (1990). Air Pollution and forests. 2nd ed. Springer-Verlag, New York. 618 pp.

Time-Life Books. (2000). The complete garden guide. Time Life Inc., Alexandria, Virginia. 992 pp.

USDA Forest Service (1989). The container tree nursery manual. Volume four. Seedling nutrition and irrigation. USDA Forest Service Agric. Handbook No. 674.

USDA Forest Service (1990). The container tree nursery manual. Volume five. The biological component: Nursery pests and mycorrhizae. USDA Forest Service Agric. Handbook 674. 171 pp.

Watson, G. W. and Himelick, E. B. (1997). Principles and practice of planting trees and shrubs. International Society of Arboriculture, Savoy, Illinois. 199 pp.

**가시털(刺毛, 센털)**
나비목 곤충의 애벌레 기간에 볼 수 있는 몸 표면에 나 있는 센털로, 독이 있는 경우가 가끔 있다.

**가지밑살(branch collar)**
지륭(枝隆)이라고도 하며, 가지의 하중을 지탱하기 위해 가지 밑에 생기는 불룩한 조직.

**가지터기(stub)**
전정을 할 때 가지의 끝부분을 바짝 자르지 않고 일부 남겨놓은 부분. 가지터기를 남기면 가지터기가 서서히 썩어 내려가면서 접촉한 원줄기에 공동을 만들기 때문에 바짝 잘라야 한다.

**각정(殼頂, umbo)**
깍지벌레의 깍지가 자라면서 만들어지는 중앙에 돌출한 부분.

**각피(角皮, cuticle)**
표피세포 바깥쪽에 형성되는 층으로 주로 왁스나 큐틴으로 이루어져 있다.

**간맹아(幹萌芽, stem sprout)**
활엽수의 줄기에서 외부 자극을 받거나 전정을 실시한 후 수피 밑에 숨어 있던 잠아가 밖으로 자라 나온 새움.

**간모(幹母, fundatrix, stem mother)**
진딧물에서 겨울을 지내고 나온 산란력이 강한 날개가 없는 암컷 성충.

**감로(甘露, honeydew)**
진딧물이나 매미충, 깍지벌레 등이 몸에서 분비하는 달콤한 물질. 주성분은 사탕(설탕)이다.

**감수성(感受性, susceptibility)**
병원균이나 외부 영향에 저항성을 갖지 못하는 성질, 또는 해충 등이 저항성을 갖기 이전의 상태를 말한다.

**감염(感染, infection)**
기생체가 기주 내부에 자리 잡아 증식하는 것.

**개체변이(個體變異, intraspecific variation)**
같은 종의 곤충에서 개체에 따라 형질이 다르게 나타나는 것을 말한다.

**건조(乾燥, drought)**
잎의 증산량만큼 뿌리에서 수분을 흡수하지 못하여 수목의 지상부가 마르는 현상. 뿌리를 대량으로 제거한 후 이식한 수목에서 자주 관찰되며, 주로 생육기간 중에 관찰되지만, 한겨울에도 지구온난화로 기온이 상승할 때에는 상록수의 증산량이 증가하여 건조 피해가 나타나기도 한다.

**검토장(檢土杖, soil profile tube)**
토양의 깊이별로 토양 성분과 상태를 조사하기 위하여 땅속에 박아 넣어 흙의 일부를 채취하는 속이 비어 있는 철봉으로 복토의 깊이를 측정할 때도 사용한다.

**겨울나기(越冬, overwintering)**
먹이가 없는 겨울철에 적당한 장소에서 곤충이 겨울

을 보내는 방법 및 발육 상태. 알, 애벌레, 성충, 번데기, 전용 등 종류에 따라 태를 달리한다.

**겨울숙주(冬寄主, primary host plant)**

곤충이 겨울을 보내기 위해서 이동하는 숙주식물을 말하는데, 여름숙주(夏寄主)는 secondary host plant 라고 한다.

**겨울포자(冬胞子, teliospore)**

녹병균과 깜부기병균이 만드는 포자의 한 종류로 세포벽이 두꺼우며 휴면 또는 월동 역할을 한다.

**겨울포자퇴(冬胞子堆, telium, pl. telia)**

겨울포자더미. 기주 조직 위에 겨울포자가 집단으로 형성되어 있는 부위 또는 겨울포자를 만드는 녹병균의 구조체.

**격벽(隔壁, septum, pl. septa)**

곰팡이의 균사나 포자 내의 세포 횡단벽.

**경화(硬化, hardening)**

수목이 저온이나 수분 부족에 노출되면서 이에 대한 저항성이 생기는 현상. 시험관 속의 조직배양묘를 밖으로 단계적으로 꺼내는 과정이나, 가을철 수목에서 월동에 대비해서 진행되는 과정을 의미한다.

**고치(繭, cocoon)**

곤충의 애벌레가 번데기가 되면서 자신의 분비물로 만드는 껍질을 말한다. 나방 유충의 경우 주로 입에서 실을 토해내어 몸 바깥을 둘러싼다.

**공동(空洞, cavity)**

수간의 일부가 속으로 썩어 들어가서 내부가 노출된 상처.

**과습(過濕, excess soil water)**

배수 불량으로 인하여 토양 내 수분이 과다하게 많은 상태. 토양 내 공극이 모두 수분으로 채워진 포화 상태에서 토양 내 산소가 부족하여 뿌리의 호흡작용이 불량해져 뿌리가 서서히 죽게 된다.

**과습돌기(過濕突起, 水腫, edema)**

배수 불량에 의한 과습 토양 및 제한된 증산작용으로 인해 잎과 어린 가지 등에 생긴 물집 또는 딱지 같은 돌기.

**괴저(壞疽, necrosis)**

조직이 죽어 변색되는 것.

**구멍병(穿孔病, shot hole disease)**

감염으로 잎의 조직 일부가 죽으면서 떨어져 나가 작은 구멍을 남기는 병.

**구획화(區劃化, compartmentalization)**

목재부후균이 퍼지는 것을 막기 위하여 생리적 및 화학적 방어벽을 종축 방향, 방사 방향 및 접선 방향으로 만드는 과정.

**권근(卷根, 휘감는 뿌리, circling root)**

뿌리가 밑동 주변을 휘감으면서 자라는 현상. 천연적으로는 드물게 나타나지만, 화분 속에서 자라던 뿌리가 휘감긴 상태에서 그대로 식재되면 계속해서 뿌리가 감긴 상태에서 자라며, 줄기를 압박하여 나무의 생장이 불량해지고 바람에 쉽게 쓰러진다.

**궤양, 궤양병(潰瘍病, canker)**

식물체의 줄기나 가지에 조직이 일부 괴사해서 생기는 병징 혹은 병.

**균근(菌根, mycorrhiza)**

토양 곰팡이와 식물 뿌리 간의 공생 형태. 곰팡이가 어린뿌리 속으로 들어가 자라면서 균사를 토양 속으로 뻗어 무기 양분과 수분을 흡수하여 기주식물에 전달하며, 뿌리는 곰팡이에게 탄수화물(설탕)을 제공한다.

**균류(菌類, fungus, pl. fungi)**

곰팡이. 버섯류, 효모 등을 일컫는 말로 엽록소를 갖지 않은 종속영양체.

**균사(菌絲, hypha, pl. hyphae)**

곰팡이의 엽상체 또는 균사체를 이루는 한 가닥의 가는 실 모양의 세포 또는 세포군.

**균사체(菌絲體, mycelium, pl. mycelia)**

곰팡이의 몸체(엽상체)를 구성하고 있는 균사의 집단.

**균핵(菌核, sclerotium, pl. sclerotia)**

불리한 환경에서 견디기 위해 곰팡이가 생성하는 조직으로 주로 어두운색을 띠고 두꺼운 세포벽을 지닌 균사덩어리이다.

**그을음병(煤病, sooty mold)**

진딧물, 깍지벌레, 가루이 등의 흡즙성 곤충이 분비하는 달콤한 분비물(甘露)에서 생장하는 균류의 검은 균사와 포자에 의해 잎이나 열매가 검게 뒤덮이는 병.

**근맹아(根萌芽, root sprout)**

겉흙 근처의 뿌리가 자극을 받아 부정아가 만들어지면서 밖으로 자라 나온 새움. 포플러, 아까시나무, 음나무, 대추나무, 두릅나무 등에서 자연적으로 혹은 뿌리 삽목을 실시할 때 발생한다.

**근상균사다발(根狀菌絲束, rhizomorph)**

특정 곰팡이의 균사가 치밀하게 모여 만들어진 지름 약 1~3mm 되는 검은 끈 모양의 균사다발. *Armillaria* 균에서 볼 수 있다.

**근접(根椄, root graft)**

땅속에서 서로 물리적으로 맞닿은 뿌리끼리 자연적으로 형성된 접목 현상. 연리근(連理根)이라고도 칭한다. 근접을 통해서 물, 무기 양분, 탄수화물, 호르몬, 병원균 등이 이웃 뿌리로 이동한다.

**기계유유제(機械油乳劑, machine oil emulsion)**

기계유를 주성분으로 한 농약으로 깍지벌레를 비롯한 월동 해충 구제에 유효하다. 기계유 함유량에 따라 기계유유제 -60, -80, -90 등으로 부른다.

**기근(氣根, aerial root, knee root)**

수분이 많은 토양에서 뿌리가 숨을 쉬기 위해 토양 밖으로 돌출한 뿌리. 낙우송에서 자주 관찰된다.

**기생성천적(寄生性天敵, parasitoid)**

다른 곤충의 체내 또는 체외에 알을 낳아 기생하는 곤충. 진디벌, 기생파리 등이 있다.

**기생식물(parasitic plant)**

겨우살이와 새삼처럼 다른 식물의 몸체에 뿌리를 박고 양분을 빼앗음으로써 기주식물의 건강을 해치며, 전염성이 있다.

**기생체(寄生體, parasite)**

살아 있는 다른 생물체(기주)의 외부나 내부에 살면서 영양을 얻는 생물체.

**기주(寄主, host)**

병원체에게 침입당해 양분을 빼앗기는 대상 식물.

**기주범위(寄主範圍, host range)**

기생체가 가해할 수 있는 기주의 범위.

**기피제(忌避劑, repellent)**

자극에 대해 회피하려는 성질을 이용하여 해충을 쫓아버리는 약제.

**깜부기병(黑穗病, smut)**

다량의 검은 가루 형태의 포자를 만드는 병. 담자균의 깜부기병균목에 속하는 곰팡이에 의해 발생한다.

**꼬리다리(尾肢, caudal leg)**

다 자란 애벌레의 배 끝마디에 발달한 배다리.

**낙뢰(落雷, lightning)**

나무는 번개를 맞으면 피해를 입는다. 번개가 나무 꼭대기에서 수간을 타고 땅속으로 들어가면서 수간의 위에서 아래로 지제부(밑동)까지 길게 쐐기 모양의 상처를 만들고, 줄기를 마르게 한다.

**난괴(卵塊, egg raft)**

곤충의 알 덩어리로 한 번에 산란된 알이 얇은 막에 싸여 하나의 덩어리로 된 것을 말한다.

**날개딱지(翅芽, wing pad)**

불완전변태 곤충의 종령기(終齡期)에 나타나는 미완성의 날개. 진딧물, 노린재 등의 영기 판별에 단서가 된다.

**남복송(男福松)**

소나무 혹은 반송에서 수꽃이 암꽃으로 성전환을 하여 솔방울이 새 가지(신초)의 아래쪽에 많이 붙어 있는 상태. 가지 위쪽에 솔방울이 모여 있으면 여복송에 해당한다.

**내건성(耐乾性, drought tolerance)**

수목이 건조에 견디는 능력. 수종에 따라서 유전적인 능력에 차이가 크지만, 수목이 자란 환경에 따라서 개체 간에도 차이가 크다. 관수를 너무 자주 하면 내건성이 생기지 않는 반면에 건조에 자주 노출되면 내건성이 생긴다.

**내부기생체(內部寄生體, endoparasite)**

기주의 내부에 침입하여 영양분을 흡수하는 기생체.

**내염성(耐鹽性, salt tolerance)**

해일(쓰나미) 등 소금의 피해에 견디는 성질. 유전적인 성질로서 바닷가에 자생하는 수종에서 나타난다. 내염성이 큰 수종으로 망그로브, 코코넛, 열대성 해안무궁화가 있다.

**내한성(耐寒性, cold hardiness)**

수목이 저온에 견디는 능력을 뜻하며, 수종에 따라서 유전적 차이가 크다. 봄과 가을에는 내한성이 약하지만, 한겨울에는 증가한다.

**냉해(冷害, cold damage)**

수목이 자라고 있는 생육기간(4월부터 10월) 중에 주로 빙점 이상 온도에서 나타나는 저온 피해. 목본식물의 경우에는 봄철 과수원의 과수와 가을철 남쪽의 난대수목이 꽃이 핀 후 저온으로 꽃가루받이와 수정이 되지 않는 것이 대표적 예이다.

**노균병(露菌病, downy mildew)**

잎 뒷면, 줄기, 열매 등에 이슬이 맺힌 것처럼 생긴 포자낭을 형성하는 병. 노균병과에 속하는 곰팡이에 의해 발생한다.

**녹병(銹病, rust)**

쇠에 녹이 슬듯 잎이나 줄기 등에 주황빛 포자덩이가 나타나는 병. 담자균의 녹병균목에 속하는 곰팡이에 의해 발생한다.

**녹병정자(銹病精子, 精子, spermatium, pl. spermatia, 옛 이름은 pycniospore)**

녹병균의 웅성 배우자 또는 배우자낭.

**녹병정자기(銹病精子器, 精子器, spermagonium, pl. spermagonia, 옛 이름은 pycnium, pl. pycnia)**

내부에 배우자(녹병정자) 또는 배우자낭을 형성하는 녹병균의 자실체.

**녹병포자(銹炳胞子, pycniospore)**

녹병정자(spermatium)의 옛 이름.

**녹병포자기(銹炳胞子器, pycnium)**

녹병정자기(spermagonium)의 옛 이름.

**녹포자(銹胞子, aeciospore)**

녹포자기 내에 형성되는 녹병균의 이핵(二核)포자. 이종기생성 녹병균의 경우, 중간기주를 감염하는 포자.

**녹포자기(銹胞子器, aecium, pl. aecia)**

녹병균이 녹포자를 만드는 컵 모양의 조직.

**다아현상(多芽現象, multiple buds)**

가지의 한 곳에 많은 눈이 모여 발생하는 현상으로 응애, 바이러스, 혹은 유전적 원인에 의해서 생긴다고 알려져 있다.

**단위생식(單爲生殖, parthenogenesis)**

짝짓기를 통한 수정 과정이 없이 암컷 혼자 발생 가능한 자손을 낳는 것(=처녀생식).

**담자균류(擔子菌類, Basidiomycota, Basidiomycetes)**

담자기에 유성생식포자인 담자포자를 형성하는 곰팡이의 종류.

**담자기(擔子器, basidium, pl. basidia)**

담자포자를 형성하는 곤봉 형태의 기관.

**담자포자(擔子胞子, basidiospore)**

담자균류가 담자기에 형성하는 유성생식포자.

**답압(踏壓, soil compaction)**

토양 표면이 물리적인 힘(인간 혹은 장비)으로 압박을 받아서 견고하고 치밀하게 다져지는 현상. 토양 내 공기 유통이 안 되고(산소 공급 방해) 수분 침투가 제대로 되지 않아 수목에 장기적으로 피해를 주어 수목의 건강 상태가 서서히 나빠진다.

**대기오염(大氣汚染, air pollution)**

대기 중에 어떤 물질이 정상적인 농도 이상으로 존재하는 상태. 한국의 경우 과거에는 아황산가스, 최근에는 대도시에서 오존, 질소산화물, 미세먼지, 공장지대에서는 불화수소, 아황산가스 등이 수목 생장에 지장을 주고 있다.

**대량원소(大量元素, macro-nutrient)**

식물의 생장 과정에서 대량으로 필요한 필수 원소로서 체내 건중량 기준으로 0.1% 이상 존재한다(예: 질소, 인, 칼륨, 칼슘, 마그네슘, 황).

**대부(臺負)**

접목 후 접목불화합성이 나타나면서 접수의 생장이 더 왕성하여 접수의 직경이 대목보다 더 굵어지는 현상. 바람에 의해 쉽게 부러지기도 한다. 수승(穗勝) 현상이라고도 부른다.

**대승(臺勝)**

접목 후 접목불화합성이 나타나면서 대목의 생장이 더 왕성하여 대목의 직경이 접수보다 더 굵어지는 현상.

**대형분생포자(大形分生胞子, macroconidium, pl. macroconidia)**

특정 곰팡이가 형성하는 크기가 다른 2종류의 분생포자 중에서 더 큰 종류의 포자(예: *Fusarium*균의 대형분생포자와 소형분생포자).

**대화(帶化, fasciation)**

어린 가지나 화기(花器)가 비대하거나 띠(belt) 모양으로 납작해져 기형이 되는 현상. 그 원인을 확실히 모르며, 생리적 요인 혹은 바이러스에 의한 감염 때문으로 추측된다.

**더듬이(觸角, antenna)**

곤충 머리에 달린 1쌍의 부속지로 화학적, 물리적 감각을 감지하는 기관.

**도장지(徒長枝, epicormic shoot)**

활엽수에서 외부 자극이 있거나 전정 후에 잠아가 밖으로 튀어나와 위로 곧게 자란 가지. 한여름에 과수에서 자주 볼 수 있다.

**돌연변이(突然變異, mutation)**

부모를 닮지 않은 형질이 유전인자의 변이로 인하여 별안간 나타나는 현상. 조경수에서는 어린 묘목에서 엽록소가 없는 알비노(albino) 현상으로 묘목이 죽는 경우가 있다. 그 밖에 얼룩 잎의 모양을 하거나 황금색을 가진 잎을 만드는 경우가 알려져 있으며, 아조변이(芽條變異)로 생긴다.

**돌침(突針, air terminal)**

피뢰침의 가장 상단에 돌출된 낙뢰 유도 쇠붙이로서 피뢰설비의 수뢰부에 해당한다.

**동결방지단백질(anti-freeze protein)**

저온순화가 이뤄진 식물에서 내한성을 높이기 위해 세포 속에 축적한 단백질.

**동계건조(冬季乾燥, winter desiccation, winter burn)**

이른 봄 토양이 얼어 있는 상태에서 수분 흡수가 안 될 때 기온이 갑자기 상승하여 상록수가 과다하게 증산작용을 함으로써 수분부족을 일으켜 생기는 건조 피해.

**동계피소(冬季皮燒, winter sunscald)**

겨울철에 수피가 어는 현상. 수간의 남쪽 부위가 햇빛에 의해서 일시적 해빙이 되었다가 야간에 수피가 동결하여 생기는 피해.

**동종기생균(同種寄生菌, autoecious fungus)**

동일한 기주에서 모든 생활환을 완성하는 기생성 곰팡이. 중간기주가 없어 기주교대를 하지 않는 일부 녹병균을 지칭.

**동해(凍害, freezing injury)**

겨울철 수목이 휴면 상태에 있을 때 빙점 이하의 온도에 노출되어 나타나는 저온 피해. 수목이 아직 순화되지 않은 상태에서 혹은 순화된 수목이라도 빠른 속도로 빙점 이하의 온도에 노출되어 피해가 나타난다. 내한성은 유전적으로 결정되며, 자라는 환경과 시기에 따라서 달라진다.

**두목작업(頭木作業, pollarding)**

나무의 키를 일정하게 유지하기 위해서 동일한 위치에서 새로 자란 가지를 1~2년 간격으로 모두 잘라버리는 반복 전정법. 나무의 외형을 미적으로 가다듬을 수 있다.

**두절작업(頭切作業, tree topping, heading)**

크게 자란 나무의 키를 대폭 줄이기 위해 굵은 줄기의 중간을 자르는 전정법. 나무의 미관과 건강을 해치면서 일부 줄기의 고사가 생길 수 있다.

**루페(lupe)**

휴대용 소형 확대경을 일컫는 독일어.

**마로니에(marronnier)**

엽연이 7개로 갈라지는 칠엽수(七葉樹) 류의 일종으로서 유럽에서 가로수로 많이 심는 수목의 프랑스어 이름. 열매에 가시가 있어 우리말로 가시칠엽수라고 부르며, 열매에 가시가 없는 일본 칠엽수는 마로니에라고 부르지 않는다.

**마름, 마름병(枯損, blight)**

잎이나 줄기, 꽃이 급격히 죽는 병징 및 병.

**마이코플라스마(mycoplasma)**

세포벽이 없는 다형성의 원핵생물로 몰리큐트에 속한다.

**마이코플라스마 유사체(mycoplasma-like organism, MLO)**

병든 식물의 체관이나 사부유세포에서 발견되어 병의 원인으로 짐작되는 미생물체로서 마이코플라스마와 유사하나 배양이 되지 않는다. 현재는 파이토플라스마(phytoplasma)로 불린다.

**마이크로미터(μm)**

길이의 단위로 1mm의 1,000분의 1. 기호 μ를 써서 미크론(micron)이라고 부르기도 하지만 μm가 옳은 표기이다.

**만경식물(蔓莖植物, vine)**

다른 나무를 타고 올라가면서 자라는 식물. 기대는 수목으로부터 양분을 빼앗아 가는 기생식물은 아니지만, 나무를 휘감아 물리적으로 압박하거나 햇빛을 방해하여 기대는 수목을 쇠약하게 만든다.

**만상(晩霜, late frost)**

늦서리와 같은 뜻으로서 봄에 늦게 오는 서리에 의해서 아직 경화되지 않은 새로 나온 잎과 줄기가 받는 저온(보통 영하 3~5℃) 피해. 피해 후 곧 새순이 나오기 때문에 대개 나무에 치명적인 피해를 주지 않는다.

**만성병징(慢性病徵, chronic symptom)**

장기간에 걸쳐서 서서히 나타나는 병징.

**매개체(媒介體, vector)**

병이 든 개체에서 건강한 개체로 병원체를 운반하는 역할을 하는 동물 또는 곤충 등.

**맹아(萌芽, sprout)**

줄기의 잠아와 부정아에서 유래한 새움.

**머릿구멍(孔口, ostiole)**

자낭각이나 분생포자각으로부터 포자가 빠져나오는 구멍처럼 생긴 열린 부분.

**멀칭(mulching, 토양피복)**

표면을 어떤 물질로 덮어 두는 행위. 대개 바크, 우드칩, 낙엽, 거적(볏짚), 거친 톱밥, 솔방울, 코코매트 등 유기물을 사용하며, 간혹 자갈이나 쇄석을 쓰기도 한다. 유기물로 덮을 경우 보온, 보습, 미생물의 활동 촉진, 후에 썩어 비료가 됨으로써 토양의 생물학적, 물리적 및 화학적 성질을 개량하는 효과가 있으며, 미관상으로도 좋다.

**명거배수(明渠排水, trench drainage)**

배수가 불량한 토양에서 도랑을 파서 경사를 이용해 물을 밖으로 뽑아내는 것.

**목재부후격리(木材腐朽隔離, compartmentalization of decay in trees)**

약자로 CODIT로 알려져 있으며, 목재부후균이 형성층의 상처를 통해서 침입하여 상하, 좌우, 내부로 침입할 때, 수목의 살아 있는 조직이 활성화되어 더 이상 균의 확산을 막는 물리적, 화학적 방어벽을 입체적으로 만드는 원리를 설명한다.

**몰리큐트(mollicute)**

세포벽이 없고 일종의 유연한 원형질막(단위막)으로 둘러싸인 한 무리의 다형성 원핵생물을 일컬으며 파이토플라스마(phytoplasma), 스피로플라스마(spiroplasma) 등이 여기에 속한다.

**무생물적 장해(無生物的障害, abiotic disorder)**

무생물적 요인에 의해서 발생하는 비정상적인 수목의 장해를 의미한다. 생리적 피해라고도 부르며, 이상기후, 이상 토양과 같은 환경요인과 인위적 요인을 포함하여 전염성이 없다.

**무성세대(無性世代, anamorph)**

곰팡이의 생활환 중 분생포자와 같은 무성포자를 형성하는 시기, 또는 곰팡이의 무성생식 단계. 불완전세대라고도 부른다.

**무시충(無翅蟲, wingless insect)**

곤충의 발육 기간 중 어느 시기에도 날개가 발달하지 않는 종류의 곤충.

**물관부(導管部, xylem)**

물관과 헛물관, 물관부섬유, 물관부 유조직과 방사조직으로 구성된 조직. 물이 뿌리에서 줄기와 잎으로 이동하는 통로 역할을 하며, 목본식물의 경우 목부(木部)를 형성한다.

**미량원소(微量元素, micro-nutrient)**
식물의 생장 과정에서 미량으로 필요한 필수 원소. 체내 건중량 기준으로 0.1% 미만으로 존재한다(예: 철, 붕소, 망간, 아연, 구리, 몰리브덴).

**미세먼지(particulate matter, PM)**
먼지(dust) 중에서 직경 10μm 이하의 부유먼지를 의미한다.

**밀랍(蜜蠟, wax)**
곤충이 분비하는 물질로 깍지벌레 등의 큐티클 표면에 흰색 가루처럼 덮여 있는 것. 방수 효과가 있고 적으로부터 방어하는 역할을 한다.

**바이러스(virus)**
전염성 핵산(RNA 또는 DNA)과 단백질 껍질로 구성된 극히 미세한 세포 내 절대기생체(=전염성 핵단백질).

**발아관(發芽管, germ tube)**
곰팡이 포자가 처음 발아하면서 생성된 초기 균사.

**발육기간(發育期間, development period)**
곤충이 성장하기까지 걸리는 기간.

**방어벽(防禦壁, barrier zone)**
수피에 상처가 생길 때 살아 있는 형성층 주변의 유세포가 상처를 싸 빌라시 생긴 보호층.

**배양(培養, culture)**
인공적인 영양물질(배지)에서 미생물이나 조직을 키우는 것, 또는 키워낸 균총이나 세포조직.

**백화 현상(白化現象, leaf bleaching)**
잎의 엽록소와 카로티노이드가 파괴되어 잎이 흰색으로 바뀌는 현상. 영양 결핍, 병원균, 곤충, 대기오염, 농약 등의 피해로 나타난다.

**번데기(蛹, pupa)**
완전변태곤충이 애벌레를 지나 성충으로 탈바꿈하기 위해 거치는 형태로서 몸의 급격한 변화가 생기며 날개가 발생하는 단계이다.

**벌레혹(蟲癭, plant gall)**
식물을 흡즙한 곤충으로 말미암아 식물의 조직이 비정상적으로 비대해진 것.

**병(病, disease)**
기주가 병원체 또는 기주를 둘러싼 환경적 요인의 지속적인 자극에 반응해서 본래의 형태나 생리적 기능에 이상(異常)이 생기는 것.

**병원력(病原力, virulence)**
병원체의 병원성 정도. 병원체가 병을 일으킬 수 있는 상대적 능력.

**병원성(病原性, pathogenicity)**
병을 유발할 수 있는 병원체의 능력.

**병원체(病原體, pathogen)**
전염성병을 일으키는 실체로서 주로 미생물을 의미한다.

**병징(病徵, symptom)**
병의 결과로서 식물체 내부와 외부에 나타나는 반응 또는 식물체의 변화.

**병환(病環, disease cycle)**
병원균의 생존과 증식, 기주 내에서의 병의 진행, 그리고 병의 전염 경로 등을 포함한 병의 전체적인 순환 과정을 의미한다.

**복토(覆土, fill soil)**
살아 있는 수목 위에 흙을 부어 지표면의 높이가 높아지는 것. 토목에서는 성토라고 하지만 수목 관리의 경우에는 복토로 불린다. 10cm 이상 복토하면 산소가 부족하여 뿌리의 호흡이 불량해져 수목의 건강이 서서히 나빠진다. 잎의 왜소화, 황화, 조기낙엽, 가지 고사로 이어져 수목의 건강 상태가 서서히 악화되어 나무가 죽기도 한다.

**봉합선(縫合線, suture)**
곤충의 체벽을 이루는 큐티클 껍질이 몸 안쪽으로 접혀서 생긴 선(홈)을 말한다.

**부동성 원소(不動性元素, immobile elements)**
식물 체내에서 쉽게 이동되지 않는 원소(예: 칼슘, 철, 붕소). 부족한 부동성 원소는 성숙한 잎에서 어린잎으로 이동하지 못하기 때문에 초기 결핍증상이 어린잎에서 먼저 나타난다.

**부생균(腐生菌, saprophyte)**
죽은 조직에서 양분을 섭취하는 균.

**부정아(不定芽, adventitious bud)**
일반적으로 눈이 생기는 가지 끝이나 엽액에서 유래하지 않고, 수목의 오래된 부위나 뿌리에서 불규칙하게 유상조직으로 만들어지며, 조직 배양 혹은 뿌리 삽목 시 형성되는 눈.

**부착기(附着器, appressorium, pl. appressoria)**
곰팡이가 기주에 붙어 있거나 침입하기 위해 형성한 기관. 발아관이나 균사의 끝이 부풀어 오른 형태를 이룬다.

**부채꼴균사층(扇狀菌絲層, mycelial fan)**
아밀라리아 뿌리썩음병, 밤나무 줄기마름병 등에 감염된 나무의 줄기나 뿌리의 수피와 목질부 사이에 자라는 하얀 부채 모양의 균사 조직으로 버섯 냄새가 난다. 부채꼴균사판이라고도 부른다.

**부화(孵化, emergence)**
알 껍질을 벗고 애벌레가 나오는 것.

**분생포자(分生胞子, conidium, pl. conidia)**
분생포자경에 생성된 곰팡이의 무성생식 포자.

**분생포자각(分生胞子殼, pycnidium, pl. pycnidia)**
분생포자를 형성하는 무성생식 자실체.

**분생포자경(分生胞子梗, conidiophore)**
분생포자를 형성하기 위해 분화된 균사.

**분생포자좌(分生胞子座, sporodochium, pl. sporodochia)**
균사덩어리와 함께 엉겨 있는 분생포자경 집단으로 구성된 포자형성 구조.

**분생포자층(分生胞子層, acervulus, pl. acervuli)**
표피 아래, 분생포자경 위에 분생포자를 형성하는 원반 모양의 무성 자실체로, 분생포자반(分生胞子盤)이라고도 부른다.

**불완전균류(不完全菌類, imperfect fungi, fungi imperfecti, Deuteromycetes, Deuteromycota)**
유성생식세대가 알려지지 않은 곰팡이류. 유성포자를 이용하여 분류를 하기 때문에 유성포자가 발견되면 포자의 형태와 형성 방법에 의해 재분류되기도 한다.

**불완전세대(不完全世代, imperfect state)**
곰팡이의 생활사 중 분생포자 같은 무성포자를 생성하는 시기를 말하며, 무성세대(anamorph)라고도 부른다.

**비래성곤충(飛來性昆蟲, immigrated insect)**
저기압성 기류의 이동 때 외국에서 바람을 타고 오거나 스스로 날아오는 곤충(예: 벼멸구, 멸강나방 등).

**비전염성병(非傳染性病, non-infectious disease)**

전염성병에 반대되는 뜻으로 전염이 되지 않는 병. 주로 기상적, 토양적 요인과 같은 환경적인 요인, 인위적 요인, 생물적 요인 중에서는 야생동물과 만경식물에 의해서 생기며, 생리적 피해와 같은 뜻으로 쓰인다.

**빗자루병(叢生病, witches' broom)**

곰팡이, 파이토플라스마, 혹응애 등의 기생으로 병환부의 가지가 비정상으로 밀생하여 빗자루 또는 새 둥지 모양을 띠는 병.

**뿔관(腹管, siphunculus)**

진딧물의 배 등면 제5마디와 제6마디 사이에 난 한 쌍의 관(siphon). 일반적으로 생김새는 원통형이고 경보페로몬, 점착성의 방어물질 등을 분비하는 것으로 알려졌다.

**산란관(産卵管, ovipositor)**

곤충 암컷의 복부 중 생식공이 위치한 부위의 큐티클층으로 형성된 뾰족하고 긴 관으로 알을 낳는 위치를 선정할 수 있도록 발달한 기관.

**산성비(acid rain)**

산성우(酸性雨)라고도 하며, 빗물의 산도가 pH 5.6보다 낮을 때 산성비로 분류된다. 장기간 지속될 경우 수목으로부터 양분 용탈, 토양의 양분 결핍과 중금속 독성으로 인해서 산업화의 역사가 긴 국가에서 산림 쇠퇴의 원인이 되고 있다.

**살균제(殺菌劑, fungicide)**

곰팡이에 독성을 나타내는 화합물로서 곰팡이에 의한 식물병의 직접 방제에 사용된다.

**상구도포제(傷口塗布劑, wound dressing)**

나무의 상처나 가지치기를 한 후 그 절단면에 바르는 약제.

**상열(霜裂, frost crack)**

겨울철 수간이 동결하는 과정에서 바깥쪽의 변재 부위가 안쪽에 단열되어 있는 심재 부위보다 더 심하게 수축하여 두 부위 간에 수축의 불균형으로 생기는 장력 때문에 수간이 종축(수직) 방향으로 갈라지는 현상이며, 주로 흉고직경이 15~30cm 되는 나무의 남쪽 방향의 수피에서 발생한다.

**상승작용(相乘作用, synergism)**

둘 이상의 병원균이 단일 기주에 감염하여 서로 영향을 미쳐 각각의 단일 감염일 때 보다 더욱 큰 반응을 나타내는 현상.

**상주(霜柱, soil heaving)**

겨울철 토양 표면이 얼었다 녹으면서 수분이 흙과 함께 결정체를 이루면서 서릿발을 만들어 흙이 위로 치솟아 오르는 현상. 양묘장에서 어린 묘목의 뿌리가 뽑혀 말라 죽는 현상을 일으키며, 토양 내 수분이 많을 때 자주 나타난다.

**상처도포제(傷處塗布劑, wound dressing)**

전정으로 노출된 부분이나 수피의 상처를 보호하기 위해 살균제, 살충제, 방수제를 섞어 도포용으로 조제한 화학제품.

**상편생장(上偏生長, epinasty)**

과습한 토양에서 자라는 식물의 잎이 아래로 처지는 현상. 과습으로 산소가 부족한 뿌리에서 생산된 에틸렌 가스에 의해서 유도된다.

**상해(傷害, injury)**

동물이나 물리적, 화학적 작용으로 식물이 손상되는 것을 말한다.

**샤이고미터(Shigometer)**

미국의 과학자, Alex Shigo 박사가 개발한 기기로서 형성층의 활력이 높을 경우 수분의 함량이 많아 전기가 많이 흐르는 원리를 이용하여 수목의 건강 상태를 진단하는 데 쓰인다. 수목의 건강이 나빠지는 초기에 아직 육안으로 감별되지 않을 때 이 기기로 건강 상태를 진단할 수 있으며, 나무 건강 진단기에 해당한다.

**생리적 피해(生理的被害, physiological damage)**
기상적, 토양적, 인위적 요인에 의해서 수목 내 생리적 균형이 교란되어 생기는 피해로서 비전염성병과 같은 의미로 쓰인다.

**생물적 방제(生物的防除, biological control)**
생물체를 이용하여 병원체와 해충을 방제하는 방법.

**생장조절제(生長調節劑, growth regulator)**
수목의 생장 속도를 조절하는 효과가 있는 인위적인 물질을 뜻하며, 식물 호르몬인 경우도 있음. 조경수 분야에서는 대개 생장억제제를 사용하며, 생장 속도를 낮추거나 증산작용을 억제하려는 목적으로 사용한다.

**생활사(生活史, life cycle)**
생물체가 일생을 완성하기 위해 반복적으로 나타나는 모든 과정을 이르는 말. 식물의 경우 종자 발아부터 개화, 종자 생산, 최종 죽을 때까지를 말한다.

**설해(雪害, snow damage)**
수관에 눈이 쌓여 가지가 휘거나, 부러지거나, 나무가 쓰러지는 물리적 피해.

**성전환(性轉換, sex transformation)**
암꽃이 수꽃으로, 혹은 수꽃이 암꽃으로 바뀌는 현상. 반송의 경우 수꽃이 암꽃으로 되는 경우가 대부분이다.

**세균(細菌, bacterium, pl. bacteria)**
원핵생물의 한 무리로서 세포벽이 있고 이분법으로 증식하는 단세포 미생물.

**세척제(洗滌劑, detergents)**
조경수 관리학에서는 건물의 외벽을 세척하기 위하여 사용하는 약제(예: 염산)와 세탁기 오수에 들어 있는 붕사를 뜻함. 강한 산성을 띤 약제는 세척에는 효과가 크지만 주변 조경수에 피해를 유발한다.

**센털(剛毛, seta)**
곤충의 털 중에서 비교적 빳빳하며 끝이 뾰족하게 생긴 것.

**소병(小柄, sterigma, pl. sterigmata)**
담자기에서 뾰족하게 돌출하여 담자포자를 지탱하는 자루.

**소생자(小生子, sporidium, pl. sporidia)**
녹병균과 깜부기병균의 담자포자.

**소진염(消塵鹽, dedusting salt)**
건조한 토양에서 먼지의 발생을 막기 위하여 토양 표면에 살포하는 약제. 주로 염화칼슘을 사용하며, 해빙염과 같이 수목에 피해를 주기도 한다.

**수간주사(樹幹注射, trunk injection)**
병, 해충방제 및 수세 증진 등의 목적으로 나무의 원줄기(主幹)의 주로 밑둥 또는 뿌리목 부분에 압력식, 중력식, 유입식 등의 방법으로 살균제, 살충제, 영양제 등의 약액을 주입하는 것.

**수목 부후의 구획화(樹木腐朽의 區劃化, Compartmentalization of decay in trees)**
약자로 CODIT로 알려져 있으며, 목재부후균이 형성층의 상처를 통해서 침입하여 상하, 좌우, 내부로 침입할 때 수목 측에서 살아 있는 조직이 활성화되어 더 이상 균의 확산을 막는 물리적, 화학적 방어벽을 입체적으로 만드는 원리를 설명한다.

**수승(穗勝)**
접목 후 접목불화합성이 나타나면서 접수의 생장이

더 왕성하여 접수의 직경이 대목보다 더 굵어지는 현상. 바람에 의해 쉽게 부러지기도 한다. 대부(臺負) 현상이라고도 부른다.

**수종(水腫, 물혹, edema)**
과습한 토양에서 자라는 나무의 잎 표면에 혹같이 돌출한 형태. 주목, 사철나무, 동백나무에서 발견된다.

**수직 멀칭(vertical mulching)**
답압 토양에 통기성을 증진시키기 위하여 수직 방향으로 구멍을 뚫어 흙을 끄집어내고 통기성이 좋은 유기질 멀칭 재료를 대신 집어넣는 것.

**수질분석(水質分析, water analysis)**
관개수 혹은 지하수에 들어 있는 화학적 성분을 분석하여 식물 생장에 적합한가를 판단하는 것. 주로 질소, 인, 염분, 중금속 등 식물 생장에 직접적인 영향을 미치는 성분을 분석한다.

**수피보호대(樹皮保護帶, tree guard)**
나무 밑동의 수피를 보호하기 위하여 설치하는 원통형의 설치물. 잔디 깎는 기계, 예초기 등과 같은 장비와 야생동물의 피해를 막기 위하여 설치한다.

**수피이식(樹皮移植, bark implant)**
딱따구리가 줄기 주변을 한 바퀴 돌면서 환상으로 쪼거나 환상박피로 인해 수분과 탄수화물 이동이 불가능한 경우, 다른 건강한 나무에서 수피를 벗겨 박피된 부위를 감싸면서 압박하여 수피가 살아남도록 유도하는 외과수술.

**수피탈락(樹皮脫落, bark shedding)**
나무의 직경이 굵어지면서 외수피가 자연적으로 벗겨져 나가는 현상을 의미한다. 매년(버즘나무, 배롱나무, 모과나무) 혹은 가끔 벗겨져 나가거나(느티나무, 소나무) 평생 벗겨지지 않는 경우(참나무류, 은행나무)도 있다.

**수피함몰(樹皮陷沒, bark inclusion)**
여러 개의 가지가 한 곳에서 자랄 때(아귀다툼이라고 칭함) 가지가 굵어지면서 서로 맞닿아 수피가 파묻혀 함몰된 상태. 이러한 가지들은 서서히 부패하면서 바람에 쉽게 부러지므로, 어릴 때 한 개의 가지만 남겨두는 것이 바람직하다. 수피몰입이라고도 부른다.

**수화제(水和劑, wettable powder)**
물에 녹지 않는 농약 원제(原劑)를 점토나 규조토를 증량제(增量劑)로 하여 계면활성제와 분산제를 가하여 제제화(製劑化)한 것.

**순화(acclimation, hardening)**
가을철에 접어들어 온도가 내려가면서 수목이 생장을 정지하고 저온에 견디는 능력이 생기는 현상. 세포 내 수용성 탄수화물(사탕), 수용성 지방(인지질), 수용성 단백질(당단백질)의 함량이 증가하고 수분의 함량이 감소함으로써 빙점을 낮추는 현상이다.

**스피로플라스마(spiroplasma)**
몰리쿠테스강(Mollicutes)에 속하는 세균의 일종으로, 세포벽이 없는 나선형의 병원체. 감염된 식물의 체관부에 존재하며, 인공배양이 가능하다.

**식물건강관리(植物健康管理, plant health care, PHC)**
식물의 건강을 보호하고 증진하기 위하여 적절한 식물을 선택하여 종합적 기술(기계적, 화학적, 생물학적, 무육적, 통제적 기술)로 식물의 활력을 높이는 복합적 전략. 해충종합관리(IPM)에서 유래된 새로운 개념이다.

**심식(深植, deep planting)**
수목을 이식할 때 밑동의 지제부가 땅속에 묻히도록 깊게 심는 행위. 깊게 묻힌 밑동이 서서히 부패하고, 뿌리가 산소 부족으로 인한 호흡 불량으로 서서히 쇠퇴하여 수목의 건강이 나빠지며, 후에 지상부의 잎의 왜소화, 황화, 낙엽, 가지 고사의 순서대로 진행되어 수세가 극히 나빠지고 나무가 죽기도 한다.

**유제(乳劑, emulsifiable concentrate)**
농약에서 기름에만 녹는 지용성 주제를 용제에 녹여 유화제로 하고 계면활성제를 가하여 제조한 농약 제형을 일컫는 말로 에멀션(emulsion) 또는 유탁제(乳濁濟)라고도 한다.

**유주(乳柱, branch burl)**
은행나무 고목의 가지에서 밑으로 길게 처지면서 자란 혹. 습기가 높은 환경에서 형성되어 호흡을 도모하는 것으로 알려진다.

**유충(幼蟲, larva)**
완전변태하는 곤충의 애벌레를 말한다.

**유합조직(癒合組織, callus)**
상처 난 식물조직에서 자라 나온 막이 얇고 분화되지 않은 조직. 식물조직을 특정 영양배지에서 배양하여 만들어진 막이 얇고 분화되지 않은 세포 덩어리.

**의태(擬態, mimicry)**
곤충이 몸을 보호하거나 쉽게 사냥하기 위해서, 주위의 물체 또는 다른 동물과 매우 비슷하게 모방하는 것.

**이동성 원소(移動性元素, mobile element)**
식물 체내에서 쉽게 이동되는 원소(예: 질소, 인, 칼륨, 마그네슘). 부족한 이동성 원소는 성숙한 잎에서 어린잎으로 이동하기 때문에 초기 결핍증상이 성숙 잎에서 먼저 나타난다.

**이종기생균(異種寄生菌, heteroecious fungus)**
모든 생활사를 완성하는 데 두 종류의 기주를 필요로 하는 기생성 곰팡이. 주로 녹병균에 흔하다.

**이차 감염(二次感染, secondary infection)**
1차 감염 후 생성된 감염원(포자 등)에 의한 감염.

**이차 감염원(二次感染源, secondary inoculum)**
1차 감염 후 성장한 균에서 생장기 동안 생성된 감염원.

**일차 감염(一次感染, primary infection)**
월동이나 월하(越夏) 후 병원체가 식물을 처음 감염하는 것.

**일차 감염원(一次感染源, primary inoculum, initial inoculum)**
1차 감염을 일으킨 월동 또는 월하 후의 균이나 포자.

**임계온도(臨界溫度, cardinal temperature)**
식물이 생장할 수 있는 온도 범위를 말한다. 식물이 자랄 수 있는 최저온도와 최고온도 사이의 범위가 되며, 온대지방의 경우 0°C에서 35°C 정도이지만, 식물 종류에 따라서 다르다.

**임의기생체(任意寄生體, facultative parasite)**
일반적으로는 부생성이지만, 기생체로서의 능력이 있는 균.

**잎가 마름(燒斑, scorch)**
감염이나 환경의 영향으로 잎가가 타들어가는 증상.

**자낭(子囊, ascus, pl. asci)**
감수분열로 생성된 자낭포자를 감싸고 있는 주머니 모양의 세포. 보통 자낭 하나에 자낭포자가 8개씩 들어 있다.

**자낭각(子囊殼, perithecium, pl. perithecia)**
구형 또는 플라스크형으로 머릿구멍(孔口)이 있는 형태의 자낭과. 자낭균류의 자낭각속(屬)의 곰팡이가 생성한다.

**자낭과(子囊果, ascocarp)**
자낭을 형성하는 자낭균류의 자실체(예: 자낭반, 자낭구, 자낭각, 위자낭각 등).

**자낭구(子囊球, chasmothecium, pl. chasmothecia, cleistothecium, pl. cleistothecia)**
흰가루병균의 자낭과로 자연개구가 없이 완전히 막

혀 있다. 일명 폐쇄자낭각이라고도 부른다.

**자낭균류(子囊菌類, Ascomycota, Ascomycetes)**
자낭 내에 유성생식포자를 형성하는 곰팡이의 종류.

**자낭반(子囊盤, apothecium, pl. apothecia)**
자낭균류의 일종에서 만드는 쟁반 또는 컵 모양의 자낭과.

**자낭포자(子囊胞子, ascospore)**
자낭균류가 자낭 내에 형성한 유성생식포자.

**자실체(子實體, fruiting body)**
곰팡이가 포자 형성을 위해 만든 구조체. 주로 유성생식에 관련된 구조체를 지칭한다. 버섯으로 나타나기도 한다.

**자좌(子座, stroma, pl. stromata)**
포자가 형성되는, 치밀하게 뭉친 균사의 구조체.

**잠복기(潛伏期, incubation period)**
병원체가 기주체에 침입한 후 병 증세가 나타나기 전까지의 기간.

**잠복감염(潛伏感染, latent infection)**
눈에 보이는 뚜렷한 병징을 수반하지 않는 감염.

**잠아(潛芽, dormant bud)**
수피 밑에 숨어 있는 눈으로서 필요 시(가지 절단, 동해 등) 싹이 날 수 있게 예비해놓은 눈.

**저온노출(低溫露出, winter chilling)**
수목이 동계 휴면을 타파하기 위하여 일정 기간 겨울철의 저온(2~5℃ 정도)에 노출되어야 하는 현상. 춘화처리(vernalization)와 비슷한 뜻으로 쓰이며, 봄에 새싹이 트고 꽃이 피기 위하여 사전에 필요한 노출 기간이다.

**저온순화(低溫馴化, cold acclimation)**
가을이 다가오면 수목이 생장을 정지하고 월동 준비를 하면서 저온에 대한 저항성을 증가시키는 과정. 조직 내 수용성 탄수화물(설탕), 수용성 지방(인지질), 수용성 단백질(당단백질)의 함량을 증가시켜 세포의 빙점을 낮추는 생리적인 과정이다.

**저항성(抵抗性, resistance)**
생체가 자기에게 유해한 상황, 즉 병의 원인이 되는 환경, 약제의 작용, 미생물의 침입, 이종 세포나 조직의 이식 따위로부터 자신을 지키려고 하는 성질.

**전신성(全身性, systemic)**
병원체나 화학물질이 기주 몸 전체로 퍼지는 것.

**전염성병(傳染性病, infectious disease)**
병원체에 의해서 발생하는 병으로서 병이 든 식물체에서 건강한 식물체로 병원체가 옮겨가 퍼질 수 있는 병.

**전염원(傳染源, inoculum, pl. inocula)**
감염을 일으키는 병원체.

**전용태(前蛹態, prepupal stage)**
유충기와 번데기 기간 사이에 있는, 먹지 않고 움직임이 없는 기간.

**전정(剪定, pruning)**
전지(剪枝) 혹은 가지치기라고도 하며, 일부 가지를 제거하여 수관을 축소하거나 모양을 가다듬는 행위. 상록수(특히 소나무, 전나무)를 대상으로 강한 전정을 실시하면 에너지와 양분을 많이 잃어버려 나머지 가지의 일부가 고사하기도 한다.

**절대기생체(絶對寄生體, obligate parasite)**
살아 있는 생물체에서만 생존하고 번식할 수 있는 기생체(예: 녹병균, 흰가루병균).

**절토(切土, soil cut)**
자라고 있는 수목 주변의 흙을 깎아 내는 행위. 뿌리가 손상되는 비율에 따라서 수관의 피해 정도가 결정된다.

**점무늬병(斑點病, leaf spot)**
잎의 제한적인 손상에 의해 점점이 생기는 병징을 나타낸다. 반점병이라고도 부른다.

**접목불화합성(接木不和合性, graft incompatibility)**
접목을 실시한 후 대목과 접수의 접합 부위에서 조직 융합이 정상적으로 이루어지지 않는 상태. 바람이 불면 접목 부위가 쉽게 부러진다.

**접종(接種, inoculation)**
병원체를 기주에 옮겨 접촉하거나 주입하는 것.

**접촉각(接觸角, contact angle)**
깨끗한 빗방울이 잎에 떨어져 잎의 표면에 부착할 때 생기는 각도. 물방울이 옆으로 넓게 퍼져 납작하게 부착할 경우 접촉 각도가 작아서 예각을 이룰수록 잎의 왁스층이 산성비로 손상된 상태에 있다고 할 수 있으며, 물방울이 둥글게 뭉쳐서 각도가 커서 둔각을 이루면 왁스층이 온전하게 남아 있다고 해석한다.

**정지작업(整地作業, grading)**
토목공사에서 땅 표면을 반반하게 만들기 위해 장비를 이용해 실시하는 땅고르기 작업. 나무가 이미 자라고 있을 경우 잔뿌리가 묻히거나 절단되어 나무에 큰 피해를 준다.

**제설제(除雪劑, deicing agent)**
겨울철 눈을 제거하기 위해 살포하는 화학물질. 주로 염화칼슘을 사용한다.

**조경수관리학(造景樹管理學, arboriculture)**
조경용으로 나무를 선별하고, 식재하고, 건강하게 보살피는 데 관련되는 학문과 기술.

**조기낙엽(早期落葉, early leaf shedding)**
낙엽수의 경우 새로 나온 잎이 제 수명을 다하지 못하고, 여름 혹은 이른 가을에 낙엽이 지거나, 상록수의 경우(특히 침엽수) 제 수명(2~6년) 이전에 낙엽이 지는 현상. 배수 불량, 복토, 영양 결핍, 수분 부족 등의 토양 요인, 고온과 가뭄 등의 기상적 요인, 대기오염, 잎에 기생하는 전염성병, 식엽성 해충의 피해로 잎에 피해가 있을 때 나타난다.

**조기단풍(早期丹楓, early autumn color)**
가을철에 일찍 단풍이 드는 현상. 수목이 여름철 가뭄, 영양 결핍 등의 스트레스를 받을 경우 나타난다.

**조상(早霜, early frost)**
첫서리와 같은 뜻으로서 가을에 늦게까지 생장을 계속하고 있는 수목의 어린잎과 가지가 가을철 찾아오는 첫 번째 서리에 의해서 피해를 받는 현상. 자유생장을 하는 수종에서 나타나며, 나무에 치명적인 피해를 주기도 한다.

**조풍(潮風, salty wind)**
바닷가에서 소금을 함유한 바람을 뜻하며, 바닷가에 자생하는 식물들에는 내조성이 있다(예: 해당화, 곰솔, 위성류, 소사나무, 팽나무).

**종령기(終齡期, last stage)**
애벌레의 마지막 영기(齡期)를 말한다. 불완전변태 곤충의 경우 종령기에서 탈피를 거쳐 성충으로, 완전변태곤충의 경우 번데기로 탈바꿈하게 된다.

**종합적 방제(綜合的防除, integrated control)**
비용과 환경에의 영향을 최소화하면서 최대의 효과를 얻을 수 있는 최적의 방법을 위해 다양한 방제법을 조합하여 사용하려는 접근법.

**종합적 병해충관리(綜合的病害虫管理 integrated pest management, IPM)**
다양한 방제법을 이용하여 병해충을 박멸하는 것이

아닌, 경제적인 피해를 최소화하는 수준으로 관리하려는 방법.

**주광성(走光性, phototaxis)**
곤충이 밝은 빛에 끌리는 성질을 말한다.

**주맹아(株萌芽, stump sprout)**
나무의 줄기를 자른 후 밑동에서 잠아가 밖으로 자라나온 새움.

**중간기주(中間寄主, alternate host)**
기생성 균류(예: 녹병균)가 생활사를 완성하기 위해 교대하여 기생하는 두 종류의 식물 중 하나.

**중간숙주(中間宿住, intermediate host)**
진딧물 등이 겨울에 월동하는 숙주가 아닌 여름에 머무는 다른 먹이식물.

**증산억제제(蒸散抑制劑, anti-transpirant)**
수목의 증산작용을 억제하기 위한 약제. 식물호르몬(예: 아브시스산)과 잎에 방수층을 만드는 제제(예: 실리콘 현탁액) 등을 사용한다.

**지구온난화 동계건조(地球溫暖化冬季乾燥, global warming winter desiccation)**
기후변화로 겨울철 이상 난동과 가뭄이 지속되면서 상록수(예: 잣나무, 소나무)가 봄 일찍 말라 죽는 현상.

**지륭(枝隆, branch collar)**
가지밑살이라고도 부르며, 가지가 하중을 지탱하기 위하여 가지 밑에 생기는 불룩한 조직.

**지주대(支柱臺, stake)**
받침대(prop, support)라고도 하며, 이식한 나무가 바람에 쓰러지지 않게, 그리고 근분이 바람에 흔들려 움직이는 것을 방지하기 위해 세우는 기둥.

**지표식물(指標植物, indicator plant)**
한 병원체, 특히 바이러스나 환경요인에 반응하여 특정 증상을 나타내 이들 요인을 검출하는 데 도움을 주는 식물.

**지피융기선(枝皮隆起線, branch bark ridge)**
가지가 둘로 갈라진 곳에서 두 가지가 서로 굵어지면서 압력에 의해서 경계 지역에 생긴 주름살.

**질소산화물(窒素酸化物, nitrogen oxides)**
NOx로도 표현하는데, NO, $NO_2$, $N_2O$와 같은 산화된 질소화합물의 총칭으로서 자동차 엔진의 연소 과정에서 생기는 화합물이다.

**착생식물(着生植物, epiphyte)**
다른 식물의 표면에 붙어서 사는 식물(예: 이끼, 바위옷, 난). 뿌리를 수피에 박고 살지만 양분을 빼앗아가지 않는다. 온대지방에서 수피에 붙어 있는 착생식물의 피해는 없지만, 공중 습도가 높은 곳이거나 큰 폭포 근처에서는 잎과 가지를 덮어 광합성을 방해하여 피해를 준다.

**처녀생식(處女生殖, parthenogenesis)**
짝짓기를 통한 수정 과정이 없이 암컷이 혼자 발생 가능한 자손을 낳는 것(=단위생식).

**천적(天敵, natural enemy)**
자연에 존재하는 기생벌이나 병원균 그리고 포식자들이 해충의 밀도 조절에 기여하는데, 사람의 손이 들어가지 않은 상태의 조절인자들을 일컫는다.

**초미세먼지(fine particulate matter)**
먼지 중에서 직경 2.5μm 이하의 부유먼지를 칭한다.

**초살도(梢殺度, tapering)**
수간의 밑동에서부터 위쪽으로 올라가면서 직경이 작아지는 정도를 나타내는 말. 초살도가 클수록 위로 올라가면서 직경이 급격히 작아지며, 무게 중심이 아래쪽에 있어서 바람에 견디는 힘이 증가하지만 목재 가치를 떨어뜨린다. 밑가지를 그대로 남겨두면 무게 중심이 아래에 있고, 밑가지가 광합성을 수행하여 나이테가 넓어지고 초살도가 커져 바람에 더 잘 견딘다.

**측사(側絲, paraphysis)**
일부 곰팡이의 자실체에 존재하는, 생식능력이 없는 균사.

**침입(侵入, invasion)**
병원체가 기주 내로 들어오는 것.

**침투성살균제(浸透性殺菌劑, systemic fungicide)**
식물조직 내에 흡수되어 치료 및 감염확산 억제 효과가 있는 살균제로 수간주사에 많이 쓰인다.

**탄저병(炭疽病, anthracnose)**
분생포자층에 무성포자를 형성하는 균류에 의해 잎, 줄기, 열매 등이 검게 괴사하는 병.

**탈피(脫皮, ecdysis)**
곤충류 따위가 자라면서 허물이나 껍질을 벗는 것.

**탈피각(脫皮殼, exuvium)**
탈피를 하고 남은 껍질.

**태생(胎生, vivipara)**
곤충의 암컷이 알을 낳는 대신 새끼를 낳는 것(예: 진딧물, 깍지벌레 등).

**토양분석(土壤分析, soil analysis)**
토양 속에 들어 있는 무기 양분의 함량, 토성, 산도 등을 분석하는 것. 식물이 이용할 수 있는 수용성 양분(유효 성분)을 대상으로 분석하며, 시비의 필요성을 판단할 수 있다.

**통기(通氣, aeration)**
토양 내 공기가 대기 중의 공기로 대체되는 현상. 뿌리 호흡으로 발생한 이산화탄소가 밖으로 나가고 산소를 함유한 공기가 대신 토양 내로 들어오는 계기가 된다. 또한 토양 내 수분이 증발하여 없어지면서 생긴 토양 공극을 공기로 채워주는 계기도 된다. 통기성이 나쁘면 뿌리 발달이 둔화되거나 뿌리가 서서히 죽기도 한다.

**퇴록(退綠, chlorosis)**
엽록소가 정상적으로 생성되지 않거나 파괴되어 원래 녹색을 띠어야 하는 조직이 누렇게 변하는 현상. 황화현상으로 표현하기도 한다.

**파이토플라스마(phytoplasma)**
몰리쿠테스강(Mollicutes)에 속하는 세균의 일종으로, 세포벽이 없고, 지름이 1μm 미만인 다형성(多形性) 병원체. 감염된 식물의 체관부에만 존재하며, 현재까지 인공배양에는 성공하지 못했다.

**편평전정(扁平剪定, 밀착절단, 바투자르기, flush cut)**
전정할 때 수직으로 바짝 잘라서 가지밑살까지 모두 제거하는 것. 편평전정은 과도하게 형성층을 노출시켜 상처가 잘 아물지 않게 된다.

**포식성 천적(捕食性天敵, predator)**
다른 곤충을 잡아 먹는 곤충(예: 무당벌레, 풀잠자리 등).

**포자(胞子, spore)**
곰팡이와 일부 특정 생물의 번식체로서 한 개 또는 다수의 세포로 이루어져 있다. 기능적으로 식물의 씨앗에 해당한다.

**표징(標徵, sign)**
기주식물 위에 나타나는 병원체, 병원체의 일부 또는 병원체의 산물. 전염성 병을 진단하는 데 중요한 역할을 한다.

**표피(表皮, epidermis)**
식물체의 맨 바깥 부분을 덮는 세포층.

**풍도(風倒, windthrow)**
강한 바람에 의해서 수목의 뿌리가 통째로 뽑혀 쓰러지는 현상. 심근성일수록 그리고 초살도가 클수록 풍도에 대한 저항성이 있다.

**풍해(風害, wind damage)**
강한 바람에 의해서 나타나는 물리적 및 생리적 피해를 뜻한다.

**피뢰침(避雷針, lightning rod)**
천둥 번개와 벼락으로 인해 발생하는 피해를 방지하기 위해 설치하는 금속 막대기. 돌침, 피뢰도선, 접지 막대로 구성되어 있다.

**피목(皮目, lenticel)**
목본식물의 가지와 줄기 수피 표면에 엉성하게 세포가 배열하면서 만들어진 열린 틈으로서 호흡을 위해 존재한다.

**피소(皮燒, 볕데기, sunburn)**
여름철 오후 직사광선을 받는 남(서)쪽 수간의 수피가 열에 의해서 피해를 받는 현상. 나무를 옮겨 심거나 간벌(솎아베기)을 실시하여 그늘 속에 있던 수피가 별안간 햇빛에 노출될 때 나타난다. 수피가 얇은 배롱나무, 단풍나무, 벚나무에서 피해가 심하다.

**항산화효소(抗酸化酵素, antioxidative enzyme)**
활성산소를 생산하는 중금속, 아황산가스, 오존 가스 등의 독성을 제거하기 위해 식물이 합성하는 효소로서 superoxide dismutase와 glutathione reductase 등을 예로 들 수 있다.

**항생물질(抗生物質, antibiotic)**
미생물이 다른 미생물들을 죽이거나 성장을 저해하기 위해 생산하는 화학물질.

**해빙염(解氷鹽, deicing salt)**
겨울철 눈에 의한 미끄럼을 방지하기 위하여 토양에 살포하는 약제. 주로 염화칼슘을 사용하며, 바람에 날려 상록수의 잎에 즉시 피해를 주거나, 봄철에 눈이 녹은 후 뿌리로 소금이 흡수되어 주변의 수목에서 새싹이 돋은 후 잎에서 피해가 나타난다.

**해일(海溢, seismic wave, tsunami)**
바닷물이 큰 파도를 타고 역류하여 육지로 올라와서 소금을 남기는 현상으로서 내염성이 없는 식물에 큰 피해를 준다. 바닷가의 식물이라도 조풍에는 견디지만 해일에는 저항성이 없다.

**해충군 종합적 관리(害蟲群綜合的管理, IPM)**
해충을 방제할 때 여러 종류의 방제 수단을 효율적으로 활용하여 밀도를 줄이는 방법.

**혹병(腫病, gall)**
병원체에 의해 식물조직 일부가 부어오르거나 비대 생장한 것.

**화기(化期, voltine)**
곤충이 1년에 몇 번 발생하는가를 말한다. 1화기성은 1년에 한 번 발생하는 종류이다.

**환상박피(環狀剝皮, girdling)**
줄기를 한 바퀴 돌면서 수피가 벗겨진 상태. 수분의 상승은 가능하지만, 잎에서 생성된 탄수화물이 밑으로 이동하지 못하여 줄기나 나무가 서서히 죽게 된다. 자연적으로는 딱따구리 피해로 생긴다. 줄기를 환상박피하면 공중 취목이 가능하고, 뿌리를 환상박피하면 발근을 촉진시킨다.

**활력(活力, vigor)**
수목의 전반적인 건강 상태를 뜻하며, 수목의 생장 능력과 생리적 스트레스에 저항하는 능력으로써 잎이 많이 달려 있을수록 활력이 크다. 소나무의 경우 활력이 큰 가지(활력지, 역지)에 암꽃이 달리고, 잎이 별로 없고 수꽃이 달리던 쇠약지에는 수꽃이 반복적으로 달린다.

**황화(黃化, chlorosis)**
녹색식물의 잎이 엽록소가 파괴되면서 누렇게 변하는 현상.

**후벽포자(厚壁胞子, chlamydospore)**
곰팡이 균사의 세포가 세포벽이 두껍게 변하여 생긴 무성휴면포자.

**휴면(休眠, dormancy)**
온대지방 식물에서 겨울철 생장이 정지된 상태,

**휴면(休眠, diapause)**
생물의 활동 또는 생장이 일시적으로 정체되거나 정지되는 일을 말하는데, 겨울철의 휴면을 동면(冬眠, 겨울잠), 여름철의 휴면을 하면(夏眠)이라고 한다.

**흡기(吸器, haustorium, pl. haustoria)**
기주의 영양분을 흡수하기 위해 기주 내로 삽입한 변형된 균사 부분.

## 찾아보기

ㄴ



ㄷ

## ㅅ

## ㅇ

ㅈ

## ㅊ



## ㅋ



## ㅌ



## ㅍ

## B



## C

## D



## E

## F



## G

## H



## I



## J



## K



## L

## M

## N



## O



## P

## Q



## R

## S

## T



## U



## V

W



X



Y



Z

About This Book

# Diseases, Insect Pests, and Abiotic Disorders of Landscape Trees in Korea

## Revised Edition

Yong-Joon LA, Kun-Suk WOO, and Kyung-Joon LEE

During the 20th century, Korea underwent rapid economic development and urban modernization, accompanied by remarkable advances in landscape planning, design, and construction techniques. However, the development of proper maintenance techniques for landscape trees after planting has lagged far behind. Tree care practices have often relied on outdated knowledge that lacks scientific validation. This slow progress can be attributed to the relatively short history of arboriculture in Korea, limited opportunities for education and training in tree maintenance, and a shortage of experts in the field. Moreover, only a few guidebooks on tree health and maintenance are currently available.

Although several books on diseases and insect pests of woody plants have been published in Korea, they generally cover only a limited number of diseases and insect species and provide few illustrations for each pest. Most of these publications have overlooked non-infectious diseases (abiotic or physiological disorders). Furthermore, some are government publications that are not available for public purchase, making them inaccessible to general readers and practitioners.

This book was prepared to fill these gaps by providing comprehensive and practical information on tree health care. It describes and illustrates the major diseases, insect pests, and abiotic disorders affecting landscape trees in Korea. Numerous photographs are included to depict various stages of tree damage caused by biotic and abiotic factors, helping readers better understand the causes of tree damages, methods of diagnosis, and appropriate control measures. The photographs and descriptions are intended to serve as a practical guide for identifying and managing tree health issues, thereby minimizing tree damage and improving the quality of landscape maintenance.

The authors established the University Plant Clinic in 1999 at the main campus of Seoul National University. Since its inception, the Clinic has played a leading role in educating arborists, gardeners, and landscape professionals, and has provided diagnostic and consultation services through various outreach activities.

Chapter 1, authored by Professor Emeritus Yong Joon La, presents 146 cases of infectious diseases of landscape trees caused by fungi, bacteria, viruses, phytoplasmas, nematodes, and mistletoes.

Chapter 2, prepared by Professor Emeritus Kun Suk Woo, introduces 135 cases of defoliating, sucking, boring, gall-forming, and fruit-eating insects and mites.

Chapter 3, written by Professor Emeritus Kyung Joon Lee, discusses 75 cases of non-infectious diseases (abiotic or physiological disorders) caused by unsuitable soil environments, unfavorable weather conditions, biotic stressors (such as vines and animals), and anthropogenic factors (such as air pollution, chemicals, soil fill, machinery, and soil compaction). This chapter also explains how to diagnose tree damages by distinguishing between symptoms caused by infectious agents, abiotic disorders, and insect infestations.

Some of the photographs used in Chapters 2 and 3 were kindly provided by other institutions and individuals. The authors wish to express their sincere appreciation to Prof. Seung Hwan Lee at Seoul National University; Kagushugenkusha in Japan; the Entomological Society of America; Princeton University; Cornell University; the University of California; the University of Maryland; the U.S.D.A. Forest Service; and Professor Emeritus Wayne A. Sinclair at Cornell University for granting permission to reproduce their photographs.

We hope this book serves as a valuable reference for arborists, gardeners, students, and all professionals engaged in the care and management of landscape trees in Korea.

Authors

Seoul, Korea
Autumn 2025

# 저자 약력


## 나용준羅瑢俊

서울대학교 농과대학 농생물학과 졸업(학사)(1957)

미국 미네소타대학교 식물병리학 석사(1962)

서울대학교 대학원 농학박사(1973)

서울대학교 농업생명과학대학 조교, 전임강사, 조교수, 부교수(1963~1979)

서울대학교 농업생명과학대학 교수(1979~1999)

FAO Andre Mayer Fellow(1965~1967)

산림청 임업연구원 연구관(겸임)(1974~1976)

내무부 정책자문위원회(산림분과) 위원(1981~1987)

한국식물병리학회 회장(1989~1990)

한국마이코플라스마학회 초대 및 2대 회장(1989~1994)

서울대학교 농업생명과학대학 부설 임업과학연구소장(1996~1998)

서울대학교 식물병원 외래임상교수(1999~2024)

서울대학교 명예교수(1999~현재)


### 저서

『삼림보호학』(공저, 1975, 향문사), 『식물병학』(공저, 1975, 집현사), 『식물병학』(한국방송통신대학 교재)(공저, 1982, 한국방송통신대학출판부), 『식물선충학』(공저, 1982, 향문사), 『식물바이러스학』(공저, 1996, 향문사), 『수목병리학』(공저, 1999, 향문사), 『신고 수목병리학』(공저, 2017, 향문사), 『생활권 조경수 병리학』(공저, 2021, 문운당)

### 상훈

상록농업생명과학연구대상(1996), 한국마이코플라스마학회 학술공로상(1호)(1998), 국민훈장석류장(1999), 한국인하히저술상(56호)(2000), 한국식물병리학회 공로상(2009)

**우건석禹建錫**

서울대학교 농과대학 농생물학과 졸업(1959)
서울대학교 대학원 농학박사(1975)
제주대학교 조교수(1963~1969)
서울대학교 농업생명과학대학 교수(1969~2002)
한국응용곤충학회장(1987~1990)
산림청 임업연구원 연구관(겸임)(1978~1991)
아시아양봉연구협회(AAA) 부회장(2008~2010)
미국 Oregon 주립대학 방문교수(1984~1985)
미국 Sigma Xi 과학연구학회 정회원(1985~현재)
국제양봉연구협회(IBRA) 정회원(1990~2010)
세계양봉연맹(APIMONDIA) 명예회원(2015~현재)
서울대학교 명예교수(2002~현재)

### 저서

『신고해충학』(공저, 1984, 향문사), 『곤충학』(공저, 1990, 집현사), 『곤충분류학』(공저, 1993, 집현사), 『계통분류학의 이해』(공저, 1997, 서울대학교출판부), 『신제양봉학』(공저, 1998, 선진문화사), 『조경수관리기술』(공저, 2008, 서울대 식물병원, 정민사), 『수목해충학』(공저, 2019, 향문사)

### 상훈

상록농업생명과학연구대상(서울대학교, 2000), 경기도문화상(자연과학분야, 2000, 경기도지사), 황조근정훈장 수훈(대통령, 2002)

## 이경준李景俊

서울대학교 농과대학 임학과 학사(1971)
미국 University of Wisconsin 임학과 석사(1973)
미국 University of Florida 임학과 박사(1978)
산림청 임목육종연구소 전문직 연구원 및 연구관(1979~1985)
서울대학교 농업생명과학대학 교수(1985~2010)
미국 University of Washington 국비파견 연구 교수(1992~1993)
서울특별시 건설기술심의위원(1996~1998)
문화재청 전문위원 및 문화재위원회 위원(1997~2005)
서울대학교 식물병원장(2001~2008)
사단법인 한국나무병원협회장(2003~2008)
사단법인 한국산림과학회장(2008~2010)
국제과학재단(IFS) 학술위원
사단법인 한국밀원수조림육성협회장(2008~현재)
서울대학교 명예교수(2010~현재)
한국산림정책연구회장(2018~2024)
산림녹화 UNESCO 기록유산 등재추진위원장(2016~2025)

### 저서

『수목생리학』(2021, 서울대학교출판부), 『조경수식재관리기술』(2022, 서울대학교출판문화원), 『수목의학』(2015, 서울대학교출판문화원), 『문답으로 배우는 조경수 관리지식』(2018, 향문사), 『산림생태학』(공저, 1996, 향문사), 『산림과학개론』(저자대표, 2014, 향문사), 『산에 미래를 심다』(2006, 서울대학교출판부), 『한국의 천연기념물 노거수』(2006, 아카데미서적), 『한국의 산림녹화 어떻게 성공했나?』(2015, 기파랑), 『한국의 산림녹화 70년』(대표저자, 2015, 한국학중앙연구원), 『이야기가 있는 나무백과』(편공저, 2019, 서울대학교출판문화원), 『산림녹화 숨은 이야기』(2025, 서울대학교출판문화원)

### 상훈

임목육종본상(1983, 산림청), 학술상(1993, 한국임학회), 저술상(1994, 한국임학회), 교육상(2007, 서울대학교 농생대), 명예의 전당(2008, 서울대학교 농생대), 옥조근정훈장(2010, 대통령), 가산학술상(2010, 서호문화재단), 현신규 학술상 대상(2015, 산림청), 표창장(2017, 농림축산식품부장관)